机电工程安装工艺细部节点做法优选（2022）

中国安装协会　组织编写

中国建筑工业出版社

图书在版编目（CIP）数据

机电工程安装工艺细部节点做法优选．2022/中国安装协会组织编写．—北京：中国建筑工业出版社，2022.10（2025.3 重印）
ISBN 978-7-112-28167-1

Ⅰ．①机… Ⅱ．①中… Ⅲ．①机电工程-工程施工 Ⅳ．①TH

中国版本图书馆 CIP 数据核字（2022）第 217568 号

本书采用文字和示意图相结合的表述方式，系统又简捷地介绍了机电工程安装工艺细部节点好的做法，内容涵盖了建筑管道工程、建筑电气工程、通风与空调工程、建筑智能化工程、电梯工程、消防工程、机械设备安装工程、电气工程、工业管道工程、静置设备及金属结构安装工程、发电设备安装工程、自动化仪表工程、防腐蚀工程、绝热工程、工业炉窑砌筑工程等多个专业工程，反映了近几年机电工程中的新标准、新工艺、新技术、新设备、新材料在施工中的应用。

本书内容丰富、实用性强，可作为建造师参考用书和施工现场技术人员、管理人员的培训教材，也可供高等学校相关专业师生参考学习。

责任编辑：李笑然　牛　松
责任校对：芦欣甜

机电工程安装工艺细部节点做法优选（2022）
中国安装协会　组织编写
*
中国建筑工业出版社出版、发行（北京海淀三里河路 9 号）
各地新华书店、建筑书店经销
霸州市顺浩图文科技发展有限公司制版
廊坊市海涛印刷有限公司印刷
*
开本：787 毫米×1092 毫米　1/16　印张：26　字数：644 千字
2023 年 1 月第一版　2025 年 3 月第八次印刷
定价：**96.00** 元
ISBN 978-7-112-28167-1
(40002)

#《机电工程安装工艺细部节点做法优选（2022）》

前 言

本书由中国安装协会组织机械、电力、石油、化工、冶金、建筑等方面富有技术和管理实践经验的专家编写。“细部节点”是指某个分项工程的完成面、某个工序的交界面或某个工艺准备的开始面。“优选”是选择机电工程操作技术中典型的，属于主控项目的分项工程、系统、组件、设备、器件、管路、管线、工序、工艺等的做法。

本书共三章十八节。第一章建筑机电工程安装工艺细部节点做法，分为六节；第二章工业机电工程安装工艺细部节点做法，分为九节；第三章施工技术应用的细部做法，分为三节。全书涵盖了建筑管道工程、建筑电气工程、通风与空调工程、建筑智能化工程、电梯工程、消防工程、机械设备安装工程、电气工程、工业管道工程、静置设备及金属结构安装工程、发电设备安装工程、自动化仪表工程、防腐蚀工程、绝热工程、工业炉窑砌筑工程等多个专业工程。

本书采用文字和示意图相结合的表述方式，系统又简捷地介绍了机电工程安装工艺细部节点好的做法，反映了近几年机电工程中的新标准、新工艺、新技术、新设备、新材料在施工中的应用。

本书内容丰富、重点突出、通俗易懂、举一反三，方便读者实现知识的运用和消化吸收，适用于各类工业和民用、公用建筑的机电工程，对机电工程技术人员，尤其是对一线人员能起到有效的指导作用，是一本实用性很强的书籍，可作为建造师参考用书和施工现场技术人员和管理人员的培训教材，也可供高等学校相关专业师生参考学习。

本书在编写过程中得到了广大会员单位的大力支持，在此一并表示感谢。由于编写时间紧，书中难免有不妥之处，欢迎广大读者批评指正。

编 者

2022 年 8 月

编 写 单 位

主编单位：中国安装协会

参编单位：中国机械工业建设集团有限公司

中建安装集团有限公司

上海市安装工程集团有限公司

山西省安装集团股份有限公司

四川省工业设备安装集团有限公司

中化二建集团有限公司

中国能源建设集团天津电力建设有限公司

中国电建集团山东电力建设第一工程有限公司

上海二十冶建设有限公司

苏华建设集团有限公司

中建八局第一建设有限公司

中建一局集团安装工程有限公司

中建二局第三建筑工程有限公司

中建五局第三建设有限公司

中建五局安装工程有限公司

福建省工业设备安装有限公司

陕西化建工程有限责任公司

成都建工工业设备安装有限公司

中国华西企业股份有限公司

上海市安装人才培训中心

湖南省安装行业协会

中建五局智科建设（深圳）有限公司

各章节参编人员

第一章第一节参编人员

潘　健　上海市安装工程集团有限公司
高惠润　中建一局集团建设发展有限公司
张　仟　中建一局集团建设发展有限公司
于海洋　中建一局集团建设发展有限公司
朱进林　上海市安装工程集团有限公司
葛兰英　上海市安装工程集团有限公司
屈振伟　浙江省工业设备安装集团有限公司
李增平　浙江省工业设备安装集团有限公司
林　炜　浙江省工业设备安装集团有限公司

第一章第二节参编人员

陆文华　上海市安装工程集团有限公司
陈海军　上海市安装工程集团有限公司
陈　骞　上海市安装工程集团有限公司
颜　勇　北京建工集团有限责任公司
董海峰　北京建工集团有限责任公司
裴以军　中建三局安装工程有限公司
周德忠　中国建筑第八工程局有限公司
任占强　中建二局第三建筑工程有限公司
陈　帅　中建二局第三建筑工程有限公司

第一章第三节参编人员

胡　笳　成都建工工业设备安装有限公司
曾宪友　成都建工工业设备安装有限公司
王　超　成都建工工业设备安装有限公司
汤　毅　上海市安装工程集团有限公司
余海敏　湖南六建机电安装有限责任公司
陈　骞　上海市安装工程集团有限公司
刘鑫铭　中建五局安装工程有限公司
王建林　北京国家速滑馆经营有限责任公司
吕　莉　北京住总建设安装工程有限责任公司

姜修涛　中建八局第一建设有限公司
季华卫　中建八局第一建设有限公司

第一章第四节参编人员

陈洪兴　中建安装集团有限公司
顾　耀　中通服咨询设计研究院有限公司
陈　乔　中通服咨询设计研究院有限公司
孙　飞　中建电子信息技术有限公司
王　伟　中建电子信息技术有限公司
程国明　上海市安装工程集团有限公司
安　泰　上海市安装工程集团有限公司
李　超　上海中建智云物联网科技有限公司

第一章第五节参编人员

唐艳明　中建五局智科建设（深圳）有限公司
李湖辉　中建五局第三建设有限公司
张　琛　中建五局第三建设有限公司
符　明　中建五局第三建设有限公司
陶建伟　北京北安时代创新设备安装工程有限公司
康卫强　华升富士达电梯有限公司

第一章第六节参编人员

黄尚敏　福建省工业设备安装有限公司
陈　煜　福建省工业设备安装有限公司
吕　莉　北京住总建设安装工程有限责任公司
叶　健　北京住总集团有限责任公司
曾宪友　成都建工工业设备安装有限公司
毛文祥　湖南省工业设备安装有限公司
王建林　北京国家速滑馆经营有限责任公司
张家新　北京城建八建设发展有限责任公司

第二章第一节参编人员

徐贡全　中国机械工业建设集团有限公司
时龙彬　中国机械工业建设集团有限公司
郭育宏　山西省安装集团股份有限公司
胡忠民　中国核工业二三建设有限公司
温玉宏　中国轻工建设工程有限公司
罗　宾　中国机械工业第一建设有限公司
孟庆礼　中建一局集团安装工程有限公司

刘宴伟　中建一局集团安装工程有限公司
张金河　中建安装集团有限公司
李玉琪　盛安建设集团有限公司

第二章第二节参编人员

李子水　四川省工业设备安装集团有限公司
李宇舟　四川省工业设备安装集团有限公司
于　峰　四川省工业设备安装集团有限公司
孟凡龙　上海能源科技发展有限公司
苏志强　中建安装集团有限公司
郑云德　中国华西企业股份有限公司

第二章第三节参编人员

要明明　山西省安装集团股份有限公司
梁　波　山西省安装集团股份有限公司
崔　峻　山西省安装集团股份有限公司
贺广利　河北建设集团安装工程有限公司
米彦宾　河北建设集团安装工程有限公司
刘昌芝　上海宝冶工业工程公司
马　义　中建三局华东公司上海分公司
刘明友　中冶建工集团有限公司

第二章第四节参编人员

周武强　中化二建集团有限公司
薛慧峰　中化二建集团有限公司
曹丹桂　中建安装集团有限公司
曹冬冬　中国石油天然气第六建设有限公司
李丽红　陕西化建工程有限责任公司

第二章第五节参编人员

张青年　中国能源建设集团天津电力建设有限公司
谢鸿钢　中国能源建设集团天津电力建设有限公司
张　俊　中国能源建设集团天津电力建设有限公司
安利华　中国电建集团山东电力建设第一工程有限公司
芦立江　河北建设集团安装工程有限公司
贾广明　中国电建集团核电工程有限公司

第二章第六节参编人员

马振民　中国电建集团山东电力建设第一工程有限公司

李梅玉　中国电建集团山东电力建设第一工程有限公司
马甜甜　中国电建集团山东电力建设第一工程有限公司
杨铁彦　中国电建集团山东电力建设第一工程有限公司
于伟强　中国能源建设集团天津电力建设有限公司
孙　杰　上海宝冶集团有限公司安装工程公司

第二章第七节参编人员

李丽红　陕西化建工程有限责任公司
乔勋涛　陕西建工安装集团有限公司
曹冬冬　中国石油天然气第六建设有限公司
董　军　中化二建集团有限公司

第二章第八节参编人员

李丽红　陕西化建工程有限责任公司
周武强　中化二建集团有限公司
董　军　中化二建集团有限公司
曹冬冬　中国石油天然气第六建设有限公司

第二章第九节参编人员

郑永恒　上海二十冶建设有限公司
袁志文　上海二十冶建设有限公司
胡建林　上海二十冶建设有限公司
易万君　上海二十冶建设有限公司
唐　剑　上海宝冶冶金工程有限公司

第三章第一节参编人员

郭育宏　山西省安装集团股份有限公司
崔　峻　山西省安装集团股份有限公司
邱康利　山西省安装集团股份有限公司
张彦旺　中国能源建设集团天津电力建设有限公司
孟凡龙　上海能源科技发展有限公司
程宝丽　中国安装协会

第三章第二节参编人员

周武强　中化二建集团有限公司
杜世民　中国机械工业机械工程有限公司
潘国伟　中国核工业二三建设有限公司
张彦旺　中国能源建设集团天津电力建设有限公司
刘欢龙　山西省安装集团股份有限公司

第三章第三节参编人员

高　杰　中国机械工业第四建设工程有限公司
陈二军　中国机械工业机械工程有限公司
李玉磊　中国石油天然气第六建设有限公司
罗　宾　中国机械工业第一建设有限公司
曾宪友　成都建工工业设备安装有限公司

目　　录

第一章
建筑机电工程安装工艺细部节点做法

第一节　建筑管道工程安装工艺细部节点做法

一、管道连接工艺

（一）管道螺纹连接

1. 管道螺纹由始端螺纹A、过渡螺纹B以及尾端螺纹C组成，如图1-1-1所示。加工完成的螺纹应清楚、完整、光滑，不得有毛刺和乱丝。如有断丝或缺丝，不得大于螺纹全扣数的10%。

2. 螺纹应符合装配公差的要求，为防止螺纹之间配合过松或过紧，通常具有1/16的锥度。

3. 拧紧后露出2～3牙螺尾，清除多余填料，外露丝牙需要涂刷红丹防锈。红丹涂刷宽度一致，涂层均匀，无流淌、漏涂现象。

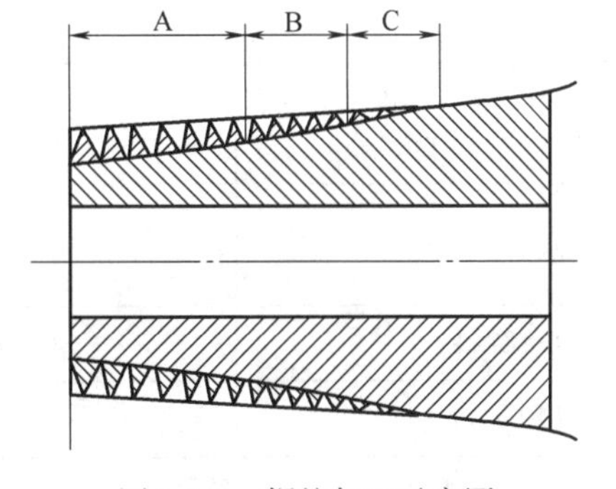

图1-1-1　螺纹加工示意图
A—始端螺纹；B—过渡螺纹；C—尾端螺纹

（二）管道法兰连接

1. 配对法兰规格、型号应相同；与设备法兰连接时应按其规格配对。

2. 密封面与管道中心线垂直，以法兰密封面为基准进行测量，当DN＜100时，垂直偏差L允许值为0.5mm；当100≤DN≤300时，垂直偏差L允许值为1mm；当DN＞300时，垂直偏差L最大允许值为2mm。法兰连接垂直偏差如图1-1-2所示。

3. 管道插入平焊法兰的深度H为法兰片厚度的1/2～2/3。

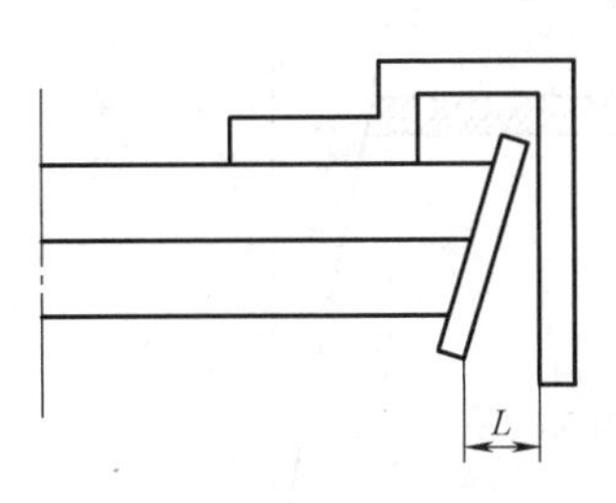

图1-1-2　法兰连接垂直偏差示意图
L—垂直偏差

（三）管道焊接连接

1. 管道下料，按照管道特性将管道切断坡口，其中碳钢类管道可采用氧乙炔焰割制，热塑性管道和不锈钢管道尽可能采用机械方法。

2. 管材管壁厚度在3～20mm之间采用V形坡口加工法，坡口角度α为60°±5°，对口间隙c和钝边长度p为0～3mm；管壁厚度在20～60mm之间采用U形坡口加工法，坡口角度β为8°～12°，对口间隙c和钝边长度p为0～3mm。V形和U形坡口如图1-1-3所示。

3. 焊接完成后，焊缝的质量应符合设计要求，并执行现

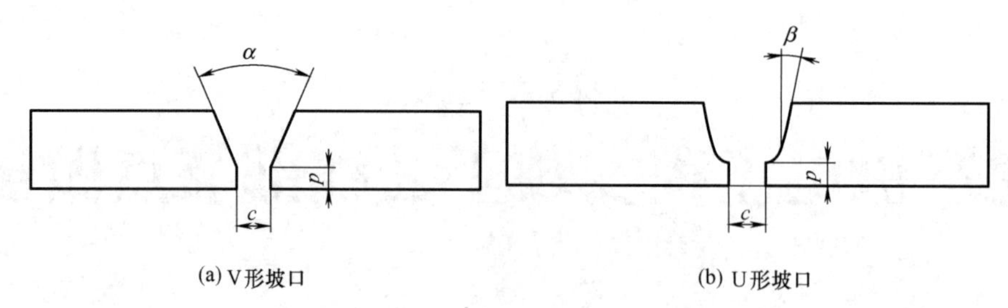

图 1-1-3　V形和U形坡口示意图

$\alpha(\beta)$—坡口角度；c—对口间隙；p—钝边长度

行国家标准《现场设备、工业管道焊接工程施工规范》GB 50236、《工业金属管道工程施工规范》GB 50235、《工业金属管道工程施工质量验收规范》GB 50184 等标准要求，见表 1-1-1。经外观检验不合格的焊缝不得进行无损伤检测。

焊缝外形尺寸及表面质量检验表　　表 1-1-1

项目	质量等级			
	Ⅰ	Ⅱ	Ⅲ	Ⅳ
表面裂纹、气孔、夹渣、凹陷及熔合性飞溅	不允许			
咬边	不允许		深度≤0.5mm，连续长≤10mm，咬边总长≤10%焊缝总长	
焊缝余高	$e\leq0.10b$，且最大为 3mm		$e\leq1+0.20b$，且最大为 5mm	
接头错边	不超过壁厚的 10%且不大于 2mm			

注：e：缺陷尺寸；b：焊缝余高，如图 1-1-4 所示。

4. 薄壁不锈钢进行焊接时，常采用氩弧焊焊接形式，焊接完成后，要对焊缝的表面质量进行 100%的自检。焊缝银白、金黄最佳，蓝为良好，红灰为较好，灰为不好，黑色最差。

（四）金属管道沟槽连接

1. 金属管道切割应采用机械方法。管材切口断面应垂直管道中心轴线，其切割断面允许偏差 e 应该满足图 1-1-5 和表 1-1-2 的要求。

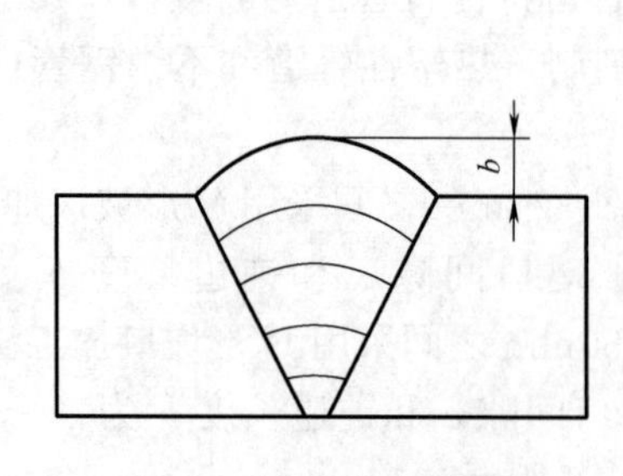

图 1-1-4　焊缝余高示意图

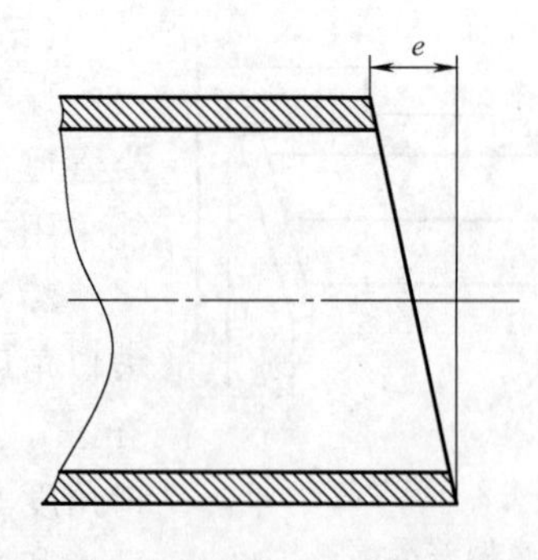

图 1-1-5　金属管道切割断面示意图

切割端面倾斜角允许偏差（mm） **表 1-1-2**

公称直径 DN	切割断面倾斜允许偏差 e
≤80	0.8
100～150	1.2
≥220	1.6

2. 沟槽式管接头平口端环形沟槽必须采用专门的滚槽机加工成型。沟槽宽度、深度需要满足相应的规范要求。压槽时应持续渐进，沟槽加工完成样如图 1-1-6 所示。沟槽深度应符合表 1-1-3 的规定，并应用标准量规测量槽的全周深度。

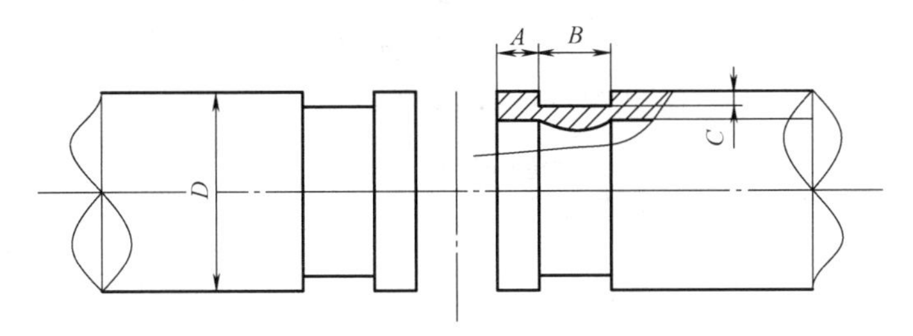

图 1-1-6 沟槽加工完成样示意图

A—管端长度；*B*—沟槽宽度；*C*—沟槽深度；*D*—管外径

沟槽标准深度及公差（mm） **表 1-1-3**

公称直径	沟槽深度	公差
65～80	2.2	+0.3
100～150	2.2	+0.3
200～250	2.5	+0.3
300	3.0	+0.5

3. 沟槽连接装配顺序：依次为清理管端、套上橡胶密封圈、装上卡箍和紧固螺栓。装配要求：沟槽两端管道中心线一致，沟槽安装方向（紧固螺栓位置）一致。

（五）复合管道卡套连接

1. 卡套式管接头由三部分组成：接头体、卡套、螺母，如图 1-1-7 所示。当卡套和螺母套在钢管上插入接头体后，旋紧螺母时，卡套前端外侧与接头体锥面贴合，内刃均匀地咬入管材，形成有效密封。

2. 管材需使用专用刀具截断，截断后应检查管口，如发现有毛刺、不平整或端面和管轴线不垂直时应修正。

3. 使用专用刮刀将管口处复合材料（常见聚乙烯）内层进行内倒角坡口，坡口角度为 20°～30°，深度为 1～5mm。

4. 坡口完成后，用清洁纸张或布将残屑擦拭干净；用整圆器将管口整圆。将螺母、卡套套在管上，用力将管芯插入管内，

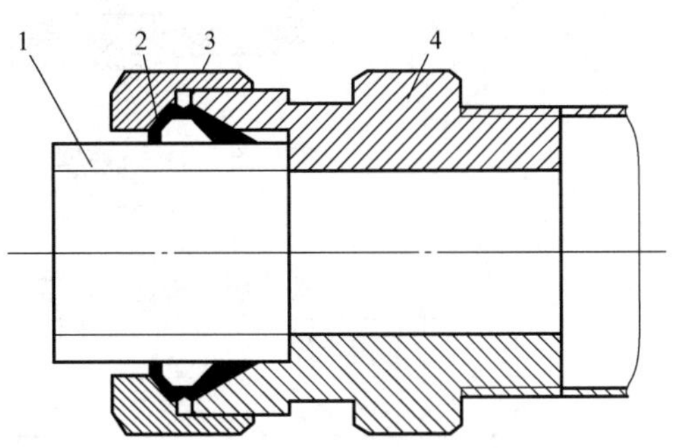

图 1-1-7 卡套连接示意图

1—管材；2—卡套；3—螺母；4—接头体

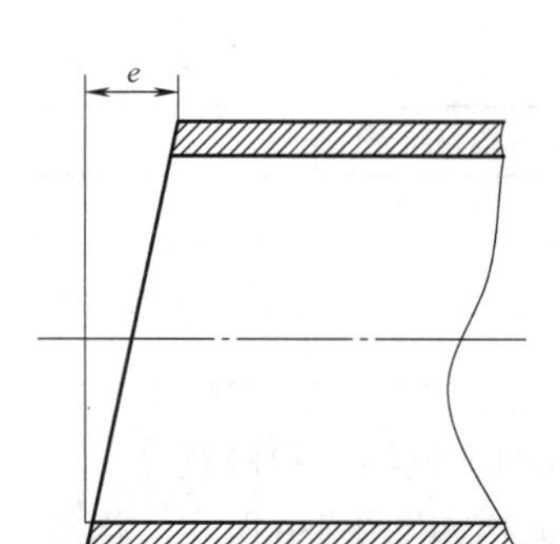

图 1-1-8　金属管道切斜允许值示意图

至管口达到管芯根部。

5. 将卡套移至距管口 0.5～1.5mm 处，再将螺母与管道本体拧紧。

（六）薄壁金属管道卡压连接

1. 管段切割：当管径≤80mm 时，切割工具宜采用专用的电动切管机或手动切管器、手动管割刀；当管径≥100mm 时，宜采用锯床切割，当必须采用砂轮锯时，应采用不锈钢专用砂轮片，且不得切割其他金属管材。

2. 切割后必须清除管内外毛刺。切割后管口的端面应平整，并垂直于管轴线，其切斜允许值如图 1-1-8 所示，并符合表 1-1-4 的要求。

金属管道切斜允许值（mm）　　**表 1-1-4**

公称尺寸 DN	切斜允许值 e	公称尺寸 DN	切斜允许值 e
≤20	0.5	100～150	1.2
25～40	0.6	≥200	1.5
50～80	0.8		

3. 不锈钢管件安装时，密封圈严禁使用润滑油，将管道垂直插入卡压式管件中至规定划线位置，不得歪斜，如图 1-1-9 所示。插入长度 L 可参考表 1-1-5。

4. 卡压完成后检查划线处与接头端部的距离 H，若 DN15～DN25 距离 H 超过 3mm、DN32～DN50 距离 H 超过 4mm，则属于不合格，需切除后重新施工。

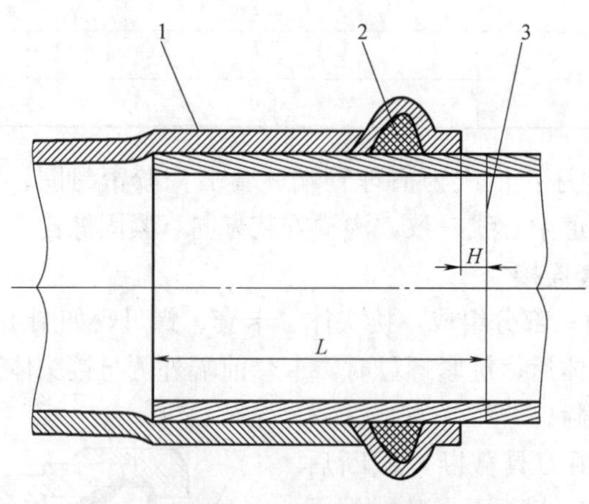

图 1-1-9　薄壁金属管道卡压连接示意图

1—卡压管件；2—密封圈；3—划线位置

薄壁金属管道卡压连接插入长度 L 基准值（mm）　　**表 1-1-5**

公称直径 DN	10	15	20	25	32	40	50	65	80	100
插入长度	18	21	24	24	39	47	52	53	60	75

5. 薄壁金属管道卡压连接时，不同管径管道的卡压压力应满足相应规范要求。采用液压分离式卡压工具对应不同管径的卡压压力见表 1-1-6。

卡压连接压力表　　表 1-1-6

公称通径	卡压压力(MPa)
DN15～DN25	40
DN32～DN50	50
DN65～DN100	60

(七) PPR 管热熔连接

1. PPR 管热熔连接组件主要包括热熔管件、加热头、电热板、加热套以及 PPR 管材，组件连接顺序如图 1-1-10 所示。

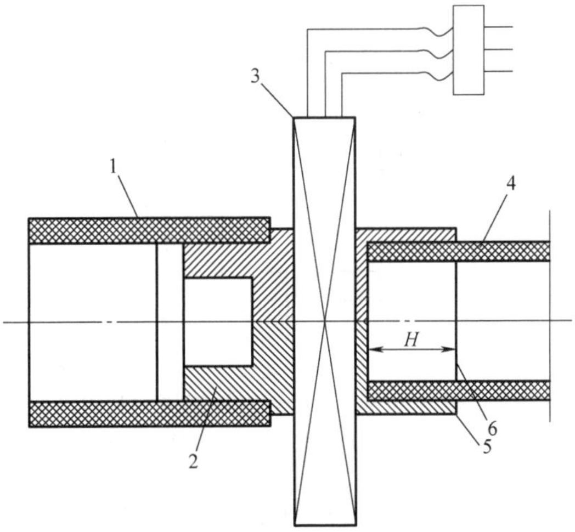

2. 管道切割应使用专用的管剪或管道切割机，管道切割后的断面应去除毛边和毛刺，管道的截面必须垂直于管轴线。

图 1-1-10　PPR 管热熔连接示意图
1—热熔管件；2—加热头；3—电热板；4—PPR 管材
5—加热套；6—热熔深度；H—划线位置

3. 管道热熔前，管材和管件的连接部位必须清洁、干燥、无油，需量出热熔的深度，并做好标记。热熔深度可参考表 1-1-7 的规定。在环境温度小于 5℃时，加热时间应延长 50%。

PPR 管热熔技术要求　　表 1-1-7

公称直径 (mm)	热熔深度 H (mm)	加热时间 (s)	加工时间 (s)	冷却时间 (min)
0	14	5	4	3
25	16	7	4	3
32	20	8	4	4
40	21	12	6	4
50	22.5	18	6	5
63	24	24	6	6
75	26	30	10	8
90	32	40	10	8
110	38.5	50	15	10

4. 连接时，把管端插入加热套内，插到所标志的深度，同时把管件推到加热头上规定标志处。

5. 达到加热时间后，立即把管材与管件从加热套与加热头上同时取下，迅速无旋转地直线均匀插入到所标深度，使接头处形成均匀凸缘。

(八) HDPE 管热熔连接

HDPE 管采用热熔对焊连接或电熔套管连接。

1. 热熔对焊连接

主要包含热熔加热板和 HDPE 管材，如图 1-1-11 所示。

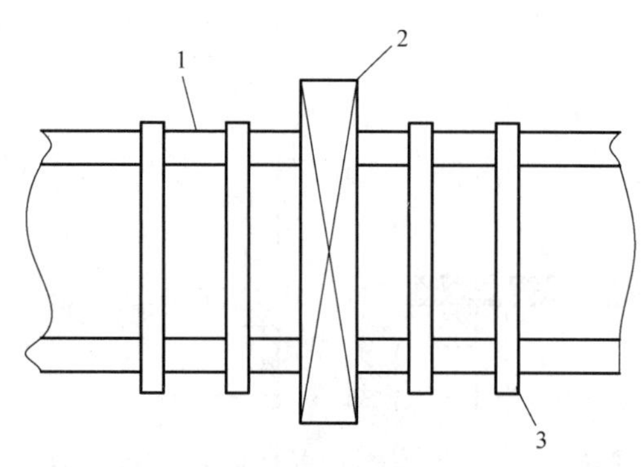

图 1-1-11　HDPE 管热熔对焊连接示意图

1—HDPE 管材；2—热熔加热板；3—对焊液压机架

（1）热熔时将热熔加热板升温至 210℃，放置两管材端面中间，操作电动液压装置使两端面同时完全与电热板接触加热。加热达到要求后，抽掉加热板，再次操作液压装置，使已熔融的两管材端面充分对接并锁定液压装置（防止反弹）。

（2）热熔对接完成后，检查熔接面，需有双面翻边。壁厚偏移量必须小于 10%壁厚，$K>0$，如图 1-1-12 所示。

2. 电熔套管连接

HDPE 管电熔套管连接是将管材完全插入电熔管件内，将专用电熔机两根导线分别接通电熔管件正负两极，接通电源，将预埋在电熔管件内的电热丝加热，使电熔管件与管材接触处材料在加热后熔接成一体，如图 1-1-13 所示。

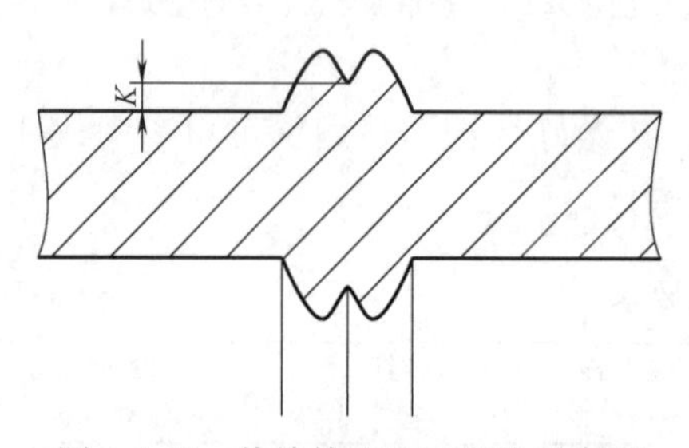

图 1-1-12　热熔接面双面翻边示意图

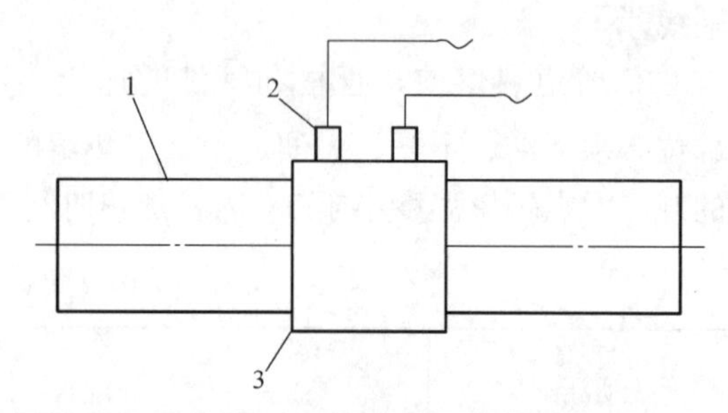

图 1-1-13　HDPE 管电熔套管连接示意图

1—管材；2—电熔管件正负极；3—管件

（九）承插橡胶圈柔性连接

1. 承插橡胶圈柔性连接组成

主要包括插口端、承口端、法兰、密封胶圈以及紧固螺栓等部分，如图 1-1-14 所示。

2. 承插橡胶圈柔性连接安装要求

（1）安装前要确认胶圈应完整、表面光滑、粗细均匀，无气泡、重皮，尺寸偏差应小于 1mm。

（2）安放时胶圈放入承口内的圈槽里，均匀严整地紧贴承口内壁，如有隆起或扭曲现象，必须调平。

（3）安装时，管子插口工作面和胶圈内表面需刷水擦上肥皂，根据插入深度的要求，沿管子插口外表面画出安装线，安装面应与管轴相垂直。每个接口的管道最大偏转角 β 应符合表 1-1-8 的规定。

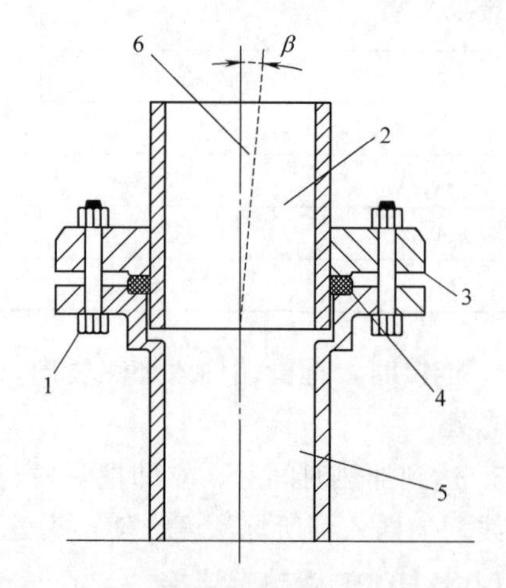

图 1-1-14　承插橡胶圈柔性连接示意图

1—紧固螺栓；2—插口端；3—法兰；

4—密封胶圈；5—承口端；

6—偏转角 β

承插橡胶圈柔性连接最大偏转角 β 表 1-1-8

公称直径 DN	最大偏转角 β(°)	公称直径 DN	最大偏转角 β(°)
≤200	5	≥400	3
200～350	4		

二、管道套管预留、预埋工艺

(一) 刚性防水套管预埋安装

1. 刚性防水套管可分为 A 型、B 型、C 型三种型号。A 型适用于钢管或 PVC 管，B 型和 C 型适用于铸铁管。

2. 适用于钢管的刚性防水套管主要由钢制套管、止水翼环、封口环组成。钢管外面焊接一道止水翼环，迎水面设有封口环，再外层涂有防水层，管材与套管之间的间隙一般灌注发泡聚氨酯，室内侧用水泥砂浆封堵，具体安装示意图如图 1-1-15 所示。

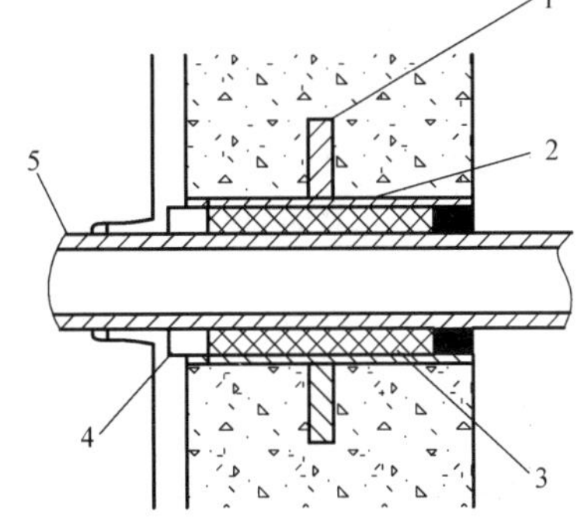

图 1-1-15 刚性防水套管安装示意图
1—止水翼环；2—钢制套管；
3—发泡聚氨酯；4—封口环；
5—管道

3. 刚性防水套管主要用于有可能有水渗漏，而要求又比较高的结构墙、板位置，如地下室的外墙和屋面的楼板等处。

(二) 柔性防水套管预埋安装

1. 柔性防水套管可分为 A 型和 B 型，A 型适用于建筑物的内墙，B 型适用于建筑物的外墙。

2. 柔性防水套管主要由钢制套管、止水翼环、法兰压盖、密封圈等部分组成。具体安装示意图如图 1-1-16 所示。

钢管外面焊接 3 道止水翼环，内部有挡圈、密封圈，外面再做一道法兰压盖，压盖和套管利用螺栓连接，螺栓越紧密封圈越大，越不易漏水。

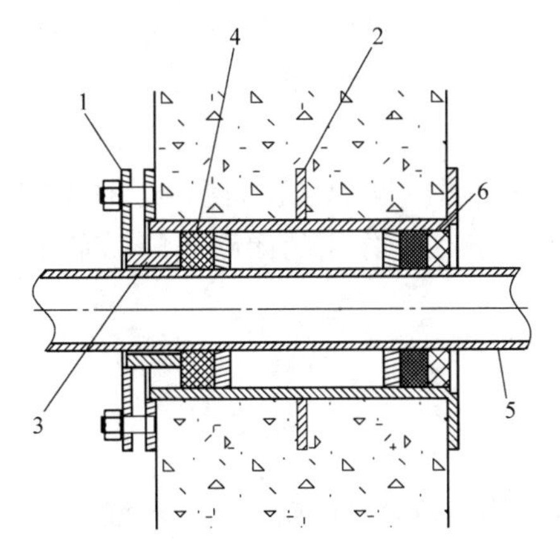

图 1-1-16 柔性防水套管安装示意图
1—紧固螺栓；2—止水翼环；3—法兰压盖；4—密封圈；5—管道；
6—钢制套管

3. 柔性防水套管具有较严密的防水性能以及抗震、抗沉降等优点，一般用在消防水池、饮用水池、污水处理池、城市管廊、地下管道、石油化工、城市建设等的管道建设中。

(三) 穿墙保护套管预埋安装

1. 管道穿越墙体时，应按照设计要求的规格尺寸正确安装套管，其中穿越防火墙必须安装钢制套管，普通隔墙宜安装钢制套管或 PVC 套管。

2. 穿墙保护套管两端应与墙体装饰面齐平，套管与管道之间的缝隙宜用阻燃密实材料填实，且端面光滑，如图 1-1-17 所示。

3. 对有绝热要求的管道，穿越墙体时，应保证绝热层与套管之间有 10～30mm 左右的间隙；套管处需要做绝热处理；用玻璃棉等不燃绝热材料将管道绝热层与套管之间的所有间隙填满塞密。

4. 管道接口不得设置在套管内。

（四）楼板保护套管预埋安装

1. 所有预留套管的中心坐标及标高，偏移设计位置应不大于 20mm。

2. 安装在楼板内的套管，其顶部应高出装饰地面 20mm，安装在卫生间及厨房内的套管，其顶部应高出装饰地面 50mm，底部应与楼板地面相平，套管与管道之间的缝隙宜用阻燃密实材料和防水泥（油膏）填实，且端面光滑。其安装封堵如图 1-1-18 所示。

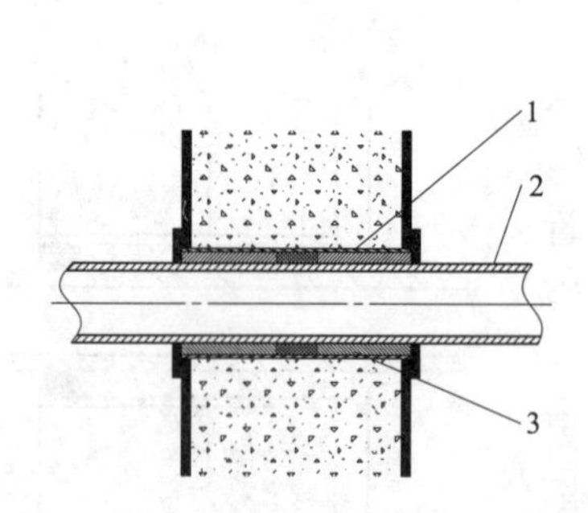

图 1-1-17　穿墙保护套管安装示意图

1—穿墙保护套管；2—管道；
3—阻燃密实材料

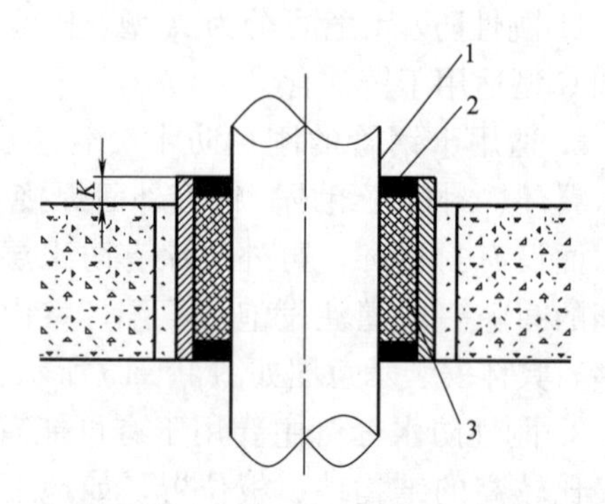

图 1-1-18　楼板保护套管安装示意图

1—管道；2—阻燃密实材料；3—防水泥（油膏）；
K—高出饰面高度

3. 在高层建筑和有防水要求的建筑中，公称直径 DN100 及以上的塑料立管穿楼板处需设置阻火圈。

三、给水管道安装

（一）给水管道阀门检验

1. 给水管道阀门必须具有质量合格证明文件（中文版），规格、型号及性能检测报告应符合国家技术标准或设计要求。进场时应做检查验收，并经监理工程师核查确认。其中生活给水系统所涉及的材料必须达到饮用水卫生标准。

2. 阀门安装前，应做强度和严密性试验。试验应在每批（同牌号、同型号、同规格）数量中抽查 10%，且不少于一个。对于安装在主干管上起切断作用的闭路阀门，应逐个做强度和严密性试验。

3. 阀门的强度和严密性试验，应符合以下规定：

（1）阀门的强度试验压力为公称压力的 1.5 倍。

（2）严密性试验压力为公称压力的 1.1 倍。

（3）试验压力在试验持续时间内应保持不变，且壳体填料及阀瓣密封面无渗漏。

（4）阀门试压的试验持续时间应不少于表 1-1-9 的规定。

（二）给水管道支、吊架安装

1. 无热伸长管道的吊架、吊杆应垂直安装，如图 1-1-19 所示；有热伸长管道的吊架、吊杆应向热膨胀的反方向偏移 $\delta/2$（δ 为热膨胀的位移量），如图 1-1-20 所示。

阀门试验持续时间　　表 1-1-9

公称直径 DN	最短试验持续时间(s)		
	严密性试验		强度试验
	金属密封	非金属密封	
≤50	15	15	15
65～200	30	15	60
250～450	60	30	180

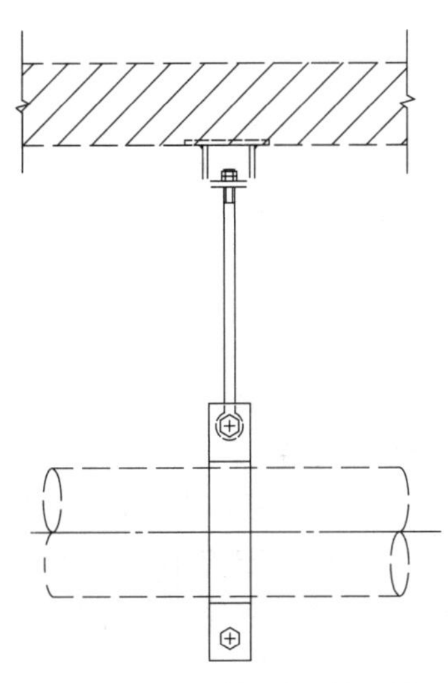

图 1-1-19　无热伸长管道的吊架、吊杆安装示意图

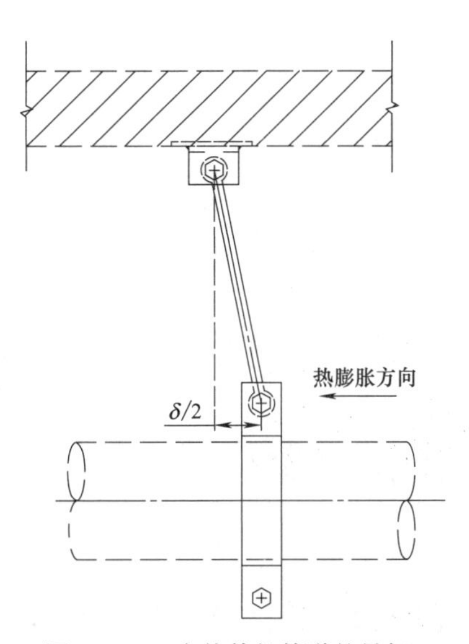

图 1-1-20　有热伸长管道的吊架、吊杆安装示意图

2. 塑料管及复合管垂直或水平安装的支、吊架间距应符合表 1-1-10 的规定。

塑料管及复合管垂直或水平安装的支、吊架最大间距　　表 1-1-10

直径(mm)			12	14	16	18	20	25
管架的最大间距(m)	立管		0.5	0.6	0.7	0.8	0.9	1.0
	水平管	冷水管	0.4	0.4	0.5	0.5	0.6	0.7
		热水管	0.2	0.2	0.25	0.3	0.3	0.35
直径(mm)			40	50	63	75	90	110
管架的最大间距(m)	立管		1.3	1.6	1.8	2.0	2.2	2.4
	水平管	冷水管	0.9	1.0	1.1	1.2	1.35	1.55
		热水管	0.5	0.6	0.7	0.8	—	—

3. 采用金属制作的管道支架，应在塑料管道与支架间加衬非金属垫或套管，如图 1-1-21 所示。

4. 有色金属管道组成件与黑色金属管道支架之间不得直接接触，应采用同材质或对管道组成件无害的非金属隔离垫等材料进行隔离。

5. 金属管道立管管卡安装应符合下列规定：

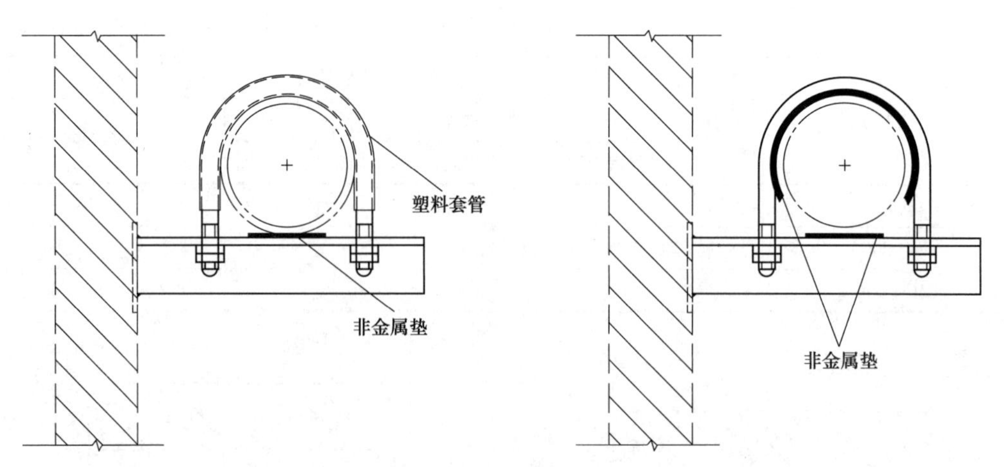

图 1-1-21　管道与支架间加衬非金属垫或套管示意图

（1）楼层高度 H 小于或等于 5m，每层必须安装 1 个管卡。

（2）楼层高度 H 大于 5m，每层不得少于 2 个管卡。

（3）管卡安装高度，距地面 L 应为 1.5～1.8m；2 个以上管卡应匀称安装，同一房间管卡应安装在同一高度上，如图 1-1-22 所示。

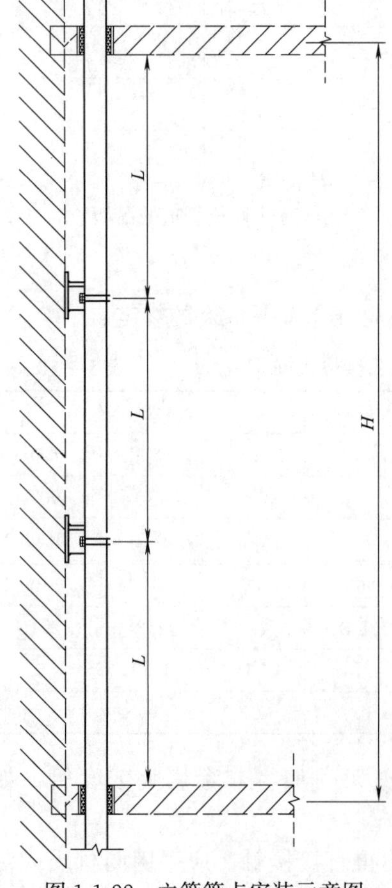

图 1-1-22　立管管卡安装示意图

（三）室内给水管道安装

1. 冷热水管道上下平行安装时热水管道应在冷水管道上方，垂直安装时热水管道应在冷水管道左侧。

2. 给水引入管与排水排出管的水平净距 L 不得小于 1m。

3. 室内给水与排水管道平行敷设时，两管间的最小水平净距 L 不得小于 0.5m，如图 1-1-23 所示。

4. 室内给水与排水管道交叉敷设时，垂直净距 H 不得小于 0.15m，如图 1-1-24 所示。

5. 给水管应铺在排水管上面，若给水管必须铺在排水管的下面时，给水管应加套管，其长度 L 不得小于排水管管径的 3 倍，如图 1-1-25 所示。

6. 给水水平管道应有 2‰～5‰的坡度坡向泄水装置。

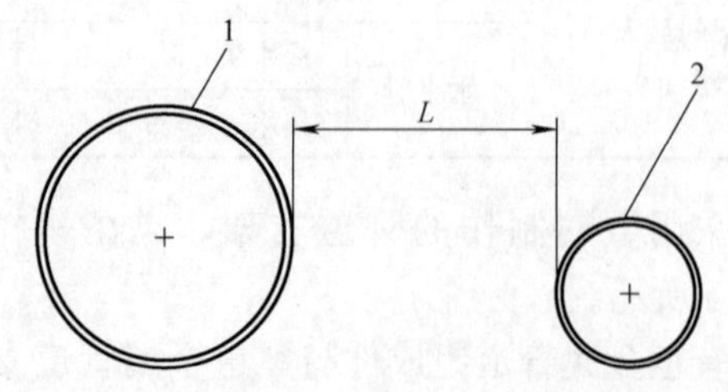

图 1-1-23　给水管与排水管平行敷设示意图

1—排水管；2—给水管

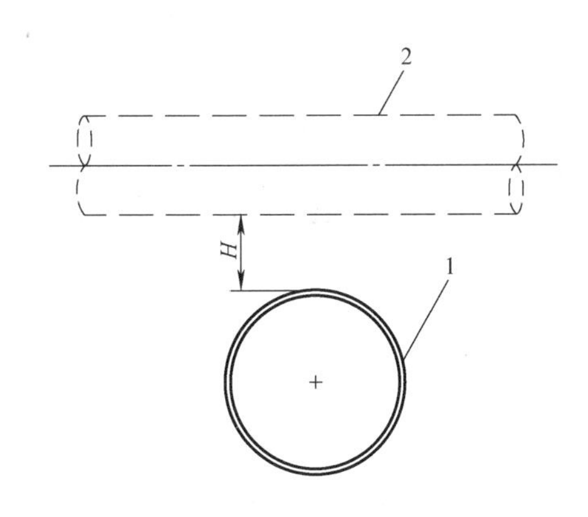

图 1-1-24 给水管与排水管交叉敷设示意图

1—排水管；2—给水管

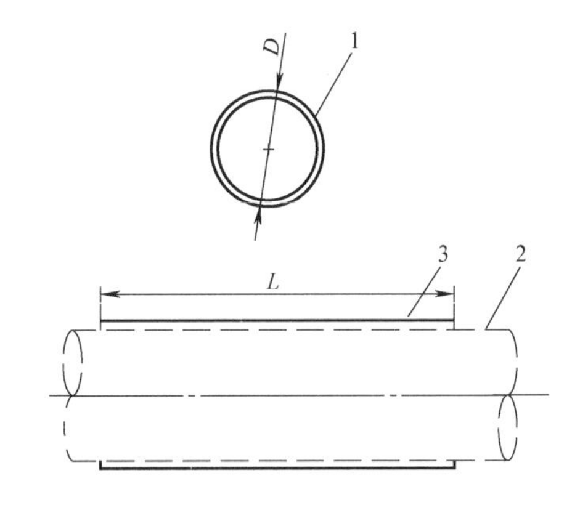

图 1-1-25 给水管敷设在排水管下方加设套管安装示意图

1—排水管；2—给水管；3—套管

（四）室外给水管网安装

1. 给水管道与污水管道在不同标高平行敷设，其垂直间距在 500mm 以内时，给水管管径小于或等于 200mm 的，管壁水平间距不得小于 1.5m；管径大于 200mm 的，不得小于 3m。

2. 给水系统各种井室内的管道安装，如设计无要求，井壁距法兰或承口的距离 L 的要求：当管径 D 小于或等于 450mm 时，L 不得小于 250mm；当管径 D 大于 450mm 时，L 不得小于 350mm（图 1-1-26）。

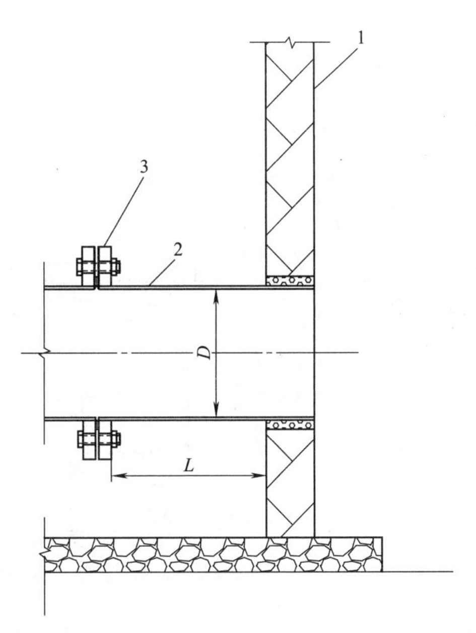

图 1-1-26 管井内管道法兰或承口安装示意图

1—管道井；2—管道；3—法兰

四、排水管道安装

（一）排水管道支、吊架安装

1. 金属排水管道上的吊钩或卡箍应固定在承重结构上，如图 1-1-27 所示。

2. 固定件间距：横管不大于 2m；立管不大于 3m，楼层高度小于或等于 4m，立管可安装 1 个固定件，如图 1-1-28 所示。

3. 排水横管在平面转弯时，弯头处应增设支（吊）架。排水横管起端和终端应采用防晃支架或防晃吊架固定，如图 1-1-29 所示。

4. 排水立管底部的弯管处应设支墩或采取固定措施，如图 1-1-30 所示。

（二）排水塑料管安装

1. 室内生活污水管道应按不同材质及管径设置排水坡度，塑料管的坡度（表 1-1-11）可以低于铸铁管的坡度。

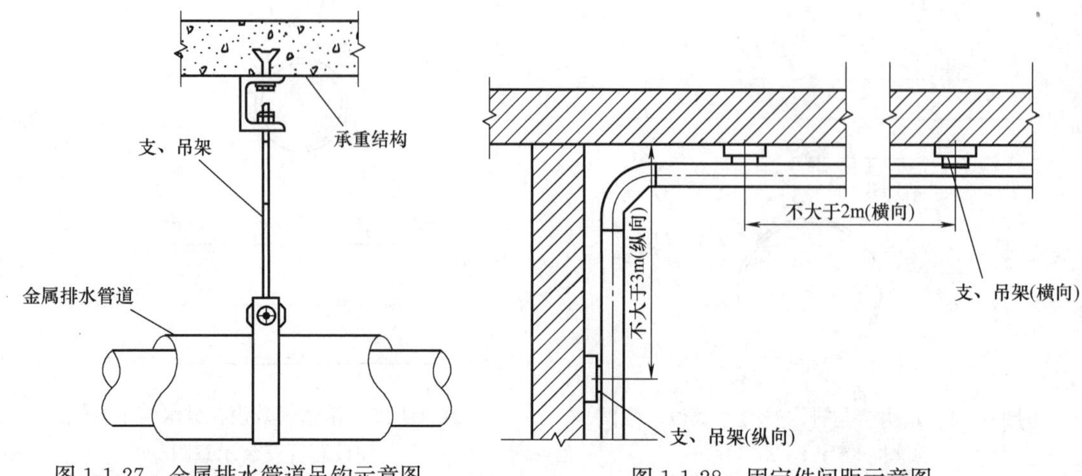

图 1-1-27　金属排水管道吊钩示意图

图 1-1-28　固定件间距示意图

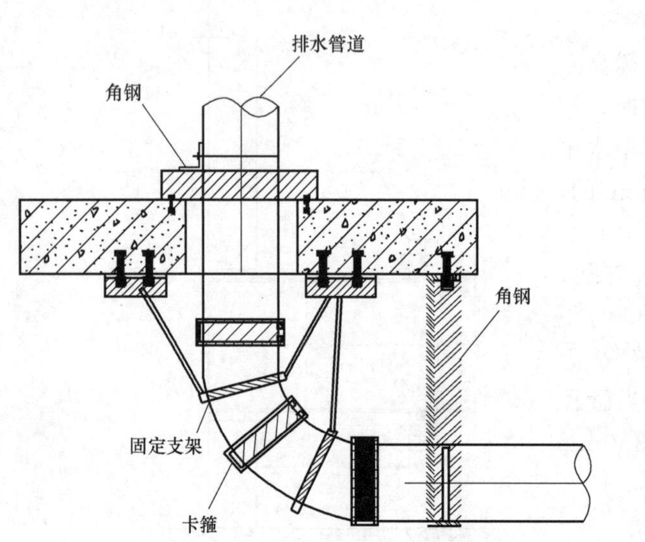

图 1-1-29　横管底部弯管固定支架示意图

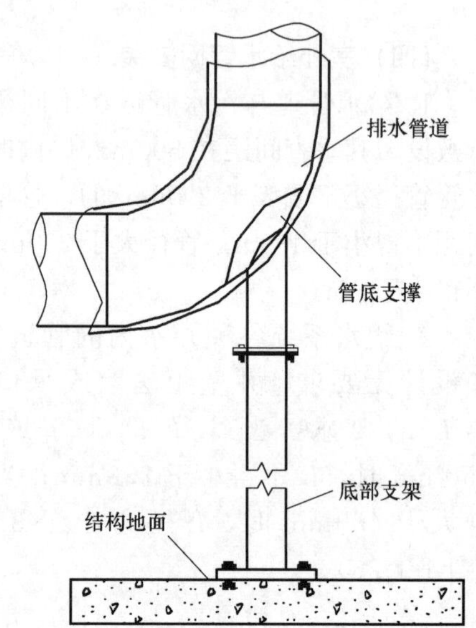

图 1-1-30　排水立管底部弯管支撑示意图

生活污水塑料管道坡度值　　**表 1-1-11**

项次	管径(mm)	标准坡度(‰)	最小坡度(‰)
1	50	25	12
2	75	15	8
3	110	12	6
4	125	10	5
5	160	7	4

2. 排水塑料管的支、吊架间距应符合表 1-1-12 的规定。

3. 排水塑料管必须按设计要求及位置装设伸缩节。如设计无要求时，排水横管伸缩节间距不得大于 4m，如图 1-1-31 所示。高层建筑中明设排水塑料管道应按设计要求设置阻火圈（图 1-1-32）或防火套管。

排水塑料管道支、吊架最大间距（m） 表 1-1-12

管径(mm)	50	75	110	125	160
立管	1.2	1.5	2	2	2
横管	0.5	0.75	1.1	1.3	1.6

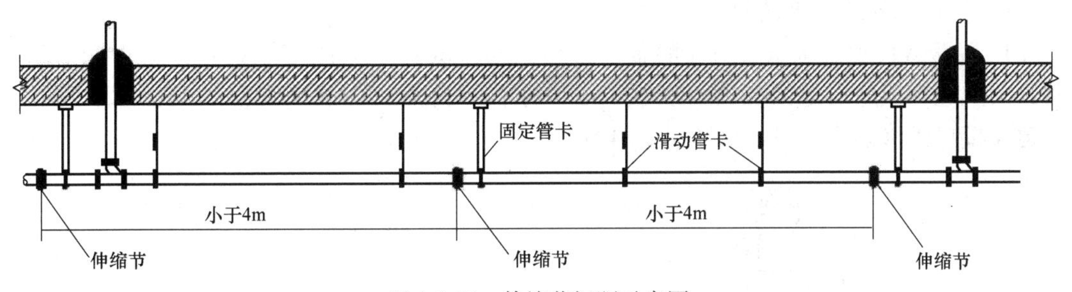

图 1-1-31 伸缩节间距示意图

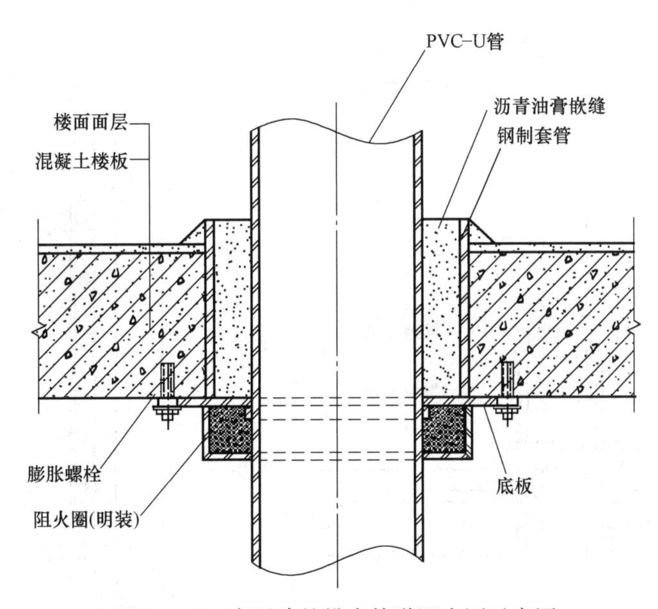

图 1-1-32 高层建筑排水管道阻火圈示意图

（三）排水铸铁管安装

1. 室内生活污水管道应按不同材质及管径设置排水坡度，铸铁管的坡度（表 1-1-13）应高于塑料管的坡度（表 1-1-11）。

生活污水铸铁管道坡度值 表 1-1-13

项次	管径(mm)	标准坡度(‰)	最小坡度(‰)
1	50	35	25
2	75	25	15
3	110	20	12
4	125	15	10
5	150	10	7
6	200	8	5

2. 排水通气管不得与风道或烟道连接，通气管应高出屋面300mm，但必须大于最大积雪厚度。在通气管出口4m以内有门、窗时，通气管应高出门、窗顶600mm或引向无门、窗一侧。在经常有人停留的平屋顶上，通气管应高出屋面2m，并应根据防雷要求设置接地装置，如图1-1-33所示。屋顶有隔热层应从隔热层板面算起。

（四）排水系统灌水试验

1. 隐蔽或埋地的排水管道在隐蔽前必须做灌水试验，其灌水高度应不低于底层卫生器具的上边缘或底层地面高度。满水15min水面下降后，再灌满观察5min，液面不降、管道及接口无渗漏为合格，如图1-1-34所示。

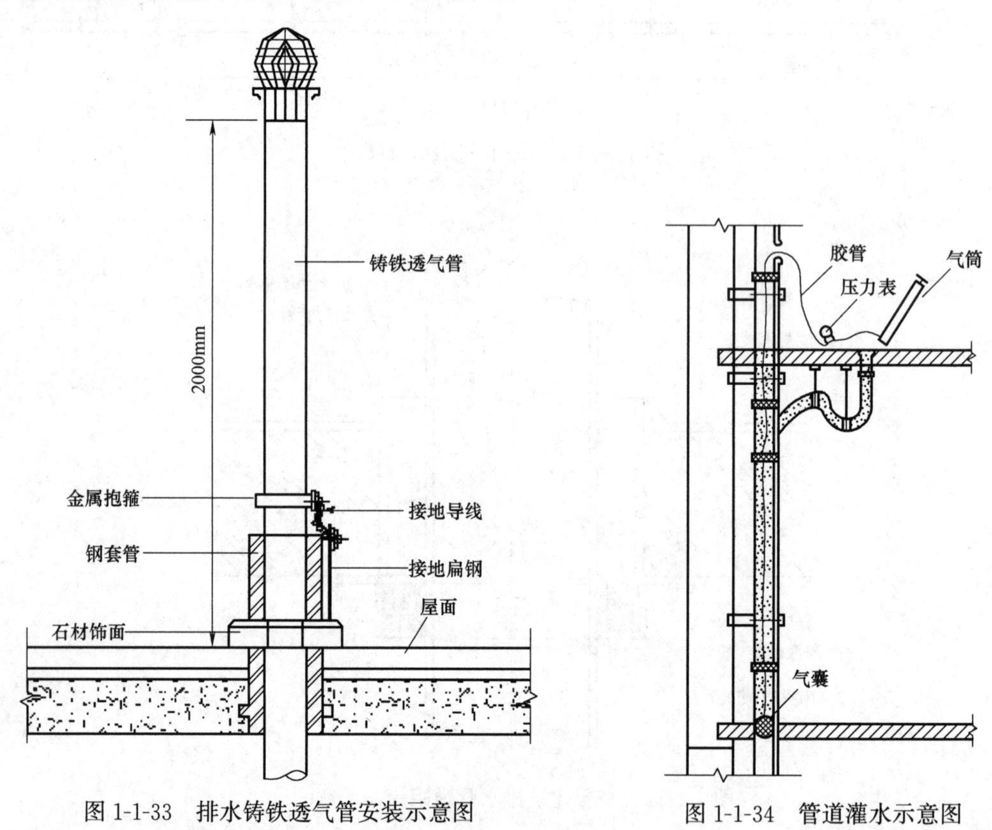

图1-1-33　排水铸铁透气管安装示意图　　图1-1-34　管道灌水示意图

2. 安装在室内的雨水管道安装后应做灌水试验，灌水高度必须到每根立管上部的雨水斗。灌水试验持续1h，不渗不漏为合格。

五、供暖管道安装

（一）室内供暖管道安装

1. 方形补偿器应水平安装，并与管道的坡度一致；如其臂长方向垂直安装必须设排气及泄水装置。

2. 上供下回式系统的热水干管变径应顶平偏心连接，如图1-1-35所示。蒸汽干管变径应底平偏心连接，如图1-1-36所示。

3. 供暖系统安装完毕，管道保温之前进行水压试验。试压时应至少在系统的始端和系统最高点（末端）各装1块压力表，如图1-1-37所示。试验用压力表在检验周期内并校验合格，其精度不得低于 1.6 级，压力表的量程为被测最大压力的 1.5～2 倍。

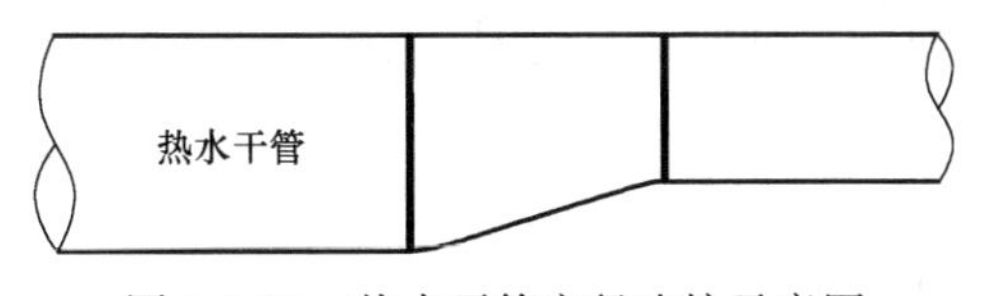

图 1-1-35 热水干管变径连接示意图

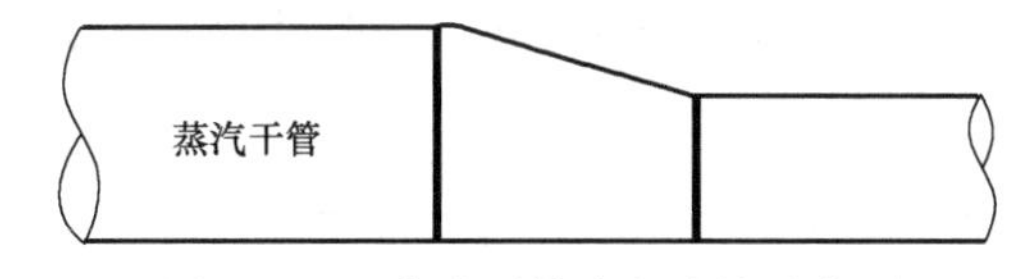

图 1-1-36 蒸汽干管变径连接示意图

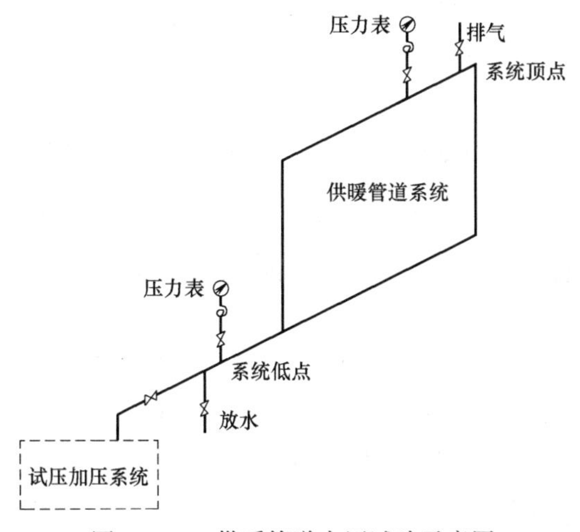

图 1-1-37 供暖管道水压试验示意图

4. 供暖系统管道试验压力应按设计要求。当设计未注明时，应符合以下规定：

(1) 蒸汽、热水供暖系统，应以系统顶点工作压力加 0.1MPa 做水压试验，同时在系统顶点的试验压力不小于 0.3MPa。

(2) 高温热水供暖系统，试验压力应为系统顶点工作压力加 0.4MPa。

(3) 塑料管及复合管的热水供暖系统，应以系统顶点工作压力加 0.2MPa 做水压试验，同时在系统顶点的试验压力不小于 0.4MPa。

(4) 钢管及复合管的供暖系统应在试验压力下 10min 内压力降不大于 0.02MPa，降至工作压力后检查，不渗不漏；塑料管的供暖系统应在试验压力下 1h 内压力降不大于 0.05MPa，然后降压至工作压力的 1.15 倍，稳压 2h，压力降不大于 0.03MPa，同时各连接处不渗不漏。

(二) 低温热水地板辐射供暖管道安装

1. 地面下敷设的盘管埋地部分不应有接头，如图 1-1-38 所示。

2. 盘管隐蔽前必须进行水压试验，试验压力为工作压力的 1.5 倍，但不小于 0.6MPa。稳压 1h 内压力降不大于 0.05MPa 且不渗不漏。

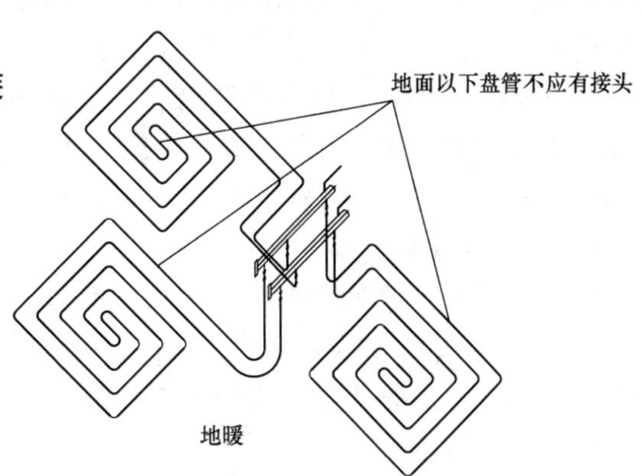

图 1-1-38 低温热水地板辐射供暖盘管安装示意图

(三) 室外供暖管网安装

1. 如设计无规定时，架空敷设的供热管道，跨人行地区时，安装高度 H 不小于 2.5m，跨通行车辆地区敷设时，安装高度 H 不小于 4.5m，如图 1-1-39 所示；跨越铁路敷设时，管道距离轨顶的安装高度 H 不小于 6m，如图 1-1-40 所示。

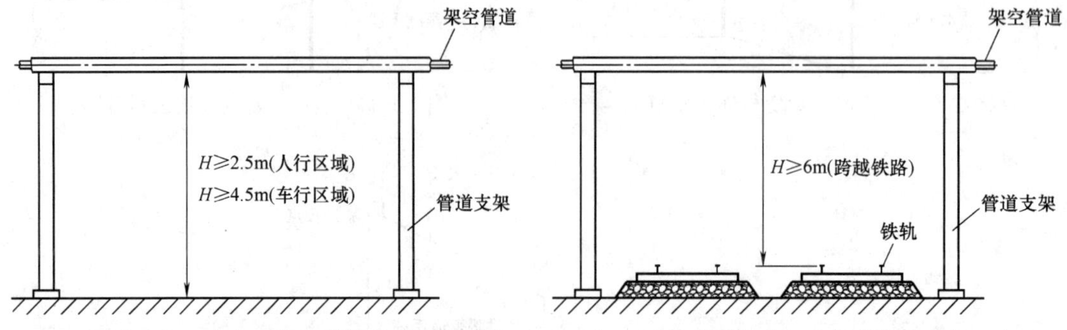

图 1-1-39　跨人行、车行区架空供热管道安装示意图　　图 1-1-40　跨越铁路架空供热管道安装示意图

2. 地沟内的管道安装位置，其净距（保温层外表面）与沟壁 100～150mm，与沟底 100～200mm，与沟顶（不通行地沟）50～100mm，与沟顶（半通行和通行地沟）200～300mm。

3. 供热管道的水压试验压力应为工作压力的 1.5 倍，但不得小于 0.6MPa。在试验压力下 10min 内压力降不大于 0.05MPa，然后降至工作压力下检查，不渗不漏。

4. 供热管道水压试验时，试验管道上的阀门应开启，并应与非试验管道隔断。

六、器具/设备安装

（一）散热器安装

1. 散热器组对应平直紧密，组对后的平直度应符合表 1-1-14 的规定。

散热器类型、片数及平直度　　**表 1-1-14**

项次	散热器类型	片数	允许偏差(mm)
1	长翼型	2～4	4
		5～7	6
2	铸铁片式 钢制片式	3～15	4
		16～25	6

2. 散热器背面与装饰后的墙内表面安装距离，应符合设计或产品说明书要求。如设计未注明，应为 30mm，如图 1-1-41 所示。

3. 散热器组对后，以及整组出厂的散热器在安装之前应做水压试验。试验压力如设计无要求时应为工作压力的 1.5 倍，但不小于 0.6MPa。试验时间为 2～3min，压力不降且不渗不漏。

（二）水表安装

1. 水表应安装在便于检修和读数，不受曝晒、污染和冻结的地方。

2. 安装螺翼式水表，表前与阀门应有不小于 8 倍水表接口直径的直线管段，如图 1-1-42 所示。其他类型水表前后直线管段的长度，应不小于 300mm 或符合产品标准规定的要求。

3. 水表安装时，应使进水方向与表上标志方向一致。旋翼式水表和垂直螺翼式水表应水平安装，水平螺翼式和容积式水表可根据实际情况确定水平、倾斜或垂直安装；垂直

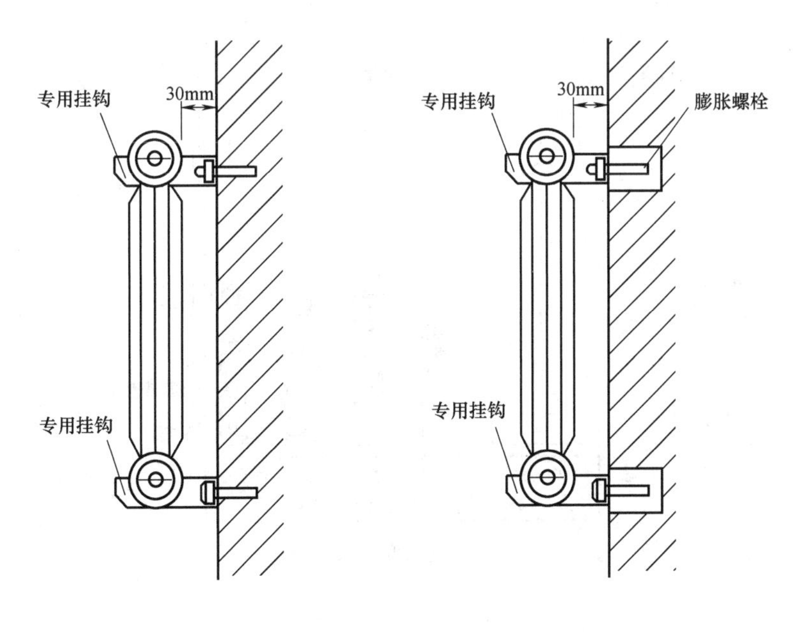

图 1-1-41 散热器安装示意图

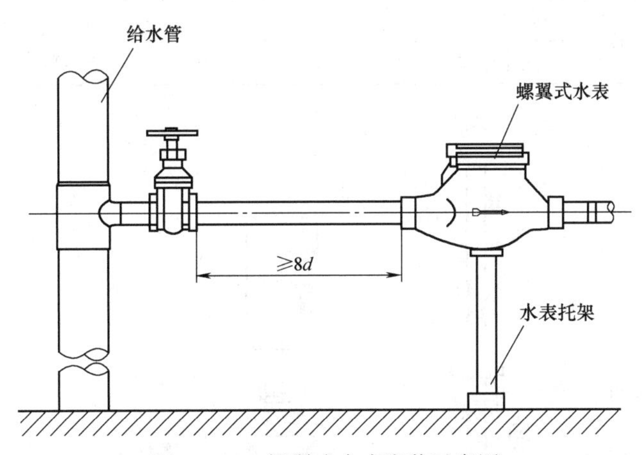

图 1-1-42 螺翼式水表安装示意图

安装时，水流方向必须自下而上。

4. 水表下方设置水表托架（图 1-1-42），宜采用 25mm×25mm×3mm 的角钢制作。

（三）生活给水变频泵组安装

1. 生活给水变频泵组是由给水水泵（通常为立式泵）和定压补水装置共同安装在一个型钢底座上，如图 1-1-43 所示。

2. 水泵组就位前的基础混凝土强度、坐标、标高、尺寸和螺栓孔位置必须符合设计规定，水泵安装的允许偏差及检验方法见表 1-1-15。

3. 安装在水泵进出水管上的软接头必须在阀门和止回阀近水泵的一侧，可曲挠软接头宜安装在水平管上（图 1-1-44），用于生活饮水管道的软接头仍应符合饮用水水质标准，进场时提供饮用水卫生许可文件。

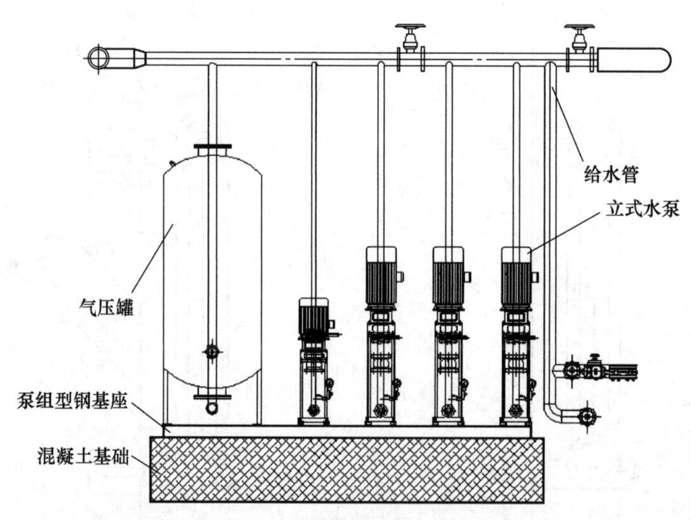

图 1-1-43　生活给水变频泵组安装示意图

水泵安装的允许偏差和检验方法　　**表 1-1-15**

<table>
<tr><th colspan="3">项目</th><th>允许偏差(mm)</th><th>检验方法</th></tr>
<tr><td rowspan="3">离心式水泵</td><td colspan="2">立式泵体垂直度(每米)</td><td>0.1</td><td>水平尺和塞尺检查</td></tr>
<tr><td rowspan="2">联轴器同心度</td><td>轴向倾斜(每米)</td><td>0.8</td><td rowspan="2">在联轴器互相垂直的四个位置上用水准仪、百分表或测微螺钉和塞尺检查</td></tr>
<tr><td>径向位移</td><td>0.1</td></tr>
</table>

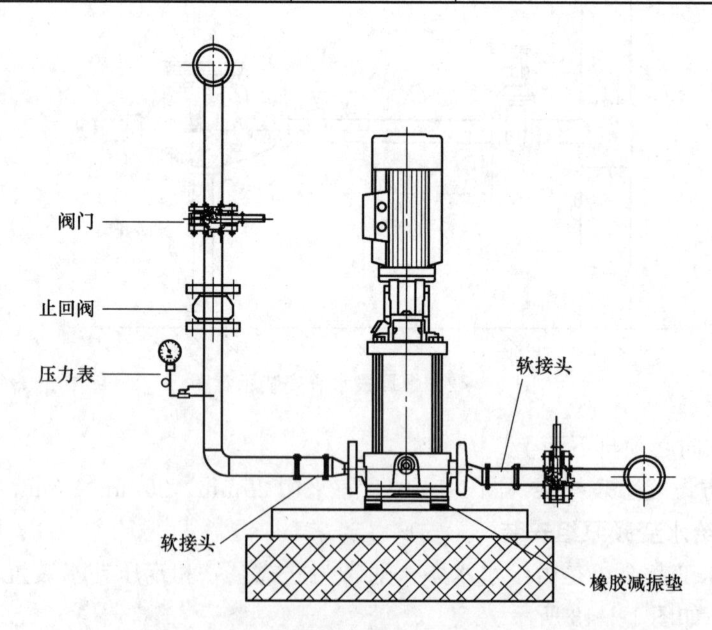

图 1-1-44　立式给水泵可曲挠软接头安装示意图

4. 立式水泵的减振装置不应采用弹簧减振器，如需要可采用橡胶隔振垫或橡胶隔振器，橡胶隔振垫支承点数量应为偶数且不少于 4 个，其布置方式如图 1-1-45 所示。

5. 水泵吸水管道变径连接时，应采用偏心异径管件，并应采用管顶平接，带斜度的一段朝下，以防止产生“气囊”，如图 1-1-46 所示。

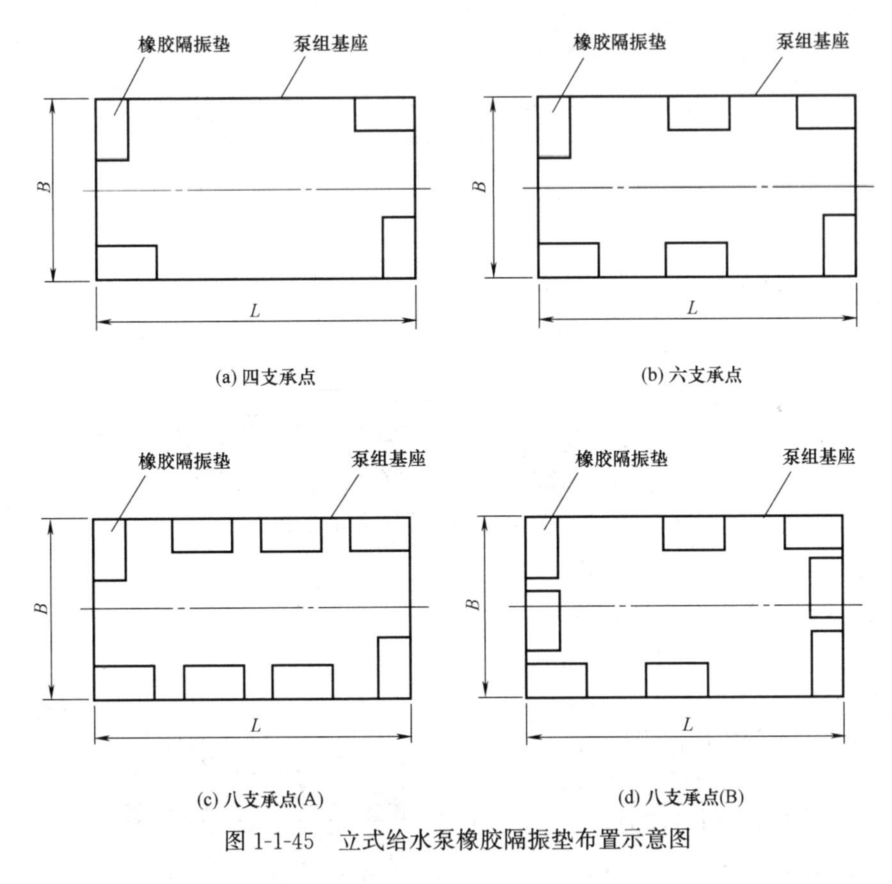

图 1-1-45　立式给水泵橡胶隔振垫布置示意图

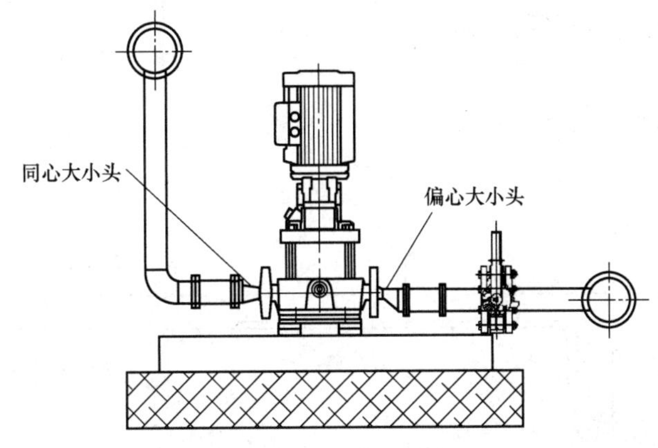

图 1-1-46　给水泵吸水管偏心管件安装示意图

（四）敞口水箱安装

1. 给水敞口水箱溢流管的直径不应小于进水管直径的 2 倍，且不应小于 DN100，溢流管的喇叭口直径不应小于溢流管直径的 1.5～2.5 倍。溢流管末端应加装防虫网，如图 1-1-47 和图 1-1-48 所示。

2. 给水敞口水箱通气管末端应加装防虫网罩，如图 1-1-49 所示。

3. 给水敞口水箱进水管应在溢流水位以上接入，进水管口的最低点高出溢流边缘的高度应等于进水管管径，但最小不应小于 25mm，最大可不大于 150mm（图 1-1-49）；当

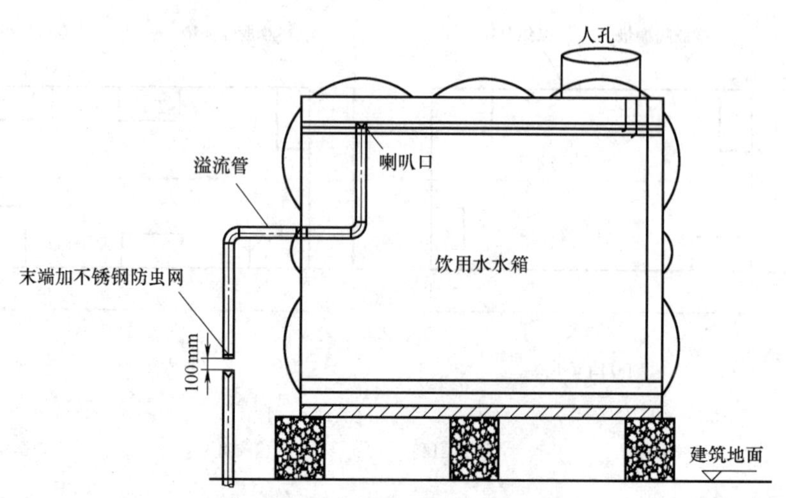

图 1-1-47　水箱溢流管安装示意图

进水管为淹没出流时，应在进水管上设置防止倒流的措施或在管道上设置虹吸破坏孔和真空破坏器，虹吸破坏孔的孔径不宜小于管径的1/5，且不应小于 25mm。但当采用生活给水系统补水时，进水管不应淹没出流。

4. 给水敞口水箱泄水管应设置在排水地点附近，但不得与排水管直接连接，泄水管末端应加装防虫网罩，如图 1-1-49 所示。

5. 给水敞口水箱一般采用不锈钢水箱，与型钢底座之间需加设橡胶绝缘垫（图 1-1-49），防止产生电化学腐蚀现象。

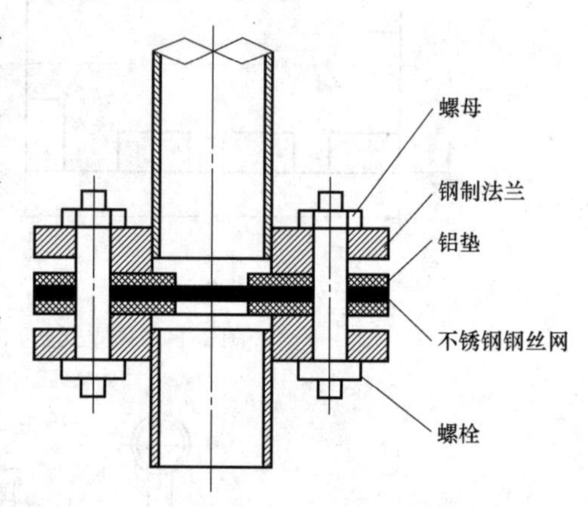

图 1-1-48　溢流管末端防虫网安装详图

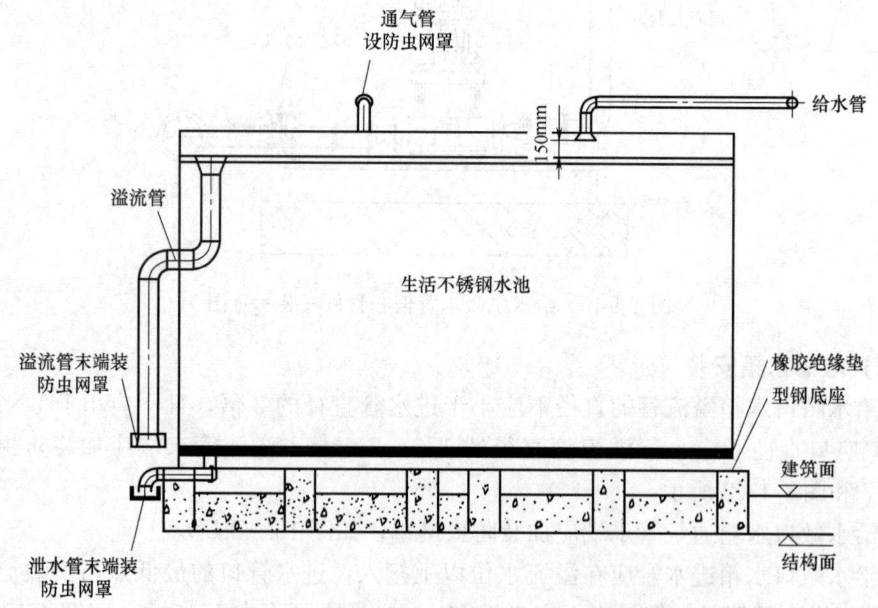

图 1-1-49　给水敞口水箱进水管安装示意图

(五) 锅炉相关阀/管安装

1. 非承压锅炉，锅筒顶部必须敞口或装设大气连通管，连通管上不得安装阀门。

2. 锅炉锅筒上的安全阀（图 1-1-50）分为控制安全阀和工作安全阀两种，控制安全阀的开启压力低于工作安全阀的开启压力。安全阀安装前应逐个进行气密性试验。

3. 蒸汽锅炉安全阀应安装通向室外的排气管（图 1-1-50）。热水锅炉安全阀泄水管应接到安全地点。在排气管和泄水管上不得装设阀门。

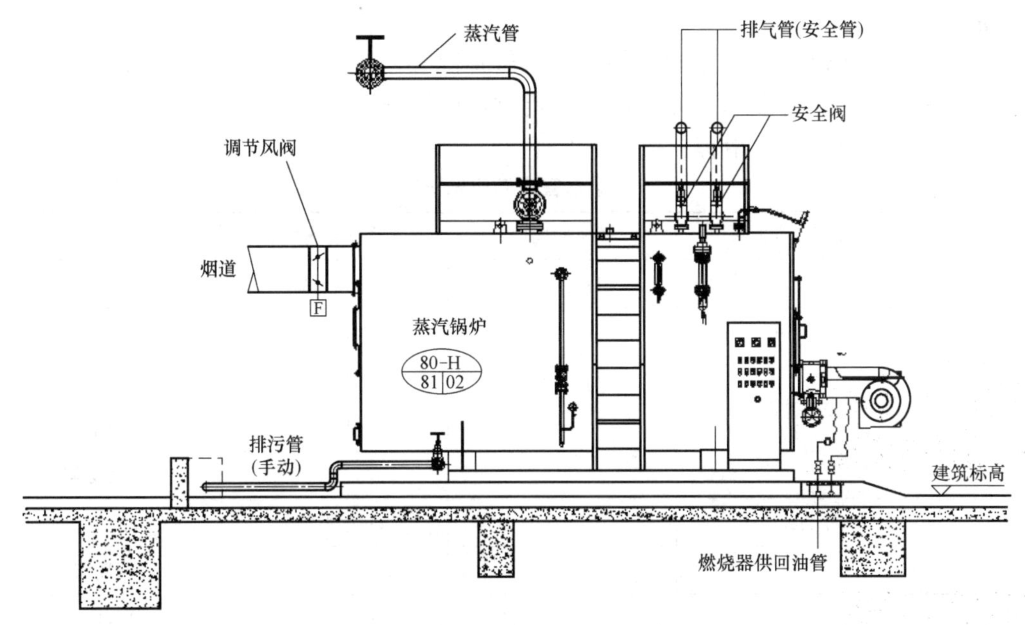

图 1-1-50 锅炉安全阀安装示意图

4. 锅炉投入使用前，安全阀应进行定压调整。

(1) 锅炉装有 2 个安全阀的，一个按表 1-1-16、表 1-1-17 中较高值调整，另一个按表 1-1-16、表 1-1-17 中较低值调整。

(2) 装有一个安全阀时，应按较低值定压。定压时，先调整锅筒上开启压力较高的安全阀，然后再调整开启压力较低的安全阀。

(3) 安全阀的定压必须由当地锅炉安全监察机构指定的专业检测单位进行校验，并出具检测报告和进行铅封。

蒸汽锅炉安全阀整定压力 **表 1-1-16**

额定工作压力(MPa)	安全阀整定压力	
	最低值	最高值
$p \leqslant 0.8$	工作压力加 0.03MPa	工作压力加 0.05MPa
$0.8 < p \leqslant 5.9$	1.04 倍工作压力	1.06 倍工作压力

热水锅炉安全阀整定压力 **表 1-1-17**

最低值	最高值
1.10 倍工作压力， 但是不小于工作压力加 0.07MPa	1.12 倍工作压力， 但是不小于工作压力加 0.10MPa

5. 排烟管道要求：两台或两台以上燃油锅炉共用一个烟囱时，每一台锅炉的烟道上均应配备风阀或挡板装置（图 1-1-50），并应具有操作调节和闭锁功能。

七、管道防腐绝热施工工艺

（一）直埋给水管道防腐施工

1. 管道和管件安装前，应将其内、外壁的污物和锈蚀清除干净。管道安装后应保持管内清洁。

2. 室内直埋给水管道（塑料管道和复合管道除外）应做防腐处理。埋地管道防腐层材质和结构应符合设计要求，如设计无规定时，可按表 1-1-18 的规定执行。卷材与管道间应粘贴牢固，无空鼓、滑移、接口不严等。

给水管道防腐做法 **表 1-1-18**

防腐层层次(从金属表面起)	正常防腐层	加强防腐层	特加强防腐层
1	冷底子油	冷底子油	冷底子油
2	沥青涂层	沥青涂层	沥青涂层
3	外包保护层	加强包扎层	加强保护层
—	—	(封闭层)	(封闭层)
4	—	沥青涂层	沥青涂层
5	—	外包保护层	加强包扎层
6	—	—	(封闭层)
—	—	—	沥青涂层
7	—	—	外包保护层
防腐层厚度不小于(mm)	3	6	9

（二）橡塑绝热层施工

1. 采用橡塑保温材料进行保温时，应先把保温管用小刀划开，在划口处涂上专用胶水，然后套在管子上，将两边的划口对接，如图 1-1-51 所示，若保温材料为板材则直接在接口处涂胶、对接。

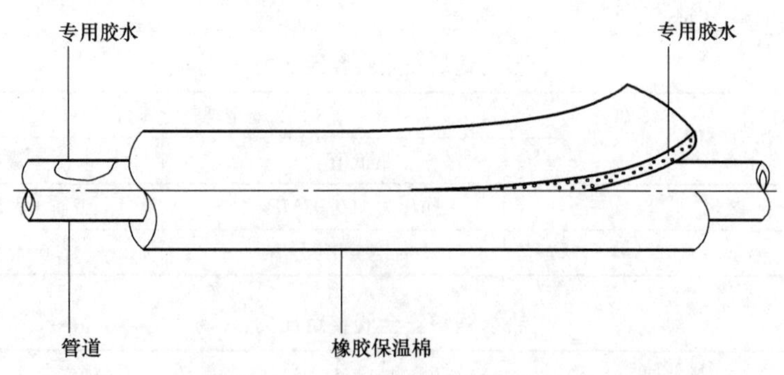

图 1-1-51 橡塑保温安装示意图

2. 管道及设备保温层的厚度和平整度的允许偏差应符合表 1-1-19 的规定。

保温层厚度和平整度允许偏差　　表 1-1-19

项次	项目		允许偏差(mm)	检验方法
1	厚度		$+0.1\delta$ -0.05δ	用钢针刺入
2	表面平整度	卷材	5	用 2m 靠尺和楔形塞尺检查
		涂抹	10	

注：δ 为保温层厚度。

（三）金属外保护层施工

1. 管道金属保护层的纵向接缝施工要求：

（1）当为保温结构时，可采用自攻螺钉或抽芯铆钉固定，间距宜为 150～200mm，间距应均匀一致，且不得刺破防潮层，如图 1-1-52 所示。

（2）当为保冷结构时，应采用镀锌铁丝或胶带等抱箍固定，间距为 250～300mm，间距应均匀，如图 1-1-53 所示。金属保护壳板材的连接应牢固严密，外表应整齐平整。

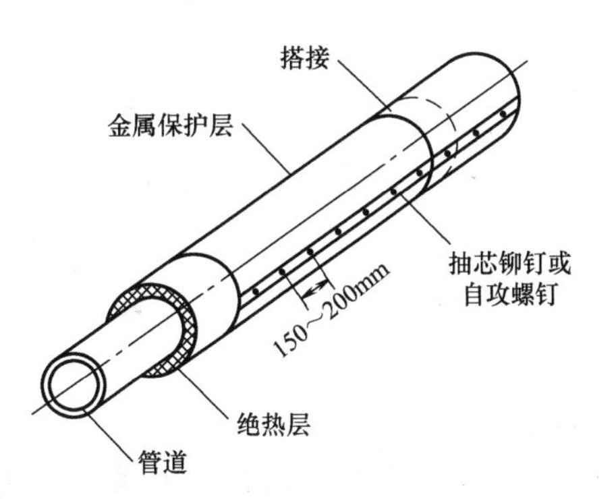

图 1-1-52　管道金属保护层（保温）纵向接缝固定示意图

2. 圆形保护壳应贴紧绝热层，不得有脱壳、褶皱、强行接口等现象。接口搭接应顺水流方向设置，并应有凸筋加强，搭接尺寸应为 20～25mm，如图 1-1-54 所示。

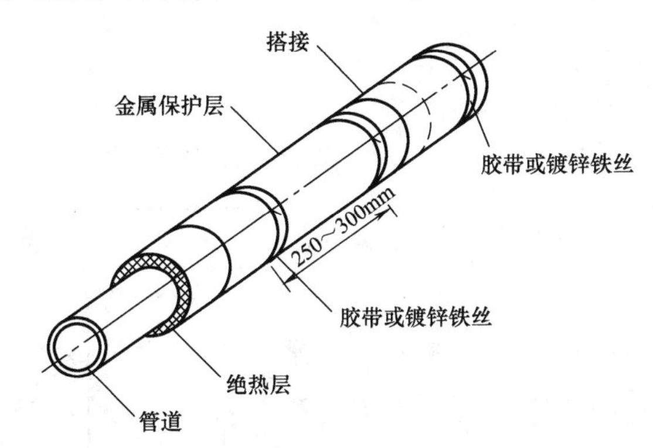

图 1-1-53　管道金属保护层（保冷）纵向接缝固定示意图

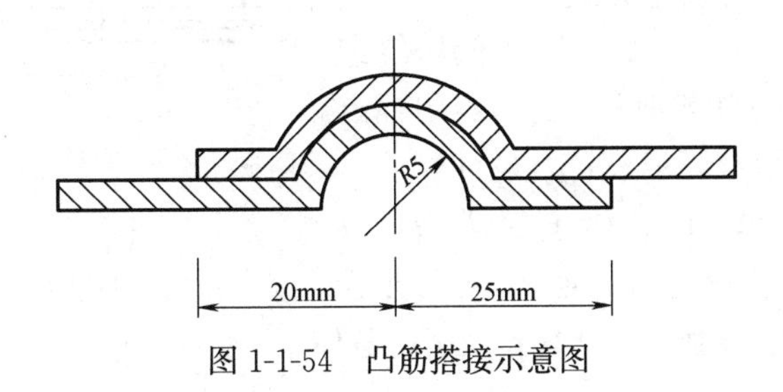

图 1-1-54　凸筋搭接示意图

3. 水平管道金属保护层的环向接缝应顺水搭接，如图 1-1-55 所示，纵向接缝应设于管道的侧下方，并顺水；立管金属保护层的环向接缝必须上搭下。

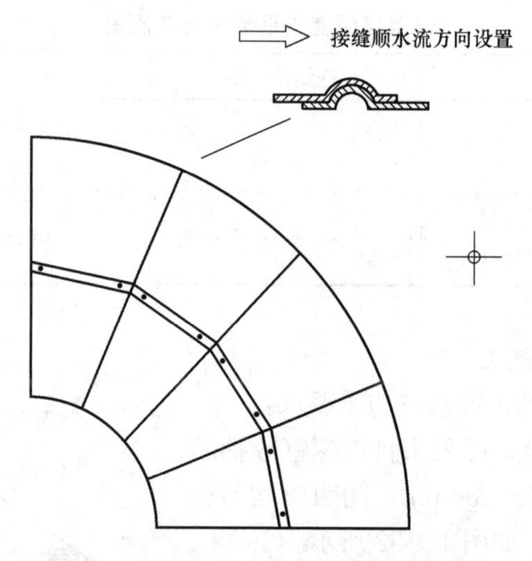

图 1-1-55　金属保护层接缝施工示意图

第二节　建筑电气工程安装工艺细部节点做法

一、变配电工程（35kV 及以下）

（一）变压器

1. 三相干式电力变压器

（1）三相干式电力变压器安装

1）三相干式电力变压器由铁芯、绕组、铁箱、分类开关、风机、温度计等组成，如图 1-2-1 所示。

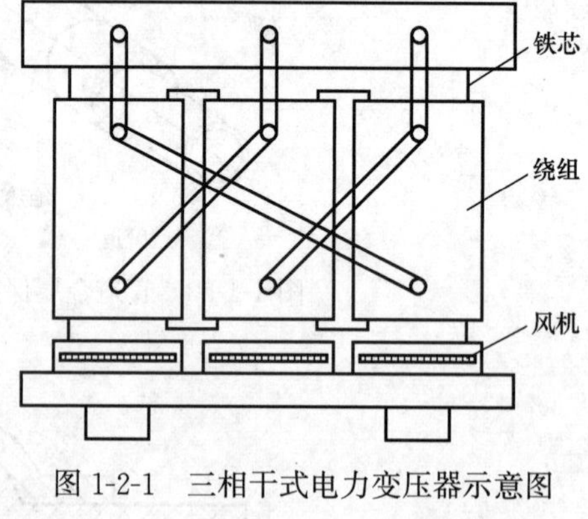

图 1-2-1　三相干式电力变压器示意图

2）变压器就位时，应注意其方位和距离尺寸与图纸相符，允许误差为±25mm。

3）变压器箱体、干式变压器的支架、基础型钢及外壳应分别单独与保护导体可靠连接，紧固件及防松零件齐全。

（2）三相干式电力变压器接线

1）采用 D，yn11 连接的变压器在低压绕组的中性点直接接地（工作接地），变压器中性点的接地连接方式及接地电阻值应符合设计要求。

2）引出一根中性线和一根保护接地线，成为三相五线（TN-S）供电方式，如图 1-2-2 所示，能同时提供线电压（380V）和相电压（220V）两种电压等级，供动力设备和照明设备使用。

2. 箱式变压器

（1）箱式变压器安装

1）箱式变压器及其落地式配电箱的基础应高于室外地坪，周围排水通畅，如图 1-2-3

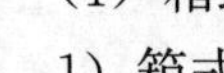

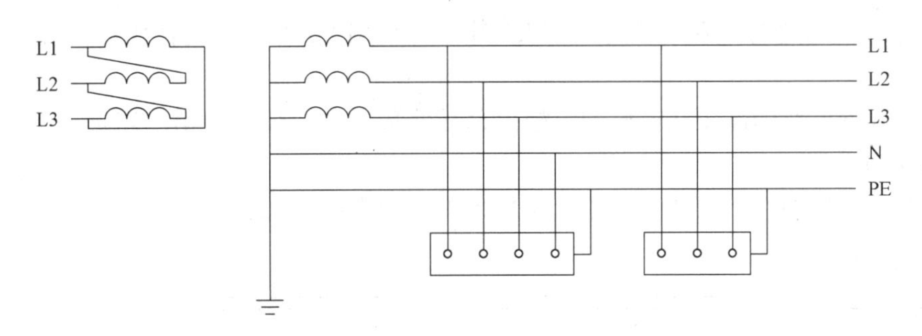

图 1-2-2 三相五线（TN-S）供电方式

所示。

2）用地脚螺栓固定的螺帽应齐全，拧紧牢固；自由安放的应垫平放正。对于金属箱式变电所及落地式配电箱，箱体应与保护导体可靠连接，且有标识。

3）箱式变电所内、外涂层应完整、无损伤，对于有通风口的，其风口防护网应完好。

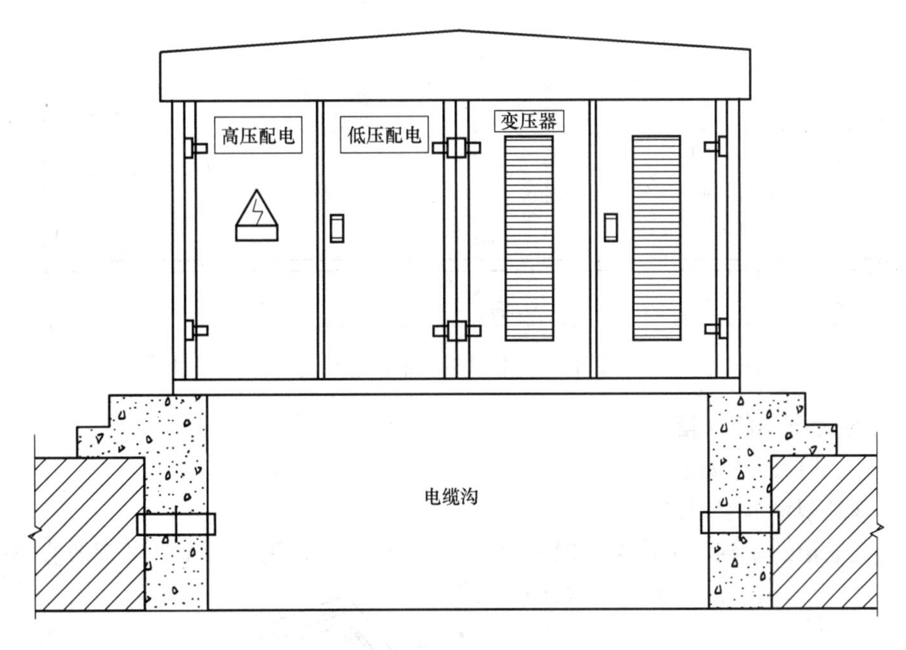

图 1-2-3 箱式变压器示意图

（2）箱式变压器供电系统

1）由高压成套开关柜、低压成套开关柜和变压器三个独立单元组合成的箱式变电所高压电气设备部分，如图 1-2-4 所示。

2）箱式变压器系统应按规范规定完成交接试验且合格；对于高压开关、熔断器等与变压器组合在同一个密闭油箱内的箱式变电所，交接试验应按产品提供的技术文件要求执行。

3）低压配电和馈电线路的每路配电开关及保护装置的相间和相对地间的绝缘电阻值不应小于 0.5MΩ，电气装置的交流工频耐压试验电压应为 1000V，试验持续时间应为 1min，当绝缘电阻值大于 10MΩ 时，宜采用 2500V 兆欧表代替交流工频耐压试验。

4）箱式变电所的高压和低压配电柜内部接线应完整，低压输出回路标记应清晰，回路名称应准确。

5）配电间和静止补偿装置栅栏门应采用裸编织铜线与保护导体可靠连接，其截面积不应小于 $4mm^2$。

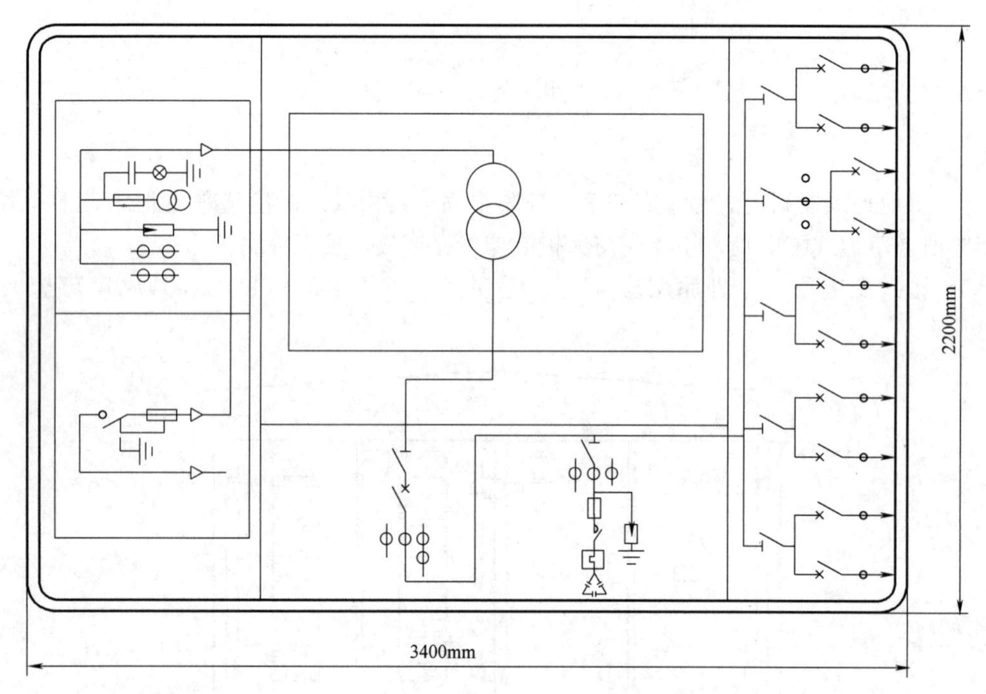

图 1-2-4 箱式变压器供电系统

（二）成套配电柜（箱）

1. 基础型钢制作安装

（1）基础型钢框架制作

成套配电柜的基础型钢框架一般采用 10 号槽钢制作，制作时先将型钢矫直整平，按图纸制作型钢框架，刷防锈漆，如图 1-2-5 所示。

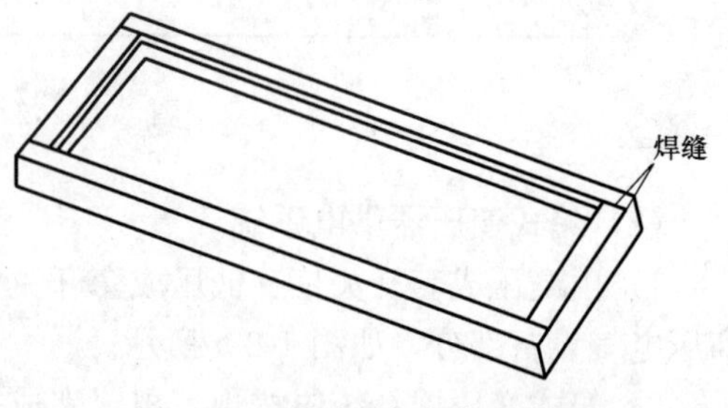

图 1-2-5 基础型钢框架示意图

（2）基础型钢框架安装

1）按施工图纸将基础型钢框架放在预留位置上，用水平尺找正、找平后，将基础型钢框架和预埋铁件用电焊焊牢。一般基础型钢框架顶部宜高出土建地坪 100mm，手车柜基础型钢框架顶面与土建地面相平（铺胶垫时），如图 1-2-6 所示。

2）基础型钢安装允许偏差应符合表 1-2-1 的规定。检查方法：水平仪或拉线尺量检查。

基础型钢安装允许偏差　　表 1-2-1

项目	允许偏差(mm)	
	每米	全长
不直度	1	5
水平度	1	5
不平行度	—	5

3）基础型钢安装后，须可靠接地。将配电室内接地线不小于 100mm² 镀锌扁钢与基础槽钢焊接，不少于两处，焊接长度为扁钢宽度的两倍，应不少于 3 个棱边。

2. 成套配电柜（箱）的安装固定

（1）按施工图顺序将柜体放在基础型钢上，如图 1-2-7 所示。成排柜体各台就位后，先找正一端的柜体，然后逐台找正、找平。

（2）按柜体螺孔位置，在基础型钢框架上钻孔，一般低压柜钻 ϕ12.5 孔，高压柜钻 ϕ16.5 孔，柜体与基础型钢框架间应分别采用 M12、M16 镀锌螺栓固定，柜体与柜体间也应用镀锌螺栓连接，且防松零件应齐全，成套配电柜安装允许偏差见表 1-2-2。

（3）柜体应安装牢固，且不宜设置在水管的正下方。当设计有防火要求时，配电柜的进出口应做防火封堵，并应封堵严密。

（4）室外安装的落地式配电柜、箱的基础应高于地坪，周围排水应通畅，其底座周围应采取封闭措施。

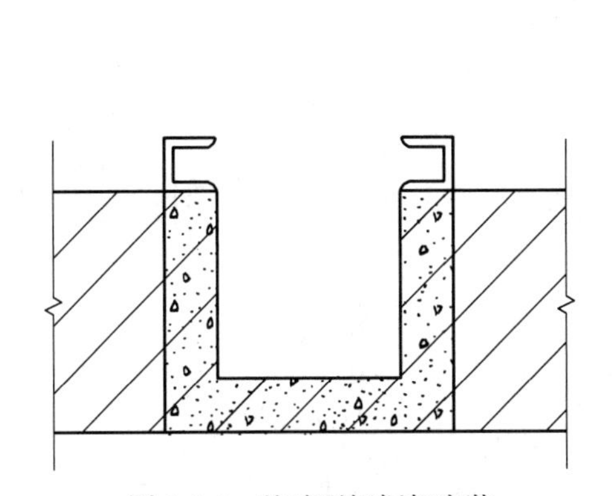

图 1-2-6　基础型钢框架安装

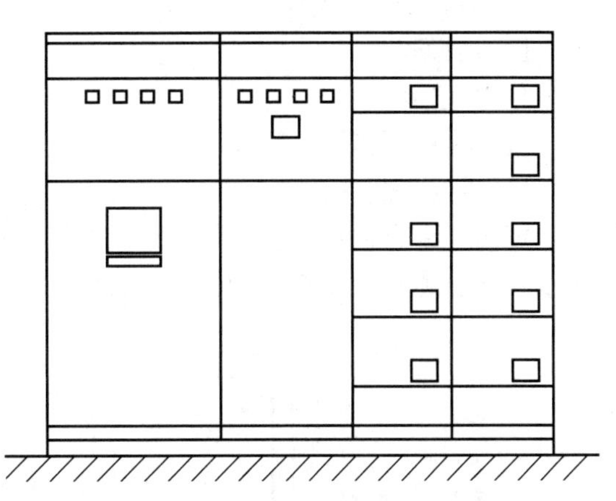

图 1-2-7　室内成套配电柜安装示意图

成套配电柜安装允许偏差　　表 1-2-2

项目		允许偏差(mm)
垂直度	每米	1.5
平行度	相邻两柜顶部	2
	成列柜顶部	5
平面度	相邻两柜面	1
	成列柜面	5
柜间缝隙		2

3. 成套配电柜（箱）的接地

（1）柜、箱的金属框架及基础型钢应与保护导体可靠连接。

（2）对于装有电器的可开启门，门和金属框架的接地端子间应选用截面积不小于 $4mm^2$ 的黄绿色绝缘铜芯软导线连接，并应有标识。

4. 成套配电柜（箱）间配线

（1）柜、箱等配电装置应有可靠的防电击保护。

（2）装置内保护接地导体（PE）排应有裸露的连接外部保护接地导体的端子，并应可靠连接。

（3）当设计未做要求时，连接导体最小截面积应符合现行国家标准《低压配电设计规范》GB 50054 的规定。

（4）对于低压成套配电柜、箱及控制柜间线路的线间和线对地间绝缘电阻值，馈电线路不应小于 0.5MΩ，二次回路不应小于 1MΩ；二次回路的耐压试验电压应为 1000V，当回路绝缘电阻值大于 10MΩ 时，应采用 2500V 兆欧表代替，试验持续时间应为 1min 或符合产品技术文件要求。

（5）二次回路接线应符合设计要求，除电子元件回路或类似回路外，回路的绝缘导线额定电压不应低于 450/750V；对于铜芯绝缘导线或电缆的导体截面积，电流回路不应小于 $2.5mm^2$，其他回路不应小于 $1.5mm^2$。

（6）二次回路连线应成束绑扎，不同电压等级、交流、直流线路及计算机控制线路应分别绑扎，且应有标识；固定后不应妨碍开关或抽出式部件的拉出或推入。

（三）母线

1. 裸铜母线

（1）母线制作

1）母线弯曲

矩形母线的弯曲，应冷弯，不得热弯。母线弯曲有立弯、平弯及扭弯三种，如图 1-2-8 所示，母线最小弯曲半径（*R*）值见表 1-2-3。

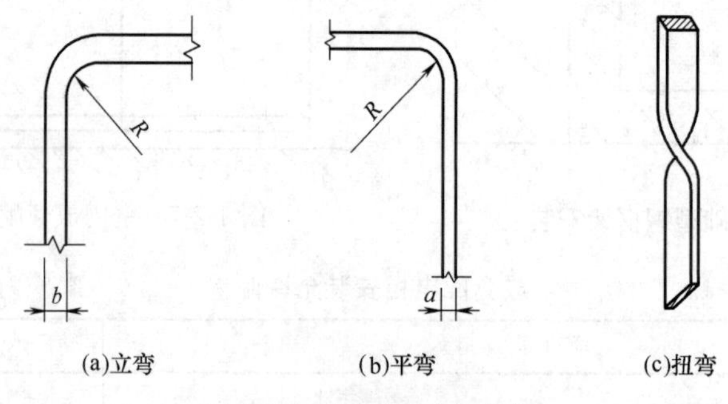

图 1-2-8　矩形母线的弯曲

a—母线厚度；*b*—母线宽度

2）母线钻孔

矩形母线一般采用螺栓固定搭接，在母线的连接处进行钻孔，搭接钻孔的孔径与个数必须符合规范的规定。螺孔间中心距离的允许偏差为±0.5mm，所以螺孔的直径宜大于螺栓 1mm，螺栓孔周边应无毛刺。

母线最小弯曲半径（R）值 **表 1-2-3**

母线种类	弯曲方式	母线断面尺寸(mm)	最小弯曲半径 R(mm)		
			铜	铝	钢
矩形母线	平弯	—	$2a$	$2a$	$2a$
		—	$2a$	$2.5a$	$2a$
	立弯	50×5 及以下	$1b$	$1.5b$	$0.5b$
		125×10 及以下	$1.5b$	$2b$	$1b$

（2）母线连接

1）室外、高温且潮湿或对铜母线有腐蚀性气体的室内必须搪锡（图 1-2-9），在干燥的室内可直接连接。

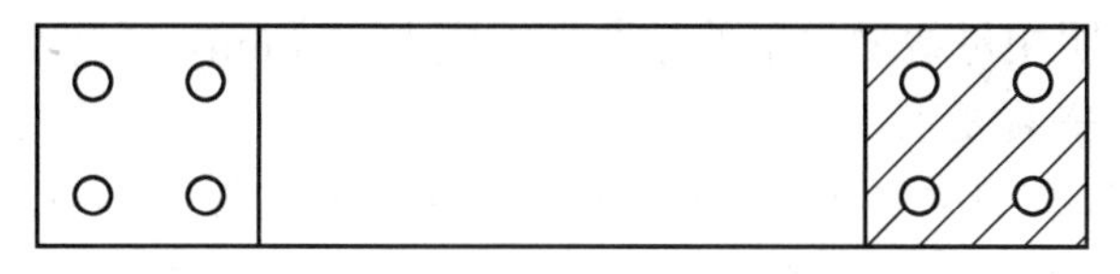

图 1-2-9 铜母线搪锡

2）母线搭接连接的钻孔直径和搭接长度应符合规范规定，当一个连接处需要多个螺栓连接时，每个螺栓的拧紧力矩值应一致。

3）当母线平置时，螺栓应由下向上穿（图 1-2-10），在其他情况下，螺母应置于维护侧。螺栓连接的母线两外侧均应有平垫圈，螺母侧应装有弹簧垫圈或锁紧螺母。

4）必须采用力矩扳手将连接螺栓紧固，连接螺栓的力矩值应符合规范规定，紧固力矩值见表 1-2-4。螺栓受力应均匀，不应使电器或设备的接线端子受额外应力。

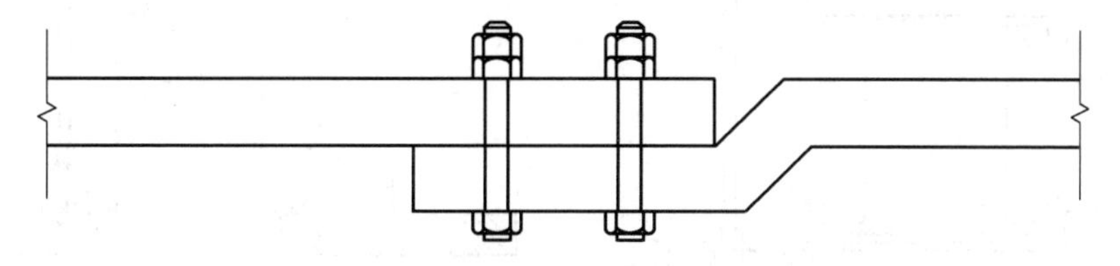

图 1-2-10 母线平置搭接连接

钢制螺栓的紧固力矩值 **表 1-2-4**

螺栓规格(mm)	力矩值(N·m)	螺栓规格(mm)	力矩值(N·m)
M8	8.8～10.8	M16	78.5～98.1
M10	17.7～22.6	M18	98.0～127.4
M12	31.4～39.2	M20	156.9～196.2
M14	51.0～60.8	M24	274.6～343.2

2. 母线槽

（1）母线槽安装前应检查外壳及各零部件是否完整，母线应与外壳同心，允许偏差应为±5mm。

（2）母线槽连接用部件的防护等级应与母线槽本体防护等级一致。用 500V 兆欧表测量每段母线槽的绝缘电阻，不得小于 20MΩ。

（3）母线槽的金属外壳等外露可导电部分应与保护导体可靠连接，母线槽的金属外壳间应连接可靠，且母线槽全长与保护导体可靠连接不应少于 2 处；分支母线槽的金属外壳末端应与保护导体可靠连接。

（4）母线槽跨越建筑物变形缝处时，应设置补偿装置；母线槽直线敷设长度超过 80m，宜设置伸缩节。母线槽不宜安装在水管正下方。

（5）母线槽水平安装要求：

1）采用金属吊架安装如图 1-2-11 所示，母线槽可用夹板、螺栓固定在吊架上，吊架应安装牢固、无明显扭曲，应有防晃支架，配电母线槽的圆钢吊架直径不得小于 8mm，照明母线槽的圆钢吊架直径不得小于 6mm，吊架间距一般不大于 2m。

2）母线槽直线段安装应平直，水平度与垂直度偏差不宜大于 1.5‰，全长最大偏差不宜大于 20mm，照明用母线槽水平偏差全长不应大于 5mm，垂直偏差不应大于 10mm。

（6）母线槽垂直安装要求：

1）垂直安装的母线槽主要在电气竖井内，母线槽的连接段不应设置在穿越楼板处。

2）垂直穿越楼板处应选用弹簧支架，其孔洞四周应设置高度为 50mm 及以上的防水台，并应采取防火封堵措施，如图 1-2-12 所示。

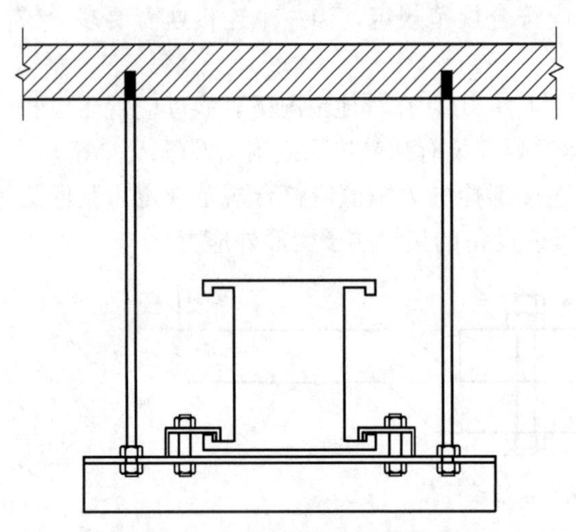

图 1-2-11　母线槽吊架安装示意图

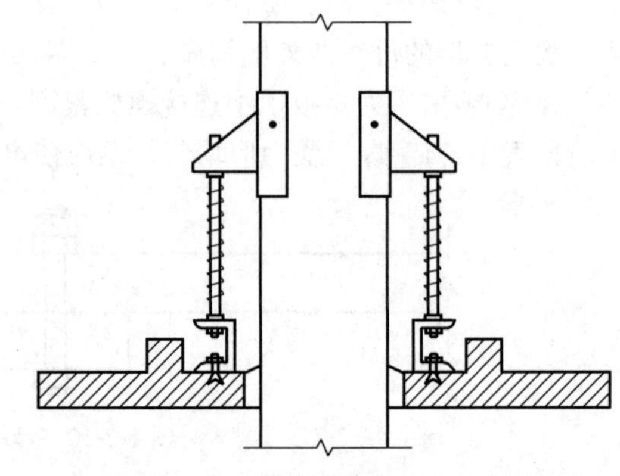

图 1-2-12　母线槽垂直安装示意图

二、配电线路工程

（一）梯架、托盘和槽盒

1. 支架安装

（1）建筑钢结构构件上不得熔焊支架，且不得热加工开孔，以确保建筑结构安全，防止其影响结构强度。

（2）水平安装的支架间距宜为 1.5～3.0m（图 1-2-13），垂直安装的支架间距不应大于 2m。

（3）采用金属吊架固定时，圆钢直径不得小于 8mm，并应设置防晃支架。在分支处或端部 0.3～0.5m 处应有固定支架，如图 1-2-13 所示。

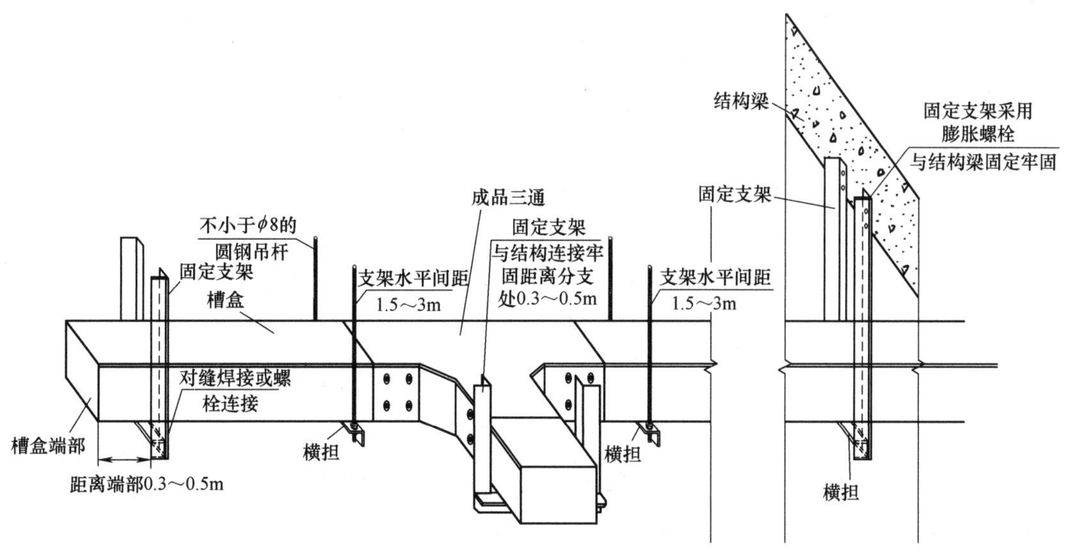

图 1-2-13　支架安装示意图

2. 金属梯架、托盘和槽盒安装连接

（1）金属梯架、托盘或槽盒本体之间的连接应牢固可靠，与保护导体的连接应符合下列规定：

1）金属梯架、托盘和槽盒全长不大于 30m 时，不应少于 2 处与保护导体可靠连接；全长大于 30m 时，每隔 20～30m 应增加一个连接点，起始端和终点端均应可靠接地，如图 1-2-14 所示。

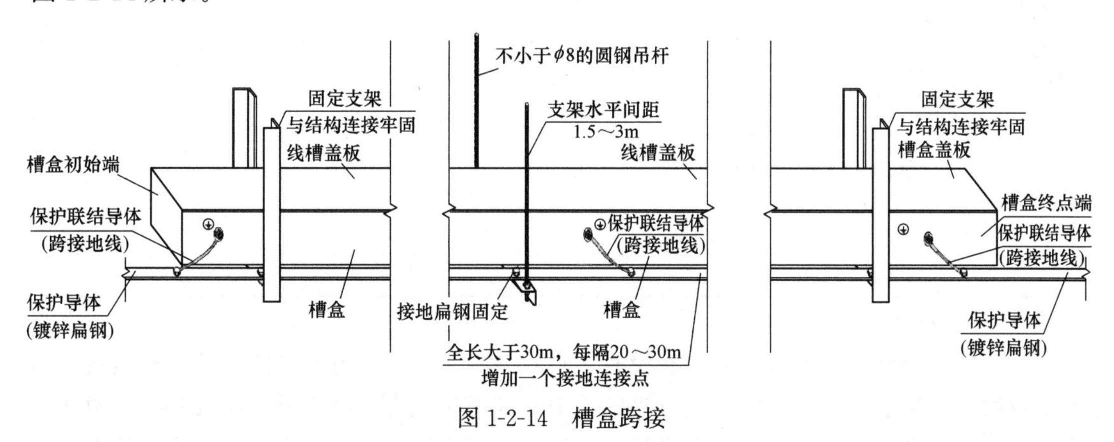

图 1-2-14　槽盒跨接

2）非镀锌金属梯架、托盘和槽盒之间连接的两端应跨接保护联结导体，保护联结导体的截面应符合设计要求，如图 1-2-15 所示。

3）镀锌金属梯架、托盘和槽盒之间不跨接保护联结导体时，连接板每端不应少于 2 个有防松螺帽或防松垫圈的连接固定螺栓，确保桥架之间连接可靠、不松动及电气联通性。

（2）梯架、托盘和槽盒与支架间及与连接板的固定螺栓应采用方颈螺栓紧固，无遗漏，螺母应位于梯架、托盘和槽盒外侧，避免电缆施工时螺栓头损伤电缆。

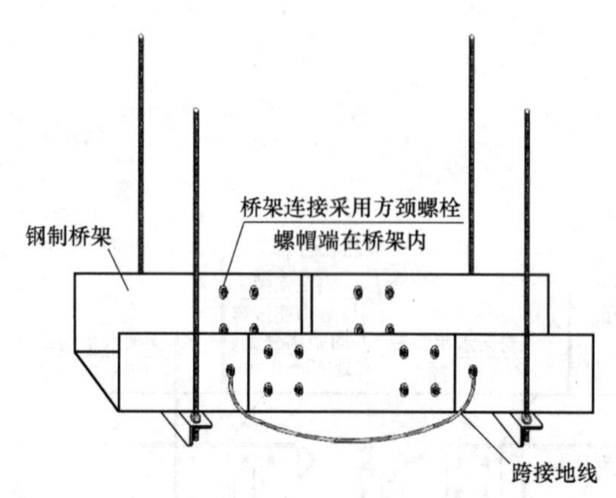

图 1-2-15　非镀锌桥架连接

（3）电缆金属梯架、托盘和槽盒转弯、分支处宜采用专用连接配件，其弯曲半径不应小于金属梯架、托盘和槽盒内电缆最小允许弯曲半径，见表 1-2-5。

电缆最小允许弯曲半径　　　　**表 1-2-5**

电缆形式		电缆外径(mm)	多芯电缆	单芯电缆
塑料绝缘电缆	无铠装	—	15*D*	20*D*
	有铠装		12*D*	15*D*
橡皮绝缘电缆			10*D*	
控制电缆	非铠装型、屏蔽型软电缆		6*D*	—
	铠装型、铜屏蔽型		12*D*	
	其他		10*D*	
铝合金导体电力电缆		—	7*D*	
氧化镁绝缘刚性矿物绝缘电缆		＜7	2*D*	
		≥7，且＜12	3*D*	
		≥12，且＜15	4*D*	
		≥15	6*D*	
其他矿物绝缘电缆		—	15*D*	

注：*D* 为电缆外径。

（4）配线槽盒与水管同侧上下敷设时，宜安装在水管的上方；与热水管、蒸汽管平行上下敷设时，应敷设在热水管、蒸汽管的下方；相互间的最小距离见表 1-2-6，此做法是为了使线缆供电时散热良好，以及当热水或气体管道发生故障时最大限度减少对线缆及槽盒的影响。

导管或配线槽盒与热水管、蒸汽管间的最小距离（mm）　　　　**表 1-2-6**

导管或配线槽盒的敷设位置	管道种类	
	热水	蒸汽
在热水、蒸汽管道上面平行敷设	300	1000
在热水、蒸汽管道下面或水平平行敷设	200	500
与热水、蒸汽管道交叉敷设	不小于其平行的净距	

（5）敷设在电气竖井内穿楼板处和穿越不同防火区的梯架、托盘和槽盒，应有防火隔离措施，如图 1-2-16 所示。

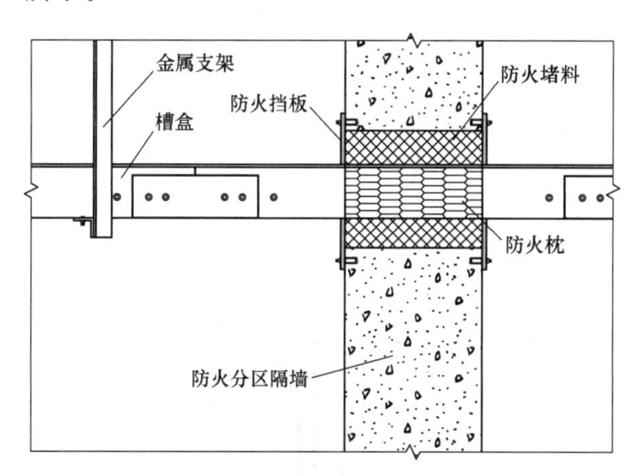

图 1-2-16　槽盒穿防火分区

（6）敷设在电气竖井内的电缆梯架或托盘，其固定支架不应安装在固定电缆的横担上，且每隔 3～5 层应设置承重支架。

（7）对于敷设在室外的梯架、托盘和槽盒，当进入室内或配电箱（柜）时应有防雨措施，槽盒底部应有泄水孔，如图 1-2-17 所示。

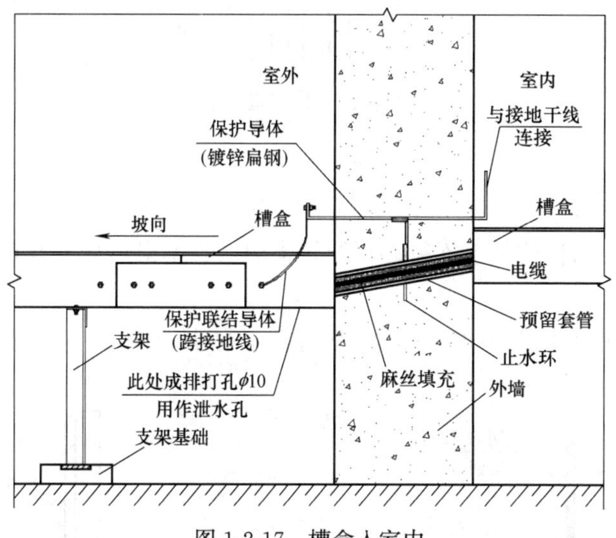

图 1-2-17　槽盒入室内

（8）当直线段电缆金属梯架、托盘和槽盒长度超过 30m 或过结构伸缩缝处，应设置伸缩节，需接地连接的在伸缩节处要确保接地柔性连接，且确保连接可靠，如图 1-2-18 所示。

（9）在竖井内穿越楼板要求：

1）梯架、托盘和槽盒预留洞周边应砌筑防水台（图 1-2-19），防止竖井内溢洒液体直接进入梯架、托盘和槽盒，影响用电安全。

2）电缆敷设完毕后应用防火封堵材料将梯架、托盘和槽盒内外封堵严密（图 1-2-19）。

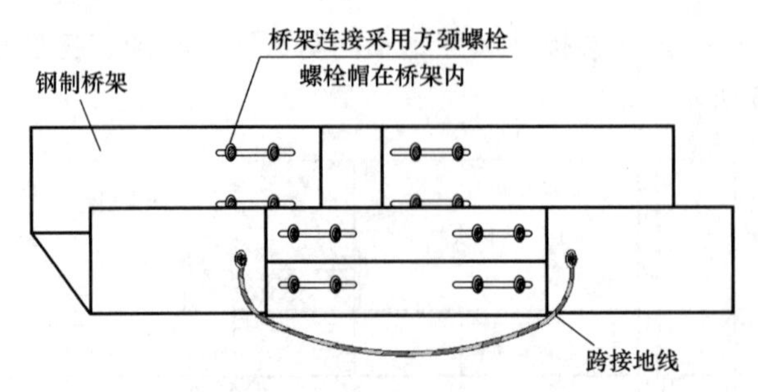

图 1-2-18　伸缩节安装

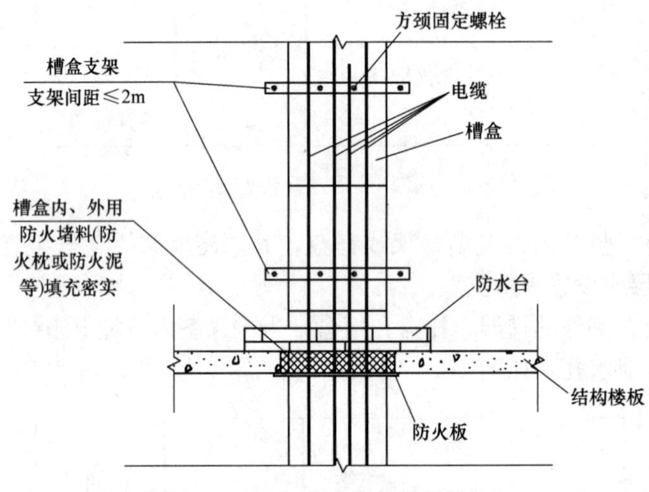

图 1-2-19　竖井内穿越楼板做法

（二）导管敷设

1. 支架安装

(1) 承力建筑钢结构构件上不得熔焊导管支架，且不得热加工开孔，防止热加工影响结构强度。

(2) 当导管采用金属吊架固定时，圆钢直径不得小于 8mm，并应设置防晃支架，如图 1-2-20 所示。

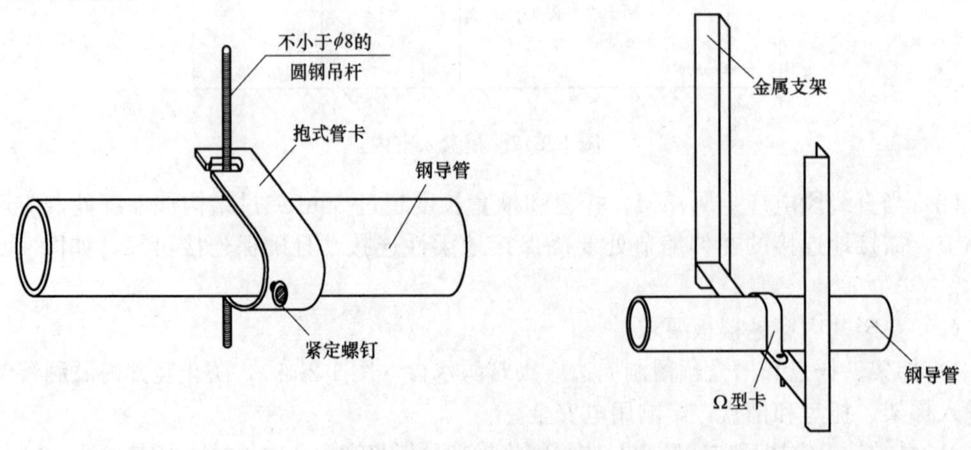

图 1-2-20　导管支架

（3）在距离盒（箱）、分支处或端部 0.3～0.5m 处应设置固定支架。

2. 金属导管敷设

（1）钢导管不得采用对口熔焊连接；镀锌钢导管或壁厚小于或等于 2mm 的钢导管，不得采用套管熔焊连接，防止损伤导管而影响导管保护功能。

（2）镀锌钢导管、可弯曲金属导管和金属柔性钢导管不得熔焊连接，防止损伤导管而影响导管保护功能。

（3）暗配导管的表面埋设深度与建（构）筑物表面的距离不应小于 15mm。

（4）导管穿越密闭或防护密闭隔墙时应设置预埋套管，预埋套管的制作和安装应符合设计要求，套管两端伸出墙面的长度宜为 30～50mm，导管穿越密闭穿墙套管的两侧应设置接线盒并应做好封堵，如图 1-2-21 所示。

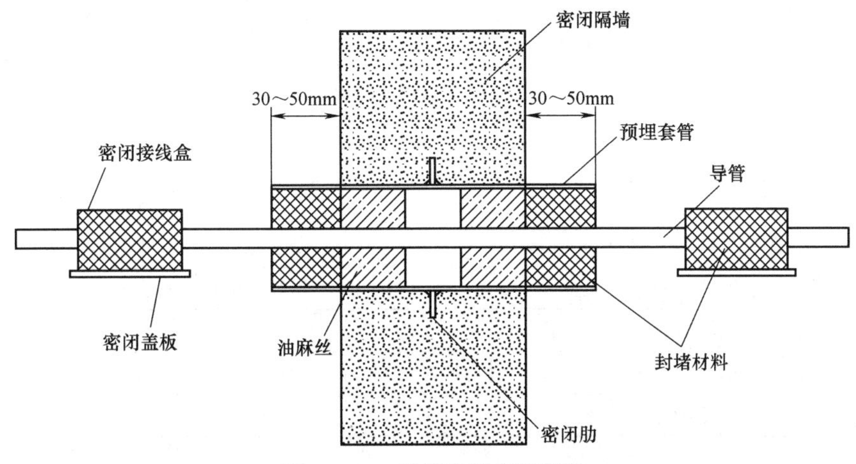

图 1-2-21 导管穿越密闭隔墙

（5）导管弯曲半径：

1）明配导管的弯曲半径不宜小于管外径的 6 倍，弯曲半径过小会影响穿线缆，且导管在加工弯曲的过程中更容易变形，如图 1-2-22 所示。

2）埋设于混凝土内的导管的弯曲半径不宜小于管外径的 6 倍。

3）电缆导管的弯曲半径不应小于电缆最小允许弯曲半径，电缆最小允许弯曲半径应符合规范规定。

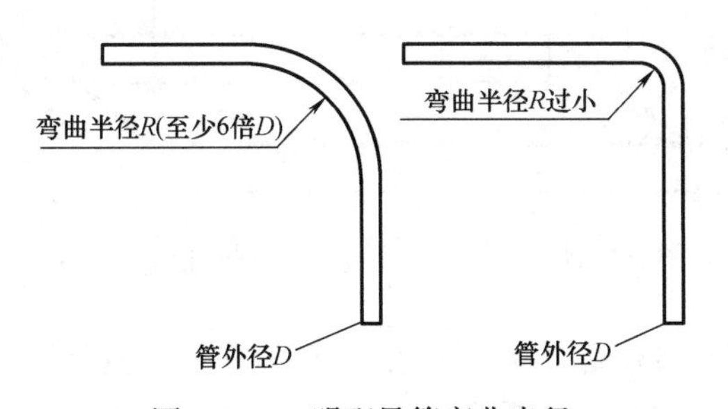

图 1-2-22 明配导管弯曲半径

（6）明配电气导管应排列整齐、固定点间距均匀、安装牢固，如图 1-2-23 所示；中间的管卡最大距离应满足表 1-2-7 的要求。

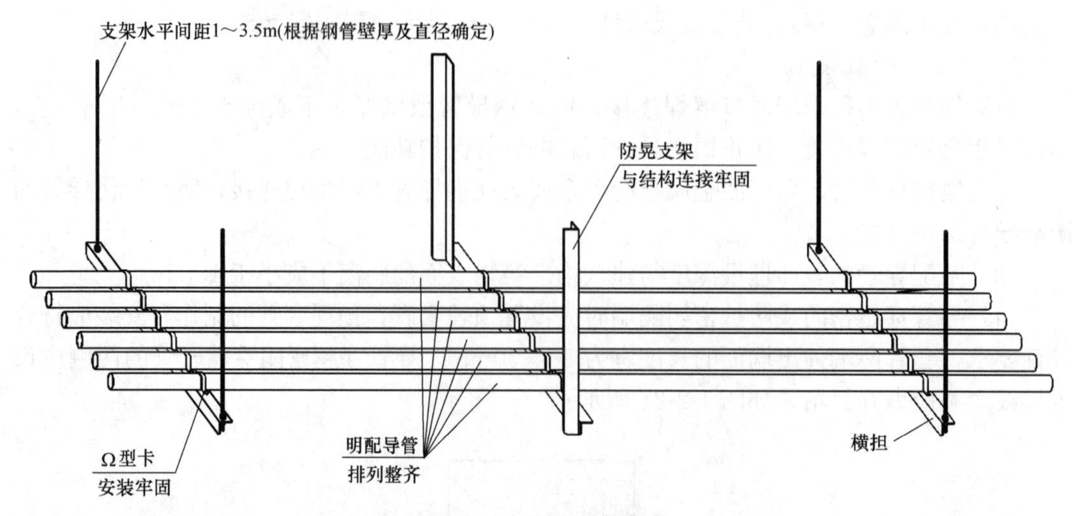

图 1-2-23　多管明配敷设

管卡间的最大距离　　**表 1-2-7**

敷设方式	导管种类	导管直径(mm)			
		15～20	25～32	40～50	65 以上
		管卡间最大距离(m)			
支架或沿墙明敷	壁厚＞2mm 刚性钢导管	1.5	2.0	2.5	3.5
	壁厚≤2mm 刚性钢导管	1.0	1.5	2.0	—
	刚性塑料导管	1.0	1.5	2.0	2.0

（7）进入配电（控制）柜、台、箱内的导管管口，当箱底无封板时，管口应高出柜、台、箱、盘的基础面 50～80mm，并做好封堵，如图 1-2-24 所示。

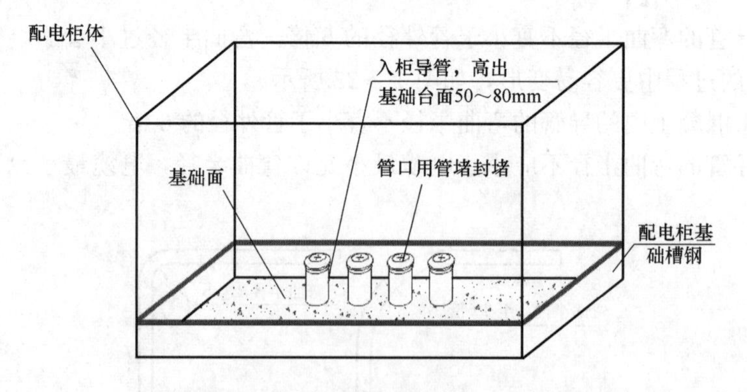

图 1-2-24　导管下入配电（控制）柜、台、箱

（8）焊接钢管采用套管熔焊连接，套管长度不小于管外径的 2.2 倍，管与管的对口处应位于套管的中心，焊缝密实，外观饱满。

（9）当非镀锌钢导管采用螺纹连接时，连接处的两端应熔焊焊接保护联结导体；熔焊焊接的保护联结导体宜为圆钢，直径不应小于 6mm，其搭接长度应为圆钢直径的 6 倍，如图 1-2-25 所示。

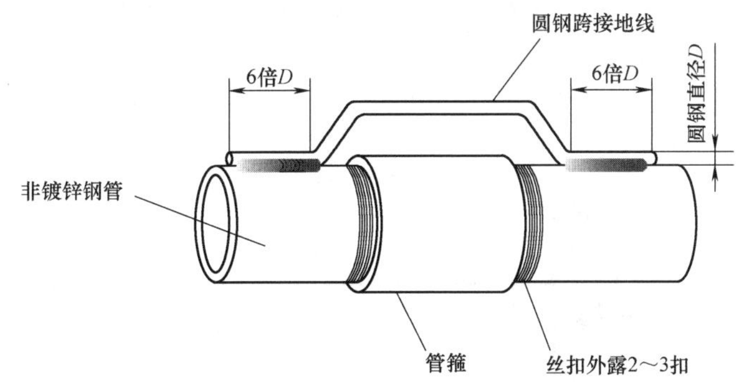

图 1-2-25　非镀锌钢导管螺纹连接

（10）焊接钢管入盒一般采用丝扣连接，需采用 $\phi6$ 的圆钢进行现场焊接跨接，如图 1-2-26 所示。

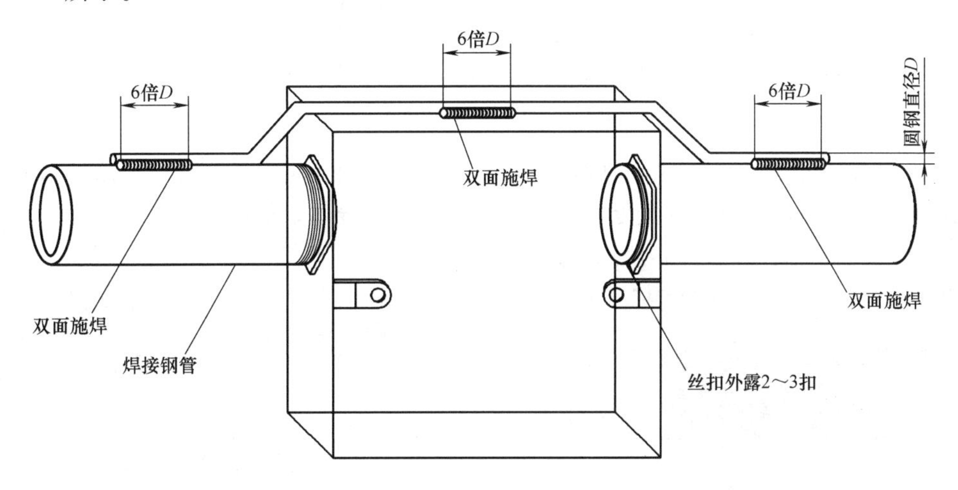

图 1-2-26　焊接钢管入盒

（11）钢导管、可弯曲金属导管和金属柔性导管连接处的两端宜采用专用接地卡固定保护联结导体；专用接地卡固定的保护联结导体应为铜芯软导线，截面不应小于 $4mm^2$，如图 1-2-27 所示。

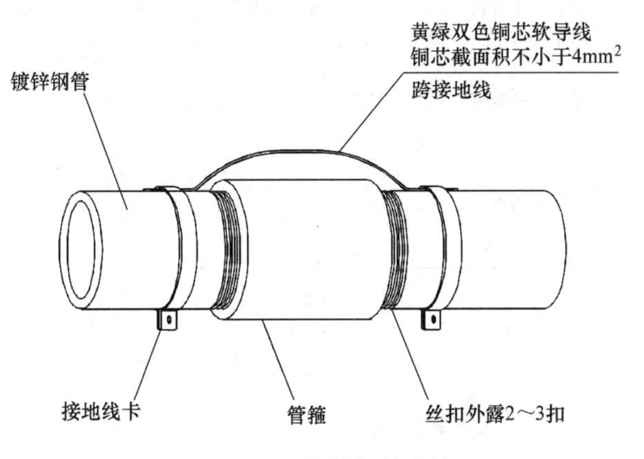

图 1-2-27　镀锌钢管连接

（12）镀锌钢管入盒一般采用丝扣连接，跨接地线应用截面积不小于 $4mm^2$ 的黄绿双色铜芯软导线，如图 1-2-28 所示。

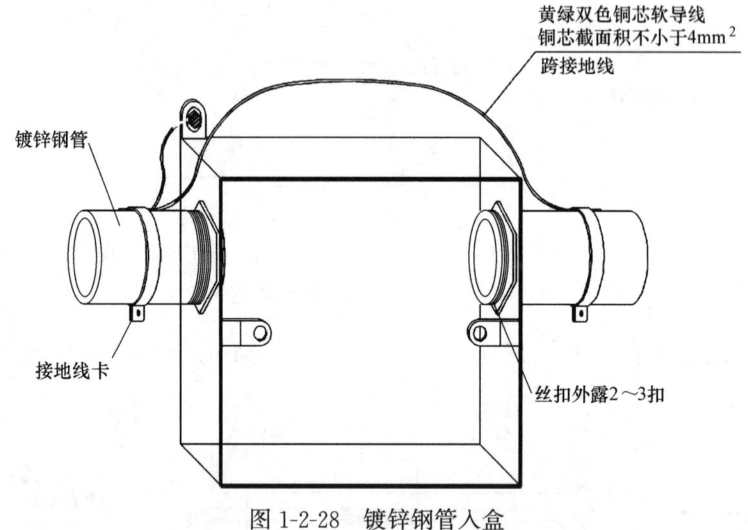

图 1-2-28　镀锌钢管入盒

（13）金属导管与金属梯架、托盘连接时，镀锌材质的连接端宜用专用接地卡固定保护联结导体，非镀锌材质的连接处应熔焊焊接保护联结导体，如图 1-2-29 所示。

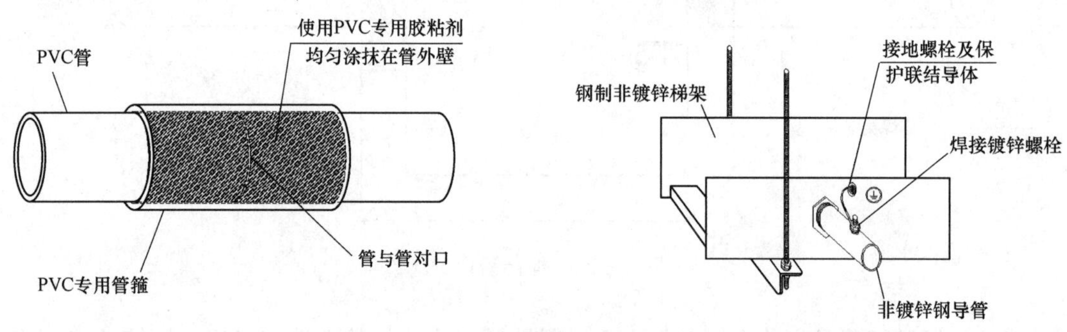

图 1-2-29　金属导管与梯架连接

（14）紧定式钢导管（JDG）采用配套管箍连接，连接处应涂抹电力复合酯，可不单独跨接连接导体，管道端口分别插入连接套管内应紧贴凹槽处，接触应紧密，且两侧应定位。当采用有螺纹紧定型紧定时，旋紧螺钉至螺帽脱落，且不应以其他方式折断螺帽。当采用无螺纹旋压型紧定时，应将锁紧头旋转 90°紧定，如图 1-2-30 所示。

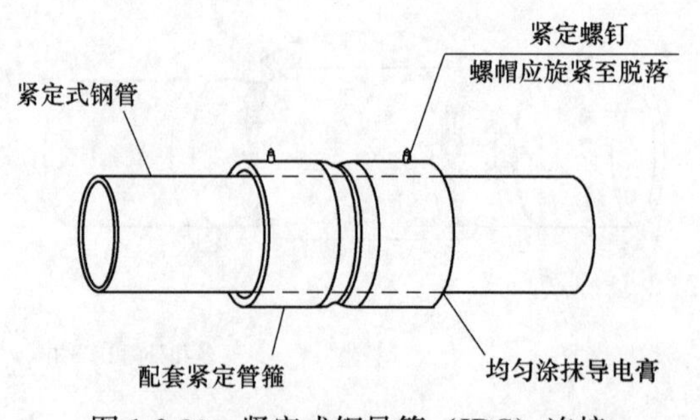

图 1-2-30　紧定式钢导管（JDG）连接

（15）紧定式钢导管与接线盒、箱连接时应采用专用接头固定，如图 1-2-31 所示。

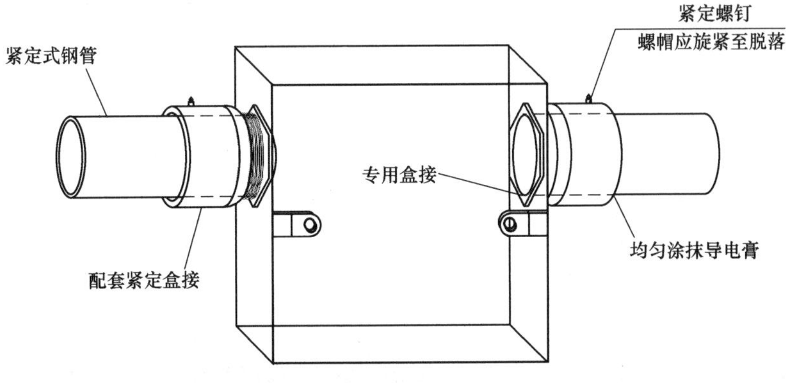

图 1-2-31 紧定式钢导管（JDG）入盒

3. 塑料导管敷设

（1）管口应平整光滑，管与管、管与盒（箱）等器件采用插入法连接时，连接处结合面应涂专用胶粘剂，接口应牢固密封，如图 1-2-32 所示。

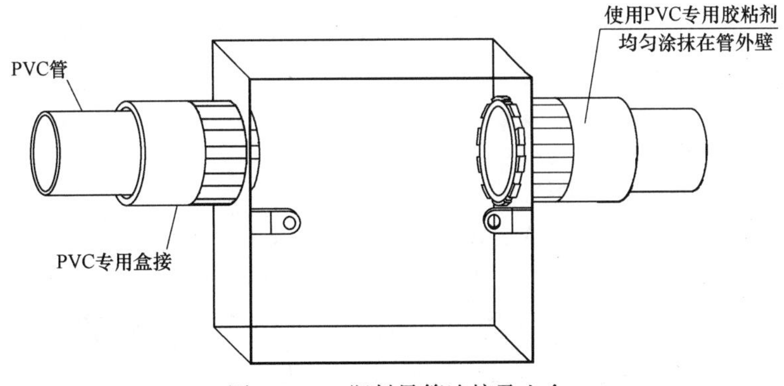

图 1-2-32 塑料导管连接及入盒

（2）直埋于地下或楼板内的刚性塑料导管，在穿出地面或楼板易受机械损伤的一段应采取保护措施，如图 1-2-33 所示。

（3）埋设在墙内或混凝土内的塑料导管应采用中型及以上的导管。

（4）当塑料导管在墙体上剔槽埋设时，应采用强度等级不小于 M10 的水泥砂浆抹面保护。

4. 可弯曲金属导管及柔性导管敷设

（1）KZ 可挠金属导管结构预埋应敷设在底层钢筋与上层钢筋之间，并紧贴上层钢筋绑扎固定，且固定点间距不大于 1m，弯曲半径不小于 10D，如图 1-2-34 所示。

（2）刚性导管经柔性导管与电气设备、器具连接时，柔性导管的长度在动力工程中不宜大于 0.8m，在照明工程中不宜大于 1.2m。

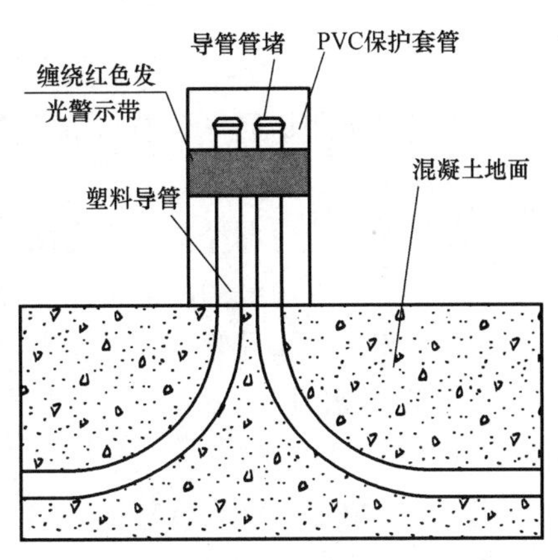

图 1-2-33 塑料导管成品保护

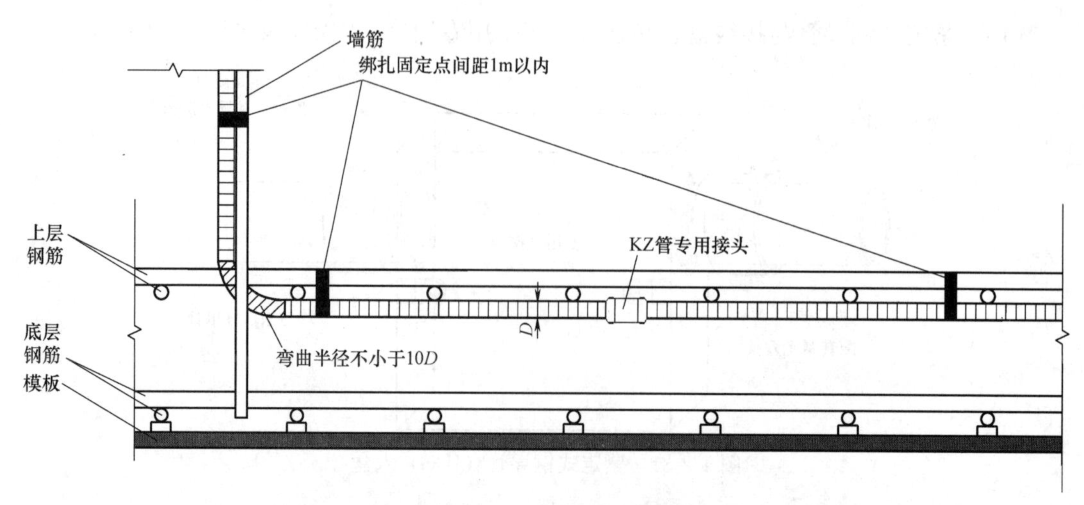

图 1-2-34　KZ 管结构预埋敷设

（3）可弯曲金属导管或柔性导管与刚性导管或电气设备、器具间的连接应采用专用接头，室外导管管口不应敞口垂直向上，导管端部应设有防水弯，并应经防水的可弯曲金属导管或柔性导管弯成滴水弧状后再引入设备的接线盒，导管的管口在穿入绝缘导线后做防水密封处理，如图 1-2-35 所示。

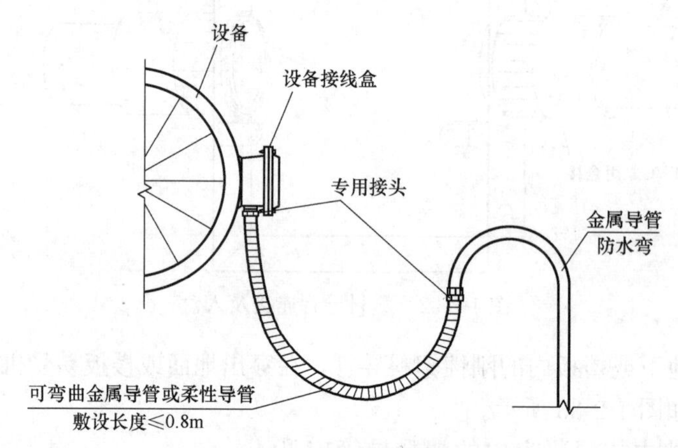

图 1-2-35　专用接头连接

（4）当可弯曲金属导管有可能受重力压力或明显机械撞击时，应采取保护措施，一般为套金属管保护。

（5）明配的可弯曲金属导管固定点间距应均匀，不应大于 1m，管卡与设备、器具、弯头中点、管端等边缘的距离应小于 0.3m。

（6）可弯曲金属导管地面暗敷时不应穿过设备基础，如需穿过应增加保护措施。

（三）电缆敷设

1. 电缆穿管敷设

（1）交流单芯电缆或分相后的每相电缆不得单根独穿于钢导管内，固定用夹具和支架不应形成闭合磁路。

（2）电缆进出管子管口处应采取防火或密封措施。

(3) 当电缆通过墙、楼板或室外敷设穿导管保护时，导管的内径不应小于电缆外径的1.5倍。

2. 电缆穿桥架敷设

(1) 电缆敷设

1) 电缆的敷设排列应顺直、整齐，并宜少交叉。

2) 电缆转弯处的最小弯曲半径应符合规范要求（表1-2-5）。

3) 矿物绝缘电缆敷设在温度变化大的场所、振动场所或穿越建筑物变形缝时应采取"S"或"Ω"弯，单芯矿物绝缘电缆须品字形敷设，且铜芯应进行固定，如图1-2-36所示。

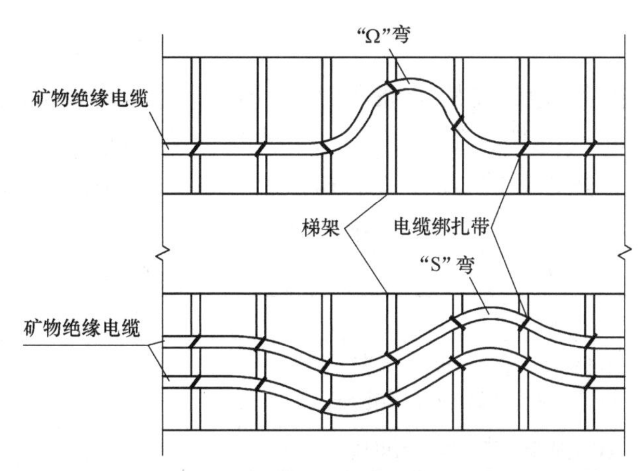

图1-2-36 矿物绝缘电缆在温度变化大、振动或变形缝区域采用的敷设方式

4) 电缆敷设前后均须进行绝缘测试，确保用电安全。

5) 电缆在敷设时为确保电缆盘支架不晃动倾倒，应将其放至水平位置，并在电缆盘出线侧两侧设置专人看护，出线侧严禁站人。

6) 电缆在敷设时应保持电缆盘匀速转动，不得猛拉猛拽，防止发生安全事故。

(2) 电缆固定

1) 电缆施工过程中应进行临时绑扎以确保电缆在施工过程中的安全及敷设质量，相同路径电缆全部敷设完毕后再进行统一整理固定，并确保整齐美观。

2) 在槽盒内大于45°倾斜敷设的电缆应每隔2m固定，水平敷设的电缆，首尾两端、转弯两侧及每隔5～10m处应设固定点，且电缆进出槽盒处应做固定，槽盒内的竖向电缆应分层绑扎固定。

3) 电缆的首端、末端和分支处应设标识牌，电缆标识牌应注明电缆编号、规格型号、起始点位置及长度，且标识牌不应加在电缆中导致无法辨识，应并排在电缆外侧并绑扎牢固，以便于观察、检修及维护。

3. 电缆支架敷设

(1) 电缆支架接地

金属电缆支架必须与保护导体可靠连接，如图1-2-37所示。

(2) 电缆支架安装

1) 除设计要求外，承力建筑钢结构构件上不得熔焊支架，且不得热加工开孔。

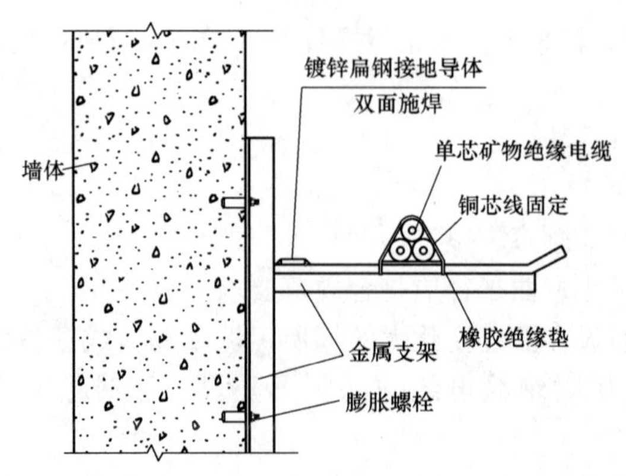

图 1-2-37　金属支架接地及电缆敷设

2）当设计无要求时，电缆支架层间最小距离不应小于规范规定，层间净距不应小于2倍电缆外径加10mm，35kV电缆不应小于2倍电缆外径加50mm（表1-2-8），规定最小间距是为通电后电缆散热、日常巡视、维护检修及弯曲半径考虑，确保间距合理。

电缆支架层间最小距离（mm）　　　　**表 1-2-8**

电缆种类		支架上敷设	梯架、托盘内敷设
控制电缆明敷		120	200
电力电缆明敷	10kV及以下电力电缆（除6～10kV交联聚乙烯绝缘电力电缆）	150	250
	6～10kV交联聚乙烯绝缘电力电缆	200	300
	35kV单芯电力电缆	250	300
	35kV三芯电力电缆	300	350
电缆敷设在槽盒内		$h+100$	

注：h 表示槽盒外壳高度。

3）最上层电缆支架距构筑物顶板或梁底的最小净距应满足电缆引接至上方配电柜、台、箱、盘时电缆弯曲半径的要求，且不宜小于表1-2-8中所列数再加80～150mm；距其他设备的最小净距不应小于300mm，当无法满足要求时应设置防护板。

4）当设计无要求时，最下层电缆支架距沟底、地面的最小净距不应小于规范规定（表1-2-9）。

最下层电缆支架距沟底、地面的最小净距（mm）　　　　**表 1-2-9**

电缆敷设场所及其特征		垂直净距
电缆沟		50
隧道		100
电缆夹层	非通道处	200
	至少在一侧不小于800mm宽	1400
公共廊道中电缆支架无围栏防护		1500
室内机房或活动区间		2000
室外	无车辆通过	2500
	有车辆通过	4500
屋面		200

5）当支架与预埋件焊接固定时，焊缝应饱满。

6）当采用膨胀螺栓固定时，螺栓应适配、连接紧固、防松零件齐全，支架安装应牢固、无明显扭曲。

7）金属支架应进行防腐，位于潮湿场所的应按设计要求做处理。

（3）电缆敷设

1）电缆敷设不得存在绞拧、铠装压扁、护层断裂和表面严重划伤等缺陷。

2）交流单芯电缆或分相后的每相电缆固定用的夹具和支架不应形成闭合磁路。

3）无挤塑外护层电缆金属护套与金属支架直接接触的部位应采取防电化学腐蚀的措施，如图 1-2-37 所示。

（4）电缆终端头制作与分支压接

1）电缆终端头采用热缩型制作应使用电热吹风机或喷灯进行加热，应先预热并将电缆定位，套上分支手套后先将线芯按所需角度摆好再进行加热，如图 1-2-38 所示。

2）电缆 T 接端子压接，仅适用于塑料绝缘电缆，不适用于矿物绝缘电缆，且主电缆相线上 T 接端子间距宜保持 80～100mm，如图 1-2-39 所示。

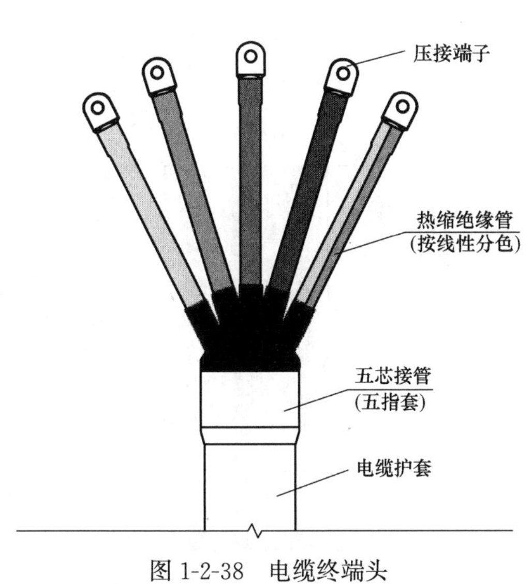

图 1-2-38　电缆终端头

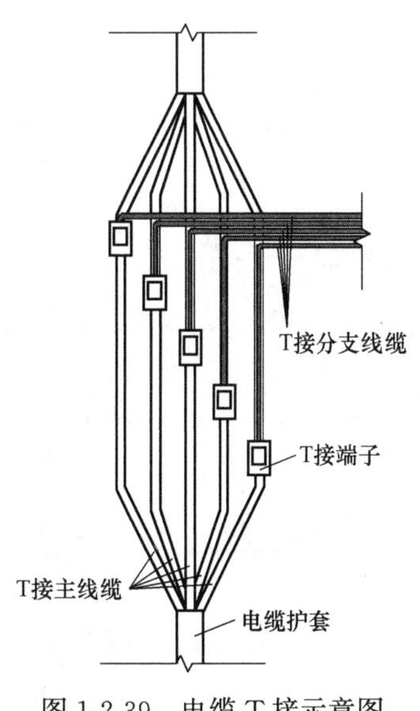

图 1-2-39　电缆 T 接示意图

（5）电缆固定

1）在电缆沟或电气竖井内垂直敷设或大于 45°倾斜敷设的电缆应在每个支架上固定。

2）电缆出入配电（控制）柜、台、箱、盘处应做固定。

（四）导管内穿线和槽盒内敷线

1. 导管内穿线

（1）绝缘导线穿管前，应清除管内杂物和积水，绝缘导线穿入金属导管的管口在穿线前应装设护线口。

（2）绝缘导线接头应设置在专用接线盒（箱）或器具中，不得设置在导管和槽盒内，接线盒（箱）的设置位置应便于检修。

（3）同一交流回路的绝缘导线不应敷设于不同的金属槽盒内或穿于不同金属导管内。

（4）不同回路、不同电压等级和交流与直流线路的绝缘导线不应穿于同一导管内。

2. 槽盒内敷线

（1）同一槽盒内不宜同时敷设绝缘导线和电缆，主要为确保用电安全，也防止线路间相互干扰及线缆敷设过程中受到额外应力、意外损失，影响导线正常使用。

（2）同一路径无抗干扰要求的线路，可敷设于同一槽盒内；槽盒内的绝缘导线总截面（包括外护套）不应超过槽盒内截面的 40%，此为防止线缆过密而影响散热，如图 1-2-40 所示。

（3）控制和信号等非电力线路敷设于同一槽盒内时，绝缘导线的总截面不应超过槽盒内截面的 50%。

（4）分支接头处绝缘导线的总截面（包括外护层）不应大于该点盒（箱）内截面的 75%。

（5）绝缘导线在槽盒内应留有一定余量，并应按回路分段绑扎，绑扎点间距不应大于 1.5m；当垂直或大于 45°倾斜敷设时，应将绝缘导线分段固定在槽盒内的专用部件上，每段至少应有一个固定点；当直线段长度大于 3.2m 时，其固定点间距不应大于 1.6m；槽盒内导线排列应整齐、有序，如图 1-2-41 所示。

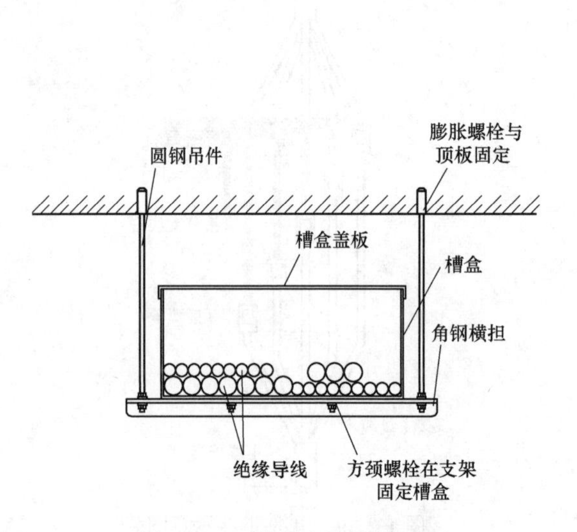

图 1-2-40 槽盒内导线剖面图

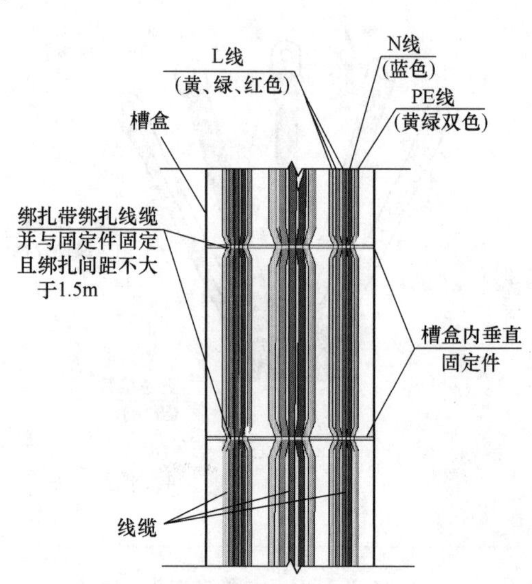

图 1-2-41 槽盒内导线固定示意图

（五）导线连接和线路绝缘测试

1. 导线连接

（1）电缆头安装

电缆头应可靠固定，不应使电器元器件或设备端子承受额外应力，确保其安全使用。

（2）导线与设备或器具连接

1）截面积在 $10mm^2$ 及以下的单股铜芯线和单股铝/铝合金芯线可直接与设备或器具的端子连接。

2）截面积在 $2.5mm^2$ 及以下的多芯铜芯线应接续端子或拧紧搪锡后再与设备或器具的端子连接。

3）截面积大于 $2.5mm^2$ 的多芯铜芯线，除设备自带插接式端子外，应接续端子后与

设备或器具的端子连接。

4）多芯铜芯线与插接式端子连接前，端部应拧紧搪锡。

5）多芯铝芯线应接续端子后与设备、器具的端子连接，多芯铝芯线接续端子前应去除氧化层并涂抗氧化剂，连接完成后应清洁干净。

6）每个设备或器具的端子接线不多于 2 根导线或 2 个导线端子，且不同回路不得压接在一起。

（3）截面积 $6mm^2$ 及以下铜芯导线间连接

1）截面积 $6mm^2$ 及以下铜芯导线间连接应采用导线连接器或缠绕搪锡连接。

2）导线连接器应与导线截面相匹配。

3）单芯导线与多芯软导线连接时，多芯软导线宜搪锡处理。

4）与导线连接后不应明露线芯。

5）采用机械压紧方式制作导线接头时，应使用确保压接力的专用工具。

6）导线采用缠绕搪锡连接时，连接头缠绕搪锡后应采用可靠绝缘措施，一般用电工胶带缠绕包裹。

（4）导线连接器连接工艺

1）通用型导线连接器连接应符合下列要求：

① 通用型导线连接器适用于电气线路中截面积为 $6mm^2$ 及以下范围内，单芯、多股铜导线的连接。

② 采用通用型连接器连接导线时，先将导线夹紧件打开，将符合剥线要求的导体放入连接器孔并至最大深度，再将导线夹紧件复位。通过连接器本身的辅助装置或简单的操作工具打开夹紧件，然后插入导线，再将辅助装置复位或取出操作工具，即完成导线的安装，如图 1-2-42 所示。

③ 拆卸通用型连接器时，将导线夹紧件打开，即可将被拆分导体从连接器中取出。

2）推线式（插接式）导线连接器连接应符合下列要求：

① 推线式（插接式）导线连接器适用于电气线路中截面积为 $6mm^2$ 及以下范围内，单芯铜导线和经焊锡处理的（软）导线的连接。

② 安装推线式（插接式）连接器时，将符合剥线要求的平直导体推进连接器孔，并至最大深度即完成安装。

③ 拆卸推线式（插接式）连接器时，双手分别握持被拆分导线和连接器，往复转动连接器，同时向外拔，即可拆下被连接导线，如图 1-2-43 所示。

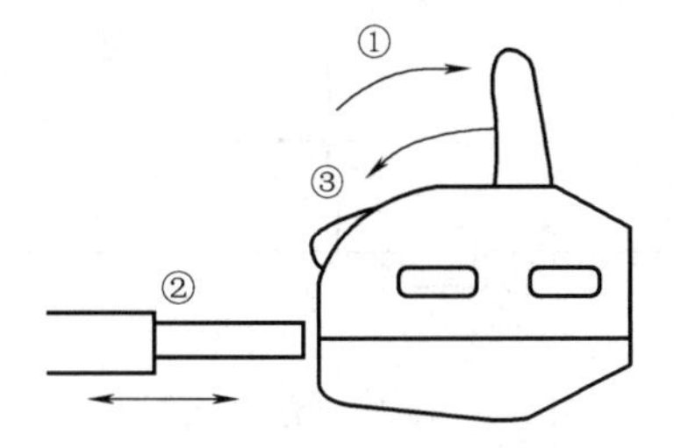

图 1-2-42 通用型导线连接器示意图

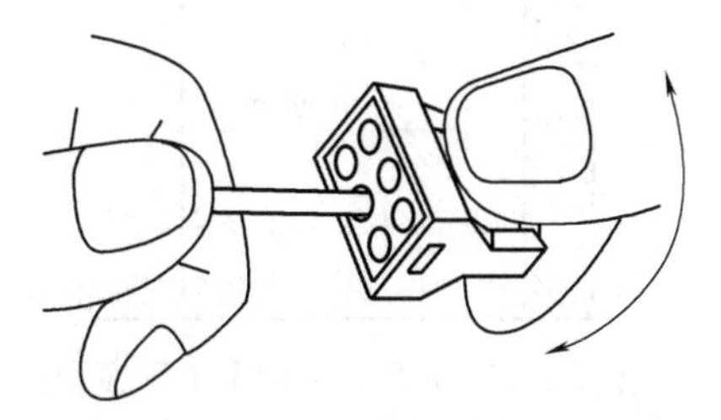

图 1-2-43 推线式（插接式）导线连接器示意图

④ 当正确使用条件下的拆卸推线式（插接式）连接器，拆卸后肉眼观察无明显损坏，

则仍可重复使用。

2. 线路绝缘测试

（1）线缆敷设完毕后应进行绝缘摇测，且在系统送电前将线缆再次进行摇测。

1）如被测导线与设备或开关已压接，在摇测前应将导线摘除，避免损坏设备或开关。

2）被测导线或被测体应分别接在兆欧表上 E 和 L 两个端钮上，如图 1-2-44 所示。

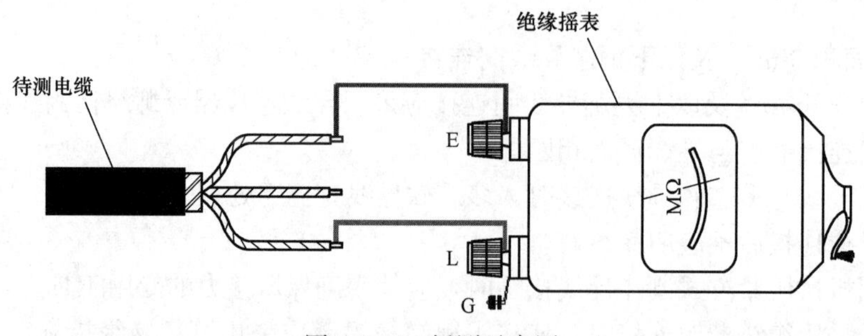

图 1-2-44 摇测示意图

（2）摇表的摇动速度应保持在 120r/min，读数应采用 1min 后相对稳定的读数为宜。

（3）绝缘测量后应立即对导线或该设备负荷侧接地，使其剩余电荷放尽以确保安全。

三、电气动力工程

（一）配电箱（盘）

1. 配电箱（盘）安装

（1）配电箱（盘）的布置及安全、维护间距应符合设计要求，挂墙安装的配电箱的箱前操作通道宽度，不宜小于 1m，如图 1-2-45 所示。

（2）室外安装的落地式配电柜、箱的基础应高于地坪，周围排水应通畅，其底座周围应采取密封措施，如图 1-2-46 所示。

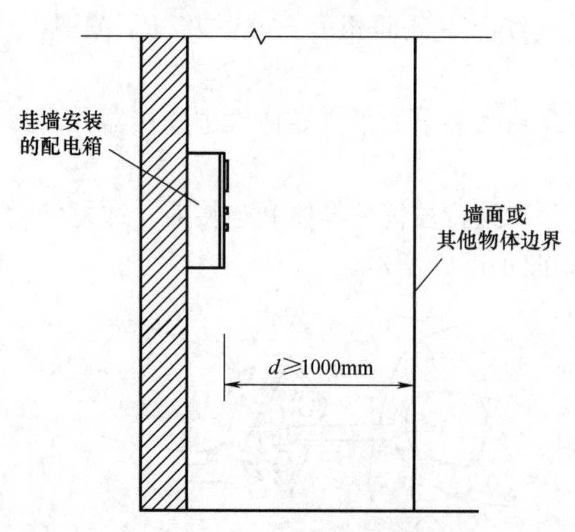

图 1-2-45 挂墙安装的配电箱检修通道宽度示意图

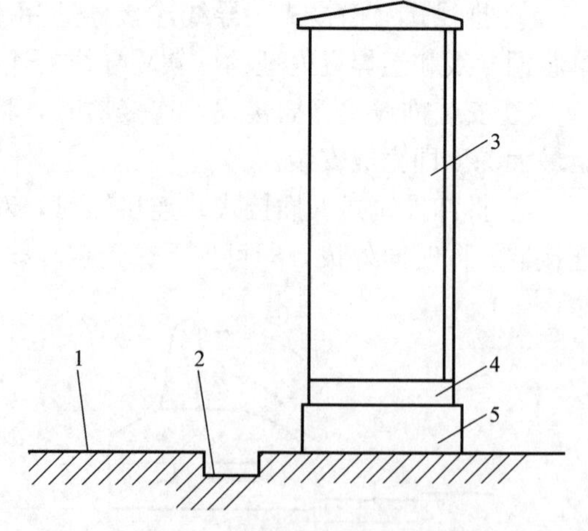

图 1-2-46 室外落地式配电箱安装示意图

1—室外地坪；2—排水沟；3—户外安装的配电箱；4—基础槽钢；5—配电箱基础

2. 配电箱（盘）接线

（1）配电箱（盘）面板上的电器的连接导线应采用多芯铜芯绝缘软导线，敷设长度留有适度裕量，线束外宜有外套塑料管等加强绝缘保护，可转动的部位的两端应采用卡子固定，如图 1-2-47 所示。

（2）配电箱（盘）的装有电器的可开启的门，门和金属框架的接地端子间应用截面积不小于 $4mm^2$ 的黄绿色绝缘铜芯导线连接，并应有标识。

（3）落地式配电箱引向建筑物的导管，建筑物一侧的导管管口应设在建筑物内，如图 1-2-48 所示。

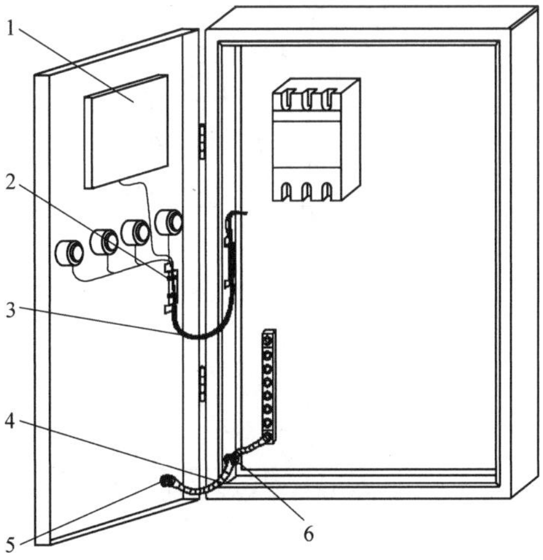

图 1-2-47 配电箱（盘）面板上的电器接线示意图

1—电器元件；2—可转动部分两端固定；3—保护软管；4—不小于 $4mm^2$ 黄绿绝缘铜芯软导线；5—箱门接地端子；6—框架接地端子

（二）控制柜（台、箱）

1. 控制柜（台、箱）宜与所控制设备就近安装，安装高度应符合设计要求，且宜符合人体工学要求，方便操作维护。

2. 墙上安装时，当箱体高 $H \leqslant 800mm$ 时，安装高度 h 以底边计距地宜为 1.4m，多箱并列安装时，以底边平齐，如图 1-2-49（a）所示。当箱体高度 $H > 800mm$ 时，安装高度 h 以箱体中线计距地宜为 1.4m，以顶边平齐，如图 1-2-49（b）所示。

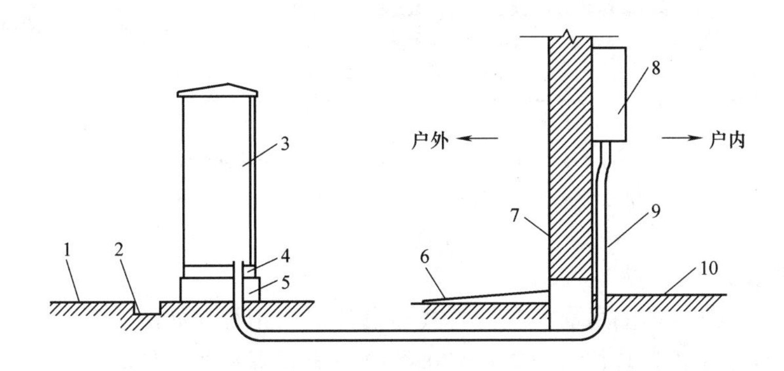

图 1-2-48 引向建筑物导管示意图

1—室外地坪；2—排水沟；3—户外安装的配电箱；4—基础槽钢；5—配电箱基础；6—室外散水；7—外墙；8—室内配电箱；9—引向室内的线管；10—室内地坪

（三）电动机

1. 电动机安装

（1）电动机应与所驱动的机械安装固定在同一框架上，并按设计要求采取减振措施。

（2）电动机外露可导电部分必须与保护导体可靠连接，如图 1-2-50 所示。

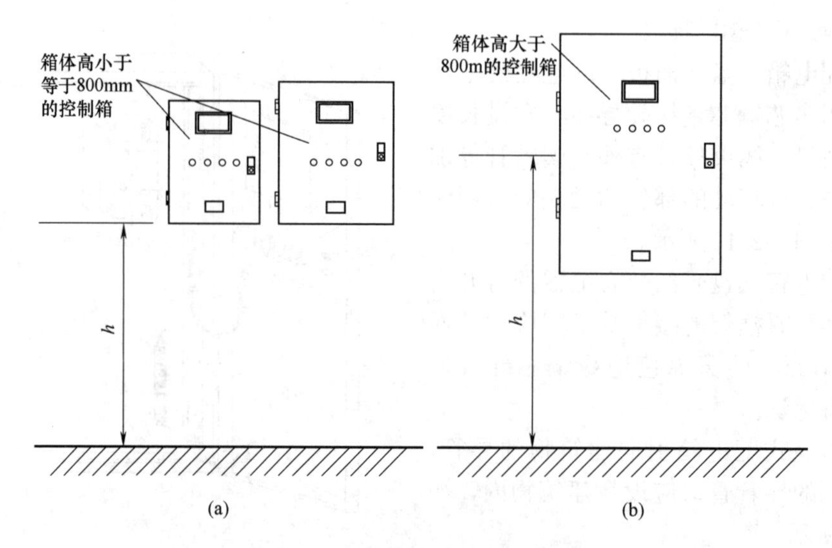

图 1-2-49　控制箱安装高度示意图

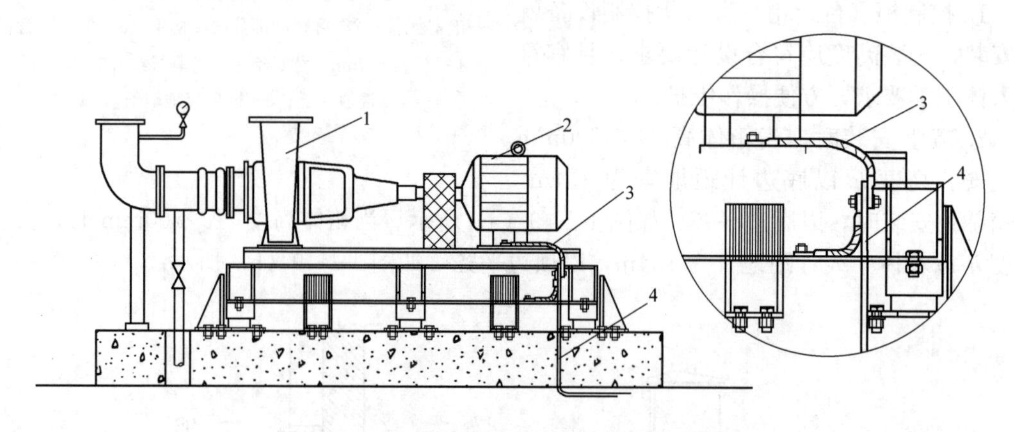

图 1-2-50　电动机及其驱动的设备安装示意图

1—动力设备；2—电动机；3—保护联结导体；4—保护导体

2. 电动机接线

(1) 电动机接线应牢固可靠，接线方式与设计要求相符，如图 1-2-51 所示。

(2) 在可能溅水的安装位置，电动机进线电缆应有滴水弯，如图 1-2-52 所示。

(3) 在电动机接线盒内裸露的不同相间和相对地间电气间隙应符合产品技术要求，或采取绝缘防护措施，如图 1-2-53 所示。

(四) 电气设备试验和试运行

1. 电气设备试验

试运行前，相关电气设备和线路应按照规范的规定进行试验并合格。

(1) 线路应进行绝缘测试合格，测试线路绝缘电阻前，应断开负载。测试接线原理如图 1-2-54 所示。

(2) 电动机应拆下接线盒内接线端子之间的连接片，进行绝缘电阻测试，相间、相对地绝缘电阻值均不应小于 0.5MΩ。电动机绝缘电阻测试接线原理如图 1-2-55 所示。

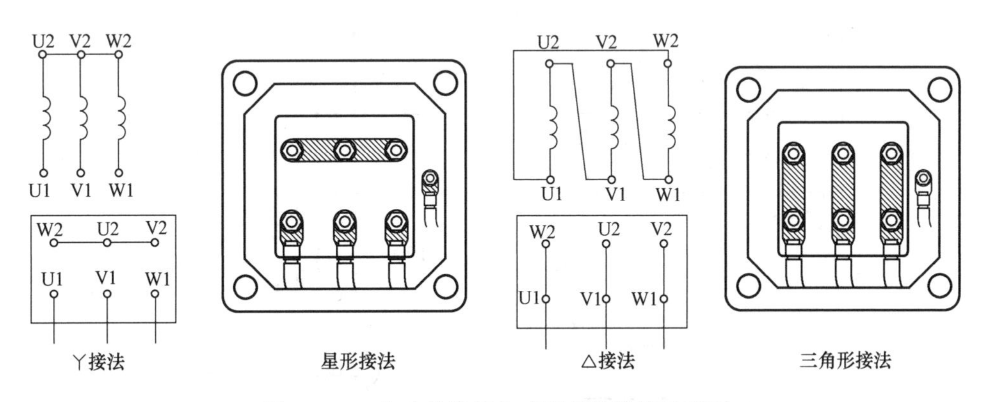

图 1-2-51　电动机接线方式原理及接线示意图

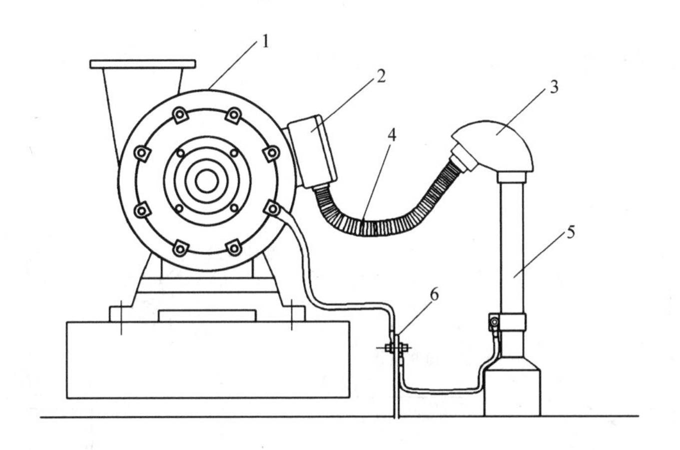

图 1-2-52　电动机进线示意图

1—水泵电机；2—接线盒；3—防水弯头；4—金属软管；5—金属导管；6—保护导体

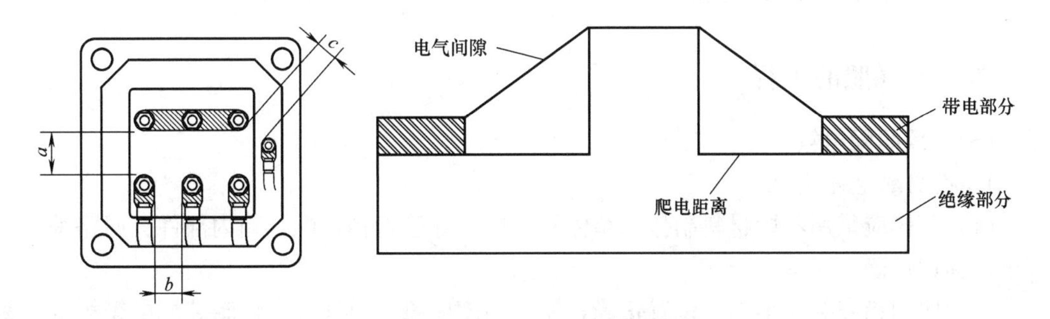

图 1-2-53　电动机接线电气间隙示意图

a、*b*、*c*—不同相间和相对地间电气间隙

2. 电气设备试运行

(1) 有联轴器的设备，电动机通电前应手动盘车，确认转动不卡滞、无异常撞击声，冷机状态下，点动确认转动方向无误方可正式通电试运行。

(2) 冷态运行 2h，机身温升应符合设备的空载运行状态要求。具体温升允许值，应

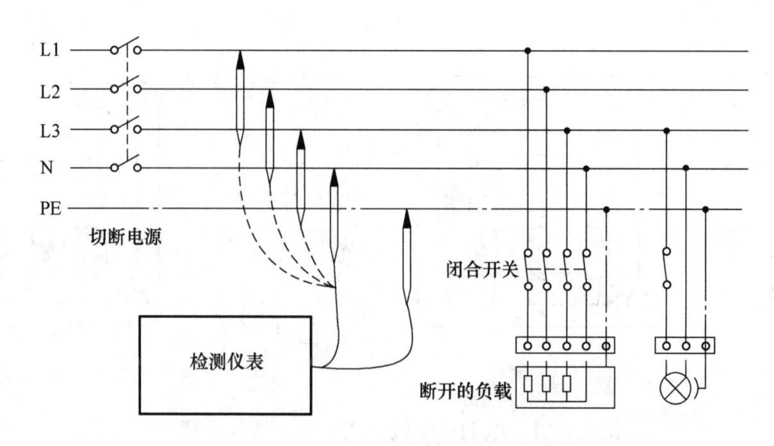

图 1-2-54　线路绝缘电阻测试接线示意图

根据电动机绝缘等级等参数确定，一般不超过 55℃。红外测温仪测量电动机温升如图 1-2-56 所示。

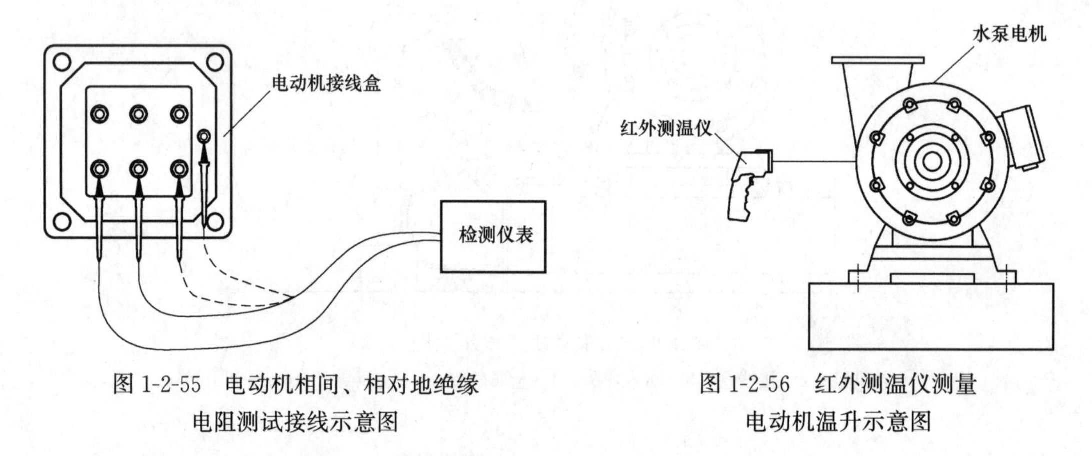

图 1-2-55　电动机相间、相对地绝缘电阻测试接线示意图

图 1-2-56　红外测温仪测量电动机温升示意图

四、电气照明工程

（一）照明配电箱

1. 照明配电箱安装

（1）箱体应采用不燃材料制作，箱体开孔应与导管管径适配，箱内部件、回路编号应齐全，标识正确。

（2）照明箱安装应牢固、位置正确，安装高度应符合设计要求，暗装配电箱箱盖应紧贴墙面，垂直度允许偏差不应大于 1.5‰。

2. 照明配电箱接线

（1）照明配电箱内宜分别设置中性导体（N）和保护接地导体（PE）汇流排（图 1-2-57），汇流排上同一端子不应连接不同回路的 N 线或 PE 线。

（2）照明配电箱内配线应整齐、无绞接现象；导线连接应紧密；同一电器器件端子上的导线连接不应多于 2 根（图 1-2-57）。垫圈下螺栓两侧压的导线截面积应相同，防松垫圈等零件应齐全。

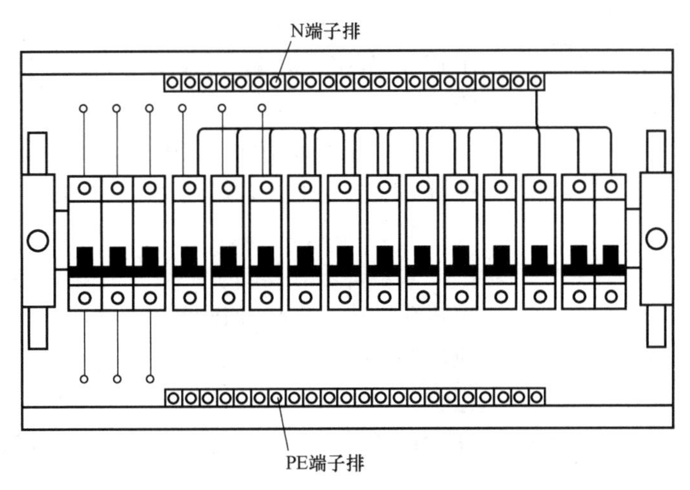

图 1-2-57 照明配电箱示意图

(二) 灯具

1. 灯具外观检查

(1) Ⅰ类灯具的外露可导电部分应具有专用的 PE 端子；消防应急灯具应获得消防产品型式试验合格评定，且具有认证标志。

(2) 内部接线应为铜芯绝缘导线，其截面积应与灯具功率相匹配，且不应小于 0.5mm^2。

(3) 对灯具的绝缘性能进行现场抽样检测，灯具的绝缘电阻值不应小于 2MΩ。

2. 灯具安装

(1) 质量大于 3kg 的悬吊灯具，固定在螺栓或预埋吊钩上，螺栓或预埋吊钩的直径不应小于灯具挂销直径，且不应小于 6mm。质量大于 10kg 的灯具，固定装置及悬吊装置应按灯具重量的 5 倍恒定均布载荷做强度试验，且持续时间不得少于 15min。

如在石膏板吊顶上安装嵌入式吸顶灯（图 1-2-58），当灯具重量大于 3kg 时，灯具重量不能受力于石膏板吊顶上（灯具会跌落），应用链条（或镀锌铁丝）固定在楼板吊钩上，灯具应受力在混凝土楼板上。

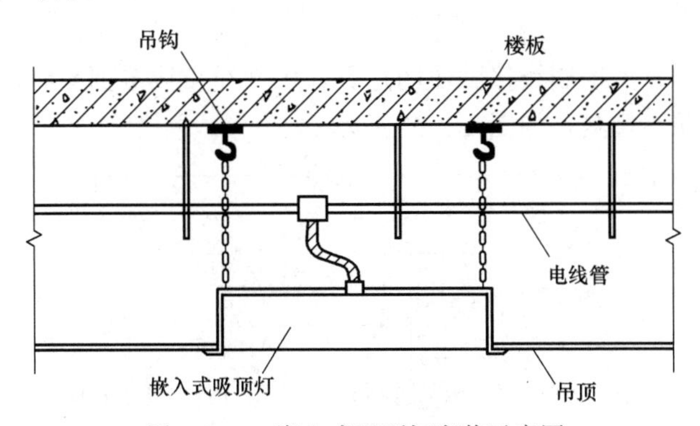

图 1-2-58 嵌入式吸顶灯安装示意图

(2) 灯具吊杆采用钢管时，其内径不应小于 10mm，壁厚不应小于 1.5mm；灯具连接件之间采用螺纹连接的，螺纹啮合扣数不应少于 5 扣。

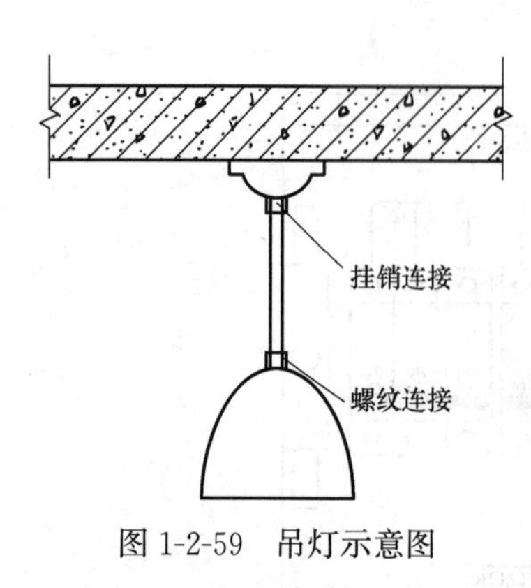

图 1-2-59　吊灯示意图

如在混凝土楼板上安装吊灯时，灯具吊杆上端宜采用挂销连接，才能确保灯具的垂直度，如图 1-2-59 所示。

(3) 吸顶或墙面上安装的灯具，其固定用的螺栓或螺钉不应少于 2 个，灯具应紧贴饰面。

3. 灯具接线

(1) 普通灯具的Ⅰ类灯具外露可导电部分必须采用铜芯软导线与保护导体可靠连接，连接处应设置接地标识，铜芯软导线的截面积应与进入灯具的电源线截面积相同。

(2) 引向单个灯具的绝缘导线截面积应与灯具功率相匹配，绝缘铜芯导线的线芯截面积不应小于 $1mm^2$。

(3) 绝缘导线应采用柔性导管保护，不得裸露；柔性导管与灯具壳体应采用专用接头连接。

(4) 连接灯具的软线应盘扣、搪锡压线，当采用螺口灯头时，相线应接于螺口灯头中间的端子上。

(三) 开关

1. 开关安装

(1) 开关安装位置应便于操作，开关边缘距门框边缘的距离宜为 0.15～0.2m；开关距地面高度宜为 1.3m（以地坪装饰完成面测量）。

(2) 规格尺寸不同的开关并列安装时，应下沿齐平（图 1-2-60），同一室内的开关安装高度宜一致。

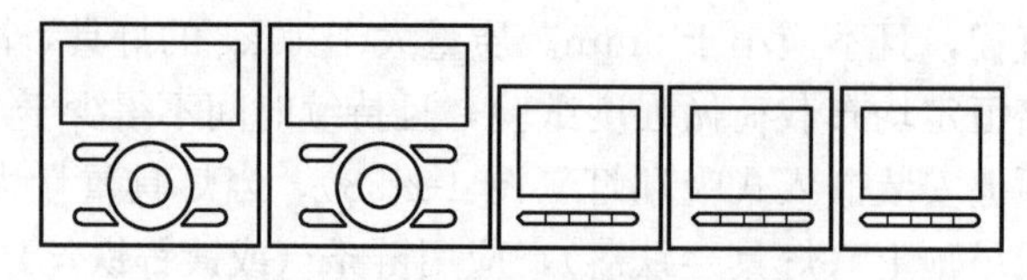
图 1-2-60　开关并列安装示意图

2. 开关接线

电源相线应通过开关控制线接到照明灯具，中性线直接接到照明灯具。例如两个单联双控开关控制一个照明灯具，如图 1-2-61 所示。

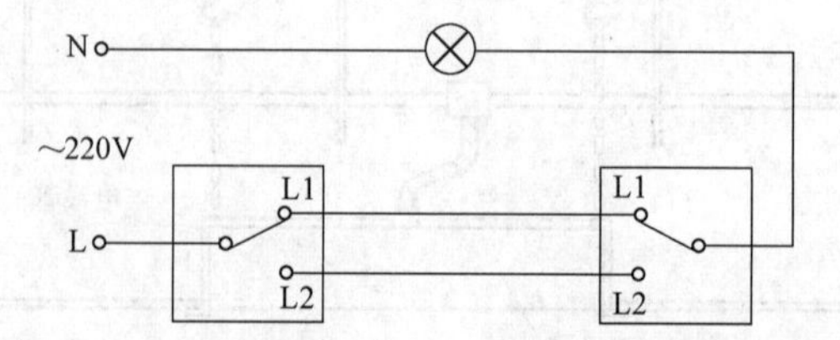

图 1-2-61　两个开关控制一个照明灯具接线示意图

(四) 插座

1. 插座安装

(1) 插座安装高度应符合设计要求，插座安装标高（插座的下沿）一般根据使用要求来决定；同一室内并列安装的插座高度宜一致，如图 1-2-62 所示。

（2）插座应紧贴饰面，固定牢固。

2. 插座接线

（1）单相两孔插座，面对插座板，右孔（或上孔）与相线（L）连接，左孔（或下孔）与中性线（N）连接。

（2）单相三孔插座，面对插座板，右孔与相线（L）连接，左孔与中性线（N）连接，上孔与保护接地线（PE）连接；插座保护接地线端子不得与中性线端子连接，PE 线和 N 线必须分开。在 PE 线和 N 线合并一根线时，当三相不平衡时，会造成设备外壳带电。如图 1-2-63 所示。

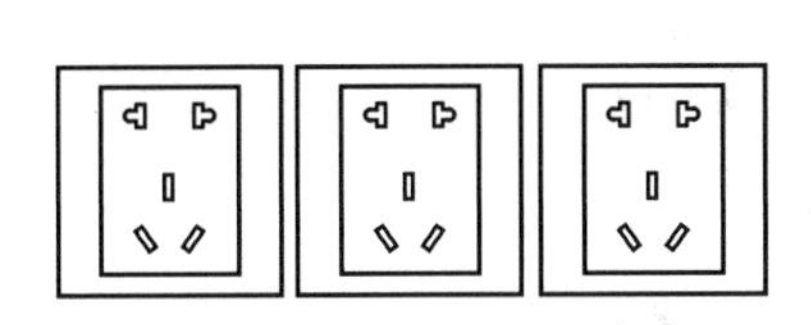

图 1-2-62　插座并列安装示意图

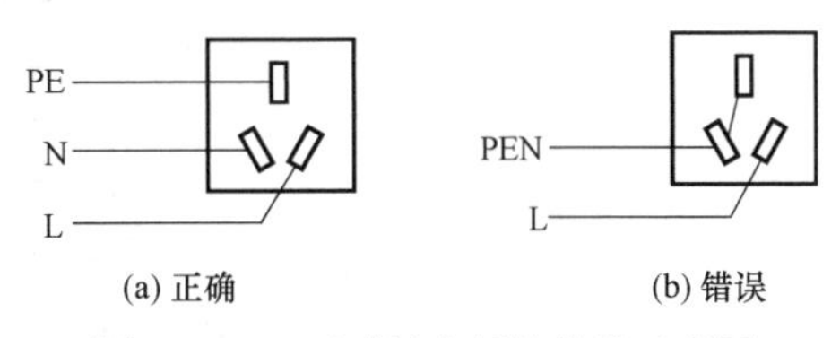

图 1-2-63　面对插座板的接线示意图

（3）三相四孔插座的保护接地线（PE）应接在上孔；同一场所的三相插座，其接线的相序应一致；如接线的相序不一致，会造成三相电动机反转。如图 1-2-64 所示。

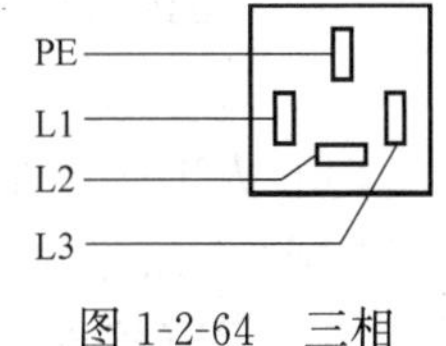

图 1-2-64　三相四孔插座的接线示意图

（4）保护接地线（PE）在插座之间不得串联连接。为了防止因 PE 线在插座端子处断线后（如某个插座拆除），导致 PE 线虚接或中断，而使故障点之后的插座失去接地保护，采取措施：应从 PE 线上分路引出导线，单独连接在插座的 PE 端子上。这样即使某个插座端子处出现虚接故障，也不会引起其他插座失去接地保护。“串联”与“不串联”的做法如图 1-2-65 所示。

（5）相线（L）与中性线（N）不应利用插座本体的接线端子转接供电。插座的接线要求是不应通过插座本体的接线端子并接线路，以防止插座使用过程中，由于插头的频繁操作，造成端子接线松动而引发安全事故，如图 1-2-65 中不串联连接的做法。

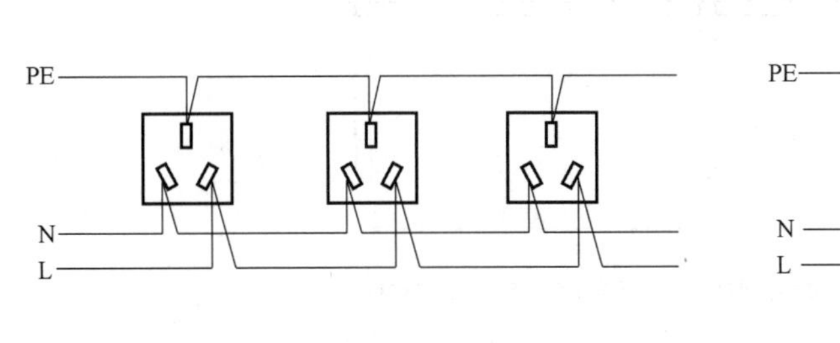

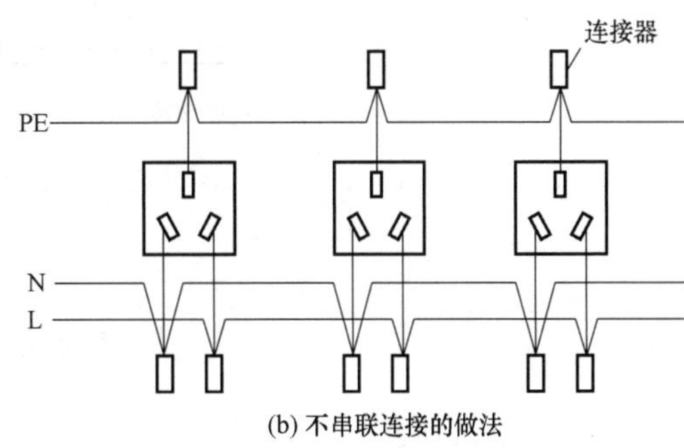

图 1-2-65　插座之间串联与不串联连接的做法示意图

（五）风扇

1. 风扇安装

（1）吊扇挂钩安装应牢固，吊扇挂钩的直径不应小于吊扇挂销直径，且不应小于 8mm。

（2）挂钩销钉应有防振橡胶垫；挂销的防松零件应齐全、可靠。

（3）吊杆间、吊杆与电机间螺纹连接，其啮合长度不应小于 20mm，且防松零件应齐全紧固。

（4）吊扇组装不应改变扇叶角度，扇叶的固定螺栓防松零件应齐全。

2. 风扇接线

电源相线应通过开关控制接到吊扇，中性线直接接到吊扇，如图 1-2-66 所示。

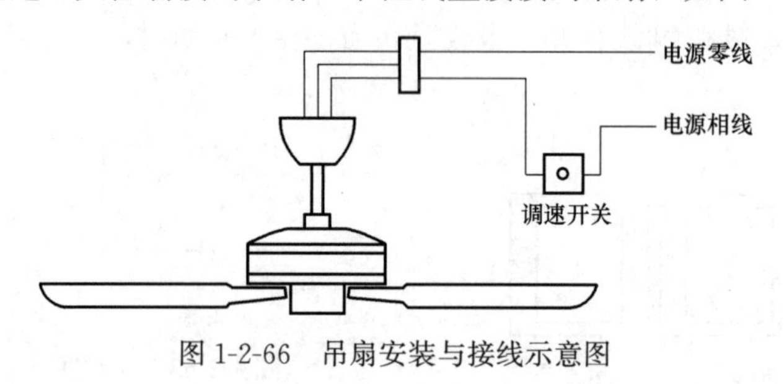

图 1-2-66　吊扇安装与接线示意图

五、防雷与接地工程

（一）接地装置安装

1. 人工接地体

（1）人工接地体顶部埋设深度不应小于 0.6m，与建筑物的外墙或基础之间的水平距离不宜小于 1m。

（2）垂直接地体可采用角钢、钢管、圆钢、铜棒、铜管等材料，其长度不应小于 2.5m，垂直打入地沟内，相互之间的间距一般不应小于 5m（水平间距不小于长度的 2 倍），如图 1-2-67 所示。

（3）水平接地体可采用扁钢、铜排等材料制作，其截面积应不小于 $100mm^2$，厚度不小于 4mm。

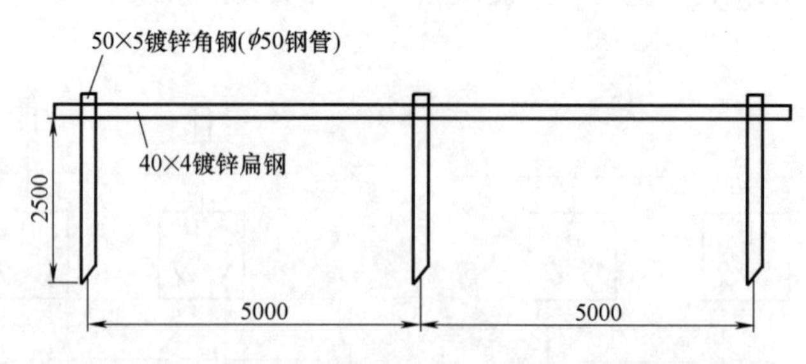

图 1-2-67　人工接地体制作安装示意图（单位：mm）

2. 自然接地体

（1）自然接地体是利用钢筋混凝土基础中的钢筋（桩基及底板钢筋）作为接地体。

（2）按设计图的接地位置要求，找好桩基位置，将桩基内主筋（不少于二根）与底板主筋搭接，并在地面以下将底板主筋（不少于二根）焊接连接，形成接地网，并用色漆做好标记，以便于引出和检查，如图 1-2-68 所示。

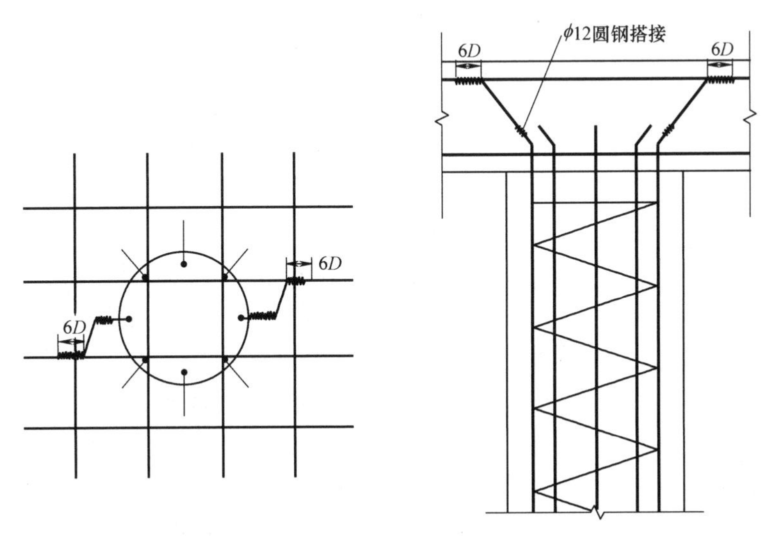

图 1-2-68 利用混凝土基础中钢筋接地的示意图

3. 接地体（线）的搭接要求

（1）接地体（线）的连接要求

1）应采用焊接，焊接处焊缝应饱满并有足够的机械强度，不得有夹渣、咬肉、裂纹、虚焊、气孔等缺陷，焊缝处均应做防腐处理（埋设在混凝土中的除外）。

2）接地体连接完毕后，应测试接地电阻，独立接地体的接地电阻应不大于 4Ω，共用接地体的接地电阻应不大于 1Ω。

（2）接地体（线）的焊接搭接长度要求

1）扁钢与扁钢搭接不应小于扁钢宽度的 2 倍，且应至少三面施焊。

2）圆钢与圆钢搭接不应小于圆钢直径的 6 倍，且应双面施焊。

3）圆钢与扁钢搭接不应小于圆钢直径的 6 倍，且应双面施焊。

4）扁钢与钢管焊接应紧贴 3/4 钢管表面，且上下两侧施焊。

5）扁钢与角钢焊接应紧贴角钢外侧两面，且上下两侧施焊。

接地体（线）的焊接搭接示意图如图 1-2-69 所示。

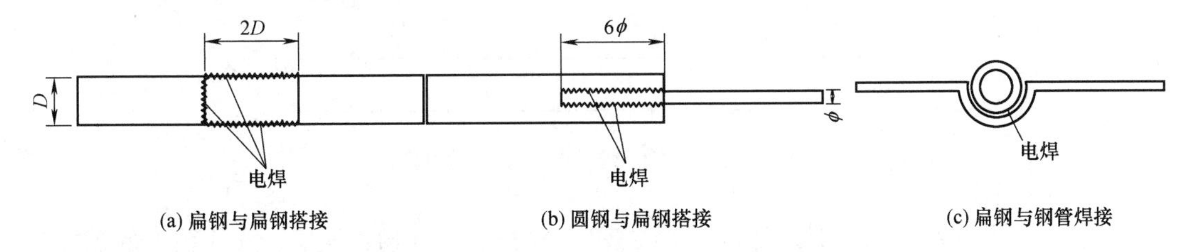

图 1-2-69 接地体（线）的焊接搭接示意图

（二）接闪器

1. 接闪杆、接闪线或接闪带安装

位置应正确，安装方式应符合设计要求，焊接固定的焊缝应饱满无遗漏，螺栓固定的防松零件应齐全，焊接连接处应防腐完好。

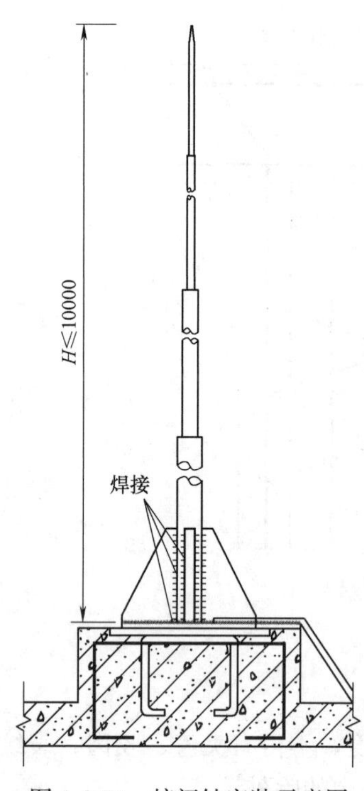

图 1-2-70　接闪针安装示意图

2. 接闪针制作安装

（1）接闪针制作

按设计要求的材料所需的长度分上、中、下三节进行，如针尖采用钢管制作，可先将上节钢管一端锯成锯齿形，用手锤收尖后，进行焊接磨尖，然后将另一端与中、下二节钢管找直、焊好。

（2）接闪针安装

先将支座钢板的底板固定在预埋的地脚螺栓上，焊上一块肋板，再将避雷针立起，找直、找正后，进行点焊，然后加以校正，焊上其他三块肋板，最后将引下线焊在底板上，清除药皮后刷防锈漆和银粉漆，如图 1-2-70 所示。

3. 接闪带（网）制作安装

（1）接闪网分明网和暗网两种，暗网格越密，其可靠性就越好，网格的密度应视建筑物的重要程度而定。

（2）一类防雷建筑物可采用不大于 5m×5m 的网格，二类防雷建筑物采用不大于 10m×10m 的网格，三类防雷建筑物应采用不大于 20m×20m 的网格。明敷接闪网一般使用 25mm×4mm 镀锌扁钢或 ϕ12 镀锌圆钢。

（3）接闪器与防雷引下线必须采用焊接或卡接器连接，防雷引下线与接地装置必须采用焊接或螺栓连接，如图 1-2-71 所示。

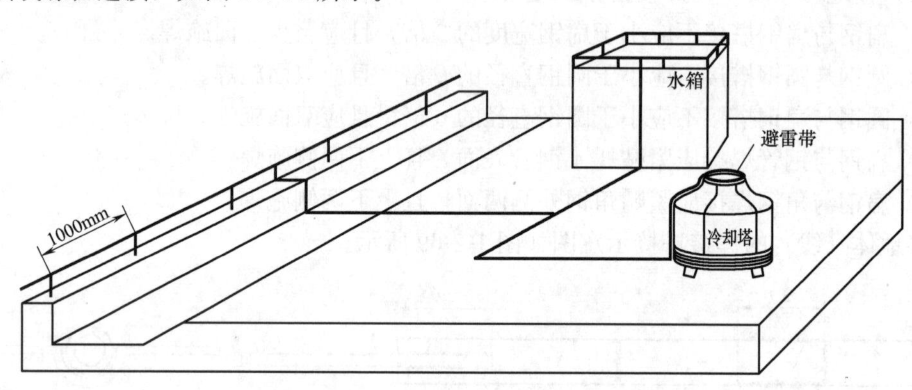

图 1-2-71　接闪线（网）安装示意图

（4）当利用建筑物金属屋面或屋顶上旗杆、栏杆、装饰物、铁塔、女儿墙上的盖板等永久性金属物作接闪器时，其材质及截面应符合设计要求，建筑物金属屋面板间的连接、永久性金属物各部件之间的连接应可靠、持久。

（5）接闪线和接闪带安装应平正顺直、无急弯，其固定支架应间距均匀、固定牢固；当设计无要求时，固定支架高度不宜小于 150mm，间距应符合表 1-2-10 的规定；每个固定支架应能承受 49N 的垂直拉力。

（6）接闪带或接闪网在过建筑物变形缝处的跨接应有补偿措施。

明敷引下线及接闪导体固定支架的间距（mm）　　表 1-2-10

布置方式	扁形导体固定支架间距	圆形导体固定支架间距
安装于水平面上的水平导体	500	1000
安装于垂直面上的水平导体		
安装于高于 20m 以上垂直面上的垂直导体		
安装于地面至 20m 以下垂直面上的垂直导体	1000	1000

4. 防雷引下线

（1）防雷引下线有明敷和暗敷两种，引下线的间距应视建筑物的防雷分类而定。第一类防雷建筑引下线间距不应大于 12m，第二类防雷建筑引下线间距不应大于 18m，第三类防雷建筑引下线间距不应大于 25m。明敷防雷引下线一般使用 40mm×4mm 镀锌扁钢或 ϕ12 镀锌圆钢。

（2）防雷引下线明敷：

防雷引下线明敷时，一般使用 40mm×4mm 镀锌扁钢沿外墙引下，在距地 1.8m 处做断接卡，如图 1-2-72 所示。

（3）防雷引下线暗敷：

利用混凝土内的主钢筋作暗敷引下线时，每一条引下线不得少于 2 根主钢筋，并在离地 0.5m 处，采用 100mm×100mm×10mm 的钢板做接地测试点，如图 1-2-73 所示。

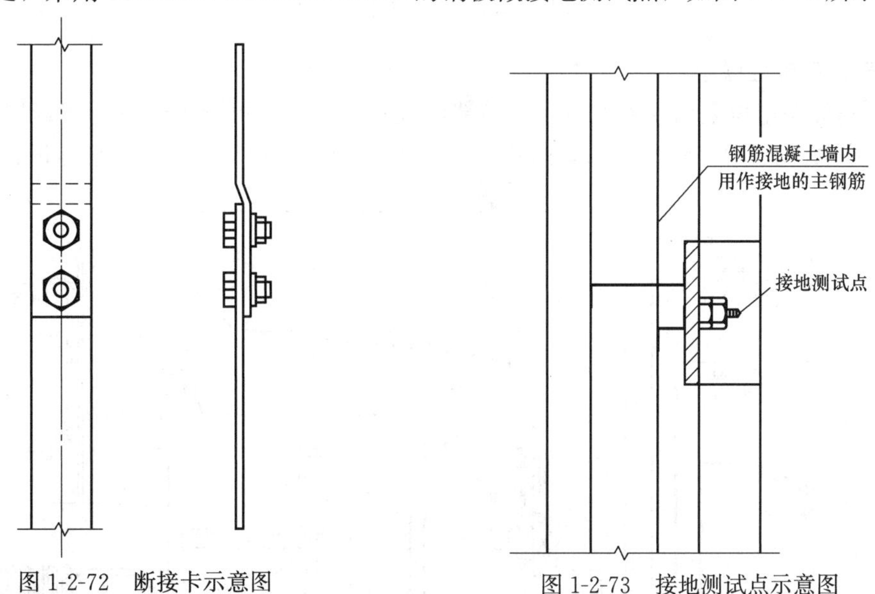

图 1-2-72　断接卡示意图　　图 1-2-73　接地测试点示意图

（4）防雷引下线、接闪线、接闪网和接闪带的焊接连接搭接长度及要求应符合规范规定。

5. 均压环安装

（1）均压环可以暗敷在建筑物表面的抹灰层内，或直接利用结构钢筋贯通，并应与暗敷的避雷网或楼板的钢筋焊接，所以均压环实际上也就是接闪带。

1）将结构圈梁里的主筋或腰筋用 ϕ12 的圆钢跨接成一个整体，并与柱筋中引下线焊成一个整体。

2）圈梁内各点引出钢筋接头，焊完后，用圆钢（或扁钢）敷设在四周，圈梁内焊接好各点，并与周围各引下线连接后形成环形。同时在建筑物外沿金属门窗、金属栏杆处露出 300mm 长的 ϕ12 镀锌圆钢。

3）外檐金属门、窗、栏杆、扶手等金属部件的预埋焊接点不应少于 2 处，与接闪带预留的圆钢焊成整体。

（2）设计要求接地的幕墙金属框架和建筑物的金属门窗，应就近与防雷引下线连接可靠，连接处不同金属间应采取防电化学腐蚀措施。

（3）均压环安装如图 1-2-74 所示。

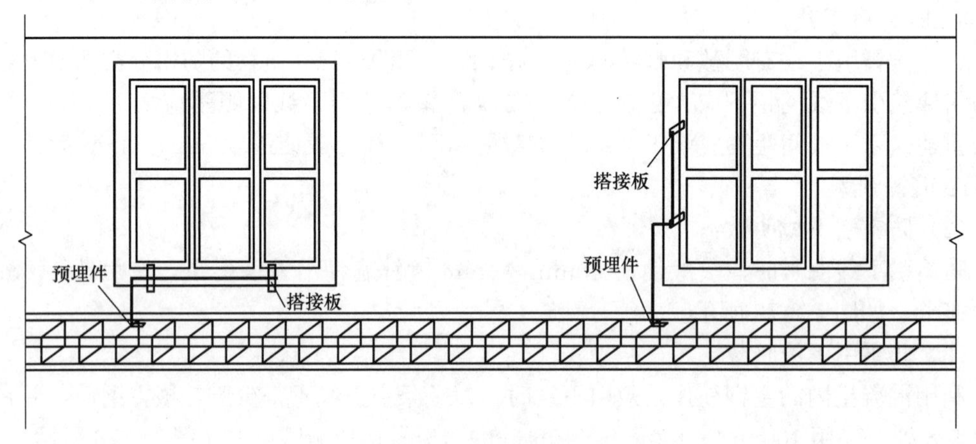

图 1-2-74　均压环安装示意图

（三）等电位联结

1. 需做等电位联结的卫生间内金属部件或零件的外界可导电部分，应设置专用接线螺栓与等电位联结导体（BV-2.5 铜芯导线）连接（图 1-2-75），并应设置标识；连接处螺

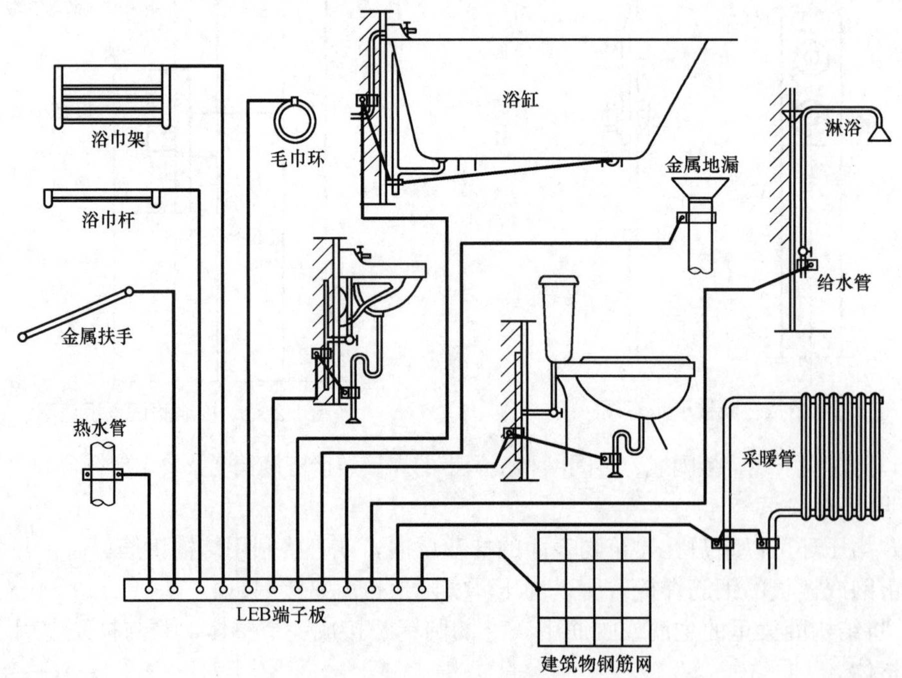

图 1-2-75　卫生间等电位联结示意图

帽应紧固、防松零件应齐全。

2. 需做等电位联结的外露可导电部分或外界可导电部分的连接应可靠。采用螺栓连接时，其螺栓、垫圈、螺母等应为热镀锌制品，且应连接牢固。

3. 采用螺栓搭接的钻孔直径和搭接长度应符合规范规定，连接螺栓的力矩值应符合规范规定；当等电位联结导体在地下暗敷时，其导体间的连接不得采用螺栓压接。

六、室外电气工程

（一）箱式变电所

1. 箱式变电所安装

（1）基础型钢安装

1）箱式变电所的基础应高于室外地坪，周围排水通畅，如图 1-2-76 所示。

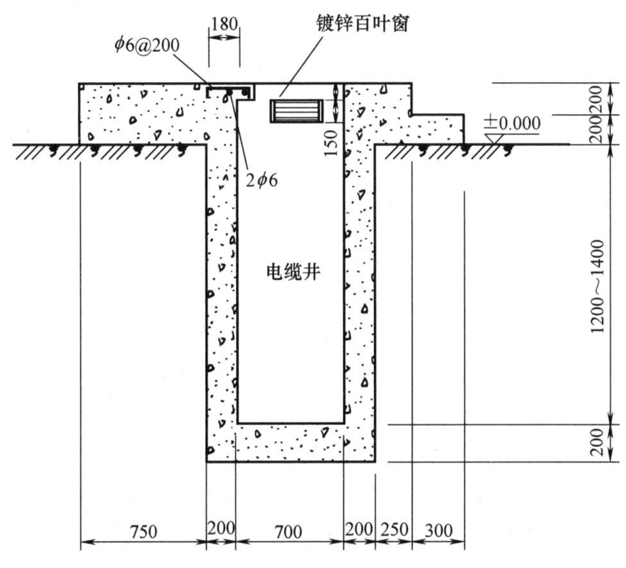

图 1-2-76 土建基础示意图（单位：mm）

2）基础型钢的规格型号应符合设计要求，做好防锈处理，根据地脚螺栓位置及孔距尺寸制孔。

3）从型钢结构基架的两端焊接地线扁钢引进箱内，焊接处涂两遍防锈漆，如图 1-2-77 所示。

4）变压器的安装应采取抗震措施。

（2）箱式变电所安装

1）按设计布局的顺序组合排列箱体，调整箱体使其箱体正面垂直平顺，如图 1-2-78 所示。

2）箱与箱用镀锌螺栓连接牢固，并有防松措施。

3）箱式变电所每箱单独与基础型钢连接接地，严禁串接。

4）接地干线与箱式变电所的 N 母线和 PE 母线直接连接，变电箱体、支架及外壳的接地应用带有防松装置的镀锌螺栓连接，连接紧固可靠，紧固件齐全。

5）箱式变电所，用地脚螺栓固定的螺帽齐全，拧紧牢固，自由安放的应垫平放正。

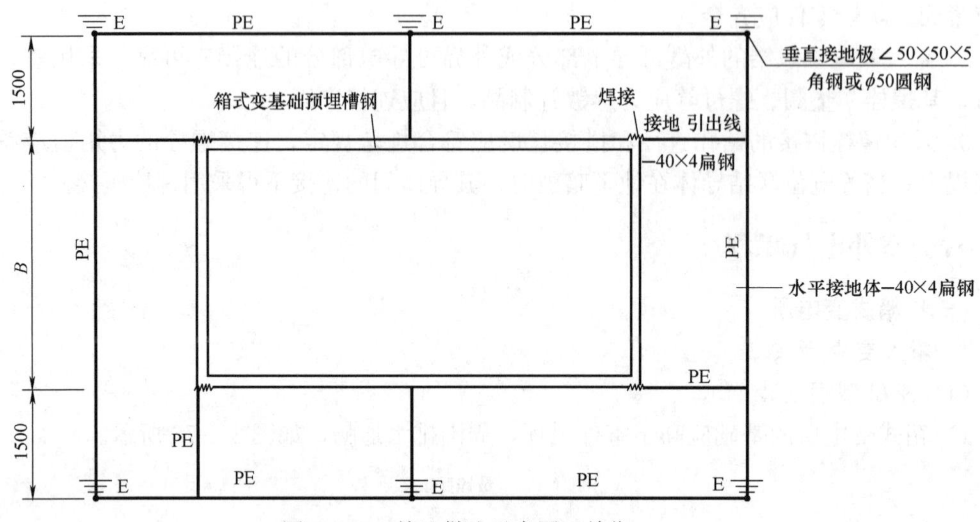

图 1-2-77　接地做法示意图（单位：mm）

6）箱壳内的高、低压室均应装设照明灯具。

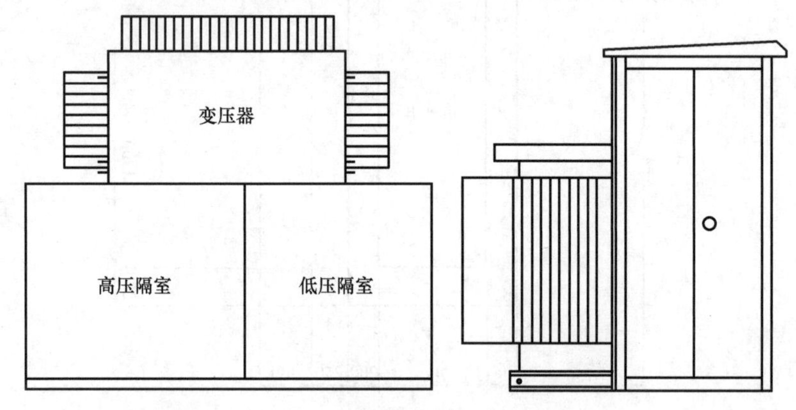

图 1-2-78　预装式变电站外形图

(3）箱式变电所接线

1）接线的接触面应连接紧密，附件齐全，连接螺栓或压线螺栓必须紧固。

2）相序排列符合设计及规范要求，排列整齐、平整、美观。按相位涂刷相色涂料。

3）设备接线端，母线搭接或卡子、夹板处，明设地线的接线螺栓处等两侧 10～15mm 均不得涂刷涂料。

2. 箱式变电所调试及试运行

(1）变压器、高低压开关及其母线等均应按相关规定进行试验。

(2）高压开关、熔断器等与变压器组合在同一个密闭油箱内的箱式变电所，其高压电气交接试验必须按随带的技术文件执行。

(3）低压配电装置的电气交接试验：

1）对每路配电开关及保护装置核对规格、型号，必须符合设计要求。

2）测量线间和线对地间绝缘电阻值大于 0.5MΩ。当绝缘电阻值大于 10MΩ 时，用 2500V 兆欧表摇测 1min，无闪络击穿现象。当绝缘电阻值在 0.5～10MΩ 之间时，做

1000V 交流工频耐压试验，时间 1min，不击穿为合格。

（二）室外电缆敷设

1. 地下直埋敷设

（1）当沿同一路径敷设的室外电缆小于等于 8 根且场地有条件时，宜采用电缆直接埋地敷设。

（2）直埋敷设于非冻土地区时，电缆外皮至地面深度，不得小于 0.7m；当位于车行道或耕地下时，应适当加深，且不宜小于 1m。应在电缆上下各均匀铺设 100mm 厚的软土或细沙层，再盖混凝土板、石板或砖等保护，保护板应超出电缆两侧各 50mm，如图 1-2-79 所示。

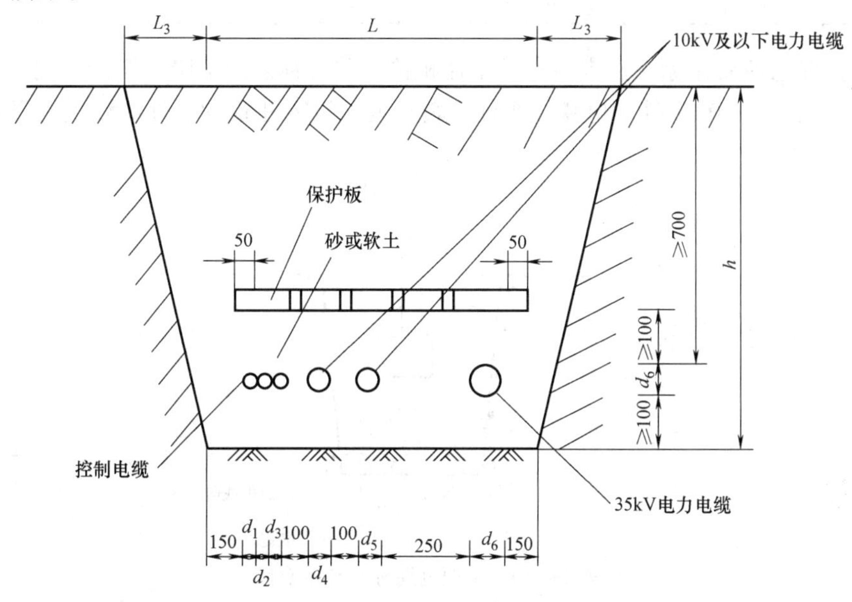

图 1-2-79 各电压等级电缆同电缆沟直埋敷设示意图（单位：mm）

L—电缆壕沟宽度；d_1～d_6—电缆外径

（3）直埋敷设于冻土地区时，直埋电缆宜埋入冻土层以下；当无法深埋时，可埋设在土壤排水性好的干燥冻土层或回填土中，也可采取其他防止电缆受到损伤的措施，如增加敷设细沙的厚度。

（4）直接埋设的电缆，严禁位于地下管道的正上方或正下方。电缆与电缆、管道、道路、构筑物之间的允许最小距离，应符合表 1-2-11 的规定。

电缆与电缆、管道、道路、构筑物之间的允许最小距离（m）　　表 1-2-11

电缆直埋敷设时的配置情况		平行	交叉
控制电缆之间		—	0.5
电力电缆之间或与控制电缆之间	10kV 及以下电力电缆	0.1	0.5
	10kV 以上电力电缆	0.25	0.5
不同部门使用的电缆		0.5	0.5
电缆与地下管沟	热力管沟	2	0.5
	油管或易燃管道	1	0.5
	其他管道	0.5	0.5

续表

电缆直埋敷设时的配置情况		平行	交叉
电缆与铁路	非直流电气化铁路路轨	3	1
	直流电气化铁路路轨	10	1
电缆与建筑物基础		0.6	—
电缆与公路边		1	—
电缆与排水沟		1	—
电缆与树木的主干		0.7	—
电缆与1kV以下架空线电杆		1	—
电缆与1kV以上架空线杆塔基础		4	—

（5）直埋电缆路径标志，应与实际路径相符。路径标志应清晰、牢固，间距适当，且在直线段每隔50～100m处、电缆接头处、转弯处、进入建筑物等处应设置明显标志或标桩，如图1-2-80所示。

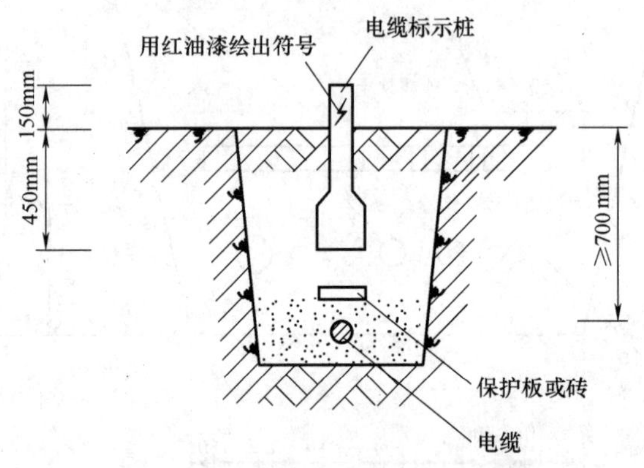

图1-2-80　直埋电缆标示桩示意图

（6）直埋电缆引入建筑物时，应穿电缆保护管防护，并做好防水处理，保护管两端应打磨成喇叭口，如图1-2-81所示。

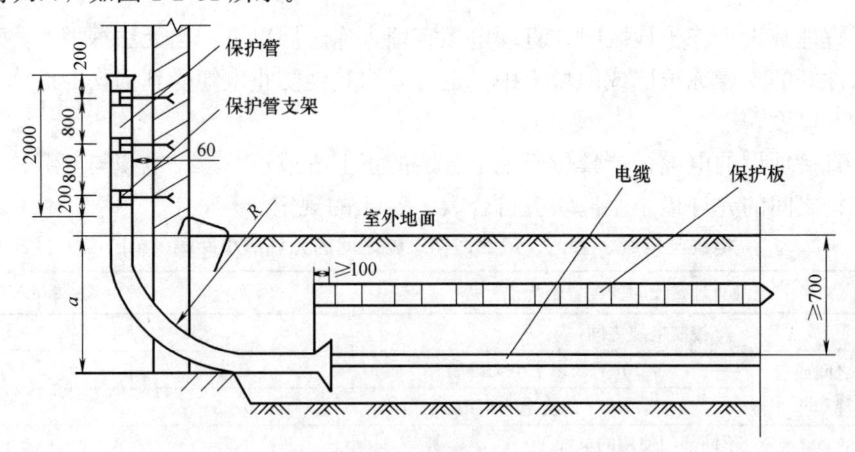

图1-2-81　直埋电缆引入建筑物示意图（单位：mm）

2. 穿保护管敷设

（1）室外埋地敷设的电缆导管，埋深不应小于700mm，在人行道下敷设时，不应小于 500mm，如图 1-2-82 所示。

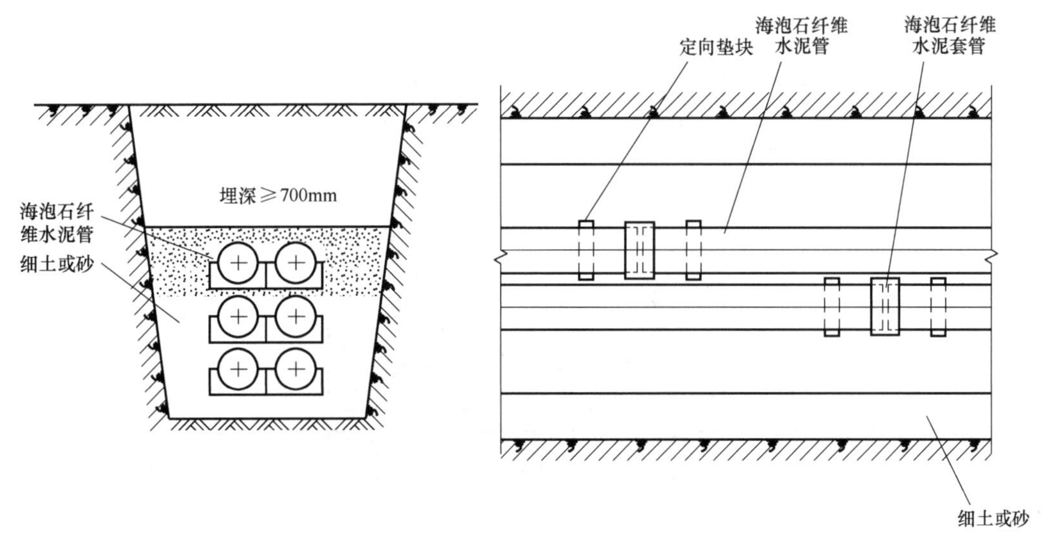

图 1-2-82　电缆保护管埋地示意图

(2) 金属保护管的连接应采用套接的短套管或带螺纹的管接头，长度不应小于电缆外径的 2.2 倍。

(3) 敷设电缆排管时，排管向工作井侧应有不小于 0.5%的排水坡度。

(4) 电缆保护管连接时，管孔应对准，接缝应严密，不得有地下水和泥浆渗入。

(5) 拐弯、分支处以及直线段每隔 50m 应设人孔检查井，井盖应高于地面，井内有集水坑且可排水，如图 1-2-83 所示。

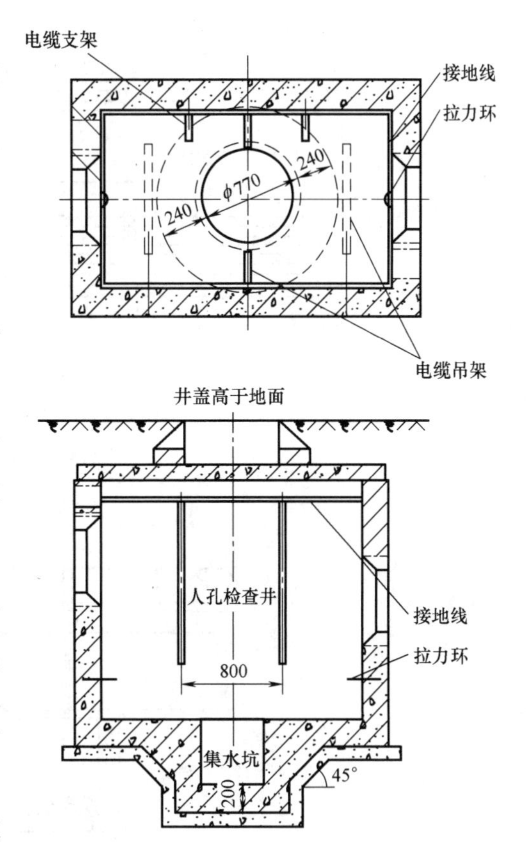

图 1-2-83　人孔检查井示意图（单位：mm）

(6) 电缆进出口应埋设 DN100 镀锌钢管，埋深不应小于 0.5m，管口宜做成喇叭形，钢管向外倾斜 5/100，防雨水内灌。

3. 电缆沟敷设

(1) 室外电缆沟的沟口宜高出地面 50mm，以减少地面排水进入沟内，当盖板高出地面影响地面排水或交通时，可采用具有覆盖层的电缆沟，盖板顶部一般低于地面 30mm，如图 1-2-84 所示。

(2) 室外电缆沟在进入建筑物处，应设防火分隔，如图 1-2-85 所示。

(3) 电缆沟应采取防水措施，底部还应做不小于 0.5%的纵向排水坡度，并应设集水井，如图 1-2-86 所示。

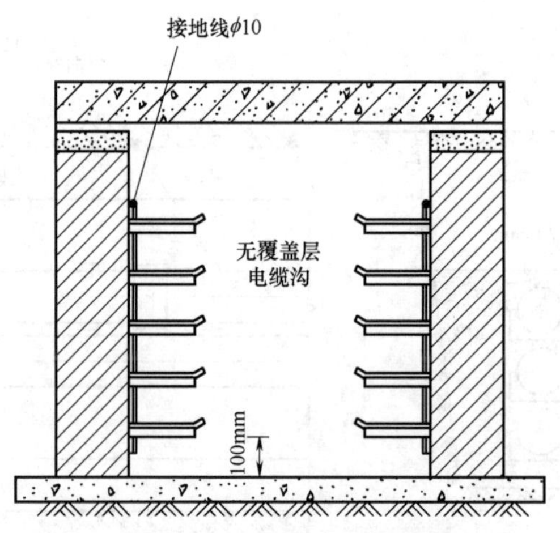

图 1-2-84　室外电缆沟示意图

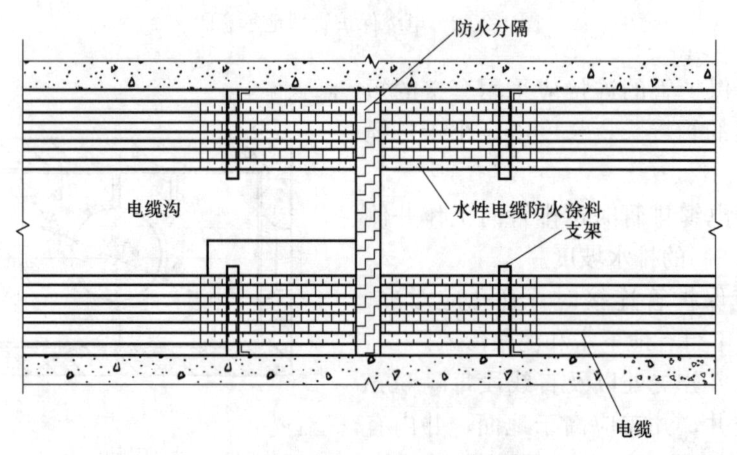

图 1-2-85　电缆沟防火分隔示意图

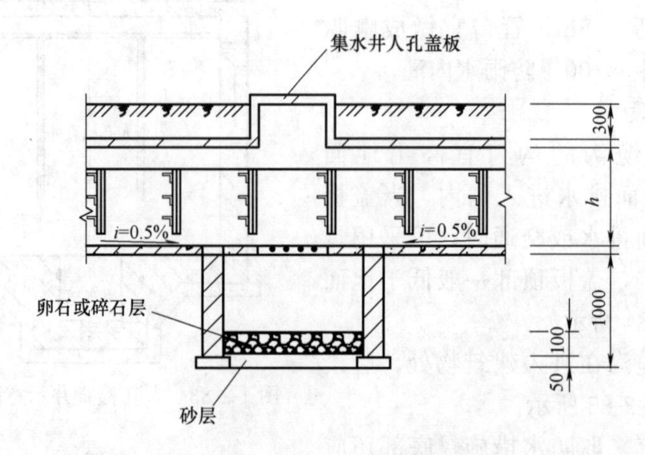

图 1-2-86　电缆沟内集水井示意图（单位：mm）

(三) 室外灯具

1. 景观照明灯具安装

(1) 落地式灯具的基座尺寸必须与灯箱匹配，如图 1-2-87 所示。

(2) 落地式灯具安装在人流密集场所时，应设置围栏防护，如条件不允许防护，安装高度应距地面 2500mm 以上。

(3) 金属结构架和灯具及金属软管，应做保护接地，连接牢固可靠，标识明显。

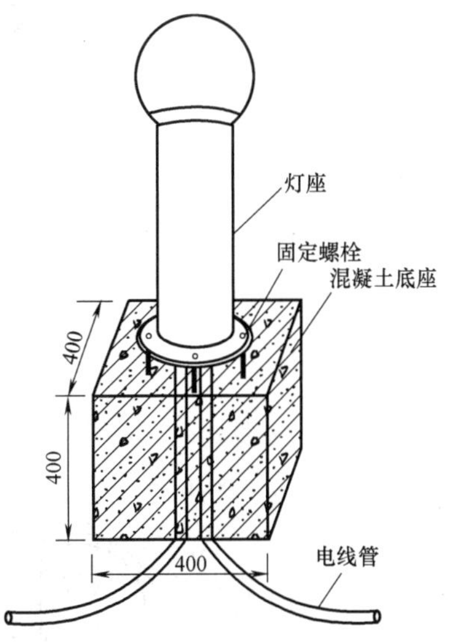

图 1-2-87 草坪灯安装示意图

(单位：mm)

2. 泛光照明灯具安装

(1) 灯具必须是具有防雨性能的专用灯具，安装时应将灯罩拧紧。

(2) 配线管路应明管敷设，并具有防雨功能。

(3) 悬挑安装的灯具，其挑臂的型号、规格及结构形式应满足设计要求，如是镀锌件应采用螺栓固定连接，如图 1-2-88 所示。

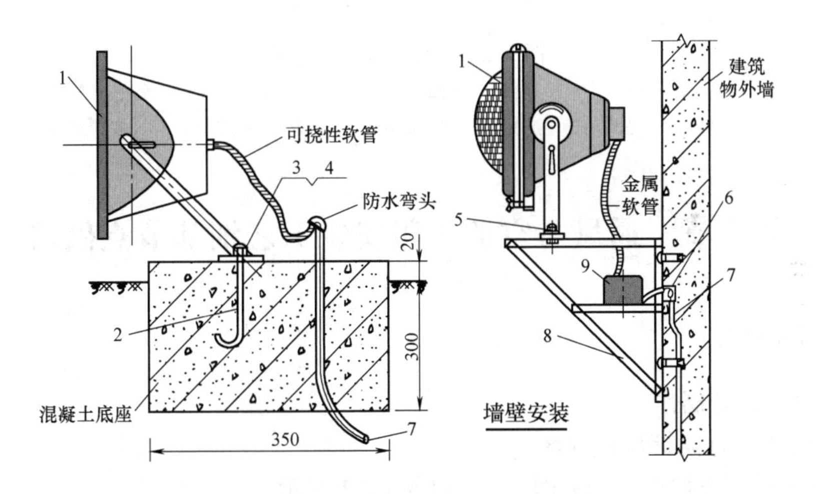

图 1-2-88 灯具地面安装及墙壁安装示意图（单位：mm）

1—灯具；2—地脚螺栓；3—螺母；4—垫圈；5—螺栓；6—接线盒；7—电线管；8—角钢；9—镇流器

3. 路灯安装

(1) 每套路灯应在相线上装设保护装置。

(2) 由架空线引入路灯的导线，在灯具入口处应做防水弯。

(3) 成排路灯，安装垂直度、高度须一致。

(4) 灯具接线盒或熔断器盒的盒盖防水密封垫应完整。

(5) 金属结构支、托架及立柱、灯具，应做保护接地线，连接牢固可靠，接地点应有标识，如图 1-2-89 所示。

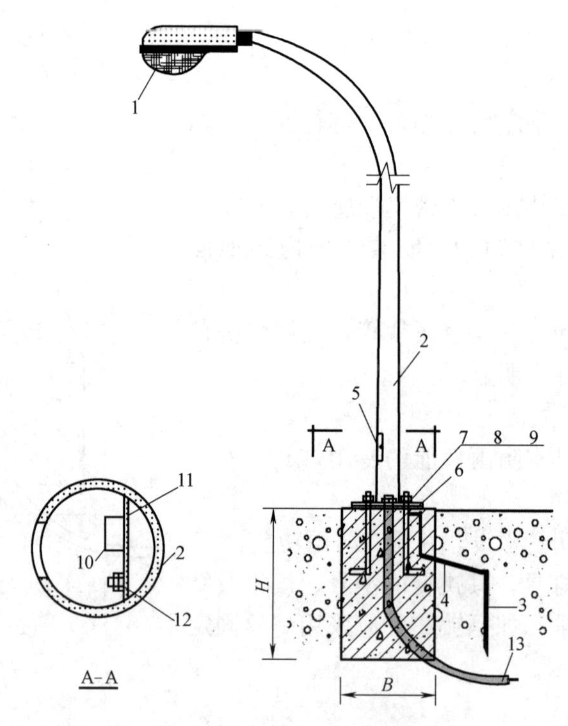

图 1-2-89　路灯安装示意图

1—灯具；2—灯杆；3—接地板；4—接地线；5—接线盒；6—固定钢板；7—螺栓；8—螺母；9—垫圈；10—断路器；11—固定钢板；12—接线端子；13—电源进线

第三节　通风与空调工程安装工艺细部节点做法

一、风管制作

（一）金属风管制作

1. 金属风管的板材厚度选择

金属风管的板材厚度选择如图 1-3-1 和表 1-3-1 所示。

金属风管板材厚度　　　　**表 1-3-1**

类别 风管直径 D 或长边尺寸 b(mm)	板材厚度(mm)				
	微压、低压系统风管	中压系统风管		高压系统风管	除尘系统风管
		圆形	矩形		
D(b)≤320	0.5	0.5	0.5	0.75	2
320<D(b)≤450	0.5	0.6	0.6	0.75	2
450<D(b)≤630	0.6	0.75	0.75	1	3
630<D(b)≤1000	0.75	0.75	0.75	1	4
1000<D(b)≤1500	1	1	1	1.2	5
1500<D(b)≤2000	1	1.2	1.2	1.5	按设计
2000<D(b)≤4000	1.2	按设计	1.2	按设计	按设计

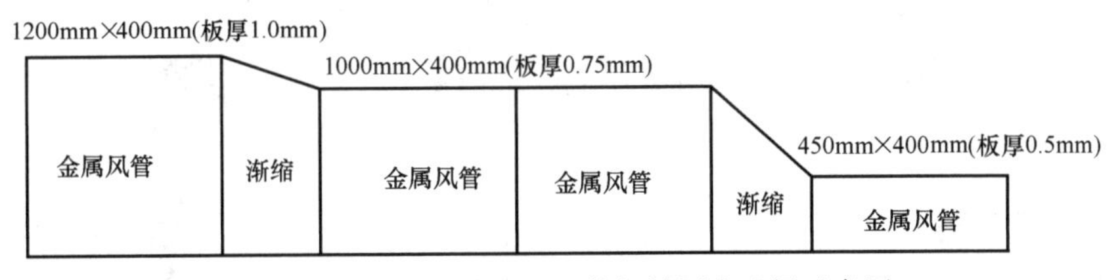

图 1-3-1　低压系统金属风管板材厚度选择示意图

2. 金属风管连接形式

（1）金属矩形风管制作采用咬口连接时，有如下四种形式，如图 1-3-2 所示。按扣式咬口只适用于中压及以下的矩形风管。

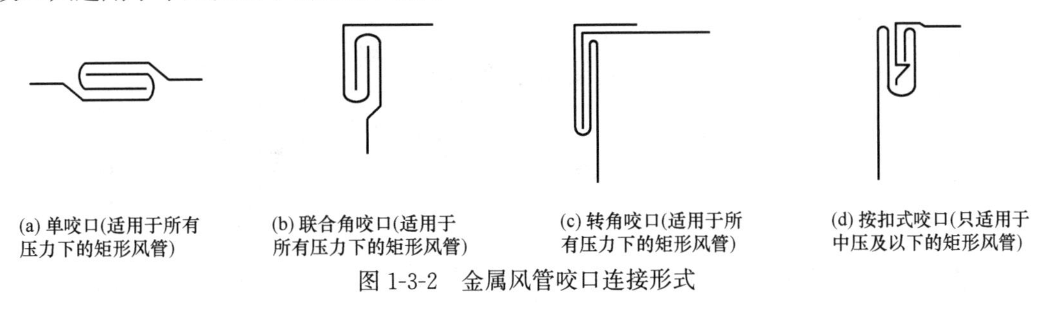

图 1-3-2　金属风管咬口连接形式

（2）圆形风管的连接形式可采用各类承插及抱箍。抱箍连接方式如图 1-3-3 所示。

（3）无法兰连接的风管中，S 形插条及直角形平插条只适用于低压及以下风管；C 形插条、立咬口、薄钢板法兰连接适用于中压及中压以下系统。如图 1-3-4 和图 1-3-5 所示。

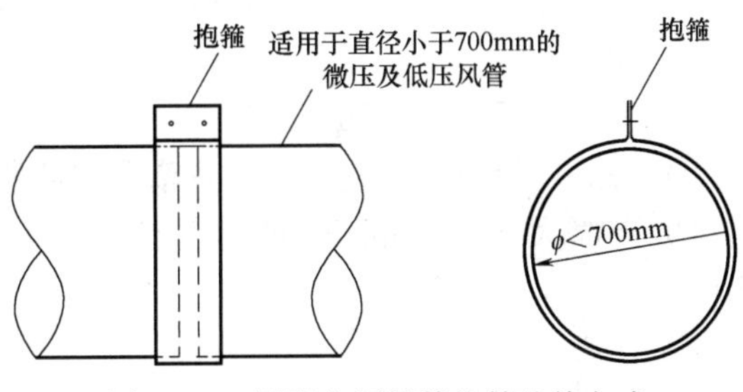

图 1-3-3　圆形金属风管抱箍连接方式

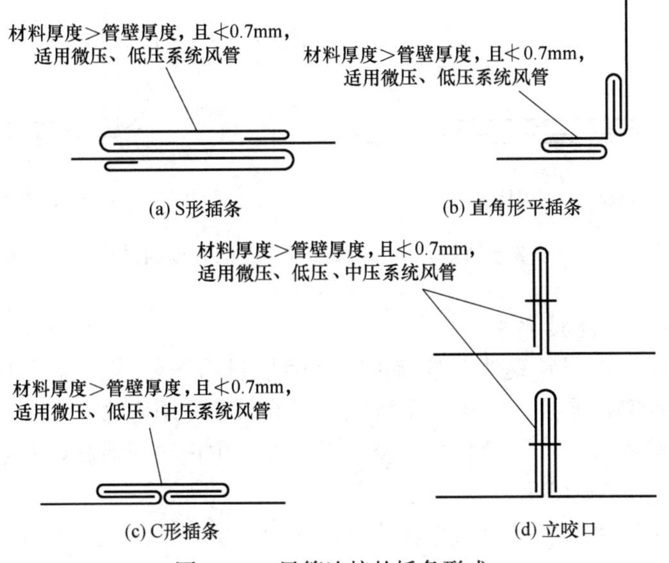

图 1-3-4　风管连接的插条形式

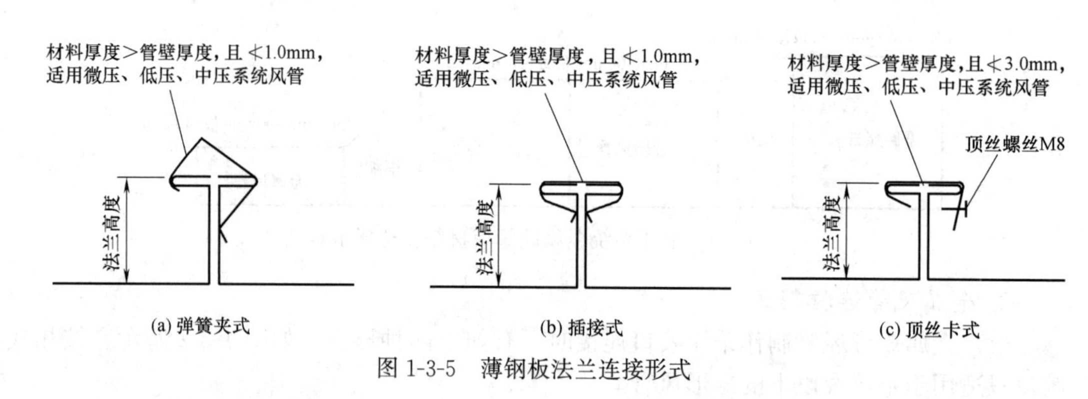

图 1-3-5　薄钢板法兰连接形式

(4) 钢板风管的连接要求：

焊接风管板面连接可采用搭接、角接和对接三种形式，如图 1-3-6 所示。

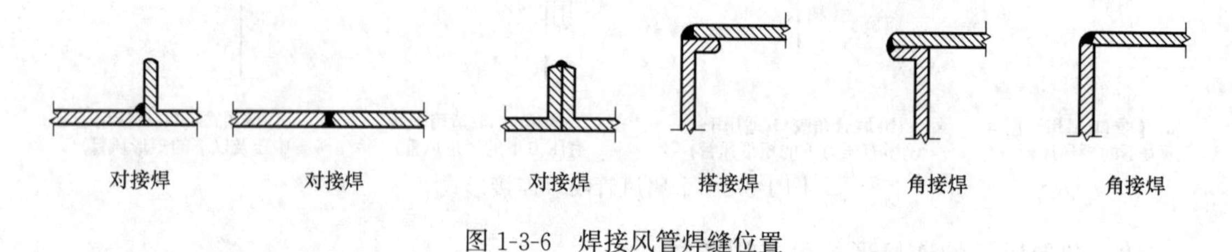

图 1-3-6　焊接风管焊缝位置

1）风管焊接前应除锈、除油。

2）焊后的板材变形应矫正，焊渣及飞溅物应清除干净。

3）壁厚大于 1.2mm 的风管与法兰连接可采用连续焊或翻边断续焊，如图 1-3-7 所示。

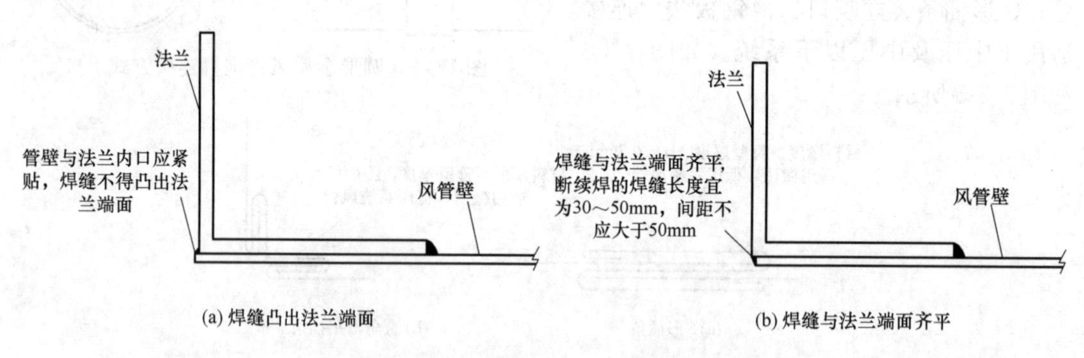

图 1-3-7　风管法兰焊接形式（左图为错误做法）

3. 不锈钢风管的连接要求

(1) 不锈钢风管采用碳钢法兰连接时，法兰应进行镀铬或镀锌处理；采用铆钉连接时，应采用不锈钢铆钉连接，避免产生锈蚀，影响风管使用寿命。

(2) 排油烟系统风管，风管与法兰应采用满焊，防止油烟泄漏，有效防止油烟串味和火灾的发生，如图 1-3-8 所示。

(3) 薄壁不锈钢风管当采用翻边焊接时，如图 1-3-9 所示，可使热应力集中在翻边区域，缩小对风管表面的变形影响。

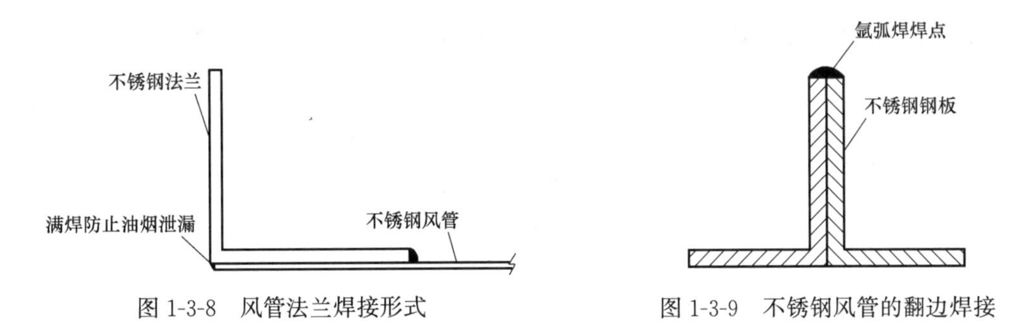

图 1-3-8 风管法兰焊接形式　　图 1-3-9 不锈钢风管的翻边焊接

4. 金属风管加固要求

(1) 风管的加固采用通丝内支撑加固形式时，应根据风管所属系统（正压或负压），按正确的方向安装专用垫圈：负压系统专用垫圈应安装于风管内侧，正压系统专用垫圈应安装于风管外侧，如图 1-3-10 所示。

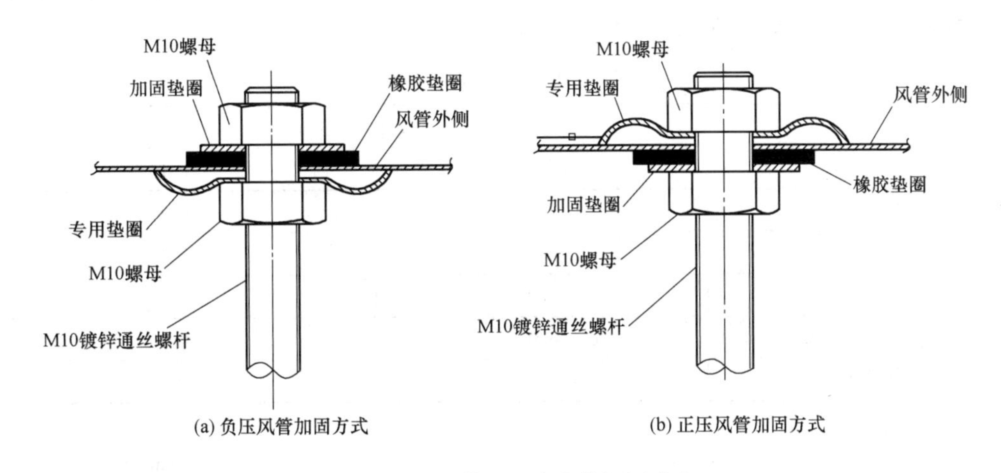

图 1-3-10 风管通丝内支撑加固形式

(2) 净化风管不得采用内部加固框或加强筋，缩小风管通风有效面积。为保证净化风管内表面不积尘，减少风管的阻力，应采用外部加固措施，如图 1-3-11 所示。

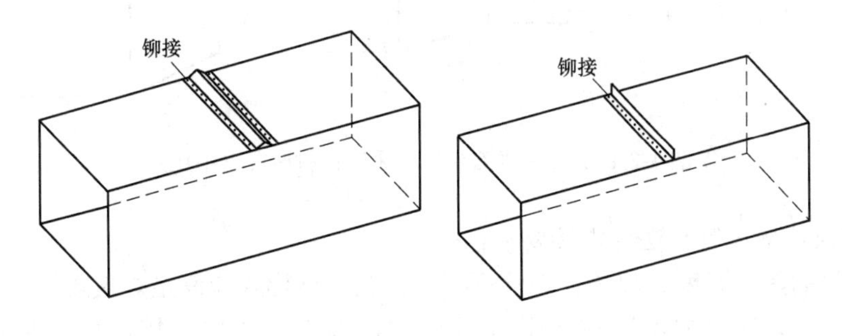

图 1-3-11 净化类风管外加固形式

5. 验收要求

(1) 风管的翻边应平整、紧贴法兰、宽度均匀，咬缝及四角处应无开裂与孔洞。

（2）铆接应牢固，无脱铆和漏铆，角件连接处的位置应打胶密封，如图 1-3-12 所示。

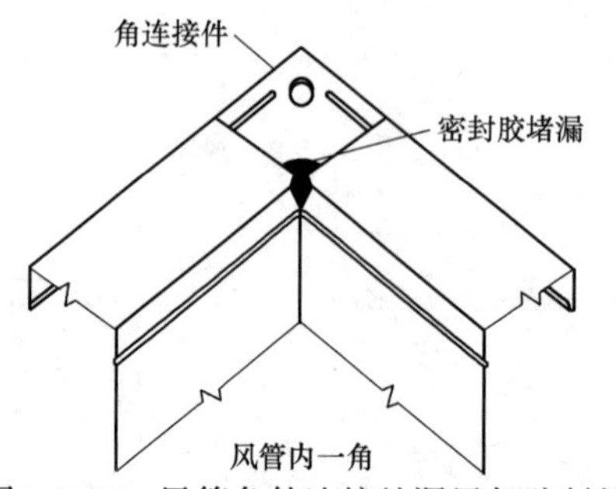

图 1-3-12 风管角件连接处漏风打胶封堵

（二）硬聚氯乙烯风管制作

1. 硬聚氯乙烯矩形风管制作的板材厚度应符合表 1-3-2 的规定。中压条件下，硬聚氯乙烯矩形风管板材厚度示例如图 1-3-13 所示。

硬聚氯乙烯矩形风管板材厚度 表 1-3-2

风管长边尺寸 b(mm)	板材厚度(mm)	
	微压、低压	中压
$b\leqslant320$	3.0	4.0
$320<b\leqslant500$	4.0	5.0
$500<b\leqslant800$	5.0	6.0
$800<b\leqslant1250$	6.0	8.0
$1250<b\leqslant2000$	8.0	10.0

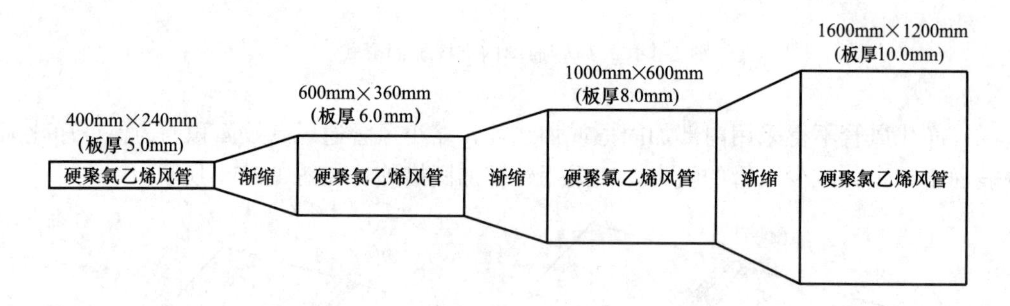

图 1-3-13 硬聚氯乙烯矩形风管板材厚度（中压）

2. 硬聚氯乙烯风管与法兰焊接要求：

（1）焊接的热风温度、焊条、焊枪喷嘴直径及焊缝形式应满足焊接规定。

（2）焊接前，应根据不同焊缝形式进行坡口加工，清理焊接部位的油污、灰尘等杂质。

（3）焊缝形式宜采用对接焊接、搭接焊接、填角或对角焊接，如图 1-3-14 所示。

（4）对硬聚氯乙烯风管进行焊接时，焊条应垂直于焊缝平面，不应向后或向前倾斜，应施加一定压力，使被加热的焊条与板材粘合紧密。具体实施如下：

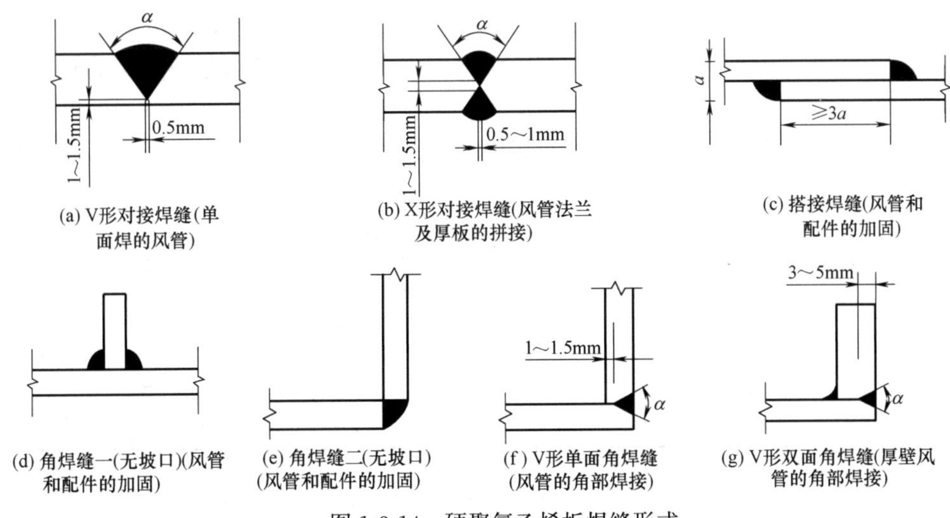

图 1-3-14 硬聚氯乙烯板焊缝形式

1）焊枪喷嘴应沿焊缝方向均匀摆动，喷嘴距焊缝表面应保持 5～6mm 的距离。

2）喷嘴的倾角应根据被焊板材的厚度按表 1-3-3 的规定选择，具体如图 1-3-15 所示。

焊枪喷嘴倾角的选择 **表 1-3-3**

板厚(mm)	≤5	5～10	>10
倾角(°)	15～20	25～30	30～45

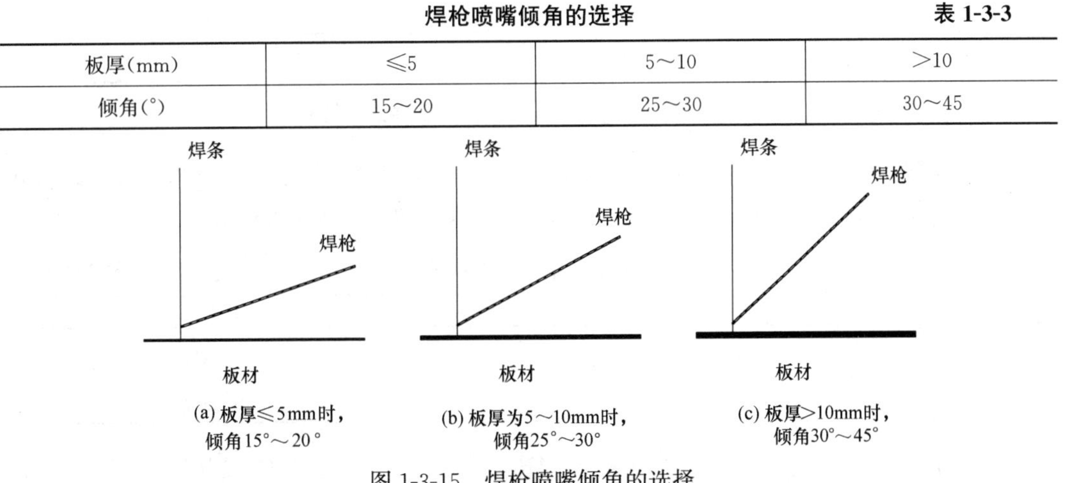

图 1-3-15 焊枪喷嘴倾角的选择

3. 当硬聚氯乙烯风管的直径或边长大于 500mm 时，风管与法兰的连接处应设加强板，且间距不得大于 450mm。硬聚氯乙烯风管加固宜采用外加固框形式，并应采用焊接将同材质加固框与风管紧固，如图 1-3-16 所示。

4. 矩形硬聚氯乙烯风管的四角可采用煨角或焊接连接，当采用煨角连接时，纵向焊缝距煨角处宜大于 80mm，如图 1-3-17 所示。

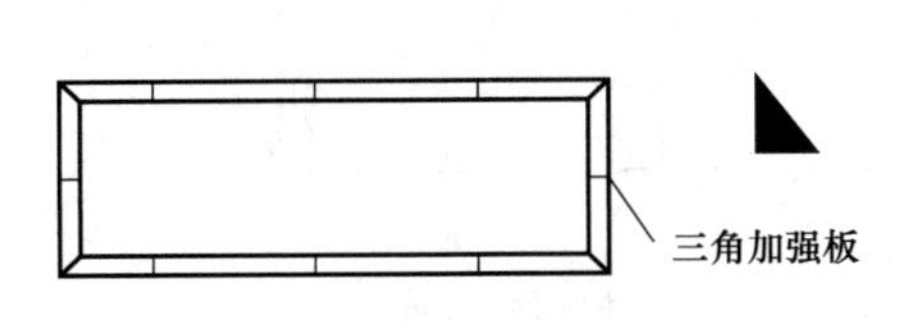

图 1-3-16 硬聚氯乙烯风管外加固示例

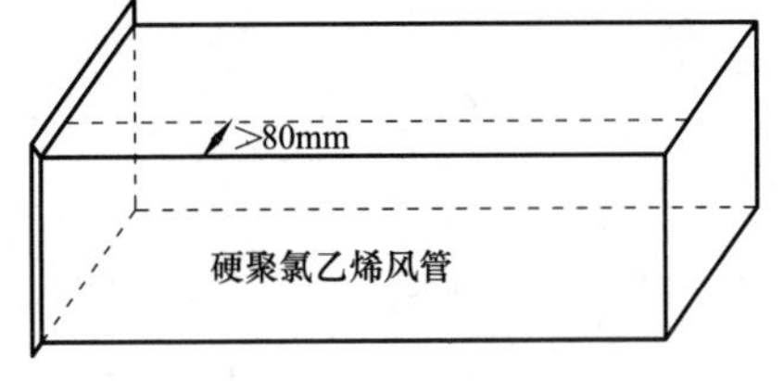

图 1-3-17 硬聚氯乙烯风管四角采用煨角或焊接连接成型

（三）玻璃钢风管制作

1. 微压、低压及中压系统有机玻璃钢风管板材的厚度应符合表 1-3-4 的规定，如图 1-3-18 所示。

2. 在同等风管尺寸规格的条件下，有机玻璃钢风管板材厚度普遍高于钢板风管板材厚度，玻璃钢风管不适用于高压系统风管。

微压、低压、中压系统有机玻璃钢风管板材厚度　　表 1-3-4

圆形风管直径 D 或矩形风管长边尺寸 b(mm)	壁厚(mm)
$D(b)\leqslant 200$	2.5
$200<D(b)\leqslant 400$	3.2
$400<D(b)\leqslant 630$	4.0
$630<D(b)\leqslant 1000$	4.8
$1000<D(b)\leqslant 2000$	6.2

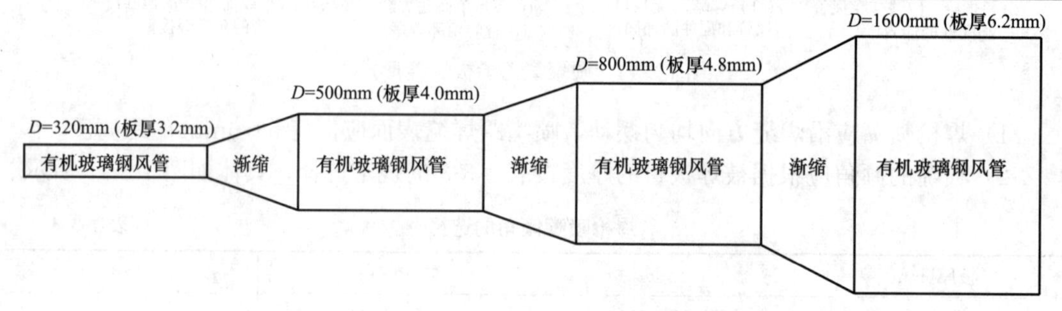

图 1-3-18　微压、低压、中压系统有机玻璃钢风管板材厚度

3. 玻璃钢风管法兰的规格应符合表 1-3-5 的规定，螺栓孔的间距不得大于 120mm，不同管径圆形玻璃钢风管法兰规格及连接螺栓使用要求如图 1-3-19 所示。

玻璃钢风管法兰规格　　表 1-3-5

风管直径 D 或风管边长 b(mm)	材料规格(宽×厚)(mm)	连接螺栓
$D(b)\leqslant 400$	30×4	M8
$400<D(b)\leqslant 1000$	40×6	
$1000<D(b)\leqslant 2000$	50×8	M10

4. 有机玻璃钢风管的加固，当矩形风管边长大于 900mm，且管段长度大于 1250mm 时，应有加固措施，风管的加固应为本体材料或防腐性能相同的材料，并应与风管成为一体。加固筋的分布应均匀、整齐，如图 1-3-20 所示。

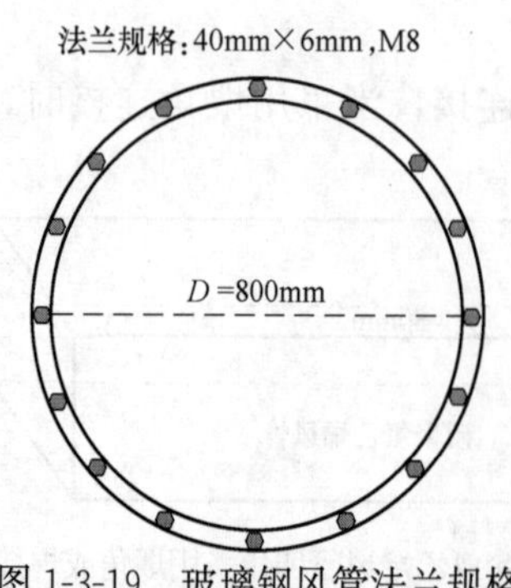

图 1-3-19　玻璃钢风管法兰规格

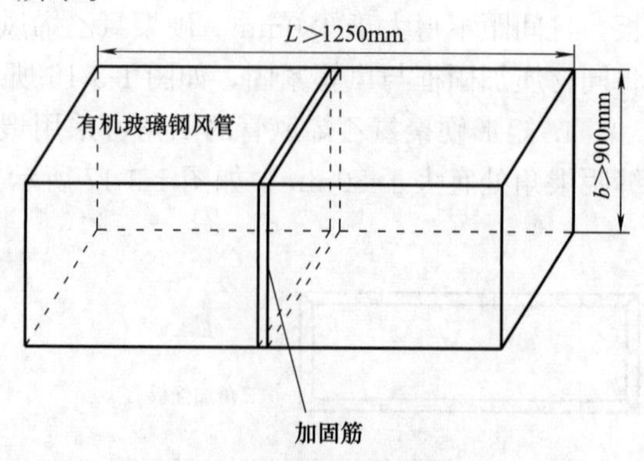

图 1-3-20　有机玻璃钢风管的加固示例

二、风管（部件、配件）系统安装

（一）金属风管安装

1. 风管支、吊架安装

（1）支、吊架预埋件位置应正确、牢固可靠，埋入部分应去除油污，且不得涂漆。

（2）支、吊架的设置不应影响阀门、自控机构的正常动作，且不应设置在风口、检查门处，离风口和分支管的距离不宜小于200mm，如图1-3-21所示。

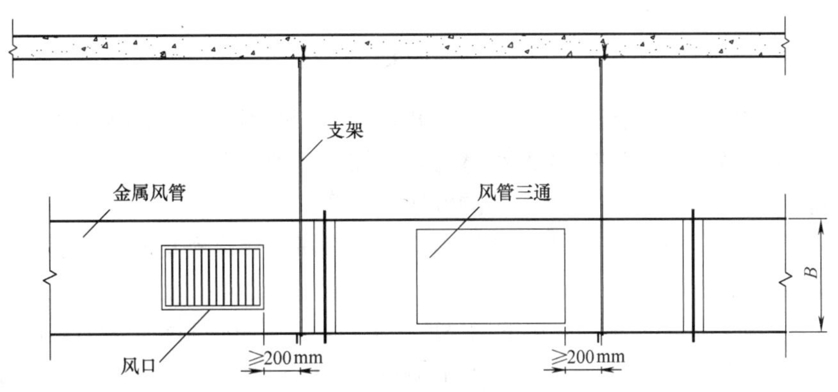

图1-3-21 水平风管吊架距离风口做法

（3）金属风管安装支、吊架间距应符合表1-3-6的规定。

金属风管安装支、吊架间距 **表1-3-6**

风管安装类型	支、吊架间距
水平安装	直径或边长≤400mm时，支、吊架间距≤4m
	直径或边长>400mm时，支、吊架间距≤3m
	螺旋风管的支、吊架的间距可为5m（直径≤400mm）与3.75m（直径>400mm）
	薄钢板法兰风管的支、吊架间距≤3m
	C形、S形插条连接风管的支、吊架间距≤3000mm
	单根直管支架不少于2个
垂直安装	至少2个固定点，支架间距≤4000mm

（4）不锈钢板风管、铝板风管与碳素钢支架的接触处，应采取隔绝或防腐绝缘措施。

（5）不隔热矩形风管立面与吊杆的间隙不宜大于50mm，吊杆距风管末端不应大于1000mm，如图1-3-22所示。

（6）垂直安装的风管支架宜设置在法兰连接处，不宜单独以抱箍的形式固定风管，使用型钢支架并使风管重量通过法兰作用于支架上，且法兰应采用角钢法兰的形式连接。

2. 风管系统安装

（1）风管内严禁其他管线穿越。

（2）室外风管系统的拉索等金属固定件严禁与避雷针或避雷网连接。

（3）法兰的连接螺栓应均匀拧紧，螺栓宜顺气流方向且螺母宜在同一侧。

（4）风管接口的连接应严密牢固。风管法兰的垫片材质应符合系统功能的要求，厚度不

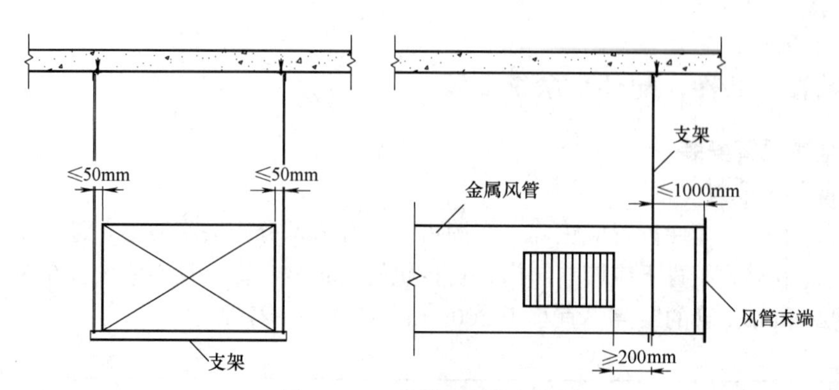

图 1-3-22　风管末端支架做法

应小于 3mm。垫片不应凸入管内，且不宜突出法兰外；垫片接口交叉长度不应小于 30mm。

（5）外保温风管必需穿越封闭的墙体时，应加设套管。

（6）风管的连接应平直，风管安装的位置应正确。

（7）风管接口不得安装在墙内或楼板内，风管沿墙体或楼板安装时，距墙面不宜小于 200mm；距楼板宜大于 150mm。

（8）风管穿过封闭的防火、防爆的墙体或楼板时，应设置钢制防护套管，防护套管厚度不小于 1.6mm，风管与防护套管之间应采用不燃柔性材料封堵严密。穿墙套管与墙体两面平齐，穿楼板套管底端与楼板底面平齐，顶端应高出楼板面 30mm（图 1-3-23～图 1-3-26）。

（9）输送空气温度高于 80℃的风管应按设计规定采取安全可靠的防护措施。水平风管穿伸缩缝处应采用软连接，软管长度不小于伸缩缝宽度加 100mm。

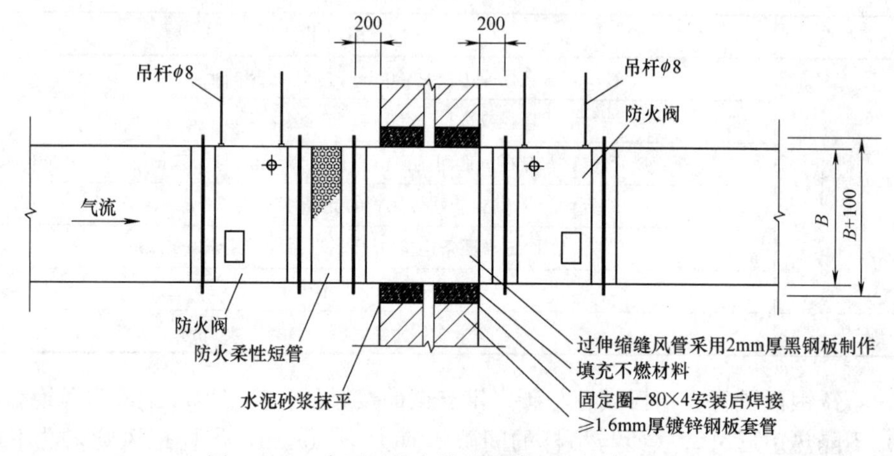

图 1-3-23　水平风管穿伸缩缝做法（单位：mm）

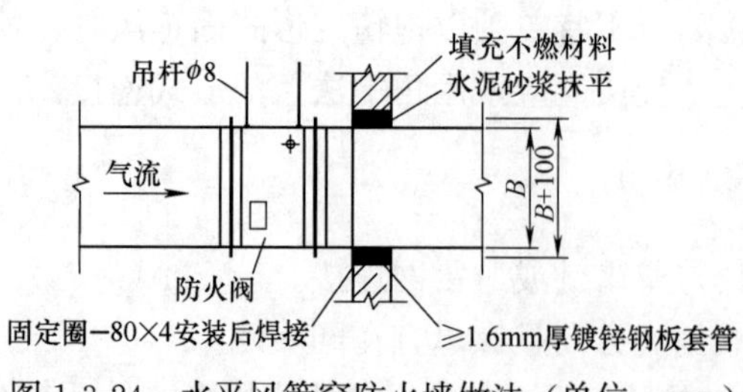

图 1-3-24　水平风管穿防火墙做法（单位：mm）

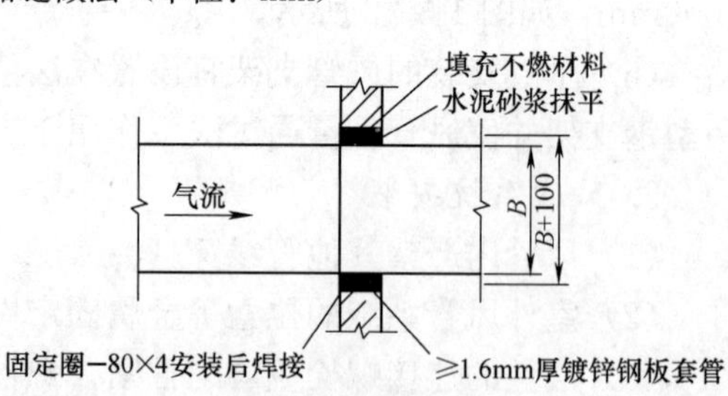

图 1-3-25　水平风管穿隔墙做法（单位：mm）

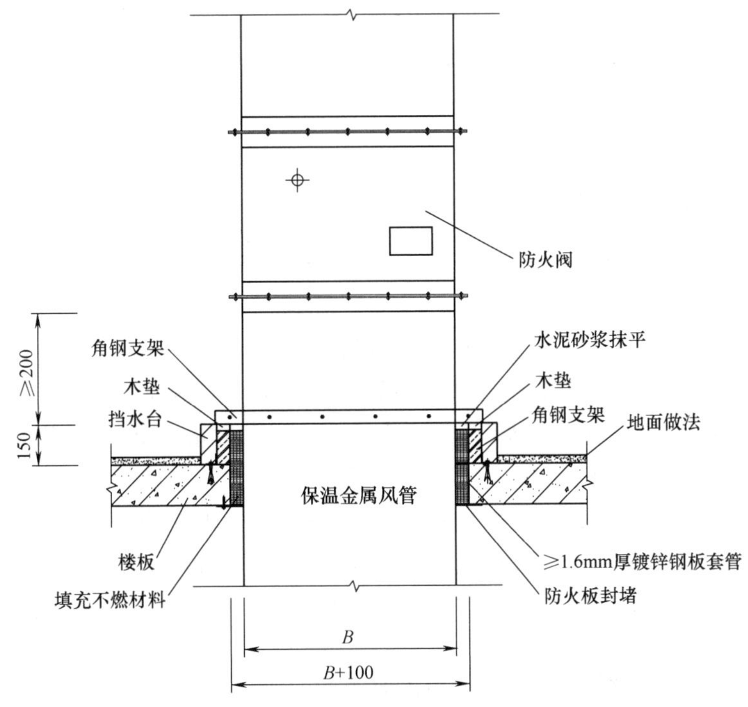

图 1-3-26 竖向风管穿楼板做法（单位：mm）

3. 金属无法兰连接风管安装

（1）矩形薄钢板法兰风管可采用弹性插条、弹簧夹或 U 形紧固螺栓连接。连接固定的间隔不应大于 150mm，净化空调系统风管的间隔不应大于 100mm，且分布应均匀。

（2）当采用弹簧夹连接时，宜采用正反交叉固定方式，但不应松动（图 1-3-27）。

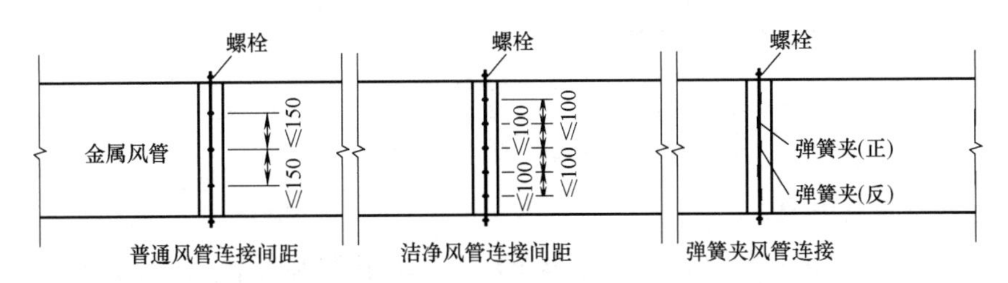

图 1-3-27 金属无法兰连接风管安装示意图（单位：mm）

（二）非金属风管安装

1. 非金属风管支、吊架安装

（1）风管支、吊架的安装不应影响连接件的安装。

（2）边长或直径大于 2000mm 的超宽、超高等特殊风管的支、吊架，其规格及间距应符合设计要求。

（3）无机玻璃钢圆形风管的托座和抱箍所采用的扁钢不应小于 30mm×4mm。托座和抱箍的圆弧应均匀且与风管的外径一致，托架的弧长应大于风管外周长的 1/3。

（4）非金属风管垂直安装支架间距应符合表 1-3-7 的规定。

非金属风管垂直安装支架间距　表 1-3-7

风管材质	支架间距
无机玻璃钢风管	≤3m
酚醛铝箔复合板风管与聚氨酯铝箔复合板风管	≤2.4m
玻璃纤维板复合材料风管	≤1.2m
其他风管	≤3m

2. 非金属风管安装

（1）风管连接应严密，法兰螺栓两侧应加镀锌垫圈。

（2）硬聚氯乙烯风管的安装尚应符合下列规定（图 1-3-28）：

1）采用承插连接的圆形风管，直径小于或等于 200mm 时，插口深度宜为 40～80mm，粘接处应严密牢固。

2）采用套管连接时，套管厚度不应小于风管壁厚，长度宜为 150～250mm。

3）采用法兰连接时，垫片宜采用 3～5mm 软聚氯乙烯板或耐酸橡胶板。

4）风管直管连续长度大于 20m 时，应按设计要求设置伸缩节，支管的重量不得由干管承受。

5）风管所用的金属附件和部件，均应进行防腐处理。

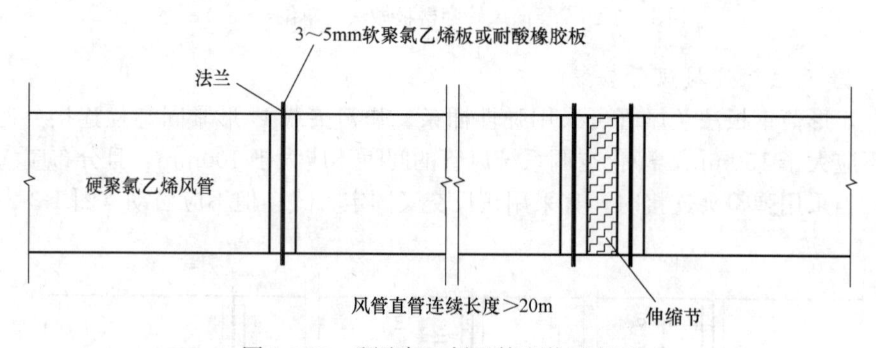

图 1-3-28　硬聚氯乙烯风管安装示意图

3. 复合材料风管安装

（1）复合材料风管的连接处，接缝应牢固，不应有孔洞和开裂。当采用插接连接时，接口应匹配，不应松动，端口缝隙不应大于 5mm。

（2）复合材料风管采用金属法兰连接时，应采取防冷桥的措施。

（3）酚醛铝箔复合板风管与聚氨酯铝箔复合板风管的安装要求：

1）插接连接法兰的不平整度应小于或等于 2mm，插接连接条的长度应与连接法兰齐平，允许偏差应为－2～＋0mm。

2）插接连接法兰四角的插条端头与护角应有密封胶封堵。

3）中压风管的插接连接法兰之间应加密封垫或采取其他密封措施。

（4）玻璃纤维复合板风管的安装应符合下列规定：

1）风管的铝箔复合面与丙烯酸等树脂涂层不得损坏，风管的内角接缝处应采用密封胶勾缝。

2）榫连接风管应在榫口处涂胶粘剂，连接后在外接缝处应采用扒钉加固，间距不宜大于 50mm，并宜采用宽度大于或等于 50mm 的热敏胶带粘贴密封（图 1-3-29）。

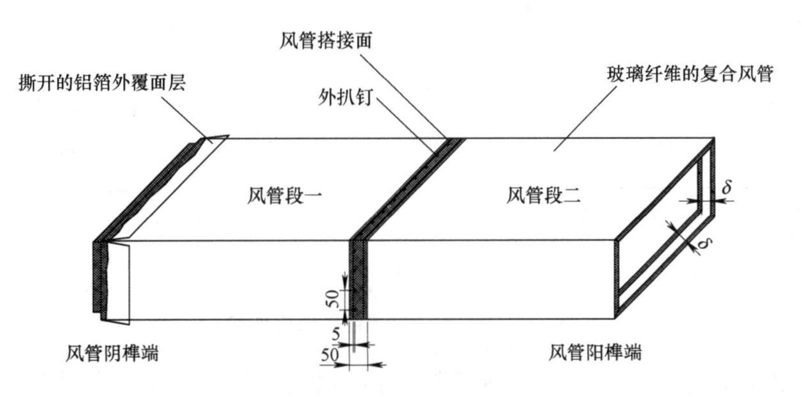

图 1-3-29　玻璃纤维复合风管连接示意图

3）采用槽形插接等连接构件时，风管端切口应采用铝箔胶带或刷密封胶封堵。

4）采用槽形钢制法兰或插条式构件连接的风管，风管外壁钢抱箍与内壁金属内套，应采用镀锌螺栓固定，螺孔间距不应大于 120mm，螺母应安装在风管外侧。螺栓穿过的管壁处应进行密封处理。

5）风管垂直安装宜采用“井”字形支架，连接应牢固。

(5) 玻璃纤维增强氯氧镁水泥复合材料风管，应采用粘结连接。直管长度大于 30m 时，应设置伸缩节。

(三) 消声器、静压箱安装

1. 消声器及静压箱安装时，应设置独立支、吊架，应牢固固定，如图 1-3-30 所示。

2. 当采用回风箱作为静压箱时，回风口处应设置过滤网。

(四) 部件、配件安装

1. 风口安装

(1) 风口的安装位置应符合设计要求，风口或结构风口与风管的连接应严密牢固，不应存在漏风点或部位，风口与装饰面贴合应紧密，如图 1-3-31 和图 1-3-32 所示。

(2) X 射线发射房间的送、排风口应采取防止射线外泄的措施。

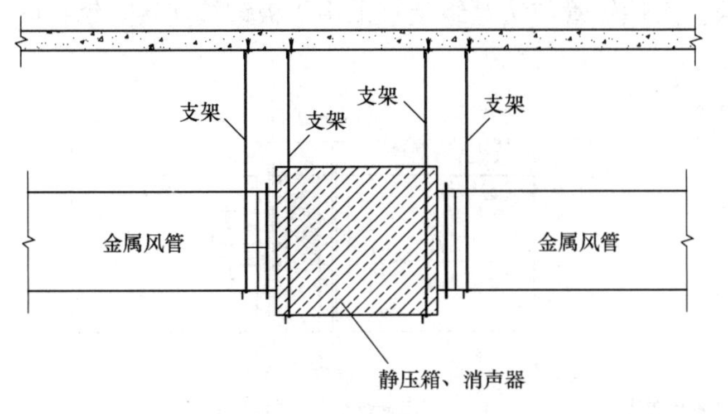

图 1-3-30　消声器、静压箱安装示意图

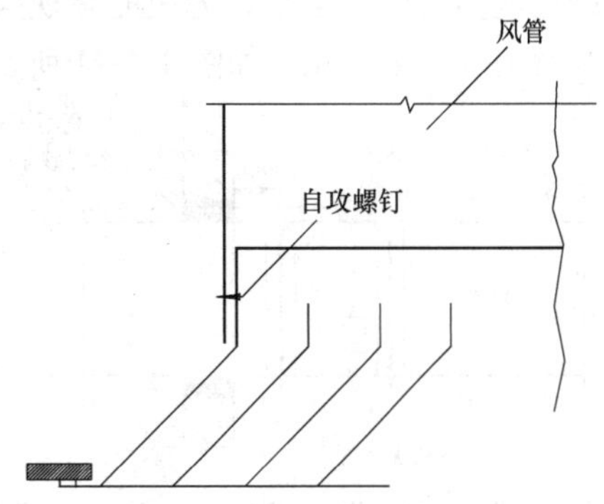

图 1-3-31　风口与金属风管连接

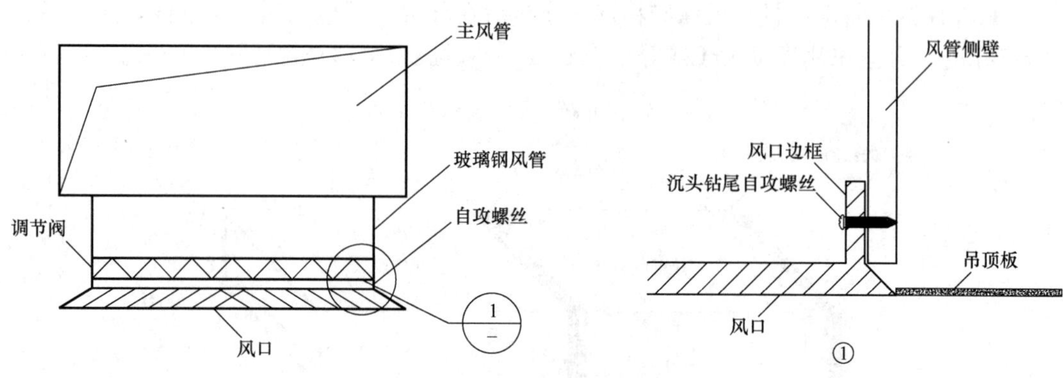

图 1-3-32　风口与非金属风管连接

（3）风口表面应平整、不变形，调节应灵活、可靠。同一厅室、房间内的相同风口的安装高度应一致，排列应整齐。

（4）明装无吊顶的风口，安装位置和标高允许偏差应为 10mm。

2. 风阀安装

（1）风阀应安装在便于操作及检修的部位。安装后，手动或电动操作装置应灵活可靠，阀板关闭应严密。

（2）直径或长边尺寸大于或等于 630mm 的防火阀，应设独立支、吊架；防火阀、排烟阀（口）的安装位置、方向应正确，阀门应顺气流方向关闭，防火分区隔墙两侧的防火阀距墙端面不应大于 200mm，如图 1-3-33 所示。

（3）排烟阀（排烟口）及手控装置（包括钢索预埋套管）的位置应符合设计要求。钢索预埋套管弯管不应多于 2 个，且不得有死弯及瘪陷；安装完毕后应操控自如，无阻涩等现象。

（4）排烟防火阀手动和电动装置应灵活、可靠，阀门关闭严密。

（5）排烟防火阀应设独立的支、吊架，当风管采用不燃材料防火隔热时，阀门安装处应有明显标识。

（五）柔性短管安装

1. 柔性短管制作

（1）柔性短管的长度宜为 150～250mm，接缝的缝制或粘接应牢固、可靠，不应有开裂；成型短管应平整，无扭曲等现象。柔性短管与法兰组装宜采用压板铆接连接，铆钉间距宜为 60～80mm，如图 1-3-34 所示。

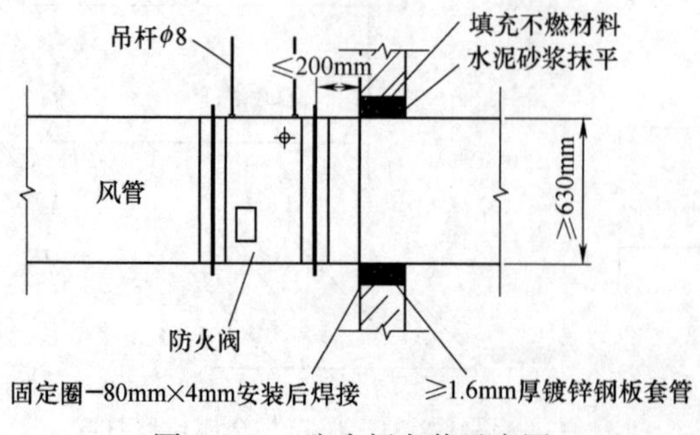

图 1-3-33　防火阀安装示意图

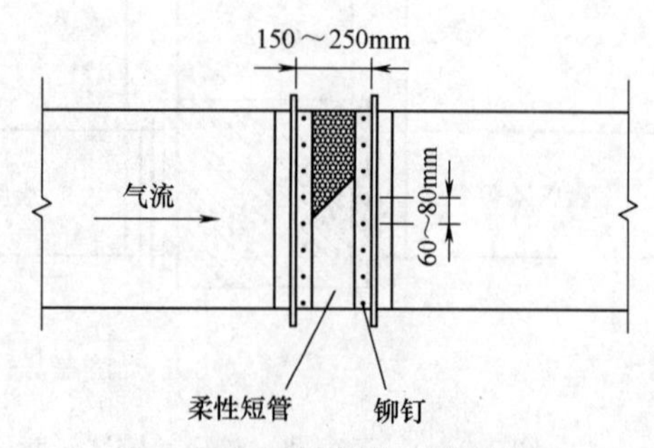

图 1-3-34　柔性短管制作示意图

（2）柔性短管不应为异径连接管，柔性短管与风管连接不得采用抱箍固定的形式。

（3）防烟、排烟系统柔性短管的制作材料必须为不燃材料。

2. 柔性短管安装

（1）柔性短管的安装应松紧适度，不应有强制性的扭曲。

（2）可伸缩金属或非金属柔性风管的长度不宜大于 2m。

（3）柔性风管支、吊架的间距不应大于 1500mm，承托的座或箍的宽度不应小于 25mm，两支架间柔性风道的最大允许下垂应为 100mm，且不应有死弯或塌凹（图 1-3-35）。

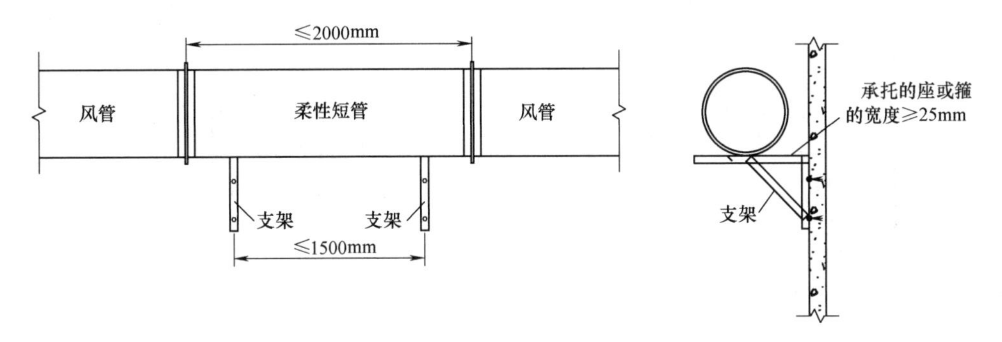

图 1-3-35 可伸缩金属或非金属柔性风管安装示意图

三、风机与空气处理设备安装

（一）落地式风机安装

1. 基础要求与验收

（1）风机设备安装就位前，按设计图纸并依据建筑物的轴线、边线及标高线放出安装基准线；将设备基础表面的油污、泥土和螺栓预留孔内的杂物清除干净；对基础的强度、尺寸、预埋件等进行验收；基础边到风机底座边的距离尺寸以 100mm 为宜，如图 1-3-36 所示。

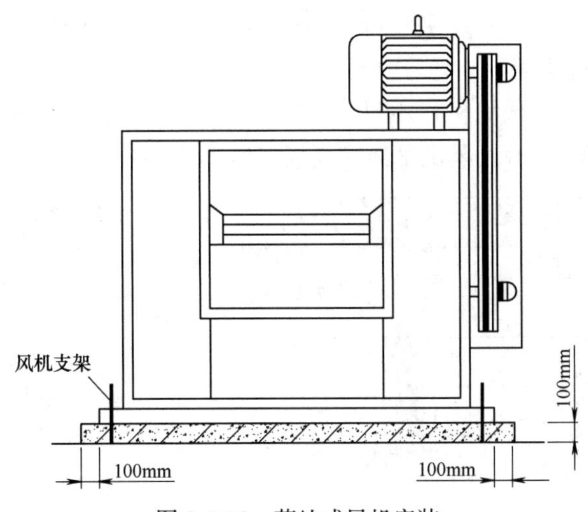

图 1-3-36 落地式风机安装

（2）风机安装采用符合设计要求的胀锚螺栓（图 1-3-37）或地脚螺栓（图 1-3-38）固定，如设计无特别说明采用胀锚螺栓。

（3）风机安装在有减振器的基础上时，地面要平整，不偏心，各组减振器承受的荷载压缩量应均匀，高度误差小于 2mm。

（4）每台风机减振器的型号、数量根据风机参数（外形尺寸、电机位置、风机运行重量等）确定。

（5）风机安装在无减振器基础上，风机支架下垫橡胶减振垫（厚度按照风机厂商技术要求选择），找平找正后固定风机。

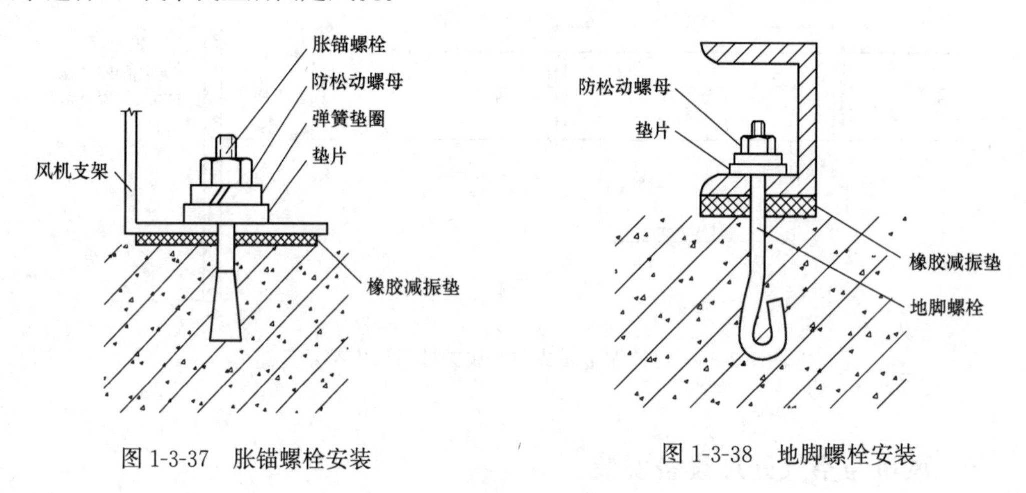

图 1-3-37　胀锚螺栓安装　　图 1-3-38　地脚螺栓安装

2. 风机安装

（1）产品的性能、技术参数应符合设计要求，出口方向应正确。

（2）叶轮旋转应平稳，每次停转后不应停留在同一位置上。

（3）固定设备的地脚螺栓应紧固，并应采取防松动措施。

（4）落地安装时，应按设计要求设置减振装置，并应采取防止设备水平位移的措施。

（二）吊顶式风机安装

1. 无防火要求时，柔性软连接管可选用帆布软接头；用于排烟系统时，应为不燃材料，材料应由工程设计确定。

2. 安装尺寸应根据所选风机样本确定，需安装 3 个均匀分布的限位杆，选用 M8 螺栓、螺母，如图 1-3-39 所示。风机吊架穿楼板安装如图 1-3-40 所示。

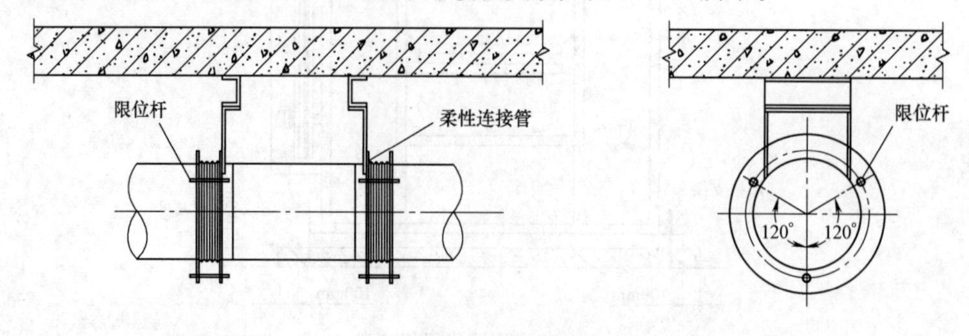

图 1-3-39　管道风机吊装

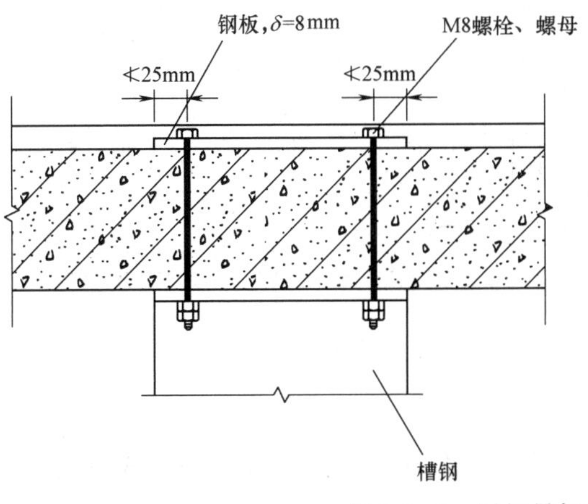

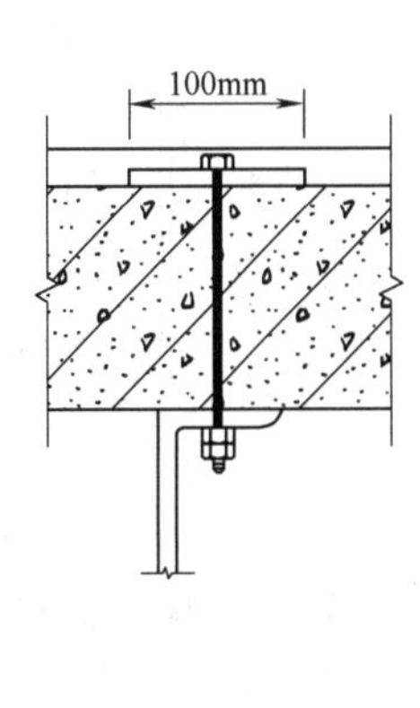

图 1-3-40 风机吊架穿楼板安装

（三）屋面风机安装

1. 风机在刚性屋面水平安装。

2. 支墩长度每边比风机支架至少增加 200mm，高度不小于 500mm，风口距屋面高度不小于 300mm，如图 1-3-41 所示。

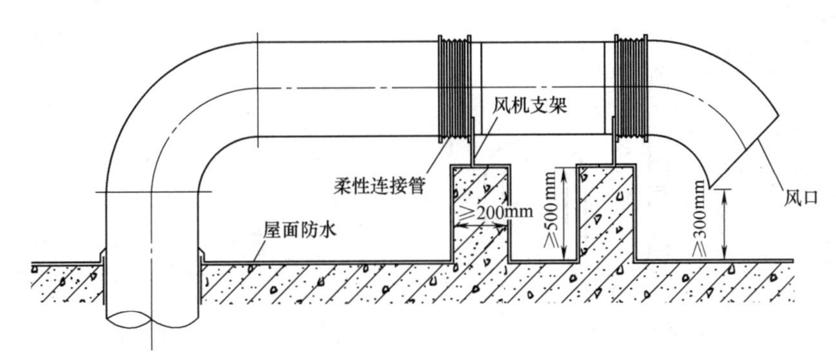

图 1-3-41 管道风机在屋面上安装

（四）空调机组安装

1. 组合式空调机组的基础高度应符合设计要求，如图 1-3-42 所示，离墙的一面须留有 1m 的空间，凸台平面要求平整、水平，各种功能段用螺栓连接，段与段之间用发泡聚乙烯密封，不应出现漏风现象。

2. 组合式空调机组全部安装完毕后，应进行试运转，不得在全开风阀的状况下启动，以免启动电流过大烧坏电机，运转 8h 无异常现象为合格。

3. 安装时，骨架的连接处涂密封胶（或其他填料），防止漏风现象产生。

4. 各保温壁板安装前，应检查风机叶轮旋转方向是否正确。

5. 组合式空调机组安装前，应核对产品说明书及装箱单，检查各零部件的完好性；各零部件需擦洗干净，上润滑油脂；检查风阀、风机等转动部件的灵活性。

6. 表冷段周围应预留排水沟，用于冷凝水的排出，冷凝水出口处应设水封弯，水封高度应符合设计或设备技术文件的要求，如图 1-3-43 所示。

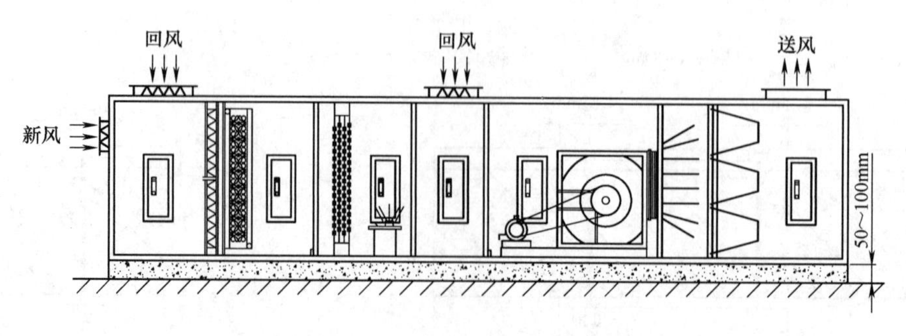

图 1-3-42 组合式空调机组的基础

（五）排气扇（风机）安装

1. 安装前应仔细检查风机是否完整无损，各紧固件螺栓是否有松动或脱落，叶轮有无碰撞风罩。

2. 排气扇风机安装应平稳，注意风机的水平位置，如图 1-3-44 所示。

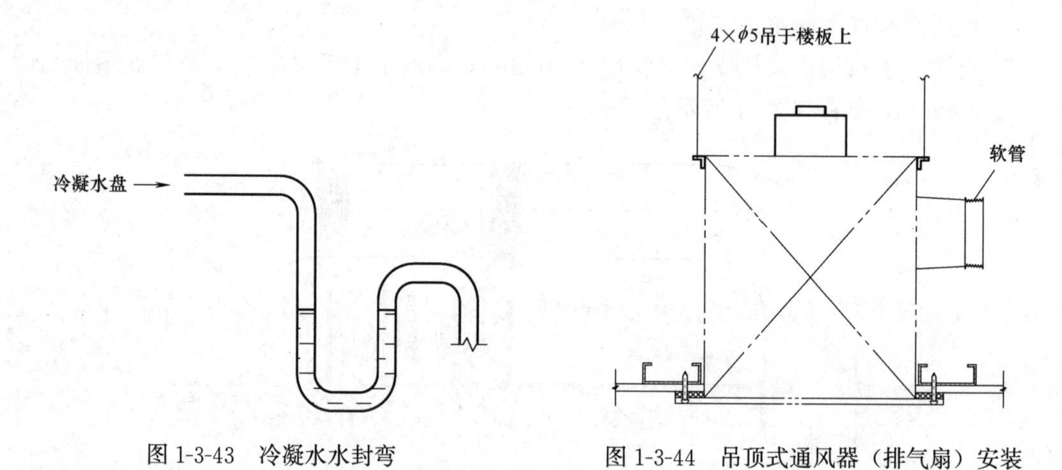

图 1-3-43 冷凝水水封弯　　图 1-3-44 吊顶式通风器（排气扇）安装

（六）消防排烟（风）风机安装

1. 风机悬挂吊装时，风机进出口中心高度应与对应风管中心高度一致（图 1-3-45）。

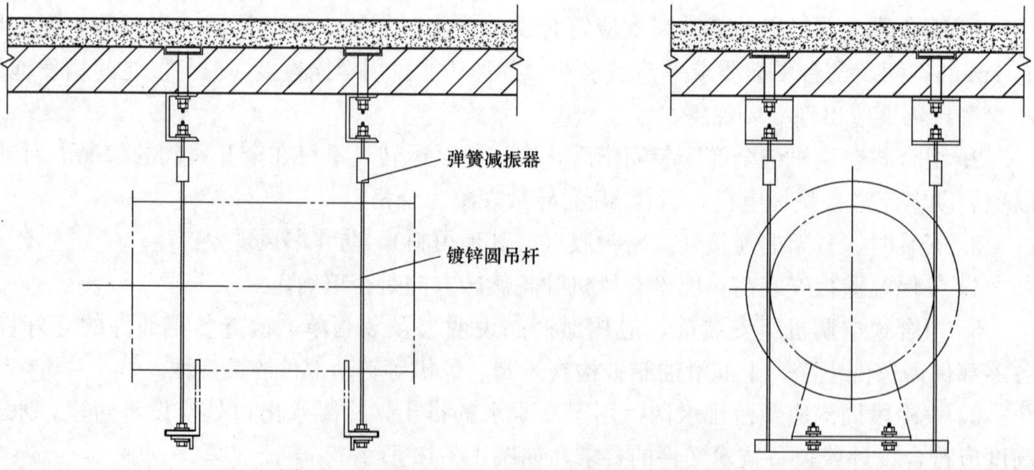

图 1-3-45 排烟风机在屋面或楼板下悬挂吊装

2. 吊装风机的横担型钢，长度比吊杆间距长 100mm 为宜。

3. 风机吊装后，通过调节吊杆长度调整风机高度及水平度，水平度应符合设备技术要求。

四、空调（冷、热媒）管道系统安装

（一）空调水管道系统安装

1. 管道焊接对口

（1）管道焊接对口平直度的允许偏差应为 1%，全长不应大于 10mm，管道对口时应在距接口中心 200mm 处测量平直度（图 1-3-46）。

（2）当管道公称尺寸小于 100mm 时，允许偏差为 1mm；当管道公称尺寸大于等于 100mm 时，允许偏差为 2mm，且全长允许偏差均为 10mm。

（3）管道与设备的固定焊口应远离设备，且不宜与设备接口中心线相重合。

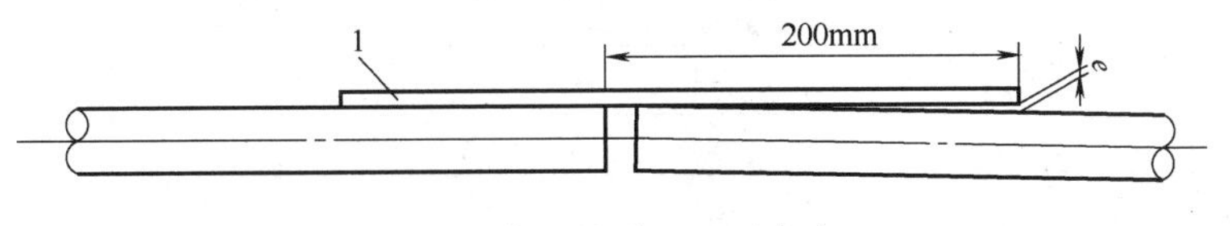

图 1-3-46 管道对口平直度

1—钢板尺；*e*—管道对口时的平直度

2. 管道法兰连接

（1）连接管道的法兰面应与管道中心线垂直、同心。

（2）法兰对接应平行，偏差不应大于管道外径的 1.5‰，且不得大于 2mm。

（3）连接螺栓长度应一致，螺母应在同一侧，并应均匀拧紧（图 1-3-47）。

（4）紧固后的螺母应与螺栓端部平齐或略低于螺栓。

（5）法兰衬垫的材料、规格与厚度应符合设计要求。

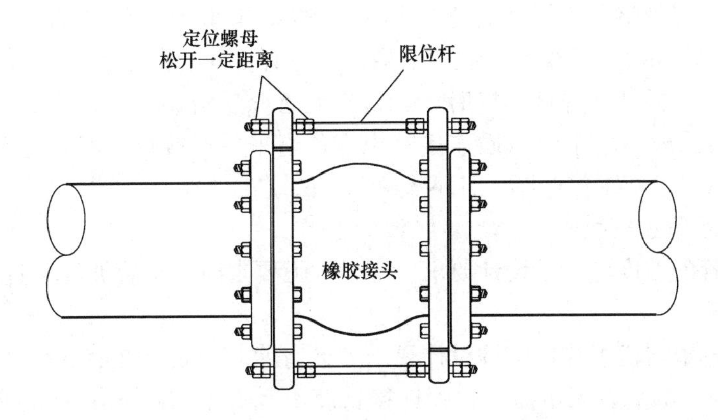

图 1-3-47 法兰连接示意图

3. 设备软连接及独立支架设置

（1）管道与设备（水泵、制冷机组）的接口应为柔性接管，不得强行对口连接，与其连接的管道应设置独立支架。

（2）当设备安装在减振基座上时，独立支架的固定点应为减振基座（图 1-3-48）。

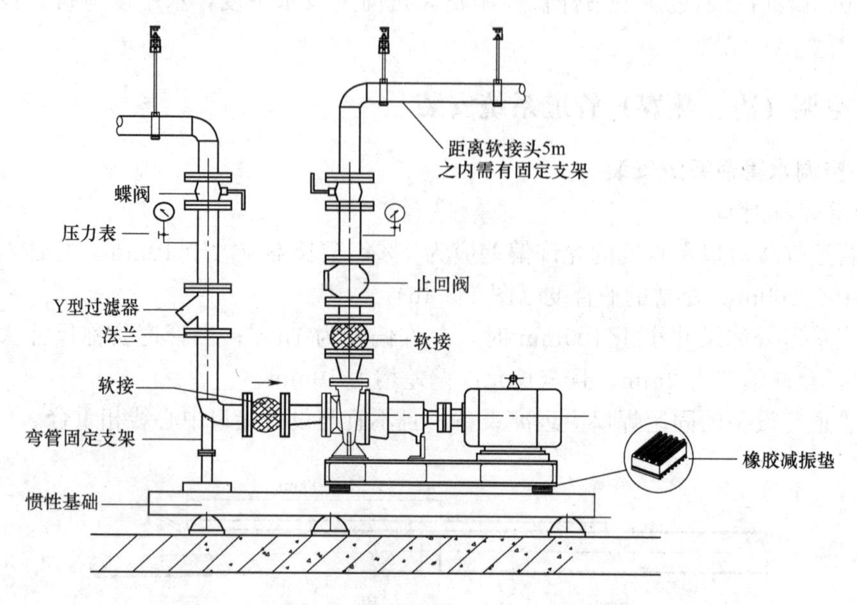

图 1-3-48　设备软连接及独立支架设置

（二）制冷剂管道安装

1. 连接制冷机的吸、排气管道应设独立支架；管径小于或等于 20mm 的铜管道，在与阀门处应设置支架。管道上、下平行敷设时，吸气管应在下方。

2. 制冷剂管道弯曲半径不应小于管道直径的 4 倍，最大外径与最小外径之差不应大于 8%的管道直径，且不应使用焊接弯管及皱褶弯管。

3. 制冷剂管道的分支管，应按介质流向弯成 90°与主管连接，不宜使用弯曲半径小于 1.5 倍管道直径的压制弯管。

4. 铜管切口应平整，不得有毛刺、凹凸等缺陷，切口允许倾斜偏差应为管径的 1%；管口翻边后应保持同心，不得有开裂及皱褶，并应有良好的密封面。

5. 铜管采用承插钎焊焊接连接时，承口应迎着介质流动方向；当采用套接钎焊焊接连接时，其插接深度不应小于承插连接的规定；当采用对接焊接时，组对管道内壁应齐平，错边量不应大于 0.1 倍壁厚，且不大于 1mm。

（三）冷凝水管道安装

1. 冷凝水管的坡度应满足设计要求，当设计无要求时，干管坡度不宜小于 0.8%，支管坡度不宜小于 1%。

2. 冷凝水管道与机组连接应按设计要求安装存水弯（图 1-3-49、图 1-3-50）；采用的软管应牢固可靠、顺直，无扭曲，软管连接长度不宜大于 150mm；冷凝水管道严禁直接接入生活污水管道，且不应接入雨水管道。

（四）阀门安装

1. 阀门安装前应进行外观检查，阀门的铭牌应符合现行国家标准的有关规定。

2. 工作压力大于 1.0MPa 及在主干管上起切断作用和系统冷、热水运行转换调节功能的阀门和止回阀，应进行壳体强度和阀瓣密封性能的试验，试验应合格；其他阀门可不

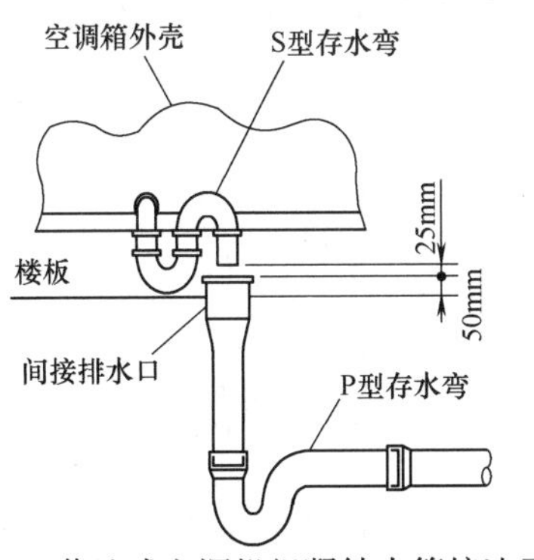

图 1-3-49　落地式空调机组凝结水管接法示意图

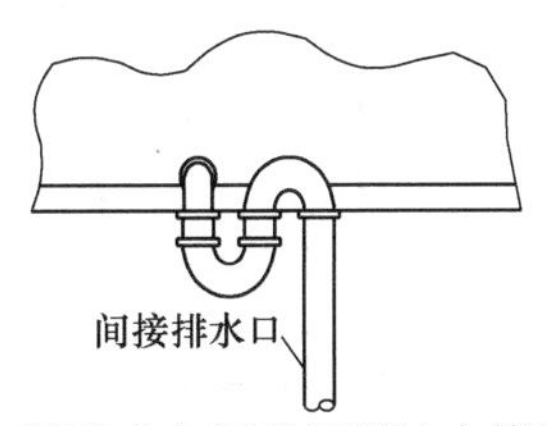

图 1-3-50　吊顶式空调机组凝结水管接法示意图

单独进行试验。

3. 水平管道上阀门的手柄不应向下，垂直管道上阀门的手柄应便于操作。

（五）补偿器（膨胀器）安装

1. 补偿器的补偿量要求

（1）根据设计文件计算补偿量，进行预拉伸或预压缩；当产品注明预拉伸量时，按产品的标明数值进行预拉伸。

（2）当产品未注明时，其预拉伸量为最大补偿量的一半或按产品说明书中的公式计算。

2. 补偿器的安装要求

（1）波纹管膨胀节或补偿器内套有焊缝的一端，水平管路上应安装在水流的流入端，垂直管路上应安装在上端。

（2）补偿器一端的管道应设置固定支架，两固定支架只能布置一个轴向型波纹补偿器（图 1-3-51）；结构形式和固定位置应符合设计要求，并应在补偿器的预拉伸（或预压缩）前固定。

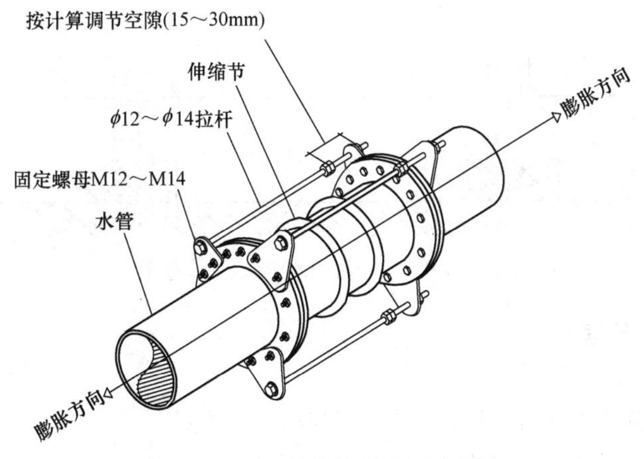

图 1-3-51　波纹补偿器示意图

（3）滑动导向支架设置的位置应符合设计与产品技术文件的要求，管道滑动轴心应与补偿器轴心相一致。

（4）波纹补偿器、膨胀节应与管道保持同心，不得偏斜和轴向扭转，如图 1-3-52 所示。

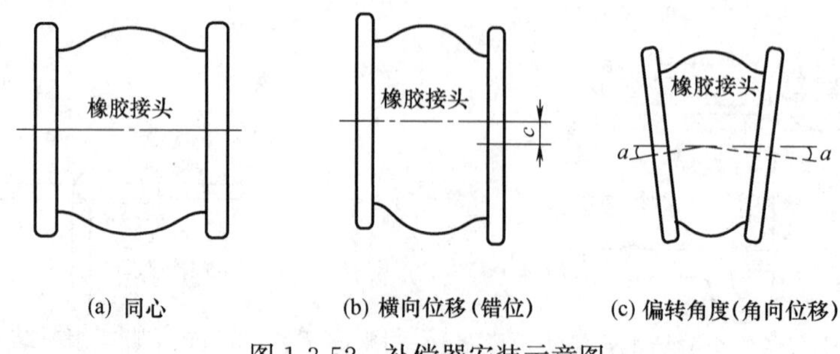

图 1-3-52　补偿器安装示意图

五、配套设备安装

（一）分、集水器、储水罐（槽）安装

1. 分、集水器安装要求：

为保证筒体能在轴向自由伸缩，支架一端应与筒体预留件焊接固定，另一端采用托架，支架底部与基础接触的钢板轴向预留 50mm 长的腰眼孔，使螺栓在其内部滑动。分、集水器安装示意图如图 1-3-53 所示。

2. 管道法兰接口的中心距应根据管道的公称直径，预留适合的间距，保证接管时安装的操作空间。

3. 底座支架需要使用保温材料进行保温，防止产生冷桥现象。

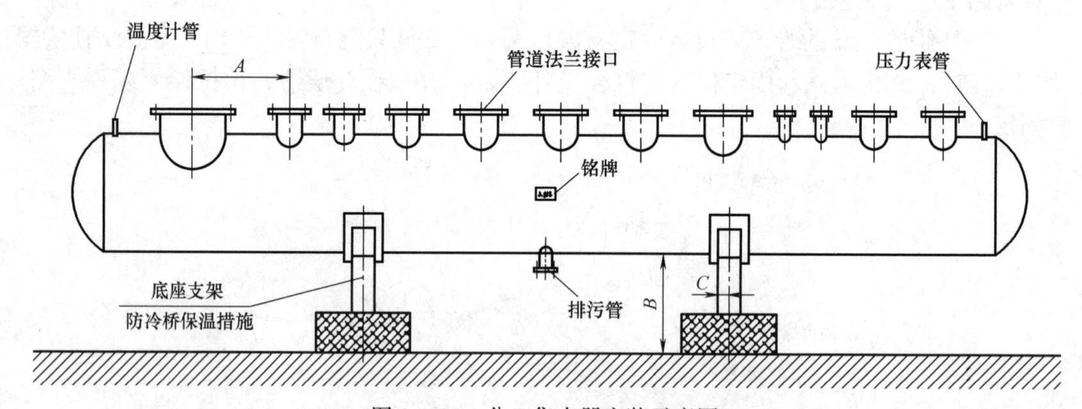

图 1-3-53　分、集水器安装示意图

（二）热交换器安装

1. 基础要求：

（1）型钢或混凝土基础的规格和尺寸应与机组匹配。

（2）基础表面应平整，无蜂窝、裂纹、麻面和露筋。

（3）混凝土基础预留螺栓孔的位置、深度、垂直度应满足螺栓安装要求。

（4）基础预埋件应无损坏，表面应光滑、平整。

（5）基础位置应满足清洗、维护、拆装空间要求。

2. 热交换器安装前，应清理干净设备上的油污、灰尘等杂物，设备所有的孔塞或盖，在安装前不应拆除，热交换器如图 1-3-54 所示。

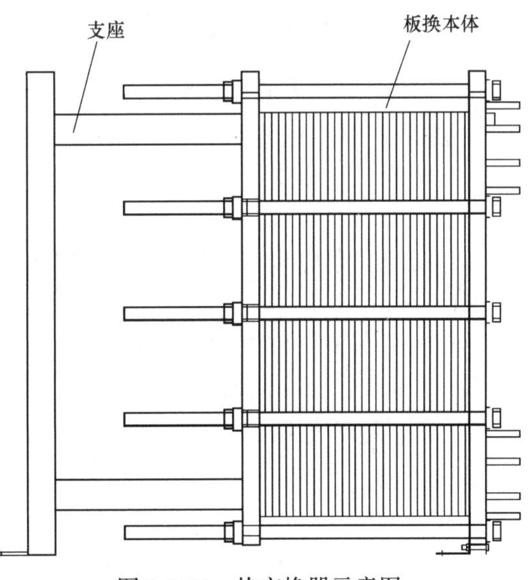

图 1-3-54　热交换器示意图

（三）冷却塔安装

1. 冷却塔的安装位置应符合设计要求，进风侧距建筑物应大于 1000mm，如图 1-3-55 所示。

2. 冷却塔与基础预埋件应连接牢固，连接件应采用热镀锌螺栓或不锈钢螺栓，其紧固力应一致、均匀。

3. 冷却塔安装应水平，单台冷却塔安装的水平度和垂直度允许偏差均为 2‰。同一冷却水系统的多台冷却塔安装时，各台冷却塔的水面高度应一致，高差不应大于 30mm。

4. 冷却塔的积水盘应无渗漏；布水器应布水均匀。

5. 冷却塔与管道连接应在管道冲（吹）洗合格后进行。

6. 与冷却塔连接的管路上应按设计及产品技术文件的要求安装过滤器、阀门、部件、仪表等，安装位置应正确、排列应规整。

7. 压力表距阀门位置不宜小于 200mm。

8. 冷却塔补水管应采取防冻措施，在屋面层最低点处设置泄水阀。

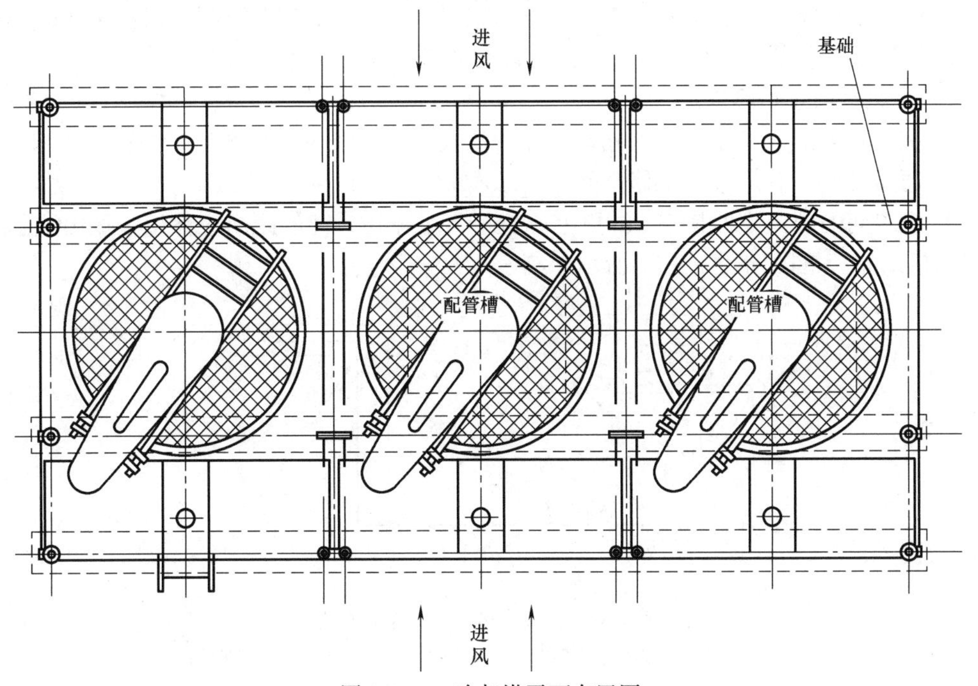

图 1-3-55　冷却塔平面布置图

六、空调冷（热）源设备安装

（一）压缩机制冷设备安装

1. 压缩式制冷设备安装要求

（1）压缩机底座应平整，底座应安装减振器，减振器的压缩量应均匀一致，偏差不应大于 2mm。

（2）机组安装应留有维修空间；多台机组安装时，机组之间应有 1.5～2m 的空间，便于维护保养。

（3）机组安装应在底座或底座平行的加工面进行测量，其纵向和横向水平偏差均不应大于 1‰。卧式管壳冷凝器如图 1-3-56 所示。

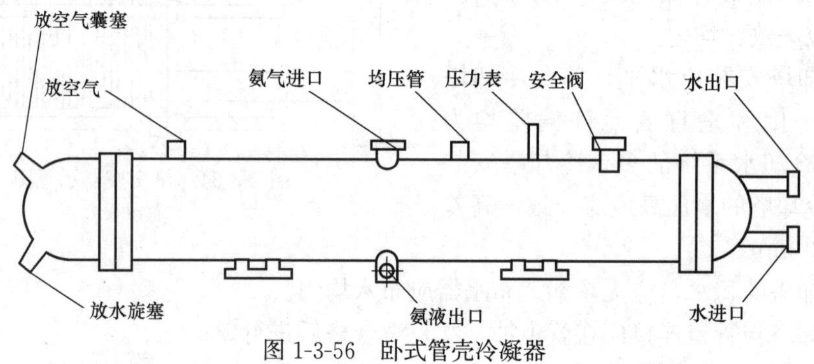

图 1-3-56　卧式管壳冷凝器

2. 设备配管安装

（1）应严格按照压缩机吸排气阀门接口选择铜管管径，当冷凝器与压缩机分离超过 3m 时应增大直径。

（2）冷凝器吸风面与墙壁保持 400mm 以上距离，出风口与障碍物保持 3m 以上距离。

（3）储液罐进出口管径按机组样本上标明的排气和出液管径为准。

（二）风冷热泵机组安装

1. 主机安装前应检查：设备基础尺寸和位置、基础质量、排水道是否符合要求。

2. 通风良好，有足够的维修空间。

3. 机组间的距离应保持在 2m 以上，机组与主体建筑间的距离应保持在 3m 以上。风冷热泵机组系统框图如图 1-3-57 所示。

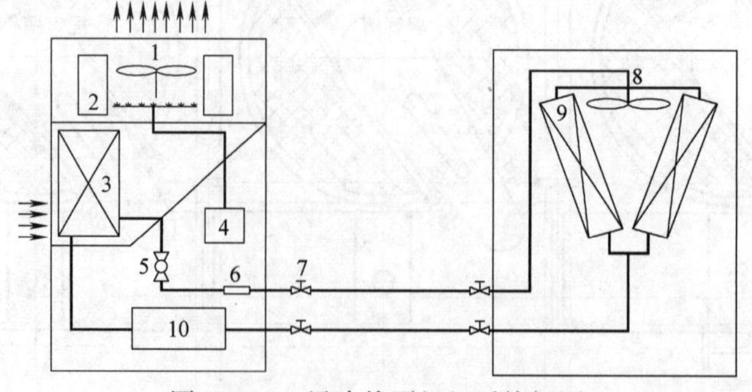

图 1-3-57　风冷热泵机组系统框图

1—室内风机；2—电加热器；3—蒸发器；4—加湿器；5—膨胀阀；6—过滤器；7—连接阀；8—室外风机；9—室外冷凝器；10—压缩机

（三）制热设备安装

1. 燃油（气）锅炉及电热水锅炉安装前应熟悉掌握锅炉及附属设备图纸及锅炉房设计图纸，并检查技术文件审批情况。常压热水锅炉系统如图 1-3-58 所示。

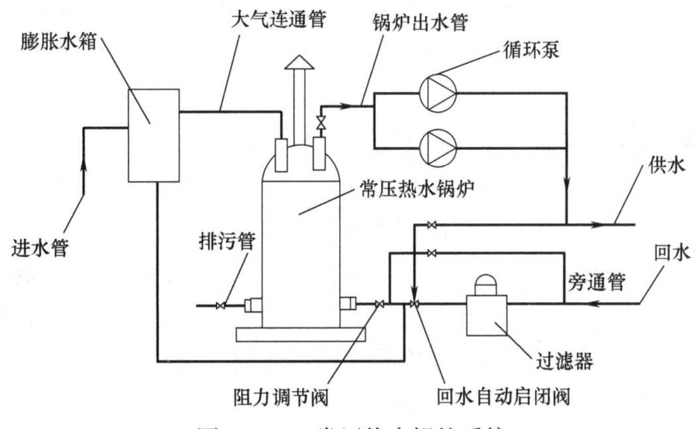

图 1-3-58 常压热水锅炉系统

2. 锅炉到安装现场，应察看现场情况和安装环境，核实安装位置、预留空间及支架、预埋件的位置。

3. 锅炉就位后，用垫铁找平、找正。锅炉与基础横向允许偏差为±2mm，纵向允许偏差为±10mm。

七、末端设备安装

（一）风机盘管

1. 风机盘管安装

（1）风机盘管连接的风系统由软连接、送风管、回风管、消声装置和送、回风口等组成。

（2）风机盘管安装在同一平面上的送、回风口间距不宜小于 1200mm，卧式暗装风机盘管安装如图 1-3-59 所示。

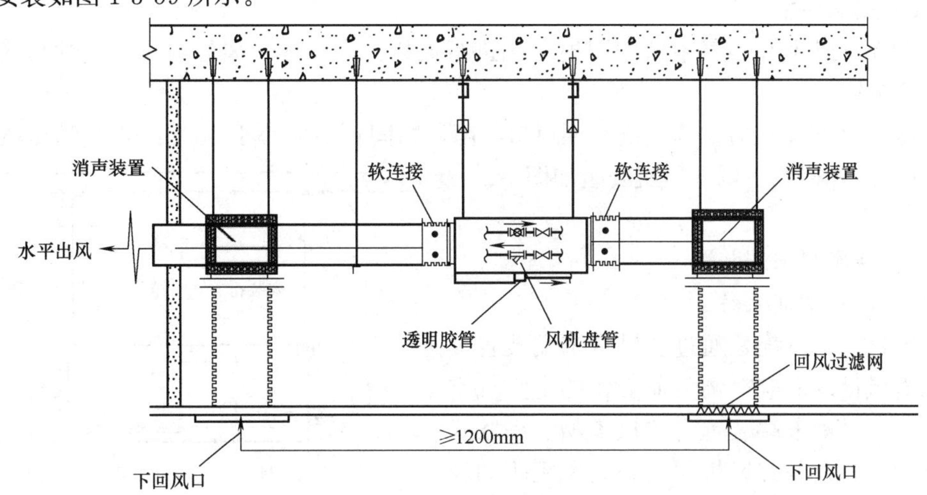

图 1-3-59 卧式暗装风机盘管安装示意图

2. 风管软连接

（1）风机盘管与进、出风设置保温柔性短管，长度为150～250mm。

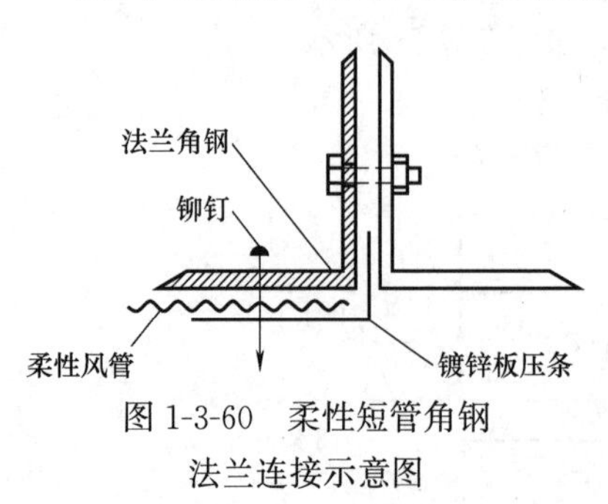

图1-3-60　柔性短管角钢法兰连接示意图

（2）柔性短管与角钢法兰组装时，法兰的规格应与风管相同，可采用条形镀锌钢板压条将柔性短管与法兰固定，压条翻边宜为6～9mm，铆钉间距宜为60～80mm，如图1-3-60所示。

3. 水管安装

（1）风机盘管水系统由冷热水供水管、回水管、冷凝水管、金属软接头、阀门、过滤器等组成。

（2）冷热水管上的阀门及过滤器应靠近风机盘管安装，金属软接头、过滤器及阀门均应保温。

（3）凝结水管与风机盘管连接时，应设置透明胶管，能观察到凝结水排水情况，长度不宜大于150mm，风机盘管水管安装如图1-3-61所示。

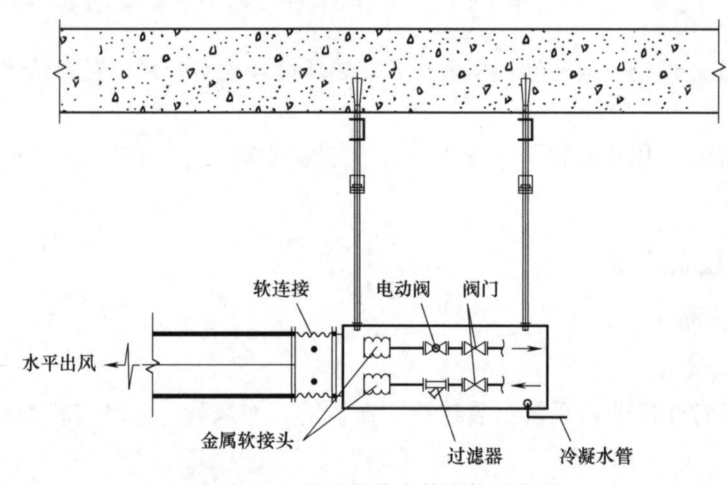

图1-3-61　风机盘管水管安装示意图

（二）诱导风机

1. 诱导风机利用空气射流的引射作用进行通风，由箱体、离心风机、挠性喷嘴、过滤网等部分组成。

2. 诱导风机安装方向应正确，回风口与障碍物间距不应小于500mm，喷嘴出风口向下15°前方无障碍物，诱导风机安装如图1-3-62所示。

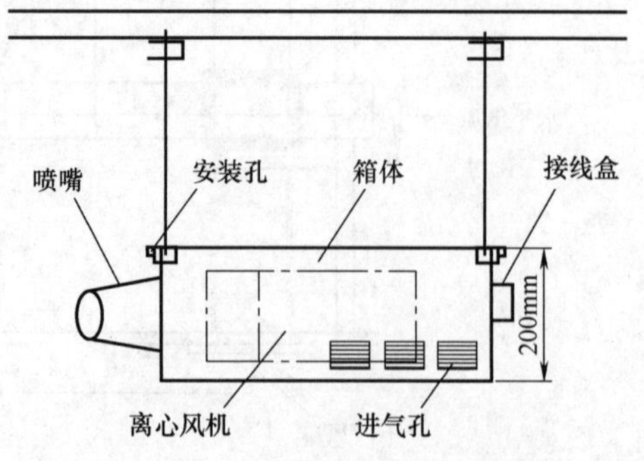

图1-3-62　诱导风机安装示意图

（三）变风量末端装置

1. 变风量空调系统

变风量空调系统是通过变风量末端装置改变空调送风量以适应空调负荷变化的全空气空调系统，变风量末端装置有单风道型、串联式风机驱动型和并联式风机驱动型，风机驱动型由风量调节阀、执行器、风机和电机、控制器等组成。

变风量空调系统如图 1-3-63～图 1-3-66 所示。

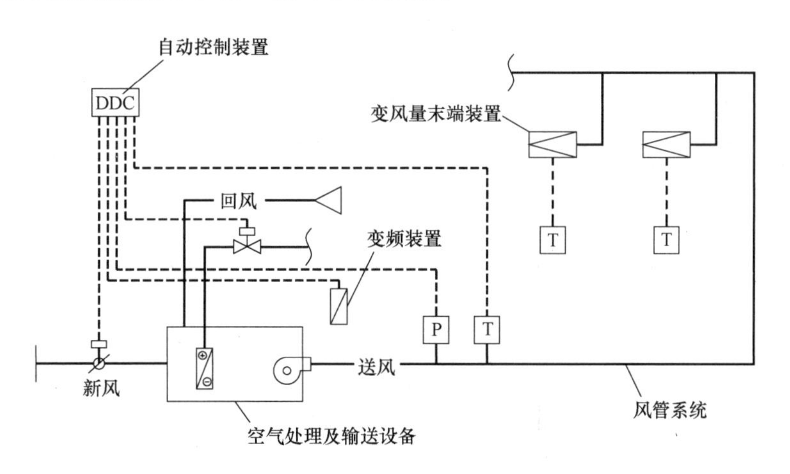

图 1-3-63 变风量空调系统示意图

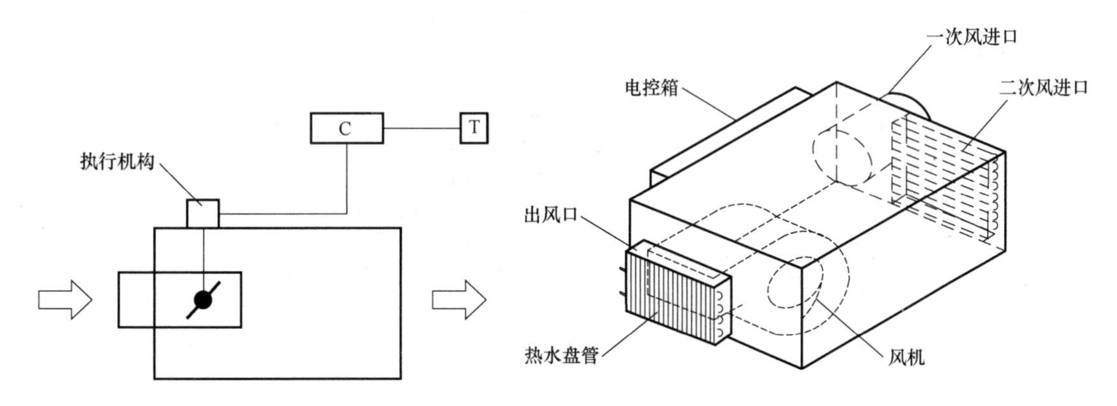

图 1-3-64 单风道型变风量装置示意图

图 1-3-65 串联式风机驱动型变风量装置示意图

2. 变风量末端装置安装

（1）变风量末端装置的安装位置应便于风量准确测量；接线箱柜距离其他管线及墙体应有大于 600mm 的检修操作间距；变风量末端的压力、压差的取压点、仪表配套的阀门安装位置应正确。

（2）末端装置应水平安装，设置独立的支、吊架，并与支、吊架间安装橡胶减振隔垫，吊装时应在吊件上下均匀配置螺母。

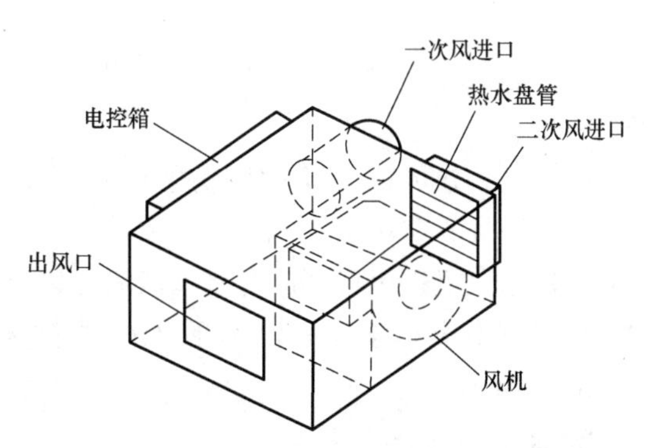

图 1-3-66 并联式风机驱动型变风量装置示意图

（3）带热水盘管的变风量末端再热热水盘管与水管的连接应采用金属软接头，软接头长度不应大于 300mm。

（四）其他末端装置

1. 风口安装

（1）通风与空调工程风口的类型主要有：百叶风口、散流器、喷口、旋流风口、条缝形风口、孔板风口等。

（2）防排烟系统排烟口分板式排烟口、多叶排烟口，安装在建筑墙面或顶板上，具有远传自动开启、复位装置，如图 1-3-67 和图 1-3-68 所示。

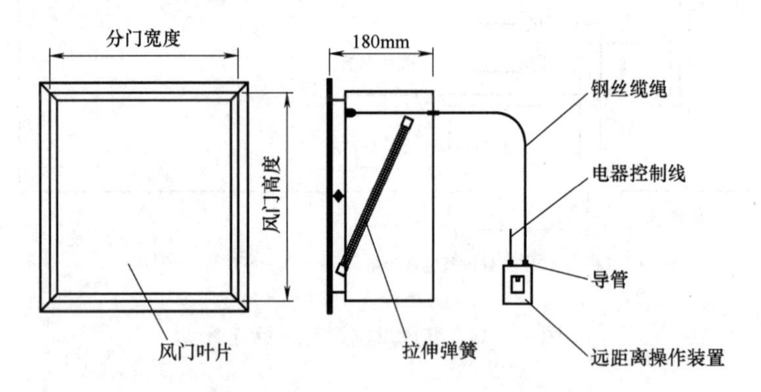

图 1-3-67　板式排烟口安装示意图

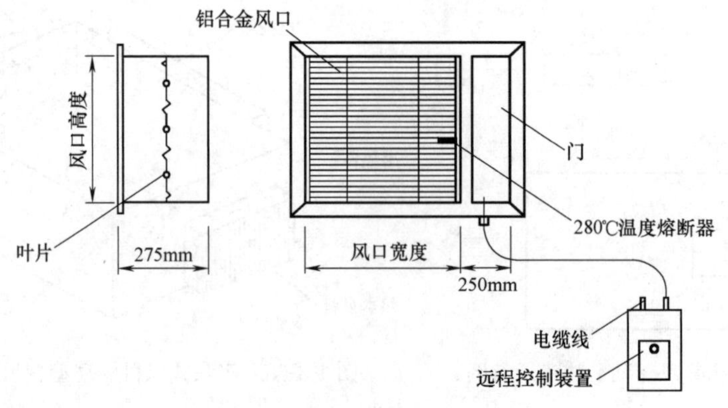

图 1-3-68　多叶排烟口安装示意图

（3）风管安装的支、吊架不应设置在风口处，离风口和分支管的距离不宜小于 200mm。

（4）空调送风口边至火灾探测器的水平距离不应小于 1.5m，多孔送风口至火灾探测器的水平距离不应小于 0.5m。

（5）送风机进风口不应与排烟风机出风口设在同一面上，当设在同一面时，两者边缘的水平距离不应小于 20m，不足 20m 的排风口应高出进风口边缘 6m，如图 1-3-69 和图 1-3-70 所示。

2. 高效过滤器

（1）高效过滤器用于空调净化系统，作为系统的末端过滤装置，一般过滤粒径 $\geqslant 0.5\mu m$。

（2）高效过滤器安装前，洁净室的内装修工程必须全部完成，系统中末端过滤器前的

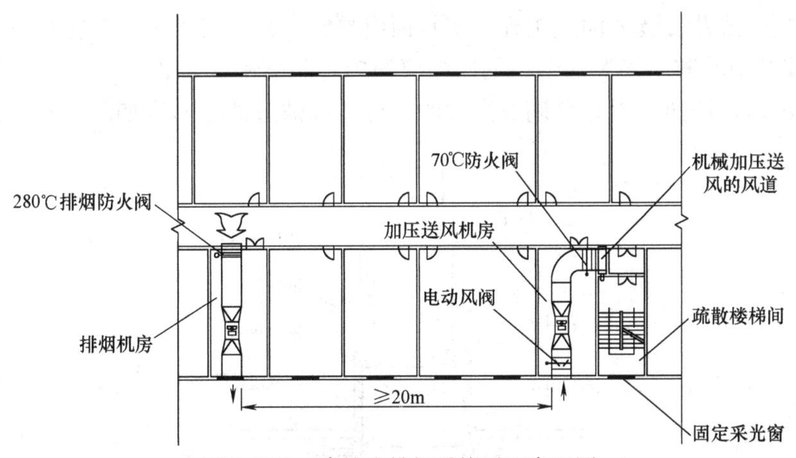

图 1-3-69　建筑防排烟系统平面布置图

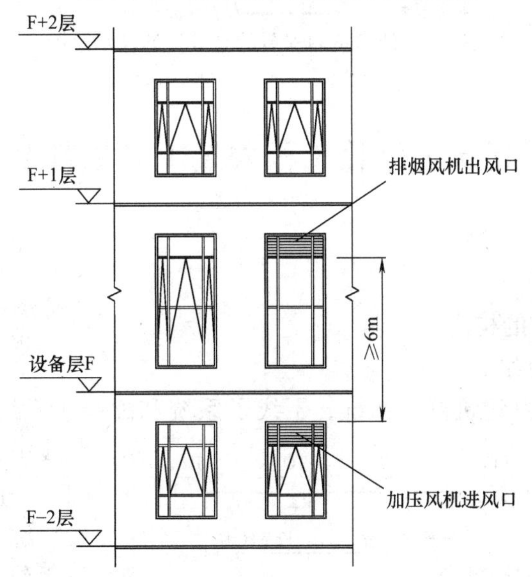

图 1-3-70　建筑防排烟系统竖向布置图

所有空气过滤器应安装完毕，且经全面清扫、擦拭，空吹 12～24h。空调净化系统安装如图 1-3-71 所示。

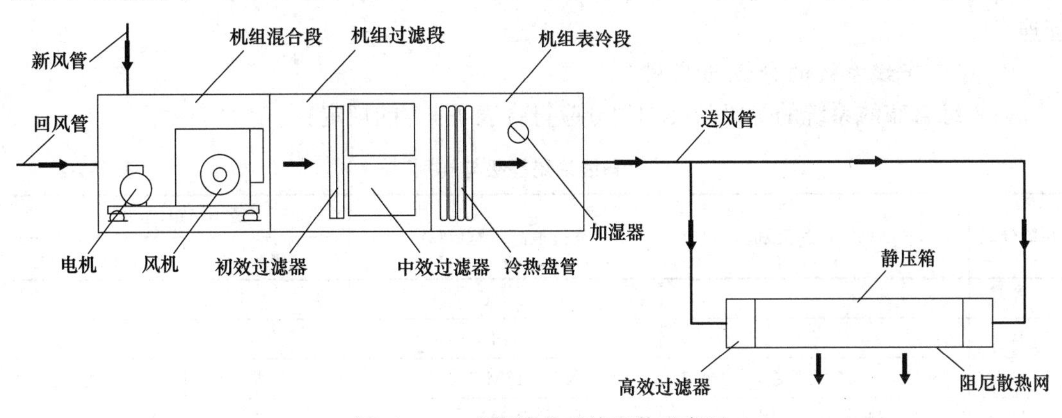

图 1-3-71　空调净化系统安装示意图

（3）高效过滤器安装方向应正确，密封面应严密。机械密封采用的密封垫料厚度宜为6～8mm，安装应平整，安装后垫料的压缩应均匀，压缩率宜为25%～30%。带高效空气过滤器的送风口，四角应设置可调节高度的吊杆。高效过滤器安装如图1-3-72所示。

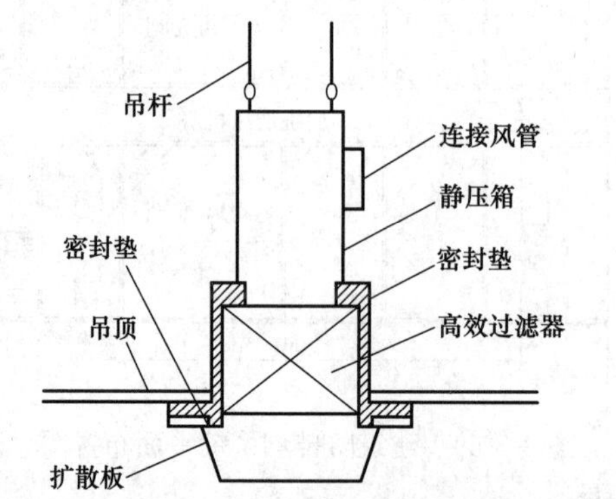

图1-3-72　洁净室内安装的高效过滤器示意图

第四节　建筑智能化工程安装工艺细部节点做法

一、综合布线

（一）综合布线系统的构成

1. 综合布线系统的组成

（1）综合布线系统由建筑群子系统、干线子系统和配线子系统组成，如图1-4-1所示。配线子系统中可以设置集合点（CP），也可不设置集合点。

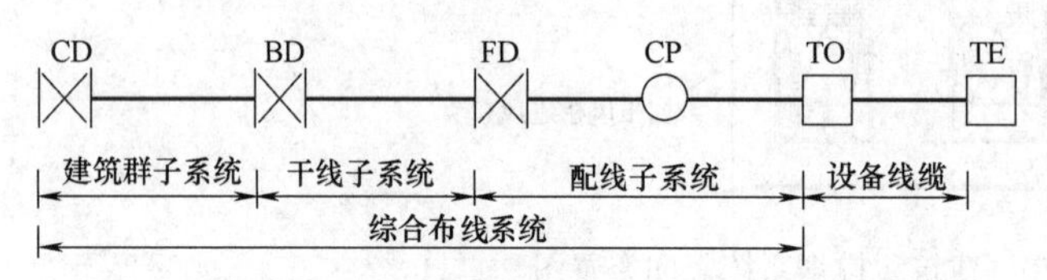

图1-4-1　综合布线系统基本构成

（2）综合布线典型应用中，配线子系统信道由4对对绞电缆和电缆连接器件构成，干线子系统信道和建筑群子系统信道由光缆和光连接器件组成。其中建筑物配线设备（BD）处的光纤配线模块可仅对光纤进行互连。

2. 综合布线系统的分级与应用

（1）综合布线系统的等级与类别划分应符合表1-4-1的规定。

综合布线系统等级与类别　　表1-4-1

系统分级	系统产品类别	支持最高带宽(Hz)	最小净距(mm)	
			电缆	连接硬件
A	—	100k	—	—
B	—	1M	—	—
C	3类(大对数)	16M	3类	3类
D	5类(屏蔽和非屏蔽)	100M	5类	5类

续表

系统分级	系统产品类别	支持最高带宽(Hz)	最小净距(mm)	
			电缆	连接硬件
E	6类(屏蔽和非屏蔽)	250M	6类	6类
EA	6A类(屏蔽和非屏蔽)	500M	6A类	6A类
F	7类(屏蔽)	600M	7类	7类
FA	7A类(屏蔽)	1000M	7A类	7A类

(2) 综合布线系统工程的产品类别及链路、信道等级的确定。

综合考虑建筑物的性质、功能、应用网络和业务的需求及发展，并符合表1-4-2的规定。

综合布线系统等级与类别的选用　　表1-4-2

业务种类		配线子系统		干线子系统		建筑群子系统	
		等级	类别	等级	类别	等级	类别
语音		D/E	5/6(4对)	C/D	3/5(大对数)	C	3(室外大对数)
数据	电缆	D、E、EA、F、FA	5、6、6A、7、7A(4对)	E、EA、F、FA	6、6A、7、7A(4对)	—	—
数据	光纤	OF-300 OF-500 OF-2000	OM1、OM2、OM3、OM4多模光缆；OS1、OS2单模光缆及相应等级连接器件	OF-300 OF-500 OF-2000	OM1、OM2、OM3、OM4多模光缆；OS1、OS2单模光缆及相应等级连接器件	OF-300 OF-500 OF-2000	OS1、OS2单模光缆及相应等级连接器件
其他应用		可采用5/6/6 A类4对对绞电缆和OM1/OM2/OM3/OM4多模、OS1/OS2单模光缆及相应等级连接器件					

(3) 同一布线信道及链路的缆线、跳线和连接器件应保持系统等级和阻抗的一致性。

综合布线系统光纤通道应采用标称波长850nm和1300nm的多模光纤（OM1、OM2、OM3、OM4），标称波长为1310nm和1550nm（OS1），1310nm、1383nm和1550（OS2）的单模光纤。

(二) 双绞线及光缆敷设

1. 双绞线敷设要求

(1) 线缆的布放应自然平直，不得产生扭绞、打圈等现象，不应受外力挤压和损伤；线缆布放路由中不得出现线缆接头。屏蔽双绞线的屏蔽层端到端应保持完好的导通性，不应受到拉力。

(2) 线缆布放时应有余量以适应成端、终接、检测和变更，一般情况下双绞线线缆在终接处，预留长度在工作区信息插座底盒内宜为30～60mm，电信间宜为0.5～2m，设备间宜为3～5m。

(3) 非屏蔽和屏蔽4对双绞线缆的弯曲半径不应小于电缆外径的4倍。

(4) 布线系统信道水平缆线长度不大于90m。双绞线线缆与其他管线的间距应符合设计文件要求，并应符合表1-4-3、表1-4-4的规定。

电力电缆与双绞线缆最小净距　　表 1-4-3

条件	最小净距(mm)		
	380V <2kVA	380V 2～5kVA	380V >5kVA
对绞电缆与电力电缆平行敷设	130	300	600
有一方在接地的金属槽盒或金属导管中	70	150	300
双方均在接地的金属槽盒或金属导管中	10	80	150

室外墙上敷设的双绞线缆与其他管线的间距　　表 1-4-4

管线种类	平行距离(mm)	垂直交叉净距(mm)
防雷专设下引线	1000	300
保护地线	50	20
热力管(不包封)	500	500
热力管(包封)	300	300
给水管	150	20
燃气管	300	20
压缩空气管	150	20

2. 光纤光缆敷设要求

(1) 光缆布放路由宜盘留，预留长度宜为 3～5m。光缆在配线柜处预留长度应为 3～5m，楼层配线箱处预留光纤长度应为 1.0～1.5m，配线箱终接时预留长度应不小于 0.5m，光缆纤芯在配线模块处不做终接时，应保留光缆施工预留长度。

(2) 缆线的弯曲半径应符合下列规定：2 芯或 4 芯水平光缆的弯曲半径应大于 25mm；其他芯数的水平光缆、主干光缆和室外光缆的弯曲半径不应小于光缆外径的 10 倍；G. 657、G. 652 用户光缆弯曲半径应符合表 1-4-5 的规定。

光缆弯曲半径表　　表 1-4-5

光缆类型		静态弯曲
室内外光缆		15*D*/15*H*
微型自承式通信用室外光缆		10*D*/10*H* 且不小于 30mm
管道入户光缆	G. 652D 光纤	10*D*/10*H* 且不小于 30mm
蝶形引入光缆	G. 657A 光纤	5*D*/5*H* 且不小于 15mm
室内布线光缆	G. 652B 光纤	5*D*/5*H* 且不小于 10mm

注：*D* 为缆芯处圆形护套外径，*H* 为缆芯处扁形护套短轴的高度。

(3) 梯架或托盘内垂直敷设缆线时，在缆线的上端和每间隔 1.5m 处应固定在梯架或托盘的支架上；水平敷设时，在缆线的首、尾、转弯及每间隔 5～10m 处应进行固定。在水平、垂直梯架或托盘中敷设缆线时，应根据缆线的类别、数量、缆径、缆线芯数分束绑扎。绑扎间距不宜大于 1.5m，间距应均匀，不宜绑扎过紧或使缆线受到挤压。室内光缆在梯架或托盘中敞开敷设时应在绑扎固定段加装垫套。

（三）配线架安装及接线

1. 配线架安装要求

综合布线系统宜采用标准 19″机柜，安装应符合下列规定：

（1）机柜数量规划应计算配线设备、网络设备、电源设备及理线等设施的占用空间，并考虑设备安装空间冗余和散热需要。

（2）机柜单排安装时，前面净空不应小于 1000mm，后面及机列侧面净空不应小于 800mm；多排安装时，列间距不应小于 1200mm。

（3）在公共场所安装配线箱时，暗装箱体底边距地面不宜小于 1.5m，明装式箱体底面距地面不宜小于 1.8m。

（4）机架、配线箱等设备的安装宜采用螺栓固定，设备安装的垂直偏差度不应大于 3mm，配线架上各种零件不得脱落或损坏，漆面不应脱落及有划痕。各部件应完整，安装就位，标志齐全、清晰。在抗震设防地区，设备安装应采取减震措施，并应进行基础抗震加固。

2. 铜缆配线架接线要求

（1）终接前，应核对线缆标识是否正确；线缆与连接器件应认准线号、线位色标，不得颠倒和错接。终接时，每对线缆需保持扭绞状态，扭绞松开长度对于 3 类线缆不应大于 75mm，对于 5 类线缆不应大于 13mm，对于 6 类及以上类别线缆不应大于 6.4mm。

（2）线缆与 8 位模块式通用插座相连时，应按色标和线对顺序进行卡接，同一布线工程中两种方式不得混合使用，两种接线方式线序如图 1-4-2 所示。

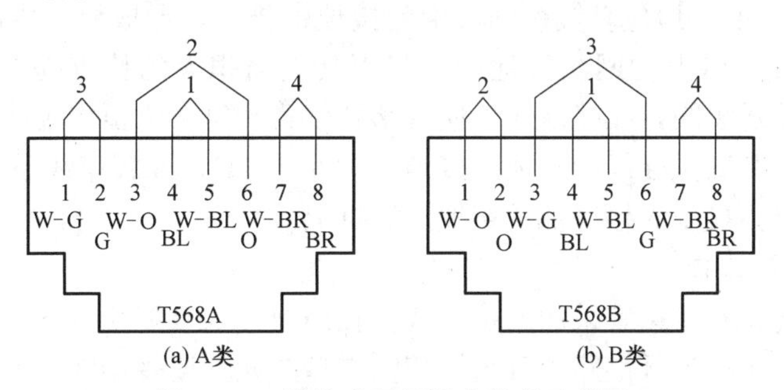

图 1-4-2 模块式通用插座线序示意图

（3）根据标签色标排列顺序，将对应颜色的线对逐一压入槽内，然后使用打线工具固定线对连接，同时将多余导线截断，如图 1-4-3 所示。

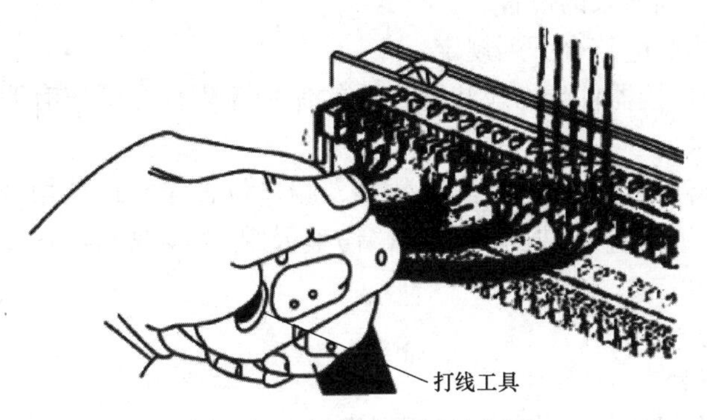

图 1-4-3 配线架打线示意图

（4）所有线缆上架完毕后，将线缆压入配线架后方的走线槽内，整理整齐并绑扎固定，如图 1-4-4 所示。

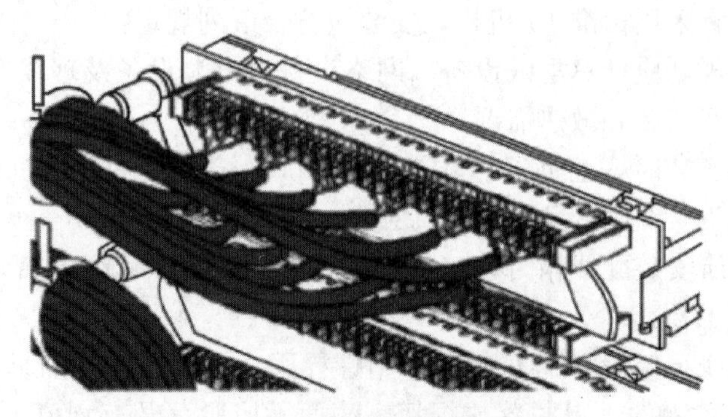

图 1-4-4　配线架线缆固定示意图

（5）屏蔽布线系统的施工与非屏蔽布线系统的施工基本相近，主要注意点如下：

1）配线架上每个模块的接地必须良好，当使用配线架作为接地汇接排时，应使用仪器检测配线架与模块、机柜之间的接地电阻是否符合规范要求。

2）屏蔽双绞线的屏蔽层与连接器终接处屏蔽罩应通过紧固件可靠接触，线缆屏蔽层应与连接器件屏蔽罩 360°圆周接触，接触长度不宜小于 10mm。屏蔽层直流电阻不应超过 $R=62.5/D$ 的计算值（R 为屏蔽层直流电阻，单位为 Ω/km；D 为线缆屏蔽层外径，单位为 mm）。

3）屏蔽配线架的接地应直接接到机柜的接地铜排上，形成机柜内的星形接地，其接地线建议使用 $6mm^2$ 以上的网状接地线，利用其表面积大的特点提高线缆的高频特性。为了防止网状接地线短路，在接地线外应套塑料软管；每个机柜均应使用接地线连接到机房的接地铜排上，并确保配线架对地的接地电阻小于 1Ω；屏蔽布线系统的接地应与强电接地完全分离，单独接至大楼底部的接地汇流排上。

3. 光纤配线架熔接

（1）用户光缆光纤接续宜采用熔接方式。在用户接入点配线设备及信息箱内宜采用熔接尾纤方式终结。每一光纤链路中宜采用相同类型的光纤连接器件。采用金属加强芯的光缆，金属构件应接地。

（2）熔纤应选用溶剂清洁纤芯，再切割纤芯，最后熔接。推熔接保护套管，使熔接点位于其中央，再进行热缩。将熔接后的纤芯整齐放入熔接区。每芯光纤做好熔接标识记录，并将耦合器插回到原来的位置。

（3）光纤跳线检验应符合下列规定：

1）两端的光纤连接器件端面应装配合适的保护盖帽。光纤应有明显的类型标记，并应符合设计文件要求。

2）光纤连接器件及适配器的型式、数量、端口位置应与设计相符。光纤连接器件应外观平滑、洁净，并不应有油污、毛刺、伤痕及裂纹等缺陷，各零部件组合应严整、平整。

（四）信息插座

1. 信息插座安装

（1）工作区信息插座的安装应符合下列规定：

1）暗装在地面上的信息插座盒应满足防水和抗压要求，工业环境中的信息插座可带有保护壳体。

2）暗装或明装在墙体或柱子上的信息插座盒底距地高为 300mm，安装在工作台侧隔板面及临近墙面上的信息插座盒底距地宜为 1.0m。

3）信息插座模块宜采用标准 86 系列面板安装，安装光纤模块的底盒深度不应小于 60mm。

（2）工作区的电源应符合下列规定：

1）每个工作区宜配置不少于 2 个单相交流 20V/10A 插座盒，电源插座应选用带保护接地的单相电源插座。

2）工作区电源插座宜嵌墙暗装，高度应与信息插座一致，如图 1-4-5 所示。

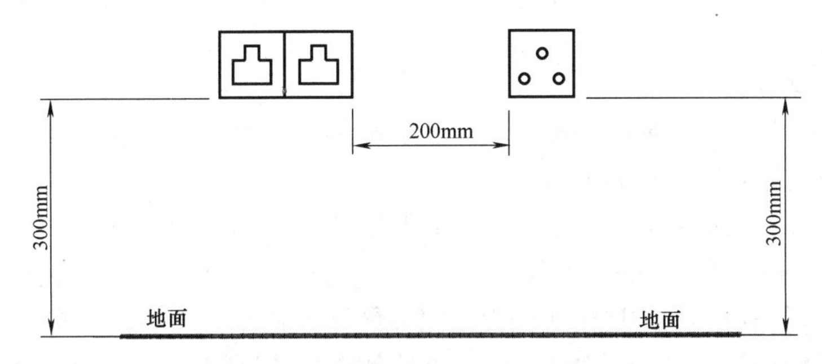

图 1-4-5 同墙面信息插座与电源插座布设

2. 信息模块端接

信息插座面板有单孔和双孔面板，线缆与模块端接后（端接做法见铜缆配线架接线部分内容），将多余线缆盘好放入插座底盒中，用螺栓固定信息面板，如图 1-4-6 所示。

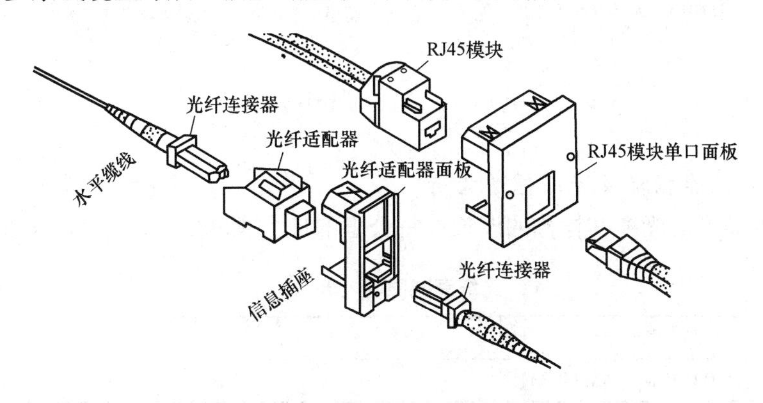

图 1-4-6 信息插座端接示意图

（五）综合布线测试

1. 双绞线缆测试方法

（1）双绞线缆测试方式分为永久链路及信道测试，其中永久链路测试是布线系统工程质量验证的必要手段，不能以信道测试取代永久链路测试。

（2）永久链路测试模型应包括水平电缆及相关连接器件，如图 1-4-7 所示。信道性能测试模型应在永久链路模型的基础上包括工作区和电信间的设备电缆和跳线。

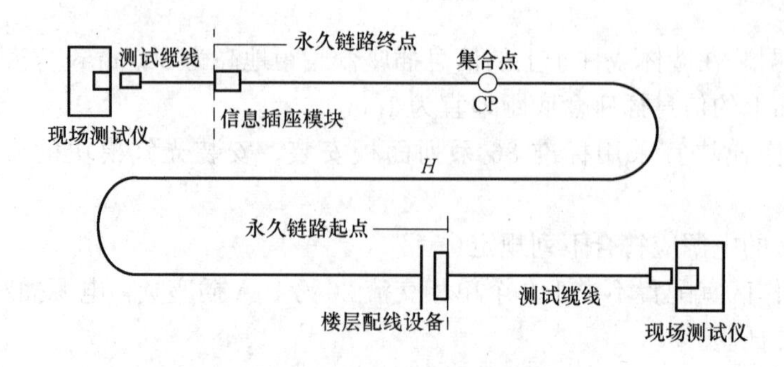

图 1-4-7 永久链路测试模型

2. 光纤测试方法

（1）光纤测试前应对所有光连接器件进行清洁，并将测试接收器校准至零。根据工程设计的应用情况按等级 1 或等级 2 测试模型与方法完成测试。

（2）等级 1 测试内容应包括光纤信道或链路的衰减、长度与极性，应使用光损耗测试仪 OLTS 测量每条光纤链路的衰减并计算光纤长度；等级 2 测试除应包括等级 1 的测试内容外，还需包括利用 OTDR 曲线获得信道或链路中各点的衰减、回波损耗值。

（3）光纤链路测试连接模型应包括两端测试仪器所连接的光纤和连接器件，如图 1-4-8 所示。

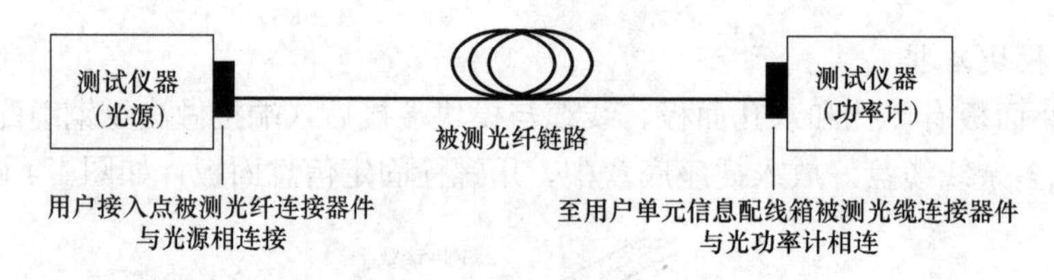

图 1-4-8 光纤链路测试模型

3. 光纤的性能指标及光纤信道指标

（1）不同类型的光缆在标称的波长，每公里的最大衰减值应符合表 1-4-6 的规定。

光纤衰减限制（dB/km） 表 1-4-6

光纤类型	多模光纤		单模光纤				
	OM1、OM2、OM3、OM4		OS1		OS2		
波长(nm)	850	1300	1310	1550	1310	1383	1550
衰减(dB)	3.5	1.5	1.0	1.0	0.4	0.4	0.4

（2）光缆布线信道在规定的传输窗口测量出的最大光衰减不应大于表 1-4-7 规定的数值。

该指标应已包括光纤接续点与连接器件的衰减在内。光纤信号包括的所有连接器件的衰减合计不应大于 1.5dB。

光缆信道衰减范围 表 1-4-7

级别	最大信道衰减(dB)			
	单模		多模	
	1310nm	1550nm	850nm	1300nm
OF-300	1.80	1.80	2.55	1.95
OF-500	2.00	2.00	3.25	2.25
OF-2000	3.50	3.50	8.50	4.50

(3) 光纤接续及连接器件损耗值应符合表 1-4-8 的规定。

光纤接续及连接器件损耗值 (dB) 表 1-4-8

类别	多模		单模	
	平均值	最大值	平均值	最大值
光纤熔接	0.15	0.3	0.15	0.3
光纤机械连接	—	0.3	—	0.3
光纤连接器材	0.65/0.5		—	
	最大值 0.75			

二、信息网络系统

(一) 网络设备安装

1. 有线网络设备安装

(1) 安装位置应符合设计要求，安装平稳牢固，并应便于操作维护。

(2) 承重要求大于 600kg/m^2 的设备应单独制作设备基座，不应直接安装在抗静电地板上。

2. 无线网络设备安装

(1) 室内 AP 安装

1) 无线 AP 连线可使用超 5 类线、6 类线或超 6 类线。无线 AP 的安装位置应便于布线；安装位置应考虑日后维护与更换，距离地面高度不应小于 1.5m。

2) 记录每个位置 AP 的 MAC 地址，形成档案，以便日后维护，具体安装方式如图 1-4-9 所示。

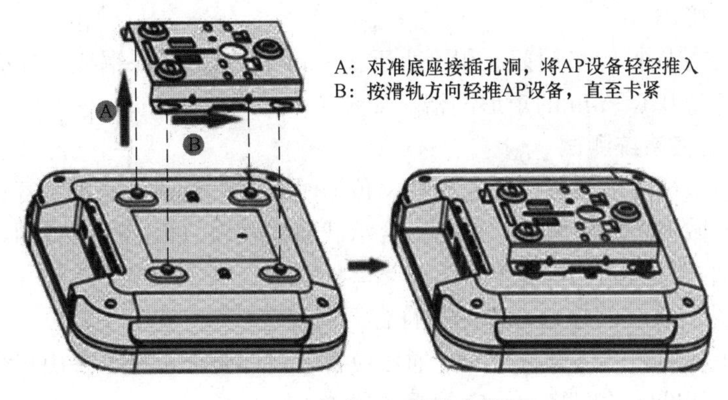

图 1-4-9 室内 AP 安装大样图

（2）室外 AP 安装

1）无线 AP 连线可使用超 5 类线、6 类线或超 6 类线。

2）室外 AP 安装前，需保证安装支架可牢固安装，高度和位置符合设计要求。

3）线缆连接处采用防水措施，室外 AP 设备如放置于防水箱内，箱体要保持通风以利于设备散热，进入防水箱的全部线缆需做滴水弯。

4）室外立柱的避雷针要求直径为 12～14mm、长度为 60～80cm，电气性能良好，接地良好，室外 AP 需安装在避雷针的 45°保护角内。

3. 内外网隔离要求

（1）为了加强信息安全性，一般要构建内网、外网两个网络。内网和外网可物理隔离，也可通过防火墙逻辑隔离。

（2）采用物理隔离内外网时，内网和外网的配线及线路敷设必须是彼此独立的，不得共管、共槽敷设。

（3）物理隔离的网络缆线可采用光缆和屏蔽电缆。当采用非屏蔽电缆时，内外网的隔离间距应符合表 1-4-9 的要求。

内外网隔离距离要求（m） **表 1-4-9**

设备类型	外网信号线	外网电源线	外网信号地线
内网信号线	1	1	1
内网电源线	1	1	1
内网信号地线	1	1	1
屏蔽内网信号线	0.15	0.15	0.15
屏蔽内网电源线	0.15	0.15	0.15

（二）信息网络接地

1. 保护性接地和功能性接地共用一组接地装置，其接地电阻应按其中最小值确定。对功能性接地有特殊要求需单独设置接地线的电子信息设备，接地线应与其他接地线绝缘。信息网络系统所有设备的金属外壳、各类金属管道、金属线槽、建筑物金属结构等必须进行等电位联结并接地。

2. 等电位联结方式应根据电子信息设备易受干扰的频率确定，可采用 S 型、M 型或 SM 混合型。每台电子信息设备（机柜）应采用两根不同长度的等电位联结导体就近与等电位联结网格连接。

3. 等电位联结网格应采用截面积不小于 25mm^2 的铜带或裸铜线，并应在防静电活动地板下构成边长为 0.6～3m 的矩形网格，如图 1-4-10 所示。

（三）信息网络系统测试

计算机网络系统的检测可包括连通性、传输时延、丢包率、路由、容错功能、网络管理功能和无线局域网功能检测等。采用融合承载通信架构的智能化设备网，还应进行功能测试和性能测试。

1. 计算机网络系统的连通性检测应符合下列规定：

（1）网管工作站和网络设备之间的通信应符合设计要求，并且各用户终端应根据安全访问规则只能访问特定的网络与特定的服务器。

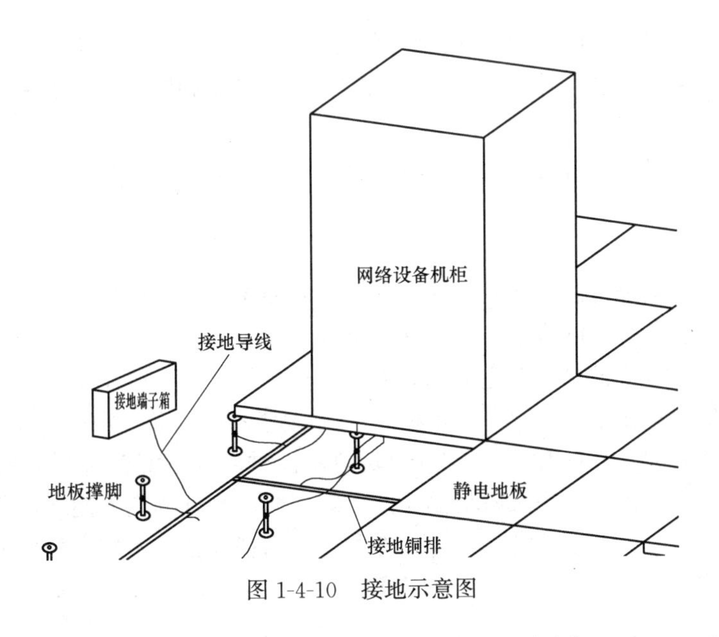

图 1-4-10 接地示意图

(2) 同一 VLAN 内的计算机之间应能交换数据包，不在同一 VLAN 内的计算机之间不应交换数据包。

(3) 按接入层设备总数的 10%进行抽样测试，且抽样数不应少于 10 台；接入层设备少于 10 台的，应进行全部测试。

2. 计算机网络系统的传输时延和丢包率的检测应符合下列规定：

(1) 检测从发送端口到目的端口的最大延时和丢包率等数值，对于核心层的骨干链路、汇聚层到核心层的上联链路，应进行全部检测。

(2) 对接入层到汇聚层的上联链路，应按不低于 10%的比例进行抽样测试，且抽样数不应少于 10 条，上联链路数不足 10 条的，应全部检测。

3. 计算机网络系统的容错功能应采用人为设置网络故障的方法进行检测，应符合下列规定：

(1) 对具备容错能力的计算机网络系统，应具有错误恢复和故障隔离功能，并在出现故障时自动切换。

(2) 对有链路冗余配置的计算机网络系统，当其中的某条链路断开或有故障发生时，整个系统仍应保持正常工作，并在故障恢复后应能自动切换回主系统运行。

4. 无线局域网的功能检测规定：

(1) 在覆盖范围内接入点的信号强度不应低于－75dBm，网络传输速率不应低于 5.5Mbit/s。

(2) 采用不少于 100 个 ICMP64Byte 帧长的测试数据包进行测试，测试结果要求不少于 95%路径的数据包丢失率应小于 5%。

(3) 采用不少于 100 个 ICMP64Byte 帧长的测试数据包进行测试，测试结果要求不少于 95%且跳数小于 6 的路径的传输时延应小于 20ms。

(4) 按无线接入点总数的 10%进行抽样测试，抽样数不应少于 10 个；无线接入点少于 10 个的，应全部测试，测试要求需符合上文要求。

5. 计算机网络系统的网络管理功能应在网管工作站检测，并应符合下列规定：

（1）测试中应搜索整个计算机网络系统的拓扑结构图和网络设备连接图，应检测自诊断功能。

（2）检测对网络设备进行远程配置的功能，当具备远程配置功能时，应检测网络性能参数含网络节点的流量、广播率和错误率等。

6. 网络安全系统检测规定：

（1）网络安全系统检测宜包括结构安全、访问控制、安全审计、边界完整性检查、入侵防范、恶意代码防范和网络设备防护等安全保护能力的检测。

（2）检测方法应依据设计确定的信息系统安全防护等级进行制定，检测内容应按现行国家标准《信息安全技术 网络安全等级保护基本要求》GB/T 22239 执行。

（3）业务办公网及智能化设备网与互联网连接时，网络安全系统应检测安全审计功能，并应具有至少保存 60d 记录备份的功能。对于要求物理隔离的网络，应进行物理隔离检测，且物理实体上应完全分开，不应存在共享的物理设备，不应有任何链路上的连接。

（4）无线接入认证的控制策略应符合设计要求，并应按设计要求的认证方式进行检测，且应抽取网络覆盖区域内不同地点进行 20 次认证。认证失败次数不超过 1 次的，应为检测合格。

三、会议系统

（一）会议扩声系统

会议扩声系统包括调音台、录音机、效果器、压限器、均衡器和功率放大器等设备，如图 1-4-11 所示。

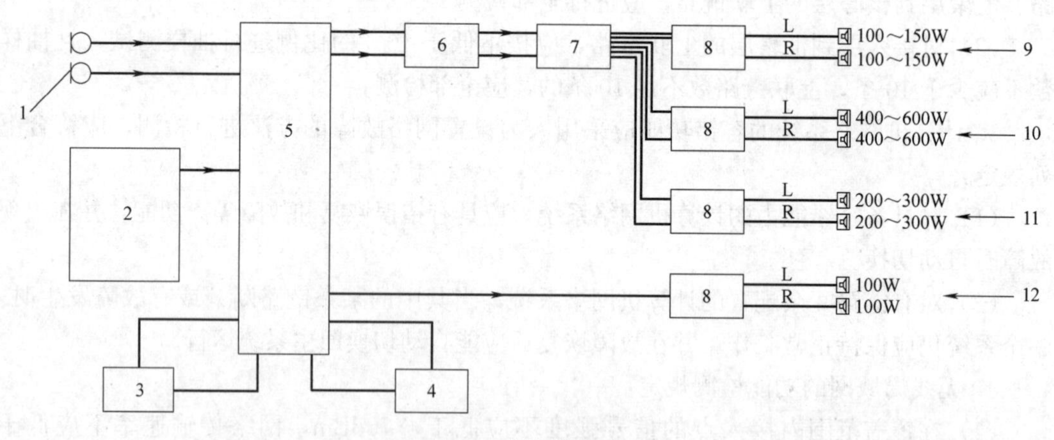

图 1-4-11　会议扩声系统图

1—拾音设备；2—音源；3—录音机；4—效果器；5—调音台；6—压限器；7—均衡器；8—功率放大器；9—高音；10—低音；11—中音；12—监听扬声器

1. 音频设备供电连接

（1）音频设备包括调音台、均衡器、分频器、压限器、功率放大设备等，设备应按设计要求安装到位，标志齐全，布置应整齐、稳固。

（2）音频设备采用时序电源供电时，应按照设计文件确定的连接方式和开机顺序依次连接，安装位置应兼顾所有设备电源线的长度，按照各用电设备的实际情况插入时序电源相应号数的输出插座。

（3）时序电源开启时，通电顺序是从 1 到 X 逐个启动，接入音频设备时序电源时，应根据用电系统的小功率到大功率设备逐个接入启动，或是从前级设备到后级设备逐个启动，如图 1-4-12 所示。

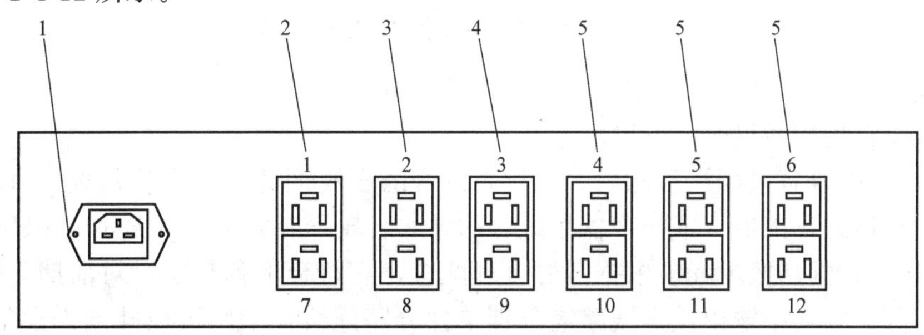

图 1-4-12　时序电源示意图

1—电源；2—调音台；3—压限器；4—均衡器；5—功率放大设备

2. 音频设备接插件及连接

（1）接插件选用

音频设备连接电缆两端的接插件应筛选合格产品，并应采用专用工具制作，不得虚焊或假焊；接插件需要压接的部位，应保证压接质量，不得松动脱落；制作完成后应进行严格检测，合格后方可使用，音频设备接插件常见种类和组成说明见表 1-4-10。

音频设备接插件常见种类和组成说明　　　　表 1-4-10

序号	常规型号	俗称	组成说明	图例
1	XLR	卡侬头	(1)插头、插座均有公母头之分。 (2)插件接点由正级、负级和接地三个接点所组成	图 1-4-13
2	RCA	莲花头	(1)采用同轴信号传输方式，中轴传输信号，外沿接触层接地。 (2)插件接点由正级和负级两个接点所组成	图 1-4-14
3	TRS	大三芯	(1)常用于连接音响设备。 (2)插件接点由正级、负级和接地三个接点所组成	图 1-4-15

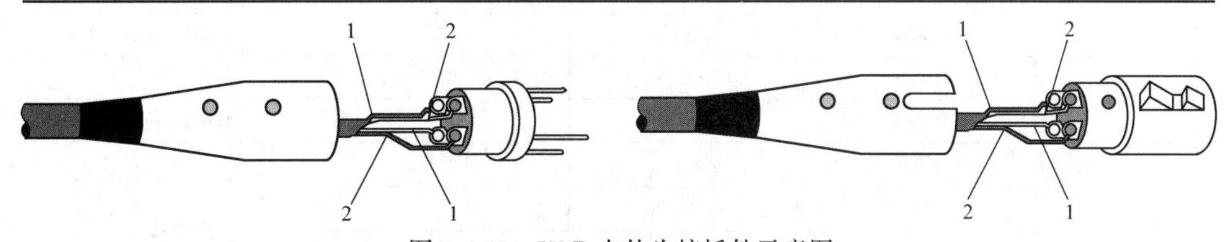

图 1-4-13　XLR 卡侬头接插件示意图

1—正极；2—负极

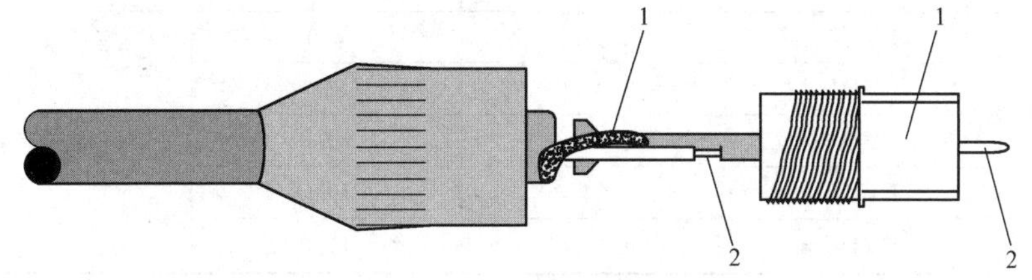

图 1-4-14　RCA 莲花头接插件示意图

1—屏蔽端；2—信号端

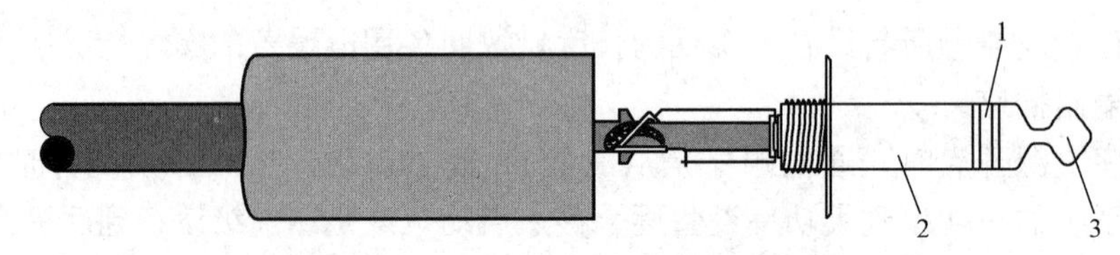

图 1-4-15　TRS 大三芯接插件示意图

1—信号端负极；2—屏蔽端；3—信号端正极

（2）线缆选用

扩声线路常见用线见表 1-4-11。

1）扩声馈电线宜采用聚氯乙烯绝缘双芯绞合的多股铜芯导线穿管敷设。自功率放大设备输出端至最远扬声器（或扬声器系统）的导线衰耗不应大于 0.5dB（1000Hz 时）。

2）扩声系统的功放单元应根据需要合理配置，宜符合下列规定：对前期分频控制的扩声系统，其分频功率输出馈送线路应分别单独分路配线；采用可控硅调光设备的场所，扩声进出线路均应采用屏蔽线。

扩声线路常见用线表　　**表 1-4-11**

电线类型	常规型号	芯数/截面积（mm^2）	常规外径（mm）	结构
电源线	BV500/350	1/0.5～1	2.4～3.0	塑料绝缘
	BV750/450	1/1.5～400	3.3～33	塑料绝缘
	BVV750/450	2/1.5～35	4.8～27.5	塑料护套
	BVV750/450	3/1.5～35	4.8～27.5	塑料护套
	BVV750/450	5/1.5～35	12～35.5	塑料护套
音频线	RVP1E	2×0.10	4.5	PVC 绝缘 缠绕屏蔽层
	RVP1E	2×0.12	4.5	PVC 绝缘 缠绕屏蔽层
	RVP1E	2×0.15	4.5	PVC 绝缘 缠绕屏蔽层
	RVP1E	2×0.20	6	PVC 绝缘 缠绕屏蔽层
	RVP1E	2×0.30	6	PVC 绝缘 缠绕屏蔽层
	RVP1E	3×0.15	6	PVC 绝缘 缠绕屏蔽层
	RVPE	3×0.15	6	编织屏蔽层
	RVPE	2×0.20	4.5	编织屏蔽层
	RVPE	2×0.50	6	编织屏蔽层
	RVPE	3×0.75	7	编织屏蔽层
音箱线	ETB	2×1.0	3.3×6.6	扁平线
	ETB	2×1.5	4.4×8.8	
	ETB	2×2.0	4.8×9.6	
	ETB	2×4.0	6.0×12.0	
	EVJV	2×1.5	7.0	带护套双芯线
	EVJV	2×2.0	8.0	
	EVJV	2×4.0	10.0	
	EVJV	3×4.0	10.0	
	EVJV	4×4.0	11.0	

注：R—软结构；V—聚氯乙烯；P—屏蔽层；E—在前表示对称，在后表示 PVC 弹性材料；B—扁型；T—透明材料；J—绞型。

（3）功率放大器与音箱的连接

1）音频设备须按设计文件的系统连接图和设备使用说明书的要求连接，连接前应检查线缆的规格型号、标识及线缆敷设质量，各类接口在连接时注意线缆两端的接插件正负极是否交叉，电缆两端的接插件附近应有标明端别和用途的标识，不得错接和漏接。

2）在功率放大设备与音箱连接前，对设备外观、型号规格、标志、标签、产品合格证、产地证明、说明书、技术文件资料进行检验，检验设备性能是否满足设计要求和国家标准。当使用四芯卡侬头接插件制作时，音箱四芯专业接头与功率放大器输出的正负极正确连接，接反会影响音响的音质及稳定性，同时在连接时避免短路，否则会损害功放设备。

3）当用四芯卡侬头连接定阻功率放大设备和音箱时，分别连接＋1、－1、＋2、－2四个接点，如图 1-4-16 所示。连接应按设计要求安装到位，标志齐全，布置应整齐、稳固。

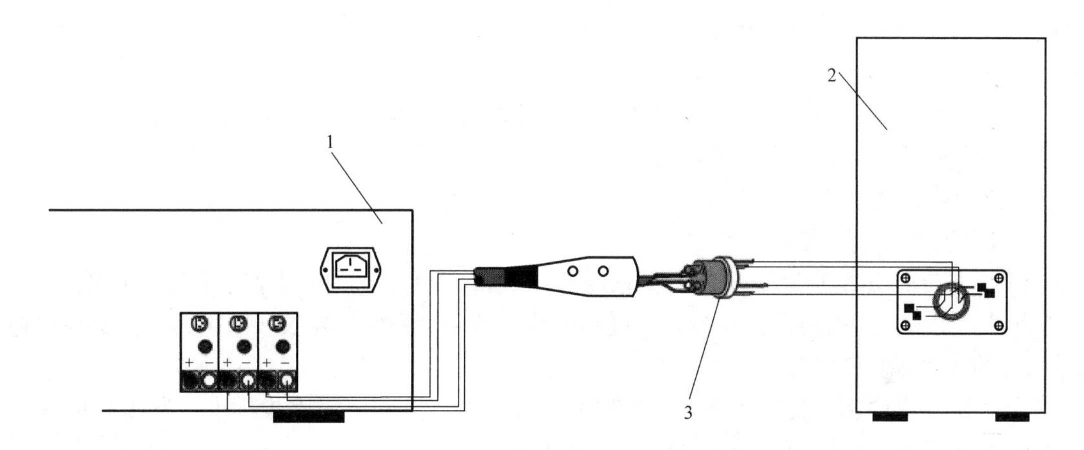

图 1-4-16　四芯卡侬头连接示意图

1—定阻功率放大设备；2—音箱；3—四芯卡侬头

4）音箱线缆采用金银编织线时，无需连接接地压线端子，如图 1-4-17 所示；当音箱线缆采用屏蔽音箱线时，需要手动编织屏蔽层，再压入接地端子，连接前检查线缆的规格

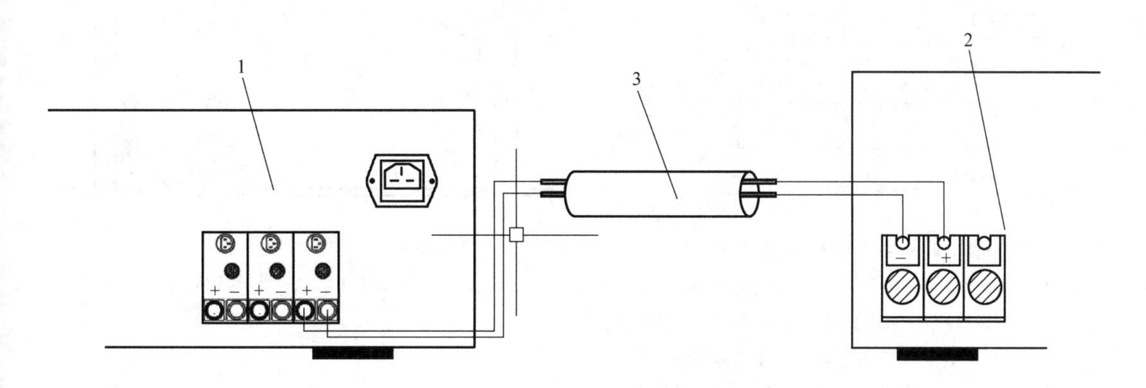

图 1-4-17　金银编织线连接示意图

1—功率放大设备；2—音箱压线端子；3—金银编织线

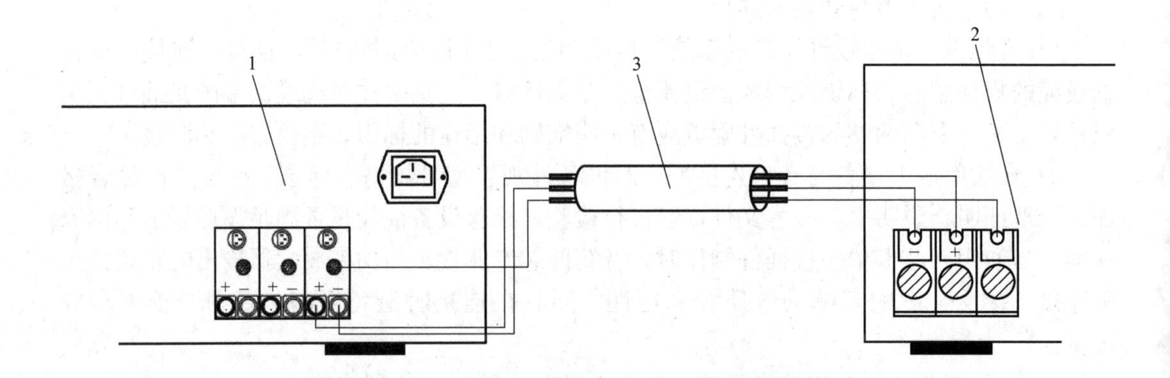

图 1-4-18　屏蔽音箱线连接示意图

1—功率放大设备；2—音箱压线端子；3—保护套音箱线

型号、标识，如图 1-4-18 所示。

（二）会议显示系统

会议显示系统包括集中控制设备、VGA 设备或矩阵切换器、RBG 设备或矩阵切换器、投影设备、LCD 显示设备等，如图 1-4-19 所示。

1. 视频设备安装

（1）投影机吊顶安装

1）安装前应对所安装的设备外观、型号规格、标志、标签、产品合格证、产地证明、说明书、技术文件资料进行检验，检验设备性能是否达到设计要求和国家标准。安装时必须进行环境的现场勘察。

2）确保室内密封良好、墙壁及房顶无脱落现象，达到三级除尘标准；室内有可供使用的 220V 交流电源，满足设备的用电负荷要求。

3）当投影机吊顶安装时，投影机高度在 1.7m 以上，能确保投影屏幕下沿到地面有 0.6～0.7m 的间距，如图 1-4-20 所示。

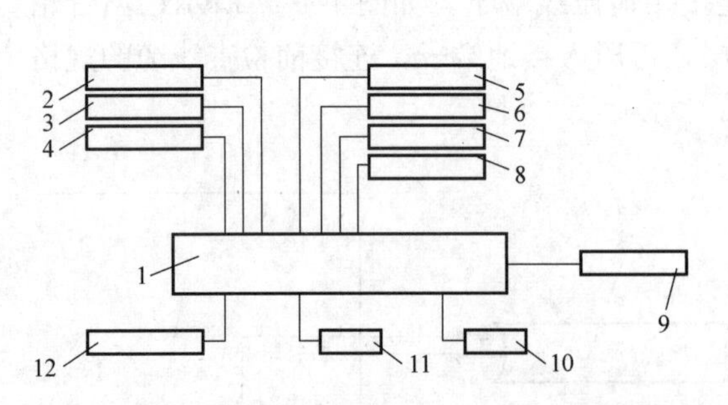

图 1-4-19　会议显示系统图

1—集中控制设备；2—VGA 设备或矩阵切换器；3—RBG 设备或矩阵切换器；4—视频录播服务设备；5—视频会议终端设备；6—会议音频处理器；7—LCD 显示设备；8—投影设备；9—以太网交换设备；10—红外控制设备；11—红外动作传感器；12—继电器控制设备

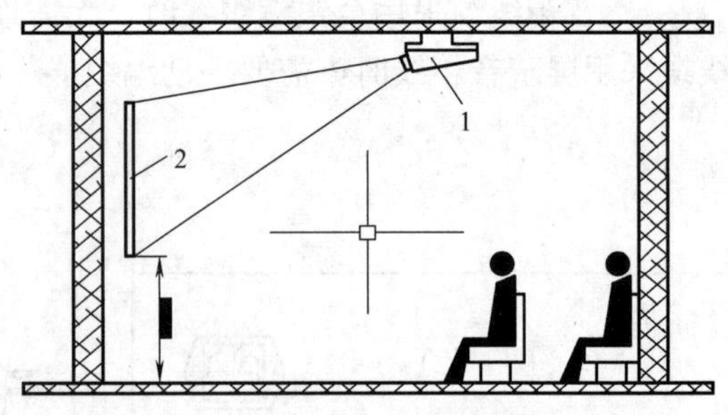

图 1-4-20　吊顶式投影机示意图

1—投影机；2—投影幕布

4）投影机安装可根据投影机重量，选用膨胀螺栓或塑料胀管和螺钉，如图 1-4-21 所示。

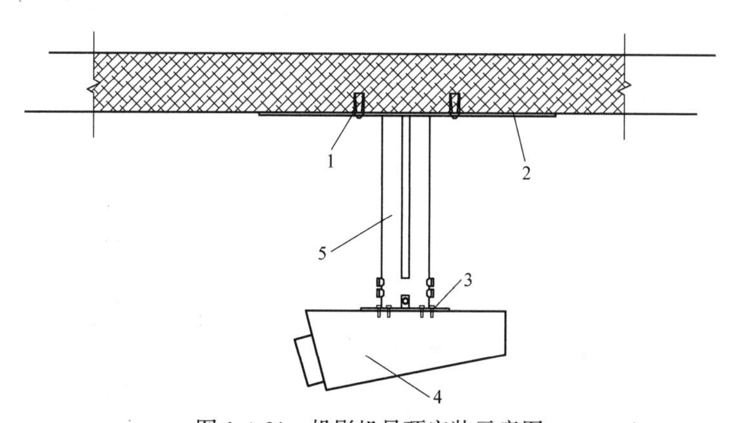

图 1-4-21 投影机吊顶安装示意图

1—金属膨胀螺栓；2—吊架基座；3—螺钉；4—投影设备；5—吊架

（2）显示器安装

1）大屏幕显示器、墙挂式显示器、屏幕等的安装位置应满足最佳观看视距的要求。显示器屏幕安装时应避免反射光、眩光等现象；墙壁、地板宜使用不易反光材料。

2）壁挂显示器应安装牢固，固定设备的墙体、支架承重应符合设计要求；应选择合适的安装支撑架、吊架及固定件。

一般采用后锚固或在预埋铁板上固定显示器，显示器安装可采用壁挂式和吊装式，如图 1-4-22 和图 1-4-23 所示。

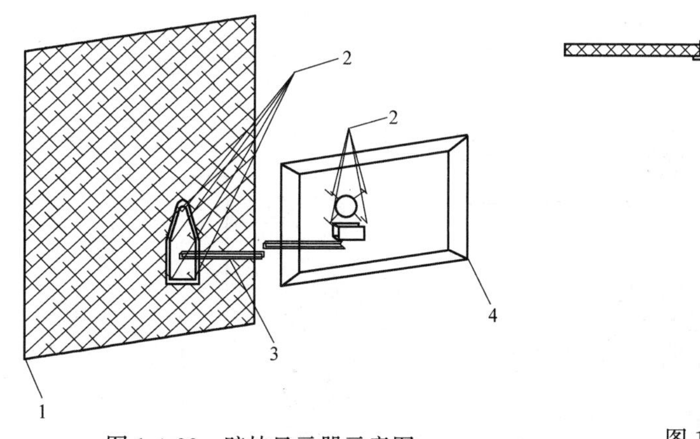

图 1-4-22 壁挂显示器示意图

1—墙壁；2—螺栓；3—壁挂支架；4—显示器

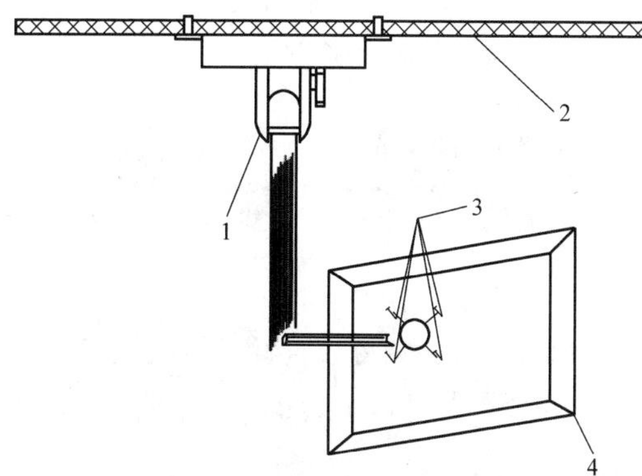

图 1-4-23 吊装显示器示意图

1—吊装支架；2—屋顶；3—螺栓；4—显示器

3）固定及悬吊装置安装完成、设备安装前，应检查吊装、壁装设备的锚固件或预埋件的安全性和防腐蚀处理措施。质量大于 10kg 的设备，应按设备质量的 5 倍恒定均布荷载做强度试验，且不得大于固定点的设计最大荷载，持续时间不得少于 15min。

2. 视频设备接插件及连接

（1）接插件的选用

视频设备常用接插件见表 1-4-12。

视频设备常用接插件 **表 1-4-12**

序号	常规型号	组成说明	图例
1	HDMI	(1)由 HDMI 标准管理机构 HDMI LA 发布。 (2)随传输距离增加,传输信号会逐渐衰减。 (3)注意区分接头公母	图 1-4-24
2	BNC	(1)由工业和信息化部发布。 (2)随传输距离增加,传输信号会逐渐衰减。 (3)注意区分接头公母	图 1-4-25
3	VGA	(1)由视频电子标准协会发布。 (2)VGA 插头与插座,都有公母之分。 (3)随传输距离增加,信号质量会严重下降	图 1-4-26
4	IEEE 1394	(1)由国际电信联盟发布。 (2)接口可为外设提供电源,连接多个设备,支持同步数据传输。 (3)接口有两种类型:6 针六角形接口和 4 针小型四角形接口,只有 6 针接口可向所连设备供电	图 1-4-27

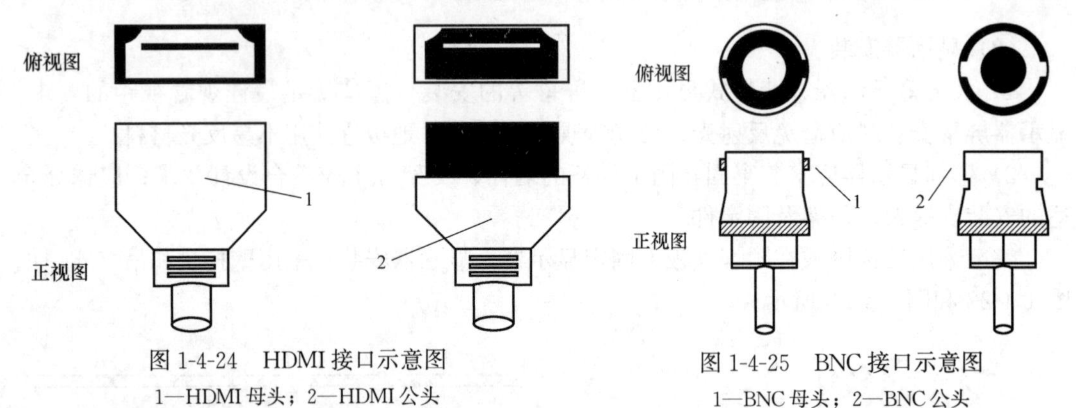

图 1-4-24 HDMI 接口示意图

1—HDMI 母头；2—HDMI 公头

图 1-4-25 BNC 接口示意图

1—BNC 母头；2—BNC 公头

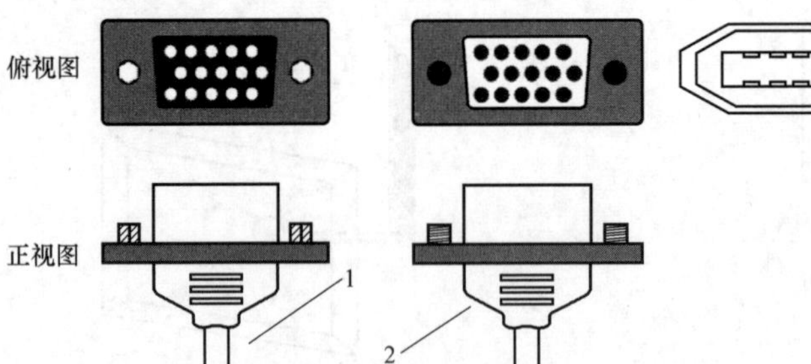

图 1-4-26 VGA 接口示意图

1—VGA 母头；2—VGA 公头

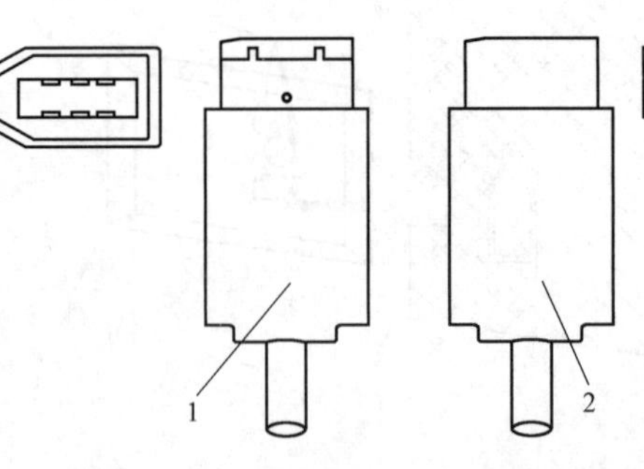

图 1-4-27 IEEE 1394 接口示意图

1—IEEE 1394a 6Pin；2—IEEE 1394a 4Pin

（2）线缆的选用

1）常见的视频线路用线见表 1-4-13。

2）视频线缆应根据需要传输的内容格式和距离选择。VGA 信号线缆的选择应根据传输信号的分辨率、最长传输距离进行选择。当信号源为视频或简单的文字内容时，插入损耗（即传输衰减）控制在－6dB 的范围；当信号源是以精密图形文件为主时，插入损耗控制在－3dB 的范围。

常见的视频线路用线 **表 1-4-13**

电线类型	常规型号	芯数/截面积(mm^2)	常规外径(mm)	结构
视频线	SYV75-3	—	5.0	特性阻抗 75Ω
	SYV75-4	—	6.0	
	SYV75-5	—	7.0	
	SYV75-7	—	10.5	
专用控制线	RVP4E	—	3.5	—
	RGYJV	—	—	简单音频安装线

注：E—在前表示对称，在后表示 PVC 弹性材料；J—绞型；P—屏蔽层；R—软结构；S—同轴射频电缆；V—聚氯乙烯；Y—聚乙烯。

(3) 视频设备连接

1) 视频设备须按设计文件的系统连接图和设备使用说明书的要求连接，连接前应检查线缆的规格型号、标识及线缆敷设质量，各类接口在连接时注意线缆两端的接插件正负极是否交叉，电缆两端的接插件附近应有标明端别和用途的标识，不得错接和漏接。

2) 视频设备须按照系统接线图连接。传输电缆距离超过选用端口支持的标准长度时，应使用信号放大设备、线路补偿设备，或选用光缆传输。常见光纤转换传输方式如图 1-4-28 所示。

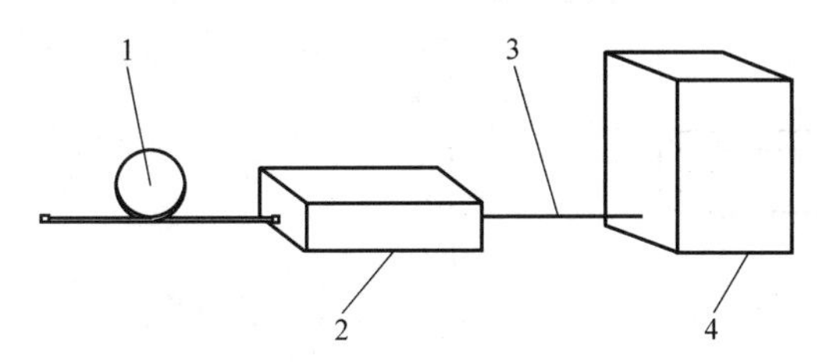

图 1-4-28 HDMI 光纤转换器连接示意图

1—光纤连接器；2—光纤转换器；
3—HDMI 连接线；4—显示设备

(三) 会议发言系统

会议发言系统有会议系统主机设备、功率放大设备、传声器等组成，如图 1-4-29 所示。

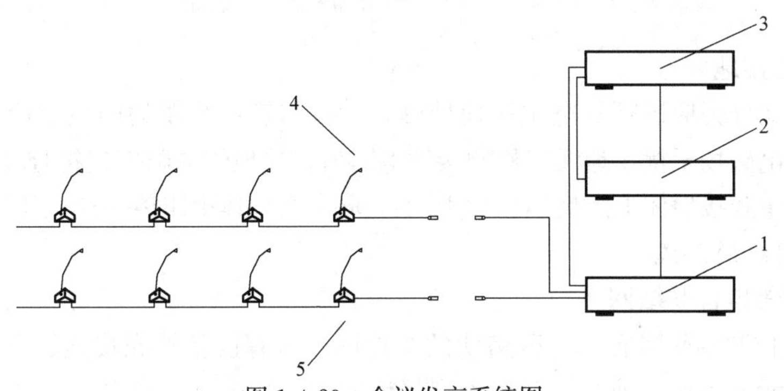

图 1-4-29 会议发言系统图

1—会议系统主机；2—会议系统主机（备份）；3—功率放大设备；4—传声器（主席机）；5—传声器（代表机）

1. 无线传声器安装

采用无线传声器传输距离较远时，应加装机外接收天线，安装在桌面时宜装备固定座托，连接前应检查线缆的规格型号、标识，连接后检查线缆敷设质量，如图 1-4-30 所示。

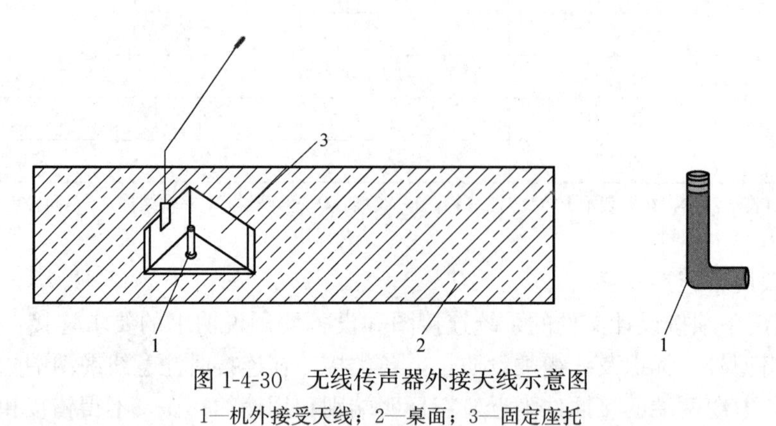

图 1-4-30　无线传声器外接天线示意图

1—机外接受天线；2—桌面；3—固定座托

2. 串联式传声连接

采用串联方式时，传声器之间的连接线缆应端接牢固，连接前应检查线缆的规格型号、标识，连接后检查线缆敷设质量。有线会议设备采用串联方式时，通常使用三芯卡侬头进行连接，连接时注意接口正负极，如图 1-4-31 所示。

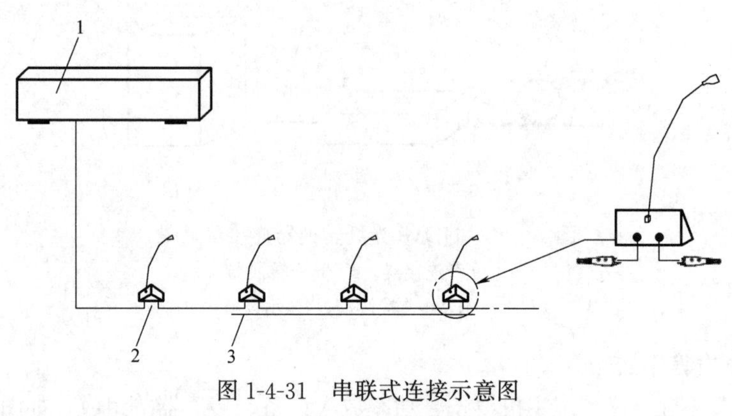

图 1-4-31　串联式连接示意图

1—会议系统主机；2—主席机；3—代表机

（四）设备接地

设备的金属外壳应进行等电位接地处理，设备间连接线缆的屏蔽层应进行等电位接地，防止外界电磁场干扰。地线应检测接地电阻值，接地体电阻值应符合设计要求。当设计没明确时，单独接地体电阻值不应大于 4Ω，联合接地体电阻值不应大于 1Ω。

1. 接地网络的形式

(1) M 型等电位联结网络

M 型等电位联结网络有一个网格状的接地网，所有设备外壳接地、金属件接地、机柜电源分配单元（PDU）地线等都接入到接地网中，如图 1-4-32 所示。连接前应检查线缆的规格型号、标识，连接后检查线缆敷设质量。

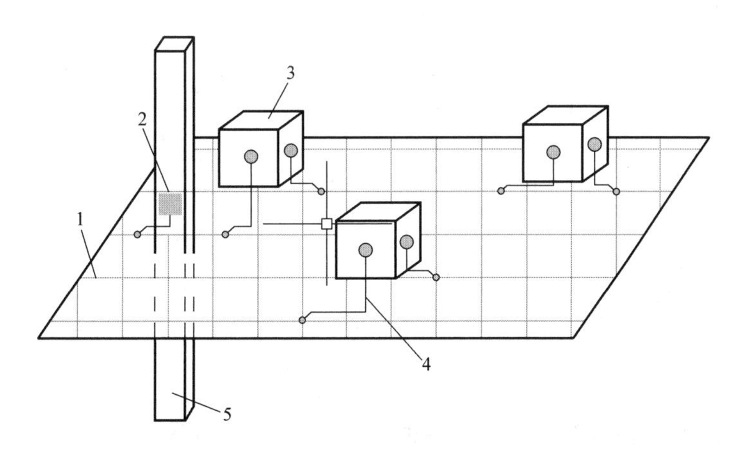

图 1-4-32　M 型接地示意图

1—等电位联结网格；2—等电位联结端子箱；3—设备外壳；
4—等电位联结线（连接体）；5—建筑金属结构

（2）SM 型等电位联结网络

SM 型等电位联结网络整体接地为多点接地，如图 1-4-33 所示，连接前应检查线缆的规格型号、标识，连接后检查线缆敷设质量。

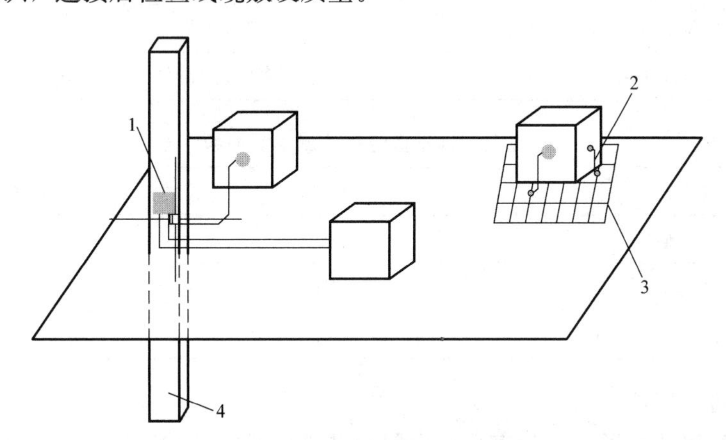

图 1-4-33　SM 型接地示意图

1—等电位联结端子箱；2—等电位联结线（连接体）；3—等电位联结网格；4—建筑金属结构

（3）S 型等电位联结网络

S 型等电位联结网络是电器外壳的保护接地点、PDU 的接地线、金属管件的接地点都通过平行的接地线连接到等电位汇流排，如图 1-4-34 所示，最后总等电位汇流排通过干线和大楼接地连接起来。连接前应检查线缆的规格型号、标识，连接后检查线缆敷设质量。

2. 接地连接做法

（1）连接线（连接体）选用

连接线（连接体）最小截面积应符合表 1-4-14 的规定，等电位端子板连接体最小截面积应符合表 1-4-15 的规定。

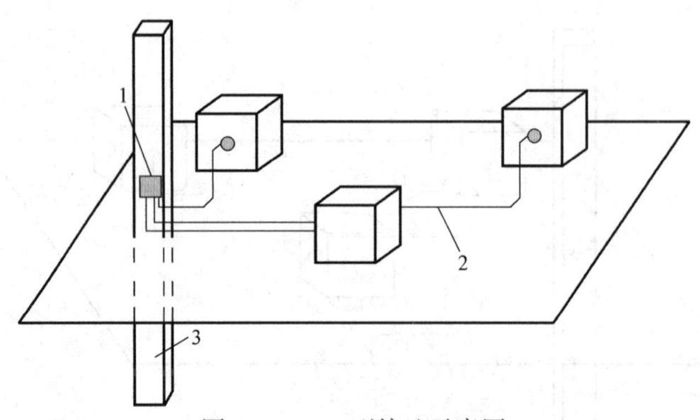

图 1-4-34　S 型接地示意图

1—等电位联结端子箱；2—等电位联结线（连接体）；3—建筑金属结构

连接线（连接体）最小截面积　　表 1-4-14

名称	材料	最小截面积(mm^2)
垂直接地干线	多股铜芯导线或铜带	50
楼层端子板与机房局部端子板之间的连接导体	多股铜芯导线或铜带	25
机房局部端子板之间的连接导体	多股铜芯导线	16
设备与机房等电位联结网络之间的连接导体	多股铜芯导线	6
机房网络	铜箔或多股铜芯导体	25

等电位端子板连接体最小截面积　　表 1-4-15

名称	材料	最小截面积(mm^2)
总等电位接地端子板	铜带	150
楼层等电位接地端子板	铜带	100
机房局部等电位接地端子板	铜带	50

（2）设备接地连接

各类等电位接地端子板之间宜采用多股铜芯导线或铜带进行连接，各类等电位接地端子板宜采用铜带作为接地导体，如图 1-4-35 所示。

四、建筑设备监控系统

（一）输入设备/输出设备

1. 温湿度传感器安装

（1）水管型温度传感器

一般垂直安装在水流平稳的直管段，轴线应与管道轴线垂直相交，如图 1-4-36 所示；其安装位置应避开水流流束死角，且不宜安装在管道焊缝处。探头感温段应有效浸入介质，当探头感温段小于管道口径的 1/2 时，应安装在管道的侧面或底部。水管型温度传感器的安装宜与工艺管道安装同时进行。

（2）风管型温度传感器

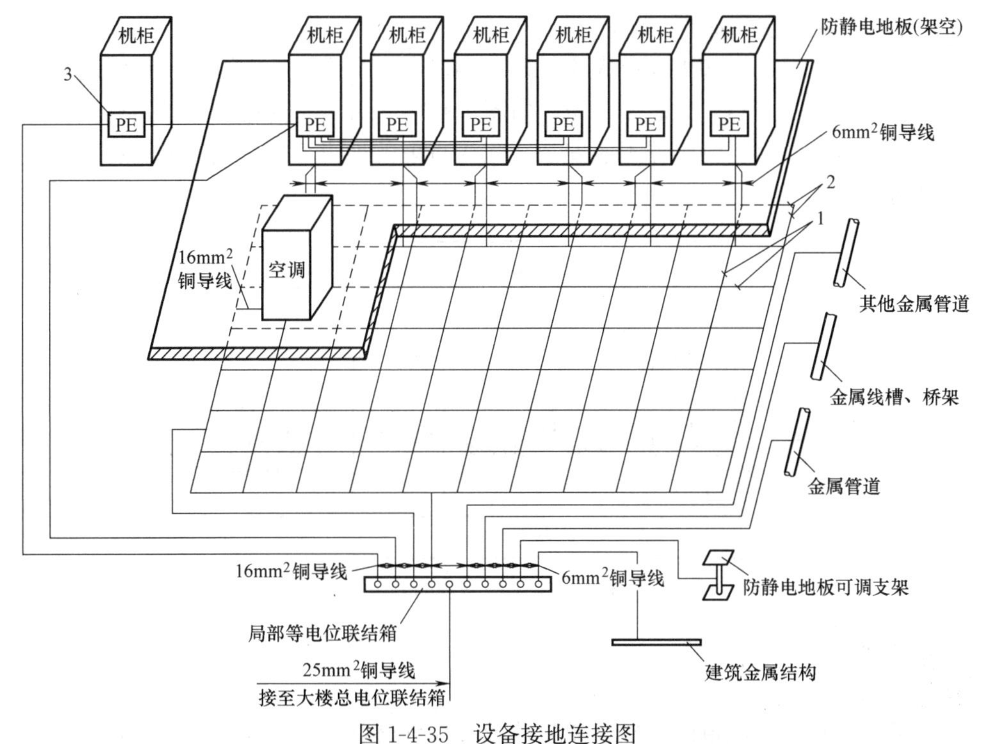

图 1-4-35　设备接地连接图

1—等电位联结网格铜带；2—等电位联结带铜带；3—保护性接地

安装时，应先在风管上按尺寸要求开孔，在开孔处放好密封胶垫圈，通过螺钉与固定夹板将传感器固定在风管上，如图 1-4-37 所示。风管型温度传感器应安装在风速平稳的直管段的下半部，且应避开风管内通风死角。风管型传感器应在风管保温层完成并经吹扫后进行安装，且不应被保温材料遮盖。

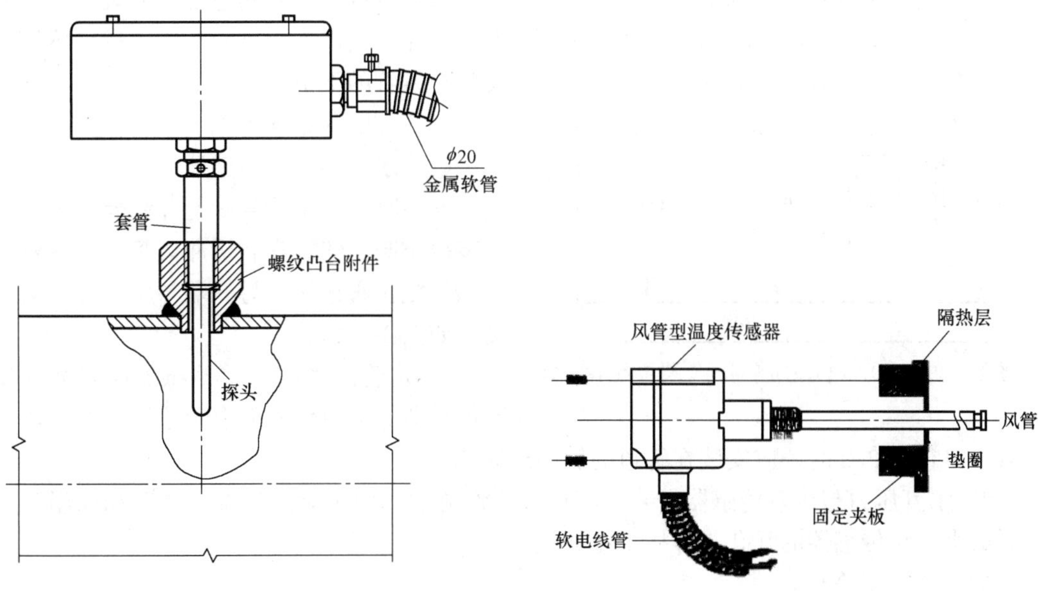

图 1-4-36　水管型温度传感器的安装示意图

图 1-4-37　风管型温度传感器的安装示意图

（3）室内外温湿度传感器

安装位置宜距门、窗和出风口大于2m，且在同一区域内安装的室内温湿度传感器距地高度应一致，高度差不应大于10mm，如图1-4-38所示。室外温湿度传感器应有防风、防雨措施。室内外温湿度传感器不应安装在阳光直射的地方，应远离有较强振动、电磁干扰、潮湿的区域。

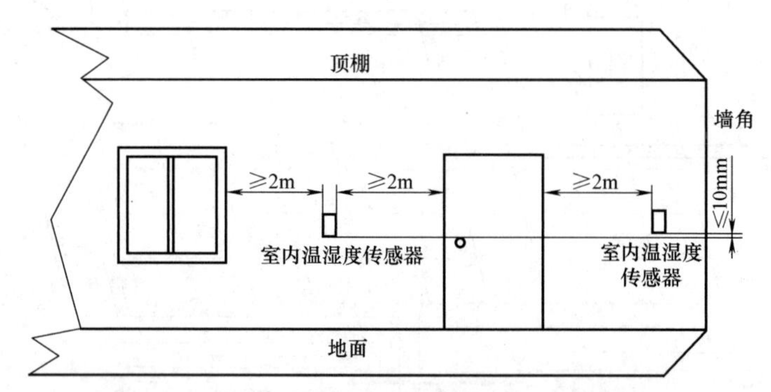

图1-4-38　室内温湿度传感器的安装位置示意图

2. 空气质量传感器安装

（1）空气质量传感器

安装时，探测气体比重轻的空气质量传感器应安装在房间的上部，安装高度不宜小于1.8m，例如CO传感器应安装在距离地面2～2.5m的位置，且避免安装在送排风机附近；探测气体比重重的空气质量传感器应安装在房间的下部，安装高度不宜大于1.2m，例如CO_2传感器宜安装在离地面约1.2m的墙面上，且避免安装在受新风机器、空调机影响或发生结露等位置，如图1-4-39所示。

（2）风管式空气质量传感器

应安装在风管管道的水平直管段，探测气体比重轻的空气质量传感器应安装在风管的上部，探测气体比重重的空气质量传感器应安装在风管的下部。

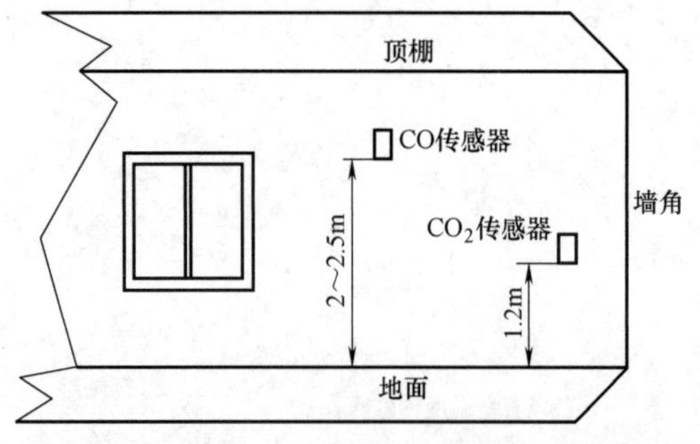

图1-4-39　CO、CO_2探测器的安装位置示意图

3. 压力/压差传感器安装

（1）水管型压力传感器

安装时，在水管管壁上开洞焊上管箍并安装截止阀，然后安装缓冲弯管，缓冲弯管一端与截止阀连接，另一端与压力传感器连接，如图1-4-40所示。

1）水管压力与压差传感器应安装在温度传感器的管道位置的上游管段，取压段小于管道口径的2/3时，应安装在管道的侧面或底部。

2）水管压力与压差传感器安装时，必须在管道的压力试验、清洗、防腐和保温工序前完成水管型传感器的开孔与焊接工作。

（2）风管压差开关

1）风管压差开关应与风管垂直安装，可使用铁板制成的“L”形托架支撑，在过滤网前后分别打孔设置高压管与低压管检测压力差，如图 1-4-41 所示。

2）风管型压力传感器应安装在管道的上半部，并应在温/湿度传感器测温点的上游管段；风管压差开关安装离地高度不宜小于 0.5m，安装完毕后应做密闭处理。

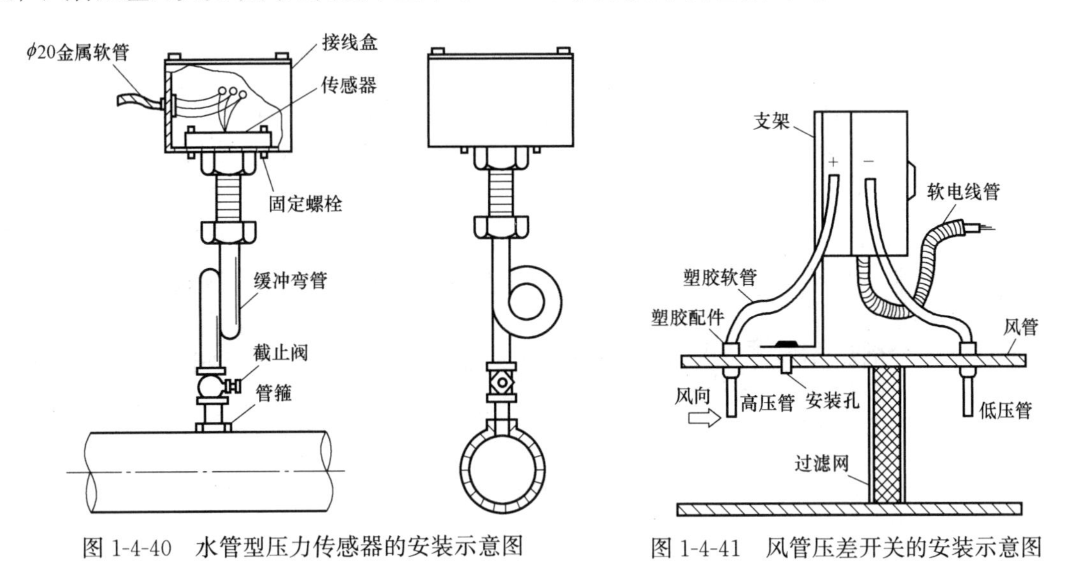

图 1-4-40　水管型压力传感器的安装示意图　　图 1-4-41　风管压差开关的安装示意图

4. 流量传感器安装

(1) 电磁流量计安装

1）电磁流量计一般与管道法兰连接，应避免在有较强直流磁场或剧烈振动的位置安装。

2）电磁流量计在垂直管道安装时，管道内流体流向应自下而上，以保证管道内充满被测流体，不至于产生气泡；水平安装时，必须使电极处在水平方向，以保证测量精度。

3）电磁流量计与工艺管道二者之间应该联结成等电位，并且金属外壳良好接地。电磁流量计的安装位置如图 1-4-42 所示，C、D 为适宜位置，A、B、E 为不适宜位置（A 处易积聚气体、B 处可能液体不充满、E 处传感器后管段有可能不充满）。

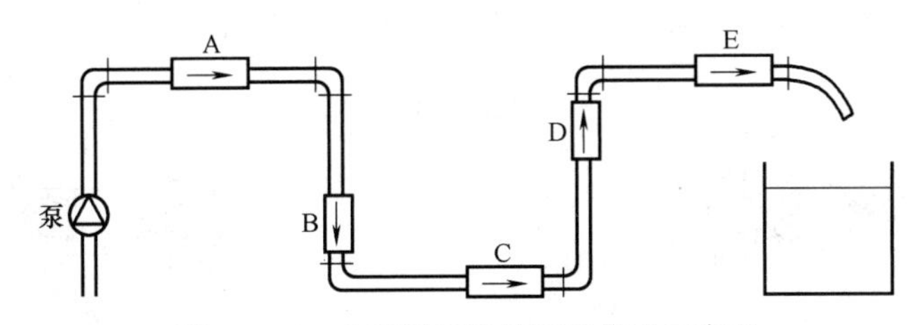

图 1-4-42　电磁流量计的安装位置示意图

(2) 水管流量传感器安装

1）安装位置距阀门、管道缩径、弯管距离不应小于 10 倍的管道内径。

2）水管流量传感器应安装在测压点上游并距测压点 3.5～5.5 倍管内径的位置，在温度传感器测温点的上游并距测温点 6～8 倍管径的位置。

3）水管流量传感器应安装在流量调节阀的上游，流量计上游应有 10 倍管径长度的直管段，下游段应有 4～5 倍管径长度的直管段。

5. 电动风阀安装

(1) 电动风阀控制器安装

安装前，应检查线圈和阀体间的电阻、供电电压、输入信号等是否符合要求，宜进行模拟动作检查。

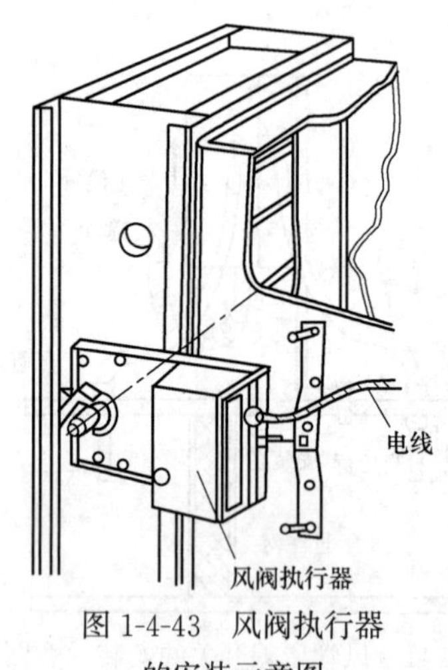

图 1-4-43 风阀执行器的安装示意图

(2) 风阀执行器安装

1) 风阀执行器与风阀轴的连接应固定牢固，风阀的机械机构开闭应灵活，且不应有松动或卡涩现象，如图 1-4-43 所示。

2) 风阀执行器不能直接与风门挡板轴相连接时，可通过附件与挡板轴相连，但其附件装置应保证风阀执行器旋转角度的调整范围。

3) 风阀执行器的输出力矩应与风阀所需的力矩相匹配，开闭指示位应与风阀实际状况一致，且宜面向便于观察的位置。

4) 风阀执行器安装时，会根据实际功能需求，默认在风阀为开启或闭合位置安装风阀执行器。

6. 电磁阀、电动调节阀安装

(1) 电磁阀、电动调节阀安装前，应按说明书规定检查线圈与阀体间的电阻，进行模拟动作试验和压力试验。

(2) 电磁阀、电动调节阀应垂直安装于水平管道上，但禁止倒装在管道上，如图 1-4-44 所示；阀体上箭头指示方向应与水流方向一致；阀口径和管道口径不一致时，采用渐缩管件，阀口径一般不低于管道口径两个等级。

(3) 阀门执行机构应安装牢固、传动应灵活，且不应有松动或卡涩现象，阀门应处于便于操作的位置。有阀位指示装置的阀门，其阀位指示装置应面向便于观察的位置。

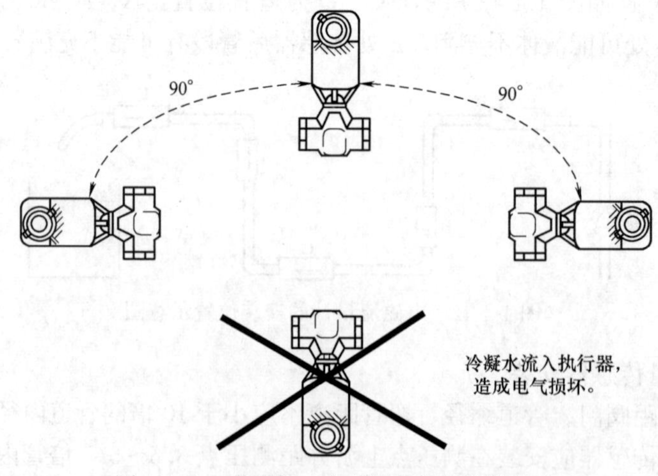

图 1-4-44 电磁阀、电动调节阀的安装方式

7. 输入/输出设备接线

(1) 输入/输出设备的接线盒引入口不宜朝上，当不可避免时，应采取密封措施。

（2）输入/输出设备应按照接线图和设备说明书进行接线；其配线应整齐，不宜交叉，并应固定牢靠，端部均应标明编号。

（3）输入/输出设备一般采用屏蔽线缆接入现场控制器箱，如图1-4-45所示。线缆屏蔽层应在现场控制器箱一侧可靠接地，同一回路的屏蔽层应具有可靠的电气连续性，不应浮空或重复接地。

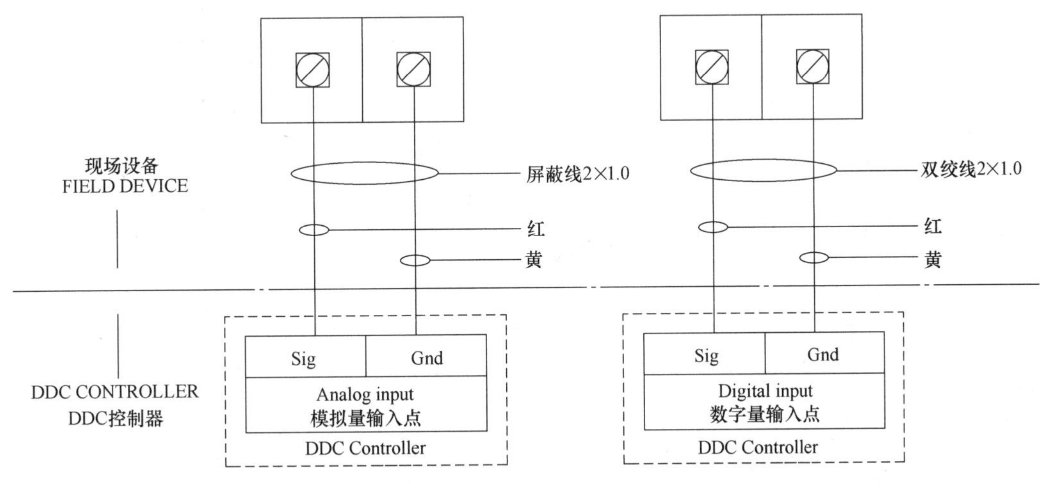

图1-4-45　输入/输出设备接线示意图

（二）现场控制器

1. 现场控制器位置

现场控制器位置处于建筑设备监控系统的中间层，向上连接中央监控设备，向下连接各监控点的传感器和执行器。

2. 现场控制器箱的安装

（1）位置宜靠近被控设备电控箱，一般安装在弱电竖井内、冷冻机房、高低压配电房等需监控的机电设备附近。

（2）现场控制器箱的高度不大于1m时，宜采用壁挂安装，箱体中心距地面的高度不应小于1.4m；现场控制器箱的高度大于1m时，宜采用落地式安装，并应制作底座。

（3）现场控制器箱侧面与墙或其他设备的净距离不应小于0.8m，正面操作距离不应小于1m，如图1-4-46所示。

（4）现场控制器应在调试前安装，在调试前应妥善保管并采取防尘、防潮和防腐蚀措施。

（三）中央监控设备

1. 控制台（柜）安装

（1）控制台（柜）安装位置应符合设计要求，安装在监控室内，台（柜）体离墙应不小于1m，便于安装和施工。

（2）承重大于600kg/m^{2}的设备应单独制作设备基座，不应直接安装在抗静电地板上，底座大小与控制台（柜）相同，用角钢制作，高度与防静电地板上标高一致，如图1-4-47所示。

（3）安装应平稳牢固，并应便于操作维护，应按设计图的防震要求进行施工。

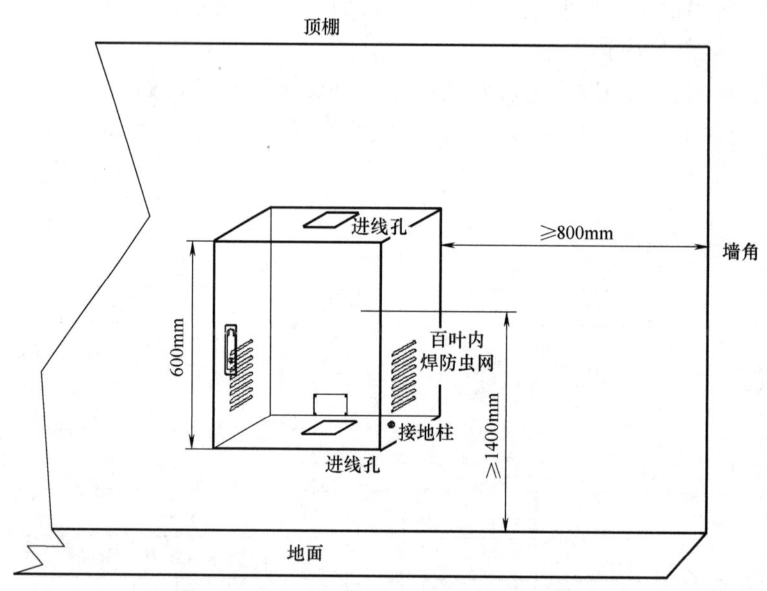

图 1-4-46　现场控制器箱的安装示意图

2. 控制台（柜）内设备安装

（1）施工前应对所安装的设备外观、型号规格、数量、标志、标签、产品合格证、产地证明、说明书、技术文件资料进行检验，检验设备是否选用厂家原装设备、设备性能是否达到设计和国家标准要求。

（2）服务器、交换机宜安装在控制台（柜）内机架上，安装应牢固。服务器、交换机等设备应按设计要求安装到位，标志齐全，布置应整齐、稳固，如图 1-4-48 所示。

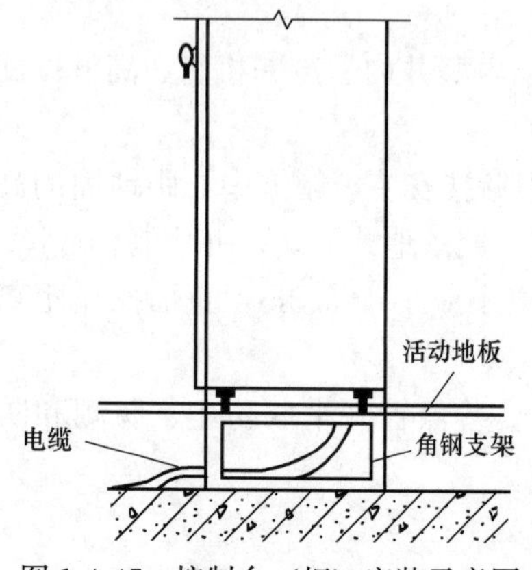

图 1-4-47　控制台（柜）安装示意图

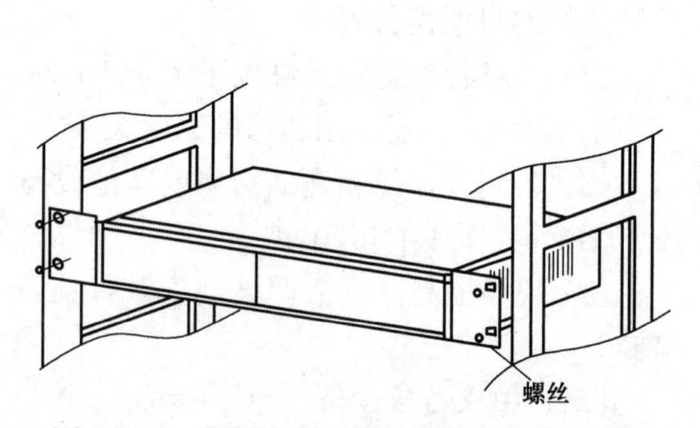

图 1-4-48　机柜内服务器与交换机安装示意图

（四）设备检查测试

网络控制器与服务器、工作站应正常通信，网络控制器的电源应连接到不间断电源上，以保证调试期间网络控制器电源正常供应的要求。

1. 检查风阀执行器机械机构的动作是否可靠，采用万用表检测输出信号反馈是否正常，观察阀门叶片是否能够达到全开/全关状态以及风阀控制器的开闭指示位是否与风阀实际状况一致，如图 1-4-49 所示。

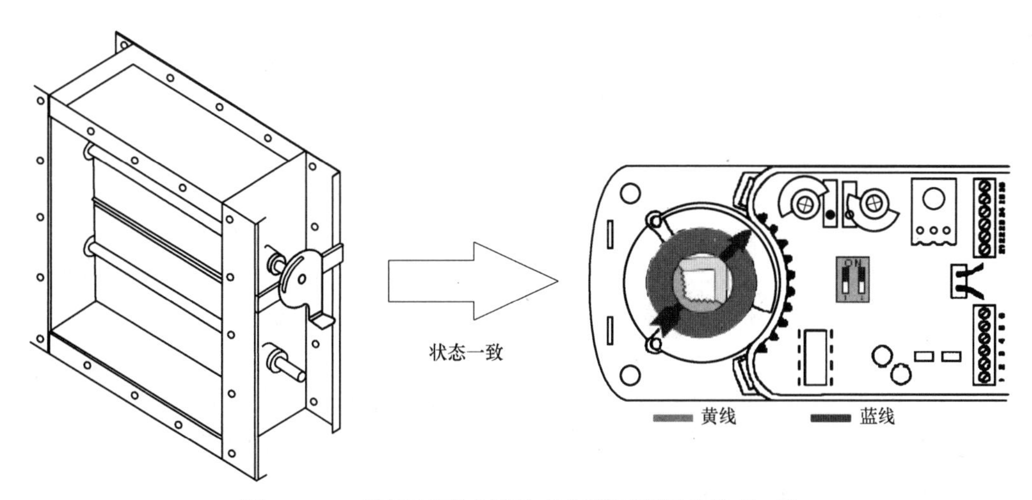

图 1-4-49　观察风阀执行器与控制器开关限位状态一致

2. 检查水阀执行器箭头指向是否与水流方向一致，机械机构的动作是否可靠，采用万用表检测输出信号反馈是否正常，观察阀门叶片是否能够达到全开/全关状态，如图 1-4-50 所示。

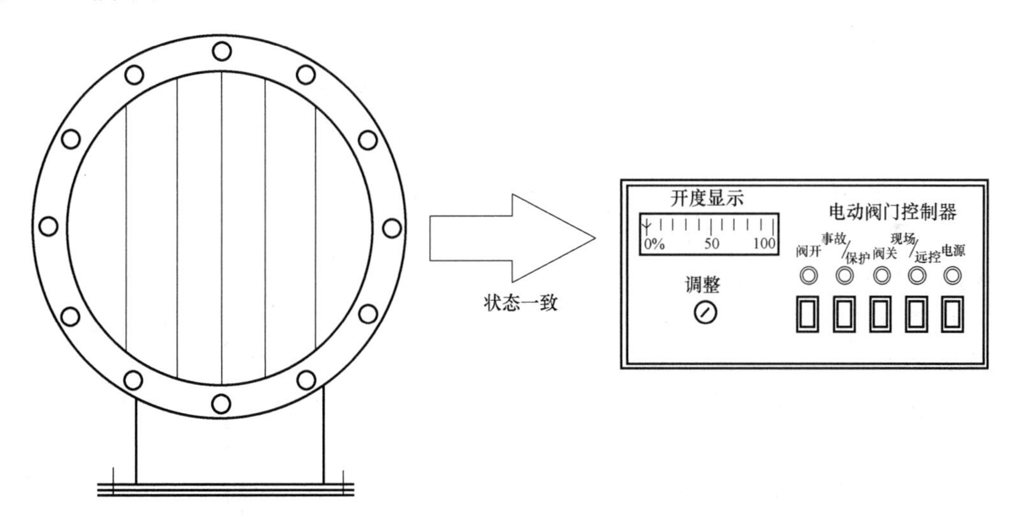

图 1-4-50　观察水阀执行器与控制器开关限位状态一致

五、安全防范系统

(一) 视频安防监控系统

1. 摄像机安装及接线

(1) 摄像机、拾音器的安装具体地点、安装高度应满足监视目标视场范围要求，注意防破坏且不应被遮挡。安装位置不应影响现场设备运行和人员正常活动。

(2) 在强电磁干扰环境下，摄像机安装应做抗电磁干扰处理。

(3) 电梯厢内摄像机的安装位置及方向应能满足对乘员有效监视的要求。

(4) 吊顶内安装摄像机，吊顶上方的空间大于摄像机的“H”值；如吊顶板安装强度

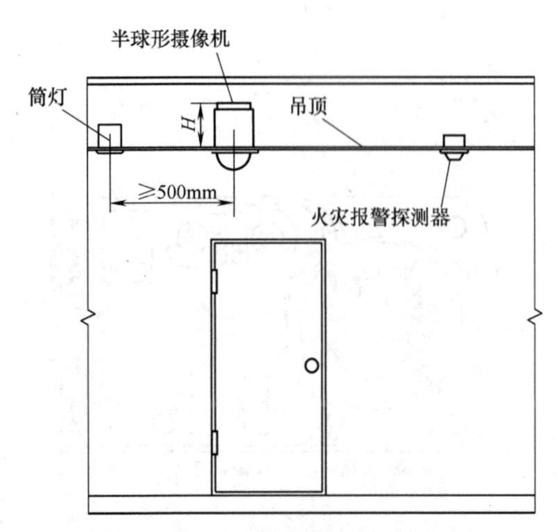

图 1-4-51 吊顶内摄像机布置示意图

不够，应在吊顶板上方加装摄像机安装龙骨，装设防止摄像机掉下的独立吊链。

（5）摄像机与筒灯间隔 500mm 以上，摄像机的前方 2m 内不应出现非嵌入式光源；装饰吊顶板预留孔宜与其他设备（如灯、火灾探测器等）一致，如图 1-4-51 所示。

（6）装饰板上壁装摄像机应用膨胀螺栓将预埋安装支架与墙面直接连接，如墙面达不到安装强度，应加强相应位置墙面强度，如图 1-4-52 所示。

（7）室外摄像机应采取防雨、防腐、防雷措施。

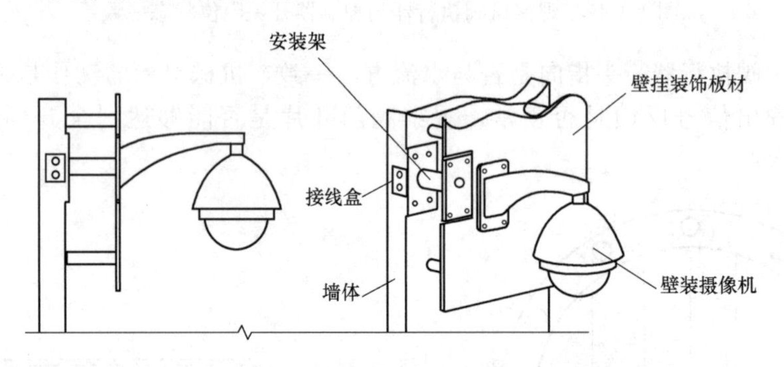

图 1-4-52 壁装摄像机布置示意图

（8）室外摄像机通过配套支架固定于立杆，解码设备、电源设备可统一安装在室外防水箱内并固定于立杆上，如图 1-4-53 所示。

（9）摄像机及镜头安装前应通电检测，工作应正常。

（10）从摄像机引出的电缆宜留有 1m 的余量，不得影响摄像机的转动，摄像机的信号线缆和电源线均应固定，并不得用插头承受电缆的自重。

（11）摄像机电源线在管内或线槽内不应有接头，应在弱电井接线箱内用端子连接。

（12）弱电井内监控摄像机电源线与信号线，需有准确、对应的标识。

（13）电梯轿厢内监控摄像机，应有防止电梯电缆对视频信号产生干扰措施。

2. 控制室设备安装

（1）控制室内地面应防静电、光滑、平整、不起尘。门的宽度不应小于 0.9m，高度不应小于 2.1m。

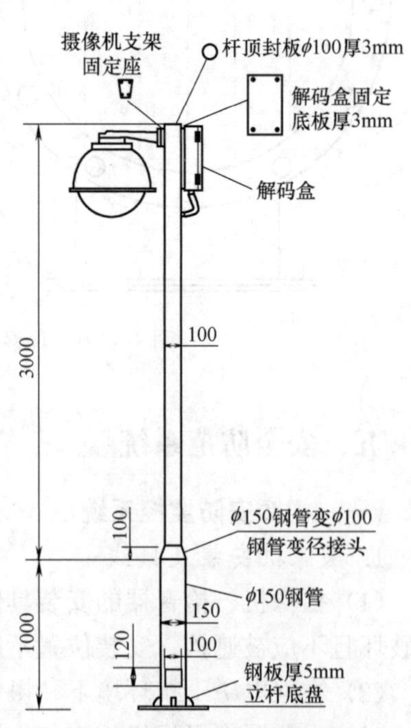

图 1-4-53 室外摄像机布置示意图（单位：mm）

（2）显示屏的拼接缝、平整度、拼接误差等应符合现行国家标准《视频显示系统工程技术规范》GB 50464 的规定，见表 1-4-16。

各级电视型视频显示系统和指标　　　　表 1-4-16

项目		甲级	乙级	丙级
系统可靠性	基本要求	系统中主要设备符合工业级标准，不间断运行时间7d×24h		系统中主要设备符合商业级标准，不间断运行时间3d×24h
	平均无故障时间（MTBF）	MTBF>40000h	MTBF>30000h	MTBF>20000h
显示性能	拼接要求	各个独立的视频显示屏单元应在逻辑上拼接成一个完整的显示屏，所有显示信号均应能随机实现任意缩放、任意移动、漫游、叠加覆盖等功能	各个独立的视频显示屏单元可在逻辑上拼接成一个完整的显示屏，所有显示信号均应能随机实现任意缩放、任意移动、漫游、叠加覆盖等功能	—
	信号显示要求	任何一路信号应能实现整屏显示、区域显示及单屏显示	任何一路信号宜实现整屏显示、区域显示及单屏显示	—
	同时实时信号显示数量	≥M(层)×N(列)×2	≥M(层)×N(列)×1.5	≥M(层)×N(列)×1
	计算机信号刷新频率	≥25f/s		≥15f/s
	视频信号刷新频率	≥24f/s		
	任一视频显示屏单元同时显示信号数量	≥8 路信号	≥6 路信号	—
	任一显示模式间的显示切换时间	≤2s	≤5s	≤10s
	亮度与色彩控制功能要求	应分别具有亮度与色彩锁定功能，保证显示亮度、色彩的稳定性	宜分别具有亮度与色彩锁定功能，保证显示亮度、色彩的稳定性	—
机械性能	拼缝宽度	≤1 倍的像素中心距离或 1mm	≤1.5 倍的像素中心距离	≤2 倍的像素中心距离
	关键易耗品结构要求	应采用冗余设计与现场拆卸式模块结构	宜采用冗余设计与现场拆卸式模块结构	—
图像质量		>4 级		4 级
支持输入信号系统类型		数字系统		—

（3）机架安装应竖直平稳，垂直偏差不得超过 1‰。

（4）几个机架并排在一起，面板应在同一平面上并与基准线平行，前后偏差不得大于3mm；机架之间用固定螺栓固定。

（5）设备金属外壳、机架、机柜、各类金属管道、金属线槽、建筑物金属结构等应进行等电位联结并接地。

（二）入侵报警系统

1. 报警探测设备安装及接线

（1）探测器应安装牢固，探测范围内应无障碍物。

（2）安装被动红外探测器要求：

1）应该充分注意探测背景的红外辐射情况。

2）应避免有运动的物体，不能对着发热体的灯泡、火炉、冰箱散热器、空调器的出风口。

3）被动红外探测器不能安装在容易振动的物体上。

（3）探测器配有专用支架，安装时可用塑料胀管和螺钉将支架固定在墙上或顶板上，然后接线并调整探测器角度。

（4）室内壁挂被动红外探测器一般安装在墙面或墙角，安装在墙角比安装在墙面效果好，安装高度通常为2.2～2.7m。室内探测器安装示意图如图1-4-54所示。

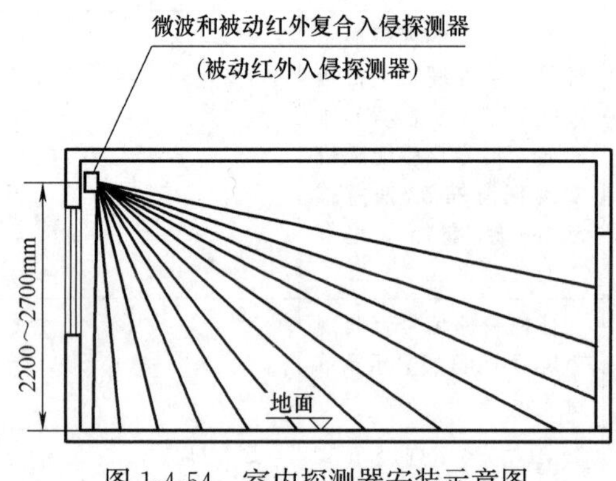

图1-4-54　室内探测器安装示意图

（5）主动红外线探测器安装在室外时，要注意警戒范围内的干扰物，如纸张、树叶，主动红外线探测器应安装在固定的物体上，接收端应避开太阳直射光，避开其他大功率灯光直射，应顺光方向安装。

（6）微波多普勒探测器的探头必须安装牢固，不能晃动，不能安装在易活动的物体上。微波多普勒探测器不能对准闪烁的日光灯、水银灯等冷光源。安装微波多普勒探测器时必须安装在比较高的地方，避免直接对准门窗。若一定要安装在面对门窗的位置，可以适当降低灵敏度。

（7）声控探测器的安装应远离嘈杂的地区，远离繁华路段，只能安装在十分安静的地区内，安装时应尽可能靠近被探测对象，否则应该适当调整探测器的灵敏度。安装声发射探测器应靠近保护目标。

（8）超声波移动探测器安装时应注意：防范区域要求密封，不随外界因素而晃动，墙应有较好的隔声性能；固定安装探测器时应有防盗防拆措施。

（9）磁控开关宜装在门或窗内，安装应牢固、整齐、美观。

（10）振动探测器安装位置应远离电机、水泵和水箱等振动源。振动探测器应注意安装位置的墙体，应为混凝土墙体，如果是二次结构墙，应增加墙体钢板后安装。

（11）玻璃破碎探测器安装位置应靠近保护目标。

（12）紧急按钮安装位置应隐蔽、便于操作，安装应牢固。

（13）报警信号传输线的耐压应不低于AC250V，应有足够的机械强度。

（14）铜芯绝缘导线、电缆芯的最小截面积应满足下列要求：

1）穿管敷设的绝缘导线，线芯最小截面积不小于1.00mm^2。

2）线槽内敷设的绝缘导线，线芯最小截面积不小于0.75mm^2。

3）多芯电缆的线芯最小截面积不应小于0.5mm^2。

2. 报警主机设备安装

（1）报警主机通常安装于监控中心机房内，可壁挂于墙面或摆放于机柜内，24h均有人值班。控制器的操作、显示面板应避开阳光直射，机房内无高温、高湿、尘土、腐蚀气体，不受振动、冲击等影响。

（2）报警主机机箱具有防拆、防短路、短路报警功能。

（三）出入口控制系统

1. 识读设备安装及接线

（1）各类型识读装置的安装应具备防篡改、防拆等保护措施。

（2）识读设备的安装位置应避免强电磁辐射源、潮湿、有腐蚀性等恶劣环境。

（3）识读设备根据产品接口，敷设多芯线缆或网线，接线应牢固。

2. 出门按钮安装

（1）受控区内出门按钮的安装，应保证在受控区外不能通过识读装置的过线孔触及出门按钮的信号线。

（2）出门按钮的中心据地安装高度通常与识读装置一致，同时考虑与电气开关统一高度安装，如图 1-4-55 所示。

3. 电控锁安装及接线

常用锁具可分为磁力锁、电插锁、阴极锁、阳极锁等，现场应根据设计要求及安装环境选择合适设备。

（1）锁具安装应合理安装并有效保护，应保证在防护面外无法拆卸，配套锁具安装应牢固，启闭应灵活，如图 1-4-56 所示。

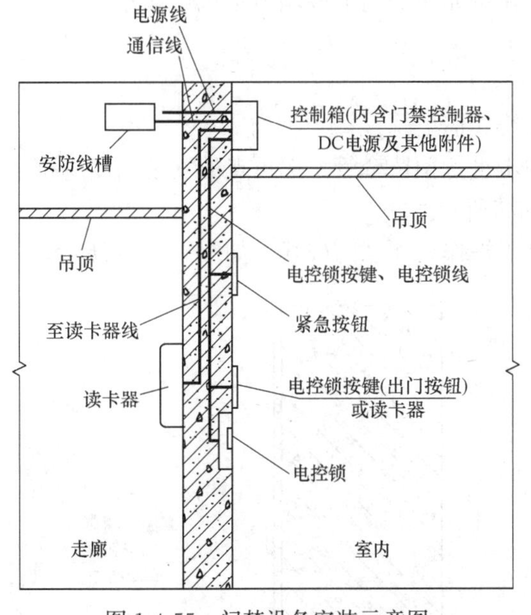

图 1-4-55 门禁设备安装示意图

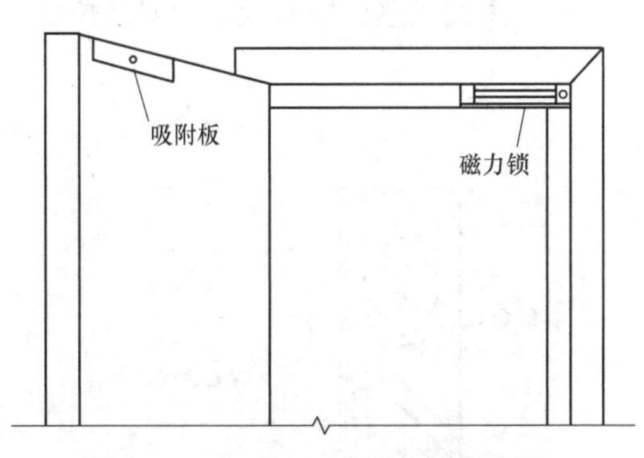

图 1-4-56 单门磁力锁安装示意图

（2）选用安装电控锁要注意门的材质、门的开启方向及电磁门锁的拉力。

（3）具备信号反馈的锁具，电源线与信号线对应接入设备端子。无信号反馈锁具，只需接入电源线缆。

（四）可视对讲系统

可视对讲设备安装：

（1）访客呼叫机宜安装在楼宇入口防护门上或入口附近墙体上，用户接收机宜安装在过厅侧墙或起居室墙上，对讲机可用塑料胀管及螺钉或膨胀螺栓等进行安装。

（2）应调整访客呼叫机内置摄像机的方位和视角于最佳位置，如图 1-4-57 所示。

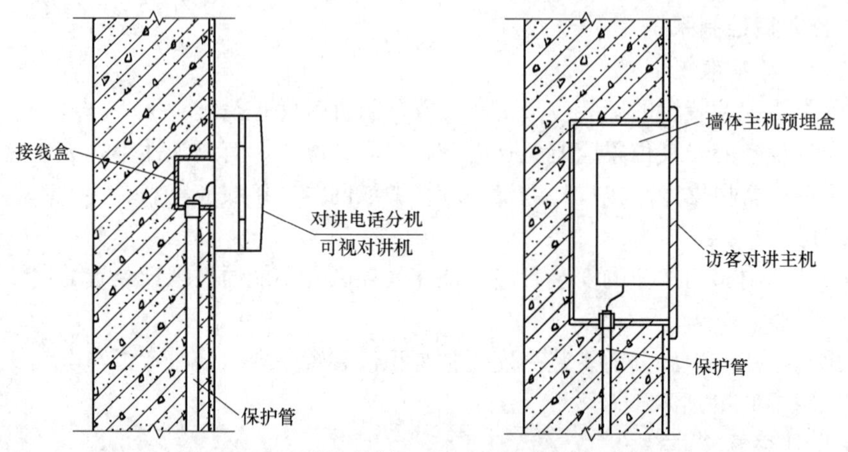

图 1-4-57　可视对讲门口机、室内机安装示意图

（3）访客对讲主机操作面板的安装高度距地不宜高于 1.5m。操作面板应面向访客，便于操作。

（4）对讲分机安装在住户室内墙上，安装牢固，高度距地 1.4～1.6m。

（5）访客对讲主机根据工程的需要可安装在单元防护门上或墙体主机预埋盒内。

（五）电子巡查系统

电子巡更点安装：

（1）电子巡更通常分为在线式巡更以及离线式巡更。

（2）在线式巡更系统在土建施工时，应同步进行预留套管，巡更点的安装高度应符合设计要求，应适应人体便利的高度，如图 1-4-58 所示。

（3）离线式巡更按钮设备的安装位置应易于操作，注意防破坏，如图 1-4-59 所示。

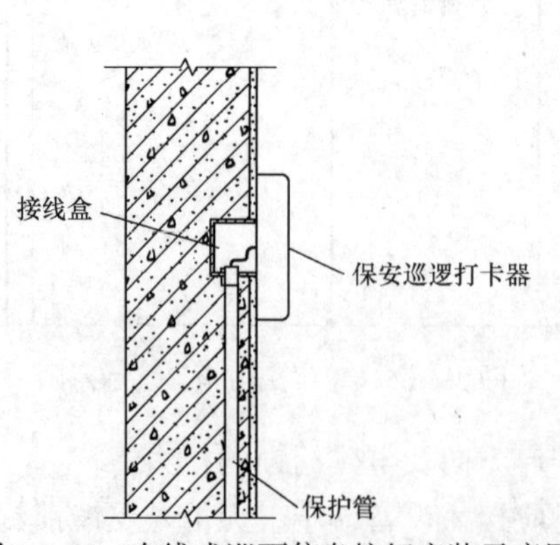

图 1-4-58　在线式巡更信息按钮安装示意图

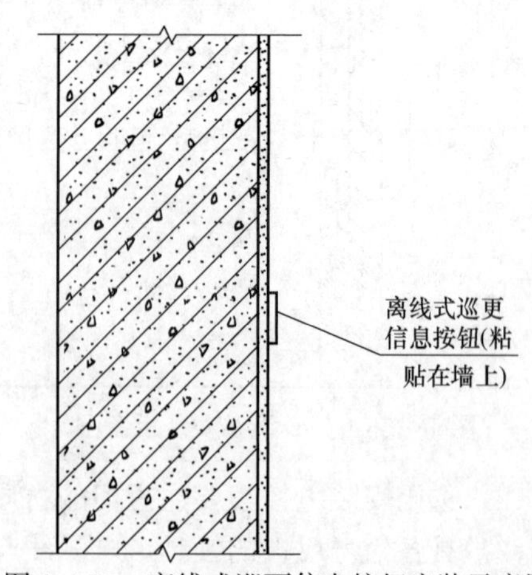

图 1-4-59　离线式巡更信息按钮安装示意图

（六）停车场管理系统

1. 停车场出入口设备安装

停车场出入口设备安装如图 1-4-60 所示。

(1) 摄像机辅助光源等的安装不影响行人、车辆正常通行。

(2) 道闸安装应平整，保持与水平面垂直、不得倾斜。

(3) 地感线圈埋设位置与埋设深度应满足设计要求以及产品使用要求。地感线圈至机箱处的线缆应采用金属保护管保护。

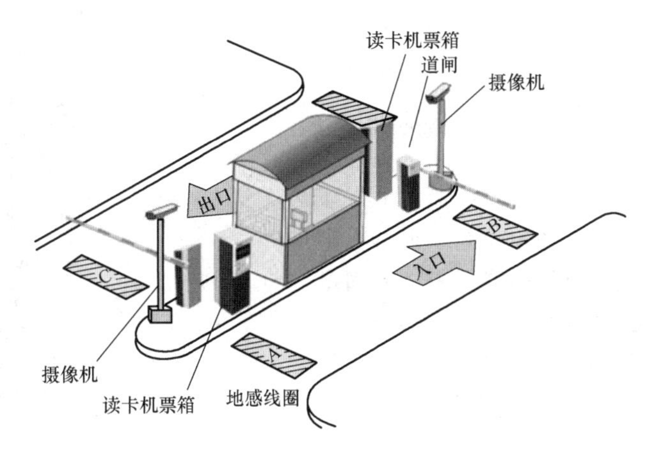

图 1-4-60 停车场出入口设备安装示意图

2. 停车场车位检测器安装

(1) 视频车检器安装于停车场桥架下，安装高度及距离需符合产品要求。

(2) 地磁车检器安装于车位中间靠后处。

3. 车位状况信号指示器及车位引导屏安装

(1) 车位状况信号指示器应安装在车道出入口的明显位置，安装高度应为 2～2.4m，室外安装时应采取防水、防撞措施。

(2) 车位引导屏安装在车道中央上方，便于识别与引导。

第五节 电梯工程安装工艺细部节点做法

一、电力驱动的曳引式或强制式电梯安装

(一) 电梯系统的组成和位置

1. 电梯八大系统

电梯主要由曳引系统、导向系统、轿厢系统、门系统、对重平衡系统、电力拖动系统、电气控制系统、安全保护系统八大系统组成。

2. 各系统设备安装位置

各系统设备分别安装在电梯机房、井道和电梯底坑内，如图 1-5-1 所示。

(二) 电梯机房设备安装

1. 驱动主机安装

(1) 驱动主机承重钢梁基座应采用钢板制作，钢板厚度不应小于 20mm，承重梁埋入承重墙内的支撑长度宜超过墙厚中心 20mm，且不应小于 75mm，如图 1-5-2 所示。

（2）吊装驱动主机时不应磕碰主机外壳，避免造成内部及外观损坏。驱动主机底座与基础底座中间应用垫片调节，电梯空载、满载时曳引轮垂直度应在 2mm 以内。

（3）驱动主机安装完毕后，所有旋转部件外侧均应涂成黄色，并标明与电梯运行方向相同的箭头及文字说明，手动释放制动器操作部件应涂成红色。

（4）驱动主机承重梁安装是隐蔽工程，安装自检完毕后应及时上报监理单位组织验收，验收合格后承重梁两端支撑处宜用混凝土浇筑固定。

2. 限速器安装

（1）限速器安装前，应检查外观是否清洁、无油污，动作速度整定封记是否完好，如图 1-5-3 所示。

（2）限速器安装时，绳轮轮缘端面相对于水平面的垂直度不应大于 2/1000。

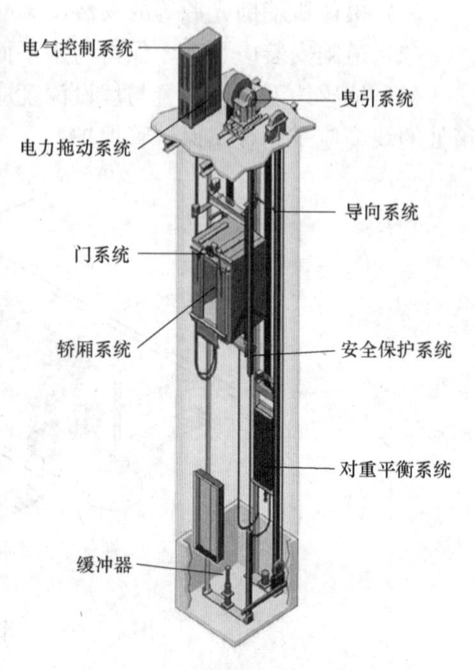

图 1-5-1　电梯系统组成示意图

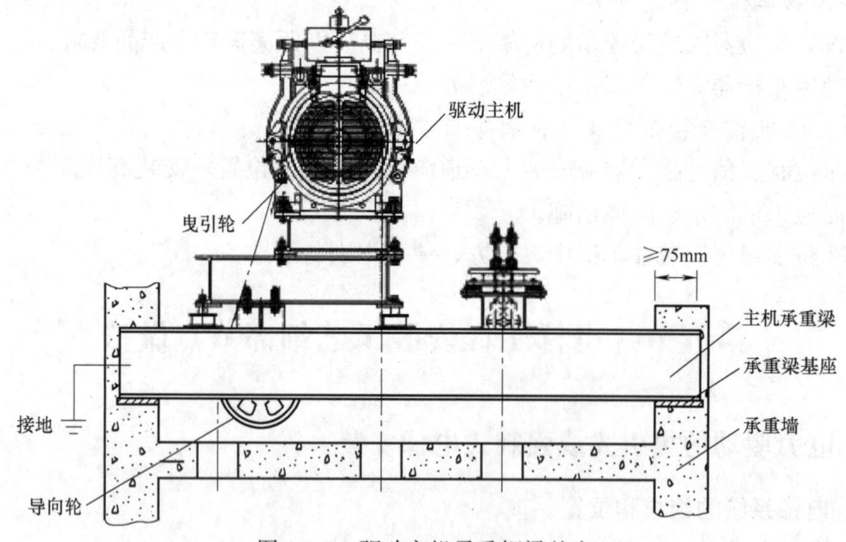

图 1-5-2　驱动主机承重钢梁基座

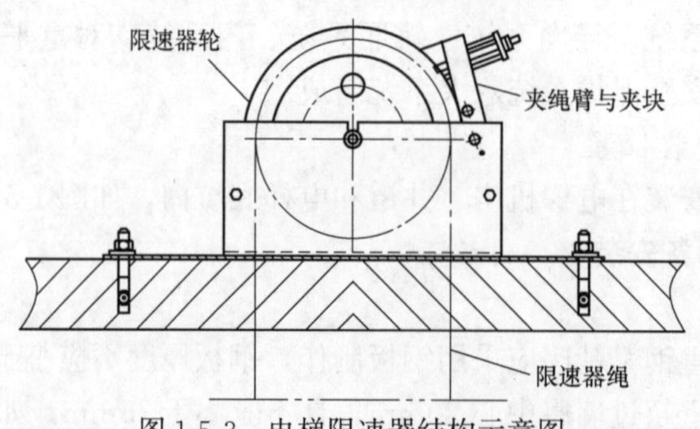

图 1-5-3　电梯限速器结构示意图

(3) 限速器上应标有与电梯运行方向相同的上、下方向箭头及文字说明。

(4) 限速器系统安装完毕后要进行联动试验，带动轿厢安全钳动作后，曳引钢丝绳在曳引轮上应出现打滑现象。

(三) 电梯井道设备安装

1. 电梯样板架安装

(1) 电梯导轨安装前，首先应测井放线、制作样板架。井道测量时应依据电梯厂家提供的井道施工布置图进行测量，井道尺寸可偏大，不应偏小。

(2) 当电梯底坑下样板架上铅垂线稳定后，用U型钉固定铅垂线并刻标记，防止铅垂线碰断时重新放线使用。铅锤线坠一般为5kg，当井道过高时，可相应增加铅锤线坠的重量，减少摆动量和增加阻尼性。每次施工时，要重新进行铅垂线位置的勘察与测量，测量无误后再进行施工，如图1-5-4所示。

2. 电梯导轨安装

(1) 电梯导轨安装前应检查导轨有无弯曲变形，并清洗导轨接头，清除导轨上的毛刺、黄油等杂物。

(2) 电梯轿厢导轨和对重导轨，其下端的导轨座应安装在坚固的地面上。

(3) 用膨胀螺栓固定导轨支架时，要选用合适的钻头打孔，孔要正，深度不应小于120mm。电梯每根导轨不应少于2个导轨支架，支架间距不宜大于2.5m，如图1-5-5所示。

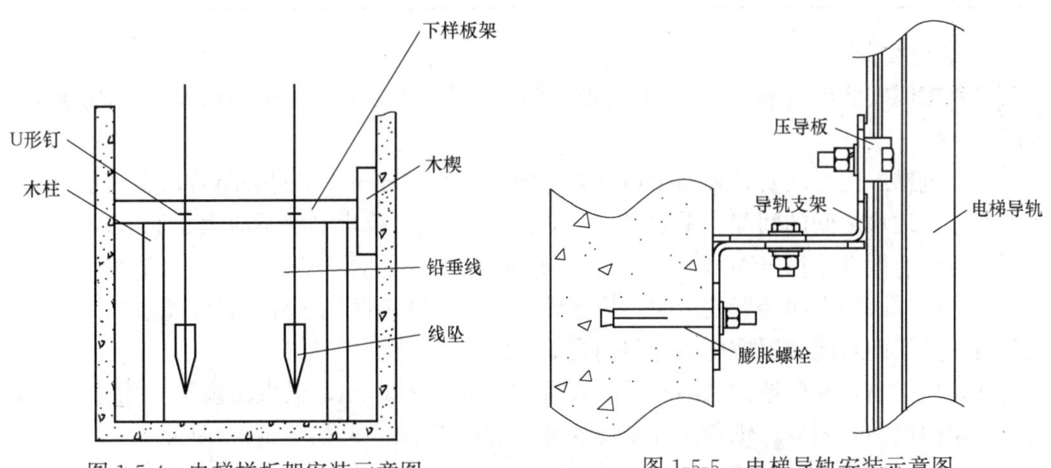

图1-5-4 电梯样板架安装示意图

图1-5-5 电梯导轨安装示意图

(4) 调整导轨的垫片不应超过3片，导轨支架与导轨背面之间的垫片厚度不应超过3mm，当垫片厚度大于3mm小于7mm时，要在垫片之间点焊，若超过7mm时，应先用与导轨宽度相同的钢板垫入，再用垫片进行调整。

(5) 导轨安装调整时，电梯轿厢两列导轨顶面间的距离允许偏差为0至+2mm，对重导轨允许偏差为0至+3mm。

(6) 导轨调整时应使用专用找道尺，同根导轨必须确定专人找道，中途严禁换人以确保导轨安装质量，当调整完毕后再逐个拧紧压道板和导轨连接板螺栓。

(7) 导轨接头处修平长度应大于200mm，当电梯额定速度≥2.5m/s时其导轨接头处修平长度应大于300mm。

(8) 电梯轿厢导轨和设有安全钳的对重导轨，工作面接头处不应有连续缝隙，局部缝隙不应大于 0.5mm。导轨接头处，可用 500mm 钢板尺靠在导轨工作面上（图 1-5-6），用塞尺检查 a、b、c、d 处，其偏差不应大于表 1-5-1 中的数值。

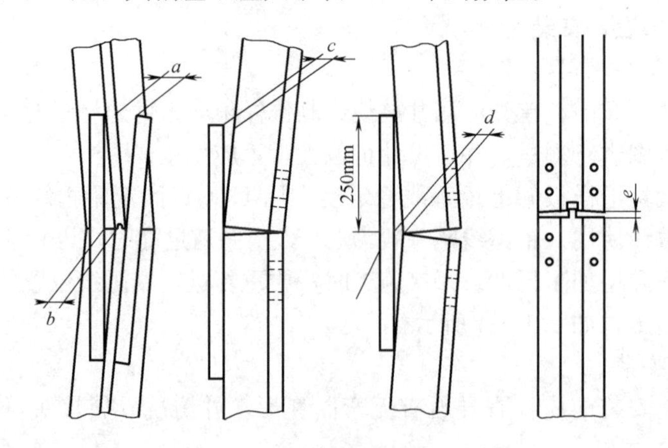

图 1-5-6　电梯导轨接头处示意图

导轨接头处允许偏差值　**表 1-5-1**

导轨接头处	a	b	c	d	e
不大于(mm)	0.15	0.06	0.15	0.06	0.5

3. 层门安装

(1) 层门安装前应检查门套无变形，门滑轮转动灵活，并将门滑道、地坎槽清理干净。

(2) 电梯层门地坎安装要高出最终装饰地平面 2～5mm。层门关闭后，要调整门扇之间及立柱、地坎之间的间隙，乘客电梯不应大于 4mm，载货电梯不应大于 6mm，开关门过程中不应有振动或撞击声响，如图 1-5-7 所示。

(3) 电梯层门自闭装置安装时，应保障当轿厢在开锁区域之外时，无论层门因何种原因开启，其层门自闭装置应能够使层门自动关闭。

(4) 层门与轿厢门地坎之间水平距离偏差为 0 至＋3mm，最大距离不应超过 35mm。每一扇层门门锁锁紧后，锁紧元件啮合深度不应小于 7mm，如图 1-5-8 所示。

(四) 电梯底坑设备安装

缓冲器安装：

(1) 缓冲器安装前，检查缓冲器外观有无锈蚀、油路是否通畅，并按照说明书要求注足指定型号缓冲器油。

(2) 依据电梯厂家图纸测量底坑深度是否符合图纸要求，清扫底坑杂物。

(3) 当轿厢或对重底部使用一个以上缓冲器时，各缓冲器顶面与对重或轿厢之间的距离偏差不应大于 2mm。

(4) 缓冲器缓冲距离应依据电梯厂家要求进行调整，并在井道壁上做出尺寸标记。

(5) 缓冲器进行动作试验时，其柱体从完全压缩到完全复位，时间不能大于 120s，缓冲器在未恢复到正常位置前，电气开关不能复位、电梯不能启动，如图 1-5-9 所示。

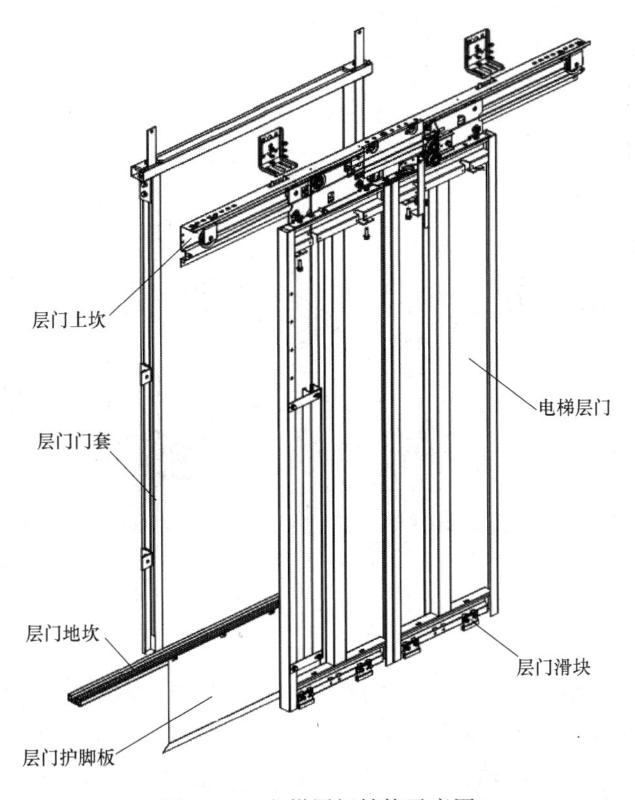

图 1-5-7 电梯层门结构示意图

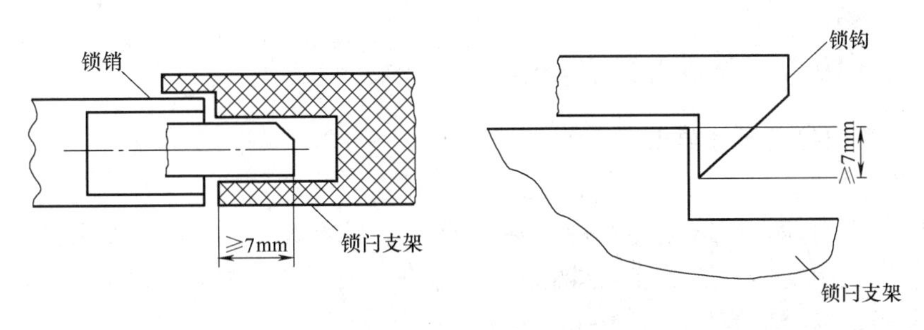

图 1-5-8 电梯层门锁紧元件啮合深度示意图

二、液压电梯的液压油缸系统安装

1. 液压油缸出厂试验记录、合格证和随带技术文件应齐全，外观不应存在明显损坏，部件应活动灵活、功能可靠。

2. 安装通道应畅通，场地应整洁、底坑无杂物，安装过程中禁止淋雨，禁止油缸柱塞长时间暴露在外。

3. 依据液压电梯井道布置图及导轨中心线确定液压缸架位置，起吊缸筒时应防止缸筒发生碰撞，将缸筒放在液压缸座上安装缸筒固定架及抱箍，缸筒进出油口处应朝向机房入口处，如图 1-5-10 所示。

4. 油缸中心位移偏差应不大于 2mm，液压缸体的垂直误差应不大于 0.4/1000。

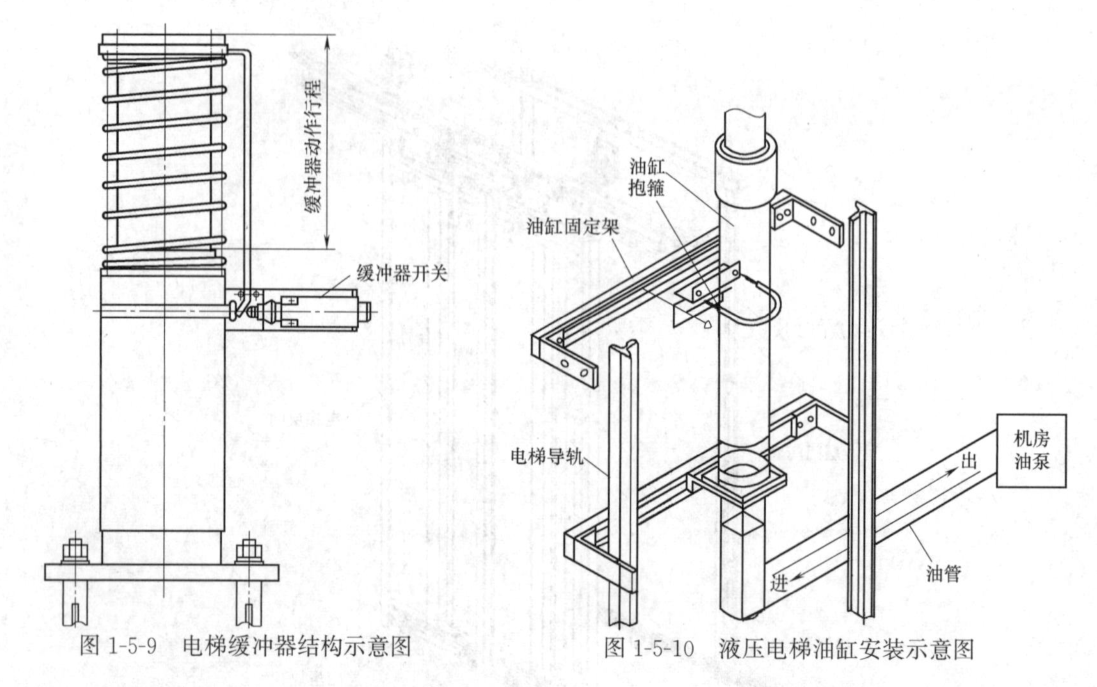

图 1-5-9　电梯缓冲器结构示意图　　图 1-5-10　液压电梯油缸安装示意图

5. 采用多个液压油缸并行工作的直顶式液压电梯，应保证在运行时轿厢地板的倾斜角度不应超过正常位置的 5%。

6. 油缸校正完毕后，用油缸固定架及抱箍将油缸固定，并安装导靴及油杯。

7. 液压泵站应设有过载保护，安全阀的调定压力不应超过额定工作载荷时压力的 120%。

三、自动扶梯、自动人行道安装

（一）主要部件及尺寸要求

1. 主要部件

自动扶梯、自动人行道主要部件包括桁架、上下部驱动、导轨、曳引机、主驱动链条、护壁板、扶手支架、扶手带、围裙板、内盖板、外盖板、梯级（踏板）、梯级（踏板）链条、楼层板、前沿板等（图 1-5-11）。

2. 尺寸要求

（1）扶手带顶面距梯级前缘或踏板表面或胶带表面之间的垂直距离 L_1，不应小于 0.9m 也不应大于 1.1m（图 1-5-12）。

（2）自动扶梯的梯级或自动人行道的踏板或胶带上方，垂直净高度 L_2 不应小于 2.3m（图 1-5-12）。该净高度应当延续到扶手转向端端部。

（3）在与楼板交叉处以及各交叉设置的自动扶梯或自动人行道之间，应在扶手带上方设置一个无锐利边缘的垂直防护挡板，其高度 L_3 不应小于 0.3m，且至少延伸至扶手带下缘 25mm 处，例如：采用一块无孔的三角板（图 1-5-12）。

（4）在危险区域内，由建筑结构形成的固定护栏至少增加到高出扶手带 100mm，并且位于扶手带外缘 80～120mm 之间，如图 1-5-13 所示。

（5）墙壁或其他障碍物与扶手带外缘之间的水平距离在任何情况下均不得小于

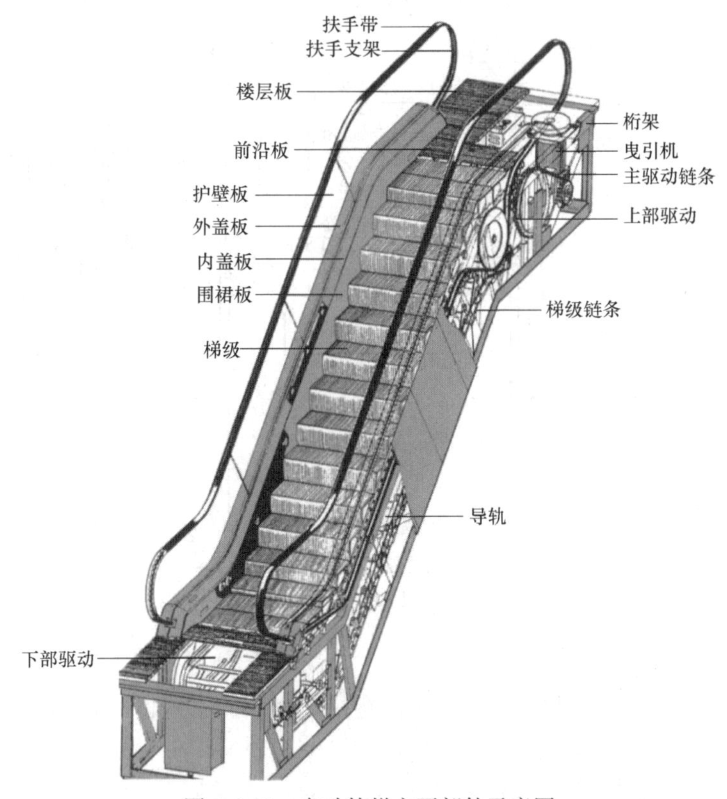

图 1-5-11　自动扶梯主要部件示意图

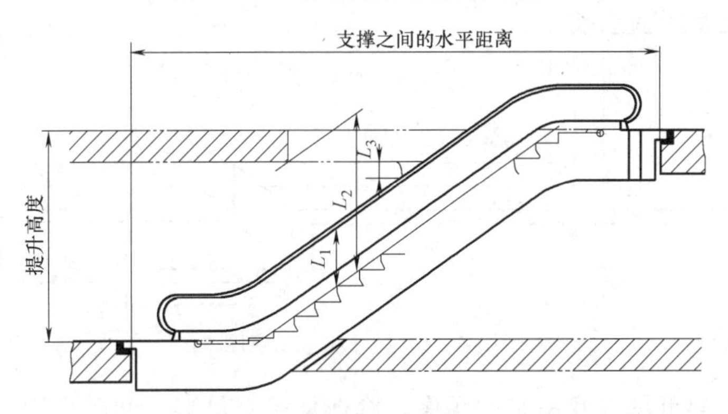

图 1-5-12　自动扶梯相关尺寸示意图

80mm，与扶手带下缘的垂直距离均不得小于 25mm，如图 1-5-13 所示。

（6）当自动扶梯或自动人行道与墙相邻，且外盖板的宽度大于 125mm 时，在上、下端部应安装阻挡装置以防止人员进入外盖板区域。当自动扶梯或自动人行道为相邻平行布置，且共用外盖板的宽度大于 125mm 时，也应安装这种阻挡装置。该装置应延伸到距离扶手带下沿 25～150mm，如图 1-5-13 所示。

（二）安装技术

1. 吊装就位技术

（1）吊装前确认

1）所有的检查工作都要按照设计图纸（土建图）的要求；现场要有清晰的水平线标

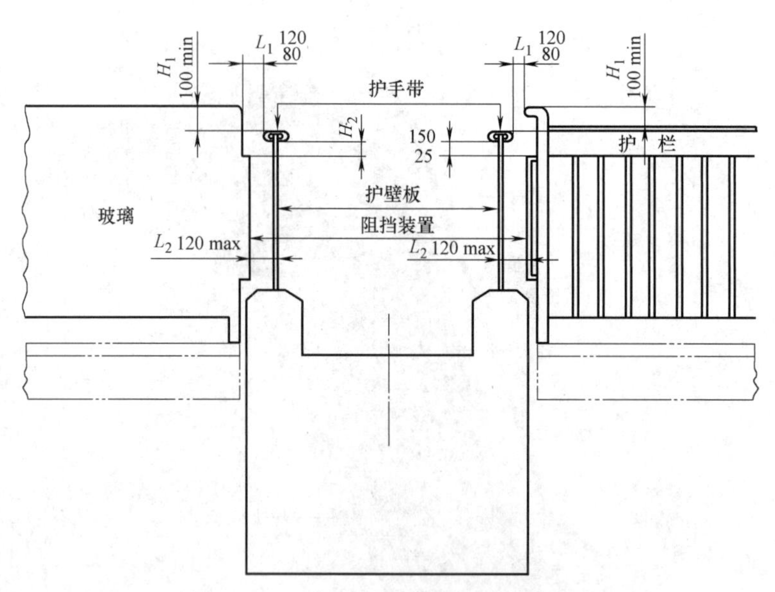

图 1-5-13　阻挡装置示意图（单位：mm）

记和中心线标记（由业主完成）。

2）检查支撑端之间的距离、底坑的长宽高、提升高度和对角线长度，如图 1-5-14 所示。

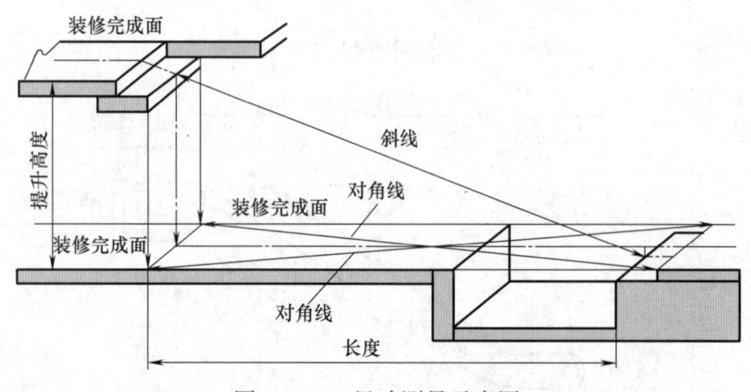

图 1-5-14　尺寸测量示意图

3）确认各桁架重量以及吊装的顺序；检查是否有足够空间距离用于运输和桁架的拼接。

4）检查用于运输和吊装的设备以及钢丝绳是否完好；对于桁架连接、吊起，必要时要确认是否有吊起用吊钩的安装位置。

（2）桁架水平和定位

1）桁架放到支撑端后，桁架支撑大角钢搭接支撑端的部分必须大于大角钢宽度的 2/3。把水平仪放在前沿板前整块露出的第一块梯级上（图 1-5-15），检查上、下驱动的水平度不大于 1/1000，可通过加减垫片调整其水平度，如图 1-5-16 所示。水平调整后，楼层板边框高度应与地坪完工面一致。

2）桁架固定应牢靠并保证其有热胀冷缩的间隙。如有中间支撑的应及时安装调整到位，中间支撑处也需要 1/1000 的水平确认，如图 1-5-17 所示。

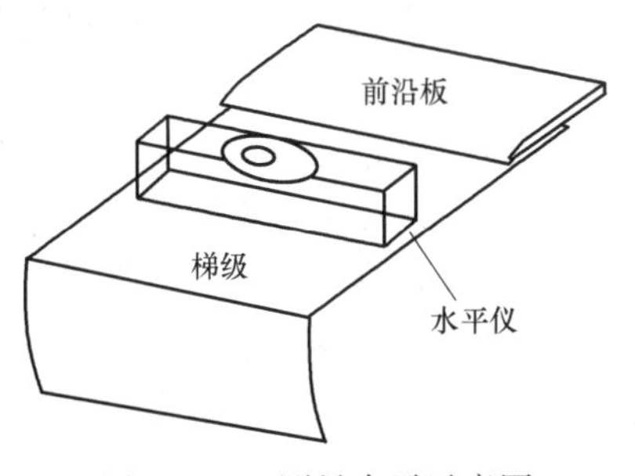

图 1-5-15 测量水平示意图

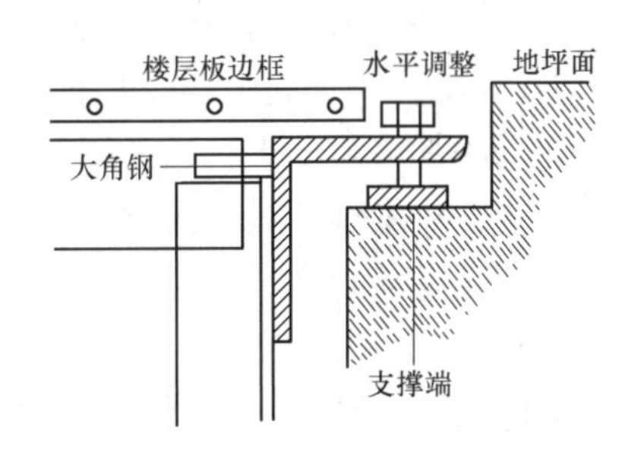

图 1-5-16 桁架支撑大角钢搭接支撑端示意图

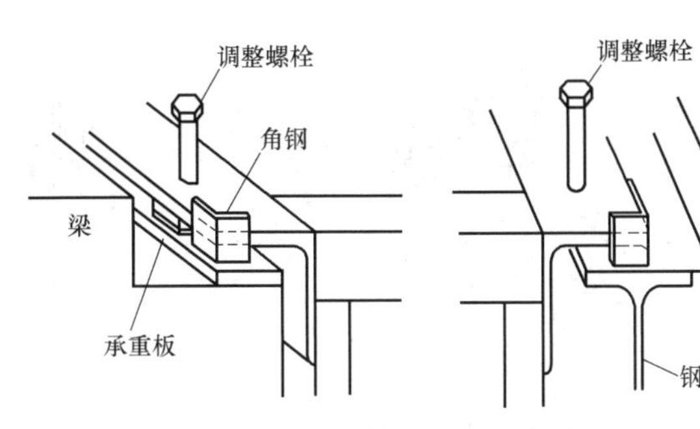

图 1-5-17 桁架固定示意图

2. 主要部件安装技术

（1）导轨

1）将导轨按照图纸规定的尺寸固定在桁架上，对导轨和驱动、导轨和导轨的连接处进行焊接打磨，打磨后连接处须平滑，无段差、凹陷、毛刺（图 1-5-18）。

2）站在自动扶梯的梯级或自动人行道的踏板或胶带上乘坐时无明显不舒适。

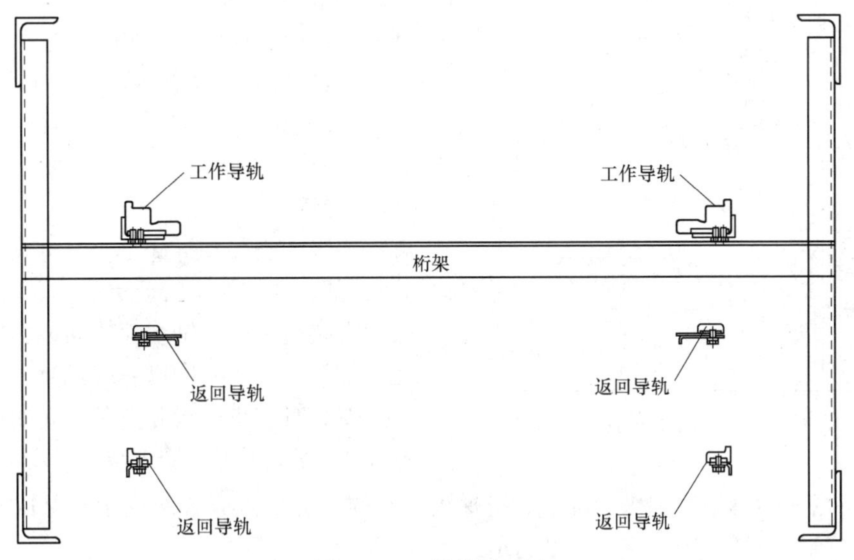

图 1-5-18 导轨剖面图

（2）围裙板

1）自动扶梯或自动人行道的围裙板应当垂直、平滑，板与板之间的接缝应是对接缝。

对于长距离的自动人行道，在其跨越建筑伸缩缝部位的围裙板的接缝可采取其他特殊连接方法来替代对接缝。其间隙和段差要小于或等于 0.5mm。

2）自动扶梯或自动人行道的围裙板设置在梯级、踏板或胶带的两侧，任何一侧的水平间隙不应大于 4mm，且两侧对称位置处的间隙总和不应大于 7mm，如图 1-5-19 所示。

3）如果自动人行道的围裙板设置在踏板或胶带之上时，则踏板表面与围裙板下端间所测得的垂直间隙不应超过 4mm；踏板或胶带产生横向移动时，不允许踏板或胶带的侧边与围裙板垂直投影间产生间隙，如图 1-5-19 所示。

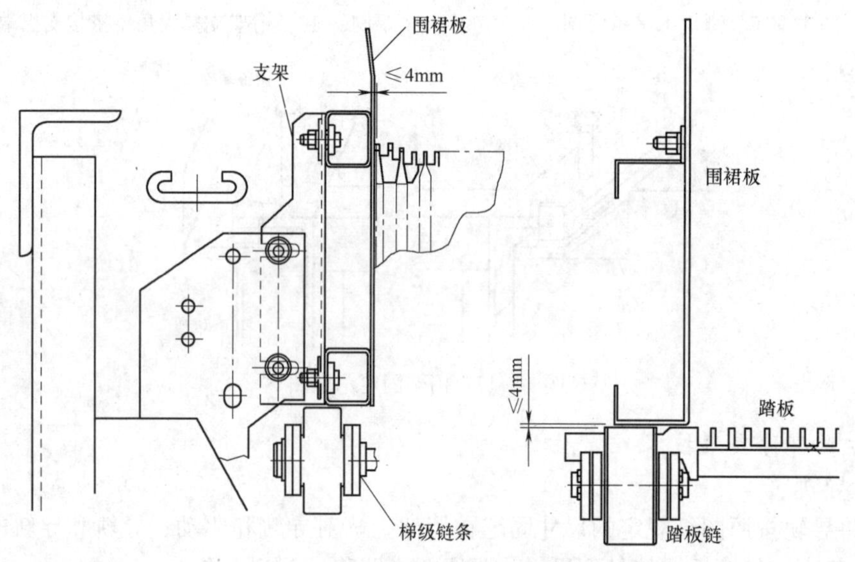

图 1-5-19　围裙板安装示意图

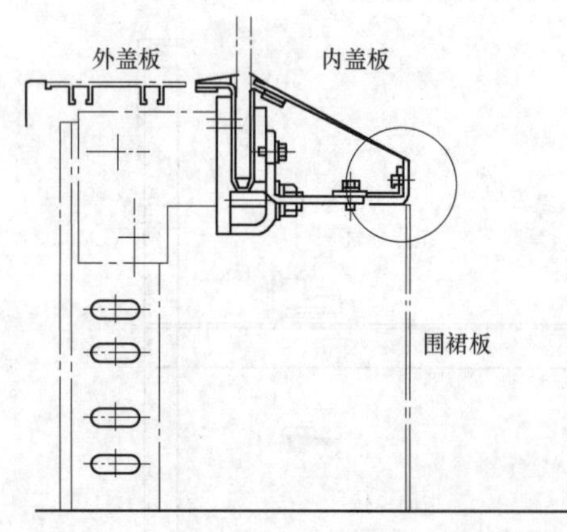

图 1-5-20　内、外盖板安装示意图

（3）内、外盖板

外盖板安装在护壁板外侧，与护壁板成直角；内盖板安装在护壁板内侧，与围裙板连接；内盖板与外盖板的接缝应对齐，内外盖板的间隙和段差要小于或等于 0.5mm（图 1-5-20）。

（4）梯级

1）梯级的安装和拆卸工作只可以在下部驱动的回转部，如图 1-5-21 所示。

2）安装前在梯级轴上面均匀地涂抹润滑油脂，由下部驱动回转处开始安装梯级。

3）安装时测量梯级和链条之间的位置，使左右距离相等（也可以用工装进行安装）。

4）将尼龙轴套靠紧梯级，确认完毕梯级左右的尺寸后拧紧梯级固定夹（或其他固定方式），并且注意梯级固定夹上面螺钉的拧紧程度。

5）用检修开关进行扶梯，使梯级运转一周，确认梯级与其他部件无干涉后安装剩余梯级。

（5）梯级梳齿板安装

1）梯级安装完成后安装梳齿板，通过调整前沿板支撑处，达到梳齿板梳齿与踏板面齿槽的啮合深度至少为4mm，间隙不应超过4mm的要求（图1-5-22）。

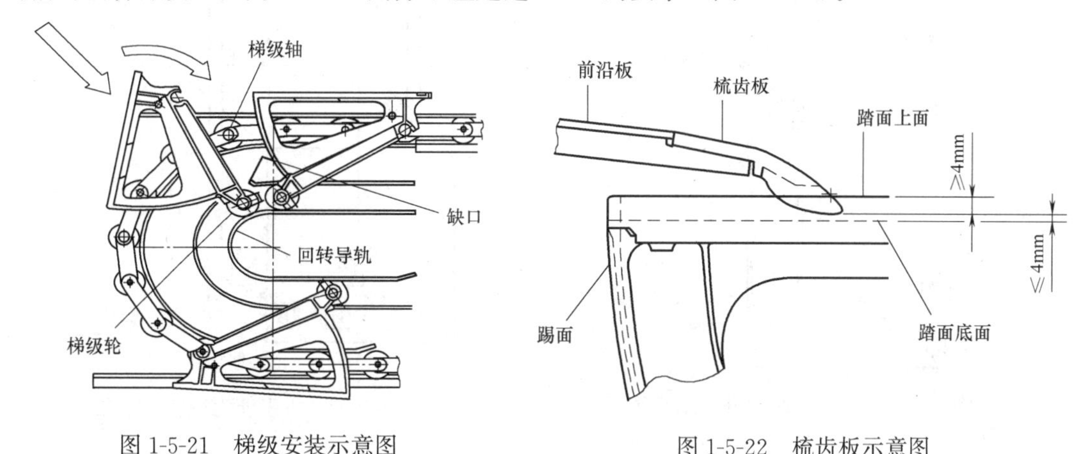

图1-5-21　梯级安装示意图　　图1-5-22　梳齿板示意图

2）梯级通过梳齿时无碰擦，梳齿板梳齿或踏面齿应当完好，不得有缺损。当有异物卡入，并且梳齿与梯级或者踏板不能正常啮合，导致梳齿板与梯级或者踏板发生碰撞时，自动扶梯或者自动人行道应当自动停止运行。

四、电梯验收

（一）电力驱动的曳引式或强制式电梯验收细部要求

1. 安全保护验收

（1）保护装置

当控制柜三相电源中任何一相断开或任何两相错接时，断相、错相保护装置动作。动力电路、控制电路、安全电路必须有与负载匹配的短路保护装置，其中动力电路必须有过载保护装置，如图1-5-23所示。

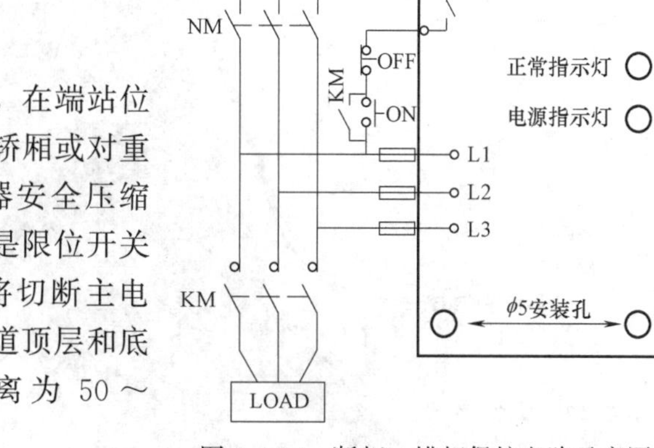

图1-5-23　断相、错相保护电路示意图

（2）安全装置

上、下极限开关必须是安全触点，在端站位置进行动作试验时必须动作正常。在轿厢或对重接触缓冲器之前必须动作，且缓冲器安全压缩时，保持动作状态。上、下极限开关是限位开关不动作后的第二层保护，一旦动作将切断主电源，需要复位才能重启。其位置在井道顶层和底层，一般安装在导轨端，动作距离为50～100mm，如图1-5-24所示。

2. 曳引电梯的曳引能力试验

（1）一般采用铸铁锁式砝码配重进行曳引能力试验，砝码须均匀分布在轿厢内。轿厢在行程上部范围空载上行，行程下部范围载有125％额定重量下行，分别停层3次以上，轿厢必须可靠地制停，如图1-5-25所示。

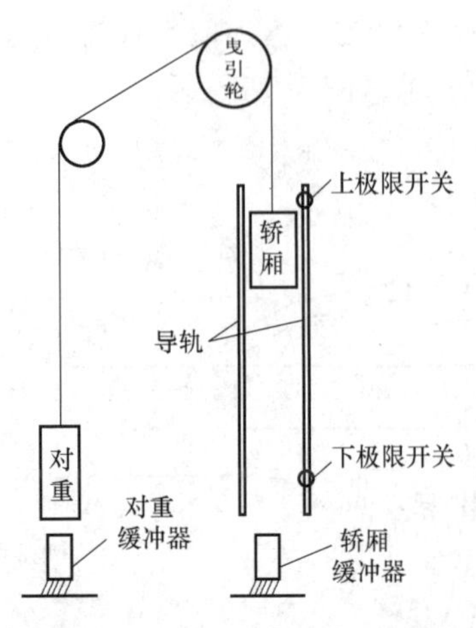

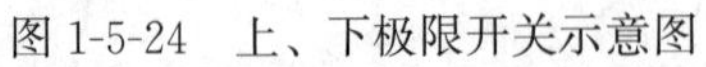
图 1-5-24　上、下极限开关示意图

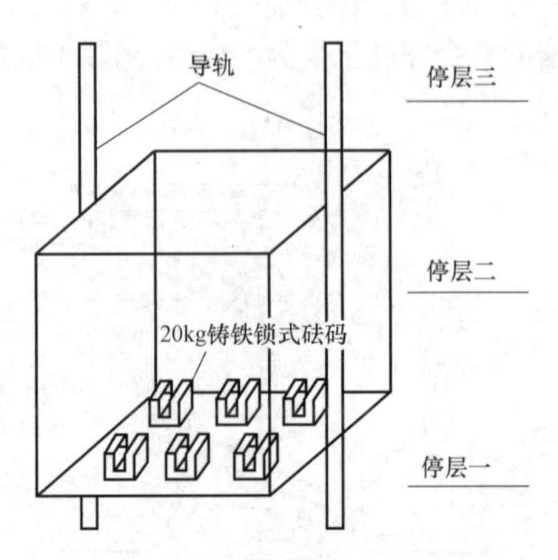

图 1-5-25　曳引能力试验示意图

（2）轿厢载有 125%额定载重量以正常运行速度下行时，切断电动机与制动器供电，电梯必须可靠制动。

（二）自动扶梯与自动人行道验收细部要求

自动扶梯安全保护装置如图 1-5-26 所示。

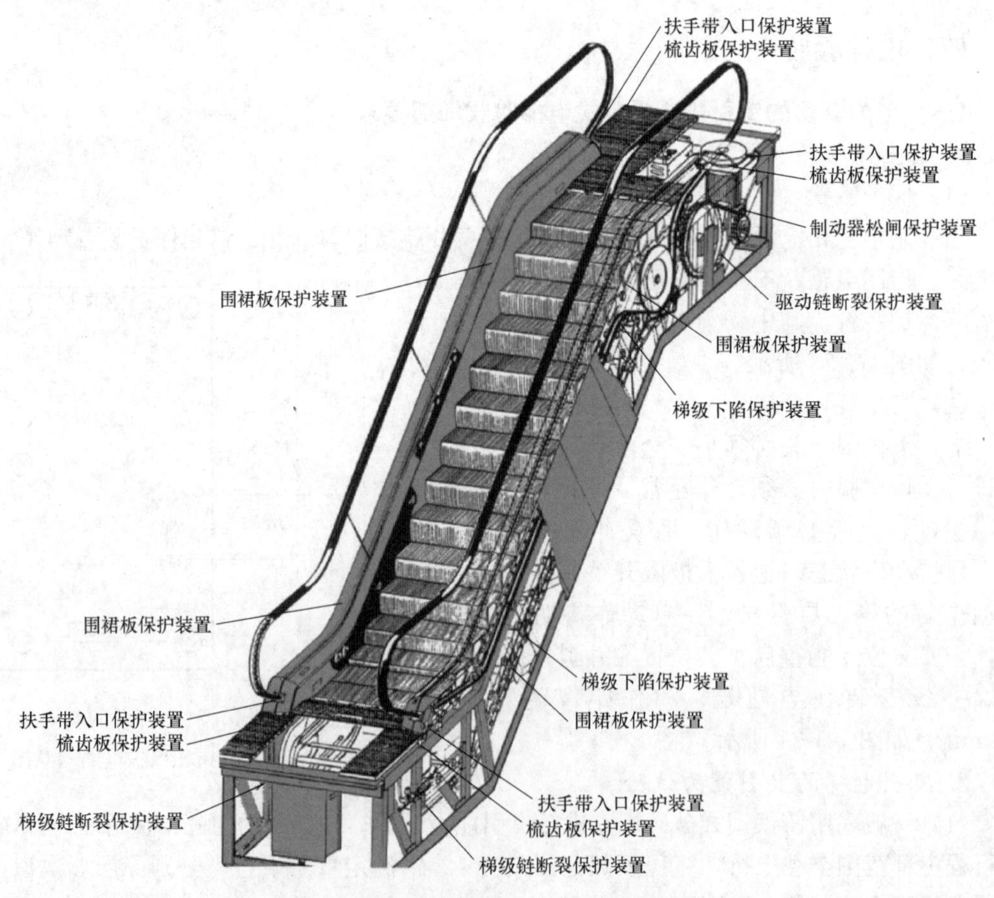

图 1-5-26　自动扶梯安全保护装置示意图

1. 梳齿板保护装置

当有异物卡入，并且梳齿与梯级（踏板）不能正常啮合，导致梳齿板与梯级（踏板）发生碰撞时，自动扶梯或者自动人行道应当自动停止运行。

2. 扶手带入口保护装置

在扶手转向端的扶手带入口处应设置手指和手的保护装置，该装置动作时，驱动主机应当不能启动或立即停止。

3. 梯级链断裂保护装置

直接驱动梯级（踏板）或胶带的元件（如：链条或齿条）的断裂或过分伸长，自动扶梯或自动人行道应自动停止运行。

4. 梯级下陷保护装置

当梯级（踏板）的任何部分下陷导致不再与梳齿啮合，应当有安全装置使自动扶梯或自动人行道停止运行。

5. 制动器松闸保护装置

应当设置制动系统监控装置，当自动扶梯和自动人行道启动后制动系统没有松闸，驱动主机应当立即停止。

6. 驱动链断裂保护装置

直接驱动梯级（踏板）或胶带的元件（如：链条或齿条）的断裂或过分伸长，自动扶梯或自动人行道应自动停止运行。

7. 围裙板保护装置

当围裙板和梯级（踏板）之间卡入异物时，围裙板受挤压往外，自动扶梯或自动人行道停止运行。

第六节　消防工程安装工艺细部节点做法

一、消火栓灭火系统

（一）消火栓安装

1. 室内消火栓

（1）室内消火栓安装，消火栓口中心距箱体侧面 140mm，距箱后内表面 100mm，离地高度宜为 1.1m。箱体垂直度允许偏差为±3mm。

（2）消火栓水龙带与快速接头进行绑扎，采用一道喉箍和两道铅丝绑扎牢固，根据箱内构造将水龙带盘好后放置在箱体内托盘或挂放在箱内的挂钉或支架上，如图 1-6-1 所示。

（3）单个消火栓不应安装在消防箱门轴侧，出水方向宜与消火栓墙面成 90°或向下。箱门开启不应小于 120°，采用石材等装饰材料的消火栓箱门应开启灵活（开启拉力不大于 50N）。

2. 室外消火栓

（1）建筑室外消火栓布置

1）建筑室外消火栓宜沿建筑物周围均匀布置，消防扑救面一侧的室外消火栓数量不宜小于 2 个。

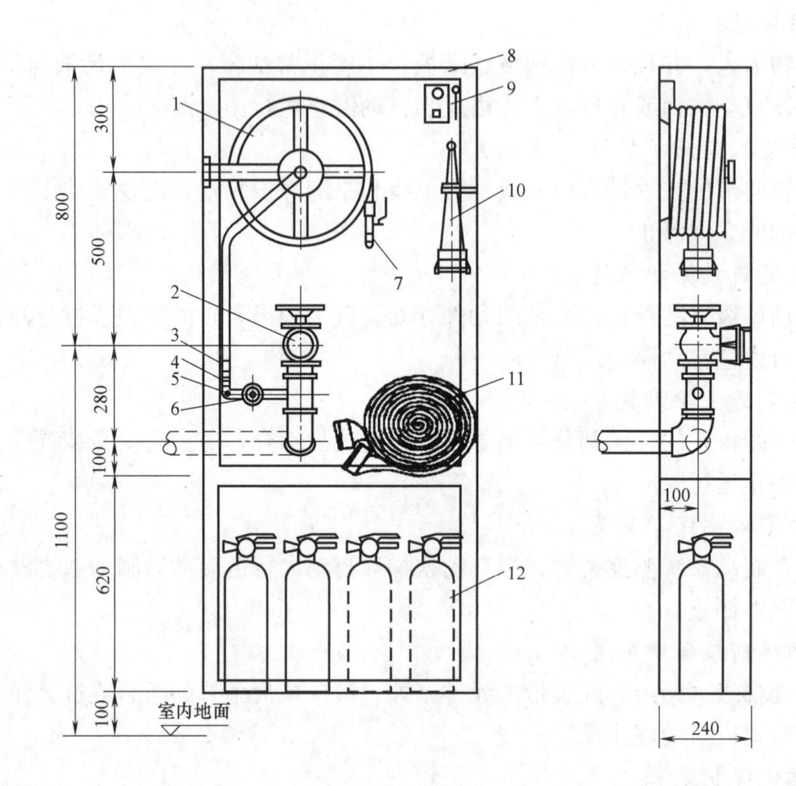

图 1-6-1　带自救卷盘消火栓安装图（单位：mm）

1—消防软管卷盘；2—消火栓；3—管套；4—快速接口；5—水带；6—水枪；7—直流喷雾喷枪；8—消火栓箱；9—消防按钮；10—水枪；11—水带卷盘；12—灭火器

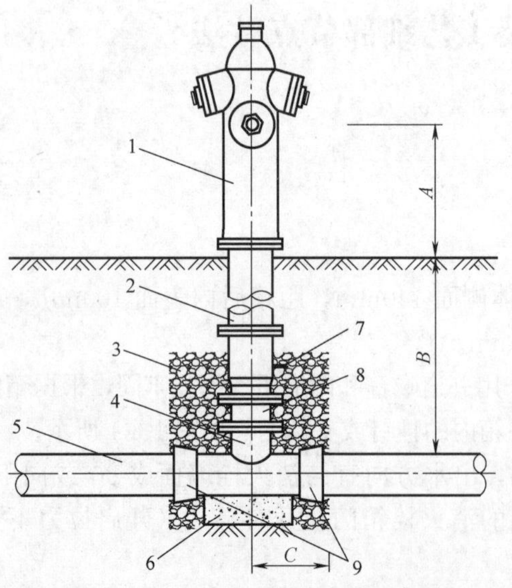

图 1-6-2　室外地上式消火栓示意图

1—地上式消火栓；2—法兰接管；3—卵石回填；4—三通；5—消火栓干管；6—混凝土支墩；7—泄水口；8—法兰短管；9—柔性连接；

A：450mm；B：覆土深度 600～4000mm；C：≥500mm

2）室外消火栓应布置在消防车易于接近的人行道和绿地等地点，不应妨碍交通，距离路边不宜小于 0.5m，并不应大于 2.0m，距离建筑外墙或外边缘不宜小于 5.0m。

3）消火栓安装应避免机械撞击或采取防撞措施。

（2）建筑室外消火栓分地上式、地下式

1）地上式消火栓安装距地高度不宜大于 0.45m，如图 1-6-2 所示。

2）地下式消火栓顶部进水口或顶部出水口与消防井盖底面的距离不应大于 0.4m，地下式消火栓的取水口标高在冰冻线以上时，应采取保温措施，并设有明显的永久性标志，如图 1-6-3 所示。

（二）消防水泵结合器

水泵结合器应设在室外便于消防车使用的地点，距离室外消火栓或消防水池的距离

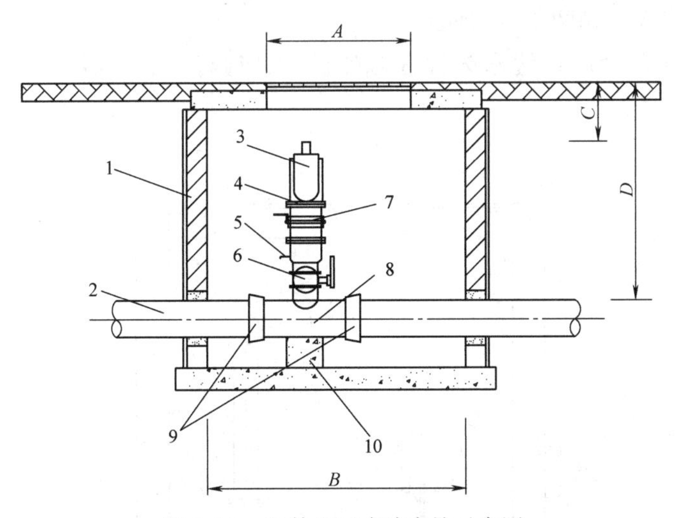

图 1-6-3 室外地下式消火栓示意图

1—立式闸阀井；2—铸铁管干管；3—地下式消火栓；4—法兰接管；5—泄水口；6—法兰式蝶阀；7—支架；8—三通；9—柔性接口；10—混凝土支墩；

A：ϕ800mm；B：1200～2000mm；C：200～400mm；D：1000～4000mm

不宜小于 15m，并不宜大于 40m。消防水泵接合器的安装，应按接口、本体、连接管、止回阀、安全阀、放空管、控制阀的顺序进行，止回阀的安装方向应正确，使消防用水能从消防水泵接合器进入系统。

1. 墙壁式消防水泵接合器

墙壁式消防水泵结合器的安装高度距离地面宜为 0.7m，与墙面上门、窗、孔、洞的净距离不应小于 2m，且不应安装在玻璃幕墙下方，如图 1-6-4 所示。

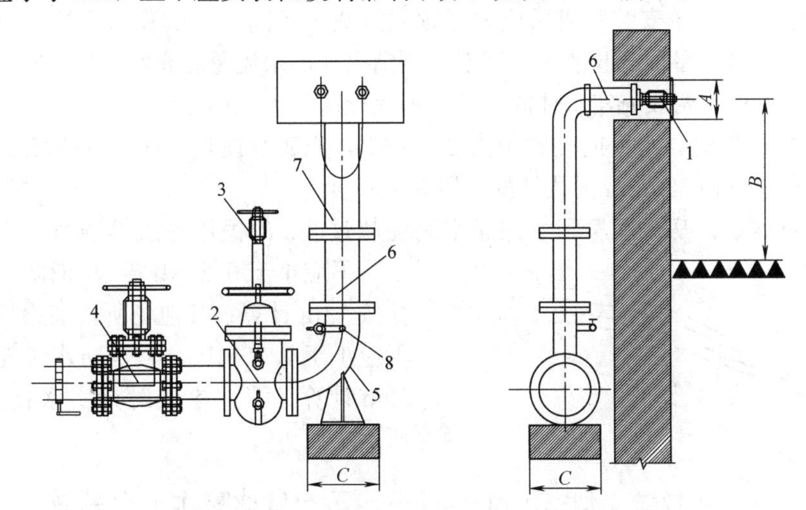

图 1-6-4 墙壁式消防水泵结合器安装

1—进水接口；2—止回阀；3—安全阀；4—闸阀；5—弯头；6—法兰直管；7—法兰弯头；8—截止阀；

A：300mm；B：700mm；C：400mm

2. 地下式消防水泵接合器

(1) 地下式消防水泵结合器的安装，应使进水口与井盖底面的距离不大于 0.4m，且不应小于井盖的半径，如图 1-6-5 所示。

（2）水泵结合器处应设置永久性标志铭牌，并应标明供水系统、供水范围和额定压力。

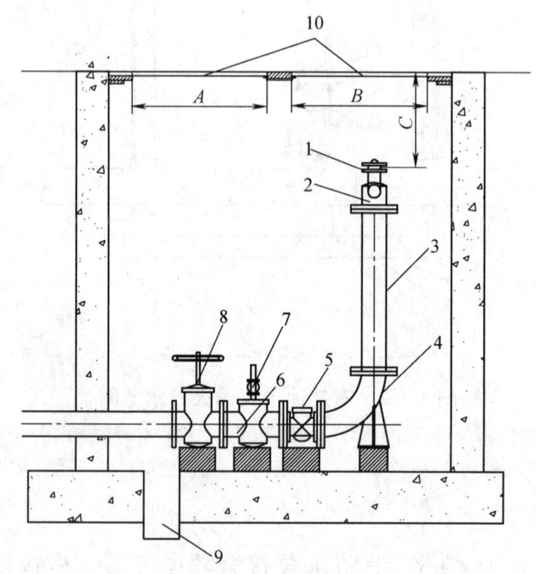

图 1-6-5　地下式消防水泵结合器安装

1—进水接口；2—本体；3—连接管；4—弯管；5—止回阀；6—放空阀；7—安全阀；8—控制阀；9—集水坑；10—井盖；

A：井盖 ϕ700mm；B：井盖 ϕ500mm；C：≤400mm

（三）消火栓试射试验

1. 室内消火栓系统安装完成后应取屋顶层（或水箱间内）试验消火栓和首层取二处消火栓做试射试验。屋顶试验消火栓试射可测消火栓出水流量和充实水柱，首层取两处消火栓试高压，可检验两股充实水柱同时到达消火栓应到达最远点的能力。

2. 消火栓试射时，水平向上倾角为 30°～45°，充实水柱是指从水枪喷嘴至射流 90％的水柱水量穿过直径 380mm 圆孔处的一段射流长度。

3. 高层建筑、厂房、库房和室内净空高度超过 8m 的民用建筑等场所，消火栓栓口动压不应小于 0.35MPa，且消防水枪充实水柱按 13m 计算；其他场所，消火栓栓口动压不应小于 0.25MPa，且消防水枪充实水柱按 10m 计算。消火栓试射充实水柱如图 1-6-6 所示。

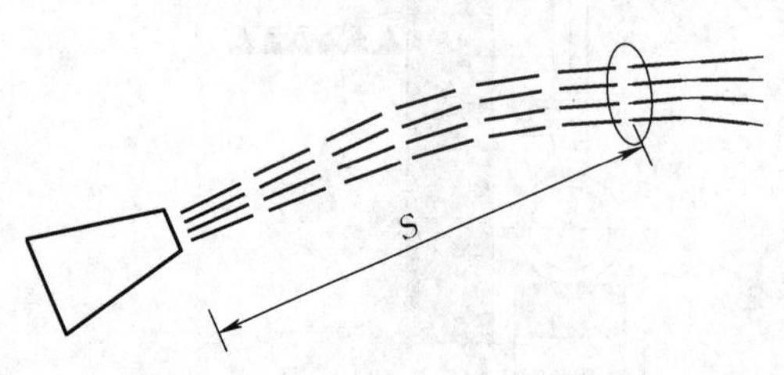

图 1-6-6　消火栓试射充实水柱示意图

S—射流长度

二、自动喷水灭火系统

（一）消防水泵安装

1. 消防水泵的吸水管上应设置明杆闸阀或带自锁装置的蝶阀、过滤器、软接头和压力表，当管径超过 DN300 时，宜设置电动阀门。

2. 消防水泵的出口管上应安装软接头、止回阀、控制阀和压力表。压力表应当加缓冲装置，压力表与缓冲装置之间应安装旋塞阀，压力表量程应为工作压力的 2～2.5 倍。

3. 水泵吸水管水平连接变径管应选用偏心变径管，且安装时要做到上平；水泵出口管上安装变径管一般为同心变径管，如图 1-6-7 所示。

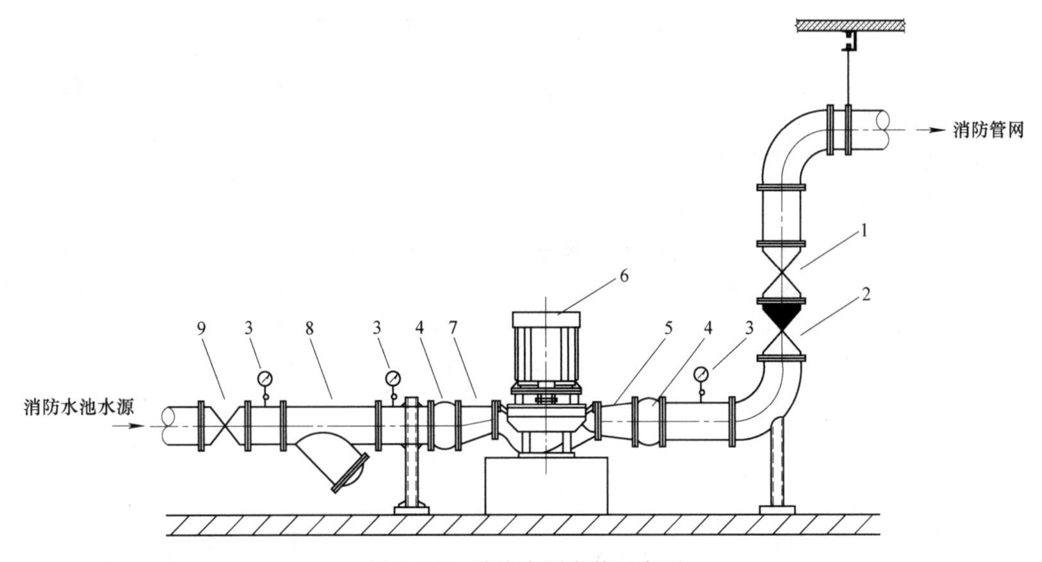

图 1-6-7 消防水泵安装示意图

1—阀门；2—止回阀；3—压力表；4—软接头；5—同心变径管；6—消防水泵；7—偏心变径管；8—过滤器；9—明杆软密封闸阀

（二）消防稳压设备安装

1. 消防水箱

（1）建筑物内消防水箱的侧壁与建筑墙面或其他池壁之间的净距，要满足装配和检修的需要。无管道的侧面，净距不宜小于 0.7m；有管道的侧面，净距不宜小于 1m，且管道外壁与建筑本体墙面之间的通道宽度不宜小于 0.6m；设有人孔的池顶，顶板面与上面建筑楼板的净距不应小于 0.8m。

（2）水箱底部应架空，距地面不宜小于 0.5m，并应有排水措施，如图 1-6-8 所示。

2. 稳压装置

（1）稳压装置包括稳压罐、稳压水箱、稳压水泵、管道、阀门及控制系统。

（2）稳压罐的容积、气压、水位及工作压力应满足设计要求。

（3）稳压装置安装时其四周应设检修通道，如图 1-6-9 所示。

（三）自动喷水系统部件安装

1. 报警阀组安装

（1）报警阀组应在供水管网试压、冲洗合格后进行安装。

（2）水源控制阀、报警阀与配水干管的连接应使水流方向一致。

（3）报警阀组应安装在便于操作的明显位置，距室内地面高度宜为 1.2m；两侧与墙的距离不应小于 0.5m；正面与墙的距离不应小于 1.2m。

（4）报警阀组凸出部位之间的距离不应小于 0.5m。

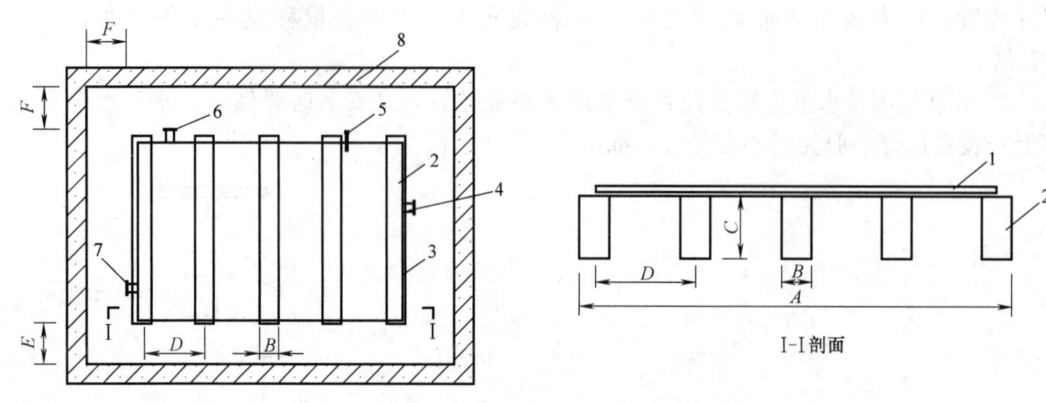

图 1-6-8　建筑物内消防水箱布置示意图

1—水箱底架型钢；2—混凝土基础；3—水箱；4—进水管；
5—水位计；6—溢流管及泄水管；7—出水管；8—建筑物结构墙；
A：水箱长度＋200mm；B：混凝土基础宽度 300mm；C：混凝土基础高度≥500mm；
D：1000mm；E：无管道侧面与墙面净距≥0.7m；F：有管道侧，管道外壁与墙面净距≥0.6m

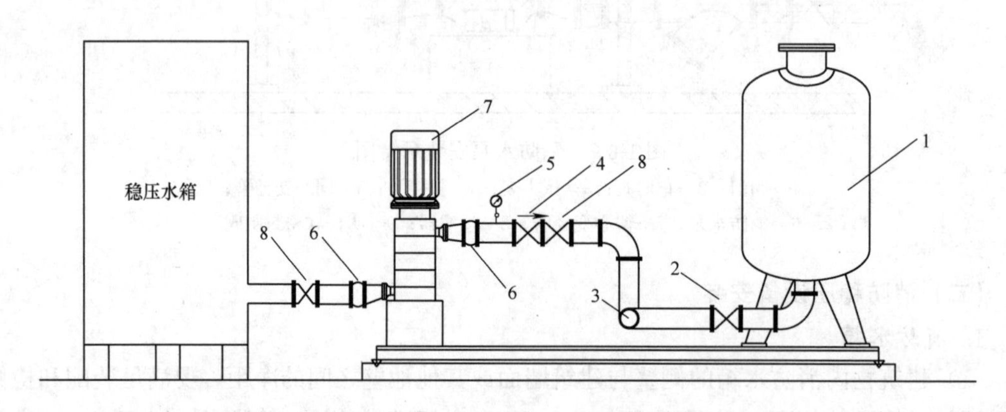

图 1-6-9　稳压装置安装示意图

1—稳压罐；2—蝶阀；3—消防出水总管；4—截止阀；5—压力表；6—软接头；7—稳压泵；8—闸阀

（5）安装报警阀组的室内地面应有排水设施，排水能力应满足报警阀调试、验收和利用试水阀门泄空系统管道的要求，如图 1-6-10 所示。

2. 水流指示器安装

（1）水流指示器应在管道试压和冲洗合格后进行安装，水流指示器一般安装在每层或某区域的分支干管上。

（2）水流指示器安装时，应使电器元件部位竖直安装在水平管道上，其动作方向应和水流方向一致。

（3）安装后的水流指示器桨片、膜片应动作灵活，不应与管壁发生碰擦。

（4）如与安全信号控制阀一同安装，水流指示器应安装在安全信号控制阀后的管道上，与安全信号控制阀之间的距离不宜小于 300mm，如图 1-6-11 所示。

3. 减压孔板安装

（1）为克服喷淋系统喷水不均匀性，在喷淋管道上设置减压孔板。

（2）减压孔板设置在每层或某区域的分支干管上的起点段。

（3）与安全信号控制阀和水流指示器共同安装时，安装顺序为安全信号控制阀、减压孔板、水流指示器，如图 1-6-12 所示。

（4）减压孔板安装应设在直径不小于 50mm 的水平直管段上，前后管段长度均不宜小于该管段直径的 5 倍。

（5）孔口直径不应小于设置管段直径的 30%，且不应小于 20mm，减压孔板一般采用 3mm 以上厚度不锈钢板材制作，如图 1-6-13 所示。

4. 末端喷头

（1）喷头试验

1）喷头安装前应进行密封性能试验，如图 1-6-14 所示。

2）试验数量应从每批次中抽查 1%，并不得少于 5 只，试验压力应为 3.0MPa，保压时间不得少于 3min。

3）当两只及两只以上不合格时，不得使用该批喷头。当仅有一只不合格时，应再抽查 2%，并不得少于 10 只。

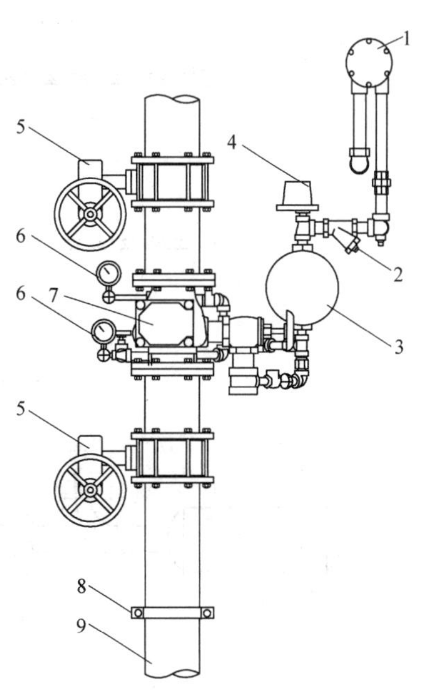

图 1-6-10　报警阀组安装示意图

1—水力警铃；2—过滤器；3—延迟器；4—压力开关；5—信号蝶阀；6—压力表；7—报警阀；8—管卡；9—消防管道

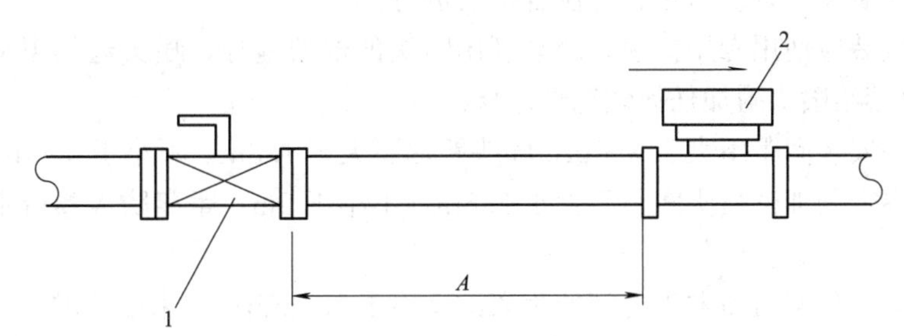

图 1-6-11　水流指示器安装示意图

1—信号阀；2—水流指示器；A：管段长度≥300mm

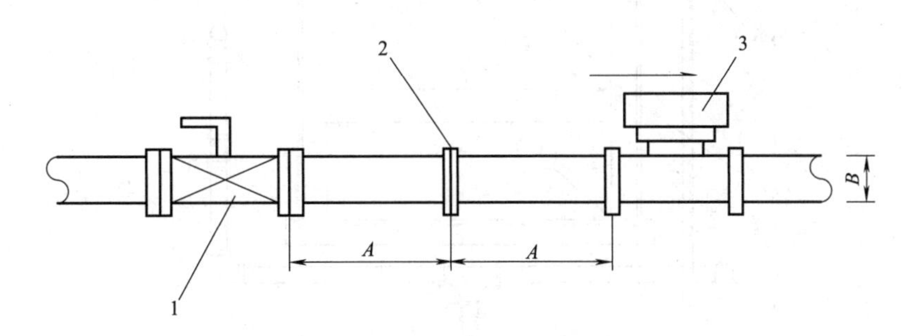

图 1-6-12　减压孔板安装示意图

1—安全信号控制阀；2—减压孔板；3—水流指示器；

A：管段长度>$5B$；B：管道管径

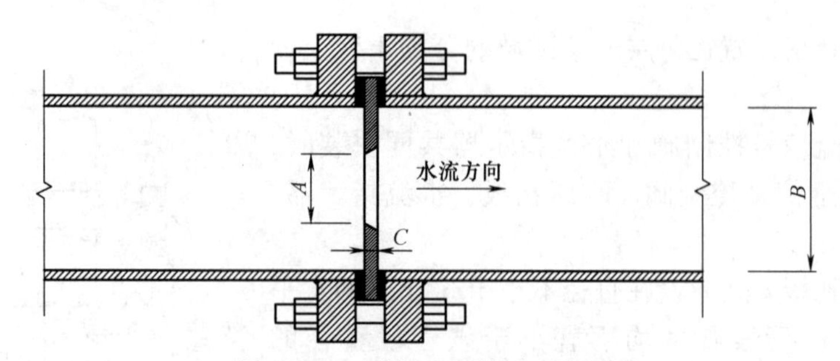

图 1-6-13　减压孔板构造示意图

A—孔口直径；*B*—管道管径；*C*—孔板厚度

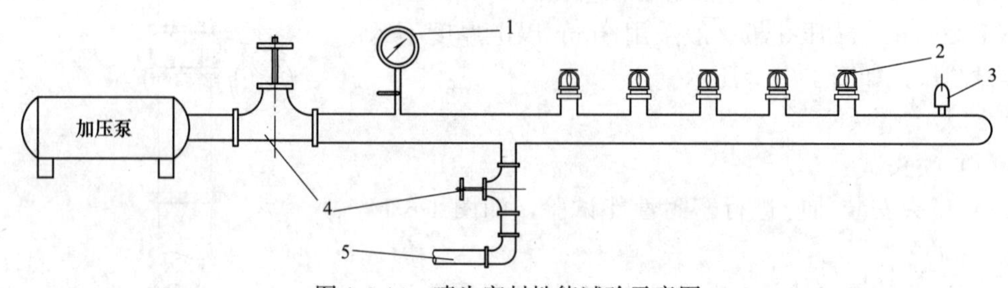

图 1-6-14　喷头密封性能试验示意图

1—压力表；2—试验喷头；3—排气阀；4—阀门；5—补水管

（2）喷头安装

1）喷头安装应在系统试压、冲洗合格后进行。

2）喷头安装应使用专用扳手，严禁利用喷头的框架施拧，喷头丝扣填料应采用聚四氟乙烯带，严禁给喷头附加任何装饰性涂层。

3）喷淋头安装间距不大于 3.6m；喷头距墙不大于 1.8m，不小于 0.6m。

4）防火卷帘处加密喷头间距不大于 2.5m，不小于 2m，距离防火卷帘不大于 1.8m，不小于 0.6m。

5）管道支、吊架与喷淋头之间的距离不宜小于 300mm；与末端喷淋头之间的距离不宜大于 750mm。当通风管道、成排桥架或梁宽度大于 1.2m 时，应在其腹面下增设下垂喷头，如图 1-6-15 所示。

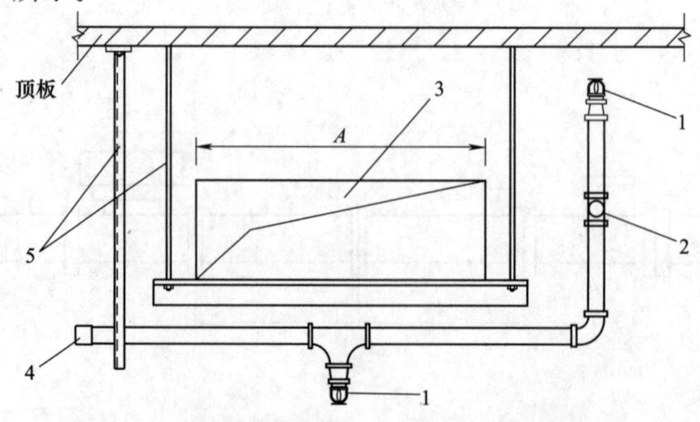

图 1-6-15　障碍物边长大于 1.2m 时增加喷头示意图

1—喷头；2—喷淋配水支管；3—障碍物（管道、梁、风管、桥架等）；4—管道堵头；5—型钢支、吊架；*A*：障碍物的宽度>1200mm

5. 末端试水装置安装

(1) 末端试水装置由试水阀、压力表及试水接头等组成，检验系统的可靠性，测试系统的管道充水时间。

(2) 每个报警阀组控制的最不利点喷淋头处均应设末端试水装置，其他防火分区、楼层均应设直径为25mm的试水阀。末端试水装置和试水阀安装距地面的高度宜为1.5m，排水应间接排入地漏，如图1-6-16所示。

三、消防水炮灭火系统

(一) 消防水炮灭火系统组成

消防水炮灭火系统由消防水炮、管路、阀门、消防泵组、动力源和控制装置等组成。

(二) 消防水炮灭火系统安装

1. 安装在现浇钢筋混凝土平台或钢平台时

消防水炮引入管采用加强肋板与平台预埋钢板或加强钢板焊接固定（图1-6-17），必要时亦可在平台下表面焊接（此时预埋钢板改在板下）。

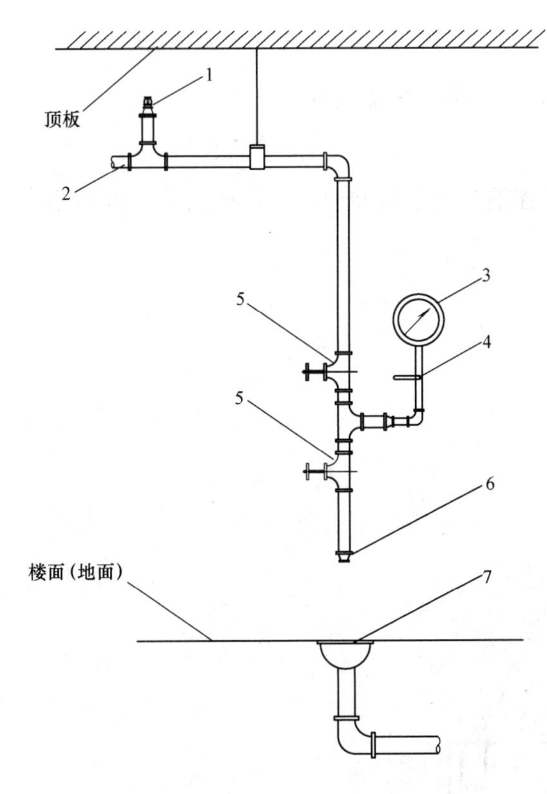

图1-6-16 末端试水装置安装示意图

1—最不利点喷头；2—接喷淋管网；3—压力表；4—旋塞阀；5—截止阀；6—试水接头；7—排水地漏

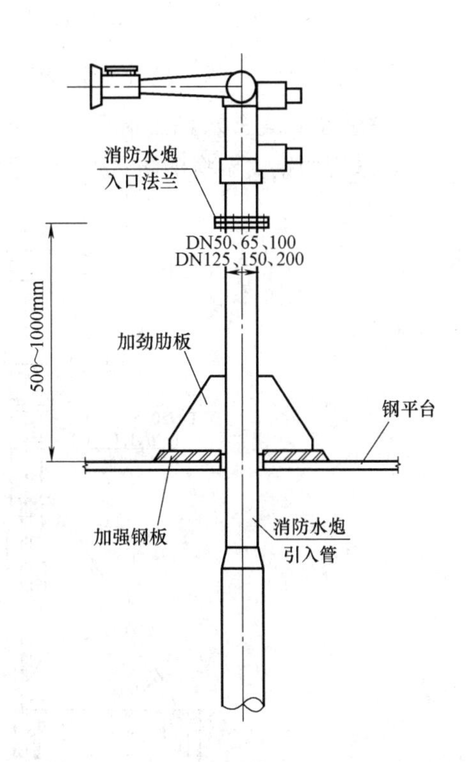

图1-6-17 在钢平台安装示意图

2. 安装在砌体或混凝土墙面时

（1）消防水炮引入管应牢固固定在墙体上，固定方式如图 1-6-18 所示。

（2）型钢固定支架型号根据消防水炮管引入管管径大小参见国家建筑标准设计图集 03S402《室内管道支架及吊架》安装。

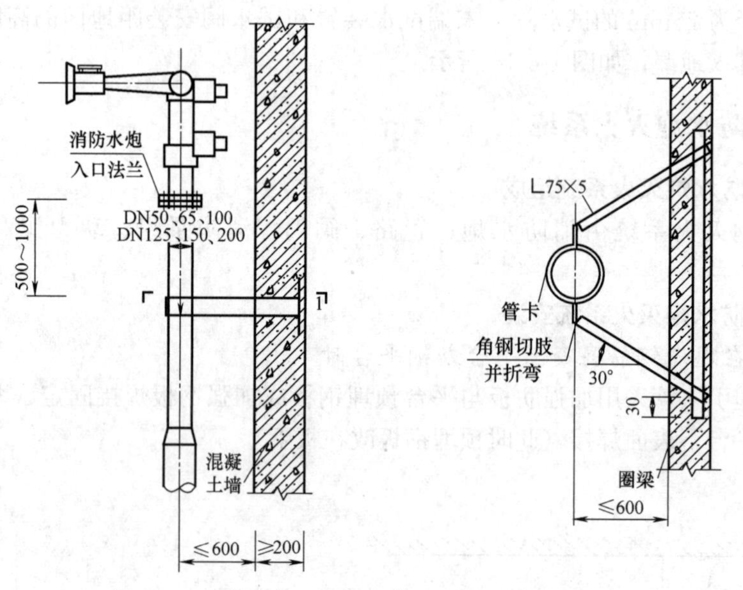

图 1-6-18　在混凝土墙上安装示意图（单位：mm）

3. 安装在混凝土基础上时

（1）采用型钢支架将消防水炮引入管固定在混凝土基础预埋件上，如图 1-6-19 所示。

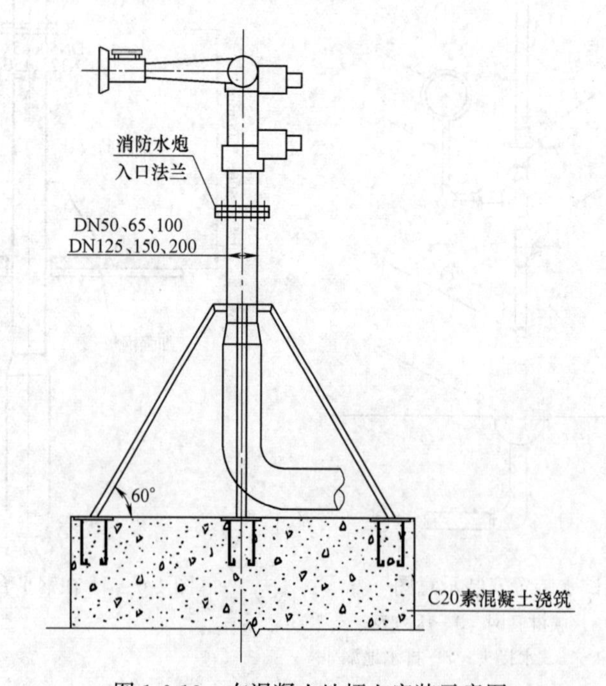

图 1-6-19　在混凝土地坪上安装示意图

(2) 型钢固定支架型号根据消防水炮引入管管径大小参见国家建筑标准设计图集03S402《室内管道支架及吊架》安装。

4. 消防水炮安装位置

消防水炮安装位置不得影响水炮设计旋转角度，消防水炮四周不得有影响水炮旋转的障碍物。

四、水喷雾、高压细水雾灭火系统

(一) 水喷雾灭火系统

1. 水喷雾灭火系统组成

水喷雾灭火系统是由水源、供水设备、管道、雨淋阀组、过滤器和水雾喷头组成。

2. 水喷雾灭火系统安装

(1) 过滤装置

1) 水喷雾灭火系统在雨淋阀组前的管道上应设置可冲洗的过滤器，过滤器滤网应采用耐腐蚀的金属材料，滤网的网孔基本尺寸 ϕ 应为0.6～0.71mm，如图1-6-20所示。

2) 管道过滤器可水平或垂直安装，安装时系统水流方向要与过滤器上箭头方向一致。

3) 为了便于维修，过滤器应该跟截止阀一起安装使用，在过滤器的上游和下游都应该安装截止阀，一旦过滤器需要维修，可以关闭上游和下游的截止阀，切断过滤器与系统的联系。

4) 过滤器的上游和下游都应安装压力表，如果上下游压力表读数相差很大，说明过滤网上已经有杂质，此时需要及时清洗滤网。

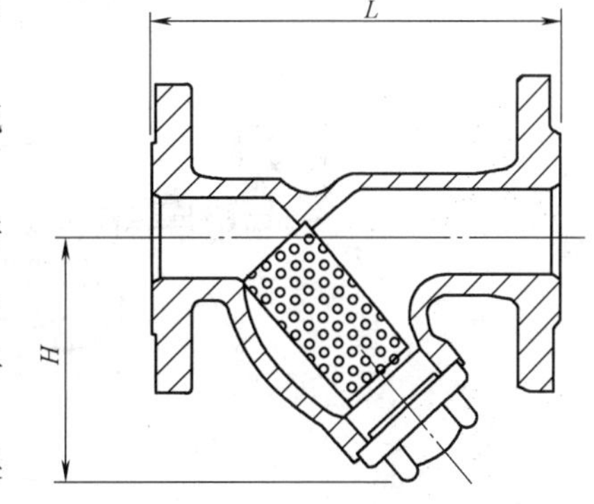

图1-6-20　过滤器

(2) 控制阀

1) 水喷雾灭火系统的雨淋阀组类似自动喷水系统的报警阀组，宜靠近保护对象附近并便于操作。

2) 安装时距室内地面高度宜为1.2m，两侧与墙的距离不应小于0.5m，正面与墙的距离不应小于1.2m，雨淋阀组凸出部位之间的距离不应小于0.5m。

3) 安装雨淋阀组的室内地面应有排水设施，水喷雾灭火系统的雨淋阀组如图1-6-21所示。

(二) 高压细水雾灭火系统

主要由高压泵组、水箱、泵组控制柜、稳压泵、过滤装置、分区控制阀、细水雾喷头等组件和供水管道组成，能自动和人工启动并喷放细水雾进行灭火。按照采用的细水雾喷头型式，可以分为开式系统和闭式系统。

1. 泵组

高压泵组由高压泵、备用泵、调压泄压阀、压力表、进水管路、高压出水管路、溢流管路等组成，用于提供灭火装置高压水源，如图1-6-22所示。

(1) 系统采用柱塞泵时，泵组安装后应充装润滑油并检查油位。

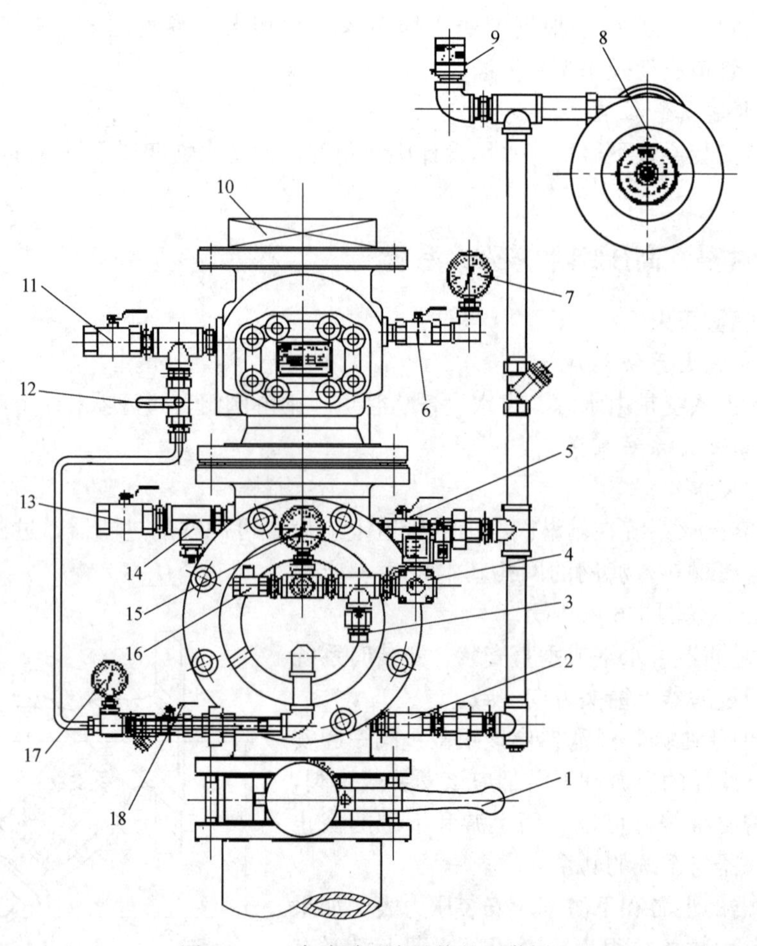

图 1-6-21　水喷雾灭火系统的雨淋阀组

1—进水信号蝶阀（常开）；2—报警试验球阀（常闭）；3—复位阀；4—电磁阀；5—报警球阀（常开）；6—充气控制球阀（常开）；7—系统气压表；8—水力警铃；9—压力开关；10—出水信号蝶阀（常开）；11—放水球阀（常闭）；12—加水隔离球阀（常闭）；13—泄水球阀（常闭）；14—滴水阀；15—控制压力表；16—带锁球阀（常闭）；17—压力表；18—快速复位球阀（常闭）

（2）泵组吸水管上的变径处应采用顶平偏心大小头连接。

2. 水箱、稳压泵及控制柜组件

水箱、稳压泵及控制柜总成由水箱、稳压泵、控制柜、出水管路、稳压管路等组成，用于高压泵组供水、装置管道稳压以及灭火装置的控制等，如图 1-6-23 所示。

（1）控制柜基座的水平度偏差不应大于±2mm/m。

（2）控制柜与基座应采用直径不小于 12mm 的螺栓固定，每只控制柜不应少于 4 只螺栓。

（3）水箱组件及设备周围应设检修通道，通道的宽度不宜小于 0.7m。

3. 分区控制阀

（1）分区控制阀组成

分区控制阀由压力信号器、手动球阀、高压电动截止阀、接线盒、压力表以及箱体等组成。

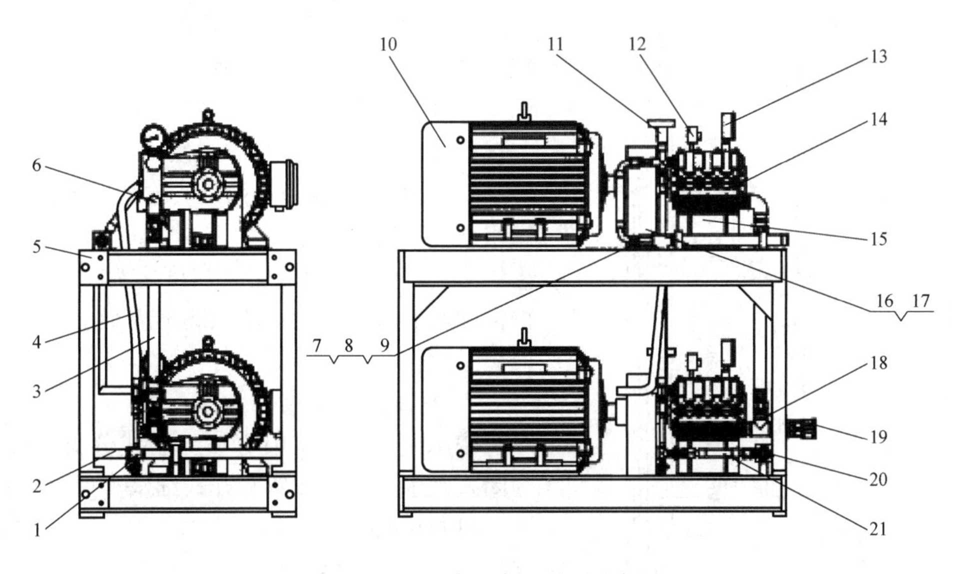

图 1-6-22 两台组高压泵组示意图

1—三通；2—溢流管；3—进水胶管；4—溢流胶管；5—地盘；6—进水弯管；7—高压出水管路；8—高压进水胶管；9—单向阀；10—电机；11—调压泄压阀；12—压力开关；13—压力表；14—高压泵；15—泵支架；16—防护罩；17—联轴器；18—进水三通；19—进水扣压管夹；20—活接头；21—胶管

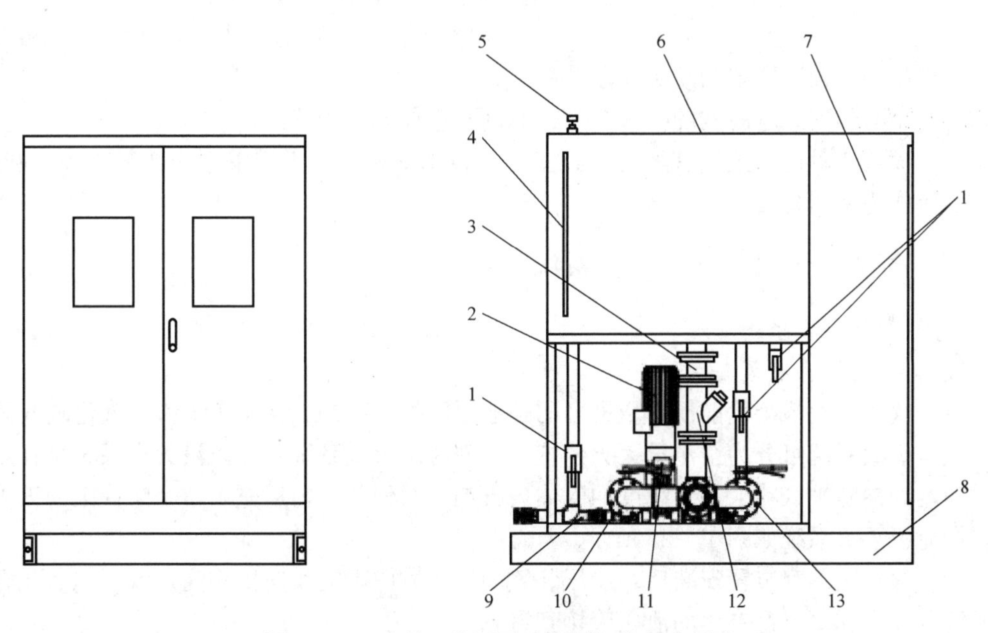

图 1-6-23 水箱、稳压泵及控制柜总成示意图

1—手动球阀；2—稳压泵；3—软接头；4—液位管；5—液位控制器；6—水箱；7—控制柜；8—地盘；9—单向阀；10—软接头；11—电动阀；12—Y 型过滤器；13—手动阀

(2) 分区控制阀主要功能

1) 接收控制主机的控制信号，开启电动截止阀，向防护区释放细水雾实施灭火，并由压力信号器向控制主机发出喷洒反馈信号。

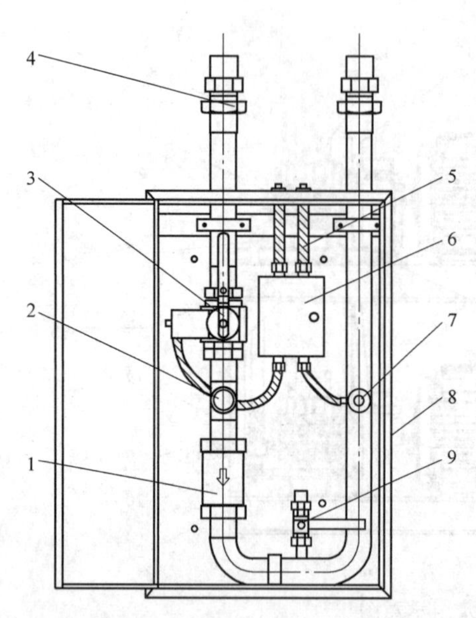

图 1-6-24 闭式系统分区控制阀箱示意图
1—单向阀；2—压力表；3—带行程开关手动球阀；4—高压焊接式活接头；5—接线软管；6—接线盒；7—流量开关；8—阀箱；9—高压手动球阀

2）控制阀一般以分区按单元式设置，闭式系统分区控制阀如图 1-6-24 所示。

（3）分区控制阀的安装要求

1）阀组上的启闭标志应便于识别。

2）阀组前后管道、瓶组支撑架、电控箱应固定牢固，不得晃动。

3）分区控制阀的安装高度宜为 1.2～1.6m，操作面与墙或其他设备的距离不应小于 0.8m，并应满足操作要求。

4. 高压细水雾喷头安装

按所使用的细水喷雾喷头型式分类，可以分为闭式细水雾灭火装置和开式细水雾灭火装置。

（1）喷头安装必须在系统管道试压、吹扫合格后进行。应采用专用扳手进行安装。

（2）安装时，应根据设计文件逐个核对其生产厂标志、型号、规格和喷孔方向。

（3）安装时不得对喷头做拆装、改动，并严禁给喷头附加任何装饰性涂层。

（4）不带装饰罩的喷头，其连接管管端螺纹不应露出吊顶；带装饰罩的喷头应紧贴吊顶。

（5）带有外置式过滤网的喷头，其过滤网不应伸入支干管内。

（6）喷头与管道的连接宜采用端面密封或 O 形圈密封，不应采用聚四氟乙烯、麻丝、粘结剂等作为密封材料。

五、气体、干粉、泡沫灭火系统

（一）气体灭火系统

1. 灭火剂储存装置安装

（1）气体灭火系统目前使用量最多的是七氟丙烷、IG541 混合气体和二氧化碳气体三种。气体灭火系统可分为全淹没灭火系统、局部应用灭火系统。全淹没灭火系统是在规定的时间内，向防护区喷射一定浓度的气体灭火剂，并使其均匀地充满整个防护区的灭火系统。全淹没灭火系统如图 1-6-25 所示。

（2）灭火剂储存装置安装后，泄压装置的泄压方向不应朝向操作面。低压二氧化碳灭火系统的安全阀要通过专用的泄压管接到室外。

（3）储存装置上压力计、液位计、称重显示装置的安装位置应便于人员观察和操作。

（4）储存容器的支架、框架固定牢靠，并做防腐处理。

（5）储存容器宜涂红色油漆，正面标明设计规定的灭火剂名称和储存容器的编号。

（6）安装集流管前检查内腔，确保清洁。

（7）集流管上的泄压装置的泄压方向不应朝向操作面。

（8）连接储存容器与集流管间的单向阀的流向指示箭头应指向介质流动方向。

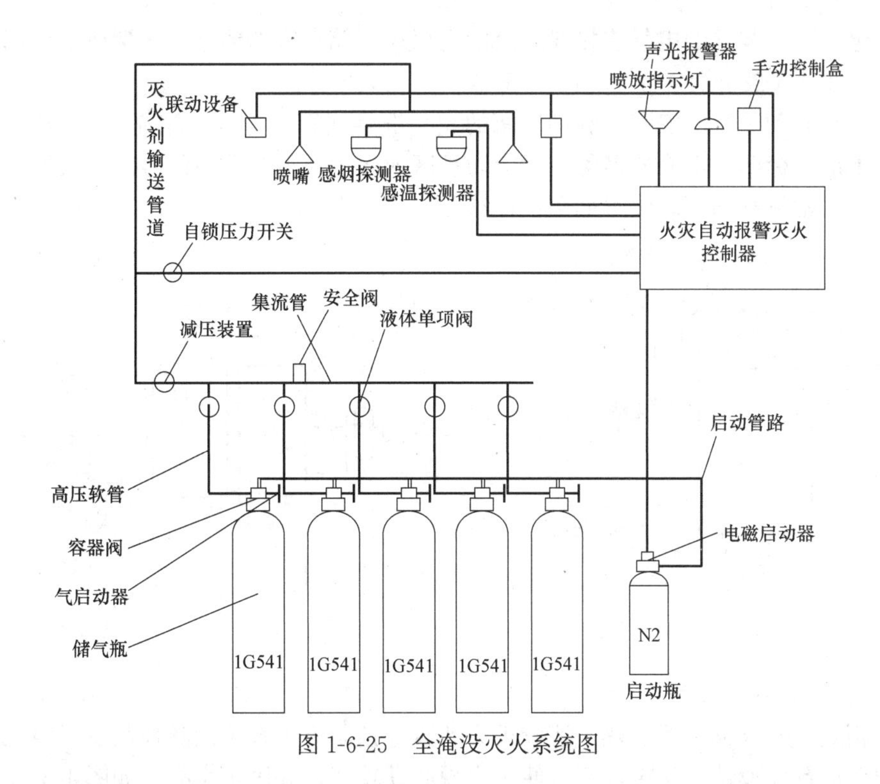

图 1-6-25 全淹没灭火系统图

(9) 集流管应固定在支、框架上，支、框架应固定牢靠，并做防腐处理。集流管外表面宜涂红色油漆。

2. 选择阀安装

(1) 组合分配系统中的每个防护区应设置控制灭火剂流向的选择阀。选择阀的规格应与该防护区灭火剂输送主管道的公称直径相同，如图 1-6-26 所示。

(2) 选择阀的设置位置应靠近储存容器且便于操作。

3. 阀驱动装置安装

(1) 拉索式机械驱动装置的安装如图 1-6-27 所示。拉索除必要外露部分外，应采用经内外防腐处理的钢管防护；拉索转弯处应采用导向滑轮；拉索末端拉手应设在专用的保护盒内；拉索套管和保护盒应固定牢靠。

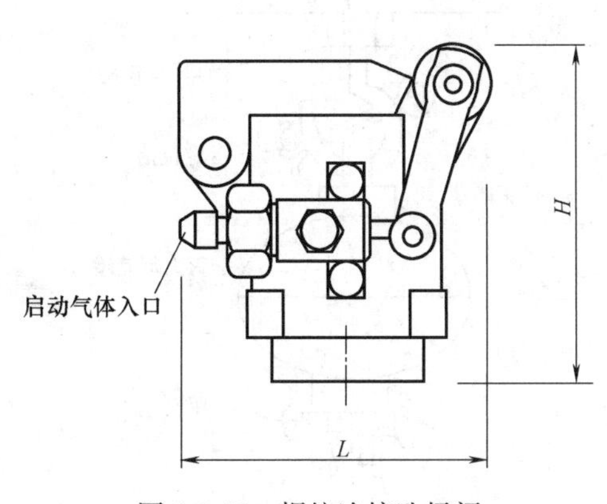

图 1-6-26 螺纹连接选择阀

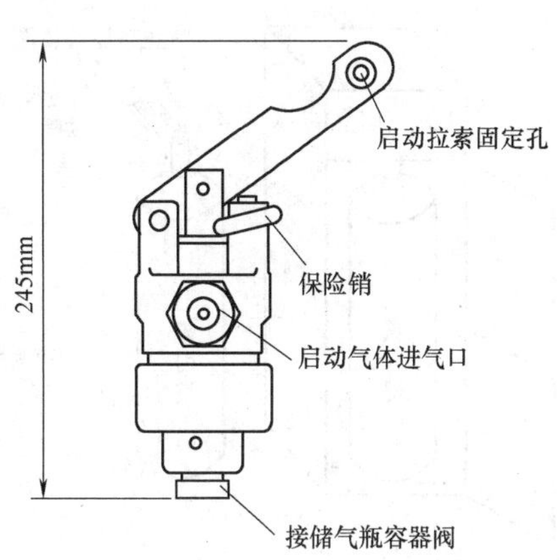

图 1-6-27 拉索式机械驱动装置安装

（2）电磁驱动装置的电气连接线应沿固定灭火剂储存容器的支、框架或墙面固定。电磁驱动器如图 1-6-28 所示。

（3）气动驱动装置的安装。驱动气瓶的支、框架或箱体应固定牢靠，并做防腐处理。驱动气瓶上应有标明驱动介质名称、对应防护区或保护对象名称或编号的永久性标志，并应便于观察。常见气动驱动装置如图 1-6-29 所示。

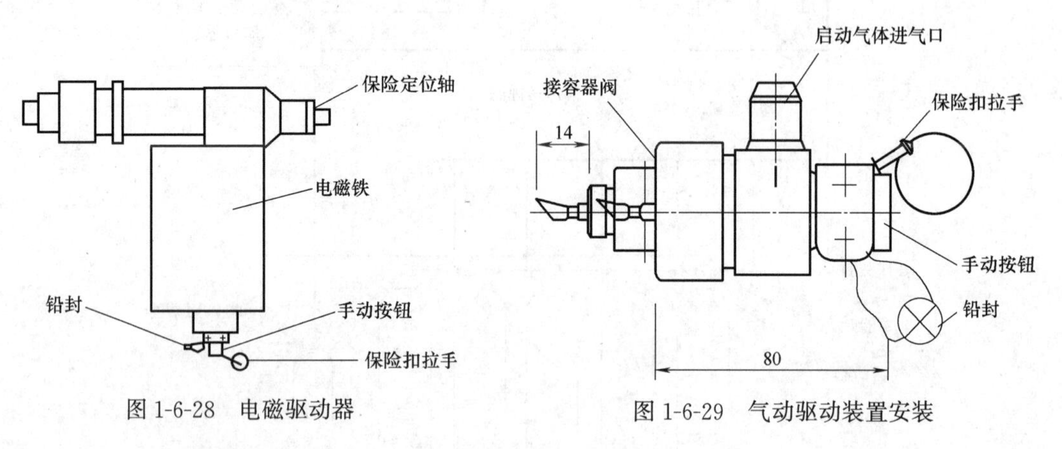

图 1-6-28　电磁驱动器　　图 1-6-29　气动驱动装置安装

4. 预制灭火系统安装

（1）柜式气体灭火装置、热气溶胶灭火装置等预制灭火系统及其控制器、声光报警器的安装位置应预先设计、组装成套，便于实现联动功能，并固定牢靠，如图 1-6-30 所示。

（2）将气体灭火装置柜体放置在防护区气体灭火设计图纸所标识位置，尽量使柜体背部安装在防护区靠墙位置，单台时应将喷嘴基本对准重点保护设备，多台时应均匀分布，并保证柜体平稳，无晃动和倾斜。

（3）将柜式气体灭火装置瓶组搬进柜子中央，正面向外，并用抱箍和七字钩固定在柜体上，注意不要压坏柜体。若是双瓶组，将主动储瓶用抱箍固定在柜内右边，然后在左边固定好从动储瓶。

（4）将喷嘴安装在柜体上部喷嘴孔，喷射方向朝柜外，内部用紧固螺母固定在柜体上。

（二）干粉灭火系统

悬挂式干粉灭火器安装如图 1-6-31 所示。干粉灭火器布设时，应明确布置数量、型

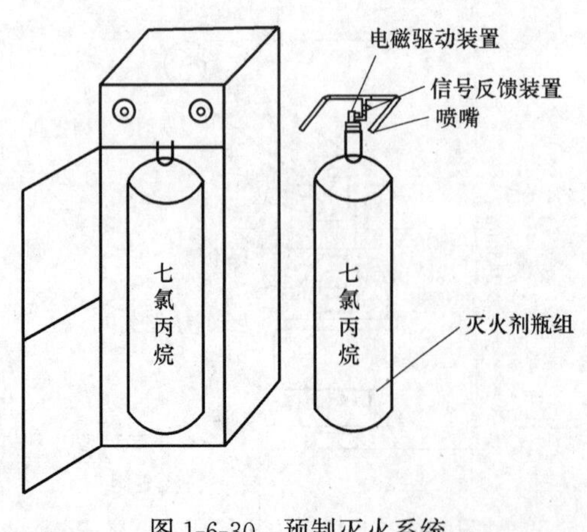

图 1-6-30　预制灭火系统

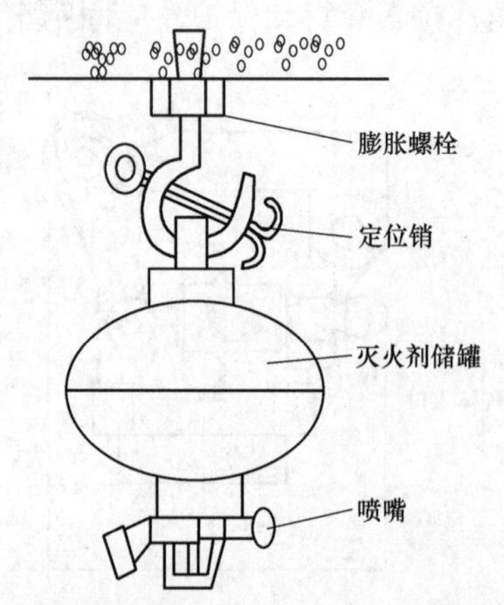

图 1-6-31　悬挂式干粉灭火器安装示意图

号、规格、布置位置、固定方式，并保证驱动气瓶压力和储罐数量满足要求。

(三) 泡沫灭火系统

1. 泡沫灭火管道安装

(1) 当管道穿过防火墙、楼板时，应安装套管。穿防火墙套管的长度不应小于防火墙的厚度，穿楼板套管长度应高出楼板 50mm，底部应与楼板面相平；管道与套管间的空隙应采用防火材料封堵，如图 1-6-32 所示。

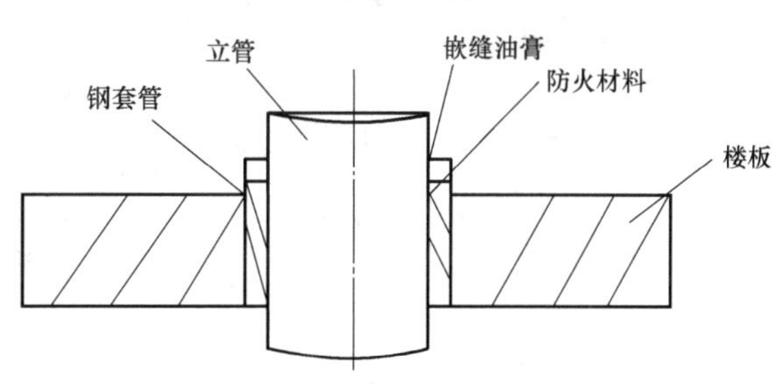

图 1-6-32 管道穿楼板做法

(2) 寒冷季节有冰冻的地区，泡沫灭火系统的湿式管道应采取防冻措施，如图 1-6-33 所示。

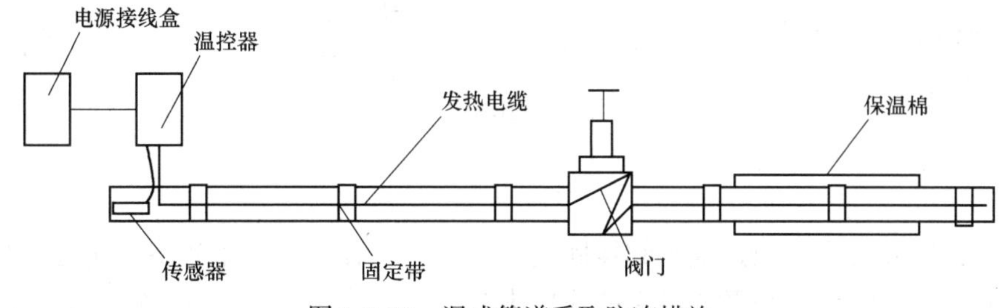

图 1-6-33 湿式管道采取防冻措施

2. 泡沫灭火阀门安装

(1) 液下喷射和半液下喷射泡沫灭火系统的泡沫管道进储罐处设置的钢质明杆闸阀和止回阀需要水平安装，止回阀上标注的方向要与泡沫的流动方向一致。

(2) 高倍数泡沫产生器进口端泡沫混合液管道上设置的压力表、管道过滤器、控制阀一般要安装在水平支管上。

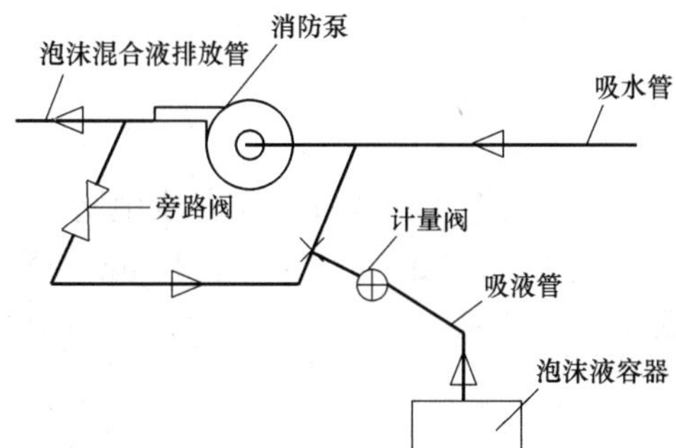

图 1-6-34 环泵式比例混合流程示意图

(3) 泡沫混合液管道上设置的自动排气阀要在系统试压、冲洗合格后立式安装。

(4) 泡沫混合液管道上的控制阀，要安装在防火堤外压力表接口外侧，并有明显的启闭标志。环泵式比例混合流程如图 1-6-34 所示。

(5) 泡沫混合液立管上设置的控制阀，其安装高度一般在 1.1～1.5m 之间，并需要设置明显的启闭标志。

(6) 控制阀的安装高度一般在 0.6～1.2m 之间。

(7) 管道上的放空阀要安装在最低处，以利于最大限度排空管道内的液体。

3. 泡沫产生器安装

(1) 低倍数泡沫产生器

1) 固定顶储罐、按固定顶储罐对待的内浮顶储罐，宜选用立式泡沫产生器，立式泡沫产生器安装如图 1-6-35 所示。

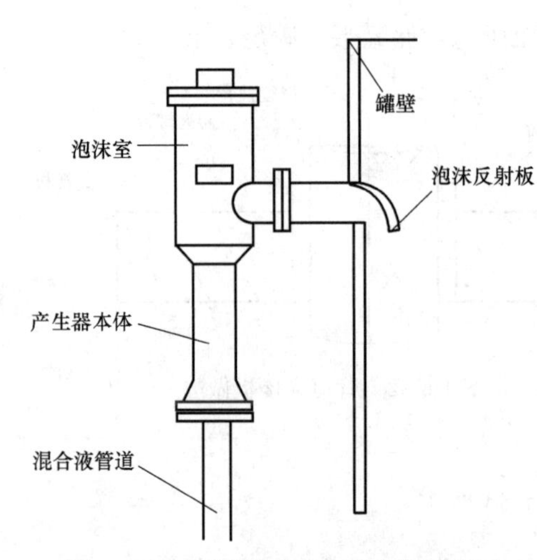

图 1-6-35　立式泡沫产生器安装示意图

2）横式泡沫产生器的出口，应设置长度不小于 1m 的泡沫管；安装产生器时应先在储罐壁上开孔。

3）储罐上部要留有足够的空间，产生器进口要高于储罐存液面线一定尺寸，以免影响泡沫质量及泡沫形成，并防止液体从产生器口流出。

（2）中倍数泡沫产生器

发泡网应采用不锈钢材料；安装于油罐上的中倍数泡沫产生器，其进空气口应高出罐壁顶。

（3）高倍数泡沫产生器

产生器安装高度应超过被保护体的高度 1m 以上，全系统组装后以 1.0MPa 压力进行水压试验，各连接部位不得有渗漏。

4. 混合储存装置安装

（1）混合储存装置需通过地脚螺栓固定在基础上，装置与泡沫液储罐安装高度应保持同一水平面，泡沫液储罐与系统设备的连接为金属软管连接，泡沫液储罐与系统设备布置的水平距离不应超过 3m，基础安装示意如图 1-6-36 所示。

（2）各管道连接及阀门连接必须紧固牢靠，无渗漏情况。

（3）装置周围应留有满足检修需要的通道，其通道不宜小于 0.7m 且操作面不宜小于 $1.5m^2$，泡沫液储罐顶部至少预留 0.8m 的空间，以便于操作和检修。

六、火灾自动报警系统

（一）探测器、手动火灾报警按钮安装

1. 探测器安装

（1）探测器至墙壁、梁边的水平距离不应小于 0.5m（图 1-6-37），探测器周围水平距离 0.5m 内，不应有阻挡物，探测器至空调送风口最近的水平距离不应小于 1.5m，至多孔送风顶棚孔口的水平距离不应小于 0.5m，如图 1-6-38 所示。

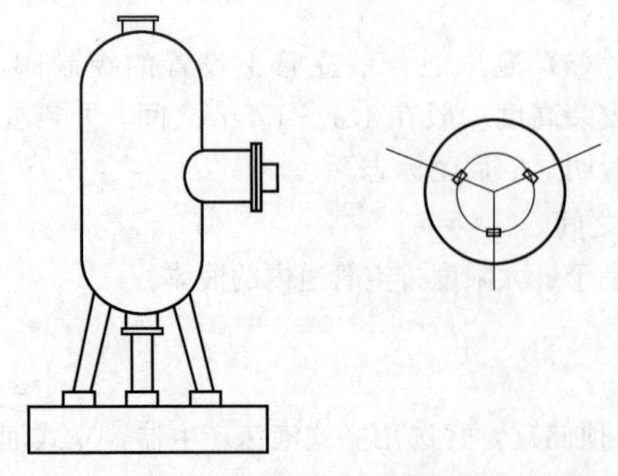

图 1-6-36　压力式泡沫比例混合装置基础图

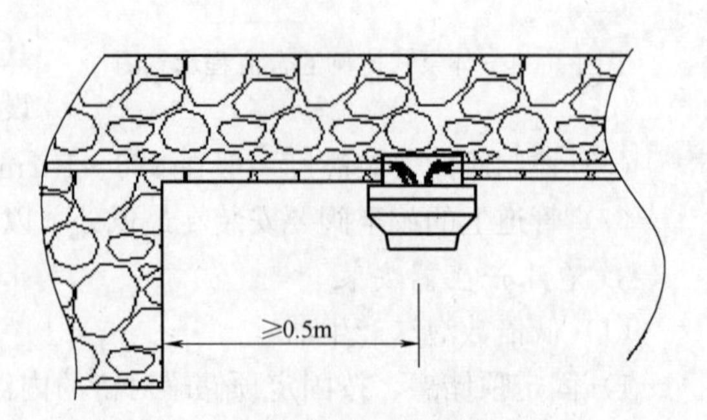

图 1-6-37　预埋管线顶棚安装

（2）在宽度小于 3m 的内走道顶棚上安装探测器时，应居中安装，感温火灾探测器的安装间距，不应超过 10m，感烟火灾探测器的安装距离不应超过 15m。

（3）保护区域梁高度在 200～600mm 之间应按被梁分隔区域组成及探测器保护面积确定，梁高度大于 600mm 则按墙考虑布置探测器；探测器确认灯应面向便于人员观察的主要入口方向。

（4）火焰探测器适用于封闭区域内易燃液体、固体等的加工区域；探测器与顶棚、墙体以及调整螺栓的固定应牢固，以保证透镜对准防护区域；不同产品有不同的有效视角和监视距离。火焰探测器吸顶和壁挂安装如图 1-6-39 所示。

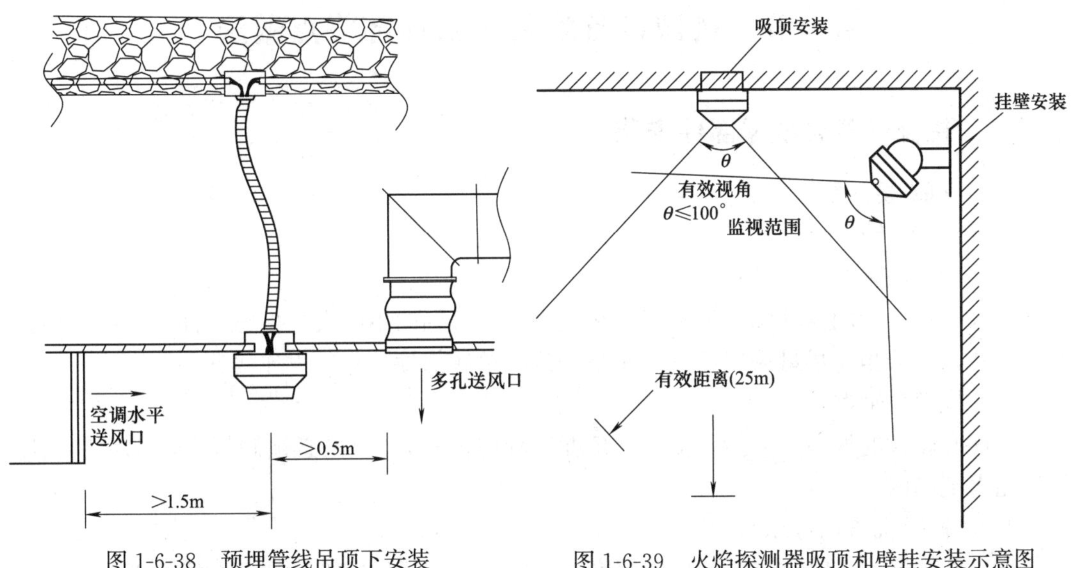

图 1-6-38　预埋管线吊顶下安装　　图 1-6-39　火焰探测器吸顶和壁挂安装示意图

2. 手动火灾报警按钮安装

（1）手动火灾报警按钮安装在明显和便于操作的部位，当安装在墙上时，其底边距地面高度应为 1.3～1.5m。

（2）手动火灾报警按钮，应安装牢靠，不应倾斜。手动火灾报警按钮的连接导线，应留不小于 150mm 的余量，且在其端部应有明显标志，如图 1-6-40 所示。

（二）控制设备安装

模块箱、报警控制器、区域显示器安装：

（1）壁挂式箱类安装应靠近门轴的侧面，距墙不应小于 0.5m。

（2）火灾报警主机壁挂式安装时，其底边距地面高度宜为 1.3～1.5m，其靠近门轴的侧面距墙不应小于 0.5m，正面操作距离不应小于 1.2m，以保证值班人员和维修人员工作操作需要留有足够的空间。

（3）要根据实际情况安排值班人员休息的位置，既不能太近影响了正常操作，又不能太远对系统报警不能及时做出反应。

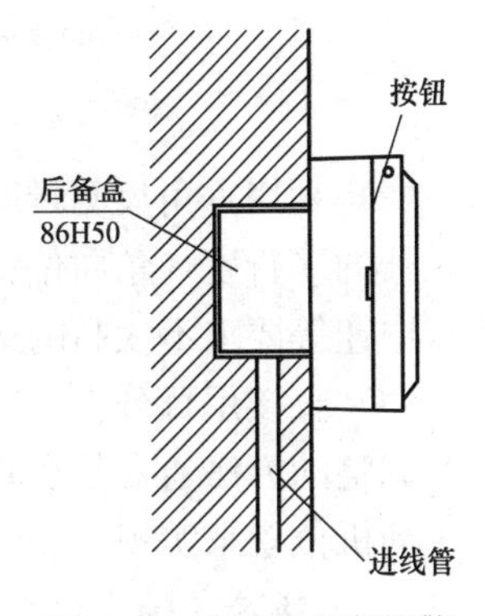

图 1-6-40　手动火灾报警按钮安装示意图

第二章
工业机电工程安装工艺细部节点做法

第一节　机械设备安装工艺细部节点做法

一、机械设备典型零部件安装

（一）联轴器装配

1. 联轴器的分类

（1）刚性联轴器

要求被连接的两侧轴同轴度和回转精度高，而且轴向不能发生抵触干涉，装配前检查配合尺寸是否恰当，尽量采用压入而非敲击装配单侧部件，然后再连接到一起。

（2）挠性联轴器

允许有较大的误差（包括轴偏心、角度、轴向位置），但是必须确保在所选定联轴器补偿能力范围内。

2. 联轴器找正的方法

（1）联轴器找正时，主要测量同轴度（径向位移或径向间隙）和两轴线倾斜（角向位移或轴向间隙），如图 2-1-1 所示。

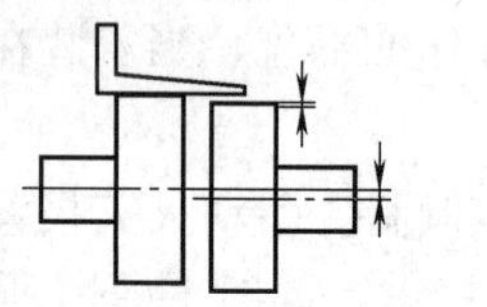

(a) 测量联轴器的径向位移　　(b) 测量联轴器的角向位移

图 2-1-1　联轴器找正的测量方法

（2）利用直角尺测量联轴器的同轴度（径向位移）。利用平面规和楔形间隙规来测量联轴器的平行度（角向位移），这种方法简单，应用比较广泛，但精度不高，一般用于低速或中速等要求不太高的运行设备上。

（3）直接用百分表、塞尺、中心卡测量联轴器的同轴度和平行度。

调整的方法通常是在垂直方向加减主动机（电机）支脚下面的垫片，或在水平方向移动主动机位置来实现。

3. 联轴器在轴上的装配方法

联轴器在轴上的装配是联轴器安装的关键。联轴器与轴的配合大多为过盈配合，分为有键联接和无键联接，联轴器的轴孔又分为圆柱形轴孔与锥形轴孔两种形式。

在施工现场常用装配方法：静力压入法、动力压入法、温差装配法及液压装配法等。

（1）静力压入法

1）根据装配时所需压入力的大小不同，采用夹钳、千斤顶、手动或机动的压力机进行，静力压入法一般用于锥形轴孔。

2）由于静力压入法受到压力机械的限制，在过盈量较大时，施加很大的力比较困难。同时，在压入过程中会切去联轴器轴孔与轴之间配合面上不平的微小的凸峰，使配合面受到损坏。因此，这种方法一般应用不多。

（2）动力压入法

1）采用冲击工具或机械来完成装配过程。

2）一般用于联轴器与轴之间的配合是过渡配合或过盈不大的场合。

3）装配现场通常采用手锤敲打的方法。

在轮毂的端面上垫放木块或其他软质材料作缓冲件，依靠手锤的冲击力，把联轴器敲入。这种方法对用铸铁、淬火的钢、铸造合金等脆性材料制造的联轴器有局部损伤的危险，不宜采用。这种方法同样会损伤配合表面，故经常用于低速和小型联轴器的装配。

（3）温差装配法

1）用加热的方法使联轴器受热膨胀或用冷却的方法使轴端受冷收缩，从而能方便地把联轴器轮毂装到轴上。这种方法和静力压入法以及动力压入法相比有很多的优点，对于用脆性材料制造的轮毂，采用温差装配法非常适合。

2）温差装配法大多采用加热的方法，冷却的方法用得比较少。加热的方法有多种，有的将轮毂放入高闪点的油中进行油浴加热或焊枪烘烤，也有的用烤炉来加热，装配现场多采用油浴加热和焊枪烘烤。

① 油浴加热能达到的最高温度取决于油的性质，一般在200℃以下。采用其他方法加热轮毂时，可以使联轴器的温度高于200℃，但从金相及热处理的角度考虑，联轴器的加热温度不能任意提高。钢的再结晶温度为430℃，如果加热温度超过430℃，会引起钢材内部组织上的变化，因此加热温度的上限必须小于430℃。为了保险，所定的加热温度上限应为400℃以下。

② 联轴器实际所需的加热温度，可根据联轴器与轴配合的过盈值和联轴器加热后向轴上套装时的要求进行计算。

4. 联轴器装配后的检查

（1）联轴器装配规定

1）两轴心径向位移和两轴线倾斜。联轴器装配时，两轴心径向位移和两轴线倾斜的测量与计算应符合现行国家标准《机械设备安装工程施工及验收通用规范》GB 50231 的规定。

2）联轴器与轴的垂直度和同轴度。联轴器在轴上装配完成后，应仔细检查联轴器与轴的垂直度和同轴度。一般是在联轴器的端面和外圆设置两块百分表，盘车使轴转动时，观察联轴器的全跳动（包括端面跳动和径向跳动）的数值，判定联轴器与轴的垂直度和同轴度的情况。

3）联轴器全跳动。不同转速、不同型式的联轴器对全跳动的要求值不同，联轴器在轴上装配完后，必须使联轴器全跳动的偏差值在规定要求的公差范围内。

（2）联轴器全跳动值不符合要求的原因

1）加工造成的误差

对于现场装配来说，由于键的装配不当引起联轴器与轴不同轴。键的正确安装应该使键的两侧面与键槽壁严密贴合，一般在装配时用涂色法检查，配合不好时可以用锉刀或铲刀修复使其达到要求。键的顶部一般留有间隙，约在 0.1～0.2mm 左右。

2）机械高速旋转

高速旋转机械对于联轴器与轴的同轴度要求高，用单键联接不能得到高的同轴度，用双键联接或花键联接能使两者的同轴度得到改善。

（3）测量联轴器间隙的要求

测量联轴器端面间隙时，应将两轴的轴向相对施加适当的推力，消除轴向窜动的间隙后，再测量端面的间隙值，否则测得的端面间隙值是不正确的。

（4）联轴器装配注意事项

1）联轴器装配时，两轴心径向位移和两轴线倾斜的测量与计算应符合现行国家标准《机械设备安装工程施工及验收通用规范》GB 50231 的规定。

2）当测量联轴器端面间隙时，应使两轴的轴向窜动至端面间隙为最小的位置上，再测量其端面间隙值。

3）凸缘联轴器装配，应使两个半联轴器的端面紧密接触，两轴心的径向和轴向位移不应大于 0.03mm。

4）齿式联轴器装配的允许偏差应符合现行国家标准《机械设备安装工程施工及验收通用规范》GB 50231 的规定。

5）联轴器的内、外齿的啮合应良好，并在油浴内工作，不得有漏油现象；润滑剂宜按国家现行标准的规定选用；高转速时宜按现行国家标准《L-AN 全损耗系统用油》GB 443 的有关规定选用。

（二）轴承的装配

1. 滚动轴承的装配方法

（1）压入法

当轴承内孔与轴颈配合较紧，外圈与壳体配合较松时，应先将轴承装在轴上，如图 2-1-2（a）所示；反之，则应先将轴承压入壳体上，如图 2-1-2（b）所示。如轴承内孔与轴颈配合较紧，同时外圈与壳体也配合较紧，则应将轴承内孔与外圈同时装在轴和壳体上，如图 2-1-2（c）所示。

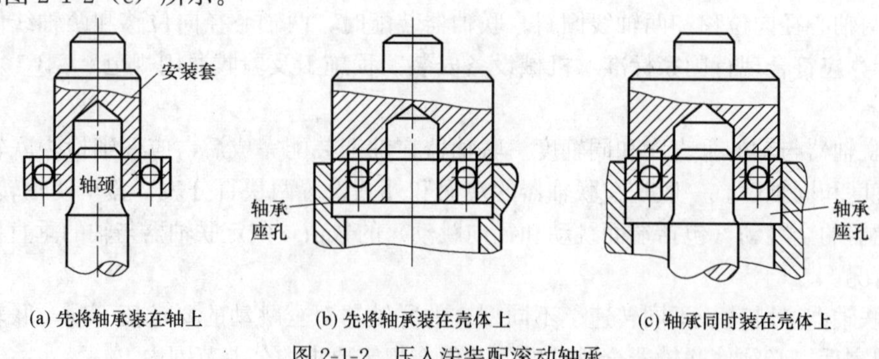

图 2-1-2　压入法装配滚动轴承

（2）均匀敲入法

在配合过盈量较小又无专用套筒时，可通过圆棒分别对称地在轴承的内环或外环上均匀敲入，如图 2-1-3 所示。也可通过装配套筒，用锤子敲入，如图 2-1-4 所示。但不能用铜棒等软金属，因为容易将软金属屑落入轴承内，不可用锤子直接敲击轴承。敲击时应在四周对称交替均匀地轻敲，避免因用力过大或集中一点敲击，而使轴承发生倾斜。

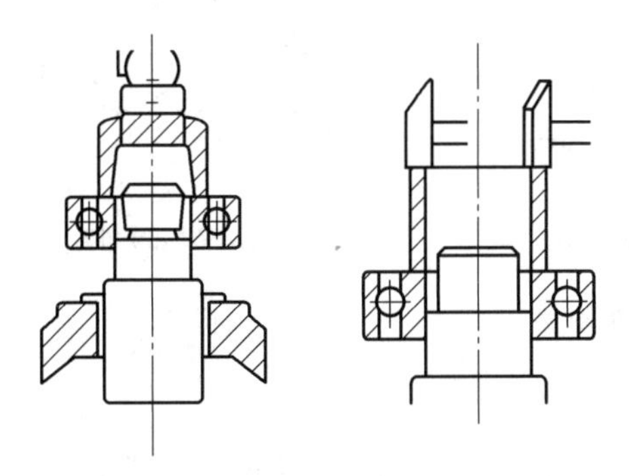

图 2-1-3　均匀敲入法装配滚动轴承

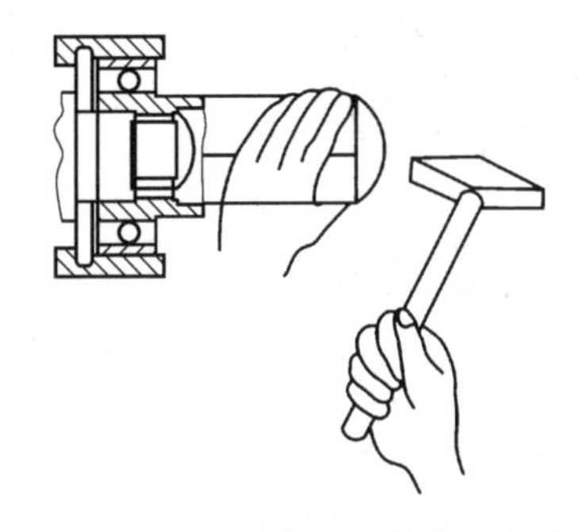

图 2-1-4　用锤子和装配套筒装配滚动轴承

（3）机压法

用杠杆齿条式或螺旋式压力机压入，如图 2-1-5 所示。

（4）液压套入法

这种方法适用于轴承尺寸和过盈量较大，又需要经常拆卸的情况，也可用于不可锤击的精密轴承。装配锥孔轴承时，由手动泵产生的高压油进入轴端，经通路引入轴颈环形槽中，使轴承内孔胀大，再利用轴端螺母旋紧，将轴承装入，如图 2-1-6 所示。

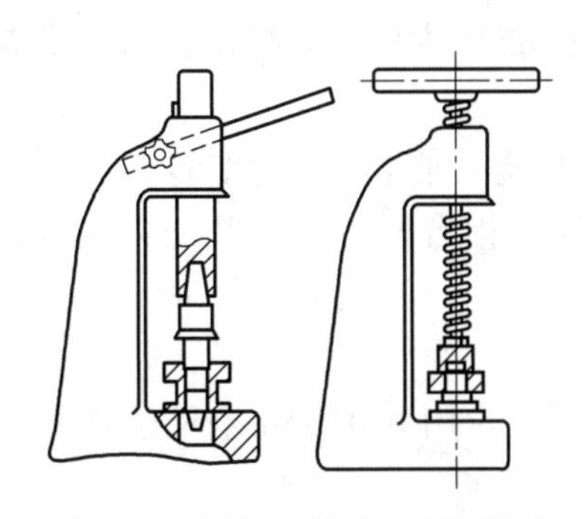

图 2-1-5　用杠杆齿条式或螺旋式压力机压装滚动轴承

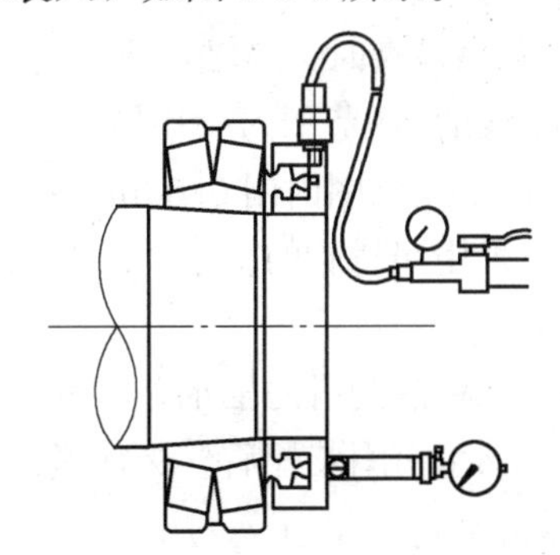

图 2-1-6　液压套入法装配锥孔轴承

（5）温差法

1）有过盈配合的轴承常采用温差法装配。可把轴承放在 80～100℃的油池中加热，加热时应放在距油池底部一定高度的网格上，如图 2-1-7（a）所示。对较小的轴承可用挂钩悬于油池中加热，如图 2-1-7（b）所示，防止过热。

2）取出轴承后，用比轴颈尺寸大 0.05mm 左右的测量棒测量轴承孔径，如尺寸合适应立即用干净布揩清油迹和附着物，并用布垫着轴承并端平，迅速将轴承推入轴颈，趁热与轴径装配，在冷却过程中要始终用手推紧轴承，并稍微转动外圈，防止倾斜或卡住，如图 2-1-7（c）所示，冷却后将产生牢固的配合。如果要把轴承取下来，还得放在油中加温。也可放在工业冰箱内将轴承或零件冷却，或放在有盖密封箱内，倒入干冰或液氮，保温一段时间后，取出装配。

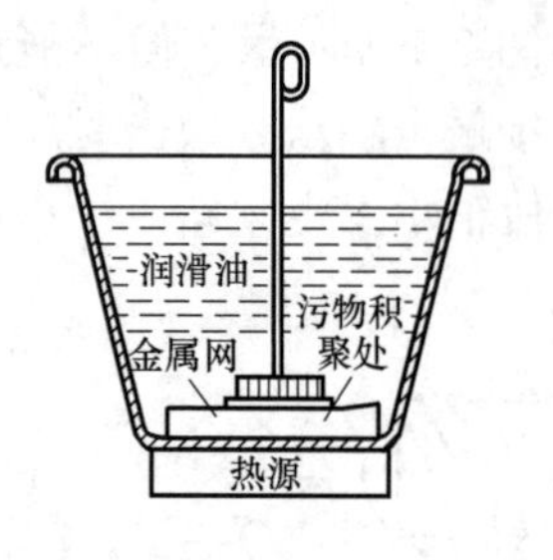

(a) 放在距油池底部一定高度的网格上加热

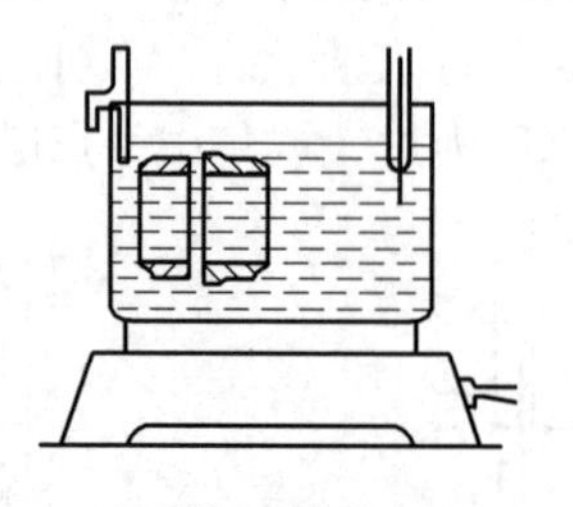
(b) 用挂钩悬于油池中加热

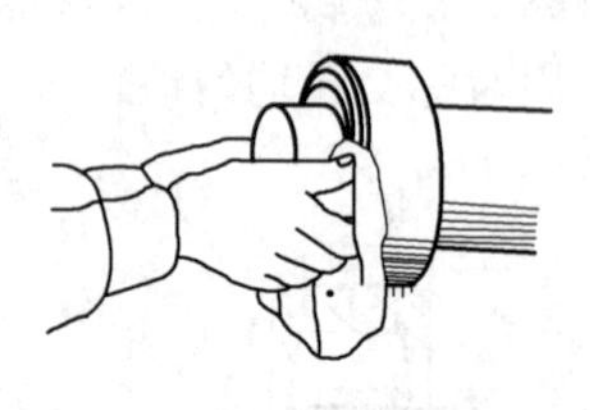
(c) 冷却过程中用手推紧

图 2-1-7　油池加热法

2. 滚动轴承装配的要求

(1) 用温差法装配时，应将轴承加热 90～100℃后进行装配。但带防尘盖或密封圈的轴承不能用温差法装配。

(2) 用压入法装配时，应用压力机压入，不允许通过滚动体传递压力。如必须用手锤敲打，则中间垫以铜棒或其他不损坏装配件表面的物体，打击力应均匀分布在带过盈的座圈上。

(3) 安装轴承时，应将带标记端朝外。

(4) 轴承外圈与轴承座及轴承盖的半圆孔均应贴合良好。可用着色方法检查或用塞尺测缝隙检查。

1) 着色检查时，与轴承座在对称于中心线的 120°范围内应均匀接触，与轴承盖在对称于中心线的 90°范围内应均匀接触。

2) 在上述范围内用 0.03mm 的塞尺检查时，不准塞入轴承外圈宽度的 1/3。

(5) 采用润滑脂的轴承，装配后在轴承空腔内注入相当于空腔容积 65%～80%的清洁润滑脂。

(6) 凡稀油润滑的轴承，不准加润滑脂。

(7) 轴承内圈装配后，必须紧贴在轴肩或定距环上，用 0.05mm 塞尺检查时不得有插入现象。

(8) 可拆卸的轴承在清洗后必须按原组装位置组装，不准混淆或颠倒。

(9) 轴承装配后，应能均匀灵活地回转。在正常工作情况下，轴承温升不得大于 50℃，最高温度不得大于 80℃。

(三) 齿轮传动机构的装配

圆柱齿轮传动机构的装配是先将齿轮装在轴上，再把齿轮轴组件装入箱体。

1. 齿轮与轴的装配

(1) 在轴上空套或滑移的齿轮，与轴的配合为间隙配合，装配前应检查孔与轴的加工尺寸是否符合配合要求。

(2) 在轴上固定的齿轮，与轴的配合多为过渡配合，有少量过盈以保证孔与轴的同轴度。当过盈量不大时，可采用手工工具压入；当过盈量较大时，可采用压力机压装；过盈量很大时，则需采用温差法或液压套合法压装。压装时应尽量避免齿轮偏心、歪斜和端面未贴紧轴肩等安装误差，如图 2-1-8 所示。

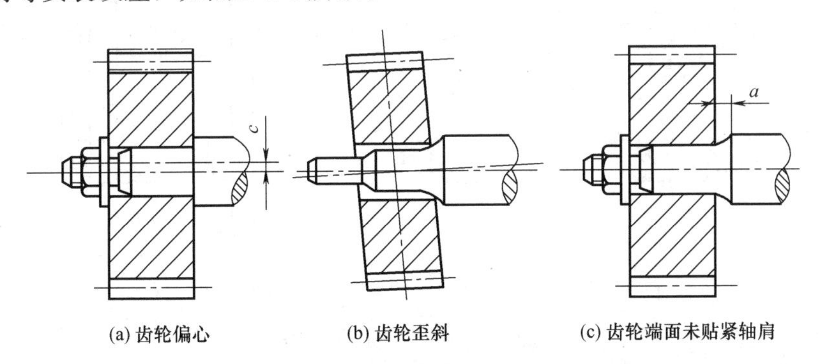

(a) 齿轮偏心　　(b) 齿轮歪斜　　(c) 齿轮端面未贴紧轴肩

图 2-1-8　齿轮在轴上的安装误差

(3) 齿轮在轴上装好后，对精度要求高的应检查齿轮的径向跳动量和端面跳动量，检查径向跳动的方法如图 2-1-9 所示。在齿轮旋转一周后，百分表的最大读数与最小读数之差，就是齿轮的径向跳动量。

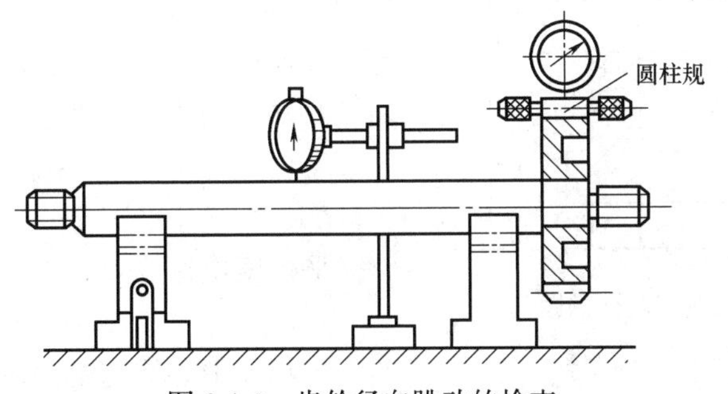

图 2-1-9　齿轮径向跳动的检查

(4) 检查端面圆跳动误差的方法，如图 2-1-10 所示。

1) 用顶尖将轴顶起。

2) 将百分表的测头抵在齿轮的端面上。

3) 转动轴就可以测出齿轮端面圆跳动误差。

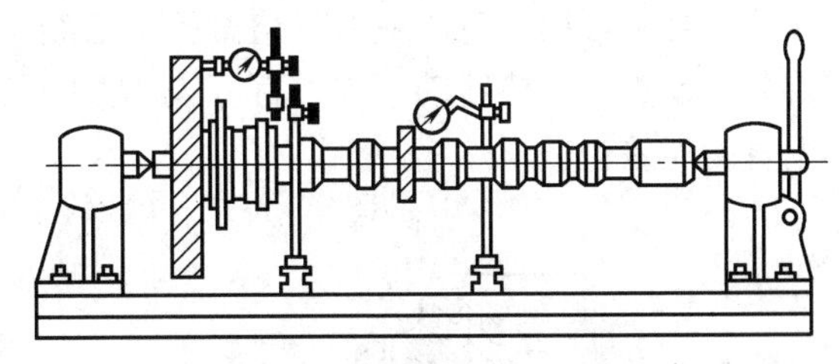

图 2-1-10　齿轮端面跳动的检查

(5) 箱体孔距检验，如图 2-1-11 所示。

2. 齿轮轴装入箱体检查

齿轮轴装入箱体，对箱体进行的检查包括：孔距、孔系（轴系）平行度、孔轴线与基面距离尺寸精度和平行度、孔中心线与端面垂直度、孔中心线同轴度。

(1) 孔距

相互啮合的一对齿轮的安装中心距是影响齿侧间隙的主要因素。箱体孔距的检验方法如图 2-1-11 (a) 所示，用游标卡尺分别测得 d_1、d_2、L_1、L_2，然后计算出中心距 A。

(2) 孔系（轴系）平行度

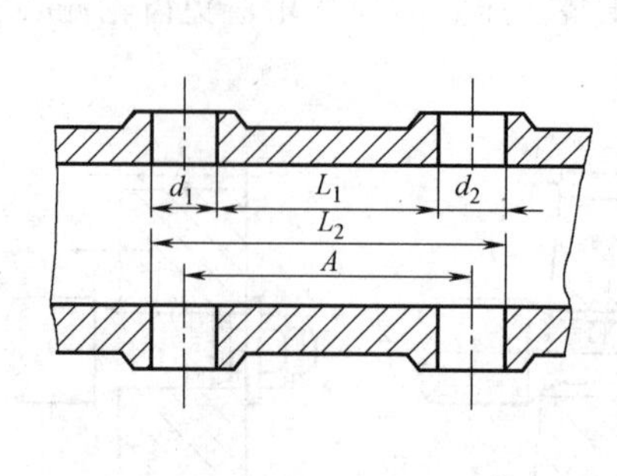

(a) 用游标卡尺测量

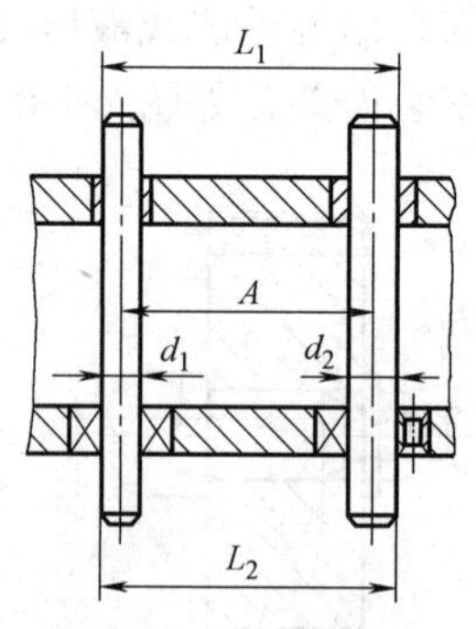

(b) 用游标卡尺和心棒测量

图 2-1-11　箱体孔距检验

孔系平行度影响齿轮的啮合位置和面积。检验方法如图 2-1-11（b）所示。分别测量心棒两端尺寸 L_1 和 L_2，L_1-L_2 就是两孔轴线的平行度误差值。

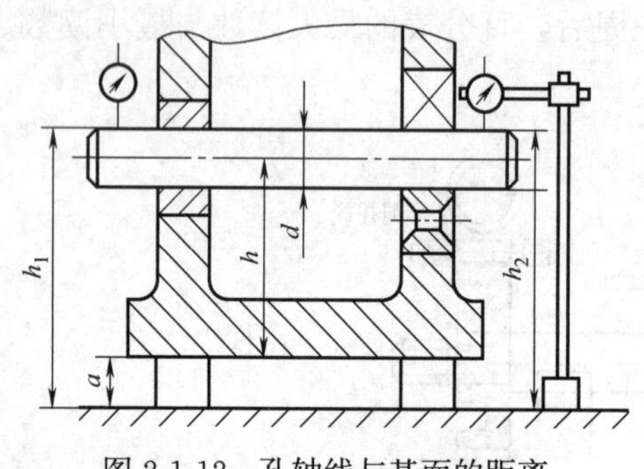

图 2-1-12　孔轴线与基面的距离尺寸精度和平行度检查

(3) 孔轴线与基面距离尺寸精度和平行度

如图 2-1-12 所示，箱体基面用等高垫铁支承在平板上，心棒与孔紧密配合。用高度尺（量块或百分表）测量心棒两端尺寸 h_1、h_2，则轴线与基面的距离 h 为：

$$h=\frac{h_1-h_2}{2}-\frac{d}{2}-a \tag{2-1-1}$$

平行度偏差为：

$$\Delta=h_1-h_2 \tag{2-1-2}$$

(4) 孔中心线与端面垂直度

如图 2-1-13（a）所示，是将带圆盘的专用心棒插入孔中，用涂色法或塞尺检查孔中心线与孔端面垂直度。图 2-1-13（b）是用心棒和百分表检查，心棒转动一周，百分表读数的最大值与最小值之差，即为端面对孔中心线的垂直度误差。

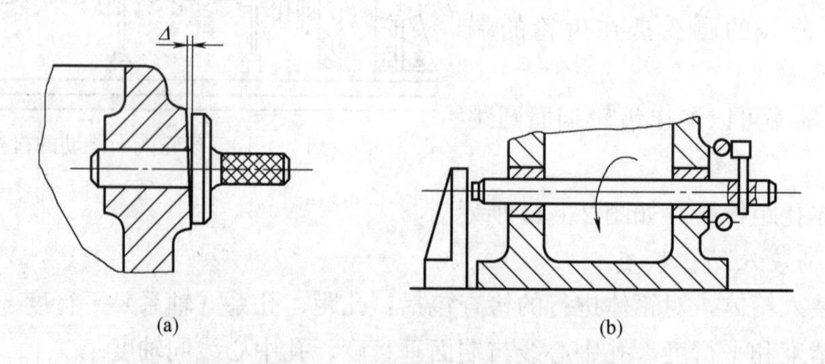

图 2-1-13　孔中心线与端面垂直度误差的检验

(5) 孔中心线同轴度

图 2-1-14（a）所示为成批生产时，用专用心棒检验；图 2-1-14（b）所示为用百分表及心棒检验，百分表最大读数与最小读数之差的一半为同轴度误差值。

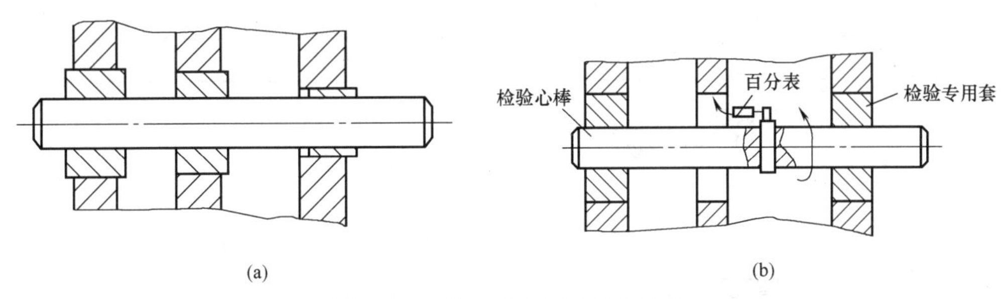

图 2-1-14　孔中心线同轴度的检查

3. 齿轮啮合质量的检验

齿轮啮合质量的检验包括齿侧间隙和接触精度。

(1) 齿侧间隙的检查

检验方法是压铅丝法。如图 2-1-15 所示，在齿宽两端的齿面上，平行放两条直径约为齿侧间隙 4 倍的铅丝（宽齿应放置 3～4 条），铅丝的长度不应小于 5 个齿距，转动啮合齿轮挤压铅丝，铅丝被挤压后一段铅丝的两处最薄处的厚度尺寸之和是该处的齿侧间隙。

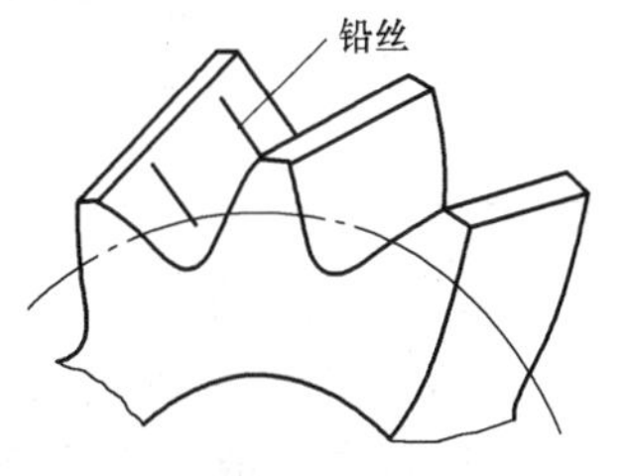

图 2-1-15　压铅丝法检验齿侧间隙

(2) 接触精度的检查

1) 一般传动齿轮在齿廓的高度上接触斑点不少于 30%～50%，在齿廓的宽度上不少于 40%～70%，其位置应在节圆处上下对称分布，影响接触精度的主要因素是齿形制造精度及安装精度。

2) 当接触位置正确而接触面积太小时，是由于齿形误差太大所致，应在齿面上加研磨剂并使两齿轮转动进行研磨，以增加接触面积。齿形正确而安装有误差造成接触不良的原因及调整方法见表 2-1-1。

渐开线圆柱齿轮由安装造成接触不良的原因及调整方法　　表 2-1-1

序号	接触斑点	原因分析	调整方法
1	正常接触	—	—
2		中心距太大	可在中心距允差范围内刮削轴瓦或调整轴承座
3		中心距太小	
4	同向偏接触	两齿轮轴线不平行	

续表

序号	接触斑点	原因分析	调整方法
5	异向偏接触	两齿轮轴线歪斜	可在中心距允差范围内刮削轴瓦或调整轴承座
6		两齿轮轴线不平行且轴线歪斜	
7	游离接触（在整个齿圈上接触区，由一边逐渐移至另一边）	齿轮端面与回转中心不垂直	检查并校正齿轮端面与回转中心的垂直度
8	不规则接触（有时齿面一个点接触，有时在端面边线上接触）	齿面有毛刺或有碰伤隆起	去除毛刺，修正

（四）密封件装配

1. 密封垫片装配的要求

（1）根据图纸工艺要求及工作压力，工作温度、密封介质的性质、接合面的结构形状和表面情况选用各种密封垫片。

（2）安装垫片部位与垫片表面应清理干净。

（3）密封垫片外径应比密封面外径稍小，垫片内径应比密封面内径稍大，以免压紧后变形伸出。

（4）密封垫片安装部位及垫片表面不得划伤及损坏；不容许将垫片材料置于密封部位，用敲打方式配制垫片。

（5）紧固垫片的螺栓组按对称原则循环多次拧紧到规定扭矩。

（6）装在光滑面处的管道密封垫片，尤其是金属垫片，应注意保证与管道内径同心。

（7）窄的金属包芯垫片，应采取措施，如在联结面上设置凹窝，凹窝中的垫片可避免拧紧时芯料受压而损坏垫片。

（8）液压胶管总成必须在规定的曲率半径范围内工作，应避免急转弯，弯曲半径不得超过最小允许值，最小允许弯曲半径根据不同胶管规格确定，推荐弯曲半径 $R \geqslant (9 \sim 10)D$（D 为软管外径）。并且胶管弯曲时应在大于其直径 1.5 倍长度的位置开始弯曲，同时应装有折弯保护。

（9）采用正确合适的附件及连接件避免液压胶管总成的附加应力，如直接使用 45°或 90°过渡接头或管接头来布置液压胶管。

2. 填料密封的装配要求

（1）填料密封的类型、品种、规格、结构和装填的位置及数量等，应符合设计规定。

（2）碳化纤维、聚四氟乙烯和金属等混合物编织的密封填料，其编织花纹应均匀、平整，应无外露线头、跳线、缺花和勒边等缺陷，表面应清洁、无污染物和杂质。

（3）填料的压缩率和回弹率，应符合相关质量标准的规定。

（4）填料箱或腔、液封环、冷却管路和压盖等应清洗洁净。

（5）金属包壳的单层填料密封圈，表面应平整、光洁，无裂纹、锈蚀和径向贯通的划痕；多层有切口的填料密封圈，其切口应切成45°的剖口，相邻两圈的切口应相互错开并大于90°。

（6）填料浸渍的乳化液或其他润滑剂应均匀饱满，并应无脱漏现象。

（7）填料压圈或压盖的压紧力应均匀分布，应无过紧使温度升高及运动阻滞或过松使泄漏超过规定的现象。

二、机械设备调整固定

（一）机械设备调整

1. 设备调整的主要内容和找正的依据

（1）设备调整的主要内容

1）设备找正。主要是找中心、找标高、找水平。设备的找正可分初平和精平两步进行。

2）调整设备自身和相互位置状态。根据设备技术文件或规范要求的精度等级，调整设备自身和相互位置状态，使安装技术指标均达到规范要求。

（2）设备找正的依据

一是设备基础上的安装基准线（图 2-1-16）；二是设备本身上划出的中心线，即定位基准线。

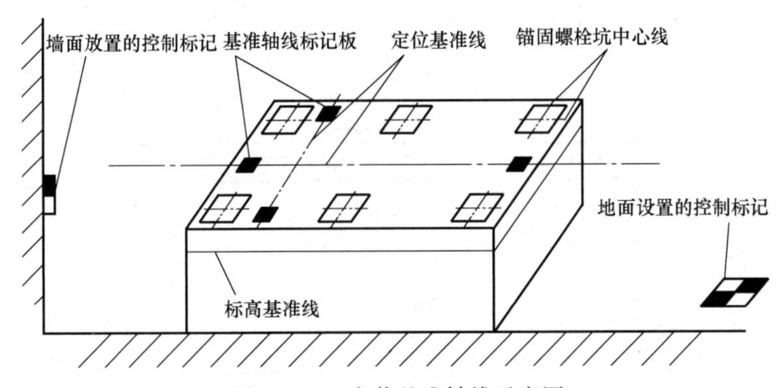

图 2-1-16 安装基准轴线示意图

2. 设备的初平

（1）设备初平的要求

1）设备的初平主要是初步找正设备中心位置、标高位置和水平度。

2）通常设备初平与设备的吊装、就位同时进行，即设备吊装就位时要安放垫铁、安装地脚螺栓，并对设备初步找正。

3）其找正、调平应在确定的测量位置上进行检验，且应做好标记，精平调整、复检时应在原来的测量位置。

（2）测量位置的确定

设备的找正、调平的测量位置，当设备技术文件无规定时，宜在下列部位中选择：

1）设备的主要工作面（如铣床工作台、辊道辊子的圆柱表面等）。

2）支承滑动部件的导向面。

3）部件上加工精度较高的表面（如锻锤砧座的上平面等）。

4）设备上应为水平或垂直的主要轮廓面（如容器外壁等）。

5）连续输送设备和金属结构上，宜选在主要部件可调部位的基准面，相邻两测点间距离不宜大于 6m。

3. 安装精度的控制

（1）设备安装时，安装精度的偏差，宜偏向下列方面：

1）能补偿受力或温度变化后所引起的偏差（如龙式机床的立柱只许向前倾）。

2）能补偿使用过程中磨损所引起的偏差，以提高使用寿命（如车床导轨只许中间凸起）。

3）不增加功率消耗。

4）使运转平稳。

5）使机件在负荷作用下受力较小。

6）使有关的机件更好地连接配合。

7）有利于被加工件的精度控制。

8）有利于抵消摩擦面间油膜的影响。

（2）水平度的调整要求：

1）在较小的测量面上可直接用水平仪检测，对于较大的测量面应先放上水平尺，然后用水平仪检测，如图 2-1-17 所示。平尺与测量基准面之间应擦干净，并用塞尺检查间隙，接触应良好。

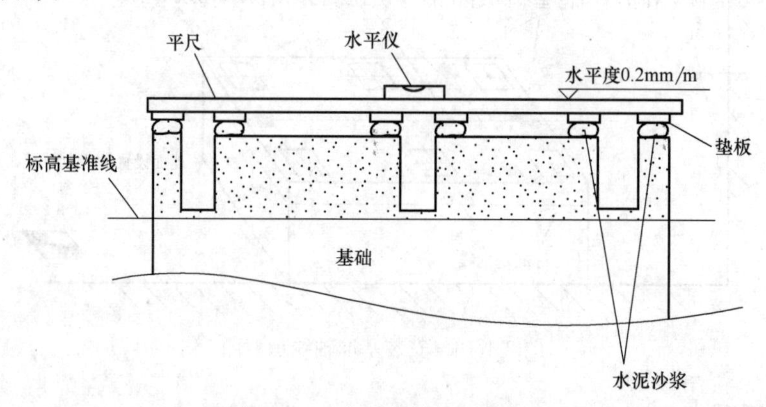

图 2-1-17 水平度的调整示意图

2）在两个高度不同的加工面上用平尺测量水平度时，应在低的平面上垫放块规或特制垫块。

3）在有斜度的测量面上测量水平度时，应用角度水平器或用精确的样板或垫铁。

4）在滚动轴承外套上检查水平度时，轴承外套与轴承座间不得有“夹帮”现象。

5）水平仪在使用时应正反各测一次，以纠正水平仪本身的误差，天气寒冷时，应防止灯泡接近人或人的呼吸等热度影响水平的误差。

6）找正设备的水平度所用水平仪、平尺等、必须校验合格。

(3) 用拉线法找中心时，应符合下列要求：

1) 拉紧力应为线材拉断力的 30%～80%。在水平方向拉线测量同轴度时(图 2-1-18)，拉紧力应取较高的数值。

2) 线不得有打结、弯圈等不直现象。

3) 所用的钢丝直径应为 0.3～0.8mm。

4) 测量时，附近有振动严重的设备应暂停使用。

5) 线拉好后，宜在线上悬挂彩色纸条等标记，以防碰断。

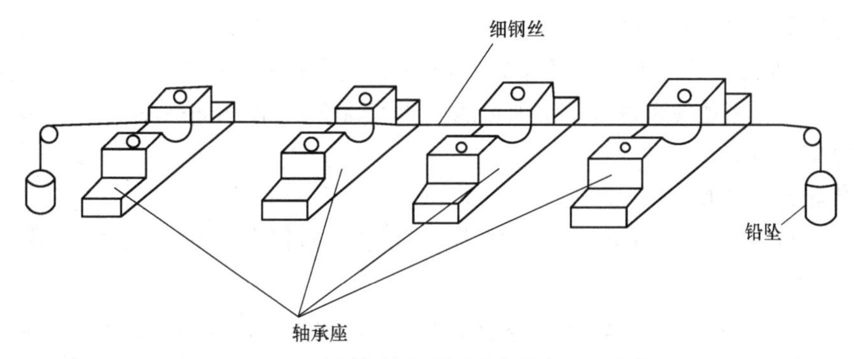

图 2-1-18 拉线法测量同轴度的方法示意图

(4) 用吊线锤测量时（图 2-1-19)，应符合下列要求：

1) 室外测量时，应注意风向，风力过大时，不宜测量。

2) 线锤的线应纤细而柔软，利用线锤的尖对准设备表面上的中心点。

3) 用线锤找垂直度和找中心时应避免线锤摇摆。

4) 线锤的线不得打结，线锤的几何形体要规正，重量要适当（1～3kg)。

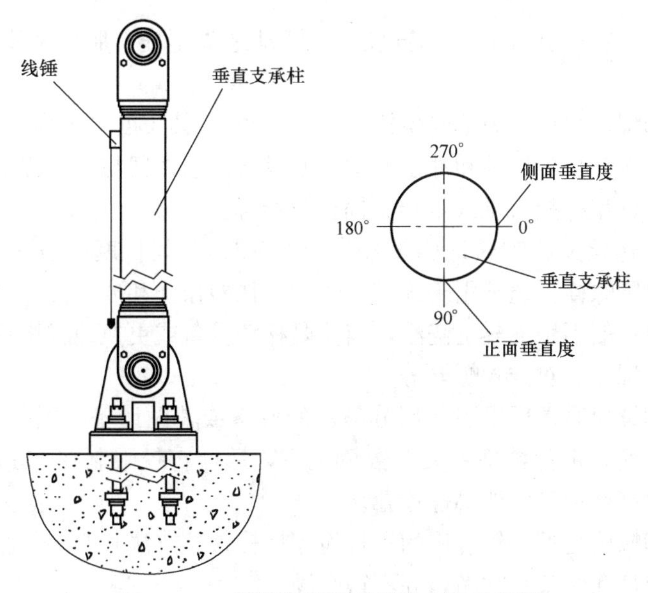

图 2-1-19 用线锤找垂直度的方法示意图

(5) 新技术的应用：

设备安装中，所有位置精度项和部分形状精度项，涉及误差分析、尺寸链原理及精密测量技术，目前随着激光对中技术和计算机自动检测技术在安装技术上的应用，安装精度得到大幅度提高。

4. 设备的精平

（1）设备精平的要求

1）在初平的基础上（地脚螺栓已灌浆固定，混凝土强度不低于设计强度的75%）进行设备精平。

2）对设备的中心位置、标高、水平度、垂直度、平面度、同轴度等进行检测和调整，使它完全达到设备安装规范的要求。

3）对设备进行最后一次检查调整，使设备安装质量进一步提高。在初平的基础上，对设备主要部件的相互关系进行规定项目的检测和调整，如大型精密机床、气体压缩机和透平机等的检查调整。

（2）设备定位要求

设备定位基准的面、线和点对安装基准线的平面位置及标高的允许偏差应符合表2-1-2的要求。

定位基准的面、线和点对安装基准线的平面位置及标高的允许偏差　　表2-1-2

项次	项目	允许偏差(mm)	
		平面位置	标高
1	与其他设备无机械联系时	±5	（+20，−10）
2	与其他设备有机械联系时	±2	±1

（二）地脚螺栓

1. 分类

（1）地脚螺栓一般可分为固定地脚螺栓、活动地脚螺栓、胀锚地脚螺栓和粘接地脚螺栓。

（2）固定地脚螺栓又称为短地脚螺栓（图2-1-20），其长度一般为300～1000mm，通常用来固定工作时没有强烈振动和冲击的中小型设备，它往往与基础浇灌在一起。如直钩螺栓、弯折螺栓、U型螺栓、爪式螺栓、锚板螺栓等。

（3）活动地脚螺栓又称为长地脚螺栓（图2-1-21），其长度一般为1000～4000mm，是一种可拆卸的地脚螺栓。通常用来固定工作时有强烈振动和冲击的重型设备，安装活地脚螺栓的螺栓孔内一般不用混凝土浇灌，当需要移动设备或更换地脚螺栓时较方便。如T型头螺栓、拧入式螺栓、对拧式螺栓等。

（4）胀锚地脚螺栓通常用以固定部分静置的设备或辅助设备（图2-1-22），胀锚地脚螺栓施工简单、方便，定位精确；大多数情况下，螺栓直径限制在25mm以下，并且要求在混凝土上打出高度精确的地脚螺栓孔。

（5）粘接地脚螺栓是近些年应用的一种地脚螺栓，其方法和要求与胀锚地脚螺栓基本相同。在粘接时应把孔内杂物吹净，并不得受潮。

2. 地脚螺栓的形式和规格要求

地脚螺栓的形式和规格应符合设备技术文件或设计规定，如无规定时，地脚螺栓的直径一般可按设备的地脚螺栓孔径小2～4mm，长度可按下式计算：

$$L=15D+S \tag{2-1-3}$$

式中　L——地脚螺栓总长度，mm；

D——地脚螺栓的直径，mm；

S——垫铁高度、设备底座高度、垫圈和螺母厚度以及预留螺距 1.5～5 扣长度的总和，mm。

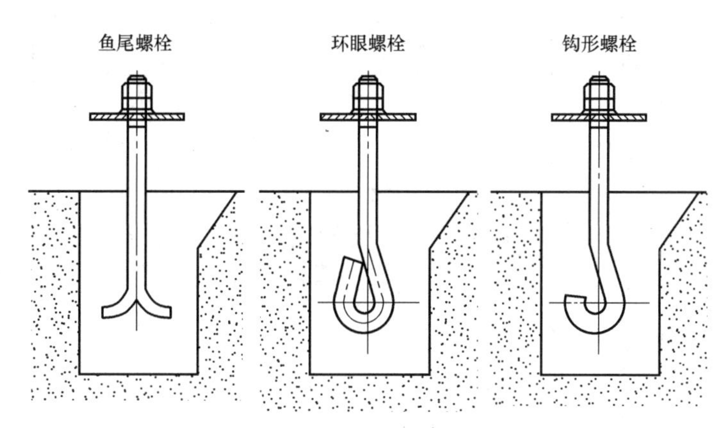

图 2-1-20　固定地脚螺栓示意图

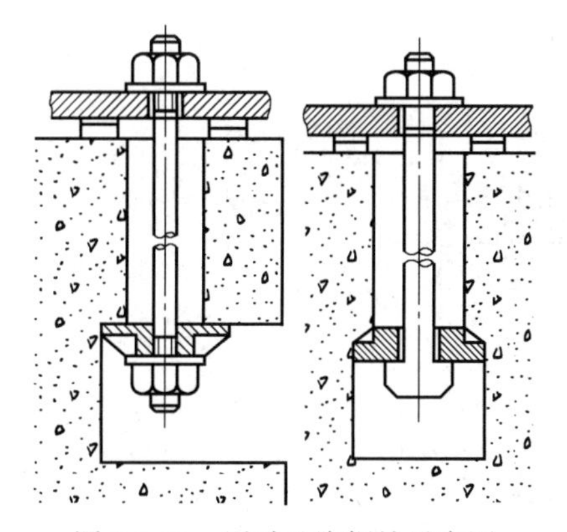

图 2-1-21　活动地脚螺栓示意图

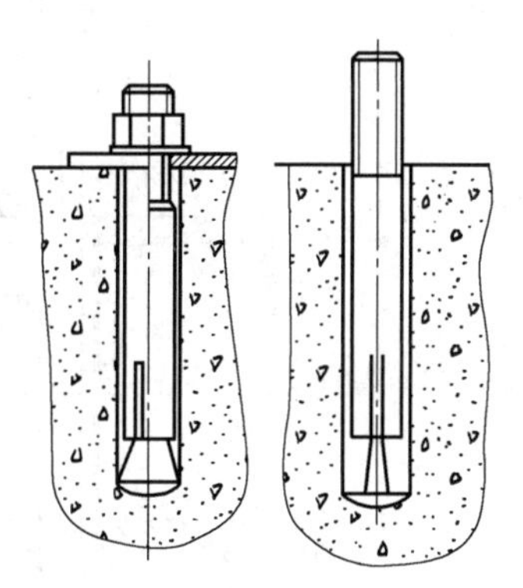

图 2-1-22　胀锚地脚螺栓示意图

（三）灌浆

1. 设备灌浆分类

（1）一次灌浆

在设备初平后，对地脚螺栓进行的灌浆。灌浆应采用比基础高一级的水泥。

（2）二次灌浆

在设备精找正后，对设备底座和基础间进行的灌浆。

2. 一次灌浆法

（1）在浇灌设备基础时，同时也将地脚螺栓灌浆，这种方法称为一次灌浆法，如图 2-1-23 所示。

（2）一次灌浆法的优点是地脚螺栓与混凝土的结合牢固，程序简单，其缺点是设备安装时不便于调整。

（3）灌浆时，要将预埋混凝土部分螺栓表面的锈垢、油质除净，以保证地脚螺栓与混凝土牢固结合。

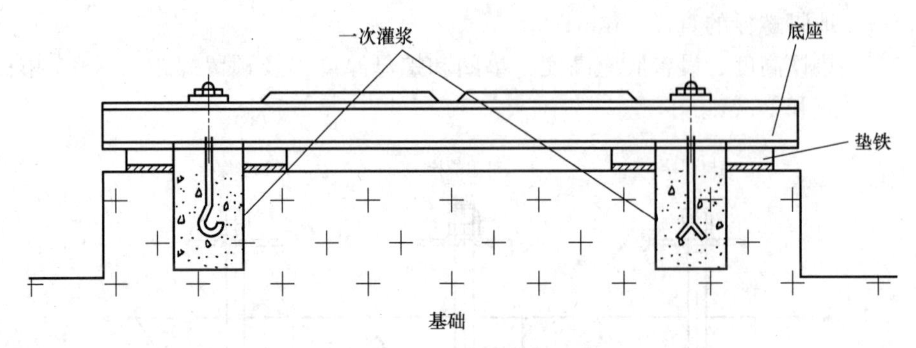

图 2-1-23　一次灌浆示意图

3. 二次灌浆法

（1）进行二次灌浆的时间

在设备的标高、中心、水平度以及精平中的各项检测完全符合技术文件要求后，可进行二次灌浆，如图 2-1-24 所示。

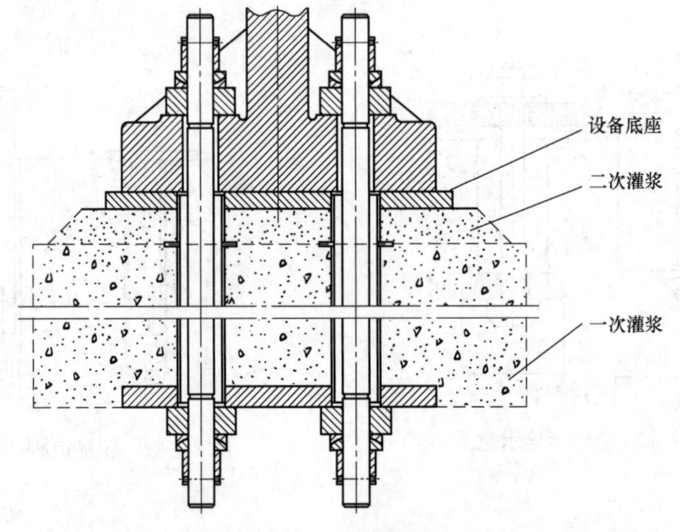

图 2-1-24　二次灌浆示意图

（2）二次灌浆的技术要求

1）灌浆一般宜采用细碎石混凝土或水泥浆，其强度等级比基础或地坪的混凝土等级高一级。

2）灌浆时应捣实，并不应使地脚螺栓倾斜和影响设备的安装精度。

3）当灌浆层与设备底座面接触要求较高时，宜采用无收缩混凝土或水泥砂浆。灌浆层厚度不应小于 25mm，如仅用于固定垫铁或防止油、水进入的灌浆层，且灌浆无困难时，其厚度可小于 25mm。

4）灌浆前应敷设外模板，外模板距设备底座面外缘的距离不宜小于 60mm，模板拆除后表面应进行抹面处理，当设备底座下不需要全部灌浆，且灌浆层需承受设备负荷时，应敷设内模板。

5）灌浆工作一定要一次灌完，安装精度要求高的设备二次灌浆，应在精平后24h内灌浆，否则应对安装精度重新检查测量。

4. 设备灌浆对安装精度的影响

（1）设备灌浆对安装精度的影响主要是强度和密实度。

（2）地脚螺栓预留孔一次灌浆、基础与设备之间的二次灌浆强度不够、不密实，会造成地脚螺栓和垫铁松动，引起安装偏差发生变化，从而影响设备安装精度。

三、机械设备解体安装

活塞式压缩机分体组装、拆洗：

1. 机身的安装找正

（1）机身的安装主要是指机身在混凝土基础的就位，如图2-1-25所示。

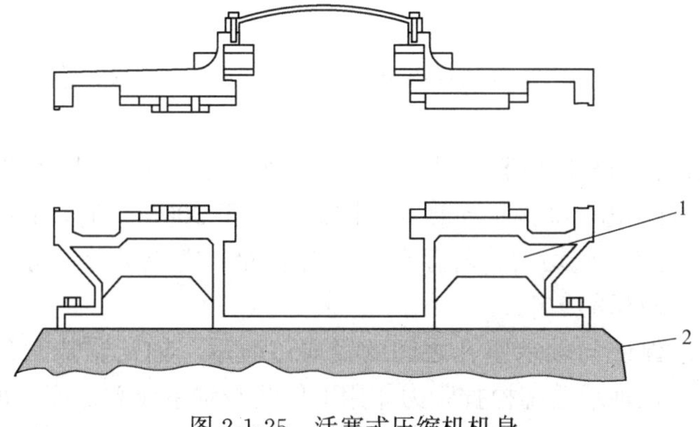

图2-1-25　活塞式压缩机机身

1—机身；2—混凝土基础

（2）机身就位前必须进行煤油试漏检查。

（3）机身找正主要是指机身相对于混凝土基础的横向、纵向位置及水平度符合相关要求。

（4）活塞式压缩机安装标高以曲轴轴线定位，由垫铁调整。垫铁布置的方法主要有压浆法和坐浆法，因斜垫铁调整高度限制，宜使用坐浆法，使用水准仪控制基准垫铁顶面标高，各组垫铁顶面标高差应控制在0.5mm以内。

（5）大型机身箱体上开口处一般配置有撑梁，用于防止吊装时箱体变形。吊装前应将撑梁与机身箱体对号稳固安装固定。吊装应按设备规定的吊点着力。用起重设备吊起机身，平稳地坐落在已经放好垫铁和千斤顶的基础上，预装好地脚螺栓，根据地脚螺栓位置和中心线，用千斤顶找正机身。机身上的各中心线与基础上对应的定位中心线允许偏差和标高允许偏差均为±5mm。

2. 曲轴安装

曲轴主要包括通油孔、曲柄销（曲拐颈）、曲柄、过渡圆角、主轴颈、键槽、轴端，如图2-1-26所示。曲轴与机体的安装主要是通过轴瓦来固定的，安装要求如下：

（1）曲轴多使用薄壁瓦。轴瓦安装前应检查瓦面，有裂纹、夹渣、气孔、斑痕等缺陷

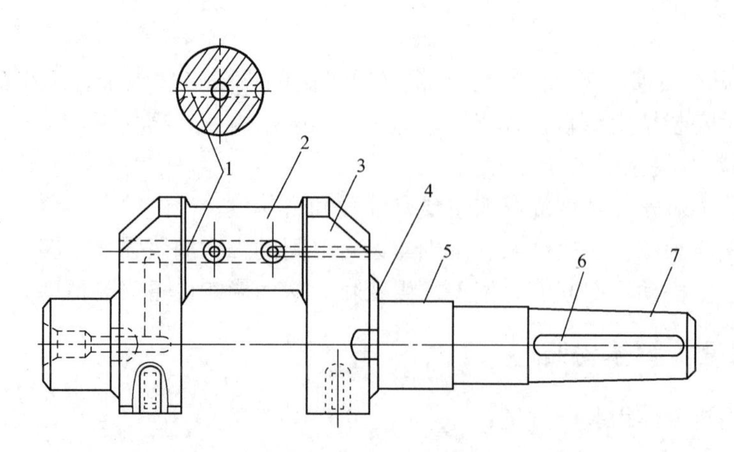

图 2-1-26　曲轴结构图

1—通油孔；2—曲柄销（曲拐颈）；3—曲柄；4—过渡圆角；5—主轴颈；6—键槽；7—轴端

的轴瓦不得使用。

（2）轴瓦安装前应清洗机身内油道并用压缩空气吹净。安装应保证轴瓦油孔对正瓦窝油孔。

（3）薄壁瓦的瓦背与瓦座应紧密贴合。当轴瓦外圆直径小于或等于 200mm 时，其接触面积不应小于瓦背面积的 85%；当轴瓦外圆直径大于 200mm 时，其接触面积不应小于瓦背面积的 70%，且接触应均匀。若存在不贴合表面，则应呈分散分布，且其中最大集中面积不应大于瓦背面积的 10%。

（4）轴瓦安装应保证与轴承座孔之间的径向过盈量。轴瓦制造时预留有半圆周向余量，用于装配时保证在轴承盖螺栓拧紧力作用下使瓦与轴承座孔之间适度的径向过盈。因此，轴瓦的测量高出度应按设备说明书的规定严格控制。

（5）主轴落稳后，对主轴的安装检查和调整主要包括以下内容：主轴水平度测量、主轴颈与下轴瓦接触检测、曲柄销与主轴颈平行度检测、曲轴与中体垂直度检测、曲柄开度检测、轴瓦间隙的测量与调整、滑动轴承轴向间隙的调整。

3. 中体、气缸安装

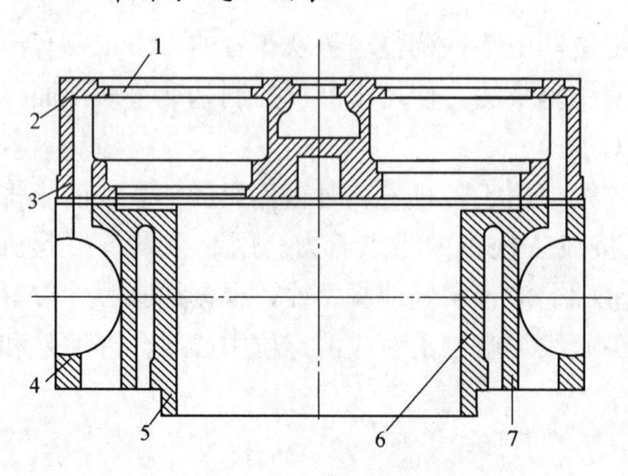

图 2-1-27　气缸的构造

1—气缸盖阀室；2—气缸盖；3—橡胶石棉垫；4—气缸；5—气缸突肩；6—气缸镜面；7—气缸装置面

气缸的主要构造如图 2-1-27 所示。中体、气缸的安装要求如下：

（1）安装前检查气缸质量证明文件。主要有材料化学成分分析报告、机械性能试验报告、硬度检测报告、无损检测报告、水压试验报告及合格证等。

（2）安装前检查气缸的实体质量。主要包括：整体应无裂缝和孔洞等缺陷；气缸镜面不允许存在斑痕、划痕和擦伤等现象；气缸内壁镜面和所有与其他零部件安装连接的表面，加工质量均应达到设计和有关标准的粗糙度要求。

（3）安装前，应清洗和检查各级气缸，各级气缸水套应进行水压试验。试验压力按设备技术文件要求执行。

（4）活塞式压缩机的气缸与中体或机身多采用止口和定位销连接定位，安装前应仔细清洗检查。气缸安装后，调节气缸支撑，同时暂时对称均匀把紧螺栓。

（5）为保证压缩机运行平稳性和持久性，对气缸与十字头滑道的中心线进行对中检测与调整。对中检测测量，可采用拉钢丝找正法、光学准直仪找正法、激光准直仪找正法等。

（6）测量以十字头滑道中心线为基准，气缸与十字头滑道同轴度应符合设备安装说明书的规定，无规定时应符合表 2-1-3 的要求。

气缸与滑道同轴度　　　　**表 2-1-3**

气缸直径(mm)	径向位移(mm)	轴向倾斜(mm/m)
$D\leqslant100$	0.05	0.02
$100<D\leqslant300$	0.07	0.02
$300<D\leqslant500$	0.10	0.04
$500<D\leqslant1000$	0.15	0.06
$D>1000$	0.20	0.08

（7）把紧螺栓后需重新精铰定位销孔。

气缸安装精度经检测符合要求后，对修刮止口的连接面，应在把紧螺栓后重新精铰定位销孔。

在中体与机身、气缸与中体间的定位孔打上定位销后，按照设备说明书要求的拧紧力矩对称均匀拧紧连接螺栓。

4. 连杆安装

（1）连杆的组成

连杆主要包括大头、小头、杆体、连杆螺栓、螺母、轴套、大头盖、大头瓦，如图 2-1-28 所示。其作用是将曲轴的圆周运动转变成十字头或活塞的往复运动，并将曲轴的动力传给气缸内的活塞，以进行气体的压缩工作。

（2）连杆的安装

连杆的安装包括大头与曲轴销的装配、小头与十字头或活塞的装配。

连杆大头装配：安装时检查连杆体侧的瓦油孔，应与连杆体油孔对正。安装后的检测参数有径向间隙、轴向间隙和接触情况。

连杆小头装配：连杆小头轴套应有合适的径向间隙，并应符合相应技术文件规定。

5. 十字头安装

十字头的组成主要包括十字头体、固定螺栓、防松垫片等，如图 2-1-29 所示。其主要作用是连接活塞与连杆，它的一端通过十字头销与连杆小头连接，另一端与活塞杆连接，从而推动活塞做往复活动并起导向作用和承受连杆运动产生的侧向力。十字头安装要求如下：

（1）安装前将十字头清洗干净。对出厂时已于中体对号标注的十字头，应与中体对号装配，并分清十字头上下承压面。

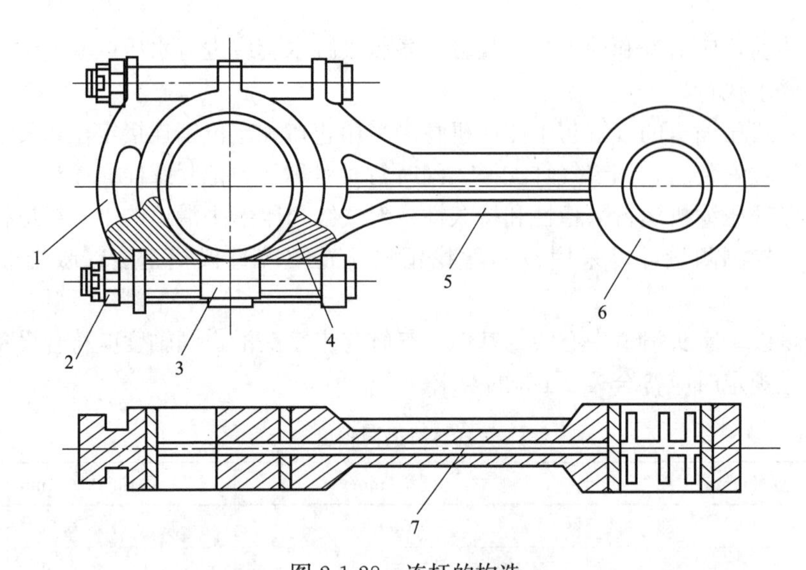

图 2-1-28　连杆的构造

1—大头盖；2—螺母；3—连杆螺栓；4—大头；5—杆体；6—小头；7—杆体油孔

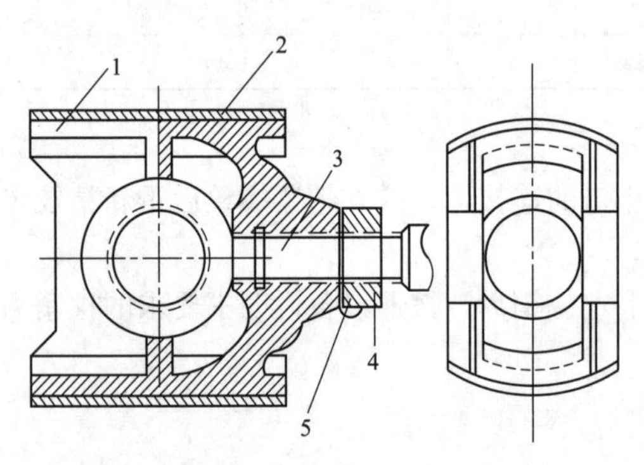

图 2-1-29　十字头构造

1—十字头体；2—巴氏合金层；3—活塞杆；4—螺帽；5—防松垫片

（2）对于浇有轴承合金的滑履，应检查上下滑履轴承合金层质量。

检查方法：将十字头放入中体滑道上往复拖动，用涂色法检查滑履工作面与滑道的接触情况，其接触点应在滑履中部均匀分布，面积不少于50%。

（3）十字头装入中体滑道后，在位于滑道前、中、后三个位置，用塞尺测量上承压面与滑道的四周间隙，各位置的四周间隙应均匀，并符合设备说明书的要求。

6. 填料和刮油器

（1）填料

填料是阻止压缩机气缸内被压缩的气体通过活塞杆与气缸盖之间的间隙向外泄漏的装置，安装在双作用气缸的活塞杆一侧。

填料通常由导向套、填料盒、密封环、预紧弹簧、定位销、填料盒盖和连接螺栓等零件组成，称为填料函。填料函组件中密封环是重要的密封元件，按密封环结构形式分为平面形和锥面形两类。

（2）刮油器

刮油器的主要组成部分是刮油环，其主要作用是利用其内安装的刮油环刮去在润滑十字头滑道时活塞杆携带的润滑油，防止润滑油被带入汽缸和填料中，同时刮油环还可以起到防止从填料函泄漏出来的气体漏到曲轴箱的作用。

7. 活塞组件安装

活塞组件主要由活塞、活塞杆和活塞环三部分组成。活塞按结构形式有筒形、实体、鼓型、级差式和柱塞等形式，筒形活塞结构如图 2-1-30 所示。

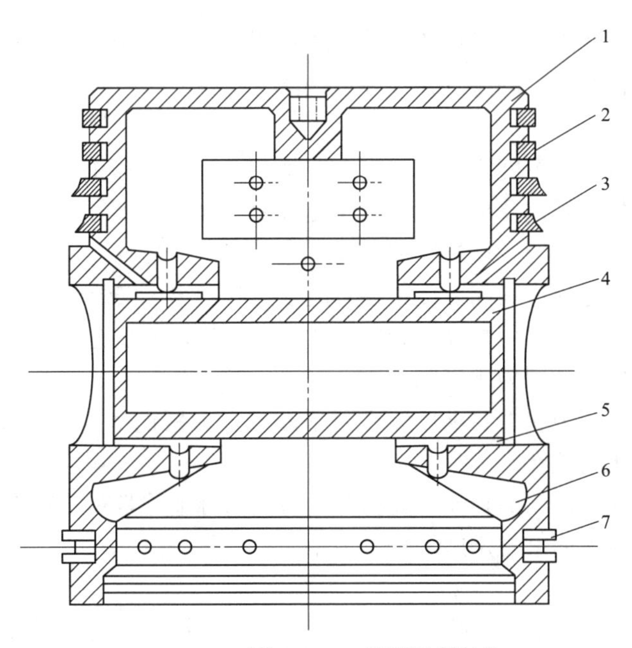

图 2-1-30　筒形活塞结构

1—活塞；2—活塞环；3—刮油环；4—活塞销；5—衬套；6—布油环；7—油环

安装要求如下：

(1) 活塞杆用于连接活塞和十字头，一般采用 35 号、40 号优质碳素钢，与填料配合部分采用表面淬火；高压及有一定腐蚀性气体时，采用 42CrMo、38CrMoAlA 等材料，表面淬火或氮化处理。

(2) 活塞环用来密封气缸工作面与活塞之间的间隙，它镶嵌在活塞环槽内。工作时外缘紧贴气缸镜面，背向高压气体一侧的端面紧压在环槽上，由此阻塞间隙和密封气体。活塞环材料有铜合金、铸铁、增强聚四氟乙烯、PEEK 材料等，也有在金属环外缘镶嵌耐磨材料的结构。

(3) 活塞与活塞杆的装配应按照说明书和装配图的要求进行。清洗活塞和活塞杆并进行外观质量检查。有无油要求的应进行脱脂。活塞与活塞杆的组装定位依靠活塞杆凸肩和紧固螺母的端面，有时还包括紧固螺母外圆柱面，定位面的接触应均匀，安装后应检查活塞与活塞杆的锁紧装置。

(4) 活塞环与活塞安装前，应检查翘曲度、在活塞环槽内的侧间隙与沉入量、自由状况的开口间隙；在气缸内应检查安装状态的开口间隙，在气缸内的前、中、后三个位置上检查活塞环与气缸镜面贴合的严密度，均应符合设备技术文件或相关技术标准的规定。活塞环在活塞上的安装，活塞环的开口位置应等分均匀错开，并应避开气缸阀腔孔位置。非金属活塞环、支承环安装时，还应符合产品技术文件的规定。

(5) 活塞组件装入气缸时，应在活塞环开口的对侧和开口两侧施力，使活塞环压入环槽。施力点应垫软垫以防止损伤活塞环表面，活塞杆与十字头不得强行加力对中，活塞杆与十字头连接预紧后，应检测活塞杆的水平和垂直方向的径向跳动。

8. 气阀安装

活塞压缩机气阀一般都使用自动阀，有环状阀、网状阀、蝶形阀、菌形阀等多种形式，用以满足不同的使用要求，但以环状阀和网状阀使用最为普遍。安装要求如下：

（1）气阀安装前应将阀片、阀座、弹簧等解体清洗检查。阀座密封面、阀片表面应无划痕、擦伤、锈蚀等缺陷。

（2）同一气阀的弹簧初始高度应相等，弹力应均匀，可将其压缩1～2次后测量其高度；根据设备说明书或相关规范要求，检查阀座与阀片贴合面的严密性。采用模拟压缩机工况进行气体泄漏性检验的气阀，现场安装时不再进行严密性检查。

（3）装配气阀时连接螺栓应紧固，锁紧装置应顶紧和锁牢。安装进、排气阀时位置不得反装。气阀装入气缸前，可以用竹片从阀的外侧顶动阀片，若是进气阀，则应从阀的外侧能顶开阀片，从外侧顶不开则为排气阀。

（4）安装气阀时应按照说明书要求放置密封垫圈（多为紫铜垫），装入压筒时必须让压筒竖筋对正阀盖上的压筒顶丝。

（5）扣阀盖时应将气阀压筒的顶丝预先松开，对角匀称地拧紧阀盖螺栓，然后再拧紧压筒顶丝。拧紧时应按照说明书规定施加拧紧力矩。

9. 润滑系统安装

（1）活塞压缩机的各个摩擦面，除采用自润滑材料外，都需要进行润滑。

（2）活塞压缩机一般设置曲轴连杆循环润滑系统与气缸填料注油润滑系统，实现对传动机构中的主轴承、曲轴的曲柄销、连杆的大、小头轴瓦、十字头销和滑道实施强制润滑。

（3）润滑系统一般由油池、稀油站、主油泵、辅助油泵、油路组成。油池应按照油温和油位就地指示仪表。油池最低位置装有放油阀，油路总吸油口应设有粗过滤器。

（4）主油泵用于压缩机正常工作，辅助油泵可用于压缩机启动前对润滑部位的预润滑，也可以在主油泵油压低于设定值时自启动。辅助油泵由独立电机驱动。润滑系统设有当油温超过和油压低于设定值时的报警及自动停机装置。

（5）压缩机的气缸、填料润滑采用多柱塞的注油器，按间隔、定量方式向各润滑点供油，是少油润滑方式。压缩机循环润滑系统常用机械油，而气缸、填料润滑系统需要根据工作条件选用不同油品，两个系统是独立的。

（6）润滑系统安装时，铜管用煤油清洗后，再用尼龙绳拴白布条拉擦去除氧化膜。焊接连接时可采用通氮保护。对碳素钢管一般要求进行酸洗、碱洗中和、清洗、干燥工序，清洗后用润滑油涂抹保护。润滑设备应根据说明书要求清洗干净。油管安装应尽可能选择近的路线，并尽量减少弯曲。安装应避免急弯和压扁。布置应整齐美观，并用管卡可靠固定。

四、大型模块建造技术

我国模块化建造技术从制造到安装取得了迅速发展。近年来，已从船舶和海洋工程领域中的模块化技术的开发应用，发展到陆地工厂，如大型炼油、燃气、冶炼等。随着模块运输车和吊装能力的提升，大型工业模块的建造也在迅猛的发展。因此，模块化建造技术的开发和研究具有很大的多样化潜力。

（一）大型工业模块特点与施工技术

1. 大型工业模块的特点

大型工业模块具有超大、超高、超重的特点。

2. 大型工业模块施工技术的实施

（1）系统功能进行集成，形成功能模块。

先将一个需要建设的大型工艺系统，按照系统功能进行集成，至少一个工艺功能集成在一个装置中，形成功能模块。

（2）完成各功能模块的建造。

选择一个工艺条件及生产环境较好的场地，完成各功能模块的异地建造。

（3）将建造好的所有功能模块运至安装现场。

（4）完成各功能模块的安装，形成一个所需的、完整的工艺系统。

3. 大型工业模块施工技术内容

大型工业模块施工技术包括：模块建造技术、模块搬运技术、模块海运技术、模块装（卸）船技术、模块起重技术、全站仪测量定位技术等。

4. 大型工业模块建造工艺流程

大型工业模块建造工艺流程如图 2-1-31 所示。

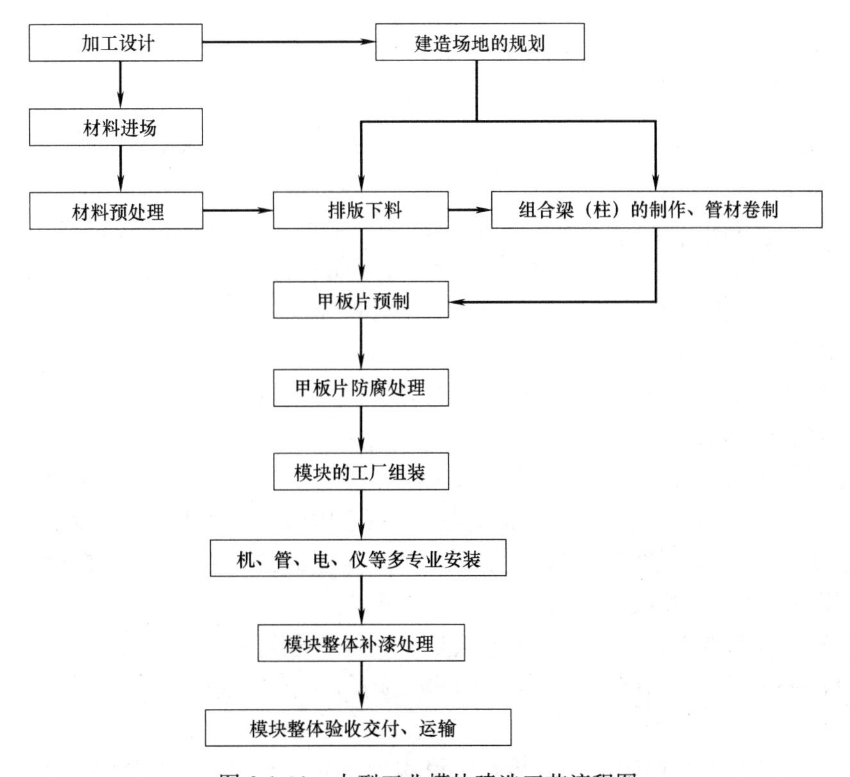

图 2-1-31　大型工业模块建造工艺流程图

（二）大型模块的预制、组立与设备安装技术要点

1. 加工设计

（1）采用 BIM 技术建立模块的三维信息模型，合理划分建造细分单元，是模块化建造的基础技术工作。

（2）通过加工设计细化每个杆件的制造图，通过对板材、型材的排版设计，实现下料阶段的材料节约。

（3）提供每一个制作单元（甲板片或立柱段等）的制作方案，进行杆件的安装顺序和焊缝的收缩余量设计、吊装方案设计等。

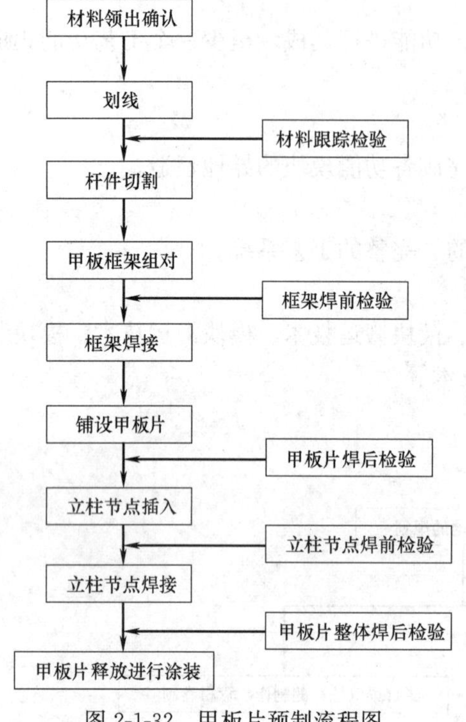

图 2-1-32　甲板片预制流程图

2. 甲板片预制流程

甲板片预制流程如图 2-1-32 所示。

（1）材料领出确认

材料领出确认工作是为了保证项目使用的材料状态处于可控之中，主要工作是将材料的材质、规格、炉批号等信息使用无应力钢印固定在钢材表面，使材料在做预处理时不丢失信息。

（2）排料划线

1）对型钢材料按排版图进行排料，主框架的横梁尺寸考虑焊接收缩，根据横梁单件图，并考虑其在框架平面中的位置及与之相关的焊缝（与横梁相交的丁字焊缝也会引起横梁的收缩）。

2）在理论尺寸 L 的基础上加每条对接焊缝 2mm 收缩余量，每个接头留 1.5mm 余量用以打磨修整余量，横梁的下料划线尺寸为：L＋焊缝收缩余量＋打磨修整余量＋切割余量。

3）板材下料也应当严格按照排版图进行排料划线。

（3）组对

1）甲板片的组对又分正造和倒造，倒造时左后将甲板片吊装翻身扶正，正造是在临时垫墩上组装框架顺序安装即可。

2）框架组对时先安装主梁，先把大梁宽度方向的中心线和梁长度方向的线都划出弹线打上样冲，为以后安装提供方便，把划好中心线的横梁吊到垫墩上，用水准仪找平。

3）把要安装的横梁的安装位置线划好打磨，打磨安装位置的油漆和横梁端头的坡口，再吊上去找中心线、直角线，依此类推。

4）组对划线时要考虑预留焊接收缩余量，一般每遇到一个丁字接头放 1.5mm 余量，对接接头放 2mm 余量，所有余量不可用放大焊缝间隙的方法得到，应当靠横梁的实长保证。

5）划好线后切割打磨组装，组装时每根测量尺寸、水平、对角线等，以上尺寸都保证后再报检。

6）组对要求从甲板片中间的轴间进行组对，对称向两侧组对发展。

（4）焊前检验

1）框架组对完成后和立柱节点插入后都应做停点检验，要求在焊接前进行焊前尺寸检验和组对检验。

2）尺寸检验主要包括：对框架水平度、框架尺寸、对角线、立柱中心位置相对理论位置的偏移量、立柱节点垂直度、立柱节点插入高度控制尺寸等项检验。

3）尺寸测量检验时主要节点：

① 对框架进行测量是进行带余量尺寸测量。

框架组对完成，应留有焊接收缩余量。要求轴线接点位置加上过余量的理论位置偏移，控制在3.2mm，两对角线差值小于6mm；水平度偏差控制在3mm内；在框架上设置十字基准线，测量完成后分析各测量点相对于十字线的尺寸偏差。框架组对尺寸尽量要求偏大一些，有利于尺寸的保证。

② 立柱插入后的焊前尺寸报验检验。

基准十字线是测量的基础。立柱插入后，立柱中心点相对理论尺寸位置偏差应控制在3.2mm，柱子下端的测点到甲板片梁上面的尺寸偏差控制在3.2mm，柱子中心对角线差值控制在6mm内。

4）测量检验的检具：全站仪、水准仪、经纬仪、钢卷尺、弹簧秤、磁力线坠、角尺、曲尺，使用测量仪器进行测量。

（5）组对检验

1）组对的检验在杆件组对完成后，焊接之前组对点焊完成后，不允许进行焊接，应做组对的停检，然后进行焊接。组对报验是对结构组对完成的坡口进行检验，主要检查坡口的组对情况。

2）打磨质量要求：焊缝单侧打磨宽度25～30mm，对于板厚大于30mm的板，焊缝单侧打磨宽度50mm，打磨应去除焊缝内的油漆、铁锈、油污、焊渣、飞溅、坡口切割时产生的黑色氧化皮、切割产生的崩坑。

3）全熔透焊缝坡口间隙要求：要求2～4mm；角焊缝的组对要求尽量贴紧，若有间隙不应超过4mm。

4）引弧板的使用要求：引弧板应同材质、同厚度、坡口形式一致，组对间隙一致，尺寸大小为100mm×100mm，要求同样打磨，点焊长度为75mm。

5）明确采用的焊接工艺：WPS编号、焊工编号、焊口的NDT编号。

6）检验工具：焊缝尺、间隙尺、钢板尺、手电筒等。

7）检验项目：测量间隙大小、坡口角度是否符合。目检打磨质量是否合格。

（6）焊后检验

1）焊接完成后应立即进行焊接后的尺寸检验报验，焊后尺寸检验合格后，进入焊缝的外观检验和焊缝的NDT检验。

2）焊后尺寸检验：

在框架和立柱焊接完成后进行焊后尺寸报验检验。检验项目与焊前检验相同。

焊接后的尺寸报验测量值与理论值的偏差应在±6mm，对角线的差值小于6mm。

焊接后尺寸检验前，应做好永久尺寸测量用的中心十字线的标记。

焊后尺寸合格是甲板片释放的必要条件。

测量检验的检具：全站仪、水准仪、经纬仪、钢卷尺、弹簧秤、磁力线坠、角尺、曲尺，使用测量仪器进行测量。

3）焊后外观检验：

焊缝焊接完成后要求对焊缝进行外观报验。焊缝外观报验要求对焊接完成的焊缝进行外观打磨处理，对于焊缝的表面缺陷要求清理干净，焊缝表面不能有飞溅、药皮、焊渣、气孔、裂纹、咬边等。

外观成型应圆滑，焊缝加强高小于 3mm，焊道交接处不应有未熔合缺陷。

外观检验要求进行 UT 检验的焊缝，在焊缝单侧打磨 6 倍板厚的区域，以提供 UT 检查用；要求进行 RT 检验的焊缝，边缘应圆滑，有包角焊。

检查角焊缝的焊脚尺寸，使焊脚尺寸符合设计要求。对于全熔透的填角焊缝，焊缝表面的加强高为 $T_1/4\text{mm}$（T_1 为角焊缝的板厚）。

检验工具和检验方法：焊缝检验尺、钢卷尺、手电筒、小钢板尺。对焊缝进行测量和目检。

（7）甲板片的焊接

1）甲板片焊接应放在立柱节点插入前完成。

2）柱子安装前可以进行甲板片的安装，甲板片安装之前被甲板片遮蔽的焊缝应完成 NDT 检验并合格。

3）甲板片焊接应合理安排焊接顺序，先间断焊或退焊，后满焊，防止变形。

（8）甲板片的释放

焊后检验完成后，甲板片可以制作释放，进入喷涂作业，然后进入模块组立工序。

（三）模块总装工艺流程

模块总装工艺流程如图 2-1-33 所示。

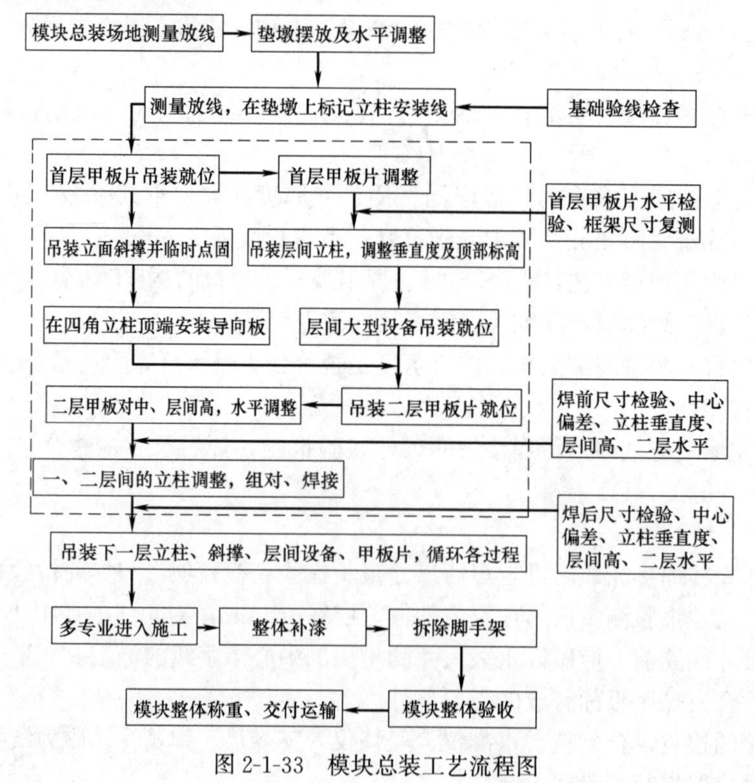

图 2-1-33　模块总装工艺流程图

1. 垫墩摆放

（1）垫墩基础

垫墩底部地面应平整，若在碎石地面摆放垫墩时，可以使用大沙或石粉进行基础面找平，注意不应太厚，控制在50mm找平层即可。

（2）垫墩安放

垫墩上平面应水平，垫墩之间的高差应控制在20mm内，以减少靴套的调平支垫。

（3）靴套摆放

垫墩摆放平整后，在垫墩上平面划线，定出靴套的准确位置，靴套的水平和标高可以使用斜垫铁进行调整。

2. 首层甲板片吊装就位

（1）安装定位导向块

为了保证首层甲板片的就位准确，在四角的脚靴上安装定位导向块。定位导向块与立柱之间应留适当的间隙，控制在6mm。

（2）甲板片吊装就位

在甲板就位的最后100mm高度时，起重机动作应平稳，以避免甲板片撞击靴套，平稳调整位置，缓慢下落，确保位置的准确。

3. 首层甲板片的调整

首层甲板片就位后主要是甲板片水平的调整。

（1）甲板片与垫墩中心线的偏差，应控制在10mm。

（2）甲板水平，通过靴套和垫墩间的调节斜铁调整。甲板片的水平控制在±6mm内。

（3）首层水平验收合格后，应做好首次沉降观测记录，观测点设置在垫墩上。

4. 吊装上层立柱

（1）首层调整结束后，将鞋套和下部短柱的连接筋板焊接，即可进行上层立柱吊装，使用临时固定螺栓固定。

（2）通过调节螺栓对立柱垂直度和组对间隙进行调整。

5. 修切立柱高度余量

（1）立柱垂直度调整完成后，根据层高和上层下部短柱的实测尺寸，确定每条立柱柱顶修切量，完成对上层立柱的修切，打磨坡口。

（2）在四角的立柱顶端设置定位导向块，为吊装上层甲板片做好准备。同时完成立面斜撑的吊装和临时固定。

6. 层间大型设备的吊装就位

（1）在层间立柱吊装的同时，安排层间的大型设备吊装就位，减少结构建成后吊装设备的繁琐。

（2）根据每层甲板上设备的布置，将设备按照建造顺序吊装就位。

例如，镍矿3M101和3M102两个模块是供电的模块，在一层甲板上安装有大型变压器，重量100t，在二层甲板吊装之前，首先安排吊装变压器就位，减少了以后吊装的麻烦。

7. 吊装上层甲板片

（1）上层甲板片吊装就位，严格按照吊装方案要求使用起重机。

（2）吊装前应实际测算起重机行进位置和起重机的旋转半径，保证甲板片能够准确到位。

（3）立柱的位置误差和上层甲板片的尺寸总有一些叠加误差，甲板片落稳过程中会有卡阻现象，需通过松开被卡立柱的连接螺栓，调节局部的对接，以完成甲板片的落稳过程。

（4）甲板片就位时应缓慢、平稳，避免大起大落和剧烈摆动而造成危险。

8. 上层甲板片的调整

（1）四项指标要求

四项指标要求有：甲板片上下中心线对中、立柱垂直度调整、层高尺寸控制、甲板片水平度要求。

1）甲板片上下中心线对中

在甲板落稳过程中应注意靠四角立柱的导向板尽量控制落稳过程，减少调节量；落稳后应实测上层甲板片的中心线和首层甲板片中心线的偏差，并进行调整；调整时，在立面斜撑加固立柱后，用50t千斤顶进行调节，保证上层甲板片中心线与首层甲板片中心线偏差控制在6mm内。

2）立柱垂直度调整

甲板片对中调整后进行立柱垂直度的调整，立柱垂直度应首先调整四角的四根立柱的垂直度，然后调整其他立柱的垂直度。

立柱的垂直度要求：H 小于 4m 时控制在 8mm 内，H 大于 4m 时控制在 $H/500$mm。在调整时可以与组对错边量互相借量，优先保证垂直度，组对错边量控制在4mm内。

3）层高尺寸控制

所有层高都是指一层的基准到测量位置的高度，层总高度偏差应控制在8mm内或最小 $H/1000$mm 内。

4）甲板片水平度要求

甲板片水平度要求控制在±6mm内。

（2）综合分析

上层甲板片的调节是一项比较复杂的工作，四项指标调节前一定要全面测量数据，然后综合分析，互相借量，满足各方面的要求。

9. 立面斜撑的调整

（1）甲板片和立柱调整完成后，按照图纸节点要求，调节立面管斜撑的位置。

（2）管斜撑的尺寸位置调整，要使用管外壁延长线定位。

10. 立柱焊接和管斜撑焊接

（1）立柱焊接前加固。立柱焊接前应使用过桥板进行加固，管斜撑要在节点的四个方向上进行加固焊，加固点的焊接长度不小于75mm。

（2）合理对称焊接，保证焊接收缩量最小。

11. 焊后尺寸复核

立柱和甲板片焊接完成后，应进行尺寸的焊后检验。

（1）焊后复核甲板片水平度、层总高、立柱垂直度、中心线偏差。尺寸都应满足要求。

（2）超差不满足要求的位置，应刨开相关焊缝进行纠正。

（四）模块建造应用新技术及多专业施工

模块的工厂建造，应用新技术，以钢结构为主线，形成结构建造。模块内的机械设备、管道、电气动力与照明、仪表、装饰装修、防腐等，形成模块建造过程的多专业施工。模块的结构建造为多专业建造创造了较好的施工条件，降低了设备调转作业的难度，减小了高空作业的危险，保证了安全，加快了进度，提高了质量。

1. 机械设备的安装

（1）使用大型起重机完成设备的吊装就位

1）在两层甲板片吊装中间间隔的部分时间内，可完成层间设备的吊装就位，使机械设备的吊装难度降低。

2）在模块建造时，首层甲板片就位后，使用起重机吊装变压器就位，以便于施工。

例如，镍矿模块建造时，3M101 模块是供电模块，首层安装有大型变压器一台，重 100t，在常规建造模式中，结构建成后再安装该设备，需要搭建临时支撑平台，通过滑动平移实现安装，要复杂得多。

（2）设备就位的位置尺寸控制

1）直接使用模块轴线定位。独立的成套设备，在模块对接时，设备无对接接口要求，可以直接使用模块轴线定位，完成安装和验收。

2）相对坐标定位。在模块对接有接口要求的，或与其他设备有较多接口要求的，这类设备位置尺寸要求使用相对坐标定位，有利于消除结构建造的积累误差，并有利于将建造的模块尺寸报告和使用电脑模拟模块对接的效果。

2. 管道施工

（1）模块内的管道包括公用设施管道和工艺管道。

（2）管道的安装与模块的结构建造和设备安装相协调。

管道的安装应与模块的结构建造和设备安装计划相协调，在模块总装两层后，工作面应形成保护，为管道施工创造工作面，在整个时间开始管道专业的施工，逐步跟同模块的逐层施工。

（3）管道施工采用工厂预制、现场安装的模式。

3. 电气、仪表的安装

（1）应用 BIM 技术

把握好电气仪表的安装时机，一般模块建造时，设计阶段没有在综合管线布置中考虑电气、仪表的管线位置，需应用 BIM 技术。

（2）应用模拟技术

在 BIM 模型中进行电气、仪表管线施工模拟，将会提前发现发生较多干涉的管线，避免引起返工。

（3）抓关键工序和关键工作

电气专业易在机械设备和管道专业大部分就位后开始施工，减少了管线干涉的返工；同时，设备和管道专业也为电气、仪表现场接线提供了准确的定位，从而保证了质量和进度。

4. 模块最终的整体释放

模块总装完成后，对模块整体的几何尺寸进行检验，形成最终的尺寸报告。待模块完成对接接口的标识和安装测量标记后，即可最终释放。

（五）大型模块搬运技术

模块搬运技术是工厂模块化建造过程中必须采用的一项关键技术。将制造完成的大型模块按照运输或安装要求搬运至指定的位置，以便进行模块的运输或安装。

模块搬运技术常用的有自行式模块运输车搬运技术、模块半潜驳船海运技术、模块装（卸）船技术、模块起重技术等。

1. 自行式模块运输车搬运技术

（1）模块陆地搬运常采用自行式模块运输车搬运技术。

自行式模块运输车（SPMT），为采用由驱动模块、6 轴承重模块或 4 轴承重模块组成的自行式模块运输车（图 2-1-34）。

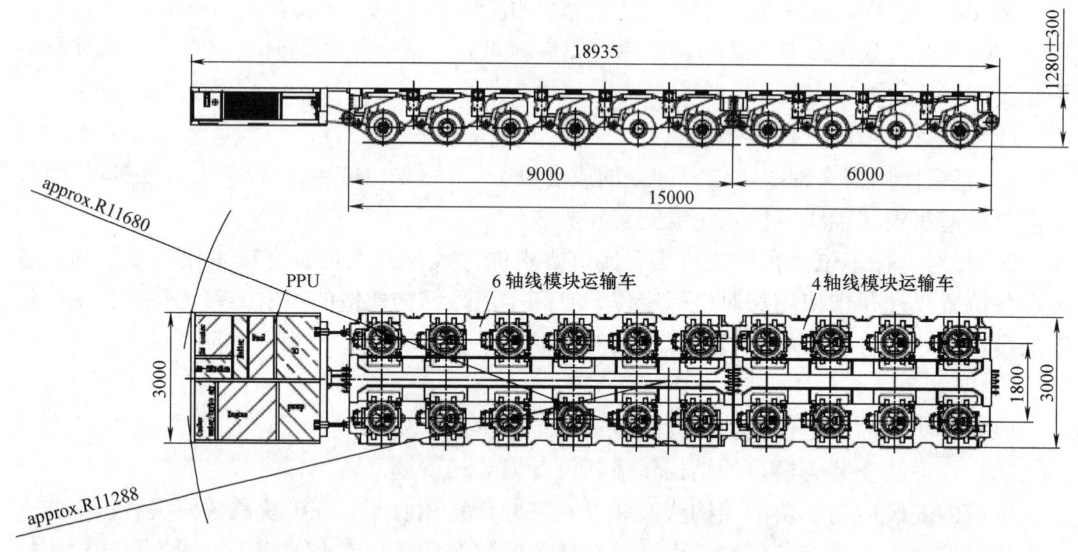

图 2-1-34　自行式模块运输车（SPMT）（单位：mm）

（2）运输车辆自由拼接，形成更大的模块运输台车。

1）该运输车辆可以沿行驶轴线的纵向和横向自由拼接，形成更大的运输台车。具有出色的牵引力和紧凑的布局及良好的操控性。

2）可根据需要选择承重平台的升降功能和直行、斜行、横行、八字转向、前轴转向、后轴转向、中心回转功能。

每一轴线都是在主控程序的严密控制下工作，具有良好的操控性，可以完成传统拖车无法完成的动作，轻松地实现原地调头、横向平移、围绕中心点旋转等动作。

（3）悬挂系统是最有特色的一个功能系统。

通过液压油缸控制承重平台的升降完成各种转向动作，自主控制车轮的浮动，在行驶中保持承重平台的水平姿态。

2. 模块半潜驳船海运技术

（1）模块的海运采用自航式半潜驳运输船（半潜船）。

（2）半潜船在工作时，会像潜水艇一样，通过调整船身压载水量，能够平稳地将船身甲板潜入 10～30m 深的水下。

1）露出船楼建筑，然后等待需要装运的货物（如游艇、潜艇、驳船、海洋平台等）拖拽到已经潜入水下的装货甲板上。

2）启动大型空气压缩机或调载泵，将半潜船身压载水排出船体，使船身连同甲板上的承载货物一起浮出水面，然后进行连接固定，实现跨海远洋运输。

3. 模块装（卸）船技术

（1）模块装（卸）船技术是工厂模块化建造过程中，将大型模块搬运上船的一项技术，是实现海运的一项关键技术。

（2）模块装（卸）船技术可以采用大型模块运输车运输模块上船，也可采用滑道滑移模块上船。两种上船模式都需要驳船结合涨潮和半潜驳船，调节压仓水进行平衡配合来完成。

4. 模块起重技术

（1）底层模块就位技术

地面安装的模块采用模块运输车直接运送就位，应用模块搬运技术，将模块运至安装位置后，根据高精度定位测量技术得到的测量结果，利用 SPMT 的承重平台的升降功能和 7 种行走模式，微调模块至正确的位置上，完成安装的过程，如图 2-1-35 所示。

（2）上层模块顶升技术

1）高处安装的模块采用顶升滑移技术就位（图 2-1-36）。上层模块的顶升采用刚性支撑的四柱导架式井字液压顶升架完成（图 2-1-37、图 2-1-38）。

图 2-1-35　模块就位

图 2-1-36　模块顶升

2）模块顶升前先放置在两副门架顶升大梁上，顶升时跟随顶升大梁到达就位高度。

（3）上层模块滑移技术

1）模块跟随顶升大字梁到达预定高度后，利用在两副门架间顶升大梁上的液压自锁，推动系统推运装置，缓慢推运模块滑移。滑移前，应在模块支墩下方和顶升大梁接触处，用四氟乙烯板粘接，以减少钢材之间的摩擦力。

2）在滑移时，为防止模块移动偏离顶升大梁，需在顶升大梁上方设置导向挡块。

3）模块滑移到位后，利用全站仪测量模块对接立柱的位置和对口间隙，调整到位。液压自锁推动系统采用计算机控制，移动速度慢，有效地控制了模块立柱对接的尺寸偏差。

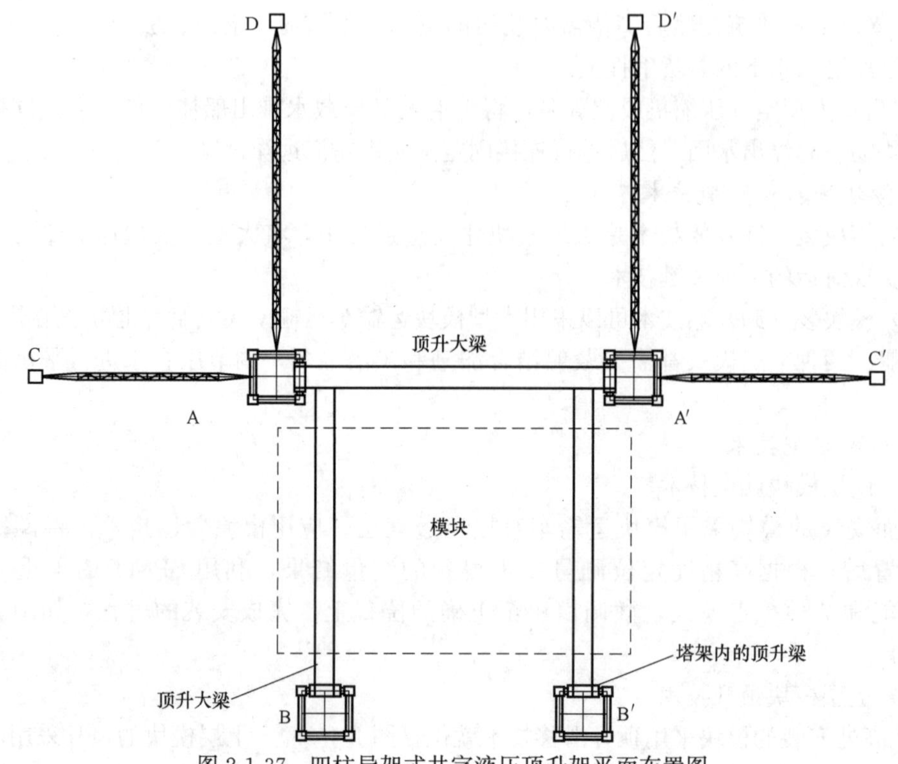

图 2-1-37　四柱导架式井字液压顶升架平面布置图

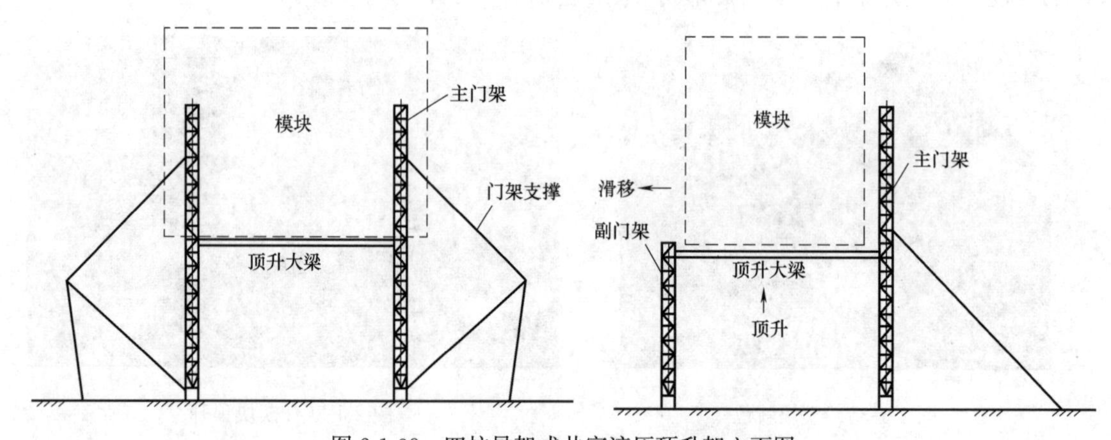

图 2-1-38　四柱导架式井字液压顶升架立面图

第二节　电气工程安装工艺细部节点做法

一、变配电工程（110kV 以上）

（一）变压器安装

1. 变压器安装

（1）变压器就位

变压器就位时，装有气体继电器的变压器，除制造厂规定不需要设置安装坡度外，应使其顶盖沿气体继电器气流方向有 1%～1.5%的升高坡度，导油管有不小于 2%～4%的升高坡度，如图 2-2-1 所示。

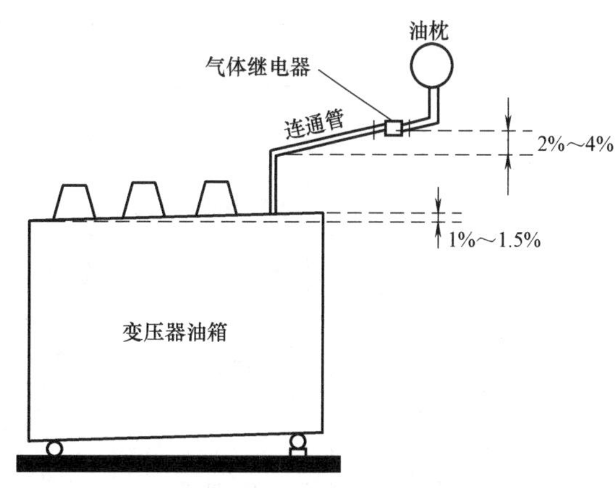

图 2-2-1　气体继电器安装示意图

（2）绝缘油处理

1）每批到达现场的绝缘油应有试验记录，并应按规定进行取样分析，大罐油应每罐取样。

2）到达现场的绝缘油首次抽取，宜使用压力式滤油机进行粗过滤。

3）储油罐顶部应设置进出气阀，用于呼吸的进气口应安装干燥过滤装置，并设置进油阀、出油阀、油样阀和残油阀。进油阀位于罐的上部，出油阀位于罐的下部，距罐底约 100mm，油样阀位于罐的中下部，如图 2-2-2 所示。

（3）器身检查

1）凡雨、雪天气，风力达 4 级以上，相对湿度 75%以上的天气，不得进行器身检查。

2）进行器身检查时，场地四周应清洁并设有防尘措施。器身或钟罩起吊时，吊索与铅垂线的夹角不宜大于 30°，如图 2-2-3 所示。

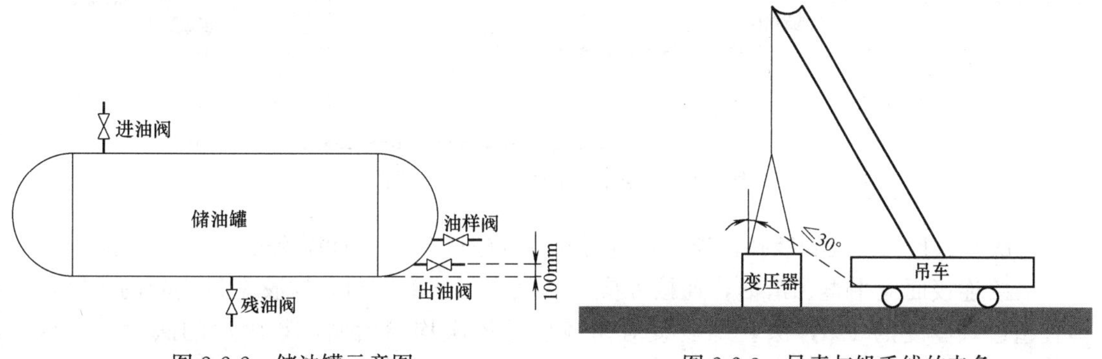

图 2-2-2　储油罐示意图　　图 2-2-3　吊索与铅垂线的夹角

3）在器身内检查时，必须向箱体内持续补充露点低于－40℃的干燥空气，保证含氧量不低于 18%，相对湿度不大于 20%。

4）器身检查完毕后，应用合格的变压器油对器身进行冲洗，清洁油箱底部，不得有遗留杂物及残油。冲洗器身时，不得触及引出线端头裸露部分。

（4）本体及附件安装

变压器本体及附件结构如图 2-2-4 所示。

（5）变压器安装

1）变压器露空安装

露空安装附件时环境相对湿度应小于 80%，安装过程中应向箱体内持续补充露点低于－40℃的干燥空气。

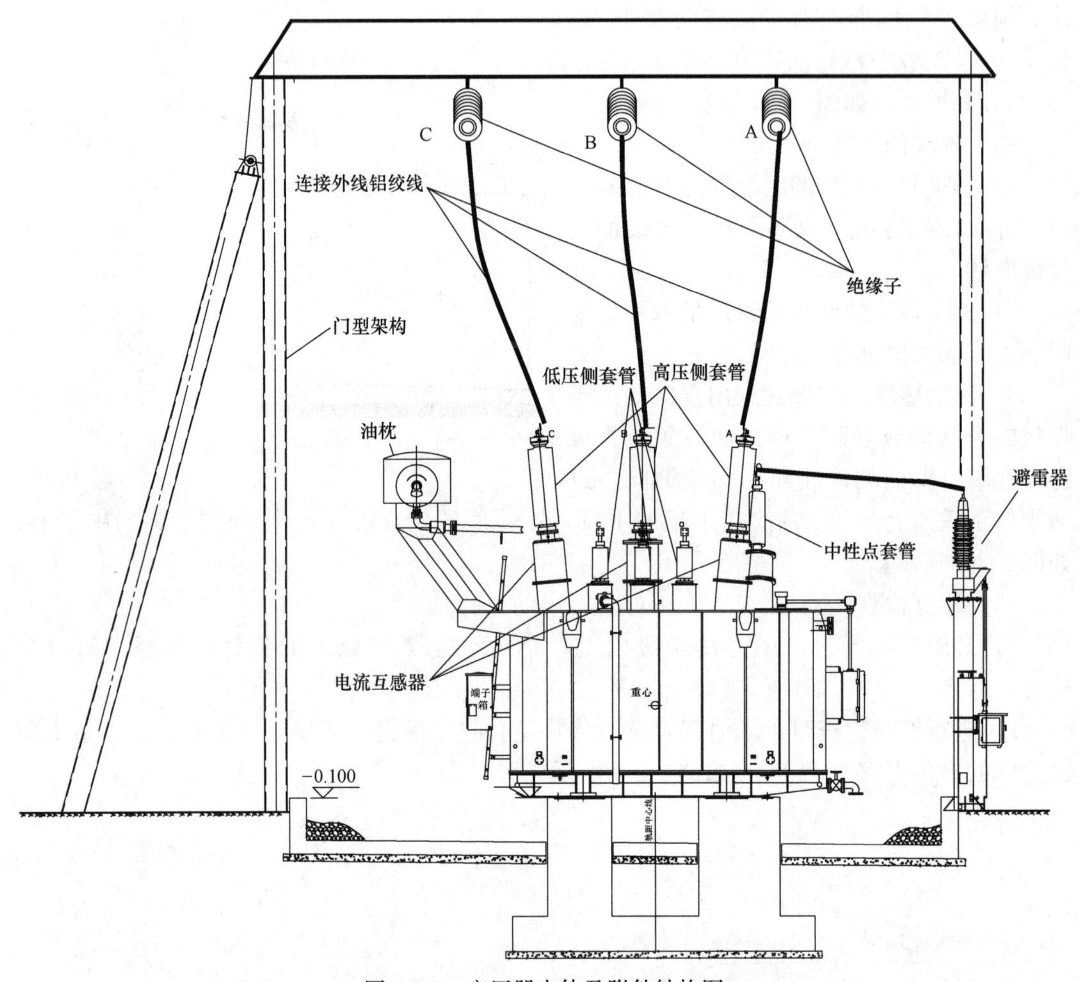

图 2-2-4　变压器本体及附件结构图

每次宜只打开一处安装孔，连续露空时间不宜超过 8h，累计露空时间不宜超过 24h。

法兰连接面应平整、清洁，连接处应用耐油密封垫圈密封，橡胶密封垫圈的压缩量不宜超过其厚度的 1/3，法兰螺栓按对角线位置依次均匀紧固，紧固后的法兰间隙应均匀。

每天工作结束应补充干燥空气，直到压力达到 0.01～0.03MPa。

2）有载调压切换装置传动机构安装

有载调压切换装置传动机构中的操作机构、电动机、传动齿轮和杠杆应固定牢靠，连接位置正确，操作灵活，无卡阻现象，摩擦部位应涂以适合当地气候条件的润滑脂。

切换开关的触头及连接线应完整无损，限流电阻完好。切换装置在极限位置时，其机械联锁与极限开关的电气联锁动作应正确。

3）冷却装置安装

在安装前应按制作厂规定的压力值用气压或油压进行密封试验，冷却器、强迫油循环风冷却器持续 30min 无渗漏，强迫油循环水冷却器持续 1h 无渗漏。

冷却装置安装前，应用合格的绝缘油经净油机循环冲洗干净，并将残油排尽。

冷却装置的外接油管路在安装前应进行彻底除锈并清洗干净，水冷却装置安装后，油管应涂黄漆，水管应涂黑漆，并应有流向标志。

水冷却装置停用时，应将水放尽。

4）升高座安装

升高座安装前，应先完成电流互感器的交接试验，二次线圈排列顺序检查完毕。

升高座安装时，应使绝缘筒的缺口与引出线方向一致，不得相碰。电流互感器和升高座的中心应基本一致。升高座法兰面必须与本体法兰面平行就位，放气塞位置应在升高座最高处。

5）套管安装

套管安装采用瓷外套时，瓷套管与金属法兰胶装部位应牢固密实，并涂有性能良好的防水胶，瓷套管外观不得有裂纹、损伤。

套管采用硅橡胶外套时，外观不得有裂纹、损伤、变形。充油套管无渗油现象，油位指示正常；充油套管的油位指示应面向外侧。

套管顶部结构的密封垫应安装正确、密封良好，连接引线时，不应使顶部连接松扣。套管均压环表面应光滑无划痕，均压环易积水部位最低点应有排水孔。

6）气体继电器安装

安装前应经检验合格，动作整定值符合定值要求，解除运输用的固定措施。

气体继电器应水平安装，顶盖上箭头标志应指向储油柜。气体继电器应具备防潮和防进水功能并加防雨罩。

电缆引线在接入气体继电器处应有滴水弯，进线孔封堵严密。

集气盒内应充满绝缘油且密封严密，观察窗的挡板应处于打开位置。

7）测温装置安装

安装前应进行校验，根据制造厂的规定进行整定。

顶盖上的温度计座内应注满绝缘油，闲置的温度计座也应密封。

膨胀式信号温度计的细金属软管不得压扁和急剧扭曲，其弯曲半径不得小于50mm。

8）控制箱安装

安装时，冷却系统控制箱应有两路电源，自动互投传动应正确、可靠。

接线应采用铜质或有电镀金属防锈层的螺栓紧固，且应有防松装置。

冷却系统的电动机用的热继电器的整定值，应为电动机额定电流的1～1.15倍。

2. 变压器注油

（1）绝缘油必须试验合格后方可注入变压器内，不同牌号的绝缘油或同牌号的新油与运行过的油混合使用前，必须做混油试验。

（2）新安装的变压器不宜使用混合油。

（3）变压器真空注油不宜在雨天或雾天进行。

（4）注入油的温度应高于器身温度，注油速度不宜大于100L/min。

（5）在抽真空时，必须将不能承受真空下机械强度的附件与油箱隔离，对允许抽同样真空度的部件，应同时抽真空。

变压器注油示意图如图2-2-5所示。

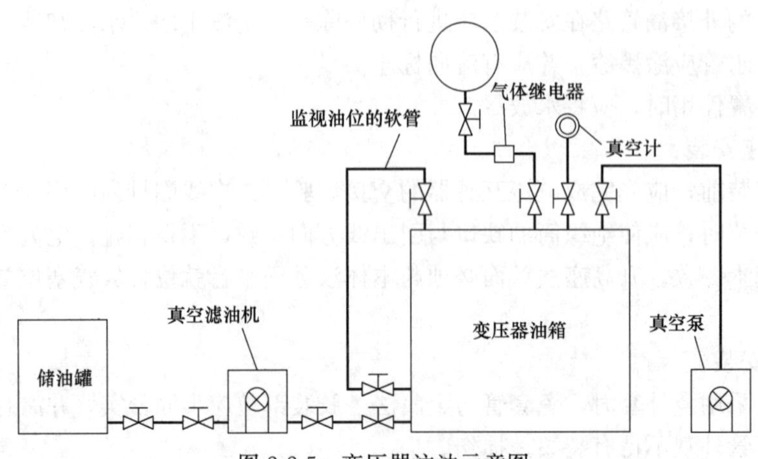

图 2-2-5　变压器注油示意图

(二) 配电柜安装

户内高压开关柜的安装：

1. 真空断路器安装

真空断路器结构如图 2-2-6 所示。

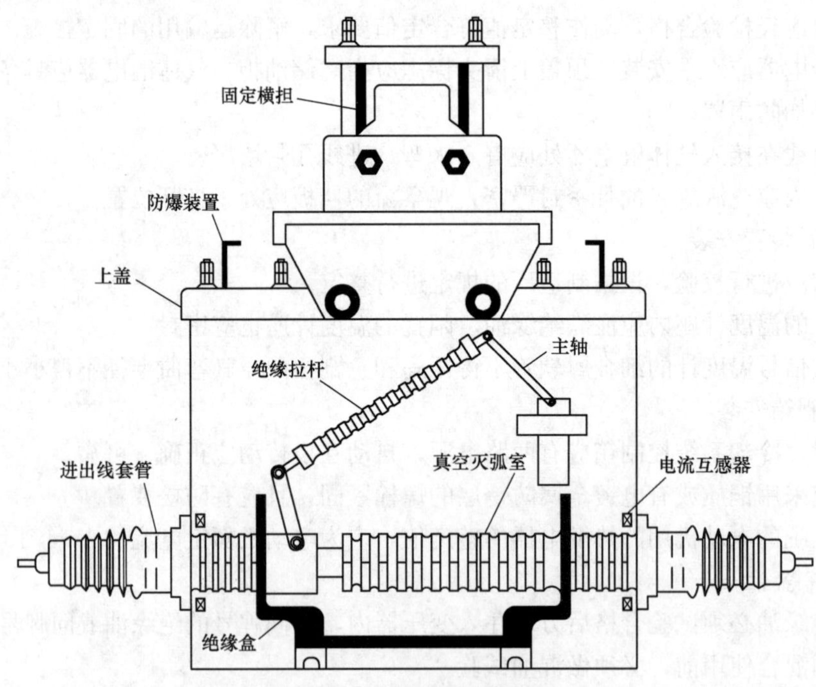

图 2-2-6　真空断路器结构图

(1) 真空断路器应按照制造厂和设备包装箱要求运输、装卸，其过程中不得倒置、强烈振动和碰撞。

(2) 真空灭弧室的运输应按易碎品的有关规定进行。真空断路器存放时不得重叠放置，若要长期存放，应每 6 个月检查 1 次，在金属零件表面及导电接触面应涂防锈油脂，用清洁的油纸包好绝缘件。

（3）保存期限如超过真空灭弧室上注明的允许储存期，应重新检查真空灭弧室的内部气体压强。

（4）真空断路器应垂直安装，相间支持瓷套应在同一水平面上。三相联动连杆的拐臂应在同一水平面上，拐臂角度应一致。

（5）具备慢分、慢合功能的，在安装完毕后，应先进行手动缓慢分、合闸操作，手动操作正常方可进行电动分、合闸操作。

（6）真空断路器的行程、压缩行程在现场能够测量时，其测量值应符合产品技术文件要求。

2. 开关及高压熔断器安装

（1）开关安装

在室内间隔墙的两面，以共同的双头螺栓安装隔离开关时，应保证其中一组隔离开关拆除时，不影响另一侧隔离开关的固定。

支柱绝缘子应垂直于底座平面（V形隔离开关除外），且连接牢固；同一绝缘子柱的各绝缘子中心线应在同一垂直线上；同相各绝缘子柱的中心线应在同一垂直面内。

隔离开关的各支柱绝缘子间应连接牢固，安装时可用金属垫片校正其水平或垂直偏差，使触头相互对准、接触良好。

均压环和屏蔽环应安装牢固、平正，均压环和屏蔽环宜在最低处打排水孔。隔离开关结构如图2-2-7所示。

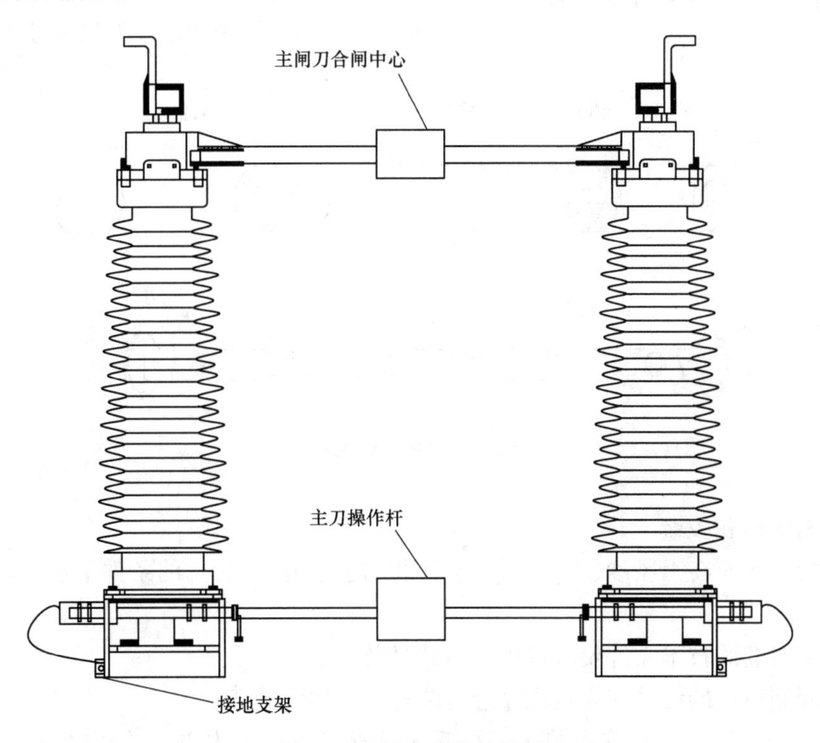

图2-2-7 隔离开关结构图

隔离开关、负荷开关以及高压熔断器安装螺栓宜由下向上穿入，组装完毕后，用力矩扳手检查所有安装部位的螺栓。

隔离开关的闭锁装置应动作灵活、准确可靠，带有接地刀的隔离开关，接地刀与主触头间的机械或电气闭锁应准确可靠。

负荷开关合闸时，主固定触头应与主刀可靠接触；分闸时，三相的灭弧刀片应同时跳离固定灭弧触头。

灭弧筒内产生气体的有机绝缘物应完整无裂纹，灭弧触头与灭弧筒的间隙符合要求。

负荷开关三相触头接触的同期性和分闸状态时触头间净距及拉开角度，应符合技术文件要求。负荷开关内部结构如图 2-2-8 所示。

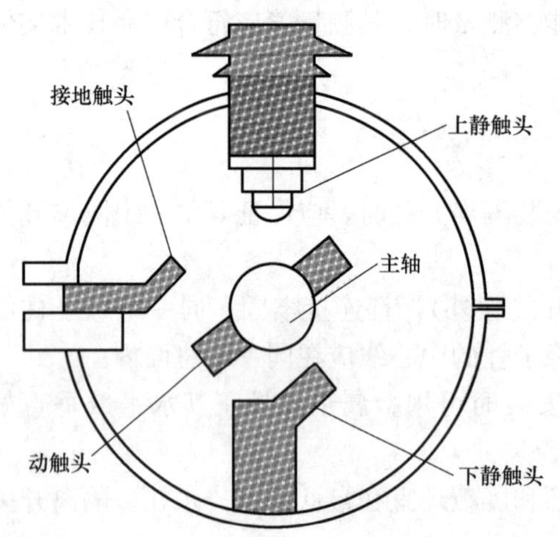

图 2-2-8　负荷开关内部结构图

（2）高压熔断器安装

高压熔断器安装时，带钳口的熔断器，其熔丝管应紧密地插入钳口内。安装有动作指示器的熔断器，以便于检查指示器的动作情况。熔断器内部结构如图 2-2-9 所示。

跌落式熔断器熔管的有机绝缘物应无裂纹、变形；熔管轴线与铅垂线的夹角应为 15°～30°，其转动部位应灵活，跌落时不应碰及其他物体而损坏熔管。

熔断器的额定电压、允许最小操作电压、额定电流、额定分段能力、高限流能力、低导通压降、等级以及撞击器参数应符合设计要求。

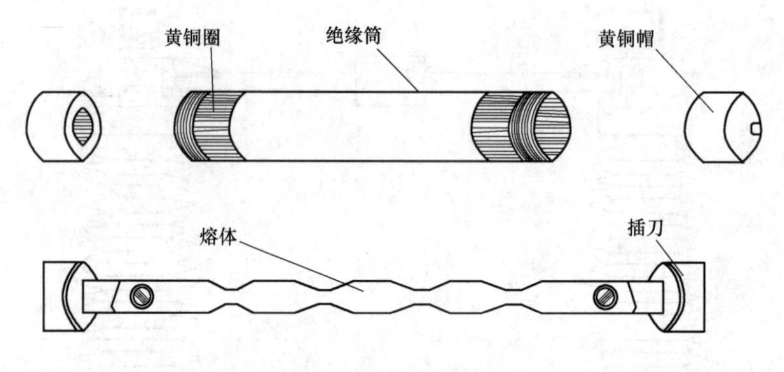

图 2-2-9　熔断器内部结构图

（三）GIS 设备安装

1. 装配工作应在无风沙、无雨雪、空气相对湿度小于 80％的条件下进行，并采取防沙、防潮措施。

2. 安装时按照技术文件要求选用吊装器具及吊点。

3. 按照制造厂的编号和规定程序进行装配，不得混装。

4. 预充氮气的箱体应先经排氮，然后充干燥空气，箱体内空气中含氧量必须达到 18％以上，安装人员才允许进入内部进行检查或安装。

5. GIS 中的避雷器、电压互感器单元与主回路的连接程序应考虑设备交流耐压试验的影响。

避雷器的主要工作部件是金属氧化物非线性阀片，它的电阻在低电压下非常高，而在高电压下又变得非常低，它是非常好的电流阀门，能够在低电压下关闭，在高电压下导通。

6. 在安装避雷器时，注意保护侧面充放气阀和底部接地端子，不能松动接地端子里面的两只螺母，以免松动漏气。避雷器结构如图 2-2-10 所示。

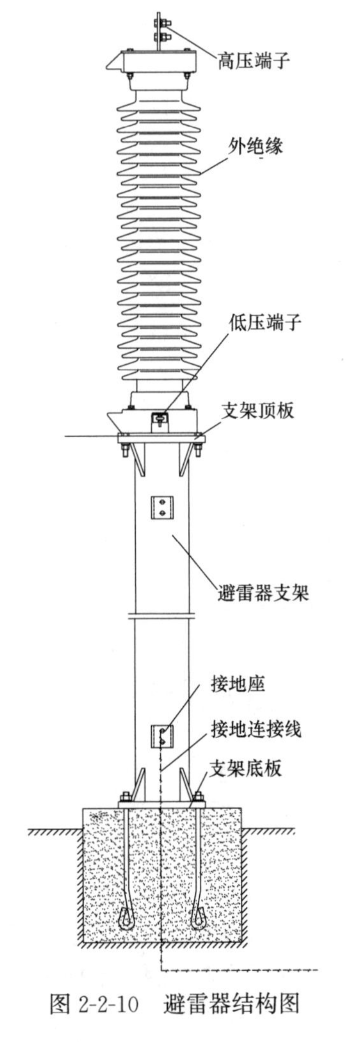

图 2-2-10　避雷器结构图

二、电动机安装

(一) 电动机接线、接地

1. 电动机接线

(1) 电动机接线前应检查接入电缆是否与电动机功率相匹配，电缆应做绝缘试验和耐压试验。

(2) 一般 3kW 以下的电动机采用星形接法较多，3kW 以上的电动机采用三角形接法较多，如图 2-2-11 所示。

2. 电动机接地

为了防止电动机因故障或者绝缘损坏而导致漏电造成对设备线路或者人身触电危险，因此电动机应具备可靠的保护接地，接地电阻不大于 4Ω，接地前主接地网应测试合格并办理工序交接手续。接地电阻测试方法如下：

(1) 将“倍率开关”置于最大倍率，逐渐加快摇柄转速，使其达到 150r/min。

(2) 当检流计指针向某一方向偏转时，旋动刻度盘，使检流计指针恢复到“0”点。此时刻度盘上读数乘上倍率档即为被测电阻值。

(3) 如果刻度盘读数小于 1 时，检流计指针仍未取得平衡，可将倍率开关置于小一档的倍率，直至调节到完全平衡为止，如图 2-2-12 所示。

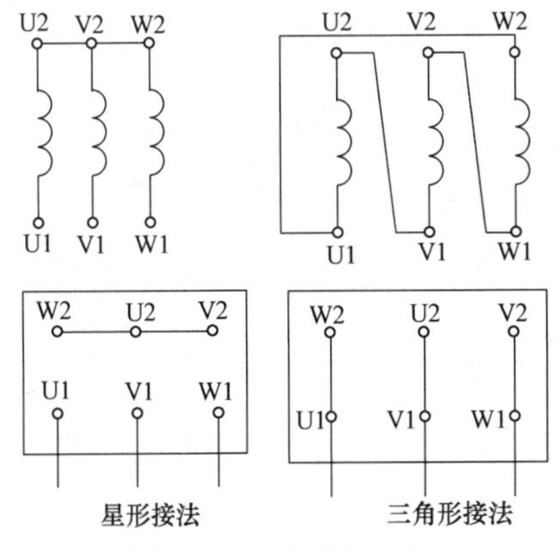

图 2-2-11　电动机的星形接法和三角形接法

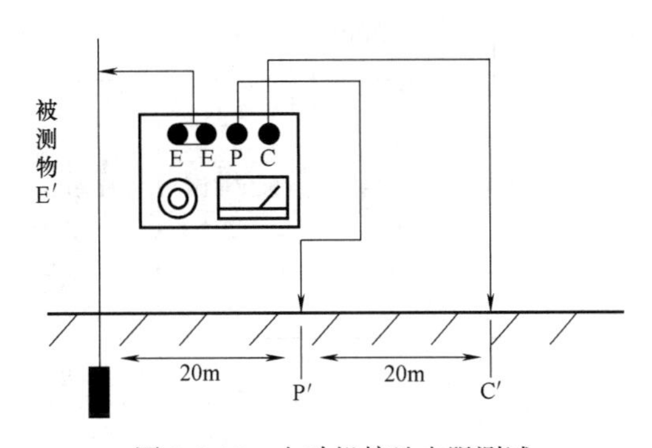

图 2-2-12　电动机接地电阻测试

3. 主回路故障回路阻抗进行测试

按照现行国家标准《建筑电气工程施工质量验收规范》GB 50303 第 5.1.8 条，采用多功能电气测试仪（UT595）在电动机控制箱末端回路进行接地故障回路阻抗测试，如图 2-2-13 所示，且回路阻抗满足下式要求：

$$Z_{s}(m) \leqslant \frac{2}{3} \times \frac{U_{0}}{l_{a}} \tag{2-2-1}$$

式中 $Z_s(m)$——实测接地故障回路阻抗（Ω）；

U_0——相导体对接地的中性导体的电压（V）；

l_a——保护电器在规定时间内切断故障回路的动作电流（A）。

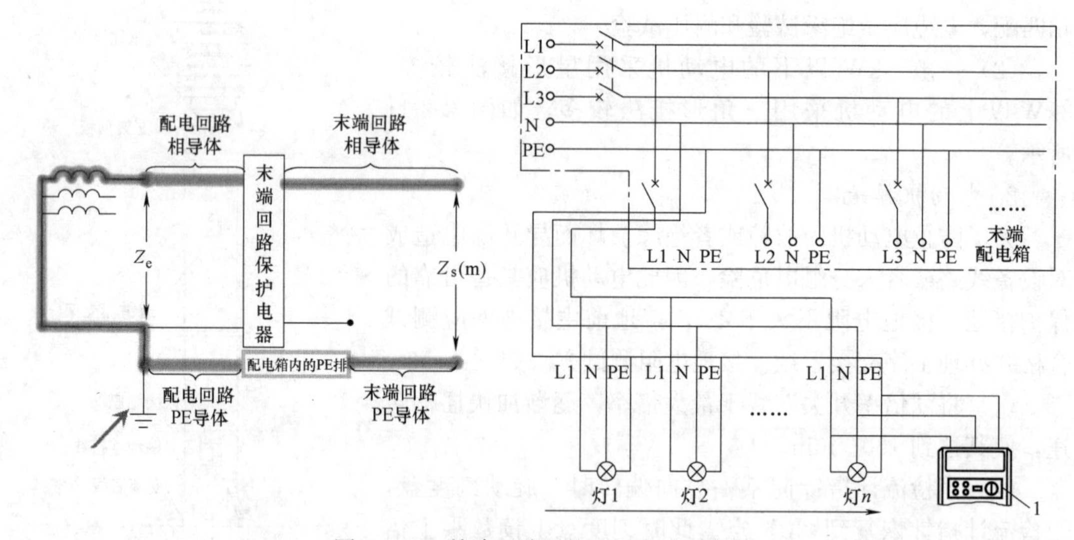

图 2-2-13 故障回路阻抗测试方法示意图

按末级配电箱（盘、柜）总数量抽查 20%，每个被抽查的末级配电箱至少应抽查 1 个回路，且不应少于 1 个末级配电箱。

测试结果按照如下样表进行计算并评判结果（图 2-2-14），以检查防护电器动作的可靠性。

	仪表自动测试	已知数据		仪表自动显示	计算值	
序号	回路末端 L-N(PE) 实测电压 U_o (V)	保护电器额定电流 l_n (A)	保护电器瞬动电流 $l_a=10l_n$ (A)	实测故障回路阻抗 Z_s(m) (Ω)	计算 $\frac{2}{3}\times\frac{U_0}{l_a}$	$Z_s(m)\leqslant\frac{2}{3}\times\frac{U_0}{l_a}$
1	223	16	160	0.8	0.9	合格
2	223	20	200	0.8	0.7	不合格

图 2-2-14 样表

（二）电动机调试

1. 电动机单机试验

（1）电动机组别检查

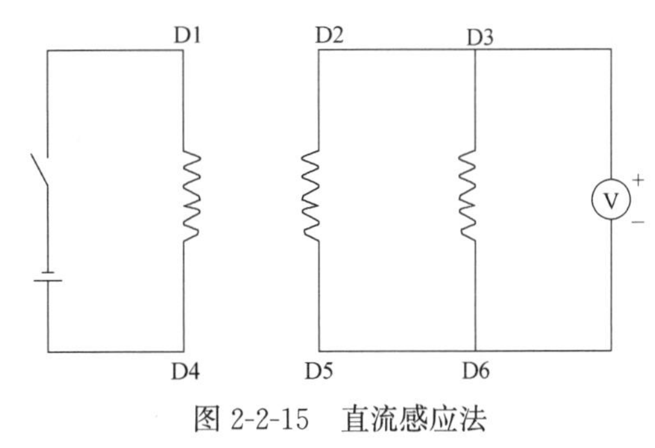

图 2-2-15　直流感应法

在任一相接入直流毫伏表，在其中一相输入电源，当接通电源瞬间，如毫伏表指针摆向大于零一边，则电池正极接线头与毫伏表负极所接线头同为头和尾；如指针反向摆动，则电池正极接线头与毫伏表正极所接线头同为头或尾。用同样方法，再将毫伏表接到另一相的两端上试验，就可确定该相绕组的头和尾，通过对电动机三相绕组头和尾的确定，可检查出电动机的接线是否正确（图 2-2-15）。

（2）直流电阻

1）用双臂电桥测量定子各相的直流电阻，各相线圈直流电阻值相互差别不应超过 2%。与出厂值比较相对变化也不应大于 2%。

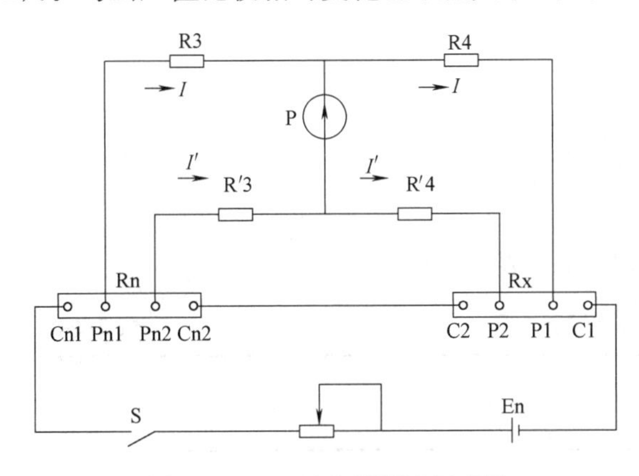

图 2-2-16　双壁电桥测试原理图

P—检流计；Rx—被测电阻；R3、R4、R′3 及 R′4—桥臂电阻；Rn—标准电阻；C1、C2—被测电阻的电流接头；P1、P2—被测电阻的电压接头

2）双臂电桥的接线特点是将连接及 Rn 的试验用电流线和电压线分开，利用电压线把 Rx 及 Rn 上的压降引到桥内平衡，使通过电流的引线与接线的接触电阻上压降不引入桥内，这样就消除了接触电阻及引线电阻的影响，原理如图 2-2-16 所示。

（3）绝缘电阻和吸收比

1）绝缘电阻

额定电压为 1000V 以下，常温下绝缘电阻值不应低于 0.5MΩ；额定电压为 1000V 及以上，折算至运行温度时的绝缘电阻值，定子绕组不应低于 1MΩ/kV，转子绕组不应低于 0.5MΩ/kV。

电力电气设备的绝缘受潮后，绝缘电阻值降低，随着测量时间的增加，绝缘电阻迅速上升。只有测出不同测量时间下的绝缘电阻，并进行比较，才能判断绝缘是否受潮，以及受潮的程度。

2）吸收比

吸收比通常用加压 60s 和 15s 时的绝缘电阻比值表示，记为 K，即 K=R60/R15。如果 K 值大，表明绝缘干燥；如果 K 值小，表明绝缘已受潮。一般来说，未受潮的绝缘，其 K 值大于 1.2；而当 K 值接近于 1.2 时，则说明绝缘已受潮或有局部缺陷，如图 2-2-17 所示。

（4）绕组耐压试验

1）定子的各相线圈试验

对定子的各相线圈、外壳以及其他接地的两相分别进行试验，同时将转子绕组进行耐压试验，如图 2-2-18 所示。

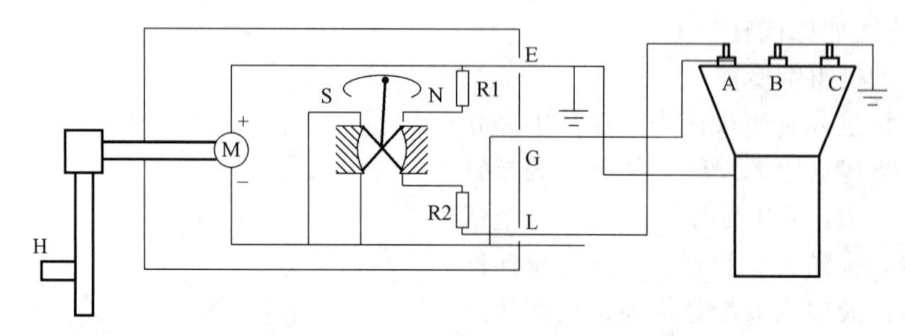

图 2-2-17　电动机绝缘电阻和吸收比测试

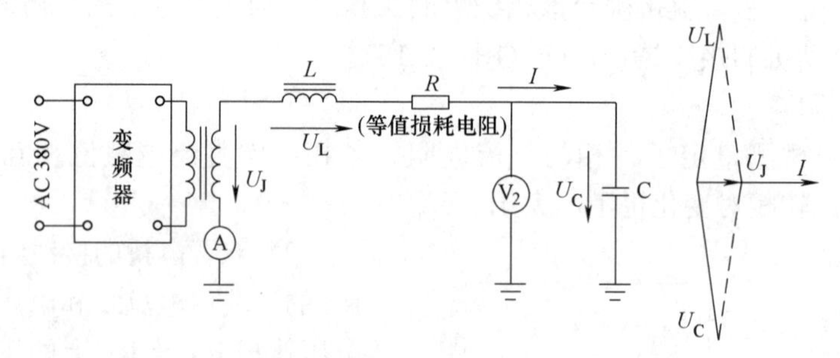

图 2-2-18　电动机耐压试验

2）试验电压规定

定子绕组、转子绕组的试验电压见表 2-2-1 和表 2-2-2。

定子绕组试验电压　　**表 2-2-1**

额定电压(kV)	≤1	3	6	10
试验电压(kV)	1	5	10	16

转子绕组试验电压　　**表 2-2-2**

转子工况	试验电压(V)
不可逆的	1.5Uk+750
可逆的	3.0Uk+750

2. 电动机空载运行

（1）启动前检查：

电动机启动前检查通风、冷却水、润滑系统应正常，无漏风、漏水、漏油和堵塞现象。润滑油位指示正确，转子手动盘车灵活，无异音。

（2）启动电动机，核对旋转方向。

确认电动机转向应与被驱动机械的要求一致，带旋转方向指示的电动机，必须按所指示的方向旋转，避免由于通风不好损坏电机，如电动机转向与被驱动机械的要求不一致时，应停止电动机运行，电动机更换相序后进行空载试运。

（3）电动机旋转后，声音正常，轴承无杂音、无渗漏油现象。

1）滑动轴承按照轴瓦检查标准检查。电动机滑动轴承温度不得超过 80℃；滚动轴承不得超过 95℃；电动机外壳为 75℃；铁芯线圈为 100℃。

2）发现电动机有不正常的现象时，应停机观察，检查并排除不正常现象。

（4）振动测量。测量电动机的振动不应超过表 2-2-3 中的数值。

电动机振动测量表 **表 2-2-3**

额定转速(r/min)	3000	1500	1000	750 转及以下
振动值(双振幅 mm)	0.05	0.085	0.1	0.12

（5）测量三相空载电流，不平衡值不应超过规定值。

即：$(I_{大}-I_{小})/I_{平均}\times 100\%<10\%$，并监视电动机空负荷电流不超过允许值。

（6）温度测量。检查电动机各部分温度不超过表 2-2-4 中的数值且无烟气、焦臭味。

电动机温度测量表 **表 2-2-4**

各部分名称	允许最高温度(℃)		电阻法测量允许最高温升(℃)	温度计法测量允许最高温升(℃)
定子线圈	A 级	105	65	50
	E 级	120	75	65
	B 级	130	80	70
	F 级	155	100	85
	H 级	180	125	105
静子铁芯	105		65	
轴承	滑动	80	—	
	滚动	90	—	

（7）当电动机初始状态为环境温度时，允许连续启动两次。相隔 4h 以后，才能再连续启动 2 次。当电动机初始状态为额定运行温度时，只允许启动一次。电动机在试运期间，若出现问题，必须查明原因，并设法消除，不允许盲目投入运行。

三、电力线路施工

（一）架空线路施工

杆塔施工：

1. 基础工程

（1）混凝土电杆卡盘安装

安装前应先将下部回填土夯实，安装位置与方向应符合设计图纸规定，其深度允许偏差为±50mm，卡盘抱箍的螺母应紧固，卡盘弧面与电杆接触处应紧密。

（2）拉线盘的安装位置

延拉线方向的左、右偏差不应超过拉线盘中心至相对应电杆中心水平距离的 1%。

（3）卡盘安装

安装时利用电杆作为起吊滑车组的悬挂点，将卡盘起吊，当卡盘将要离开地面时，用棕绳拖住，使其缓慢靠近电杆，然后沿保护木杠慢慢松至底盘上（图 2-2-19）。

2. 塔杆拉线安装

（1）拉线安装后对地平面夹角与设计值的允许偏差：35～66kV 架空电力线路不应大

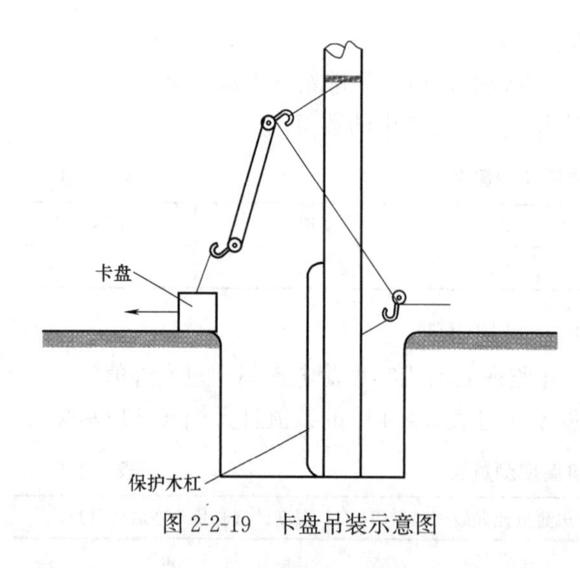

图 2-2-19　卡盘吊装示意图

于 1°；10kV 及以下架空电力线路不应大于 3°。

（2）承力拉线应与线路方向的中心线对正，分角拉线应与线路分角线方向对正，防风拉线应与线路垂直。

（3）当采用 UT 形线夹及楔形线夹固定安装时，丝扣上应涂润滑剂，楔形线夹处拉线尾线应露出线夹 200～300mm，用直径 2mm 镀锌铁线与主拉线绑扎 20mm。楔形线夹和 UT 形线夹如图 2-2-20 所示。

（4）当采用绑扎固定时，拉线两端应设置心形环，钢绞线拉线应采用直径不大于 3.2mm 的镀锌铁线绑扎固定，绑扎应整齐、紧密。

（5）采用预绞式拉线耐张线夹安装时，剪断钢绞线前，端头应用铁绑线进行绑扎，剪断口应平齐。

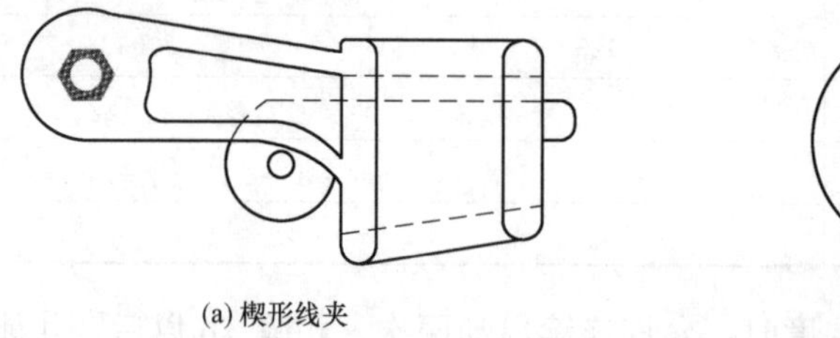

(a) 楔形线夹

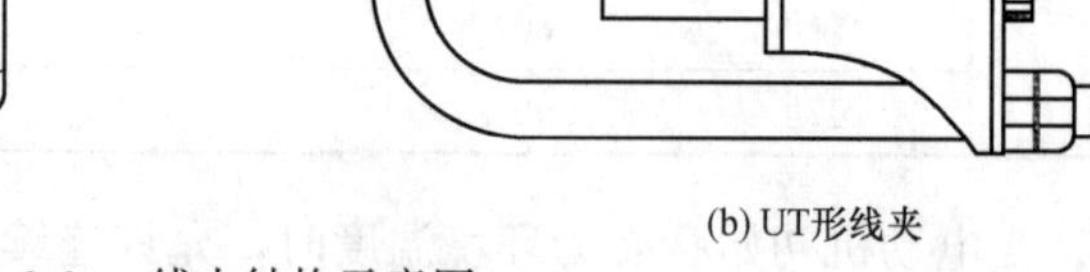

(b) UT形线夹

图 2-2-20　线夹结构示意图

3. 拉线系统

（1）拉线系统分为上部拉线（上把、中把）和下部拉线（底把），如图 2-2-21 所示。

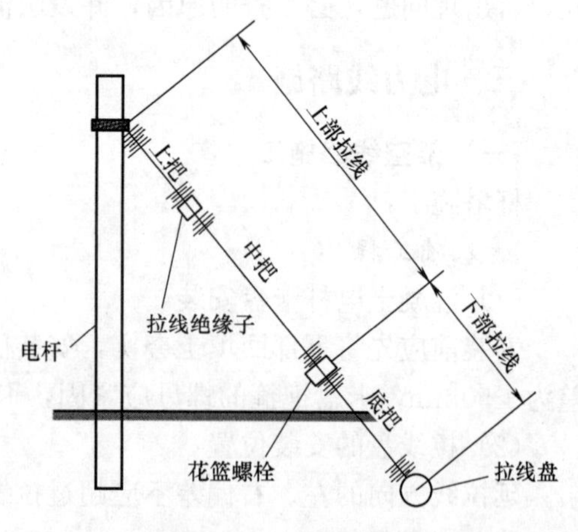

图 2-2-21　拉线系统图

（2）拉线绝缘子钢线卡子安装时，靠近拉线绝缘子的第一个钢线卡子，其 U 形环应压在拉线尾线侧，在两个钢线卡子之间的平行钢绞线夹缝间，应加装配套的铸铁垫块，相互间距宜为 100～150mm。

（3）跨越道路的水平拉线与拉桩杆安装时，拉桩杆的埋设深度，当设计无要求并采用坠线时，不应小于拉线柱长的 1/6。

（4）拉桩杆应向受力反方向倾斜，倾斜角宜为 10°～20°，拉桩杆与坠线角不应小于 30°。

（5）拉线抱箍距拉桩杆顶端应为 250～300mm，拉线杆的拉线抱箍距地面不应小于 4.5m。

（6）跨越道路的拉线，除应满足设计要求外，均应设置反光标识，对路边的垂直距离不小于6m。

(7) 顶(撑)杆安装时，底部埋深不宜小于0.5m，并采取防沉措施，与主杆之间夹角应满足设计要求，允许偏差应为±5°。

(二) 室外电缆敷设

1. 直埋电缆

(1) 采取相应的保护措施。电缆线路路径上有可能使电缆受到机械性损伤、化学作用、地下电流、振动、热影响、腐蚀物质、虫鼠等危害的地段，应采取相应的保护措施，如穿管(图2-2-22)、铺砂盖砖(图2-2-23)、筑电缆槽(图2-2-24)、毒土处理等，或采用适当的电缆，即可使电缆免于损坏。

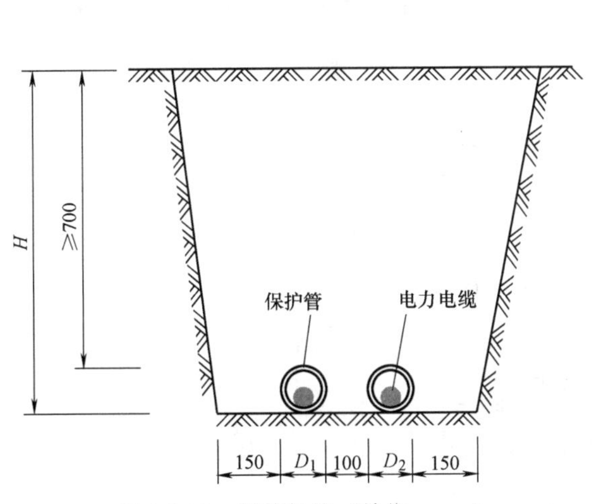

图2-2-22　穿管保护(单位：mm)

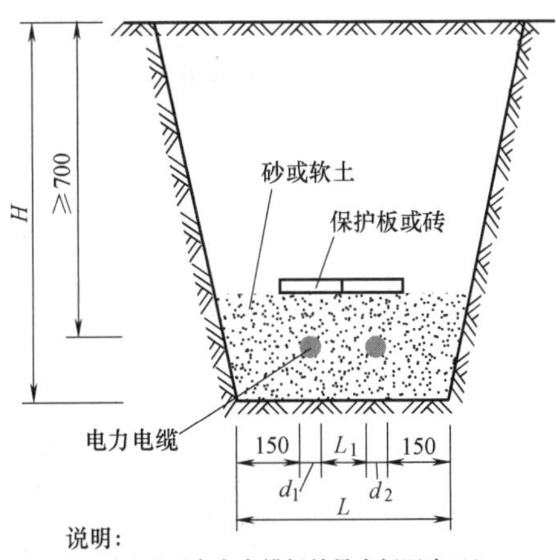

图2-2-23　铺砂盖砖保护(单位：mm)

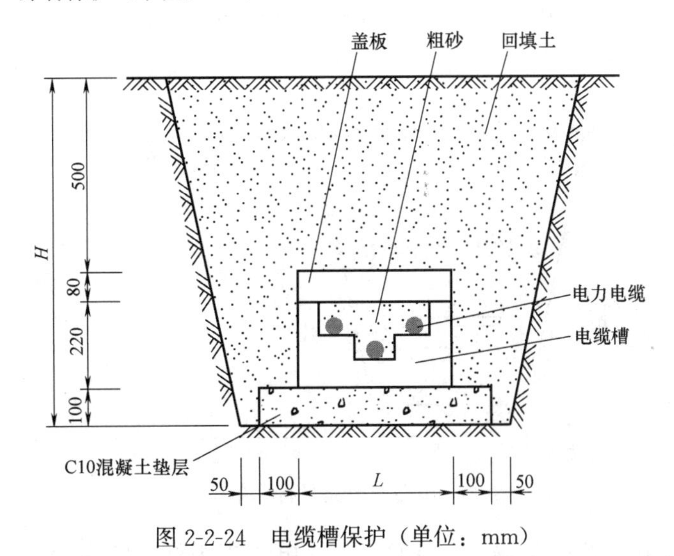

图2-2-24　电缆槽保护(单位：mm)

(2) 直埋敷设的电缆，不得平行敷设于管道的正上方或正下方；高电压等级的电缆宜敷设在低电压等级电缆的下面。直埋电缆上、下部应铺不小于100mm厚的软土砂层，并应加盖保护板，其覆盖宽度应超过电缆两侧各50mm，保护板可采用混凝土盖板或砖块，如图 2-2-25～图 2-2-28 所示。

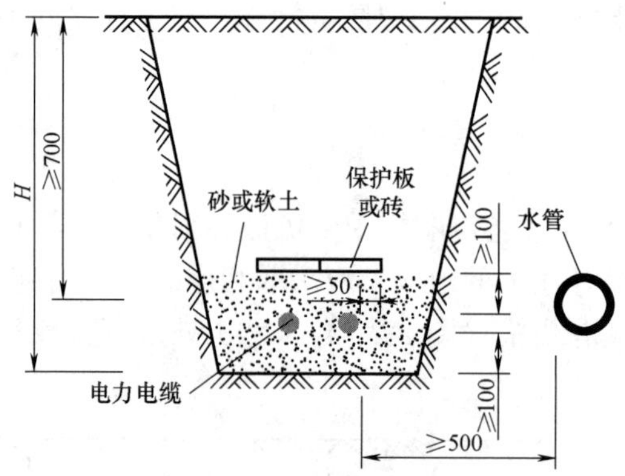

图 2-2-25　电缆与水管平行（单位：mm）

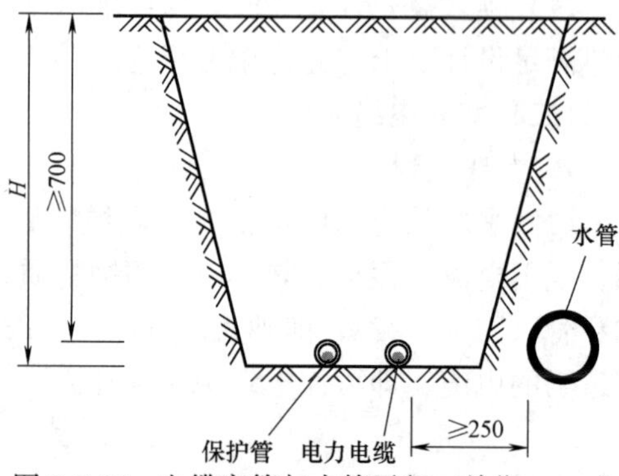

图 2-2-26　电缆穿管与水管平行（单位：mm）

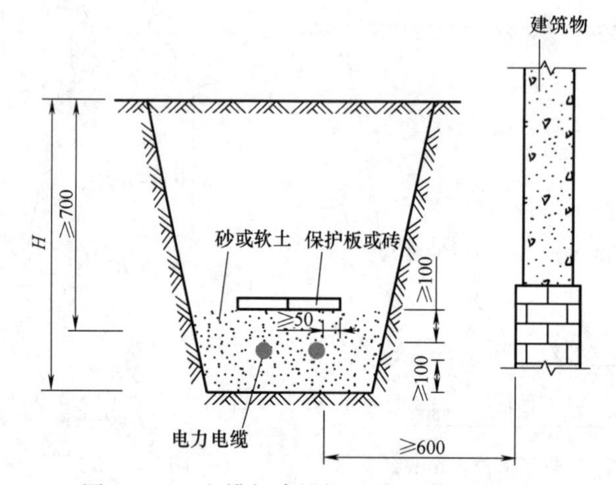

图 2-2-27　电缆与建筑物平行（单位：mm）

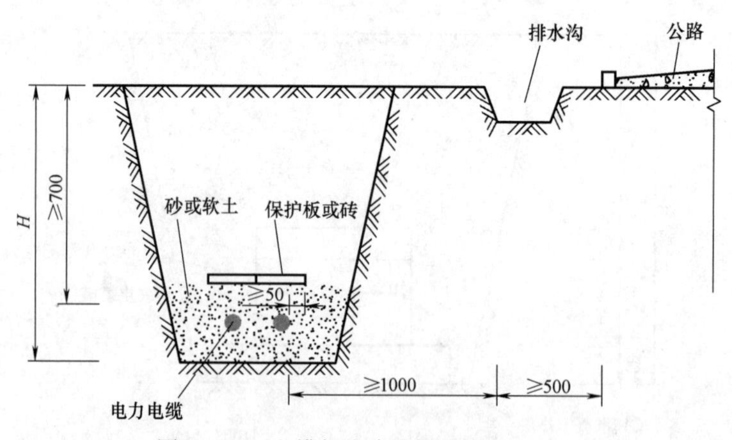

图 2-2-28　电缆与公路平行（单位：mm）

（3）直埋电缆在直线段每隔 50～100m 处、电缆接头处、转弯处、进入建筑物等处，应设置明显的方位标志或标桩，如图 2-2-29 所示。

2. 排管电缆

（1）在易受机械损伤的地方和在受力较大处直埋电缆管时，应采用足够强度的管材。

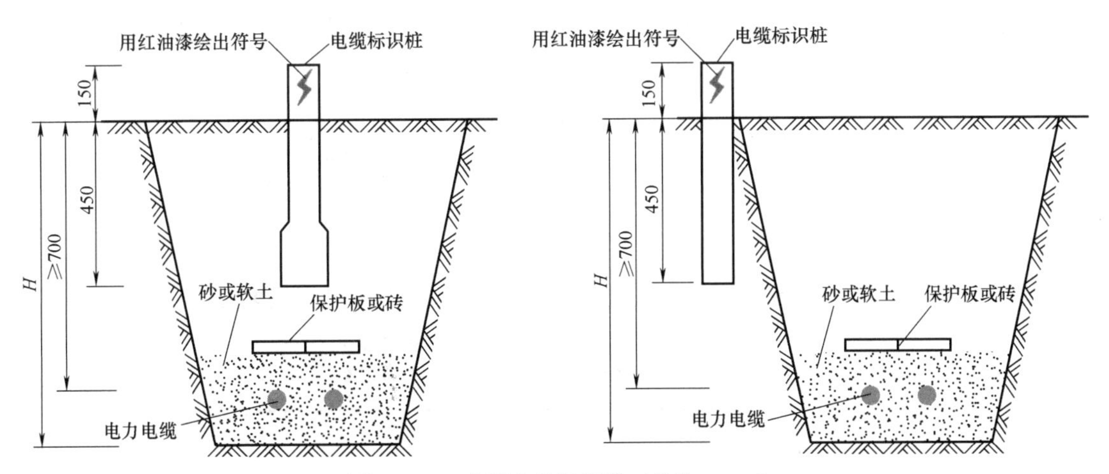

图 2-2-29　直埋电缆标识桩（单位：mm）

在有载重设备移经电缆上面的区段，电缆应有足够机械强度的保护管或加装保护罩，如图 2-2-30 所示。

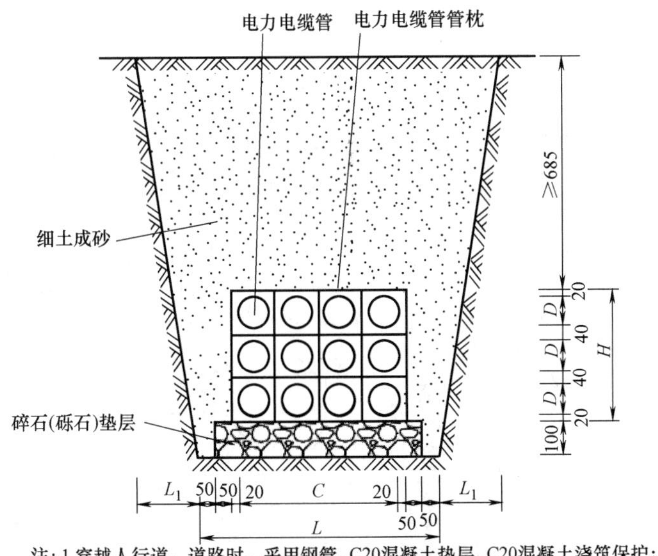

图 2-2-30　电缆排管敷设（单位：mm）

（2）在 10%以上的斜坡排管中，应在标高较高一端的工作井内设置防止电缆因热伸缩和重力作用而滑落的构件。固定桩为松木、钢筋混凝土、角钢三种。

（3）电缆在 20°～50°斜坡地段敷设，其倾斜角度不应大于地形自然坡度，应满足电缆允许高差值的规定；坡度在 30°以下每 15m 固定一次，30°以上时每 10m 固定一次。

（4）在斜坡开始及过沟溪最高水位处需将电缆固定。当室外地面垂直落差较大或斜坡大于 50°时，可采用在斜坡处设置电缆井的敷设方式。

（5）工作井中电缆管口应按设计要求做好防水措施；电缆进入电缆沟、隧道、竖井、建筑物、盘（柜）以及穿入管子时，出入口应封闭，管口应密封，如图 2-2-31 和图 2-2-32 所示。

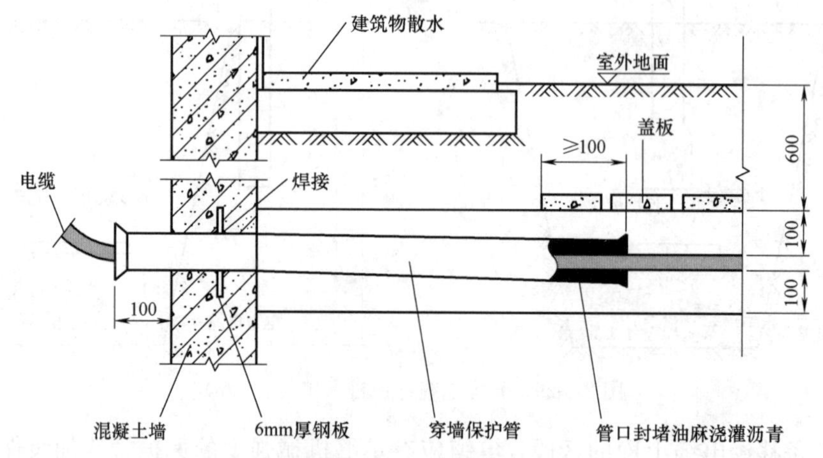

图 2-2-31　电缆穿墙保护管做法（单位：mm）

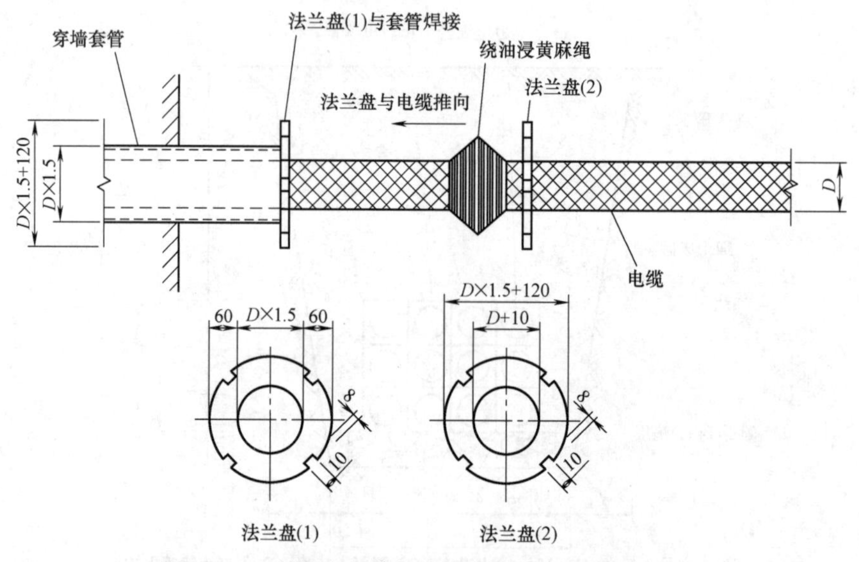

图 2-2-32　封闭式电缆穿墙保护管做法（单位：mm）

（6）直埋电缆过墙引入管必须做好防水处理，其埋设深度距室外地面不应小于 0.7m，并应有适当的防水坡度（5°～10°）；除注明外，电缆保护管伸出墙外 1m，且伸出散水坡外≥100mm；穿墙保护管管材及管径详见实际工程设计；预埋钢管应做好接地。

（7）电缆穿管的位置及穿入管中电缆的数量应符合设计要求，交流单芯电缆不得单独穿入钢管内。

（8）电缆沟内电缆排列应符合下列规定：电力电缆和控制电缆不宜配置在同一层支架上；高低压电力电缆，强电、弱电控制电缆应按顺序分层配置，宜由上而下配置；同一重要回路的工作与备用电缆实行耐火分隔时，应配置在不同侧或不同层的支架上。电缆各支点间的距离应符合设计要求。当设计无要求时，不应大于表 2-2-5 的规定。

电缆各支点间的距离　　　　**表 2-2-5**

电缆种类		敷设方式	
		水平(mm)	垂直(mm)
电力电缆	全塑型	400	1000
	除全塑型外的中低压电缆	800	1500
	35kV 及以上高压电力	1500	3000
控制电缆		800	1000

注：全塑型电力电缆水平敷设沿支架能把电缆固定时，支点间的距离允许为 800mm。

(9) 垂直敷设或超过 30°倾斜敷设的电缆在每个支架上应固定牢固。

(10) 金属电缆支架必须与保护导体可靠连接，如图 2-2-33 所示。

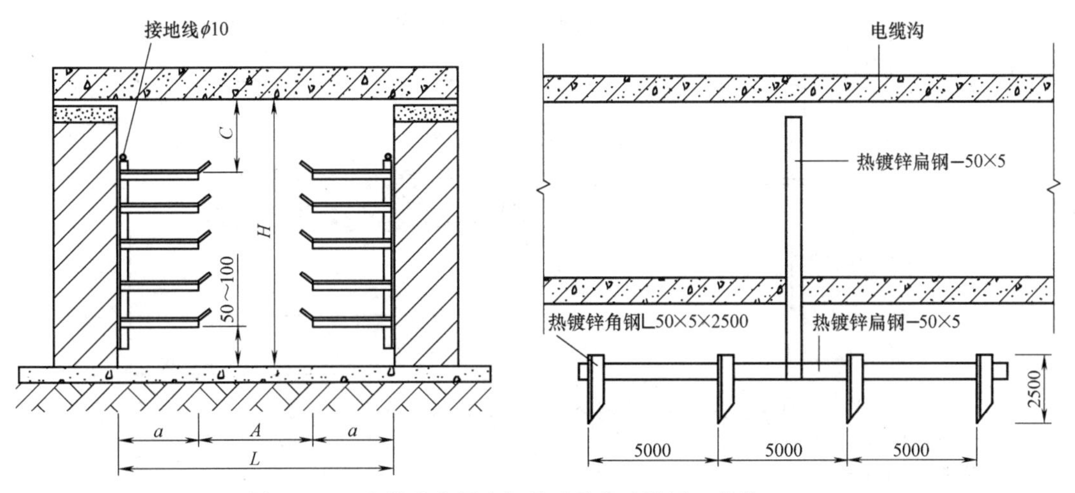

图 2-2-33　电缆沟金属支架接地及接地装置（单位：mm）

(三) 室内电缆敷设

1. 桥架内电缆敷设

(1) 电缆桥架转弯、分支处宜采用专用连接配件，其弯曲半径不应小于桥架内电缆最小允许弯曲半径，电缆最小允许弯曲半径应符合表 2-2-6 的规定。

电缆最小允许弯曲半径　　　　**表 2-2-6**

电缆形式		电缆外径(mm)	多芯电缆	单芯电缆
塑料绝缘电缆	无铠装	—	15*D*	20*D*
	有铠装		12*D*	15*D*
橡皮绝缘电缆			10*D*	
控制电缆	非铠装型、屏蔽型软电缆		6*D*	—
	铠装型、屏蔽型		12*D*	
	其他		10*D*	

(2) 电缆的敷设和排列布置应符合设计要求，矿物绝缘电缆敷设在温度变化大的场所、振动场所，穿越建筑物变形缝时应采取“S”或“Ω”弯，如图 2-2-34 所示。

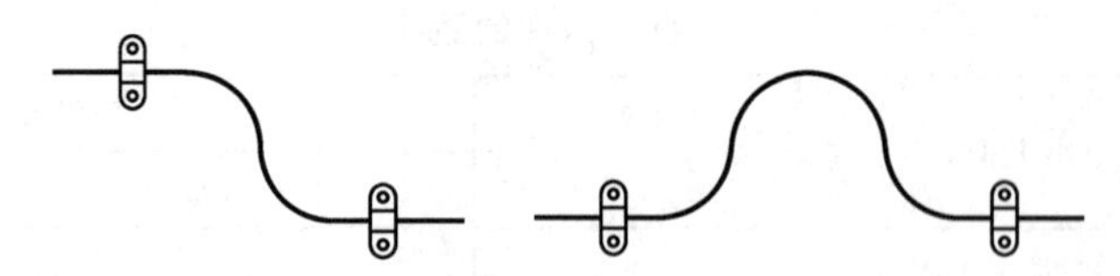

图 2-2-34　穿越沉降缝、伸缩缝等处设置 S 或 Ω 弯

（3）在梯架、托盘或槽盒内大于 45°倾斜敷设的电缆应每隔 2m 固定，水平敷设的电缆，首尾两端、转弯两侧及每隔 5～10m 处应设固定点；电缆出入电缆梯架、托盘、槽盒及配电（控制）柜、台、箱、盘处应做固定。

（4）在电缆桥架穿过墙壁、楼板等部位的孔洞处应采用防火封堵材料密实封堵，如图 2-2-35 所示。

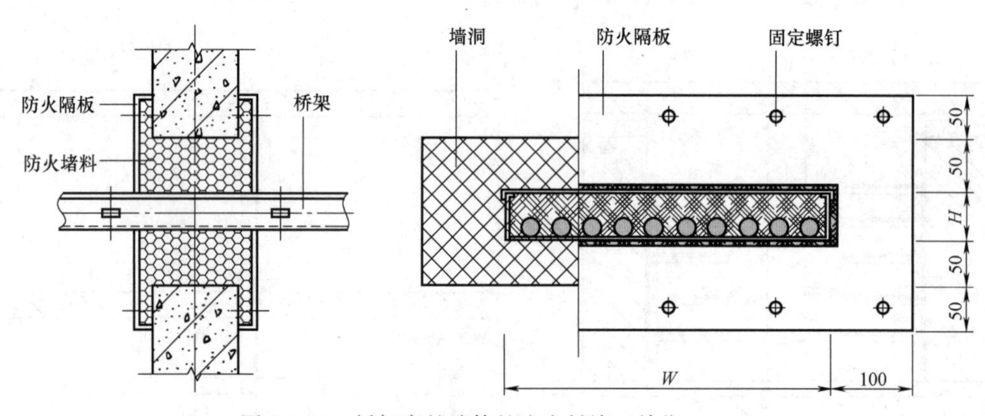

图 2-2-35　桥架穿越墙体的防火封堵（单位：mm）

2. 导管内电缆

（1）交流单芯电缆或分相后的每相电缆不得单根独穿于钢导管内，固定用的夹具和支架不应形成闭合磁路。

（2）单芯电缆组成回路，容易在电缆固定金具中产生感应涡流，若涡流过大不仅会产生大量的涡流损耗，还会使电缆的固定金具老化速度加快，施工过程中应尽量避免产生涡流或将涡流减至最小。

（3）现场采用非磁性夹具固定电缆，如图 2-2-36 所示；同时采用合理电缆相序排列（表 2-2-7）使涡流产生量最小，通常应使同一回路各相电缆铜外护套保持接触。

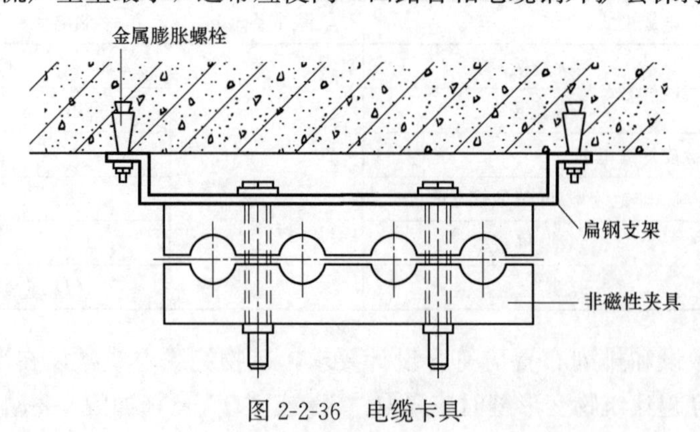

图 2-2-36　电缆卡具

电缆相序排列表 **表 2-2-7**

敷设形式	三相三线	三相四线
单路电缆	L1 L2 L3 L1 L2 L3	L1 N L2 L3 L1 L2 L3 N
两路平行电缆	d 2d d L1　　L1 L2 L3　L2 L3 d 2d d L1 L2 L3　L3 L2 L1	d 2d d L1 N　L1 N L2 L3　L2 L3 d 2d d L1 L2 L3 N N L3 L2 L1
两路以上平行电缆	d 2d d 2d d L1　L1　L1 L2 L3　L2 L3　L2 L3 d 2d d 2d d L1 L2 L3　L1 L2 L3　L1 L2 L3	d 2d d 2d d L1 N　L1 N　L1 N L2 L3　L2 L3　L2 L3 d 2d d 2d d L1 L2 L3 N　L1 L2 L3 N　L1 L2 L3 N

（4）当电缆通过墙、楼板或室外敷设穿导管保护时，导管的内径不应小于电缆外径的1.5倍并做封堵，如图2-2-37所示。

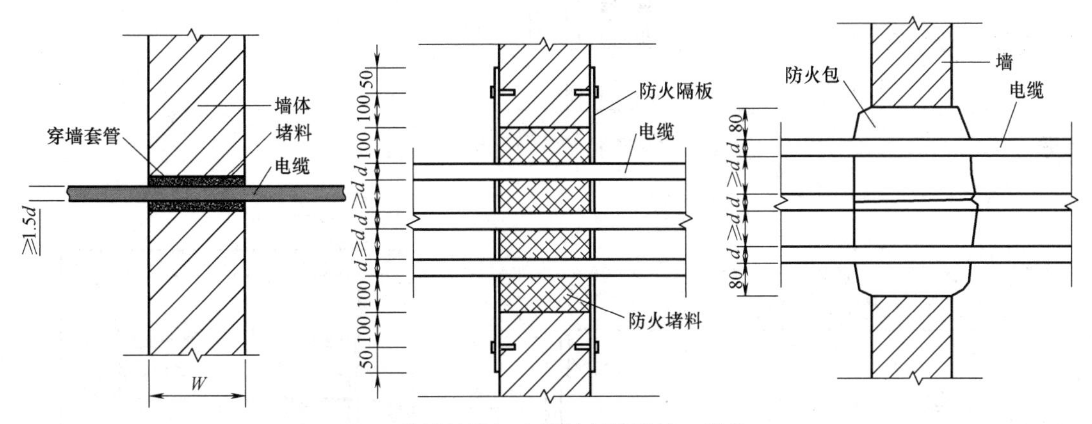

图 2-2-37　电缆导管、电缆的封堵措施（单位：mm）

（5）在易受机械损伤的地方和在受力较大处直埋电缆管时，应采用足够强度的管材。电缆在垂直安装时，距地2m以下部分应加金属盖板或保护管保护（图2-2-38），但敷设在电气专用房间（如配电室、电气竖井、技术层等）内时除外。

（6）电缆导管在敷设电缆前，应进行疏通、清除杂物，管道内应无积水。电缆敷设到位后应做好电缆固定和管口封堵（图2-2-39），并应做好管口与电缆接触部分的保护措施。

3. 支架上电缆

（1）金属电缆支架必须与保护导体可靠连接，如图2-2-40所示。

（2）电缆支架安装应符合下列规定：

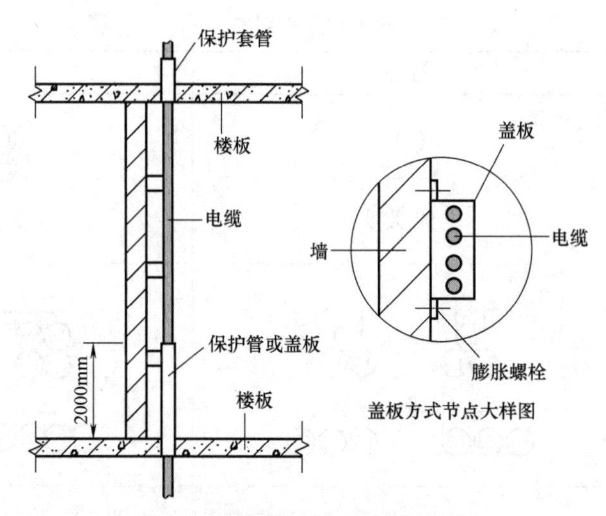

图 2-2-38　垂直安装的电缆保护管

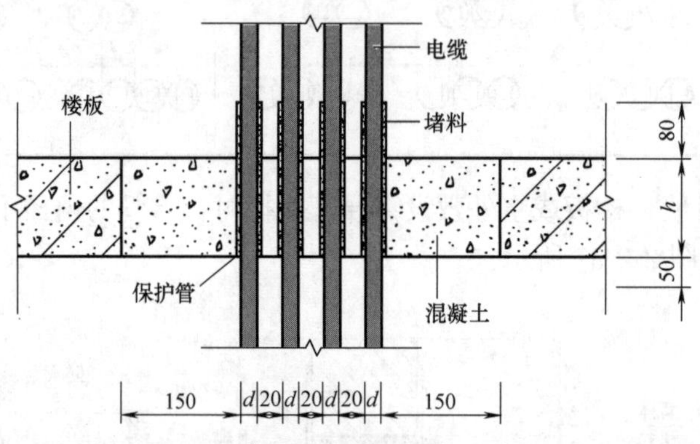

图 2-2-39　电缆保护管管口封堵（单位：mm）

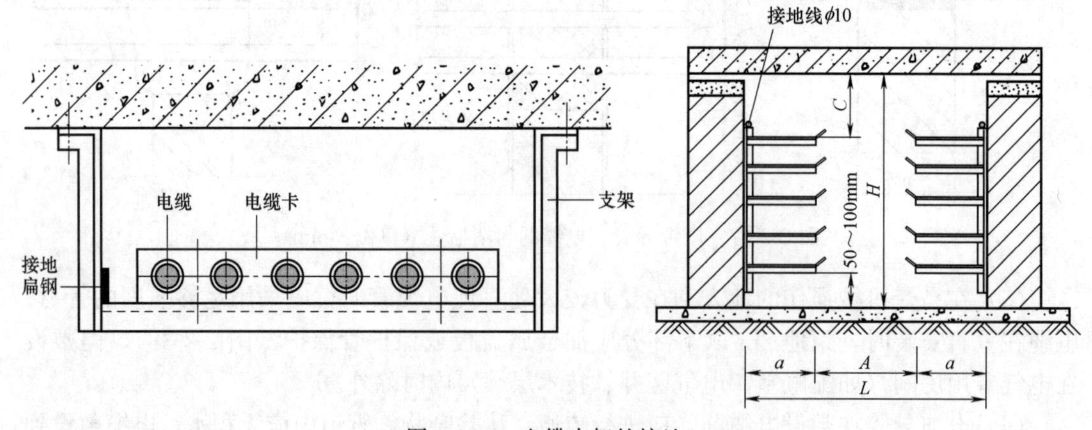

图 2-2-40　电缆支架的接地

1）除设计要求外，承力建筑钢结构构件上不得熔焊支架，且不得热加工开孔。

2）当设计无要求时，电缆支架层间最小距离不应小于表 2-2-8 的规定，层间净距不应小于 2 倍电缆外径加 10mm，35kV 电缆不应小于 2 倍电缆外径加 50mm。

电缆支架层间最小距离（mm）　　**表 2-2-8**

电缆种类		支架上敷设
控制电缆明敷		120
电力电缆明敷	10kV 及以下电力电缆	150
	除 6～10kV 交联聚乙烯绝缘电力电缆	200
	6～10kV 交联聚乙烯绝缘电力电缆	250
	35kV 单芯电力电缆	250
	35kV 三芯电力电缆	300

3）最上层电缆支架距构筑物顶板或梁底的最小净距应满足电缆引接至上方配电柜、台、箱、盘时电缆弯曲半径的要求，且不宜小于表 2-2-8 所列数再加 80～150mm；距其他设备的最小净距不应小于 300mm，当无法满足要求时应设置防护板。

4）当设计无要求时，最下层电缆支架距沟底、地面的最小距离不应小于表 2-2-9 的规定。

最下层电缆支架距沟底、地面的最小距离（mm）　　**表 2-2-9**

电缆敷设场所及其特征		垂直净距
电缆沟		50
隧道		100
电缆夹层	非通道处	200
	至少在一侧不小于 800mm 宽通道处	1400
公共廊道中电缆支架无围栏防护		1500
室内机房或活动区间		2000
室外	无车辆通过	2500
	有车辆通过	4500
屋面		200

5）当支架与预埋件焊接固定时，焊缝应饱满；当采用膨胀螺栓固定时，螺栓应适配、连接紧固，防松零件应齐全，支架安装应牢固、无明显扭曲。

6）金属支架应进行防腐，位于室外及潮湿场所的应按设计要求做处理。

（3）电缆敷设当设计无要求时，电缆支持点间距不应大于表 2-2-10 的规定。

电缆支持点间距（mm）　　**表 2-2-10**

电缆种类		电缆外径	敷设方式	
			水平	垂直
电力电缆	全塑型	—	400	1000
	除全塑型外的中低压电缆		800	1500
	35kV 高压电缆		1500	2000
	铝合金带联锁铠装的铝合金电缆		1800	1800
控制电缆			800	1000
矿物绝缘电缆		<9	600	800
		≥9，且<15	900	1200
		≥15，且<20	1500	2000
		≥20	2000	2500

（4）无挤塑外护层电缆金属护套与金属支（吊）架直接接触的部位应采取防电化学腐蚀的措施，如图 2-2-41 所示。

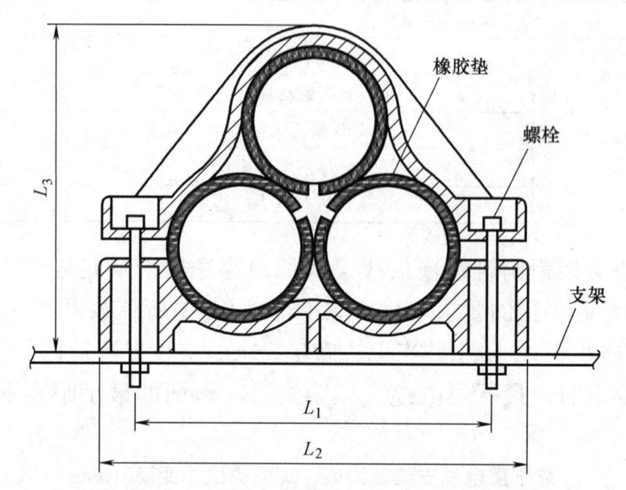

图 2-2-41 电缆金属护套防电化学腐蚀措施

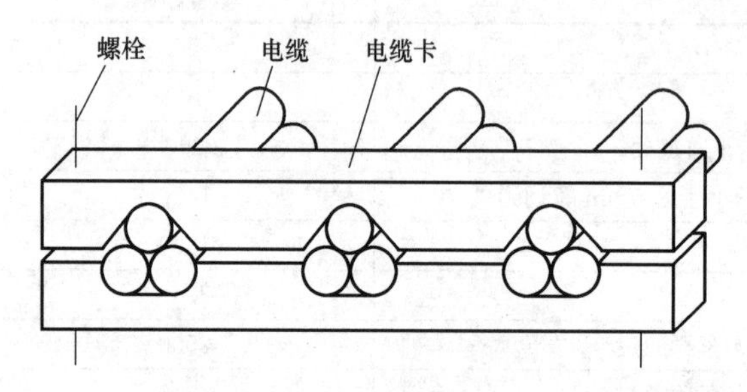

图 2-2-42 品字形排列电缆

（5）交流单芯电力电缆，应布置在同侧支架上，并应限位、固定。当按紧贴品字形（三叶形）排列时（图 2-2-42），除固定位置外，其余应每隔一定的距离用电缆夹具、绑带扎牢，以免松散。

（四）电缆头的制作

1. 电力电缆的铜屏蔽层和铠装护套及矿物绝缘电缆的金属护套和金属配件应采用铜绞线或镀锡铜编织线与保护导体做连接，其连接导体的截面积不应小于表 2-2-11 的规定。

当铜屏蔽层和铠装护套及矿物绝缘电缆的金属护套和金属配件作保护导体时，其连接导体的截面积应符合设计要求。

电缆终端保护连接导体的截面积（mm^2） **表 2-2-11**

电缆相导体截面积	保护连接导体截面积
≤16	与电缆导体截面相同
>16，且≤120	16
≥150	25

2. 三芯电力电缆在电缆中间接头处，其电缆铠装、金属屏蔽层应各自有良好的电气连接并相互绝缘。

在电缆终端头处，电缆铠装、金属屏蔽层应用接地线分别引出，并应接地良好（图 2-2-43）。

三芯电缆接头及单芯电缆直通接头两侧电缆的金属屏蔽层、金属护套、铠装层应分别连接良好，不得中断，跨接线的截面应符合产品技术文件要求，且不应小于规范有关接地线截面的规定。

直埋电缆接头的金属外壳及电缆的金属护层应做防腐、防水处理。

3. 电缆端子与设备或器具连接应符合规范规定（图 2-2-44、图 2-2-45）。

电缆的线芯连接金具（连接管和端子），其规格应与线芯的规格适配，且不得采用开口端子，其性能应符合国家现行有关产品标准的规定。

4. 电缆线芯连接金具，应采用符合标准的连接管和接线端子，其内径应与电缆线芯匹配。采取压接时，压接钳和模具应符合规格要求。

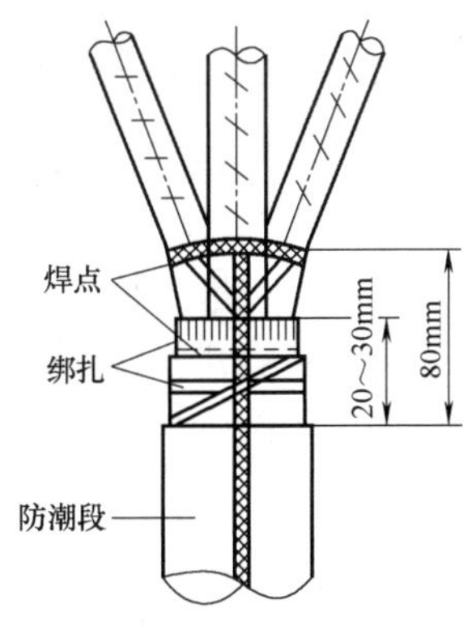

图 2-2-43 焊接地线的方法

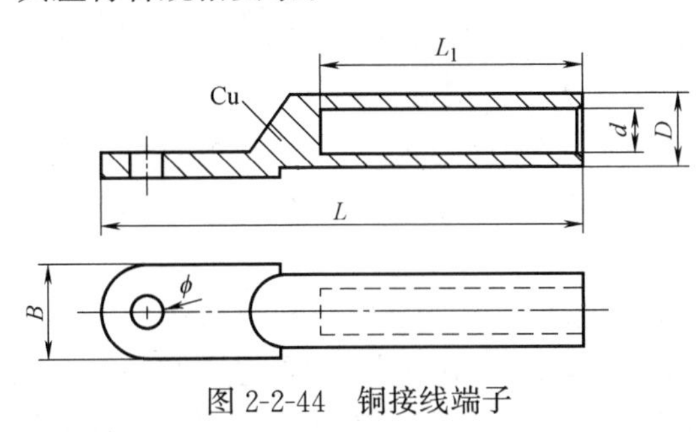

图 2-2-44 铜接线端子

图 2-2-45 铜铝接线端子

5. 当采用螺纹型接线端子与导线连接时，其拧紧力矩值应符合产品技术文件的要求，当无要求时，应符合表 2-2-12 的规定。

螺纹型接线端子的拧紧力矩 **表 2-2-12**

螺纹直径(mm)		拧紧力矩(N·m)		
标准值	直径范围	Ⅰ	Ⅱ	Ⅲ
2.5	$\phi\leqslant2.8$	0.2	0.4	0.4
3	$2.8<\phi\leqslant3.0$	0.25	0.5	0.5
—	$3.0<\phi\leqslant3.2$	0.3	0.6	0.6
3.5	$3.2<\phi\leqslant3.6$	0.4	0.8	0.8
4	$3.6<\phi\leqslant4.1$	0.7	1.2	1.2
4.5	$4.1<\phi\leqslant4.7$	0.8	1.8	1.8
5	$4.7<\phi\leqslant5.3$	0.8	2.0	2.0
6	$5.3<\phi\leqslant6.0$	1.2	2.5	3.0
8	$6.0<\phi\leqslant8.0$	2.5	3.5	6.0
10	$8.0<\phi\leqslant10.0$	—	4.0	10.0
12	$10<\phi\leqslant12$	—	—	14.0
14	$12<\phi\leqslant15$	—	—	19.0
16	$15<\phi\leqslant20$	—	—	25.0
20	$20<\phi\leqslant24$	—	—	36.0
24	$\phi>24$	—	—	50.0

注：第Ⅰ列：适用于拧紧时不突出孔外的无头螺钉和不能用刀口宽度大于螺钉顶部直径的螺丝刀拧紧的其他螺钉。

第Ⅱ列：适用于可用螺丝刀拧紧的螺钉和螺母。

第Ⅲ列：适用于不可用螺丝刀拧紧的螺钉和螺母。

四、防雷与接地装置

（一）接地装置施工技术

1. 自然接地体的施工

（1）利用埋入地中或水中的金属管道（输送可燃易爆物资除外），金属管井与大地可靠连接的各类建（构）筑物、设备基础的金属结构、桩、基层钢筋网等做自然接地体。也可根据各类装置的防雷接地需要，在设备基础、建（构）筑物周围敷设人工接地极及接地网。

（2）利用建（构）筑物基础钢筋作为自然接地体的施工。当利用钢筋混凝土构件的钢筋网做自然接地体时，可采用下列方式：

1）构件内有箍筋连接的钢筋或成网状的钢筋，其箍筋与钢筋的连接、钢筋与箍筋的连接，采用土建施工的绑扎法、螺纹连接、焊接连接、卡接器连接四种方式。受预应力的钢筋、受预应力钢构件在受力前可以采用焊接，但受力后严禁采用焊接方式。

2）预埋件可用钢筋、镀锌圆钢或预埋连接板与构件内钢筋连接，连接方式可采用焊接或采用螺栓紧固的卡夹器连接，也可在钢筋上用焊接或卡夹器固定预埋板，再做焊接连接。

3）在水平构件与垂直构件的交叉处，有一根主钢筋彼此焊接、用跨接线焊接、用螺栓紧固的卡夹器连接，或有不少于两根主钢筋彼此用通常采用的铁丝绑扎法连接。

4）构件内钢筋网与其他的连接（如与防雷装置的连接）是在钢筋上用焊接、卡夹器固定预埋板或预留圆钢、扁钢，再做连接。

图 2-2-46～图 2-2-48 列举了利用钢筋混凝土基础钢筋做接地极采用焊接方式的电气连接。

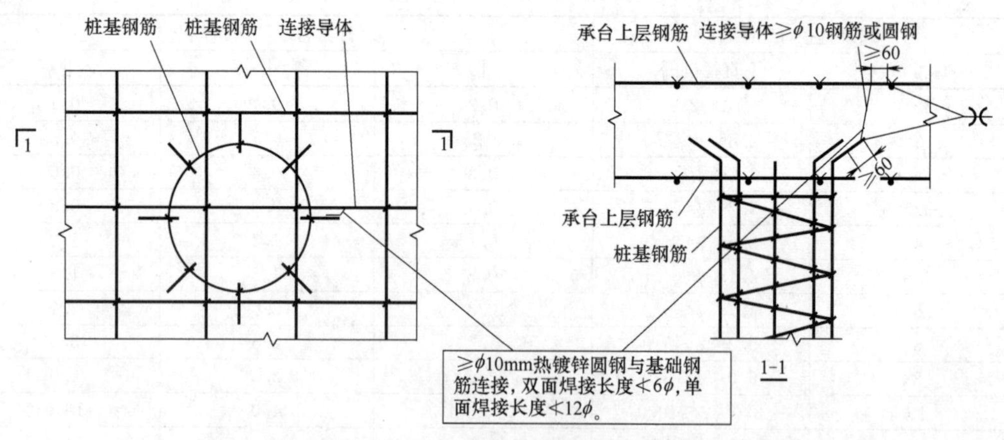

图 2-2-46　利用钢筋混凝土基础的钢筋做接地极的电气连接

（3）在水平梁内选择两根钢筋做电气联通，如图 2-2-49 所示。

2. 人工接地体的施工

（1）其接地网的埋设深度不应小于 0.8m，圆钢、角钢、钢管、铜棒、铜管、铜板等接地极应垂直埋入地下，水平接地极间距不应小于 5m，垂直接地极的间距不宜小于其长度的 2 倍。

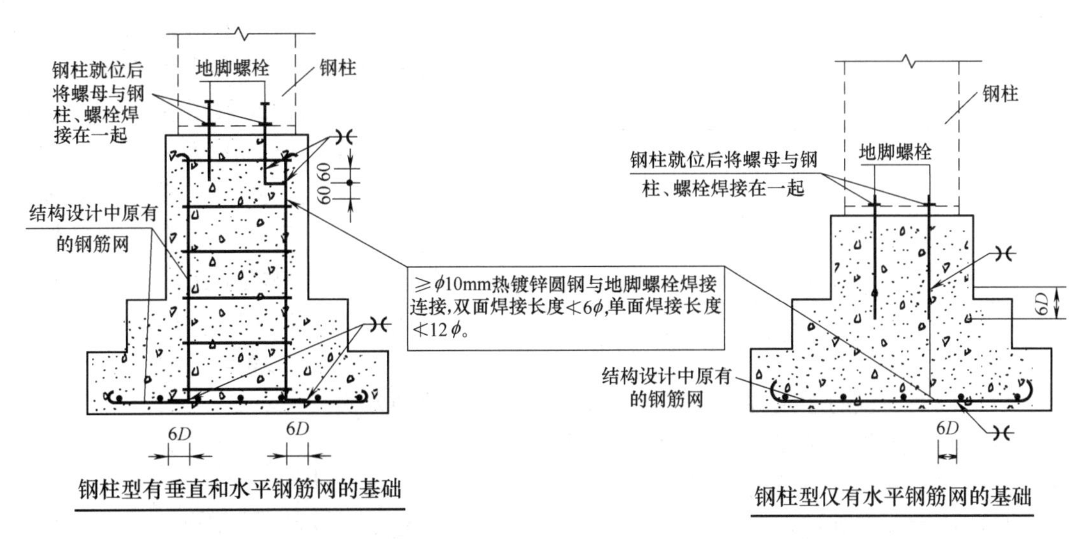

图 2-2-47　基础承台底板钢筋跨接的电气连接（单位：mm）

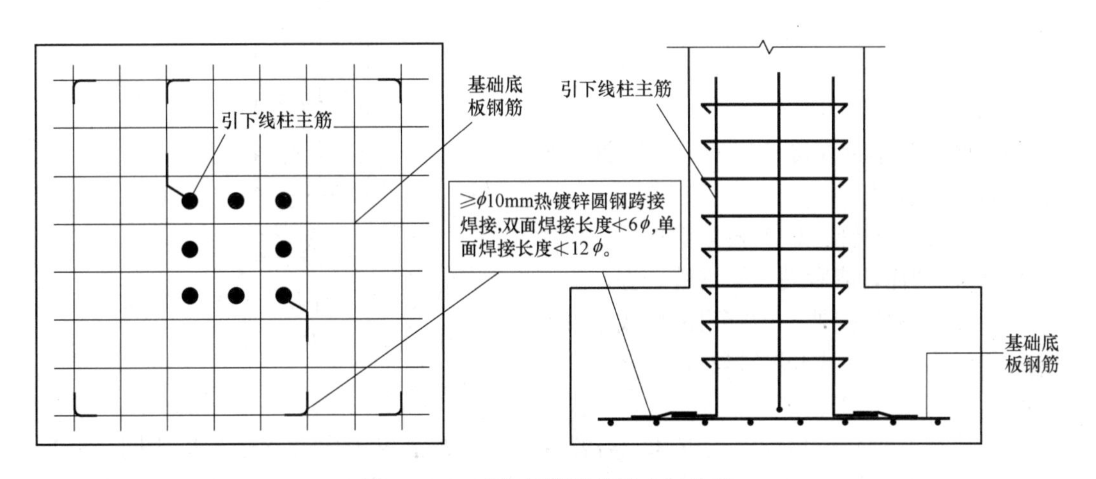

图 2-2-48　底板钢筋跨接的电气连接

（2）人工接地体与建筑物的外墙或基础之间的水平距离不宜小于 1m，在接地网边缘有人出入的通道处，应采取防跨步电压的措施，增设均压带或加强绝缘措施，如图 2-2-50 所示。

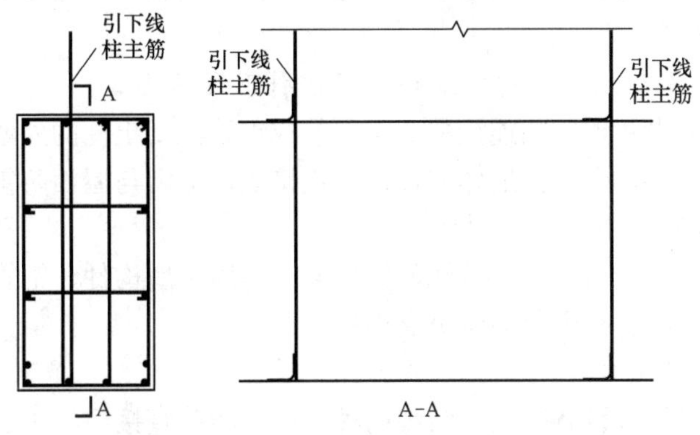

图 2-2-49　水平梁内钢筋跨接的电气连接

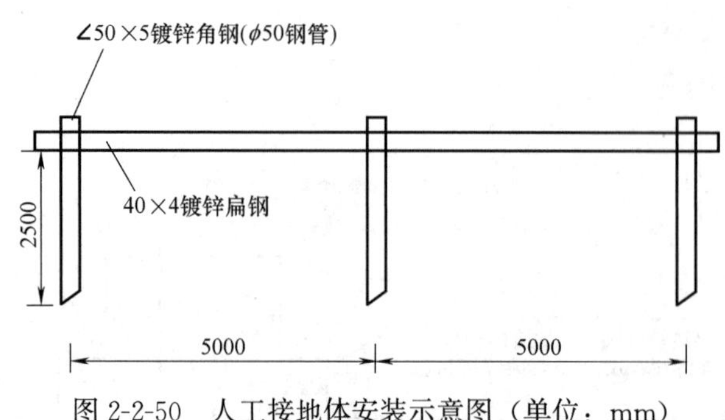

图 2-2-50　人工接地体安装示意图（单位：mm）

（3）在高电阻率地区，在接地极周围一定范围内使用长效防腐物理性降阻剂，或采用安装深井接地极，在接地极周围灌注长效防腐物理性降阻剂，并用土质良好的细土回填，回填后暂不夯实，待自然下沉 3～5d 后再填细土夯实回填直至满足要求，如图 2-2-51 所示。

3. 接地装置的连接

（1）接地装置的连接方式有焊接连接和螺栓连接两种方式。

（2）当采用焊接方式时，除埋设在混凝土中的焊接接头外，应采取防腐措施，焊接搭接长度应符合下列规定：

1）扁钢与扁钢搭接不应小于扁钢宽度的 2 倍，且应至少 3 个棱边焊接。

2）圆钢与圆钢焊接长度不小于圆钢直径的 6 倍，双面焊接。

3）圆钢与扁钢焊接长度不小于圆钢直径的 6 倍，双面焊接。

4）扁钢与钢管、扁钢与角钢焊接，应紧贴角钢外侧两面，或紧贴 3/4 钢管表面，除在其接触部位两侧焊接外，还应用钢带或钢带弯曲成的卡子与钢管或角钢焊接，如图 2-2-52 所示。

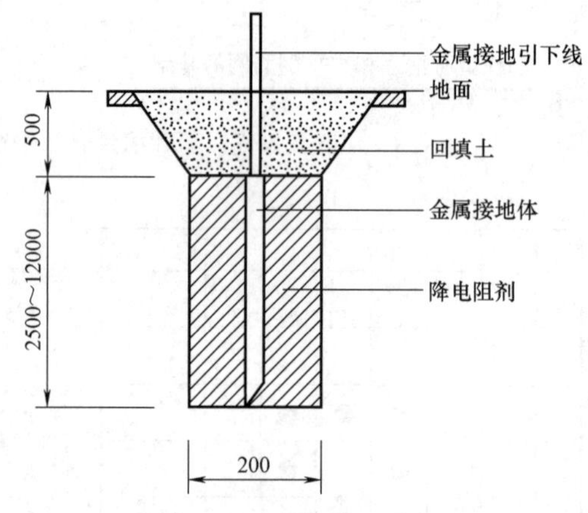

图 2-2-51　深井接地极安装示意图（单位：mm）

5）当建（构）筑物为独立桩基，需要将独立桩基混凝土内的钢筋连接成网，混凝土内钢筋与土壤内敷设的人工接地极相连时，土壤内的人工接地极应采用铜制或采用 50mm 厚的混凝土包裹的钢制材料，以防范电化学反应造成的腐蚀。

（3）接地极之间的连接、接地极与接地母线的连接均应采用焊接，异种金属接地极、接地母线之间连接时的接头处应采取防止电化学腐蚀的措施，如图 2-2-53 所示。

（二）引下线施工

1. 利用装置钢构架或建（构）筑物钢筋作引下线的施工

（1）利用结构柱内两根通长连接的 2 根主筋或钢管混凝土柱的外壁钢管、幕墙的竖向金属龙骨作防雷引下线，引至接地体或接地体连接线，上端与屋面防雷网可靠连接，下端与接地装置可靠连接，如图 2-2-54 所示。

（2）为防雷电反击，对于人可接触的钢构架、幕墙金属构件、钢管混凝土柱等通过预埋铁件与每层的梁、板、柱内主筋做可靠连接。

2. 专设引下线的施工

（1）专设引下线的敷设有明装与暗装两种方式。暗装直接敷设于建（构）筑物抹灰层内或穿保护管敷设，如图 2-2-55 所示。

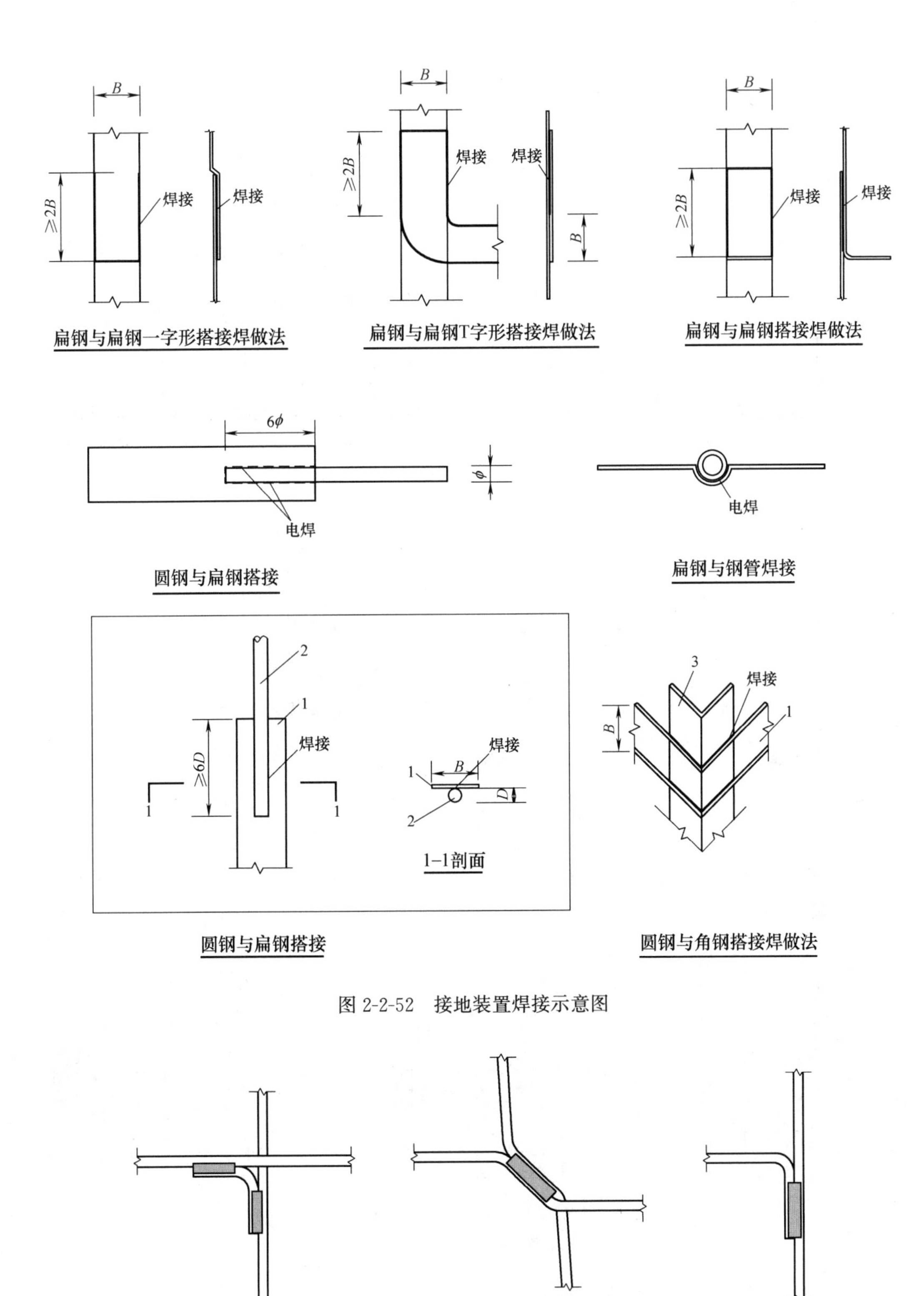

图 2-2-52　接地装置焊接示意图

图 2-2-53　接地线的焊接形式

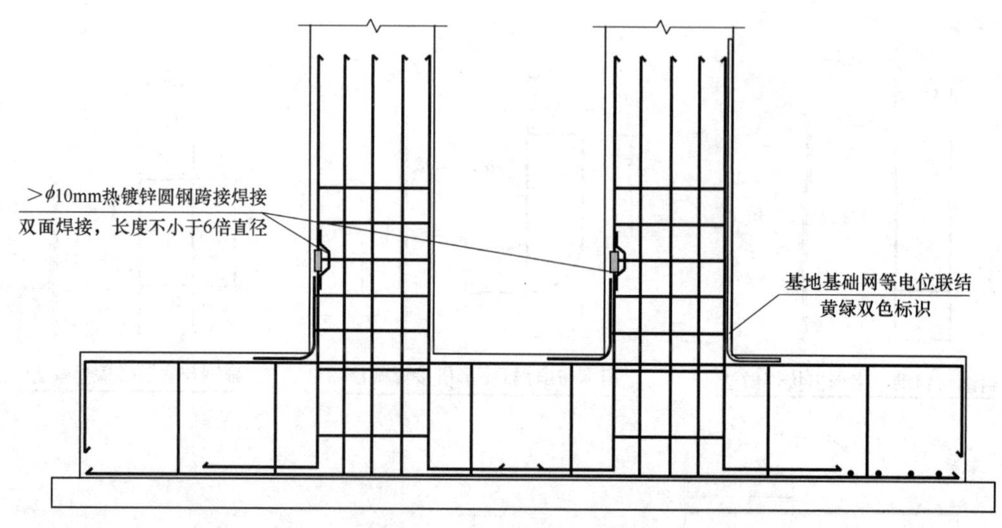

图 2-2-54　引下线连接示意图

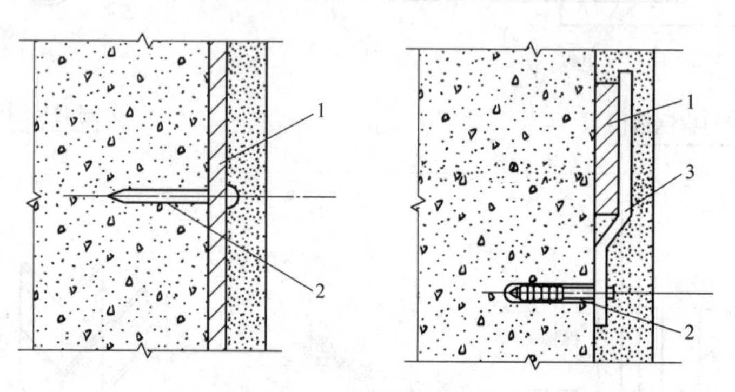

图 2-2-55　暗装敷设方式

1—引下线；2—固定螺栓；3—固定S型卡

(2) 明敷采用支架敷设于结构体表面，间距宜为1.5～3.0m，转弯部分宜为0.3～0.5m，如图2-2-56所示。

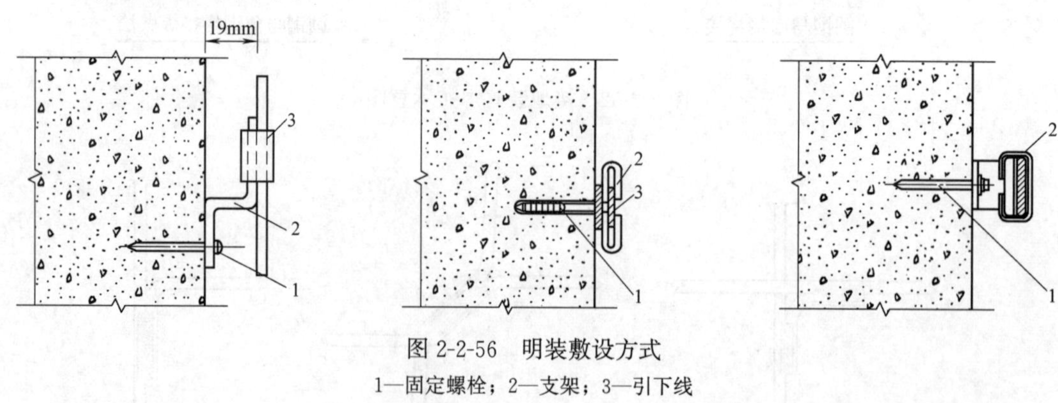

图 2-2-56　明装敷设方式

1—固定螺栓；2—支架；3—引下线

3. 接地测试装置（断接卡、箱）施工

(1) 接地电池测试装置分地下测试井和地上测试井两种形式。地下测试井的做法如图2-2-57所示。

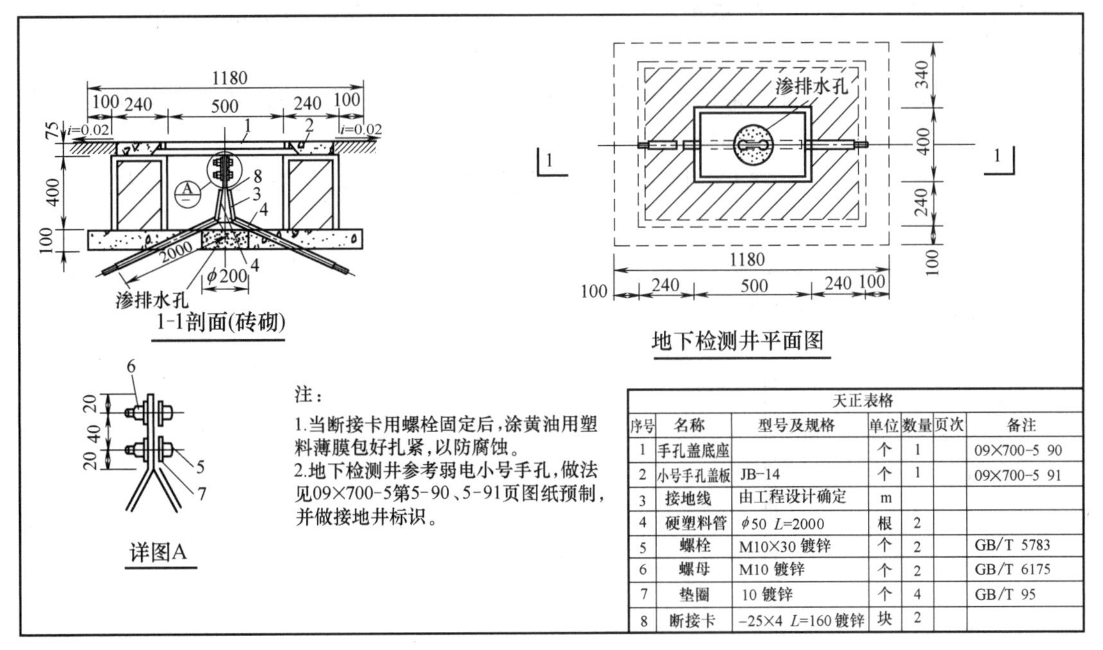

天正表格

序号	名称	型号及规格	单位	数量	页次	备注
1	手孔盖底座		个	1		09X700-5 90
2	小号手孔盖板	JB-14	个	1		09X700-5 91
3	接地线	由工程设计确定	m			
4	硬塑料管	φ50 L=2000	根	2		
5	螺栓	M10×30 镀锌	个	2		GB/T 5783
6	螺母	M10 镀锌	个	2		GB/T 6175
7	垫圈	10 镀锌	个	4		GB/T 95
8	断接卡	−25×4 L=160 镀锌	块	2		

图 2-2-57　地下测试井施工示意图（单位：mm）

（2）地上暗装防雷接地断接卡的具体做法如图 2-2-58 所示。

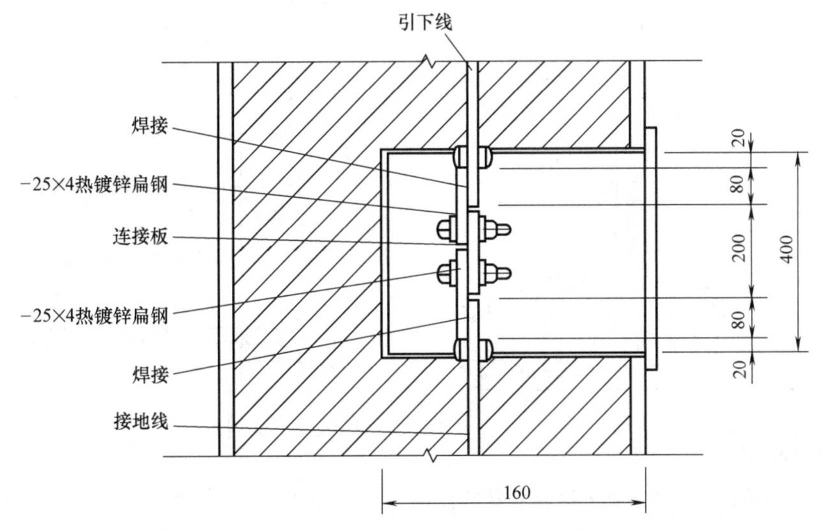

图 2-2-58　暗装防雷接地断接卡示意图（单位：mm）

（三）接闪器安装

接闪器施工包括独立接闪杆（避雷针）、接闪带（包括避雷线、避雷带、避雷网）等施工内容。

1. 独立接闪器（避雷针）施工

（1）接闪杆的施工要求：

1）接闪杆（线、带、网）的接地线及接地装置使用的紧固件均应使用热镀锌制品。

2）室外独立接闪杆及其接地装置与道路或建筑物的出入口等的距离应大于 3m；当

小于 3m 时，应采取均压或隔离绝缘措施，独立接闪杆与构筑物的防雷接地线应设置断接卡。

3）工厂变、配电装置的架构或屋顶上的接闪杆及悬挂避雷线的构架应在其接地线处装设集中接地装置，并应与接地网连接。

4）生产用建（构）筑物上的接闪杆或接闪带、网应和其顶部的金属物体连接成一个整体。

（2）在设备装置顶部或建（构）筑物屋面安装独立接闪杆，如图 2-2-59 所示。在侧墙上安装独立接闪杆，高出屋面，如图 2-2-60 所示。

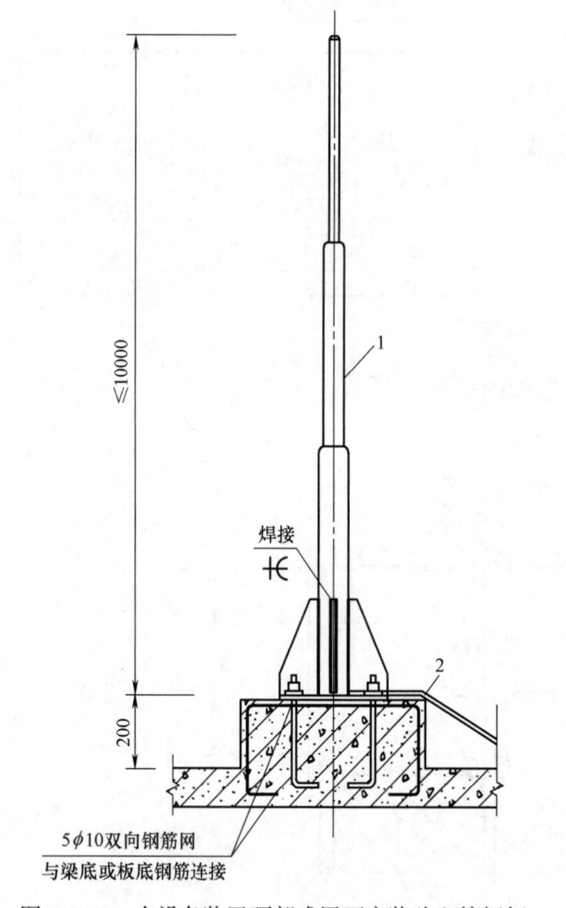

图 2-2-59 在设备装置顶部或屋面安装独立接闪杆（单位：mm）

1—接闪杆；2—引下线

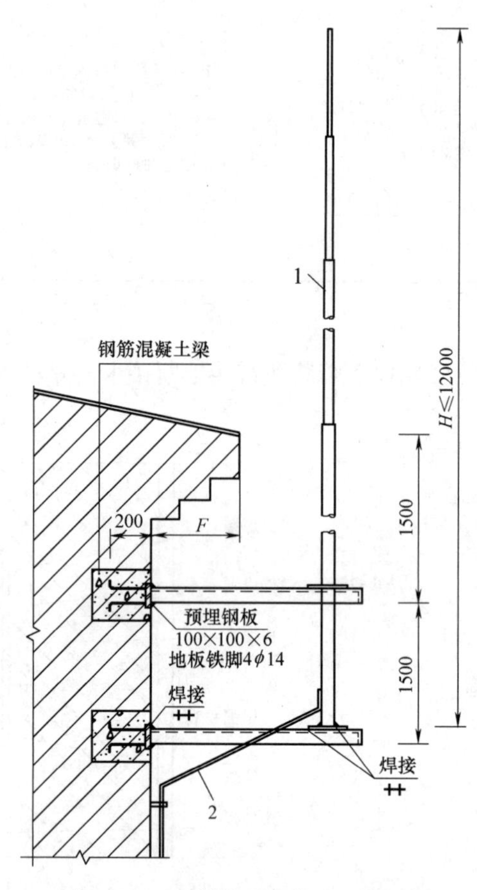

图 2-2-60 在侧墙上安装独立接闪杆（单位：mm）

1—接闪杆；2—引下线

（3）设备装置的垂直管道要安装单独接闪装置，水平安装的管道要与屋面接地网电气连接，如图 2-2-61 所示。

2. 接闪带的施工

（1）在工业设备装置及其构筑物屋面或设备装置顶部护栏周边敷设的接闪带，其安装部位在构筑物的女儿墙外墙外表面或屋檐边垂直面上或利用装置顶部护栏作接闪带，也可设在外墙外表面或屋檐边垂直面外，如图 2-2-62 所示。

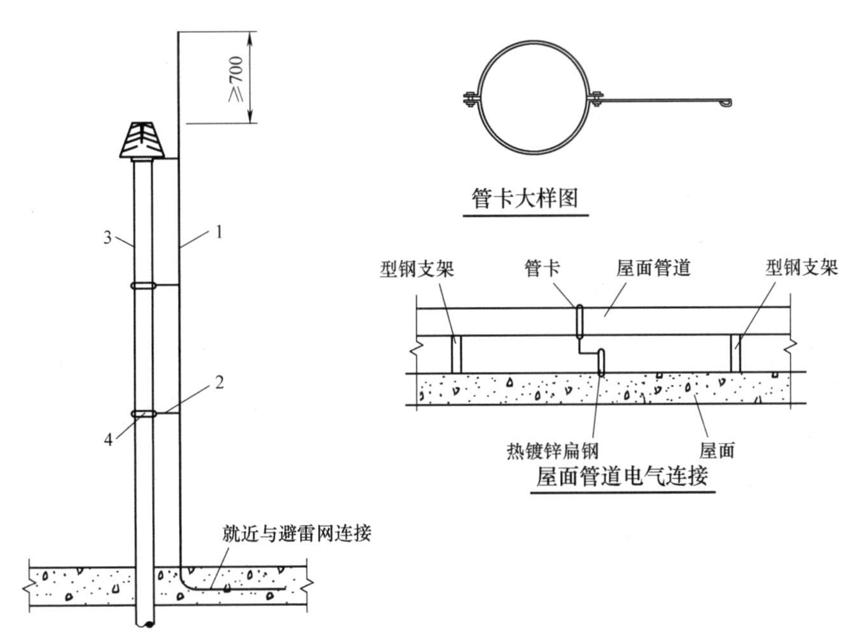

图 2-2-61　高出屋面的通气管道接闪杆安装及水平屋面管道电气连接示意图

1—接闪杆；2—支架；3—透气管道；4—管卡

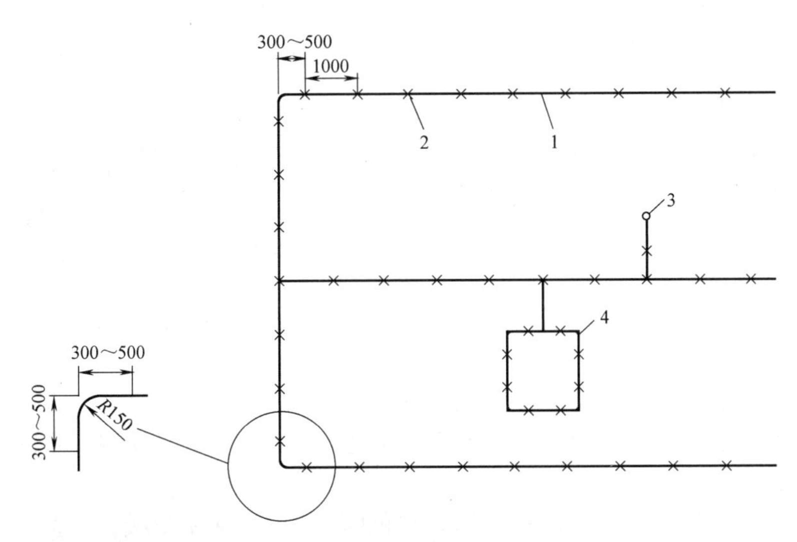

图 2-2-62　接闪带安装示意图（单位：mm）

1—接闪带；2—成品支架；3—屋面管、线连接处；

4—高于屋面的凸出物或设备装置高出装置顶部的管道

（2）建（构）筑物屋面接闪带的明装与暗装：

1）在女儿墙压顶前进行接闪带暗装敷设，在做女儿墙压顶抹灰层时进行隐蔽，确保抹灰层厚度。

2）明装接闪带有焊接和卡接两种方式。

支架安装在屋面女儿墙或设备装置的围护墙（栏）上，利用设备装置顶部护栏作接闪带，支架间距≤1000mm，转角支架间距≤500mm，具体间距应适当调整。支架高度不宜小于 150mm，支架可用镀锌角钢（L25×3-4）或镀锌扁钢（－25×3-4）制作，也可采用专用成品卡子或钢丝绳夹作卡箍安装。支架形式及安装方式如图 2-2-63 所示。

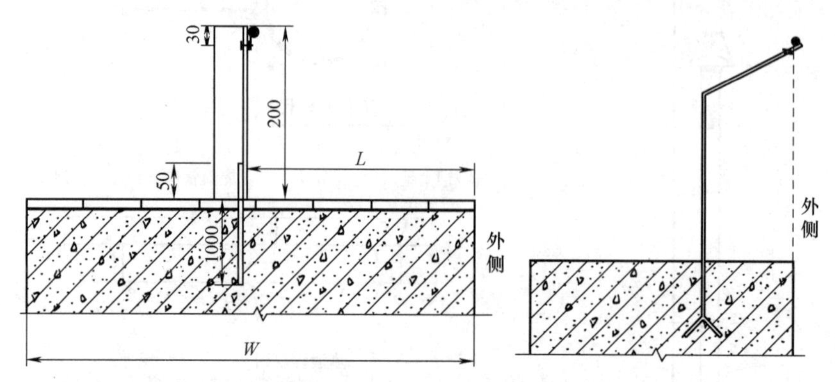

图 2-2-63 接闪带成品支架安装示意图

3）支架上的卡接器将接闪带镀锌圆钢固定卡紧，固定牢固。

接闪带应平正顺直，固定点支持件间距均匀、固定可靠，牢固无松动，高度一致，美观无扭曲。转弯平滑，无尖锐菱角。

接闪带跨越建（构）筑物伸缩缝、沉降缝处时，接闪带应留有一定伸缩余量做补偿装置，补偿装置可用接闪带本身材料弯成弧状代替，具体做法如图 2-2-64 所示。

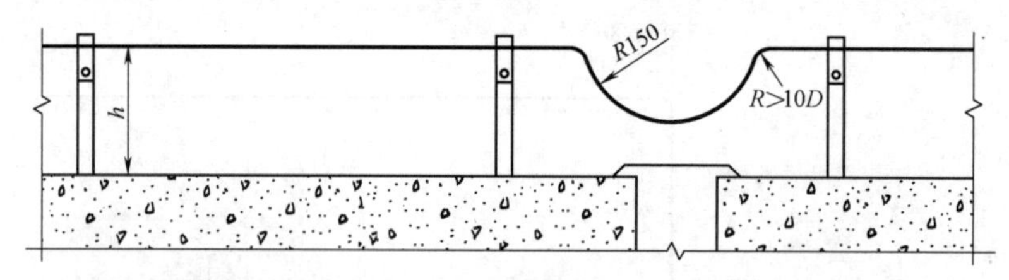

图 2-2-64 接闪带跨越建（构）筑物伸缩缝、沉降缝处时安装示意图

4）接闪带的安装采用焊接方式时，焊缝饱满，无夹渣、咬肉、裂纹、气孔等。

3. 接地装置的连接

（1）在焊接施工完成后要进行防锈处理。

刷防锈漆前，焊渣药皮处理干净，至圆钢原色，再涂刷防锈漆两遍，涂刷面色采用银粉漆时要一次成型。

（2）在与引下线连接处，引下线刷黄绿双色标识，或安装引下线标志牌，如图 2-2-65 所示。

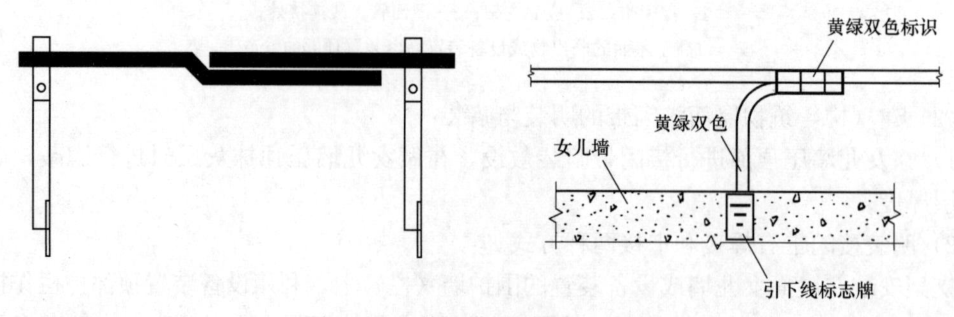

图 2-2-65 接闪带焊接安装示意图

(四) 设备装置的接地

1. 室内等电位联结母排的安装

(1) 一般采用热镀锌扁钢或铜排，按照设计要求选择规格、材料，安装位置便于设备检修与运行巡视。

(2) 在变配电室，设备机房水平敷设时，高度控制在250～300mm，距墙面控制在10～15mm，支架直线段间距为500～1500mm。

(3) 在电气井道等垂直部位控制在1500～3000mm，墙角转弯处间距为300～500mm，如图2-2-66所示。

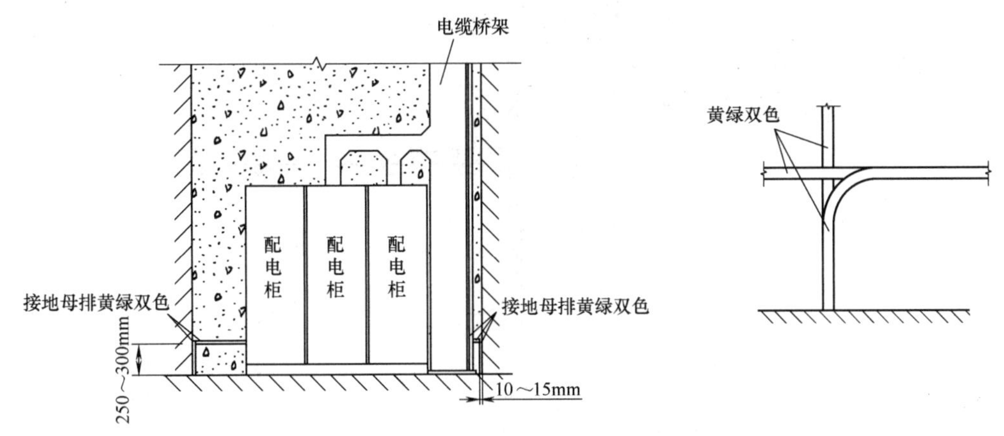

图2-2-66 室内等电位联结母排的安装示意图

(4) 在跨越建筑物和设备伸缩缝、沉降缝处，应设置补偿器。补偿器可用接地线本身弯成弧状代替。

(5) 在接地母线适当位置，安装M8的热镀锌蝴蝶螺栓，便于设备检修接地使用，检修接地螺栓处50mm不得涂刷黄绿双色标识漆，其余母线全长进行涂刷，或间隔一定距离涂黄绿漆或母线上贴接地标识，如图2-2-67所示。

(6) 接地母排安装应顺直、平整，固定牢固，搭接长度、焊接质量满足规范要求。

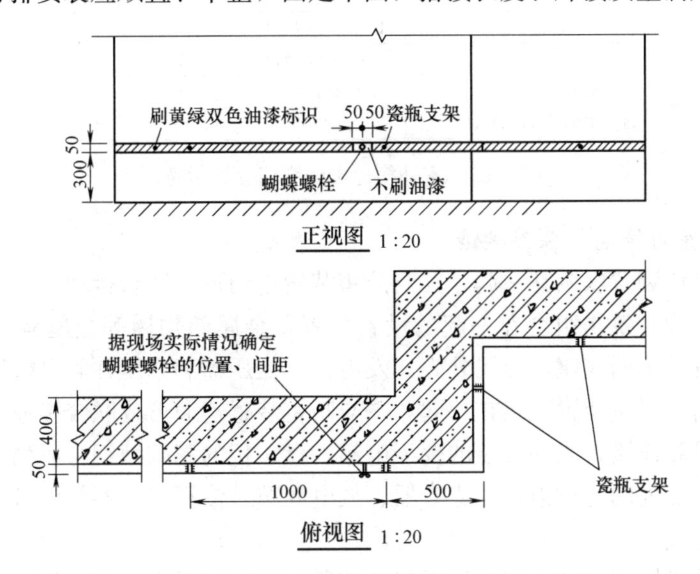

图2-2-67 变配电室内接地母线墙体安装示意图（单位：mm）

2. 室内接地网与室外接地网的连接

室外接地母线通过穿墙套管引入室内，套管向室外有一定的坡度，防止室外雨水倒灌室内，在接地母线施工完成后，用油麻、热沥青对套管进行封堵，做法可参考国家建筑标准设计图集 14D504《接地装置安装》相关要求，如图 2-2-68 所示。

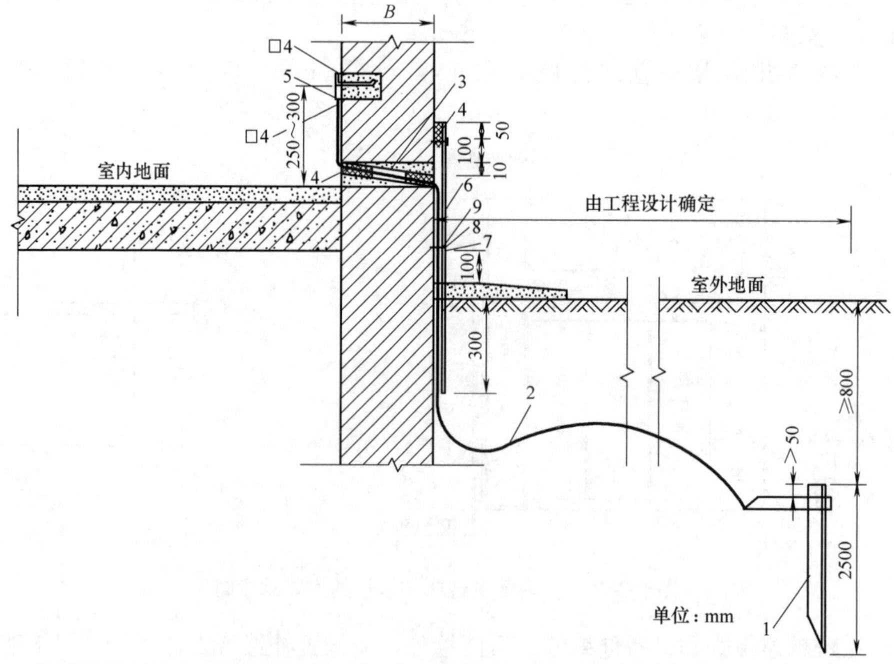

序列	名称	型号及规格	单位	数量	备注
1	接地板	由工程设计确定	根		
2	接地线	由工程设计确定	m		
3	硬塑料套管		根		
4	沥青麻丝或建筑密封材料		kg		
5	断接卡子	由工程设计确定	副		V或X型
6	角钢	L70×70×4 镀锌	m		
7	卡子	−25×4 镀锌	个		
8	塑料膨胀螺栓	Φ9×60	个		
9	沉头木螺钉(自攻螺钉)	8×70	个		

图 2-2-68　室外接地母线穿墙套管示意图

3. 设备装置的等电位联结要点

(1) 与等电位装置联结在一起，并与防雷装置连通形成联合接地。

所有与建（构）筑物组合在一起的设备装置，金属储物罐等金属构件，设备金属机座、变配电装置的金属底座，金属外壳，发电机、变压器和高压并联电抗器中性点等所有电气装置都应与等电位装置联结在一起，并与防雷装置连通形成联合接地。

(2) 进行可靠连接。成列安装的变配电箱、盘、柜的基础型钢与成列开关柜的接地母线，应有不少于 2 处的可靠连接，避雷器、放电间隙、浪涌保护器等设备，应用最短的接地线与接地网连接。

(3) 露天储罐周围应设置闭合环形接地装置，接地点不应少于 2 处，接地点间距不应大于 30m。

（4）采用金属导体进行跨接：

架空管道每隔 20～25m 应接地 1 次，平行敷设的管道、构架和电缆桥架、电缆金属外皮等长金属物，其净距小于 100mm 时，应采用金属导体进行跨接，跨接点的间距不大于 30m；交叉净距小于 100mm 时，其交叉处也应跨接。

（5）应用金属导体与相应储罐的接地装置连接：易燃油储罐的呼吸阀、易燃油和天然气储罐的热工测量装置，应用金属导体与相应储罐的接地装置连接。在≤5 颗连接螺栓阀门、法兰、弯头等管道连接处，跨接线可采用截面积不小于 $4mm^2$ 的导体做等电位联结。

（6）不能保持良好电气接触的阀门、法兰、弯头等管道连接处，也应跨接。跨接线可采用截面积不小于 $50mm^2$ 的导体。

（7）油槽车卸车平台应设置防静电临时接地卡。

（8）易燃油、可燃油和天然气浮动式储罐顶处，应用可挠的跨接线与罐体相连，不应少于 2 处。跨接线可用截面积不小于 $25mm^2$ 的导体。

（9）金属罐罐体钢板的接缝、罐顶与罐体之间以及所有管、阀与罐体之间，应保证可靠的电气联结，如图 2-2-69 所示。

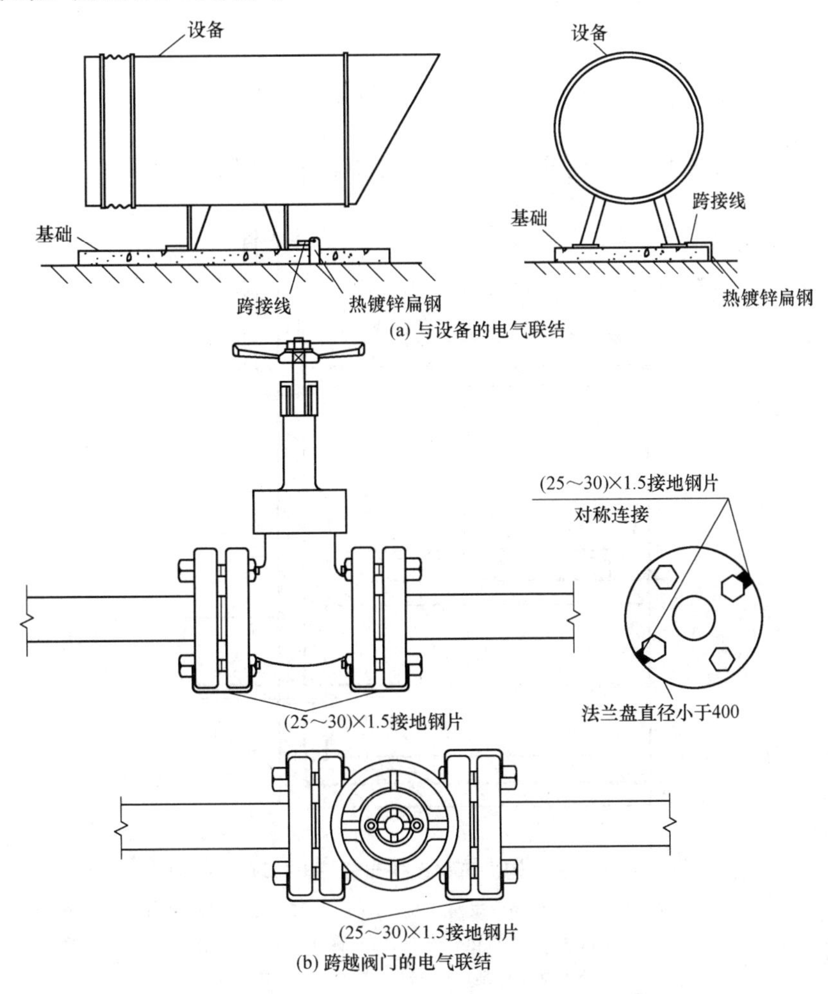

图 2-2-69　设备的电气联结（单位：mm）

4. 建（构）物的等电位联结

（1）总等电位联结：利用接地端子将建筑物钢筋、电气装置外露可导电部分、设备装置外壳、管线等外界可导电部分、保护导体等连接在一起。

（2）等电位端子箱的安装与嵌入式配电箱安装要求一致。等电位端子箱及设备等电位联结如图 2-2-70 所示。

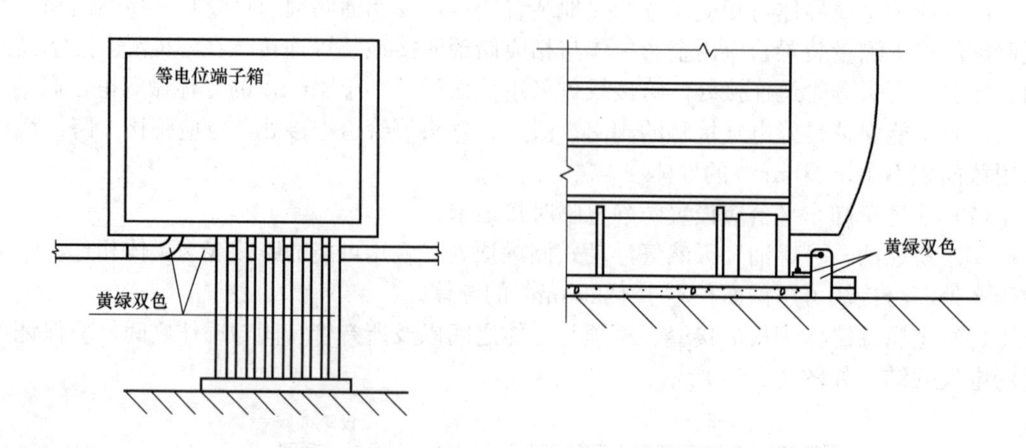

图 2-2-70　等电位端子箱与设备等电位联结

（3）建（构）筑物设备布置等电位联结示意图如图 2-2-71 所示。

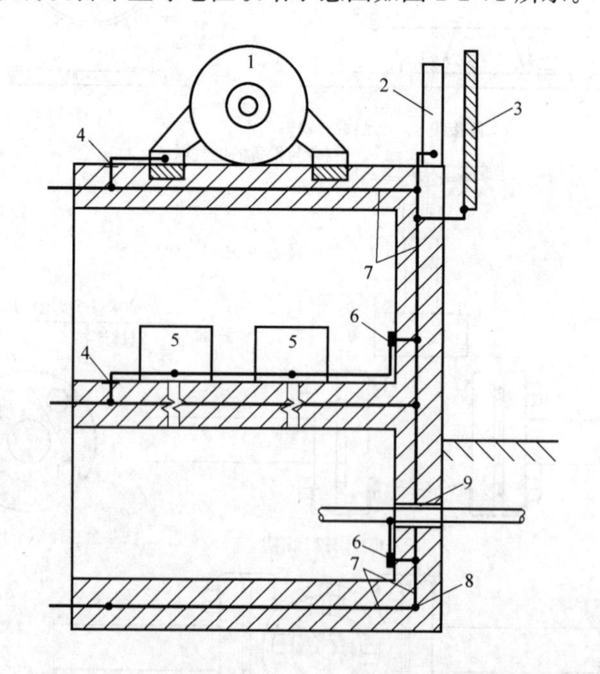

图 2-2-71　建（构）筑物设备布置等电位联结示意图

1—大型用的设备；2—钢柱；3—金属立面；4—用电设备与共用接地系统预埋件；
5—用电设备；6—等电位联结；7—钢筋混凝土内钢筋；
8—基础接地；9—进户线（管）套管

第三节　工业管道工程安装工艺细部节点做法

一、长输管道工程

（一）管子下料

1. 管段长度要求

（1）管子下料长度应符合规范要求，直管段上两对接焊口中心面间距离不得小于钢管1倍公称直径，且不得小于150mm，如图2-3-1所示。

（2）管道对接焊缝距离过近易造成应力集中，影响使用安全。两条对接焊缝的间距，在不同的标准中要求不甚相同，施工时应根据所执行标准加以甄别。

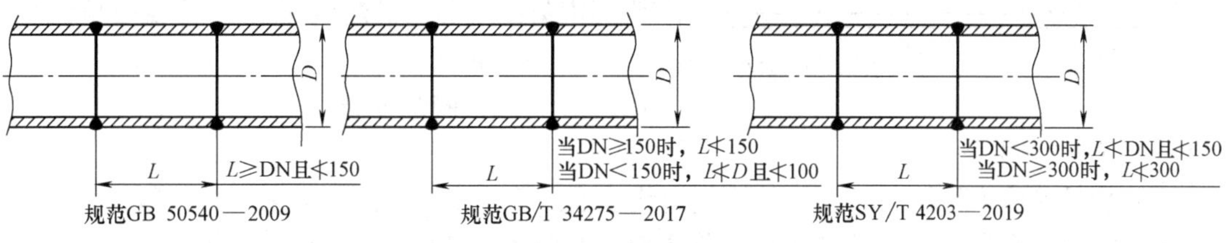

图2-3-1　管段最小下料长度要求

2. 管子切割方法

（1）根据使用条件及材质选择切割方法：

1）设计压力大于6.4MPa条件下使用的钢管，其切断与开孔宜采用机械切割。

2）设计压力小于或等于6.4MPa条件下使用的钢管可采用火焰切割，切割后必须将切除表面的氧化层除去，消除切口的弧形波纹。

3）合金钢管不宜采用火焰加工。

4）不锈钢管应采用机械或等离子方法切割。

5）管道连头通常需要加工成斜口，可采用管道数控专用切割机进行切割，如图2-3-2所示。

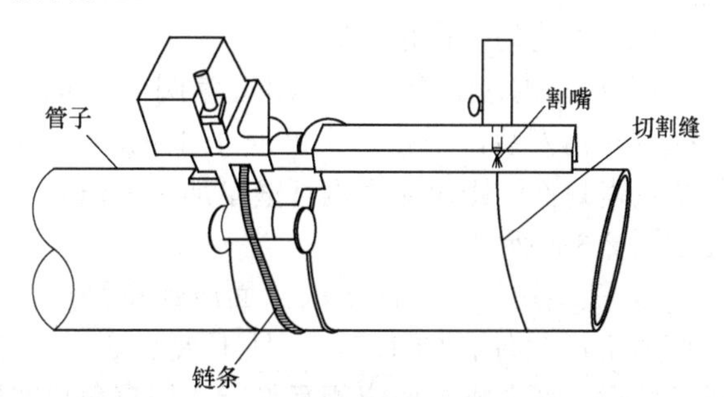

图2-3-2　管道连头斜口切割示意图

（2）钢管切割时，应考虑不同的加工方式对材料强度造成的影响。

现场加工断口时常常采用火焰切割，既不便于坡口加工，也影响焊缝部位强度，但当管径较大时也可采用火焰切割机。针对不同材质应按表2-3-1进行选择。

不同材料下料切割方法　　表2-3-1

序号	材质	设计压力	切割方法	备注
1	不锈钢	任意	机械或等离子	打磨清理
2	低合金钢	任意	机械切割	—
3	碳素钢	＞6.4MPa	机械切割	—
4	碳素钢	≤6.4MPa	机械或火焰切割	去除氧化皮

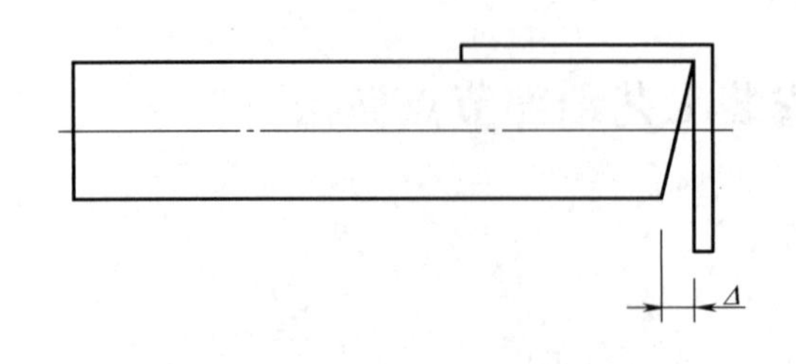

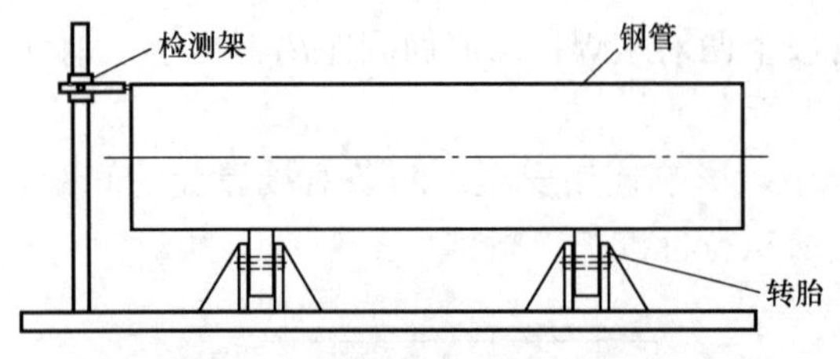

图 2-3-3　管道切割端面偏斜检查示意图

3. 切口质量检验

管子下料切割后应对割口质量进行检查：

（1）切口表面应平整，无裂纹、重皮、毛刺、凹凸、缩口、熔渣、氧化物、铁屑等缺陷。

（2）切割端面必须与管子轴线垂直，切口端面倾斜偏差不应大于钢管外径的 1%，且最大不应超过 3mm。如管端斜口太大，易导致管道组对间隙不均，加大坡口加工难度，极易造成局部组对间隙过大，影响管道焊接质量。通常直径小于 500mm 的管道可采用角尺测量法，对于直径较大的管道可采用转胎加固定架法测量。管子端面检测如图 2-3-3 所示。

（二）阀门安装

1. 阀门安装一般要求

（1）长输管道线路截断阀及与输气管线连通的第一个其他阀门应采用焊接阀门。阀门安装时应保护手轮，防止其遭受碰撞或冲击，不得将手轮和执行机构作为吊点。

（2）阀室内埋地管道和阀门应在回填前进行电火花检漏，防腐绝缘合格后方可回填。

（3）埋地球阀安装后，管道和阀门防腐作为质量控制点，隐蔽检查验收合格后，周围采用细土回填，并分层夯实。

2. 法兰阀门安装

（1）法兰安装检测

法兰的平行度及间隙的检测，是保证法兰压紧后密封垫片受力均匀、接触良好。

1）场站内地上管道多采用法兰阀门，安装时法兰螺孔应对称安装，平孔不平度应小于 1mm。管端与平焊法兰密封面的距离应为钢管壁厚加 2～3mm，组对尺寸如图 2-3-4 所示。

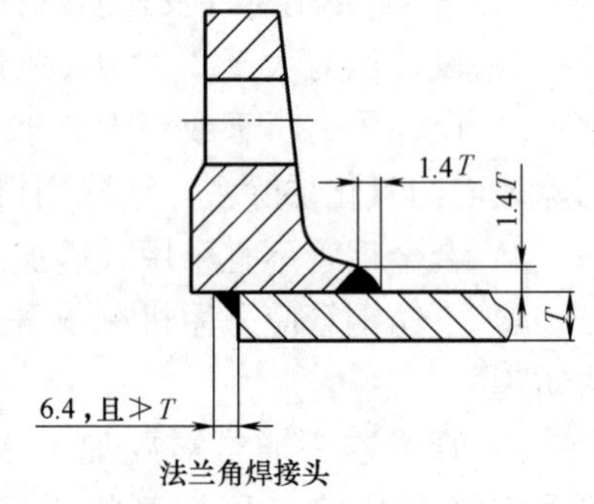

图 2-3-4　法兰安装管子插入深度示意图

2）法兰连接时，两个法兰面应保持平行，其偏差不应大于法兰外径的 1.5‰，且不大于 2mm。法兰螺栓拧紧后，两个密封面应相互平行，用直角尺对称检查，其间隙允许偏差应小于 0.5mm，用塞尺进行检查，检查方法如图 2-3-5 所示。

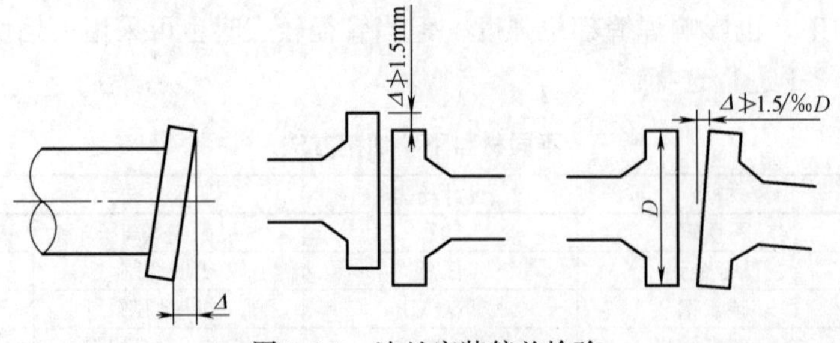

图 2-3-5　法兰安装偏差检验

3）法兰密封面应与管道中心垂直。当公称直径小于或等于 300mm 时，在法兰外径上的允许偏差为±1mm；当公称直径大于 300mm 时，在法兰外径上的允许偏差为±2mm。

（2）阀门安装

1）当阀门与管道以法兰或螺纹方式连接时，阀门应在关闭状态下安装。

2）在水平管段上安装双闸板闸门时，手轮宜向上。一般情况下，安装后的阀门手轮或手柄不应向下。气-液联动球阀和电液联动球阀、电动球阀配管应水平安装；手动球阀配管可水平、垂直、横向安装。阀门安装适宜位置及方向如图 2-3-6 所示。

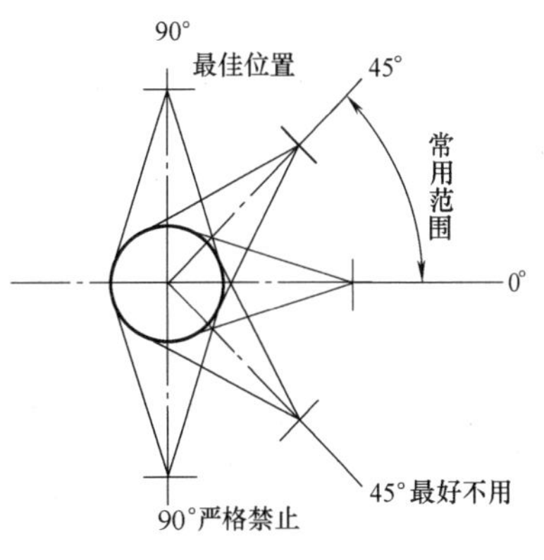

图 2-3-6 阀门位置及方向示意图

3）在阀门安装中，阀杆往往是泄漏的重点，且存在介质的腐蚀作用，因此要求阀门应直立安装。在可拆卸的阀门附近应设置管道支、吊架。大型阀门安装时，应预先安装好支撑，不得将阀门的质量附加在设备或管道上。

（3）螺栓紧固

1）当使用油压、气动或其他动力工具对法兰阀门螺栓进行紧固时，不应超过规定力矩。要避免用力不匀，应按照对称交叉的顺序分 2～3 次旋紧，拧紧次序如图 2-3-7 所示。

2）施工时，除应保证法兰面与管道中心线相垂直外，还应控制螺栓拧紧顺序及力度。石油天然气管道多为露天布置，螺栓露出过长容易锈蚀，因此螺栓露出螺母的长度以平齐为最好，最多不超过 3 个螺距。

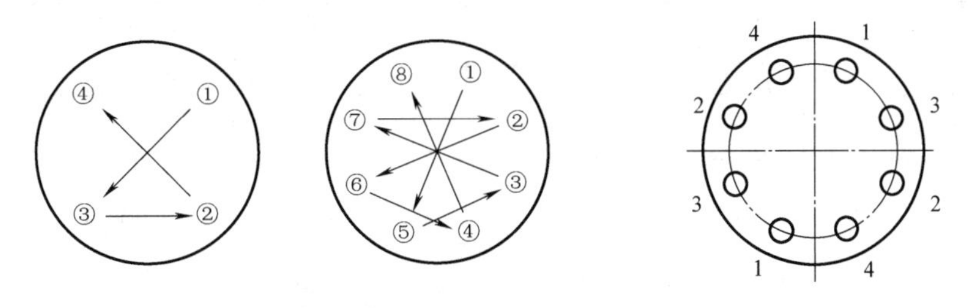

(a) 一个工具十字交叉上紧　(b) 同时使用两个工具十字交叉上紧

图 2-3-7 法兰阀门安装螺栓拧紧顺序

3. 焊接阀门安装

（1）焊接阀门试验

1）阀门安装前检查

阀体上的公称压力、公称直径、使用温度和适用介质等标识应清晰、明确，无重皮、裂纹、砂眼、锈蚀等缺陷。球阀安装前还应检查确认“全开”位置及限位是否正确。合金钢阀门的阀体必须进行 100％光谱检测，并对合金钢内件抽检。

2）制造厂压力试验

大型焊接阀门出厂前应到制造厂逐件见证阀门试验，有见证试验记录的阀门，可免除现场的阀门试验。带袖管的阀门应在制造厂进行阀门本体的见证试验，装有旁通管的阀门，旁通管应随主阀门一起试验，包括壳体压力试验、上密封试验和密封试验。

3）现场压力试验

全焊接球阀安装前应逐个进行水压力试验，在阀门两侧袖管上焊接高压管帽，将阀门开至45°位置，试验压力为额定压力的1.5倍。带袖管阀门现场强度试验压力应为袖管的试验压力。阀门压力试验顺序及参数要求见表2-3-2及图2-3-8。

阀门压力试验参数表 **表 2-3-2**

试验类别	试验压力（液压）	稳压时间		阀门开度	备注
		DN	T(min)		
壳体压力试验	1.5倍额定压力	≤100	2	进出口封闭;部分开启	①气压试验为1.1倍;②带袖管阀门现场试验为袖管试验压力
		150～250	5		
		300～450	15		
		≥500	30		
上密封试验	1.1倍额定压力	≤100	2	进出口封闭;全部开启	与壳体压力试验一并进行
密封试验	1.1倍额定压力	≥150	5	半开,达到试验压力后关闭,一端泄压	壳体、上密封试验合格后进行

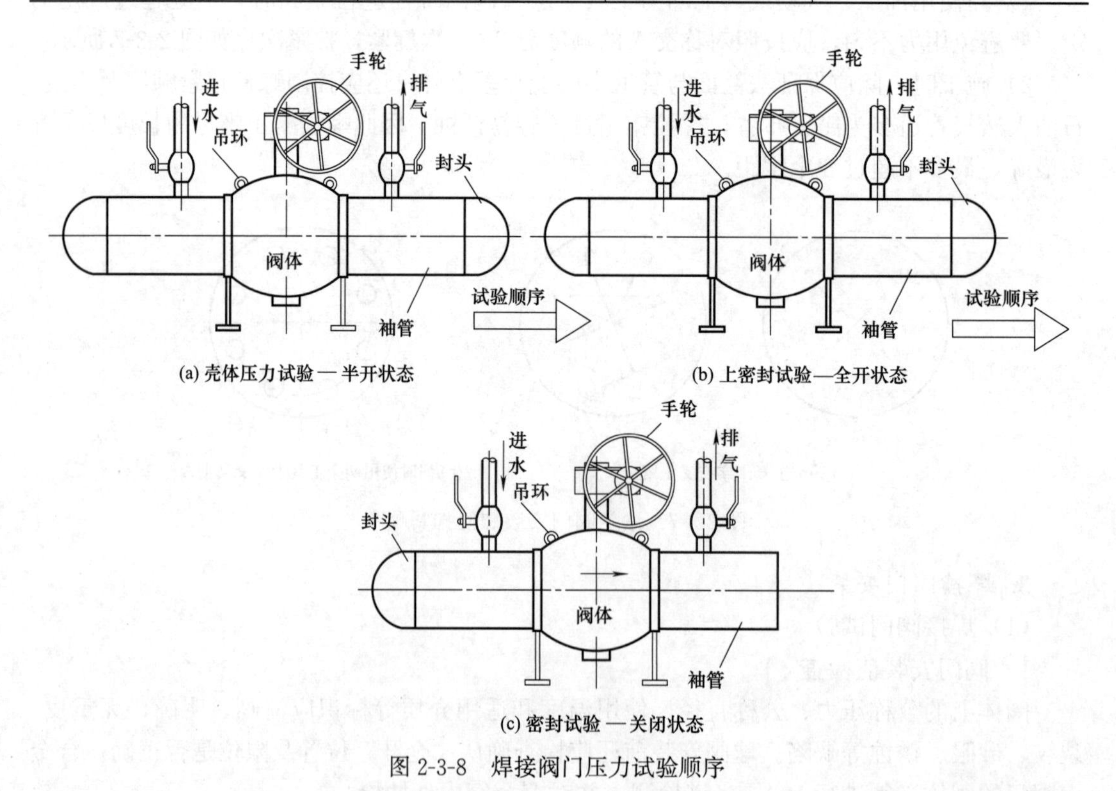

图2-3-8 焊接阀门压力试验顺序

（2）焊接阀门安装

1）球阀应平放在支撑面上，不应使用螺栓或焊接与支撑面固定，支撑面基础应稳固。球阀的安装方向和位置应考虑安装后是否操作、维修方便。

2）需要整体热处理管段上的阀门，应在管段整体热处理后进行焊接，焊接后其焊缝应进行局部热处理。

（3）阀门与管道对焊连接

1）焊接阀门两端应有袖管，袖管与阀门的焊接应在出厂检测前完成，袖管长度须保证其与管道焊接时产生的热量不对全焊接球阀的密封性能造成影响。袖管两端的保护帽在焊接之前不应摘除。

2）当阀门与管道以对焊方式连接时，焊缝底层宜采用氩弧焊。焊接时，阀门应处于100%全开位置，确保阀门内部密封件温度不超过140℃，必要时可以采取适当的冷却措施。如果阀门焊接时，阀门处于关闭状态，电流可能会灼伤阀芯，开启时易损坏阀门密封面，如图2-3-9所示。

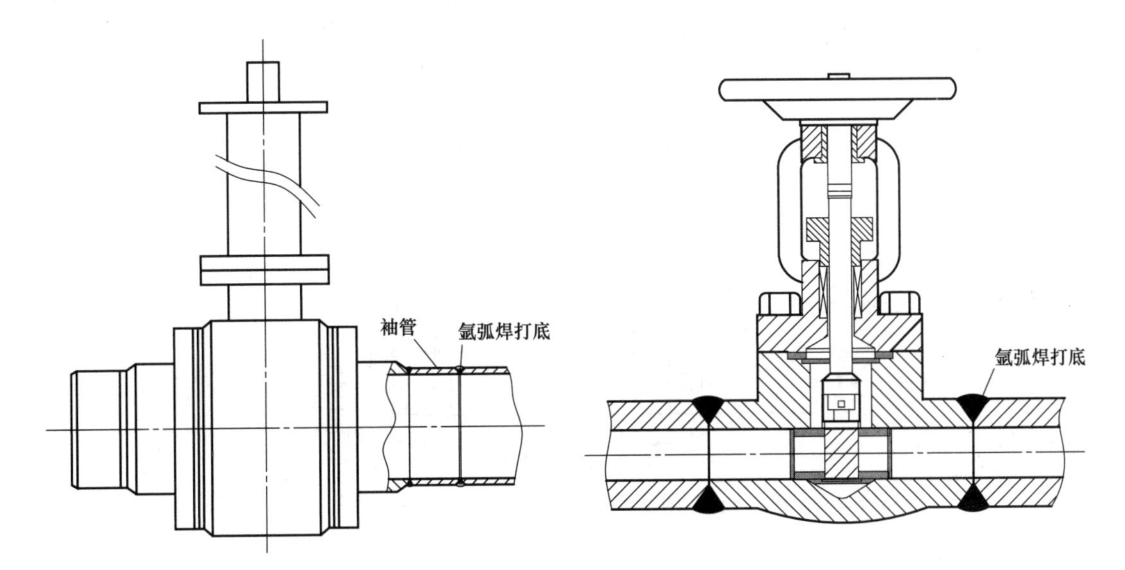

图2-3-9 对接焊接阀门安装示意图

（4）阀门与管道承插连接

当管件与管子承插焊连接时，角焊缝的最小焊脚尺寸应为直管名义厚度的1.25倍，且不小于3mm。焊前宜控制承口与插口的轴向间隙为1.5mm，如图2-3-10所示。

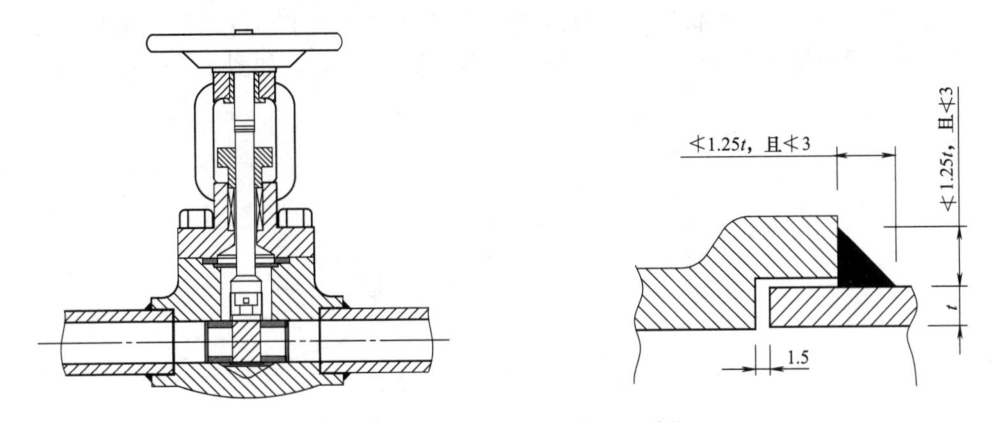

图2-3-10 承插焊接阀门安装示意图（单位：mm）

（三）线路管道敷设与试验

1. 线路管道敷设

（1）管道组对

1）管道组对前应将管口 10mm 范围内的铁锈油污、毛刺等清理干净，螺旋焊管或直缝焊管管端 10mm 范围焊缝余高打磨平，过渡平缓；对口时螺旋焊缝或直缝应错开，间距应不小于 100mm，如图 2-3-11 所示。

2）管口错边：不大于壁厚的 1/8，且连续 50mm 范围内不应大于 3mm，错边沿周长方向应均匀分布。钢管短节长度不小于管道直径，且不小于 0.5m；钢管对接角度偏差≤3°。

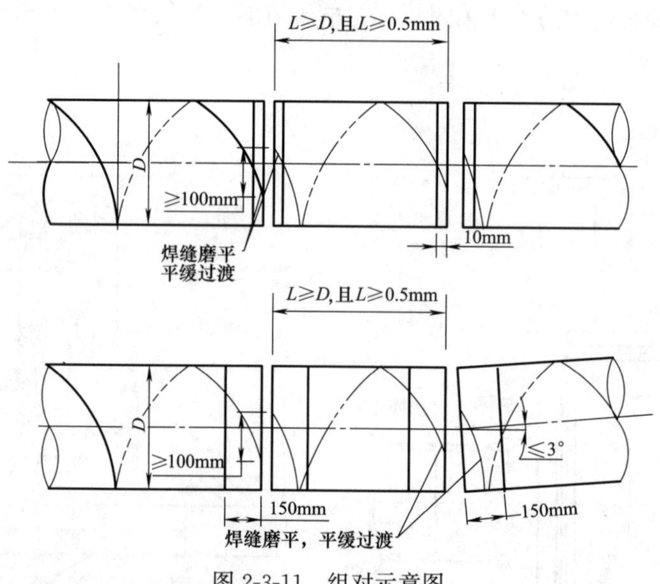

图 2-3-11 组对示意图

（2）管道弹性敷设

1）管道水平角与纵向角宜用圆形曲线（即同一曲率半径）控制叠加曲线，应首先控制水平角的曲线，再控制纵向角的曲线，水平与纵向的两曲线应相叠加，确定叠加曲线。

2）应保证管道弹性敷设贴沟底，严格按照设计要求放线，管沟深度符合设计要求。

3）弹性敷设段管段应独立下沟，严禁组焊成一条“长龙”下沟。

4）弹性敷设管道与相邻的反向弹性弯管之间及弹性弯管和人工弯管之间应采用直管段连接，直管段长度不应小于管子外径值，且不应小于 0.5m，如图 2-3-12 所示。

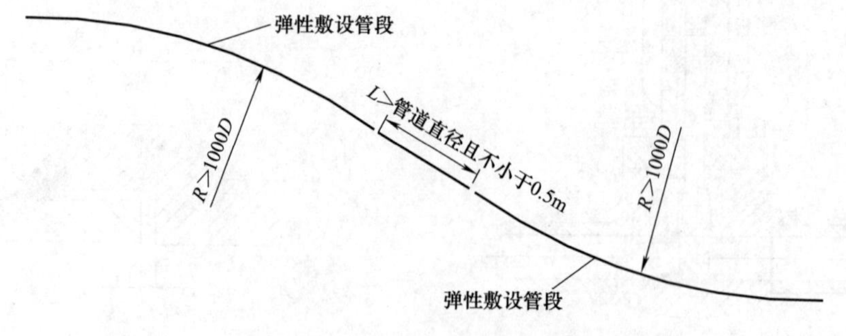

图 2-3-12 弹性敷设管道示意图

(3) 管道连头

管道连头分为直管连头和弯头或弯管连头。

1) 直管连头前，首先要测量管段的中心线是否在一条直线上，如果不在一条直线上时，要调整两管段的自由弹性段，使之中心线偏差在0°～3°，测量出管道垂直中心线和水平中心线端点间距离（直径大于1m的管道需增加测点），连头管下料时将中心线偏差平均分配在两管口上（图2-3-13），保证下料准确。如果调整后中心线偏差在3°以上时，可根据实际情况加工弯管进行连头。

2) 弯头或弯管连头前，要测量两管段中心线延长线的交点是否处于弯管的转角中心。如果不在，要调整两管段的自由弹性段，使两管段中心线延长线的交点处于弯管的转角中心，如图2-3-14所示。管道连头所用钢管、弯管等材料材质、壁厚应符合设计要求，连接已试压管线的连头管段安装前应进行试压，连头管段采用外对口器组对，且不能强力组对，如图2-3-15所示。

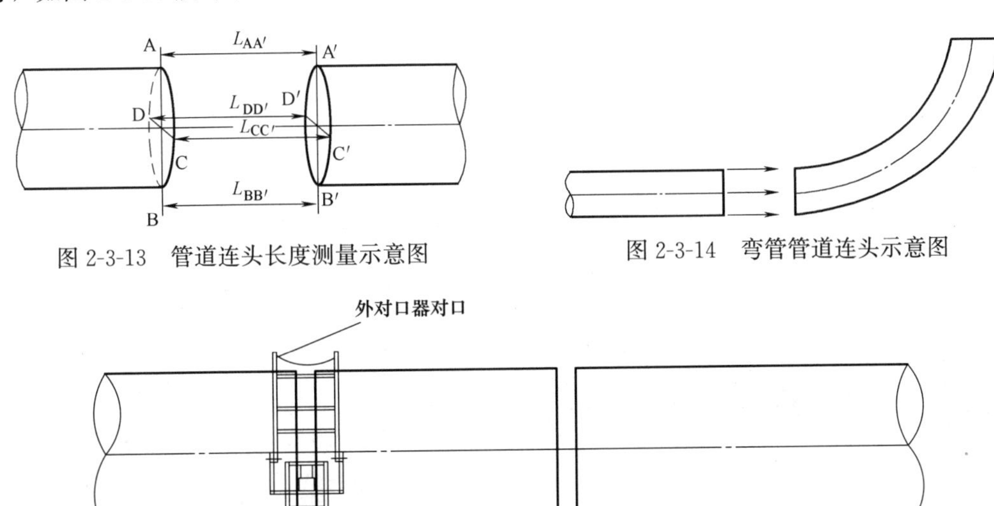

图2-3-13 管道连头长度测量示意图

图2-3-14 弯管管道连头示意图

图2-3-15 管道连头示意图

(4) 管道下沟及回填

1) 管道下沟前对管沟深度进行复查，管沟内应无塌方、石块、积水、冰雪等杂物。管道下沟作业应设专人统一指挥。应采取防止管道滚沟的有效措施，并注意避免管道与沟壁挂碰。管道应放置在管沟中心位置，管道中心线与管沟中心线偏差应小于150mm，管道壁与管沟壁之间的间隙不小于150mm，如图2-3-16所示。

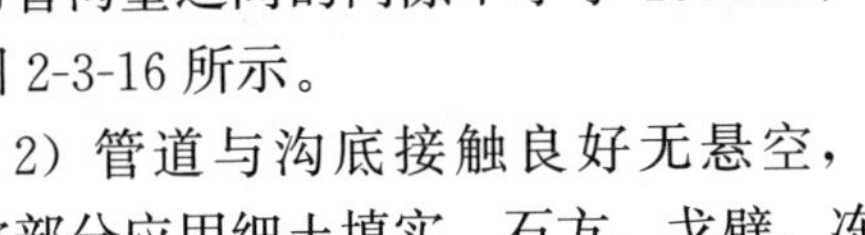

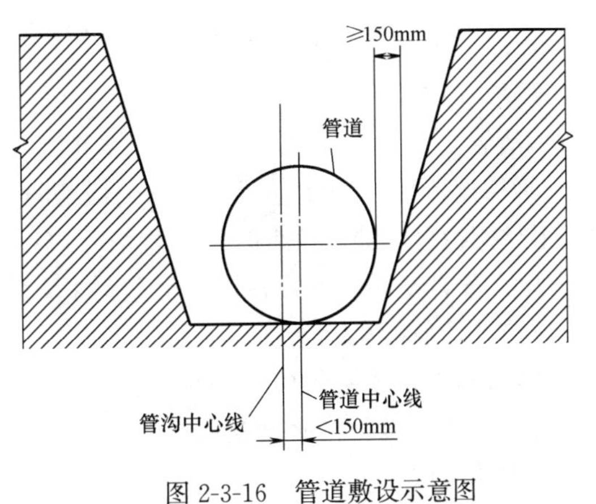

图2-3-16 管道敷设示意图

2) 管道与沟底接触良好无悬空，悬空部分应用细土填实。石方、戈壁、冻土段管沟应先在沟底垫300mm厚最大粒径不大于 20mm 细土。管道下沟后，先回填细土至管顶上方 300mm，然后再回填原土石方，原土石方最大粒径不得大于 250mm。陡坡地段管沟回填，应采取袋装土分段回填。下沟管道两端要预留出 50 倍管径，但不大于 30m 管段暂不回填，如图 2-3-17 所示。

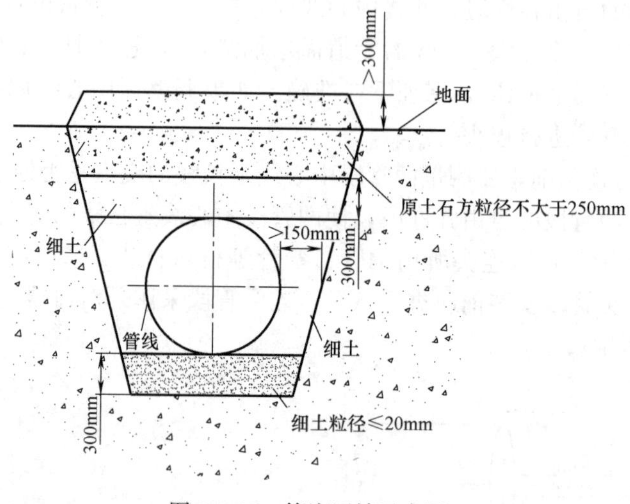

图 2-3-17　管沟回填示意图

3）警示带要平整敷设在管道正上方，字面向上敷设，不能出现漏接，距管顶距离为 0.5m，如图 2-3-18 所示。

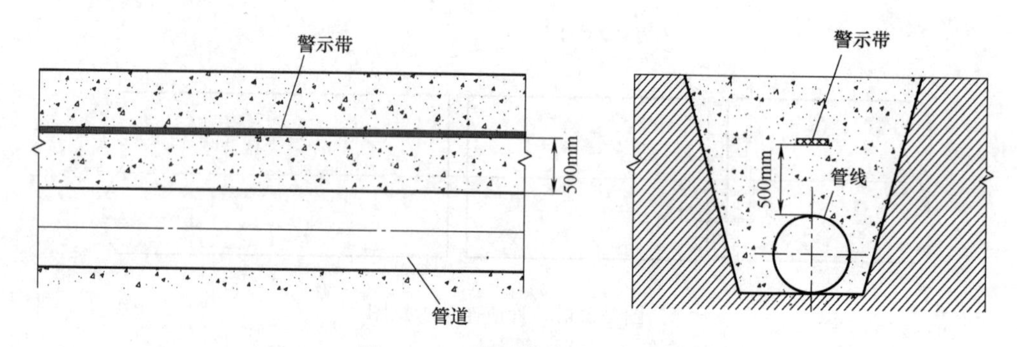

图 2-3-18　警示带敷设示意图

2. 线路管道试验

（1）清管

1）管道试压前后均要进行清管，分段清管应选用复合式清管器，清管器应与管线弯管曲率半径相吻合，管径较小时可选用清管球，清管球充水后直径应为管道内径的 1.05～1.08 倍。清管器收发装置要各设一套过球指示仪，管道上每隔 2～3km 加设一套过球指示仪，以监测清管器的运行。

2）清管器的接收装置应设在地势较高且 50m 内空旷无人的区域，且设立警示标志。接收装置应有防撞缓冲措施及接收时不起尘措施。清管工艺如图 2-3-19 所示。

（2）水压试验

1）分段水压试验

分段水压试验的管段长度不宜超过 35km，应根据该段的纵断面图计算管道低点的静

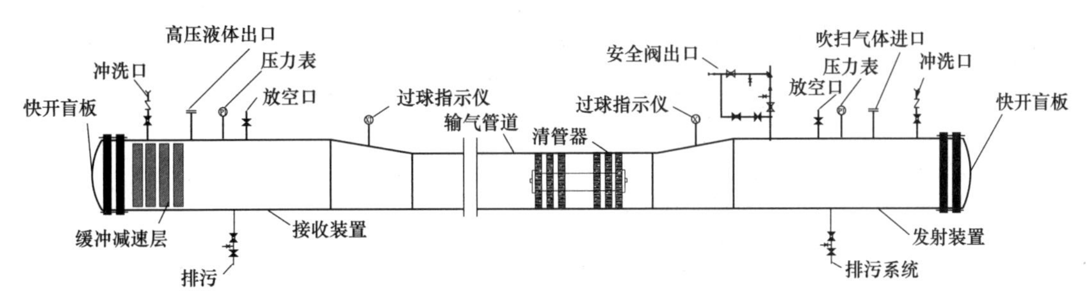

图 2-3-19　清管示意图

水压力，核算管道低点试验时所承诺的环向应力，其值不应大于管材最低屈服强度的 0.9 倍，对特殊地段经设计允许，其值最大不得大于 0.95 倍。试验压力值的测量应以管道最高点测出的压力值为准，管道最低点的压力值应为试验压力与管道液位高差静压之和。

2）在充水时采取背压措施

为避免在管线高点开孔排气，试压充水应加入隔离球或清管器（清管器应与管线弯管曲率半径相吻合），并在充水时采取背压措施，防止空气存于管内，隔离球在试压后取出。压力试验应在充水完成 24h 后进行，试验方法如图 2-3-20 所示。

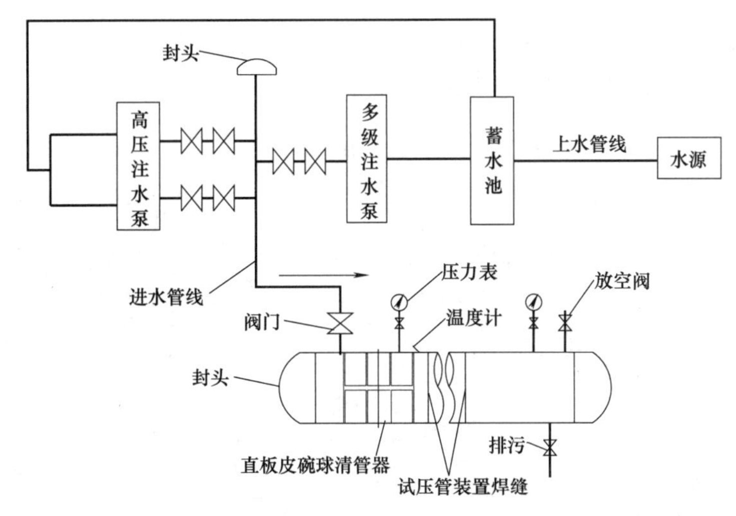

图 2-3-20　水压试验示意图

3）分段水压试验时的压力值、稳压时间及合格标准

输油、输气管道分段水压试验时的压力值、稳压时间及合格标准符合表 2-3-3、表 2-3-4 的规定。

输油管道分段水压试验时的压力值、稳压时间及合格标准　　表 2-3-3

分类		强度试验	严密性试验
输油管道一般地段	压力值(MPa)	1.25 倍设计压力	设计压力
	稳压时间(h)	4	24
输油管道大中型穿越、跨越及管道通过人口稠密区	压力值(MPa)	1.5 倍设计压力	设计压力
	稳压时间(h)	4	24
合格标准		无变形,无泄漏	压降不大于 1%试验压力值,且不大于 0.1MPa

输气管道分段水压试验时的压力值、稳压时间及合格标准　　表 2-3-4

分类		强度试验	严密性试验
一级地区输气管道	压力值(MPa)	1.1 倍设计压力	设计压力
	稳压时间(h)	4	24
二级地区输气管道	压力值(MPa)	1.25 倍设计压力	设计压力
	稳压时间(h)	4	24
三级地区输气管道	压力值(MPa)	1.4 倍设计压力	设计压力
	稳压时间(h)	4	24
四级地区输气管道	压力值(MPa)	1.5 倍设计压力	设计压力
	稳压时间(h)	4	24
合格标准		无变形，无泄漏	压降不大于 1% 试验压力值，且不大于 0.1MPa

（3）输气管道干燥施工

1）输气管道干燥施工宜按站间距分段，管道线路截断阀处于全开状态，旁通阀处于全部关闭状态。

2）管道干燥施工时用干空气连续发送泡沫清管器，每次发送的泡沫清管器不宜少于 3 个，每两个清管器的间距不得小于 2km，直到管道末端出口的水露点达到 0℃。

3）水露点达到 0℃后，使用干空气对管道进行吹扫。直到管段后半部分被较低水露点的干空气完全置换，达到设计要求的水露点后，进行密闭试验。设计没有要求时，水露点应达到 −20℃。管线干燥如图 2-3-21 所示。

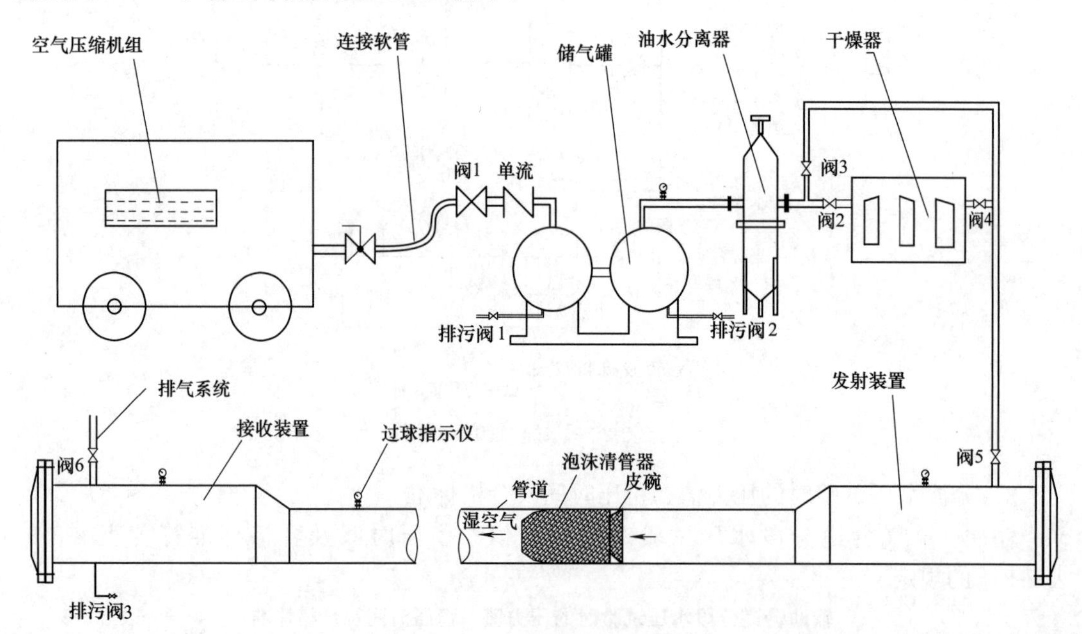

图 2-3-21　管线干燥示意图

二、燃气管道工程

（一）管道加工制作

1. 钢板尺寸的选择

（1）综合考虑，确保材料利用率最大化

板材的尺寸直接影响卷管的纵缝数量和材料的利用率，应减少卷管的纵缝数量和板材废料，因此选择板材时，应确保材料利用率最大化，减少不必要的板材切割，需综合考虑：钢板卷管展开的尺寸、节长度 L，如图 2-3-22、图 2-3-23 所示。

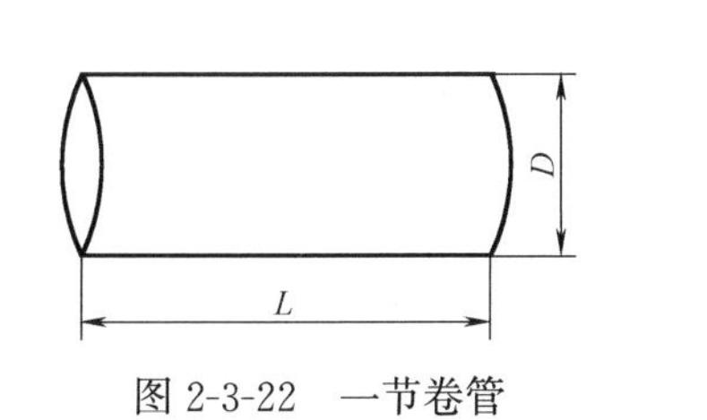

图 2-3-22 一节卷管

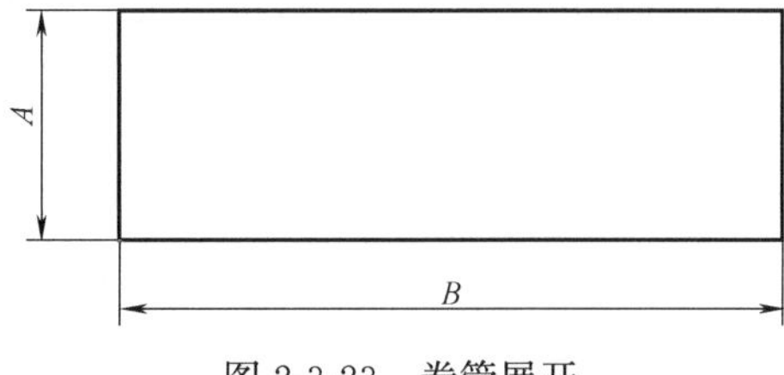

图 2-3-23 卷管展开

（2）大批量同规格的钢板卷管选材时宜选择定尺板材

一般地，卷管的节长由卷管机的滚筒长度决定，因此板宽不得大于滚筒长度，应避免板宽大于滚筒长度带来板材多余的切割；板长根据卷管周长（B）确定，当板长大于且越接近卷管周长 B 整数倍时，余料最少；大批量同规格的钢板卷管选材时宜选择定尺板材。

2. 斜接弯头放样与管托的关系

（1）斜接弯头制作一般要求

1）斜接弯头的组成形式：

斜接弯头的组成形式应符合图 2-3-24 的规定。公称尺寸大于 DN400 的斜接弯头可增加中节数量，其内侧的最小宽度不得小于 50mm。

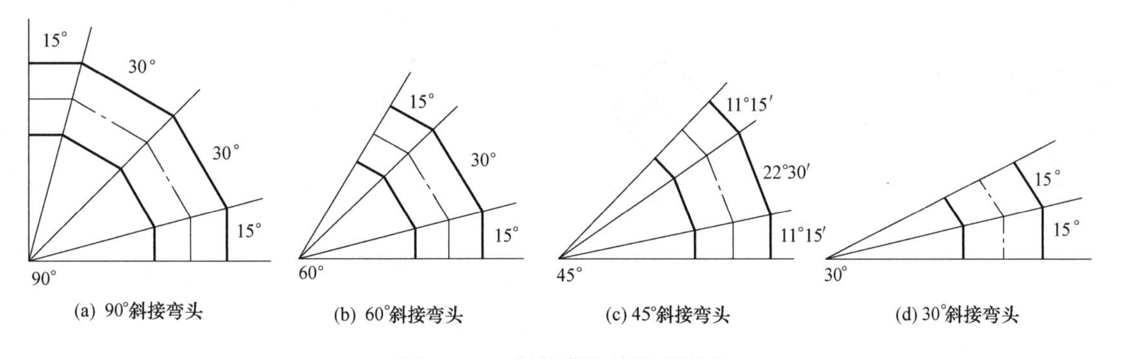

图 2-3-24 斜接弯头的组成形式

2）斜接弯头的焊接接头应采用全焊透焊缝。

当公称尺寸大于或等于 DN600 时，宜在管内进行封底焊，焊接质量应符合设计要求和相关规范的规定。

3）斜接弯头的周长允许偏差应符合下列规定：

① 当公称尺寸大于 DN1000 时，允许偏差为±6mm。

② 当公称尺寸小于或等于 DN1000 时，允许偏差为±4mm。

（2）斜接弯头放样与管托的关系

实际制作斜接弯头时，需结合斜接弯头安装的具体情况确定斜接的节数、节长，符合现行国家标准《现场设备、工业管道焊接工程施工规范》GB 50236 的有关规定：

1）当公称尺寸大于或等于 150mm 时，管道同一直管段上两对接焊缝中心间的距离不应小于 150mm。

2）加固环、板距卷管的环焊缝不应小于 50mm。

如图 2-3-25 所示，为了确保恒力支架与斜接弯头对接焊缝间距大于 50mm，对 DN2200 外径管道斜接弯头采用 4 个节而不是 5 个节；斜接弯头上部不应单独增加长度小于 150mm 的短节，因此需将斜接弯头节 4 加工成节 4′，如图 2-3-26 所示。

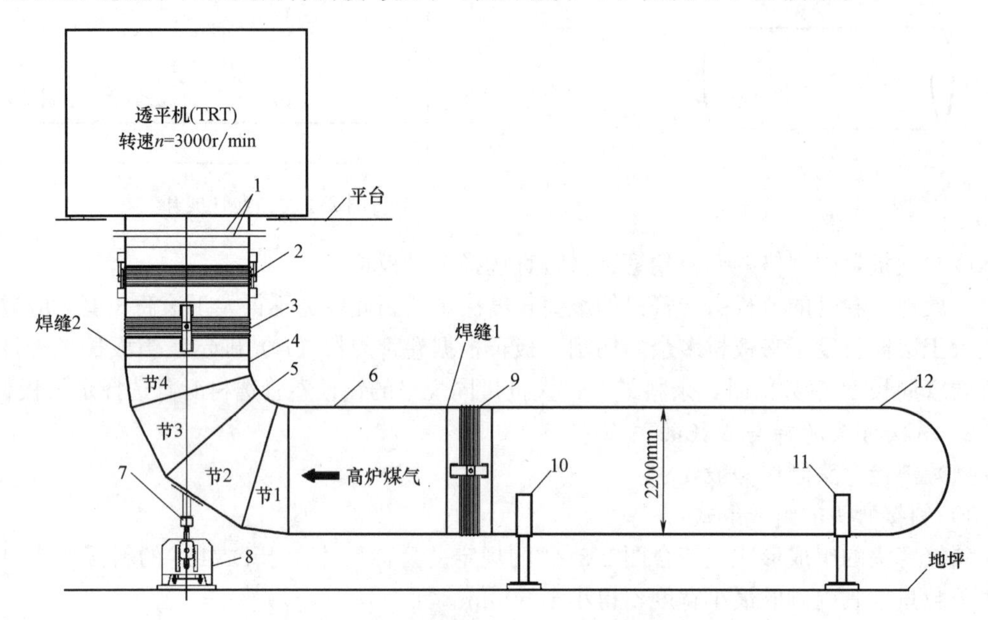

图 2-3-25　斜接弯头与支架的关系一

1—法兰；2、3、9—角向伸缩节；4、6、12—管道；5—斜接弯头；7—过渡块；8—恒力支架；10、11—固定支架

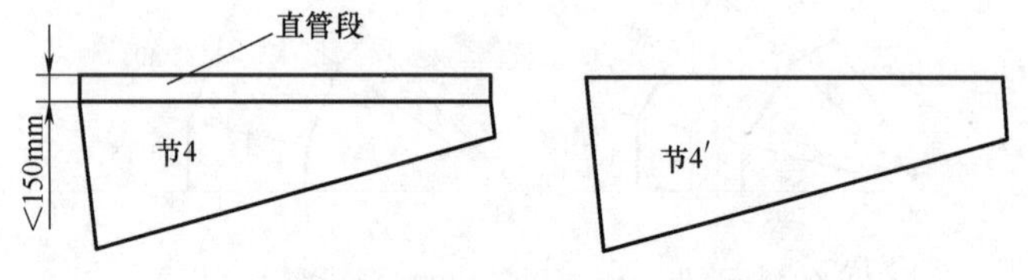

图 2-3-26　斜接弯头与支架的关系二

（二）大口径管道安装

1. 控制焊缝收缩对法兰平行度的影响

（1）对不得承受附加外荷载的动设备，管道与动设备的连接要求

1）与动设备连接前，应在自由状态下按规定检验法兰的平行度和同心度。

2）当设计文件或产品技术文件无规定时，法兰平行度和同心度允许偏差应符合表 2-3-5 的规定。

法兰平行度和同心度允许偏差　　表 2-3-5

机器转速（r/min）	平行度（mm）	同心度（mm）
＜3000	≤0.40	≤0.80
3000～6000	≤0.15	≤0.50
＞6000	≤0.10	≤0.20

3）焊接变形造成法兰间平行度、间隙和同心度不符合规定时需采取措施。

（2）管口处焊接夹具

管口处对称焊接四个夹具，如图 2-3-27 所示。

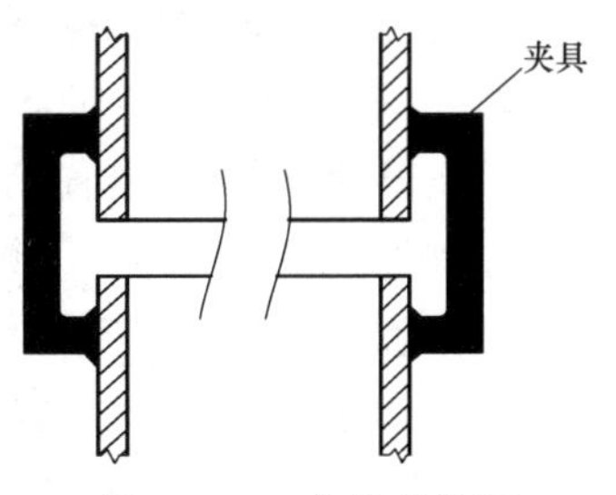

图 2-3-27　夹具的使用

（3）管口修平

将喇叭形的管口打磨成下管口平行（图 2-3-28），有利于焊缝外观成型；将上管口打磨成 45°坡口，便于施焊（图 2-3-29）。

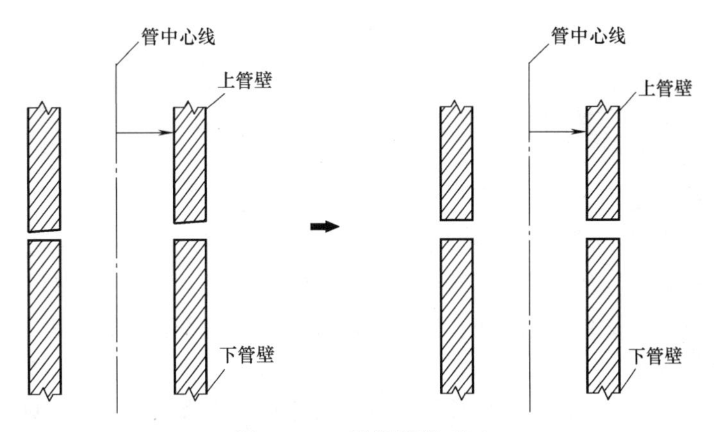

图 2-3-28　平行管端对口

（4）焊口长肉

如图 2-3-30 所示，施工现场有时会通过一层或多层堆焊的方式减小焊缝间隙，这种方式实际属于违背规范的做法。发生对口间隙过大的情况时，应按规范及焊接工艺指导书的要求重新调整管口、重新组对。

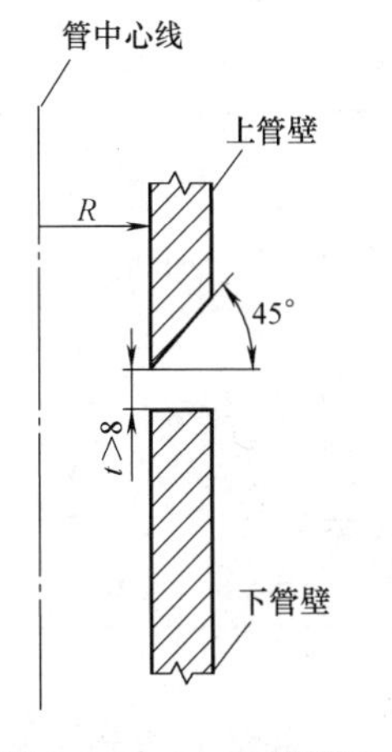

图 2-3-29　上部斜管口

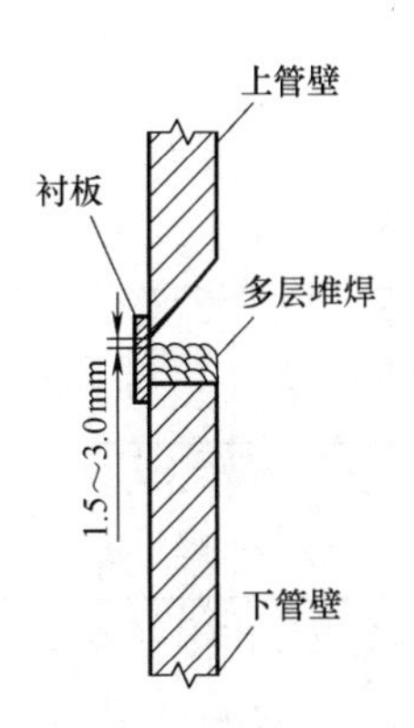

图 2-3-30　管口多层堆焊

（5）复查法兰

再次检查法兰平行度、间隙、同心度，确认合格。

（6）焊接过程控制

1）两人分段多道多层对称焊。多道焊或多层焊时，应注意道间和层间清理，将焊缝表面熔渣、有害氧化物、油脂、锈迹等清除干净后再继续施焊。

2）施焊过程中应控制道间温度不超过规定的范围。当焊件规定预热时，应控制道间温度不低于预热温度。

3）每条焊缝宜一次性焊完。当中断焊接时，对冷裂纹敏感的焊件应及时采取保温、后热或缓冷等措施。重新施焊时，仍需要按原温度预热。

4）碳钢和低合金钢的最高预热温度和道间温度不宜大于300℃，奥氏体不锈钢最高层间温度不宜大于150℃。

5）当焊件温度为−20～0℃时，应在施焊处100mm范围内预热到15℃以上。

（7）清根及补焊

切割内衬板，打磨，补焊。

2. 金属缠绕垫安装

（1）金属缠绕垫的形式与法兰配套关系

金属缠绕垫由V形或W形薄钢带（金属带）与各种充填料（非金属带）交替缠绕而成，通过改变垫片的材料组合，阻止各种介质对垫片的化学腐蚀，通过增设内加强环和外定位环来控制其最大压紧度；缠绕垫主要由其中的非金属带起密封作用。

（2）安装使用要点

1）垫片检验：对C型、D型垫片，确认外环上的永久标志；对A型、B型垫片，确认包装上固定标签，内容包含：生产厂名或商标；标准编号；公称压力；公称尺寸；材料代号。垫片的材料、尺寸、外观、制造应符合《钢制管法兰用缠绕式垫片（PN系列）》HG/T 20610（表2-3-6）。

金属缠绕垫与法兰形式关系（《钢制管法兰用缠绕式垫片（PN系列）》HG/T 20610）

表2-3-6

类型	代号	断面形状	适应法兰密封面形式
基本型	A		榫面/槽面
带内环型	B		凹面/凸面
带对中环型	C		凸面*
带内外环型	D		

注：表中“*”也适用于全平面的法兰密封面。

2）法兰密封面需清理干净，垫片表面不得有径向划痕，高温管道的垫片两侧涂防咬合剂。

3）垫片的缠绕部分必须介于法兰密封面之间，不可随意加宽缠绕的宽度。

4）内环容许深入管子内径的最大数值为1.5mm。

5）螺栓需对称上紧，不带内环的垫片，垫片的压缩量一般为0.6～1.2mm为宜。

6）严禁两个或两个以上的垫片同时使用。

7）垫片一般为一次性使用件。

(三) 架空管道安装

1. 管架制作安装

管架主要由吊架、门型架、井字架及桁架等钢结构组成。

（1）钢结构制作主要在工厂内完成，对于超宽或超高的管架，需要现场组装。组成管架构件的几何尺寸偏差和变形应满足设计要求并符合现行国家标准《钢结构工程施工质量验收标准》GB 50205 的规定，现场拼接接头接触面（提供摩擦力）不应小于 70%的密贴，且边缘最大间隙不应大于 0.8mm。

（2）行车梁下面的管吊架制作与安装，需结合行车梁辅助桁架的制作与安装。管吊架与辅助桁架之间的连接板（或杆件）及加固件，宜与辅助桁架整体安装，需进行强度和稳定性分析。

2. 管架吊装

（1）基础和地脚螺栓（锚栓）验收

根据图纸定位尺寸，对每个柱基础设置中心点和标高点，测量并记录。根据表 2-3-7 验收柱基础；根据表 2-3-8 验收预埋地脚螺栓；根据表 2-3-9 验收插入式或埋入式柱脚杯口。

柱基础位置和尺寸的允许偏差（mm）　　**表 2-3-7**

项目	允许偏差
坐标位置	20
不同平面的标高	0,−20
平面外形尺寸	±20
凸台上平面外形尺寸	0,−20

注：上表为现行国家标准《机械设备安装工程施工及验收通用规范》GB 50231 的要求。

预埋地脚螺栓（锚栓）尺寸的允许偏差（mm）　　**表 2-3-8**

直径	项目		
	外露长度	螺栓长度	中心偏移
$d \leqslant 30$	0,+1.2d	0,+1.2d	±5.0
$d \geqslant 30$	0,+1.0d	0,+1.2d	±5.0

注：上表为现行国家标准《钢结构工程施工质量验收标准》GB 50205 的要求。

柱脚杯口尺寸允许偏差（mm）　　**表 2-3-9**

项目	允许偏差
地面标高	0,−5.0
杯口深度 H	±5.0
杯口垂直度	h/1000,且不大于 10.0(h 为底层柱的高度)
柱脚轴线对柱定位轴线偏差	1.0

注：上表为现行国家标准《钢结构工程施工质量验收标准》50205 的要求。

（2）柱脚垫铁安装

1）垫铁的选择

垫铁的选择应符合现行国家标准《机械设备安装工程施工及验收通用规范》GB 50231 附录 A。

2）垫铁组的安装

垫铁组的安装应符合现行国家标准《机械设备安装工程施工及验收通用规范》GB 50231 中第 4.2.1～4.2.6 条的要求。垫铁组应设置在靠近地脚螺栓（锚栓）的柱脚底板加劲板下。

3）坐浆混凝土的配置及垫铁的放置

坐浆混凝土的配置及垫铁的放置详见现行国家标准《机械设备安装工程施工及验收通用规范》GB 50231 附录 B。坐浆垫板的允许偏差见表 2-3-10。

坐浆垫板的允许偏差（mm） **表 2-3-10**

项目	允许偏差
顶面标高	0，−3.0
水平度	l/1000（l 为垫板长度）
水平位置	20.0

注：上表为现行国家标准《钢结构工程施工质量验收标准》50205 的要求。

（3）钢柱安装

1）钢柱底板安装垫板方式

按照布置形式有：单组、多组；按放置方式有：坐浆、基础研磨；按垫板叠加方式有：单块平垫、垫板组合。基础研磨放置垫板适用于完工后混凝土基础质量稳定（表面密实、平整及标高误差小）。

当每一垫铁组块数超过 5 块时，须采用坐浆法，采用坐浆法时，宜直接使用单块平垫，在做面包墩时使平垫的上表面标高为柱顶板下表面标高。

垫板位置应放置在柱底板加强筋板或柱翼缘板下方。

2）钢柱底板中心坐浆法

本法适用于预埋地脚螺栓或预留地脚螺栓孔的基础，但不适用于带有抗剪槽的基础。

施工步骤如下：复测、验收柱基础及地脚螺栓、凿麻面；计算出垫板最小承压面积 A_{min}；用厚度为 10mm、12mm 的钢板制作成方形或圆形的中心坐浆垫板，其面积不宜小于最小承压面积 A_{min} 的 2 倍；按照现行国家标准《机械设备安装工程施工及验收通用规范》GB 50231 的第 4.2.3 条做坐浆墩；待坐浆层混凝土强度达到设计强度的 75%以上时，进行钢柱的吊装；检查钢柱的垂直度，并上紧螺栓；采用 C30 混凝土二次灌浆。

3）地脚螺栓丝杠调整法

如图 2-3-31 所示，采用地脚螺栓丝杠调整的前提条件为：地脚螺栓（锚栓）预埋；地脚螺栓组能稳定钢柱。灌浆料为微膨胀材料，二次灌浆层厚度不宜小于 25mm。

垫片如图 2-3-32 所示，方形垫片边长 L（或圆形垫片 D）为 2.5～3d（d 为地脚螺栓直径）；垫片厚度 H：对 M24 及以下的螺栓，H 不宜小于 8mm，对 M24 以上的螺栓，H 不宜小于 10mm；孔径 d_0 比 d 大 1.5～2mm。

施工步骤如下：复测、验收柱基础及地脚螺栓→基础凿麻面→复核钢柱地脚板螺栓孔位置及尺寸→调整地脚板下部螺母使钢柱至设计标高→就位支架（柱）→带上地脚板上部螺母→调整检查钢柱标高及垂直度合格→上紧上部螺母→底板灌浆。

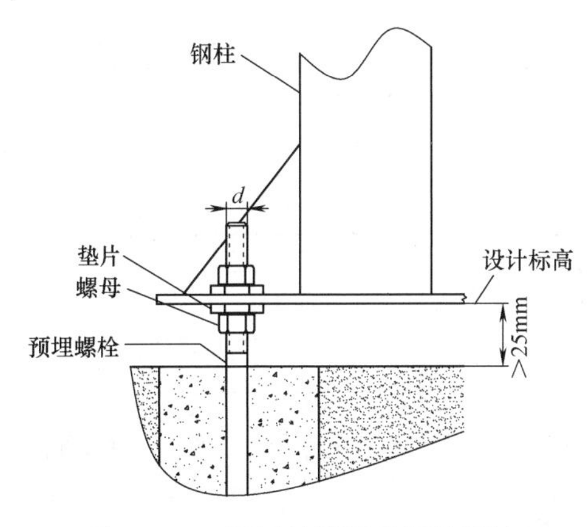

图 2-3-31　通过地脚螺栓调整钢柱

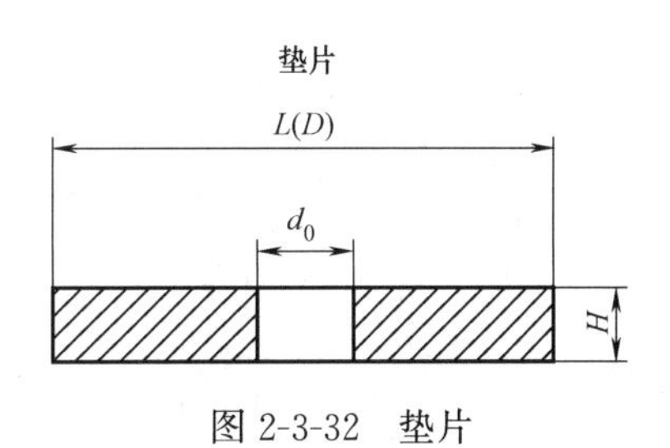

图 2-3-32　垫片

3. 管道安装

（1）图纸自查与会审

1）图纸自查

材料符合标准规范；管道平面布置符合工艺流程要求；工艺管线布置满足仪表元件配管要求；管道走向无干涉；所有支架位置、形式清晰有效；图纸上的材料设备的规格、型号、数量与材料表是否一致。

2）图纸会审

图纸是否经设计单位正式签署；图纸是否完整、连续；管道交接点是否清晰；各种预留孔洞、预埋件及其数量规格是否准确；管道与土建、电气、设备、交通等专业相互间有无矛盾，布置是否合理；阀门配套件是否完整。

（2）材料设备验收保存及交接

1）材料、设备应按计划进场；精密、贵重等物品应存室内存放；材料、设备应分类存放，有明显标示，必要时不同钢号的管材需打上钢印。

2）相关设备资料应集中管理，材料、资料应建立台账；特殊系统的材料、设备应单独集中存放；材料的验收与发放必须得到施工技术人员的确认。

3）不合格材料必须单独存放，并有明显标识，严禁混入到工程中。

（3）管道的预处理

管道的酸洗、钝化、脱脂及除锈和涂装，需在管道安装前完成。

1）管道的喷砂（丸）除锈

车间内制作的钢板卷管应在车间内除锈及涂漆。素材管应在场外非敏感区（环保所指）集中除锈，并采取临时帐篷和粉尘收集装置，除锈不宜在潮湿环境下进行。管道除锈后，应及时涂漆。

2）管道脱脂、酸洗、钝化

阀门、设备及少量不锈钢管道脱脂宜根据其形状、大小采用擦拭法、槽浸法或灌浸法脱脂。常用脱脂药剂见表 2-3-11，脱脂验收标准见表 2-3-12。

常用脱脂药剂　　表 2-3-11

药剂	二氯乙烷	三氯乙烯	工业酒精	丙酮
用途	擦拭	擦拭	粗脱脂	擦拭
危害	污染环境易燃	污染环境易燃	易燃	污染环境易燃

脱脂验收标准　　表 2-3-12

检验方式	检验方法	合格标准		备注
白光	100W 以上白炽灯照射	碳钢	均匀的浅灰色	—
		不锈钢	未见任何痕迹	
紫外线	50W 紫光灯(波长 320～380nm)照射	乳白色		—
白布	白色无纺布擦拭后在白光或紫光灯下照射	无油脂痕迹或类似污点及金属碎屑		粗糙面不适用
蒸气	樟脑检查蒸气吹扫冷凝液	不停旋转		—

氢气管道需脱脂，其碳钢管道需经过“脱脂→水冲→酸洗→水冲→中和→钝化→水冲→干燥”工艺过程。

脱脂：每升溶液含氢氧化钠 20～30g、含硝酸钠 35～50g、含硅酸钠 3～5g。操作工艺要求为：液体温度 70～80℃，浸泡时间按管子表面油污量大小采用试验方法确定，一般为 10～40min。

水冲：用压力为 0.8MPa 的洁净水冲干净。

酸洗：硫酸液浓度为 5%～10%；操作工艺要求为：温度 60～80℃，浸泡 5～20min。盐酸液浓度为 5%～20%；操作工艺要求为：温度 20～50℃，浸泡 5～20min。

中和：中和液配方为氨水稀释至 pH 值为 10～11 的溶液。操作工艺要求为：常温浸泡 3min。

钝化：$NaNO_2$ 浓度为 8%～10%；氨水浓度为 2%。操作工艺要求为：常温浸泡 10min。

干燥：干燥必须用清洁无油干燥空气或氮气吹干。

(4) 管道安装

综合管线大型桁架地面组装时，在吊机起吊能力范围内，宜将桁架内管道同时放置在桁架内并整体吊装，吊装前，须做强度及稳定性分析。

1）井字架上部横梁宜现场安装：

安装大口径卷管不宜在井字架中穿管，应在钢结构的详图转换及加工制造前，在确保结构稳定的前提下，结构横梁在大口径卷管垂直就位后安装，如图 2-3-33 所示。

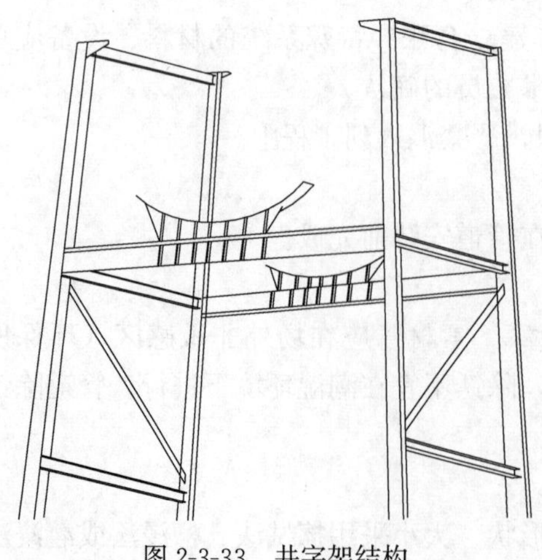

图 2-3-33　井字架结构

2）在桁架中水平移动安装大口径管道时，管道托座宜后装。

当在桁架内水平移动安装大口径管道时，管道托座既妨碍管道移动、增大摩擦力，又可造成托座高空落物，管道托座宜在管道调整到位后再安装。

3）两弯头水平缝对接时，应先装水平向上弯头后装水平向下弯头，如图 2-3-34 所示。

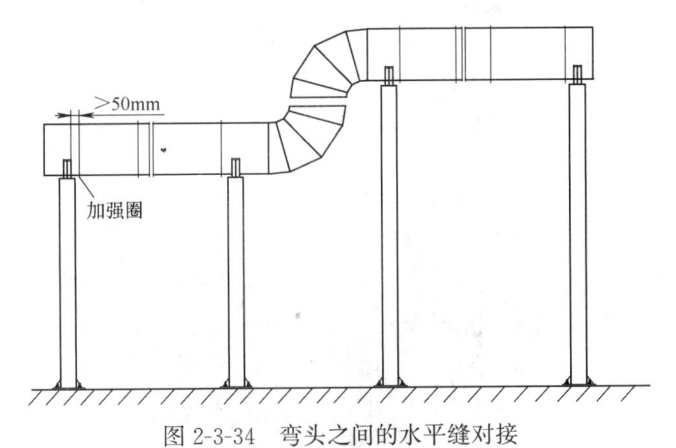

图 2-3-34　弯头之间的水平缝对接

4）煤气排水器安装：

煤气排水器也叫作冷凝物排水器，在煤气管网中连续不断排除管道内的冷凝物（水、焦油等），主要分卧式和立式两种，如图 2-3-35 所示。一般水封高度 1000mmH_2O 以内，采用单室水封（单式水封）；水封高度超过 1000mmH_2O，采用双室水封或多室水封（复式水封）。卧式排水器多为单式，立式排水器为复式。

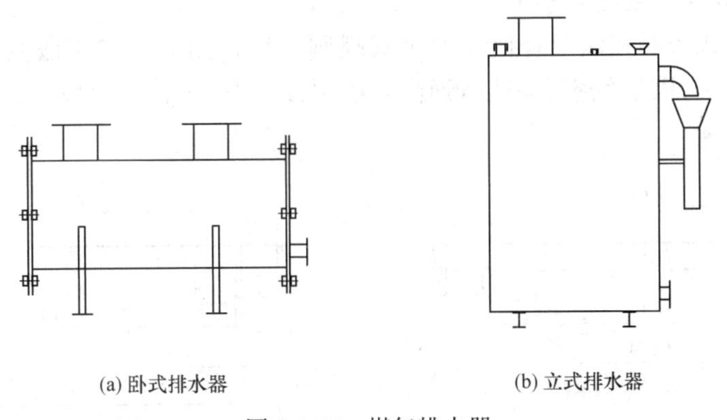

(a) 卧式排水器　　(b) 立式排水器

图 2-3-35　煤气排水器

煤气排水器安装工艺要求如下（图 2-3-36）：

冷凝液排放点处集液漏斗安装在管道的最低点，并在切断装置、流量孔板前后；集液漏斗与排水器之间的落水管不宜垂直连接；落水管上下应各安装闸阀；在排水器上第一道闸阀上 200～300mm 处安装 DN15～DN20 的试验管；排水器的溢流管与受水漏斗上端有一定间隙，便于目测溢流水和水中气体散发；排水器应采用混凝土基础，基础应高出地面 100～200mm，排水器与基础之间应垫高，保持排水器底部通风干燥，严禁将排水器固定在基础上；防冻采用蒸气加热管，必须安装逆止阀和切断阀；排水器水封有效高度应为煤气设计压力加 500mm。

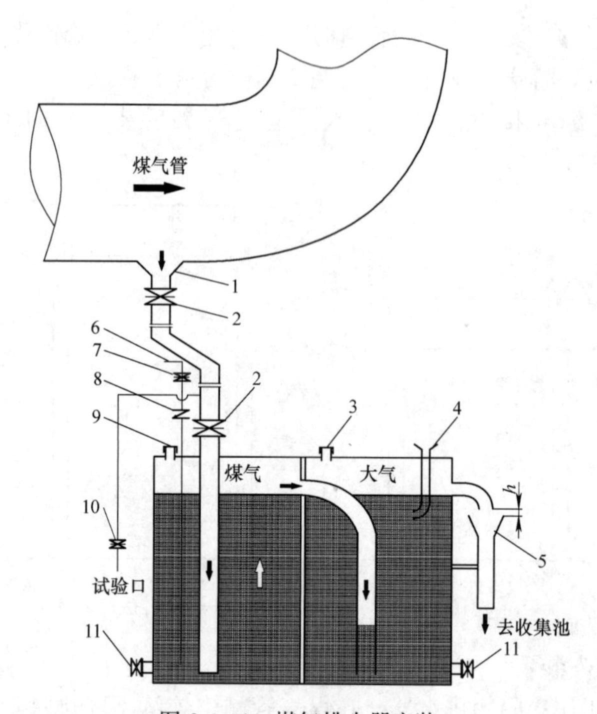

图 2-3-36　煤气排水器安装

1—集液漏斗；2—闸阀；3—排气口；4—补水漏斗；5—溢流水受水漏斗；6—蒸气管；7—闸阀；8—单向阀；9—高压室加水口；10—闸阀；11—排污口

5）对夹式蝶阀安装注意事项：

蝶阀有对夹式蝶阀和法兰蝶阀，对夹式蝶阀必须选用对夹专用法兰，如图 2-3-37 所示，DN150 对夹专用法兰密封面比普通法兰密封面要宽 5mm。如采用普通法兰时，法兰密封处会发生泄漏。

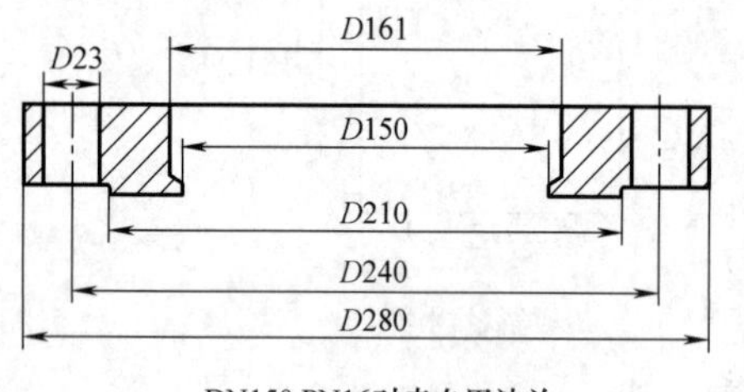

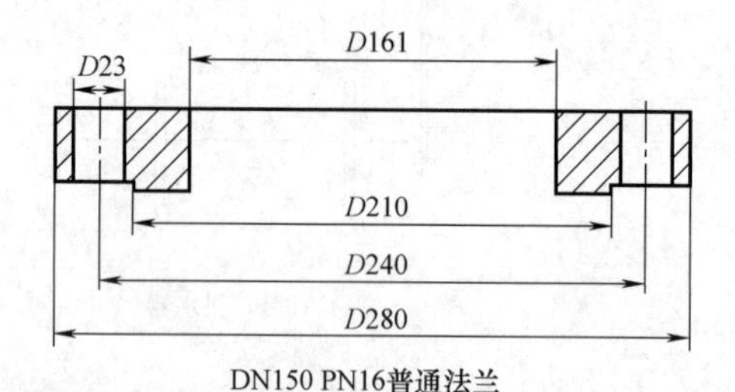

图 2-3-37　法兰形式（单位：mm）

一般情况下全部衬胶对夹式蝶阀不得直接作为预留接口，因为后续管道与法兰焊接产生的高温会损伤阀体密封面。为了避免焊接高温对阀体密封面的损伤，必须将法兰脱离阀体后焊接，然而多数情况下管道在生产状态下不允许泄压，因此全部衬胶对夹式蝶阀不得直接作为预留接口。补救办法是在施工阶段，将法兰后面连接一段管道留给后续管道对接，如图 2-3-38 所示。

盲板的作用：①防止误操作蝶阀，带来安全风险；②有效封堵，防止阀芯泄漏。

DN15 球阀作用：①切割盲板时泄压；②置换管道内有害、易燃、易爆气体。

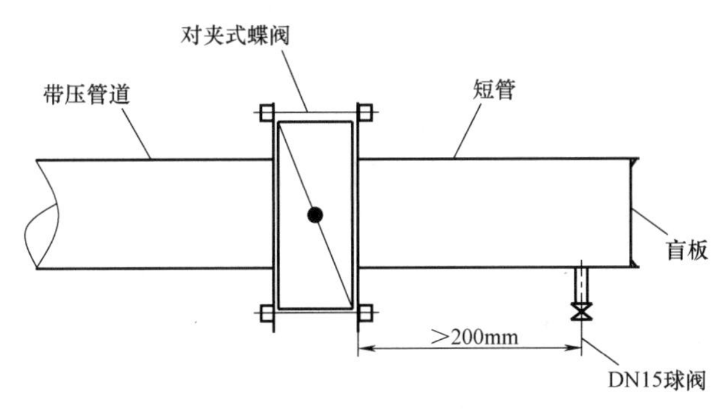

图 2-3-38 预留接口管道

6）大口径燃气管道吹扫与试压：

燃气管道在吹扫试压前还需要确认置换系统管道或换气点，必须确保能有效置换燃气管道内气体。

应在管道安装过程的每一环节中确保管道内部清洁，这是确保管道内部清洁的关键。当 DN≥600 管道，管道吹扫改为采用人工清扫；当 400≤DN<600 时，采用爆破式吹扫；当 DN<400 时，可采用气体吹扫。吹扫气体一般为压缩空气或无油压缩空气及氮气。

大口径燃气管道一般采用压缩空气试压，严禁采用水压试验，否则，整个管廊支架需重新核算其稳定性。当管道有禁油要求时，一般采用无油压缩空气或氮气试压。焊接堵板作为盲板试压时，对堵板的刚度、强度及焊接工艺必须进行计算和设计。

三、供热管道工程

（一）管道支、吊架

1. 管道支、吊架制作

（1）管道支架和吊架的形式、材质、外形尺寸、制作精度及焊接质量应符合设计要求。支、吊架的部件和零件要采用机械加工，避免使用火焰切割。

（2）滑动支架、导向支架的工作面应平整、光滑，不得有任何阻碍支架和管道动作的毛刺及焊渣等异物。

（3）组合式弹簧支架应具有合格证书，所有的合格证书原件应归入竣工档案。为防止将有缺陷或制造不合格的组合件安装在管道系统中，进而影响管道使用，安装前要对组合式弹簧支架进行检查，并符合以下规定：

弹簧不得有裂纹、皱褶、分层、锈蚀等缺陷；

弹簧两端支撑面应与弹簧轴线垂直，其允许偏差不得大于弹簧自由高度的 2%。

（4）焊接在钢管外表面的弧形板应采用模具压制成型；用同径钢管切割制作的弧形板，应采用模具进行整形，且不得有焊缝。

（5）已预制完成、检查合格的管道支、吊架等应按设计要求进行防腐处理，并妥善保管。

（6）固定支架的制作应进行记录，记录中需载明固定支架的位置、所使用钢材的材质、型号、外形尺寸、焊接质量等。

2. 管道支、吊架安装

（1）管道支、吊架的安装位置应正确，标高和坡度应符合设计要求，安装应平整，埋设应牢固。

（2）支架结构接触面应洁净、平整。

（3）固定支架卡板和支架结构接触面应贴实。

（4）活动支架的偏移方向、偏移量及导向性能应符合设计要求。

（5）弹簧支、吊架安装高度应按设计要求进行调整；弹簧的临时固定件应在管道安装、试压、保温完毕后拆除。

（6）为满足和保证补偿器前管道位移灵活、方向正确，从而保证补偿器正常工作，管道支、吊架处不应有管道焊缝，导向支架、滑动支架和吊架不得有歪斜和卡涩现象。

（7）支、吊架应按设计要求焊接，焊缝不得有漏焊、缺焊、咬边或裂纹等缺陷。当管道与固定支架卡板等焊接时，不得损伤管道母材。

（8）当管道支架采用螺栓紧固在型钢的斜面上时，应配置与翼板斜度相同的钢制斜垫片，找平并焊接牢固，以防止处在斜面上的螺栓受力不均、松动。

（9）当使用临时性的支、吊架时，应避开正式支、吊架的位置，且不得影响正式支、吊架的安装。临时性的支、吊架应做出明显标识，并在管道安装完毕后拆除。

（10）有轴向补偿器的管段，补偿器安装前，管道和固定支架之间不得进行固定。

（11）有角向型、横向型补偿器的管段应与管道同时进行安装和固定。

（12）管道支、吊架安装的允许偏差及检验方法应符合表 2-3-13 的规定。

管道支、吊架安装的允许偏差及检验方法　　表 2-3-13

项目		允许偏差(mm)	量具
支、吊架中心点平面位置		0～25	钢尺
支架标高*		−10～0	水准仪
两个固定支架间的其他支架中心线	距固定支架每 10m 处	0～5	钢尺
	中心处	0～25	钢尺

注：表中“*”为主控项目，其他为一般项目。

（13）典型的供热管道支、吊架制作、安装如图 2-3-39、图 2-3-40 所示。

（二）地上管道

1. 管道安装

（1）管道安装前，管子的管径、壁厚和材质应符合设计要求并检验合格（检验时应校正管道的平直度、整修管口、加工坡口）；封闭物和其他杂物应清除；对钢管及管件进行除污；有防腐要求的宜在安装前完成防腐处理；对管道中心线和支架标高进行复核。

（2）管道安装的坡度和坡向应符合设计要求。

（3）管道吊装应使用专用吊具，运输吊装应平稳，不得损坏管道、管件。

（4）管道在安装过程中不得碰撞支架等组件。

（5）管道敷设时应采取固定措施，管组长度按空中就位和焊接的需要确定，宜大于或等于 2 倍支架间距。

（6）管件上不得安装、焊接任何附件。

图 2-3-41、图 2-3-42 所示为采用方形补偿器和复式波纹补偿器的架空安装管道平面示意图。

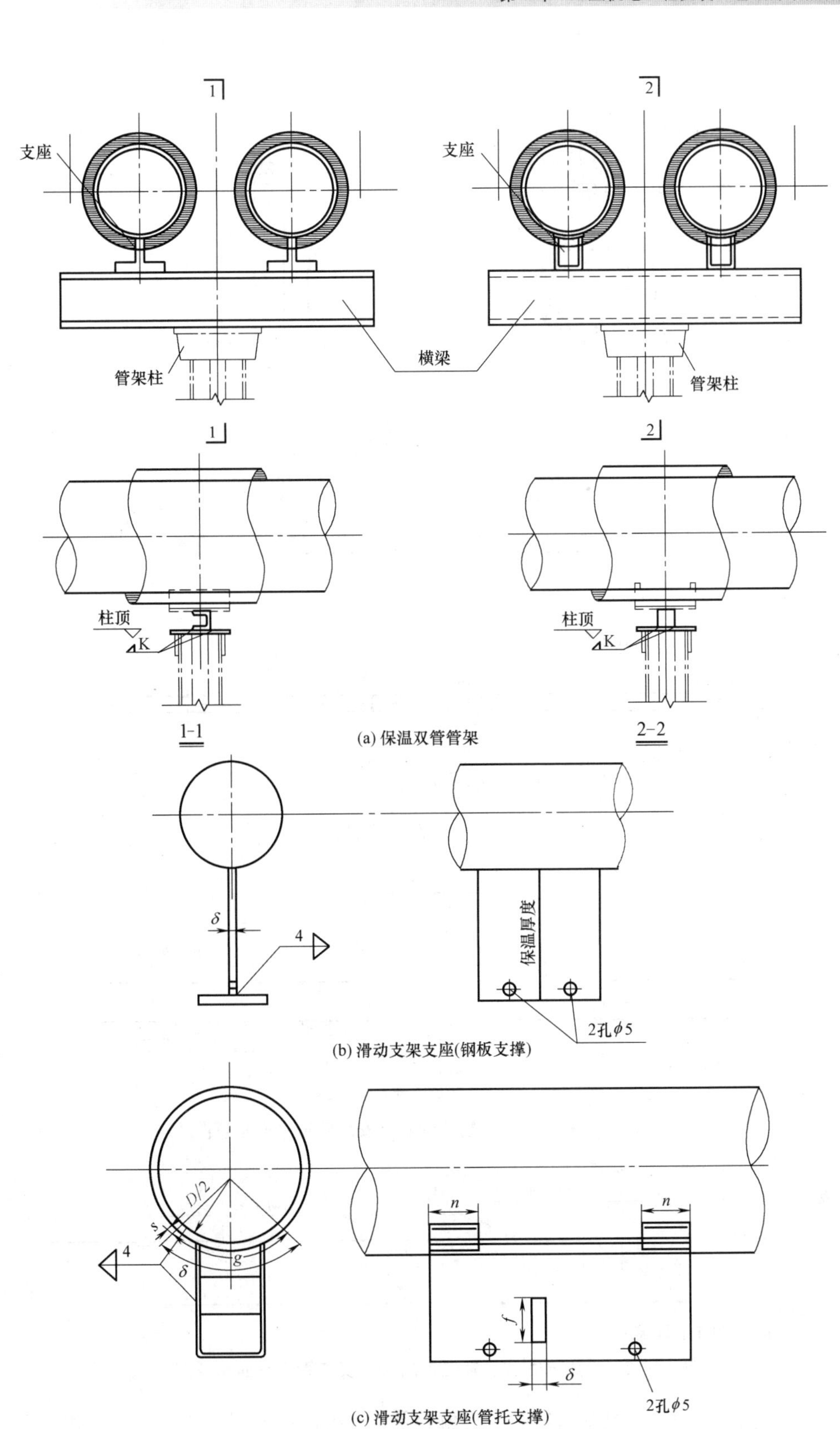

(a) 保温双管管架

(b) 滑动支架支座(钢板支撑)

(c) 滑动支架支座(管托支撑)

图 2-3-39　保温双管支架

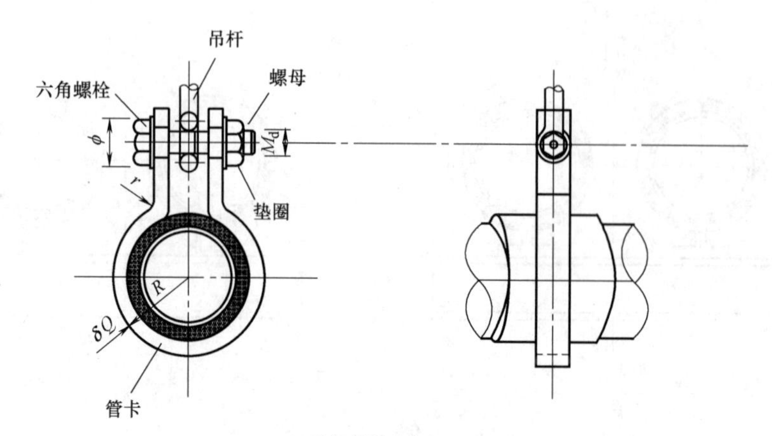

(a) 吊架保温型管卡

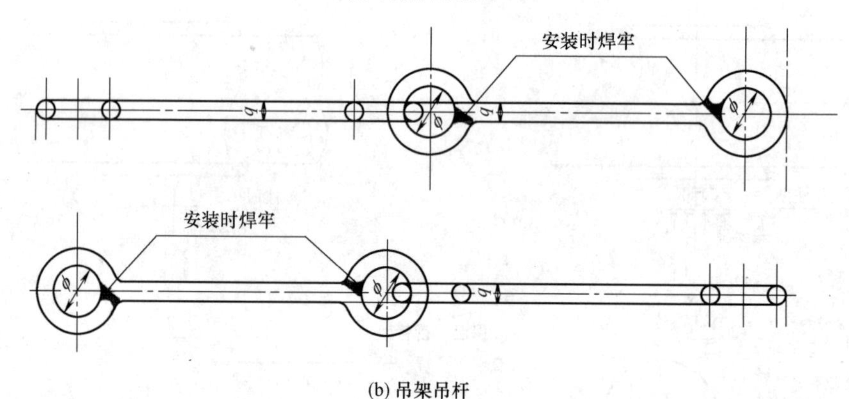

(b) 吊架吊杆

图 2-3-40　保温管吊架

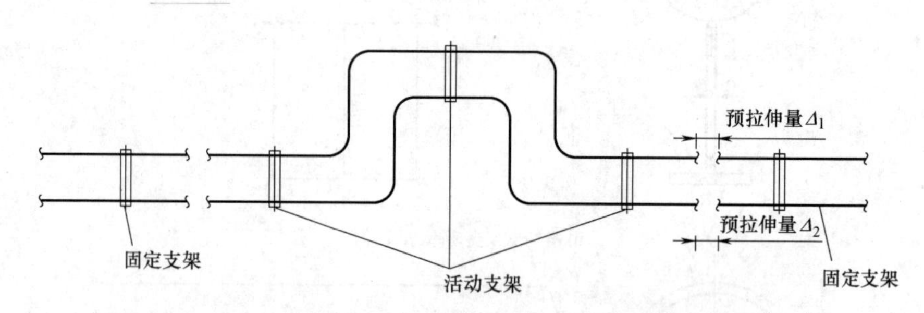

图 2-3-41　采用方形补偿器的架空安装管道平面示意图

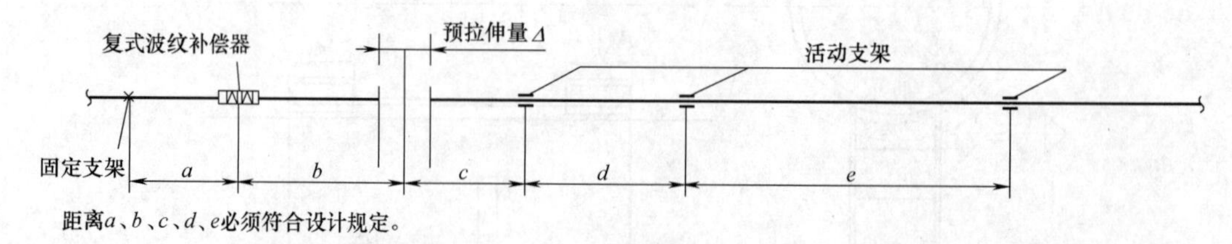

图 2-3-42　采用复式波纹补偿器的架空安装管道平面示意图

（7）管道安装、管件安装对口间隙允许偏差及检验方法应分别符合表 2-3-14 和表 2-3-15 的规定。

管道安装允许偏差及检验方法　　　　**表 2-3-14**

项目		允许偏差（mm）	检验频率		具
			范围	点数	
高程*		±10	50m	—	水准仪
中心线位移		每 10m≤5	50m	—	挂边线、量尺
		全长≤30			
立管垂直度		每米≤2	每根	—	垂线、量尺
		全高≤10			
对口间隙*（mm）	管道壁厚 4～9 间隙 1.5～2	±1	每 10 个口	1	焊口检测器
	管道壁厚≥10 间隙 2～3	−2 +1			

注：表中“*”为主控项目，其他为一般项目。

管件安装对口间隙允许偏差及检验方法　　　　**表 2-3-15**

项目		允许偏差（mm）	检验频率		量具
			范围	点数	
对口间隙（mm）	管件壁厚 4～9 间隙 1.0～1.5	±1.0	每个口	2	焊口检测器
	管件壁厚≥10 间隙 1.5～2.0	−1.5 +1.0			

注：本表均为主控项目。

2. 管口对接

（1）每个管组或每根钢管安装时应按管道的中心线和管道坡度对接管口。

（2）对接管口应在距接口两端各 200mm 处检查管道平直度，允许偏差为 0～1mm；在所对接管道的全长范围内，允许偏差为 0～10mm，如图 2-3-43 所示。

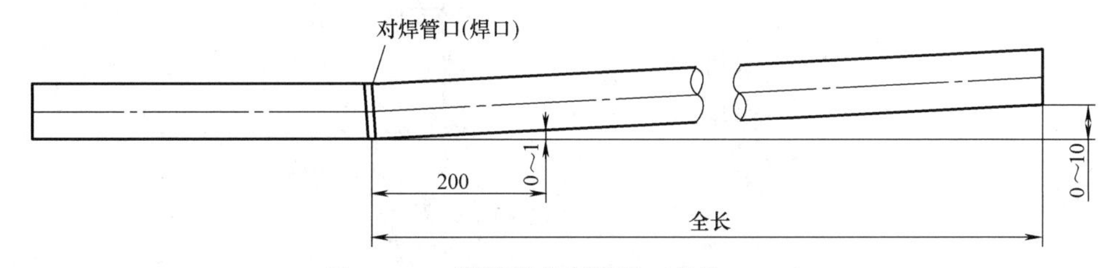

图 2-3-43　管道平直度测量（单位：mm）

（3）管道对口处应放置牢固，在焊接过程中不得产生错位和变形。

（4）管道焊口距支架的距离应满足焊接操作的需要。

（5）管道焊口及保温接口不得置于建（构）筑物等的墙壁中，且距墙壁的距离应满足施工的需要。

（6）管道开孔焊接分支管道时，不得在管道内遗留残留物，分支管伸进主管道内壁长度不得大于 2mm。

3. 管道穿墙（板）套管设置

（1）管道穿建（构）筑物的墙、板处应安装套管。

（2）穿墙套管的两端与墙面的距离应大于 20mm 且两端出墙距离应相等；穿楼板套管高出楼板面的距离应大于 50mm；套管中心的允许偏差为 0～10mm。

（3）套管与管道之间的空隙应采用柔性材料填充。

（4）防水套管应按设计要求制作，并应在建（构）筑物砌筑或浇灌混凝土之前安装就位，套管缝隙应按设计要求进行填充。

（5）管道保温层应随管道一起穿越套管，不得中断。

管道穿墙（板）套管设置如图 2-3-44～图 2-3-47 所示。

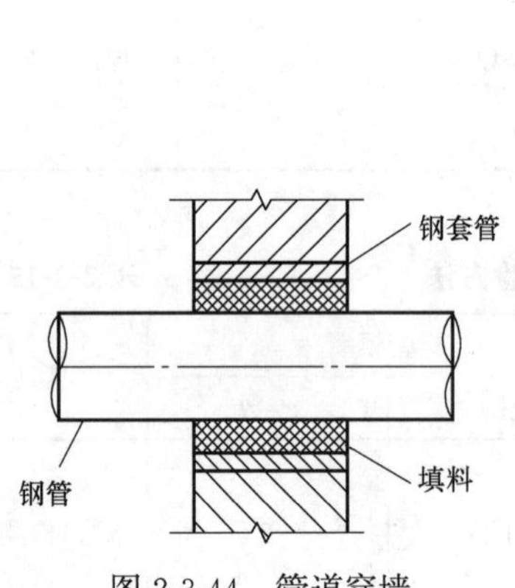

图 2-3-44　管道穿墙

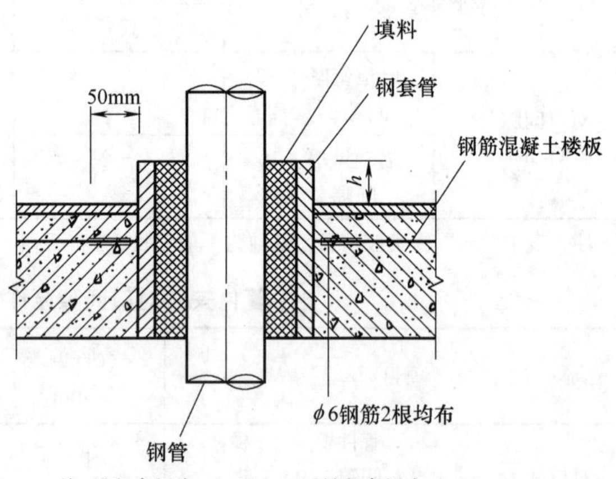

图 2-3-45　管道穿楼板

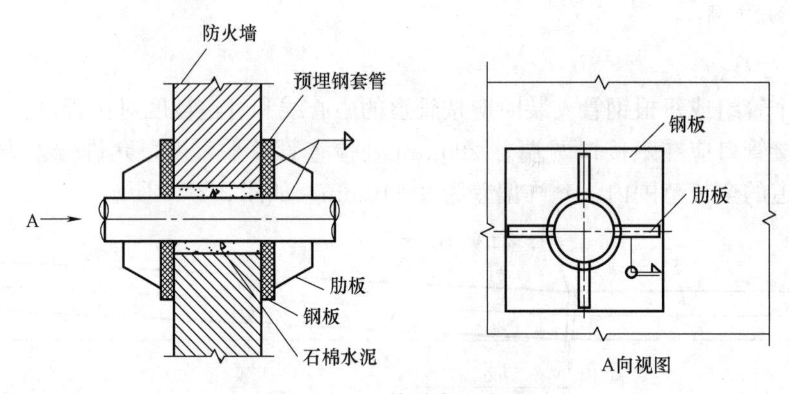

图 2-3-46　管道穿防火墙

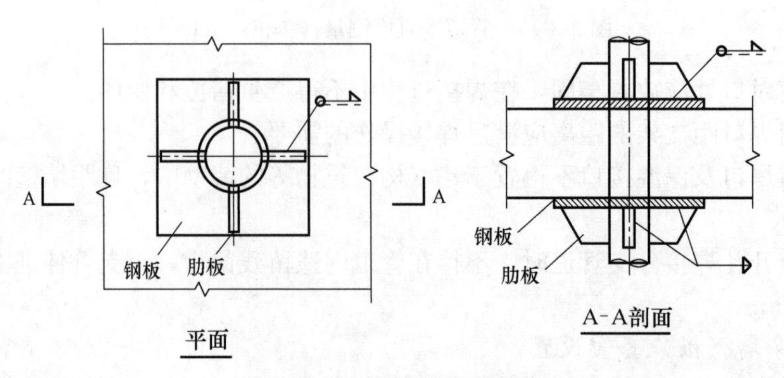

图 2-3-47　穿楼板固定支架

4. 法兰安装

（1）两个配对法兰，其连接端面应保持平行（图 2-3-48），偏差不应大于法兰外径的1.5%，且不得大于 2mm。不得采用加偏垫、多层垫（2 层及以上）或强紧法兰一侧螺栓的方法消除法兰接口端面的偏差。

（2）法兰与法兰、法兰与管道应保持同轴，螺栓孔中心偏差不得大于孔径的 5%，垂直偏差不大于 2mm，法兰螺栓孔应跨中布置，如图 2-3-49～图 2-3-51 所示。

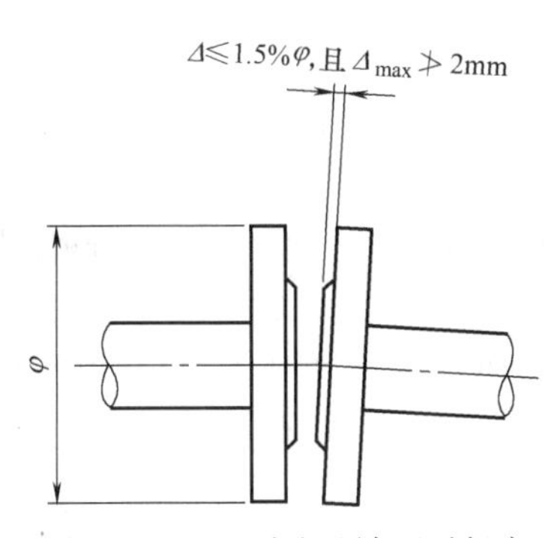

图 2-3-48　配对法兰端面平行度

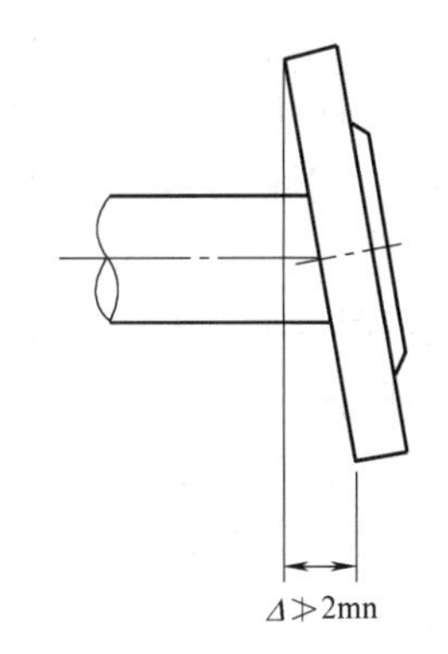

图 2-3-49　法兰垂直偏差

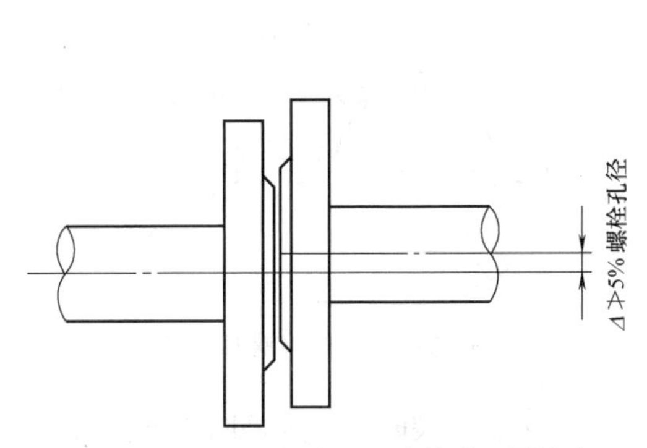

图 2-3-50　法兰与法兰（或管道）同轴度

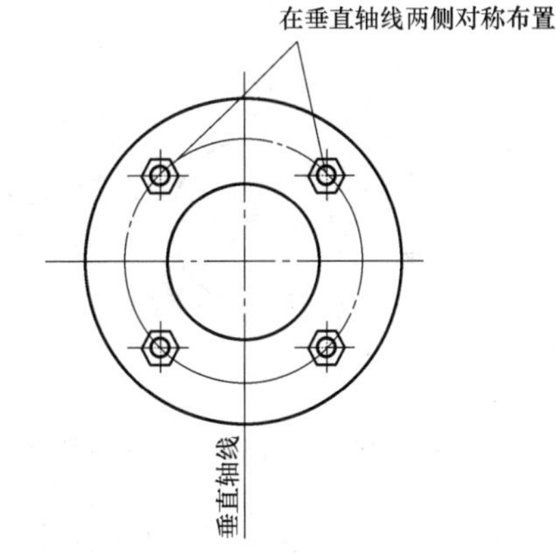

图 2-3-51　法兰螺栓孔跨中布置

（3）垫片的压力等级、材质和涂料应符合设计要求；垫片尺寸应与法兰密封面相符；垫片需拼接时，应采用斜口拼接或迷宫式拼接，不得采用直缝对接，如图 2-3-52 所示。

（4）不得采用先加垫片并拧紧法兰螺栓再进行法兰焊接的方法进行法兰安装。

（5）法兰内侧必须进行封底焊。

（6）法兰螺栓应涂二硫化钼油脂或石墨机油等防锈油脂进行保护。

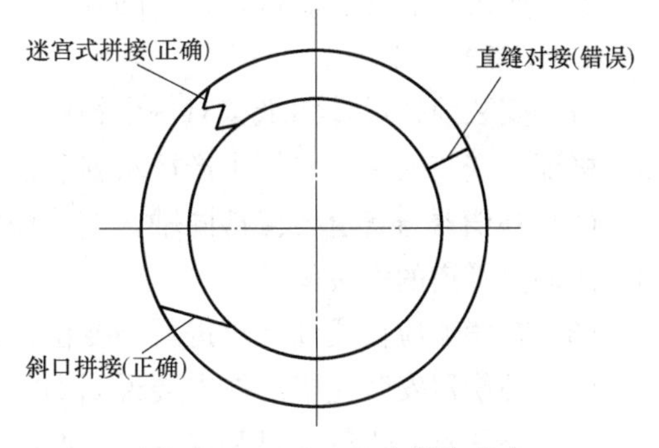

图 2-3-52　法兰垫片拼接形式

（7）法兰连接应使用同一规格的螺栓，安装方向应一致；紧固螺栓应对称、均匀进行，松紧应适度；紧固后螺栓外露长度应为

2～3倍螺距，当需用垫圈调整时，每个螺栓只能使用一个垫圈。

（8）法兰的安装位置距支、吊架或墙面的净距不应小于200mm。

5. 阀门安装

（1）阀门在吊装、安装过程中和安装后均要保护好阀门不受损坏。吊装应平稳，使用专用吊具，不得用阀门手轮作为吊装的承重点，已安装就位的阀门应防止重物撞击。

（2）安装前清除阀口的封闭物及其他杂物。

（3）阀门的手轮安装在便于操作的位置。

（4）阀门按标注方向进行安装。

（5）闸阀、截止阀水平安装时，阀杆要处于上半周范围内（即水平线以上），如图2-3-53所示。

（6）安装焊接阀门时，焊机地线应连接在同侧焊口的管道上，不得连接于阀体上，以避免电流穿过阀体灼伤密封面。

（7）焊接蝶阀安装时，阀板的轴应在水平方向，轴与水平面的最大夹角不应大于60°，不得垂直安装，如图2-3-54所示。焊接前关闭阀板，并采取保护措施，避免焊渣飞溅等情况损坏密封面。

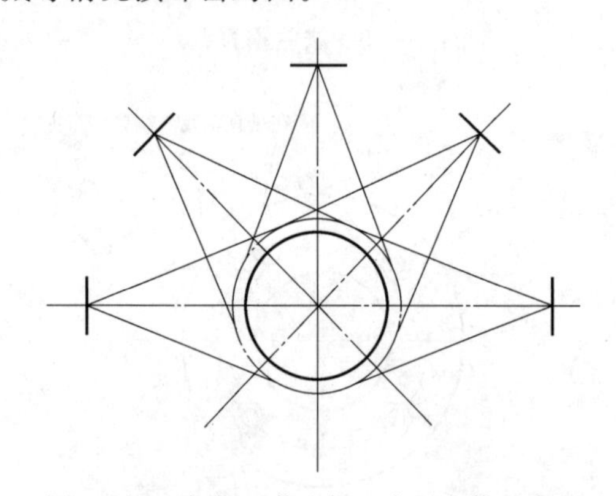

图2-3-53 闸阀（截止阀）水平安装示意图

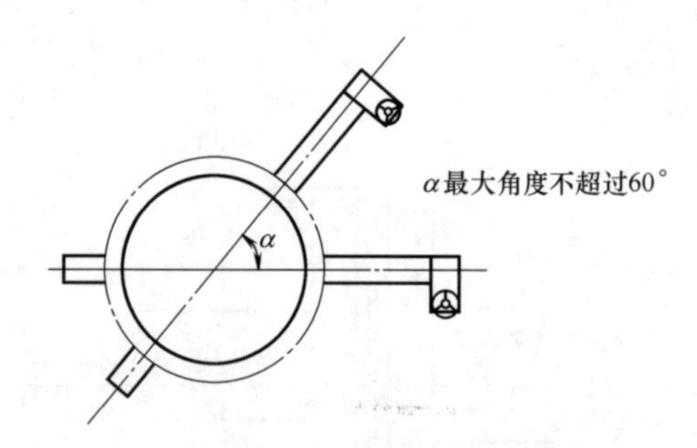

图2-3-54 焊接蝶阀水平安装

（8）焊接球阀水平安装时应将阀门完全开启；垂直安装时，在焊接阀体下方的焊缝时应将阀门关闭。焊接过程中需对阀体降温。

（9）阀门安装完毕后进行正常的开启-关闭操作2次到3次。

6. 补偿器安装

（1）安装前按设计图纸核对每个补偿器的型号和安装位置，对外观进行检查，核对产品合格证，安装人员要掌握生产厂家安装说明书中的技术要求。

（2）补偿器与管道要保持同轴，安装操作时不得损伤补偿器，不得采用使补偿器变形的方法调整管道的安装偏差。

（3）补偿器应按设计要求进行预变位，预变位完成后对预变位量进行记录。

（4）补偿器安装完毕后按安装说明书的要求拆除固定装置、调整限位装置。

（5）补偿器应进行防腐和保温，防腐、保温材料不得对补偿器材料具有腐蚀性。

（6）补偿器安装完成后按规范要求进行记录。

（7）轴向波纹管补偿器的流向标记应与管道介质流向一致；角向型波纹管补偿器的销

轴轴线应垂直于管道安装后形成的平面。

（8）采用成型填料的套筒补偿器，填料应符合产品要求；采用非成型填料的补偿器，填注密封填料应按产品要求依次均匀注压。

（9）球型补偿器的外伸部分应与管道坡度保持一致。

（10）方形补偿器水平安装时，垂直臂应水平放置，平行臂应与管道坡度相同；预变位应在补偿器两端均匀、对称进行。

（11）直埋补偿器安装过程中，补偿器固定端应锚固，活动端应能自由活动。

（12）一次性补偿器与管道连接前，应按预热位移量确定限位板位置并进行固定，预热前将预热段内所有一次性补偿器上的固定装置拆除，管道预热温度和变形量达到设计要求后方可进行一次性补偿器的焊接。

（13）常用补偿器的布置方法如图 2-3-55～图 2-3-61 所示。

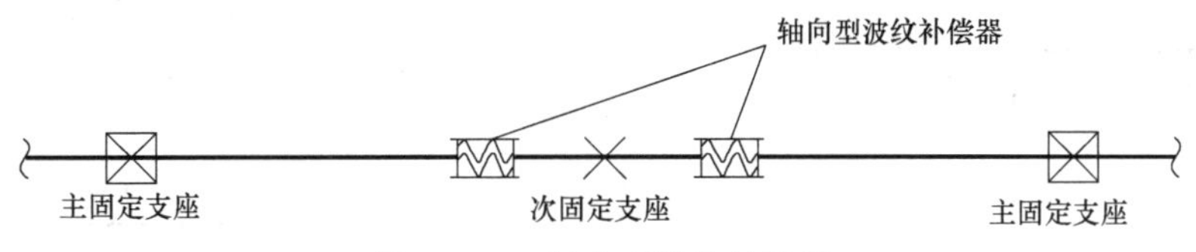

图 2-3-55　轴向型波纹补偿器

1）轴向型波纹补偿器

轴向外压式：大补偿量；轴向内压式：小补偿量；均可架空或地沟敷设。直埋外压式：大补偿量；直埋内压式：小补偿量；直埋敷设于土壤中。

2）角向型波纹补偿器

角向型波纹补偿器也称为铰链型波纹补偿器，用于架空敷设的管道，实现管道的角向补偿。

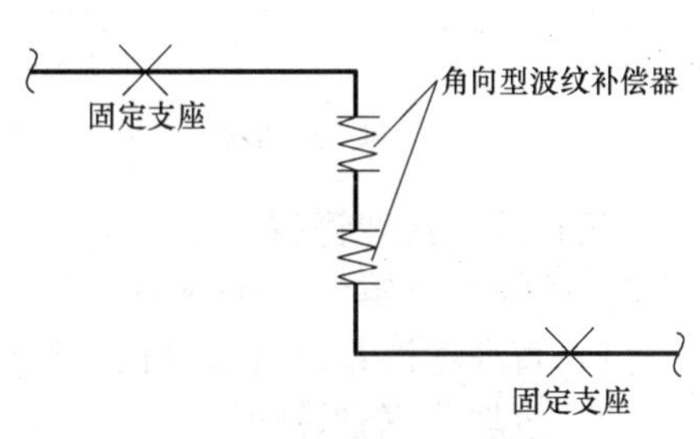

图 2-3-56　角向型波纹补偿器

3）万向铰链型波纹补偿器

由两个或三个补偿器组合使用，实现管道立体角补偿，用于架空敷设的复杂管道系统。

4）大拉杆波纹补偿器

通过补偿器弯曲变形实现管道的轴向补偿。

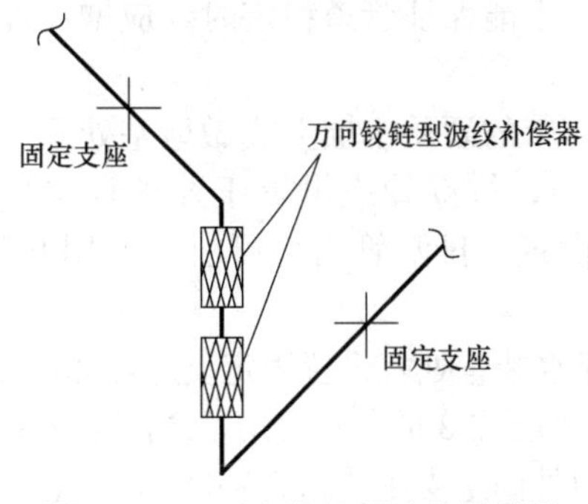

图 2-3-57　万向铰链型波纹补偿器

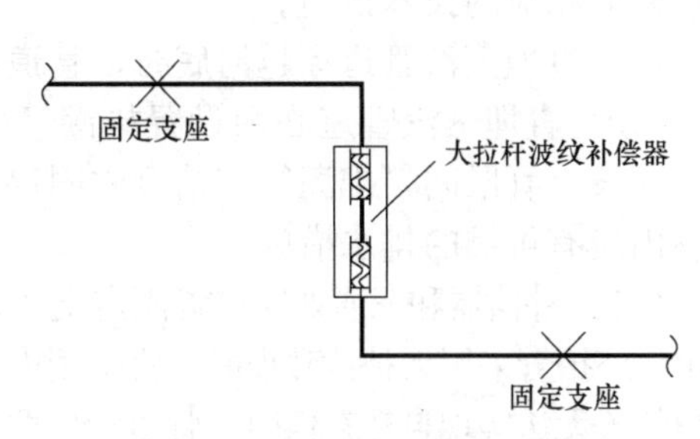

图 2-3-58　大拉杆波纹补偿器

5）套筒型补偿器

通用型用于架空、地沟敷设；直埋型用于土壤直埋敷设。

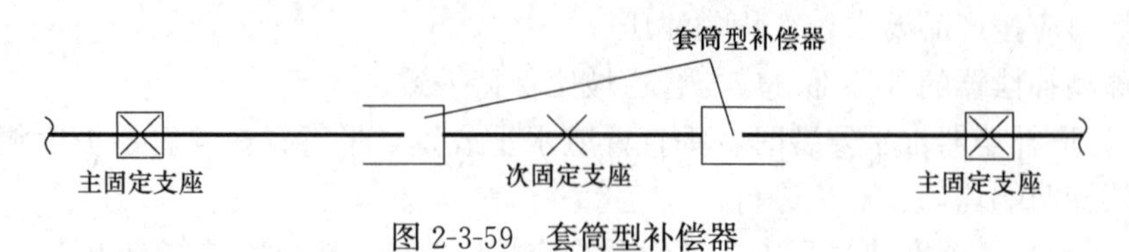

图 2-3-59　套筒型补偿器

6）球形补偿器

两个成组使用，空间占用较大。

7）方形补偿器

平行臂与管道坡度一致，垂直臂水平放置。

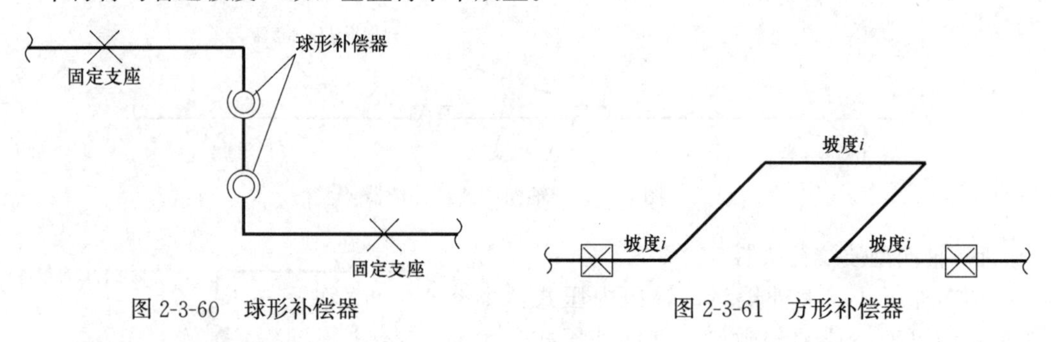

图 2-3-60　球形补偿器　　　　图 2-3-61　方形补偿器

（三）预制直埋管道

1. 预制直埋蒸汽管道敷设

（1）直埋蒸汽管道宜敷设在各类地下管道的最上部。

（2）直埋蒸汽管道的工作管应采用有补偿的敷设方法。

（3）直埋蒸汽管道敷设的坡度应符合设计要求，一般不宜小于 2‰。

（4）采用轴向补偿器时，两个固定支座之间的直埋蒸汽管道不宜有折角。

（5）管道由地下转至地上时，外护管必须一同引出地面，其外护管距地面的高度不宜小于 0.5m，并设防水帽和采取隔热措施。

（6）直埋蒸汽管道与地沟敷设的管道连接时，应采取措施防止地沟向直埋蒸汽管道保温层渗水。

（7）当地基软硬不一致时，应对地基做过渡处理。

（8）在地下水位较高的地区，必须做浮力验算。不能保证管道稳定时，应增加埋设深度或采取相应的技术措施。

（9）直埋蒸汽管道穿越河底时，管道应敷设在河床的硬质土层上或做地基处理。

（10）直埋蒸汽管道必须设置排潮管（图 2-3-62），排潮管应设置于外护管位移较小处。在长直管段间，排潮管宜结合内固定支座共同设置。排潮管出口可引入专用井室内，井室内应有可靠的排水措施。

（11）补偿器和三通处应设置固定支座，阀门和疏水装置处宜设置固定支座，如图 2-3-63 所示。外护管采用无补偿敷设时，宜采用内固定支座，如图 2-3-63（a）所示。当外护管在管道转角位置无法实现自然补偿时，管道转角两端宜采用内外固定支座［图 2-3-63（b）］和外护管补偿器相结合的方式。

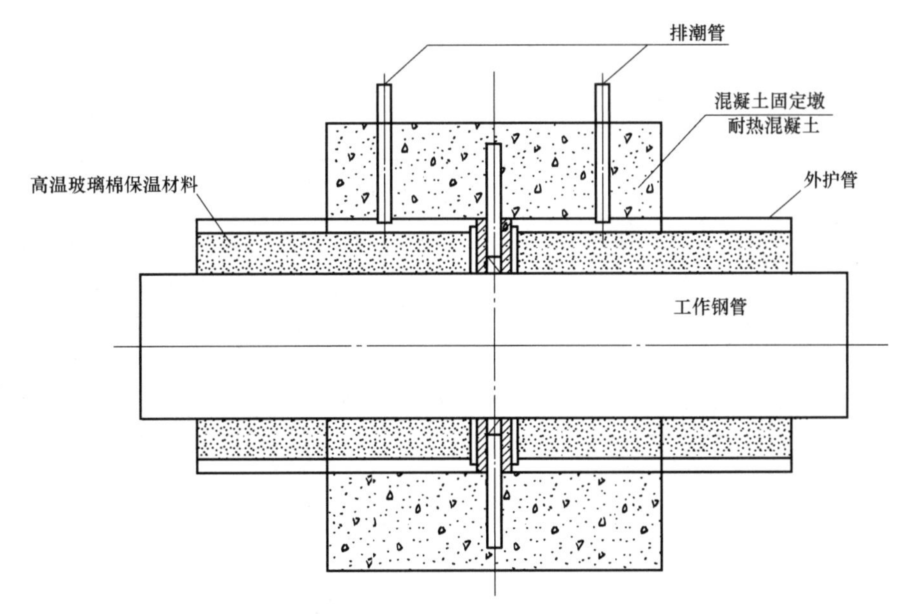

图 2-3-62　直埋蒸汽管道排潮管

(a) 直埋蒸汽管道内固定支座　　(b) 直埋蒸汽管道内外固定支座

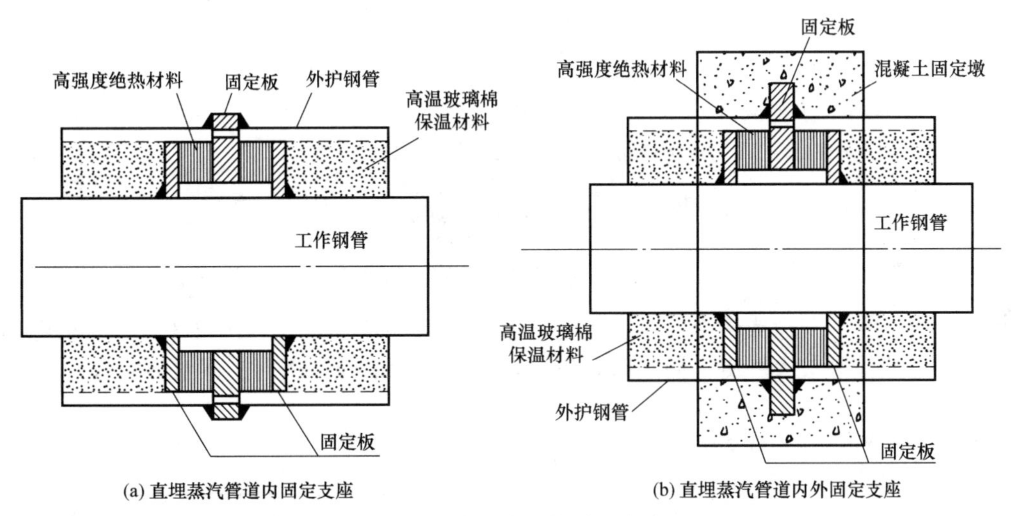

图 2-3-63　直埋蒸汽管道固定支座

2. 预制直埋热水管道敷设

（1）直埋热水管道的排列，按供热方向右供左回布置（图 2-3-64）。

图 2-3-64　供回水管道排列顺序
（图 2-3-65 的 A 向视图）

（2）管槽的槽底土质必须强弱基本一致，开槽净深要考虑夯实裕量，避免再次回填。管底和其他部位所回填的砂、石、土等的配比、粒度、回填厚度等参数应符合设计要求，如图 2-3-65 所示。

（3）管道的敷设坡度不宜小于 2‰，进入建筑物的管道宜坡向干管。管道的高处宜设放气阀，低处宜设防水阀。直接埋地的放气管、防水管与管道有相对位移处应采取保护措施。

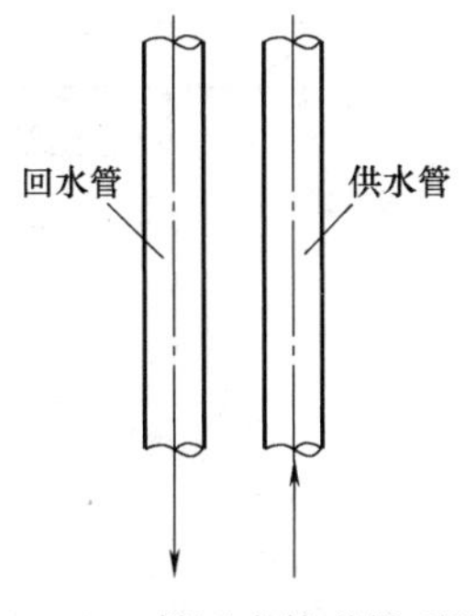

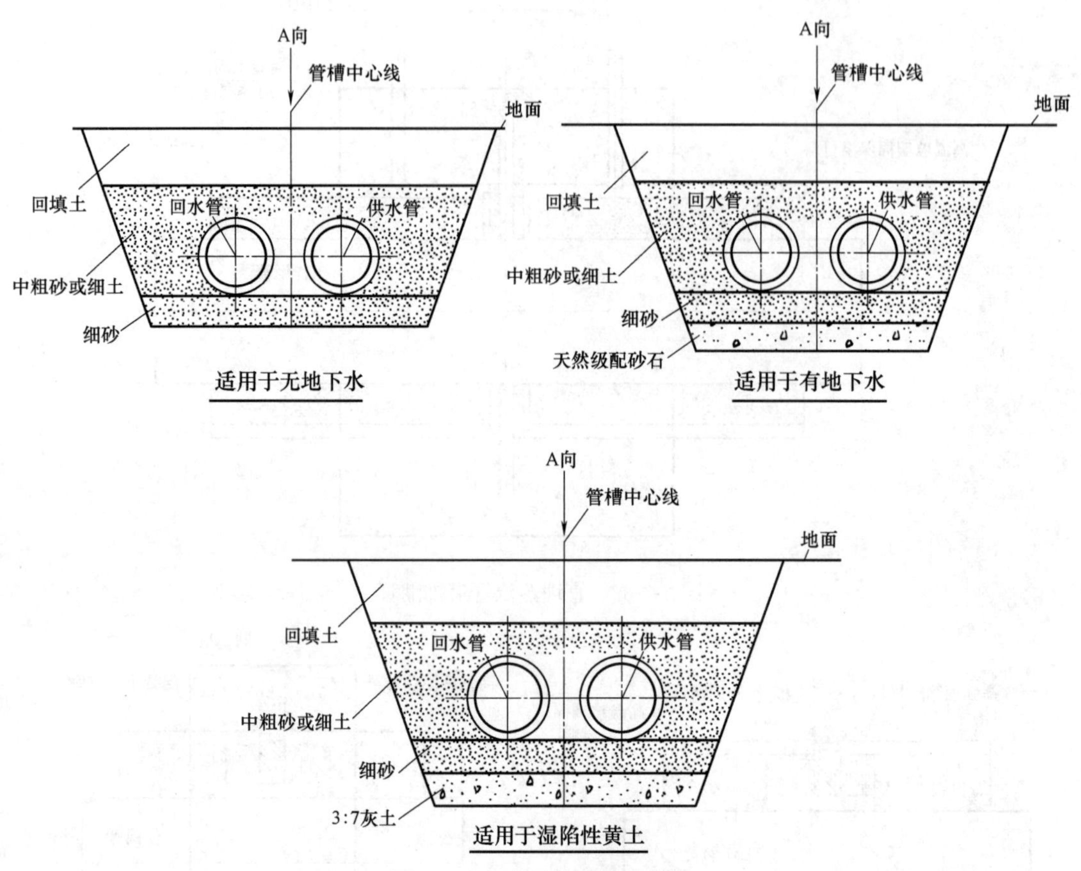

图 2-3-65　直埋热水管道敷设

（4）异径管、三通或管道壁厚变化处，应设补偿器或固定墩（图 2-3-66），固定墩应设在大管径或壁厚较大一侧。固定墩处应采取防腐绝缘措施，钢管、钢架不应裸露。

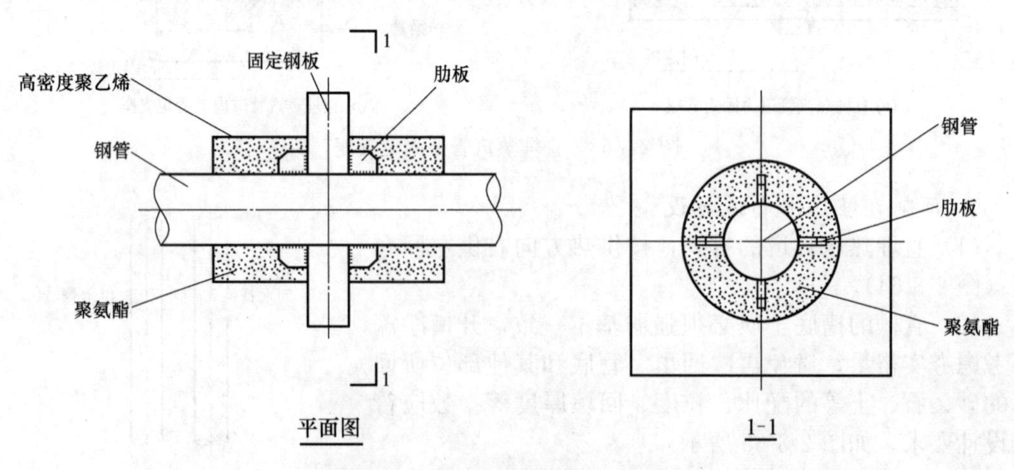

图 2-3-66　直埋热水管道固定支座

（5）当管道有直埋敷设转至其他敷设方式，或进入检查室时，直埋保温管的保温层的端头应封闭。

四、制冷管道工程

(一) 制冷管道安装

1. 管道组对与连接

(1) 制冷系统的液体管安装不应有局部向上凸起的弯曲现象，以免形成气囊。气体管不应有局部向下凹的弯曲现象，以免形成液囊。

(2) 从液体干管引出支管，应从干管底部或侧面接出，从气体干管引出支管，应从干管上部或侧面接出。

(3) 管道成三通连接时，应将支管按制冷剂流向弯成弧形再行焊接（图 2-3-67），当支管与干管直径相同且管道内径小于 50mm 时，则需在干管的连接部位换上大一号管径的管段，再按以上规定进行焊接（图 2-3-68）。

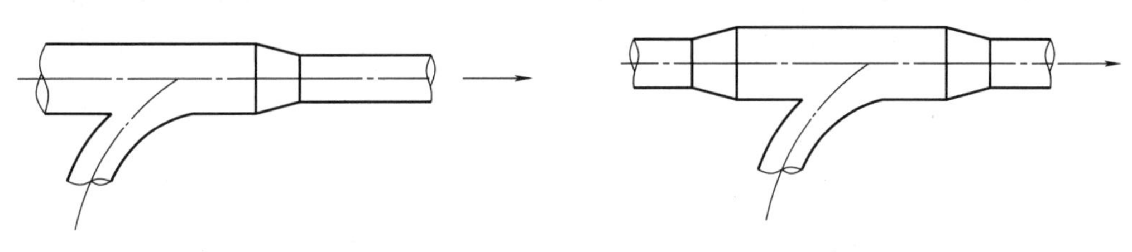

图 2-3-67 管道三通连接

图 2-3-68 同管径管道三通连接

(4) 不同管径的管子直线焊接时，应采用偏心异径管，如图 2-3-69 所示。

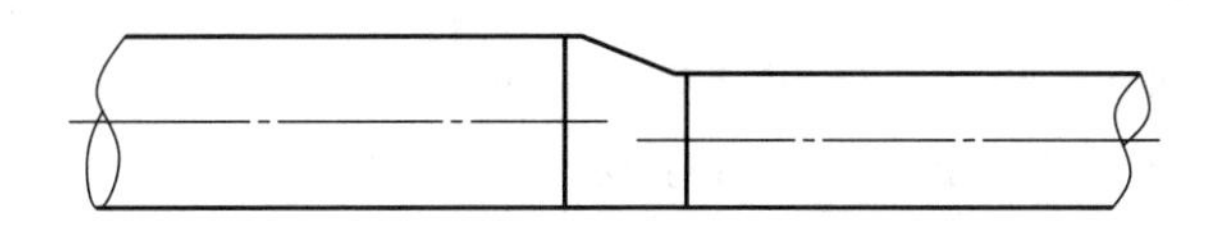

图 2-3-69 偏心异径管焊接示意图

(5) 紫铜管连接宜采用承插口焊接，或套管式焊接，承口的扩口深度不应小于管径，扩口方向应迎介质流向，如图 2-3-70 所示。

(6) 紫铜管煨弯可用热弯或冷弯，弯管的弯曲半径不应小于 $4d$，椭圆率不应大于 8%，不得使用焊接弯管或褶皱弯管，如图 2-3-71 所示。

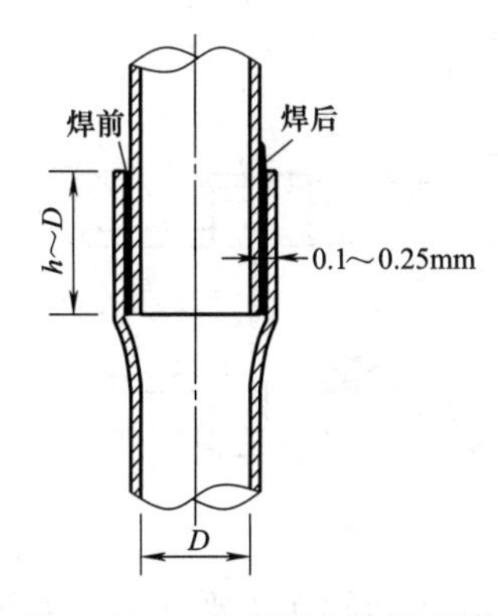

图 2-3-70 紫铜管连接示意图

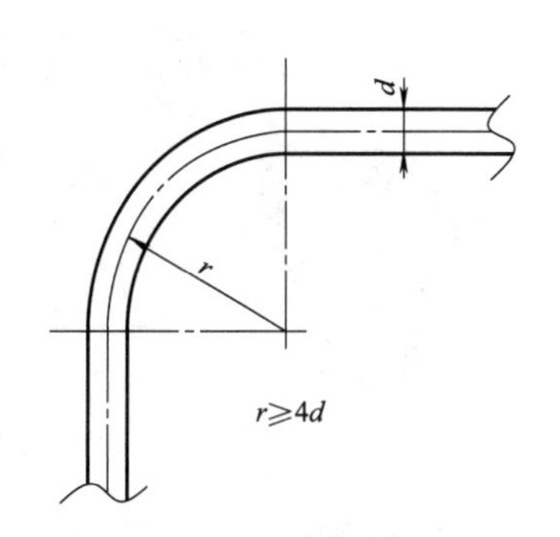

图 2-3-71 紫铜管弯管半径示意图

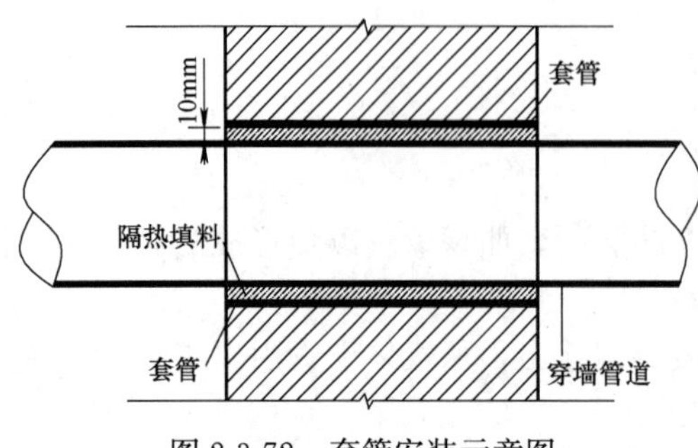

图 2-3-72　套管安装示意图

（7）管道穿过墙或楼板应设钢制套管，管道与套管的空隙宜为 10mm，应用隔热材料填充，并不得作为管道的支撑，如图 2-3-72 所示。

2. 阀门安装

（1）应把阀门装在容易拆卸和维护的地方，各种阀门安装时必须注意制冷剂的流向，不可装反。

（2）安装带手柄的手动截止阀，阀杆应垂直向上或倾斜某一个角度，禁止阀杆朝下。如果阀门位置难以接近或位置较高，为了操作方便，可以将阀杆水平安装。电磁阀、调节阀、热力膨胀阀、升降式止回阀等，阀头均应向上竖直安装，如图 2-3-73 所示。

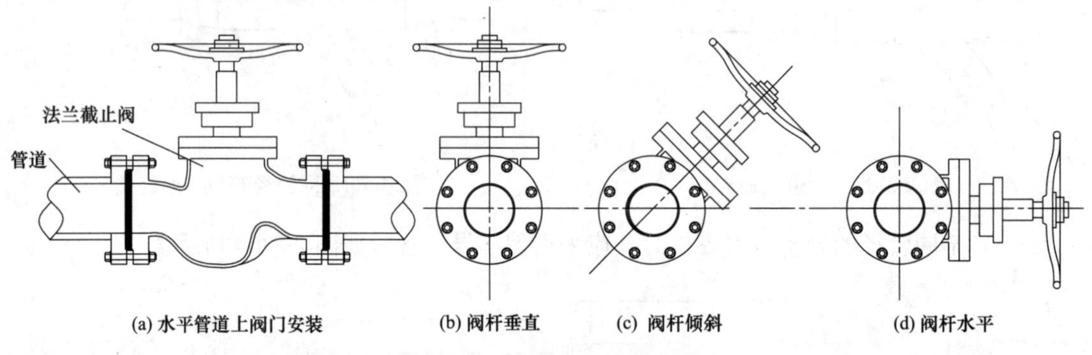

图 2-3-73　截止阀安装示意图

（3）安装法兰式阀门时，法兰片和阀门的法兰一定要用高压石棉板做垫，高压石棉板厚度要根据阀门上法兰槽的深浅确定。当阀门较大且槽较深时，要用较厚的石棉板，避免它们之间的凹凸接口容易有间隙而密封不严。在组装法兰式阀门时，一定做到所有螺栓受力均匀，否则，凹凸接口容易压偏，如图 2-3-74 所示。

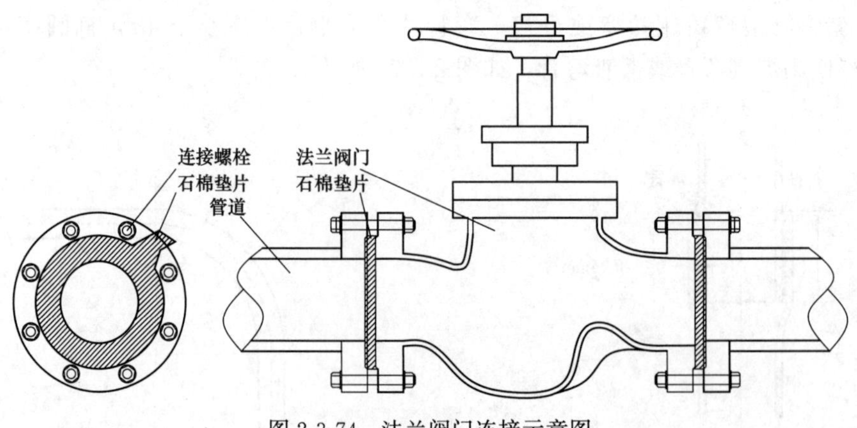

图 2-3-74　法兰阀门连接示意图

（4）安装止回阀时，要保证阀芯能自动开启。旋启式止回阀在水平和垂直管道上都可以使用；应用于垂直管道时，只适用于流体向上流动的情况。立式升降式止回阀（水平阀瓣）只可用于垂直管道（类似于底阀），如图 2-3-75 所示。

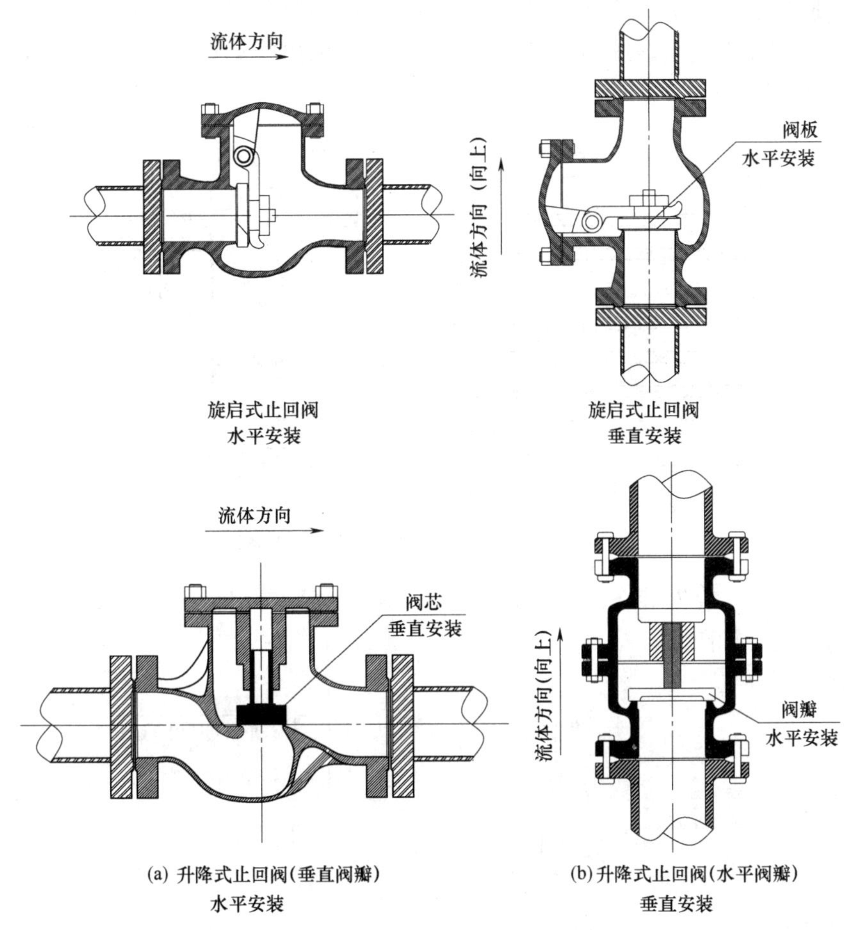

图 2-3-75 止回阀安装示意图

（5）电磁阀必须水平安装在设备的出口处，一定要按图样规定的位置安装。电磁阀若安装在节流阀前，二者间至少保持 300mm 的间距，如图 2-3-76 所示。

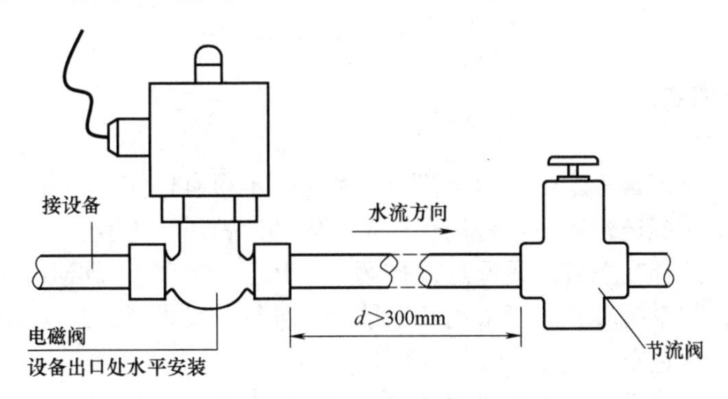

图 2-3-76 电磁阀安装示意图

（6）热力膨胀阀的安装位置应靠近蒸发器，阀体应垂直放置，不可倾斜，更不可颠倒安装。感温包安装在蒸发器出口、压缩机吸气管段上，并尽可能装在水平管段部分。但必须注意不得置于有积液、积油之处。将感温包缠在吸气管上，感温包紧贴管壁，包扎紧密；接触处应将氧化皮消除干净，必要时可涂一层防锈层。当采用外平衡式热力膨胀阀时，外平衡管一般连接在蒸发器出口、感温包后的压缩机吸气管上，连接口应位于吸气管顶部，如图 2-3-77 所示。

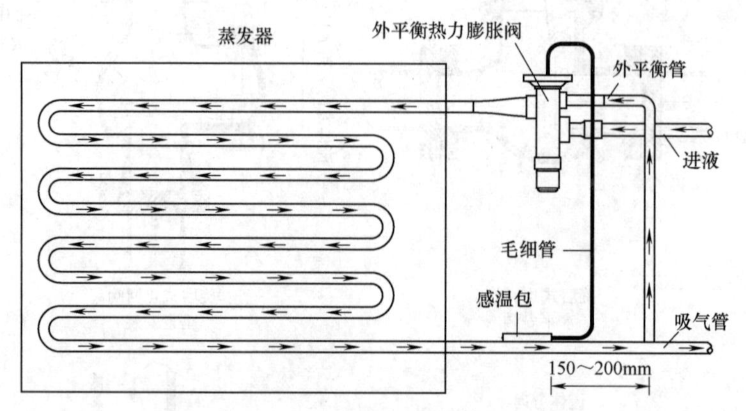

图 2-3-77　外平衡热力膨胀阀安装示意图

（7）安全阀应垂直安装在便于检修的位置，其排气管的出口应朝向安全地带，排液管应装在泄水管上，如图 2-3-78 所示。

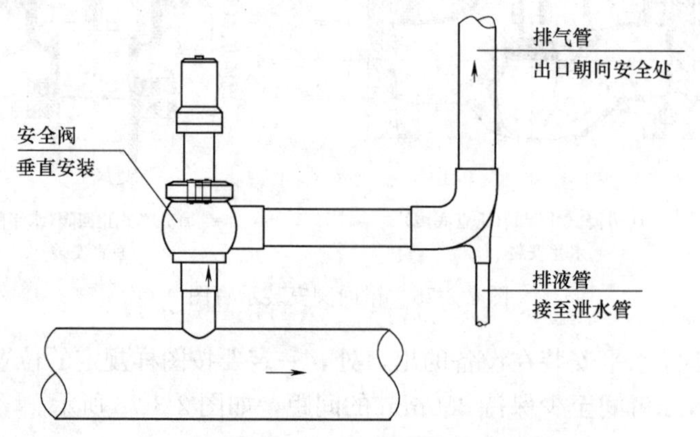

图 2-3-78　安全阀安装示意图

（二）制冷管道吹扫与排污

1. 制冷管道吹扫

（1）整个制冷系统是一个密封而又清洁的系统，不得有任何杂物存在，必须采用洁净干燥的空气对整个系统进行吹污，将残存在系统内部的铁屑、焊渣、泥砂等杂物吹净。

（2）吹污前应选择在系统的最低点设排污口。用压力 0.5～0.6MPa 的干燥压缩空气或氮气进行吹扫；如系统较长，可采用几个排污口进行分段排污。此项工作按次序连续反复地进行多次，以浅色布检查 5min，无污物为合格。

（3）系统吹扫干净后，应将系统中阀门的阀芯拆下清洗干净。

2. 制冷管道排污

（1）氨制冷系统排污时，可用空压机或氨制冷机提供压缩空气，压缩空气的压力一般不超过 0.6MPa。排污口应设置在管道的最低处，排污工作可分组、分段、分层进行。

（2）排污一般不少于3次，直到排出气体不带水蒸气、油污和铁锈等杂物。

（3）为了有效地利用压缩气体的爆发力和高速气流，可在排污口上临时设置阀门，待系统内压力升高时快速打开阀门，使气体迅速排出，带出污物。

（4）氟利昂系统的排污也在系统安装完成后进行，使用0.6MPa的氮气进行分段吹污。排污的方法和检验与氨系统相同，氟利昂系统排污和试压时不能使用压缩空气，压缩空气中含有水蒸气，若残留在氟利昂系统内，将引起氟利昂系统的冰堵或冰塞现象。

（5）在排污过程中，如发现管路法兰阀门有明显泄漏，应及时补救。

（三）制冷管道检验与试验

1. 外观检查

（1）检查项目包括：管道位置、管道结构、绝热层、防腐层、支吊架、阀门、法兰、管道标识、管道组成件、焊接接头的检查。

（2）高压侧压力容器和管道着重检查外表面是否有裂纹、变形、腐蚀、划痕、鼓包等缺陷，低压侧管线着重对有破损、脱漏、锈蚀的部位进行检查。

2. 气压试验

（1）气压试验所用气体应为干燥洁净的空气、氮气或其他不易燃、无毒的气体。

（2）试验时应设置超压泄放装置，其设定压力不得高于1.1倍试验压力或高于试验压力0.34MPa（取较低值）。

（3）根据现行国家标准《压力管道规范 工业管道 第5部分：检验与试验》GB/T 20801.5第9.1.4条规定，制冷系统管道压力试验前必须用试验气体进行预试验，预试验压力宜为0.2MPa；承受内压的金属管道，气压试验压力应不低于1.1倍设计压力，同时不超过下列压力的较小者：1.33倍设计压力、试验温度下产生超过90%屈服强度周向应力或纵向应力（基于最小管壁厚度）时的试验压力。

（4）气体压力试验应符合设计文件的规定，当设计文件无规定时，参考以下压力值进行试验，见表2-3-16。

制冷系统气体试验压力参考表 **表2-3-16**

制冷剂	低压侧试验压力(MPa) (绝对压力)	高压侧试验压力(MPa) (绝对压力)
R717	1.7	2.3
R22	1.2	2.5
R404A/R507/R407A	1.2	3.0
R410A	1.6	4.0
R134a	1.2	2.0

（5）试验时，应逐步缓慢增加压力，当压力升至试验压力的50%，如未发现异常或泄漏现象，继续按试验压力的10%逐级升压，每级稳压3min，直至达到规定的试验压力，然后将压力降至设计压力进行检查，保压时间应根据工作时间需要确定。

（6）现场条件不允许进行气压试验，经使用单位和检验单位同意，可同时采用以下方法替代：所有焊接接头和角焊缝用液体渗透法或磁粉法进行表面无损检测；焊接接头用100%射线或超声检测；泄漏性试验。

3. 泄漏性试验

（1）制冷剂为氨的系统，采用压缩空气进行试压；制冷剂为氟利昂的系统，采用瓶装压缩氮气进行试压；对于较大的制冷系统也可采用压缩空气，但须经干燥处理后再充入系统。

（2）泄漏性试验时，压力逐级缓慢上升，当达到试验压力，并且停压 10min 后，对系统所有焊口、阀门、法兰等连接部件涂刷中性发泡剂或贴试纸，巡回检查所有密封点，以不泄漏为合格。

（3）试压过程中如发现泄漏，检修时必须在泄压后进行，不得带压修补。

4. 真空度试验

根据现行国家标准《工业金属管道工程施工规范》GB 50235 规定，真空管道系统在压力试验合格后，还应按设计文件规定进行 24h 的真空度试验，增压率不应大于 5%。增压率计算方式如下：

$$\Delta P=\frac{P_2-P_1}{P_1}\times 100\% \tag{2-3-1}$$

式中 ΔP——24h 增压率；

P_1——试验的初始压力（表压）（MPa）；

P_2——试验的最终压力（表压）（MPa）。

五、动力管道工程

（一）动力管道预制

各种动力管道根据设计使用功能，采用不同材质的无缝钢管焊接连接较为普遍，其焊接施工工艺基本一致，因此主要以焊接管道安装细部做法进行统一叙述。

1. 预制加工长度计算

按照设计要求，以设计图纸为依据，应根据设计图纸进行计算，应以标高、空间定位尺寸、扣减管件、阀门等尺寸，计算确定管段的长度，然后才放样下料，如图 2-3-79 所示。

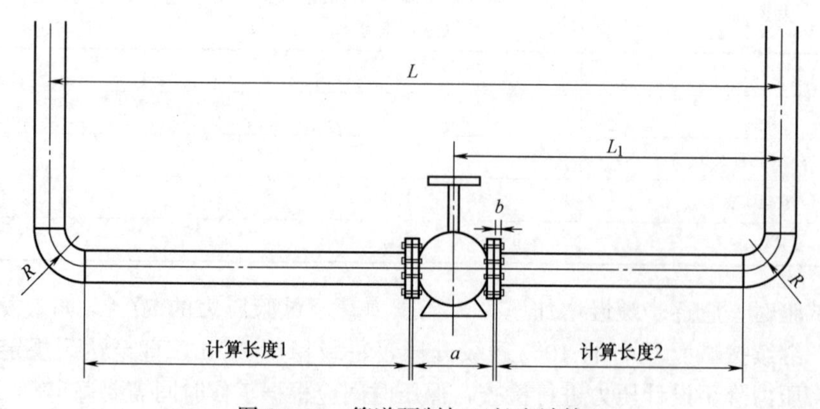

图 2-3-79 管道预制加工长度计算

（1）计算长度 1：

$$计算长度\ 1=L-L_1-a/2-R-b+\delta \tag{2-3-2}$$

(2) 计算长度 2：

$$计算长度\ 2=L_1-a/2-R-b+\delta \tag{2-3-3}$$

式中　b 为法兰厚度，δ 为插入法兰长度。

2. 预制加工工具选择

在安装现场，根据管道材质、管径选用不同的切割方法，具体如下：

(1) 对于碳钢管道，宜采用切割锯（带锯）、管割刀、切割机、氧气乙炔气切割等方法。

(2) 对于不锈钢、合金钢管道，宜采用切割锯（带锯）、管割刀、切割机、等离子等方法。

(3) 对于小管径的管道，宜采用切割锯（带锯）、管割刀、切割机切割。

(4) 对于大管径的管道，宜采用切割锯、气割、等离子切割。

3. 预制放样

(1) 预制加工需保证管道中心线与端面垂直，下料前，先检查管道端面与管中心线的垂直度，主要用角尺检查端面正交 90°方向，测量两个正交方向的 a、b（距离大于 200mm）值相等则符合要求，否则应修整端面，如图 2-3-80 所示。

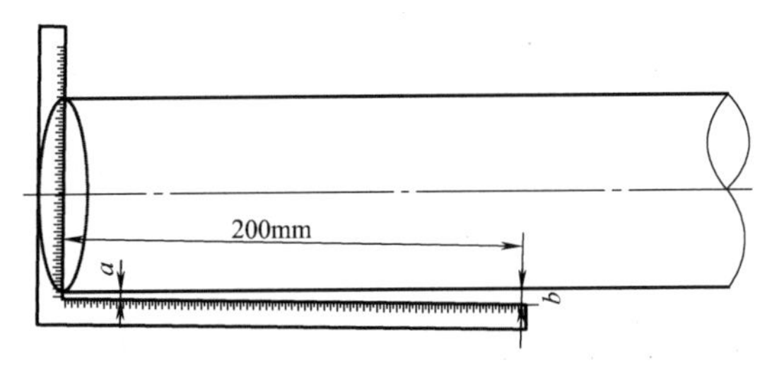

图 2-3-80　管道端面与管中心线的垂直度测量

(2) 在管道端面垂直度合格后，根据计算下料长度，在管道上划线确定下料长度放样，按管道展开在圆周上平行管中心线画点，然后将点沿圆周连线，即为需下料切割端面线，对小口径管道画垂直方向 4 个点即可，当管径较大时，沿圆周画点，按两个相邻点之间距离≤200mm 为宜，如图 2-3-81 所示。

4. 预制切割及坡口加工

(1) 在下料过程中，确保切割口端面应与管中心线垂直，其允许偏差不得大于管外径的 1%，且不得大于 3mm，如图 2-3-82 所示。

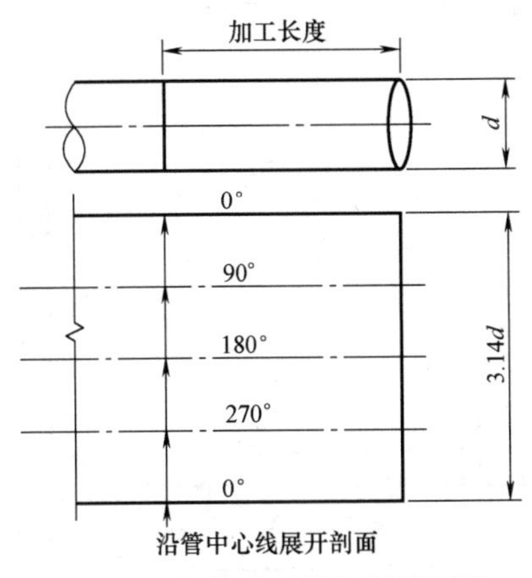

图 2-3-81　管道下料切割端面线

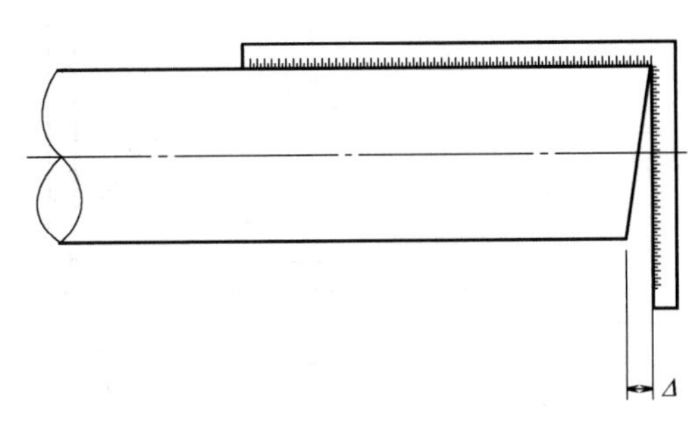

图 2-3-82　管道切口端面允许偏差

Δ—管子切口端面倾斜偏差

（2）管子切口表面应平整，无裂纹、毛刺、凹凸、熔渣、氧化物、铁屑等现象。

（3）国内碳钢管道使用较为普遍，施工现场管道加工常采用半自动火焰切割方法，即：切割、坡口一次成型，然后打磨清理氧化铁。

（4）坡口加工，根据管道壁厚确定管道坡口加工形式，常用壁厚管道加工为 V 形坡口，其加工技术要求应符合相关焊接技术规程。

5. 管件、附件坡口

焊接管件、附件的坡口在出厂时，一般已加工好，现场在管件、附件安装时，只需进行坡口的除锈、打磨即可进行组对安装。

（二）动力管道安装

动力管道主要以无缝钢管焊接连接较为普遍。

1. 管道组对

（1）对下料及坡口加工好的管段组对

平直度应在距接口中心 200mm 处测量，管道公称尺寸小于 100mm 时，允许偏差为 1mm；管道公称尺寸大于或等于 100mm 时，允许偏差为 2mm，且全长允许偏差均为 10mm，如图 2-3-83 所示。

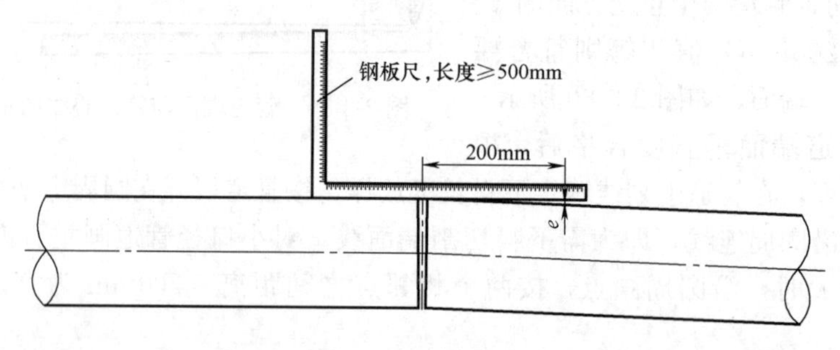

图 2-3-83　管道组对折口允许偏差

e—折口允许偏差

（2）管道与管件（弯头）、附件的组对

保证弯头敞口段端面与管道中心线垂直，两侧面与管道外壁在同一平面上，即 a、b 值相等，如图 2-3-84 所示。

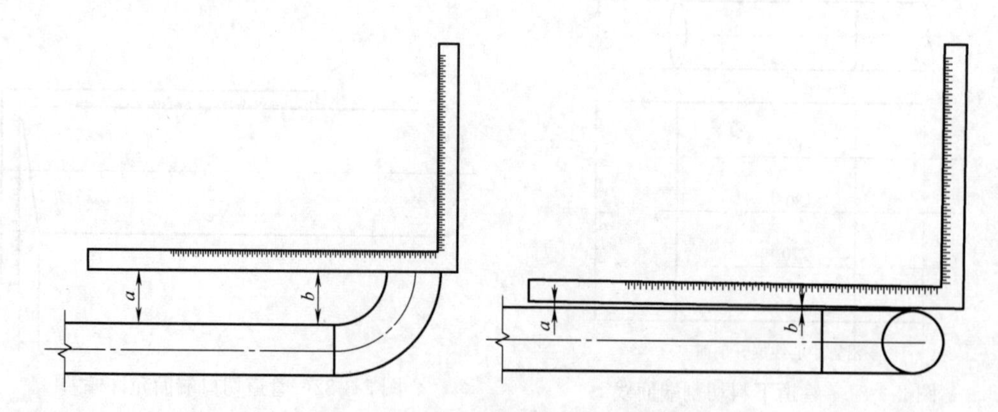

图 2-3-84　弯头组对端面垂直度及弯头组对平面度

2. 管道与设备的组对

（1）管道与设备的连接应在自由状态下进行，不得强力组对；对需热处理的管道，其安装对口可采用简易工装，然后利用热处理消除应力，不同规格管径管道对口调整装置，如图 2-3-85 所示。

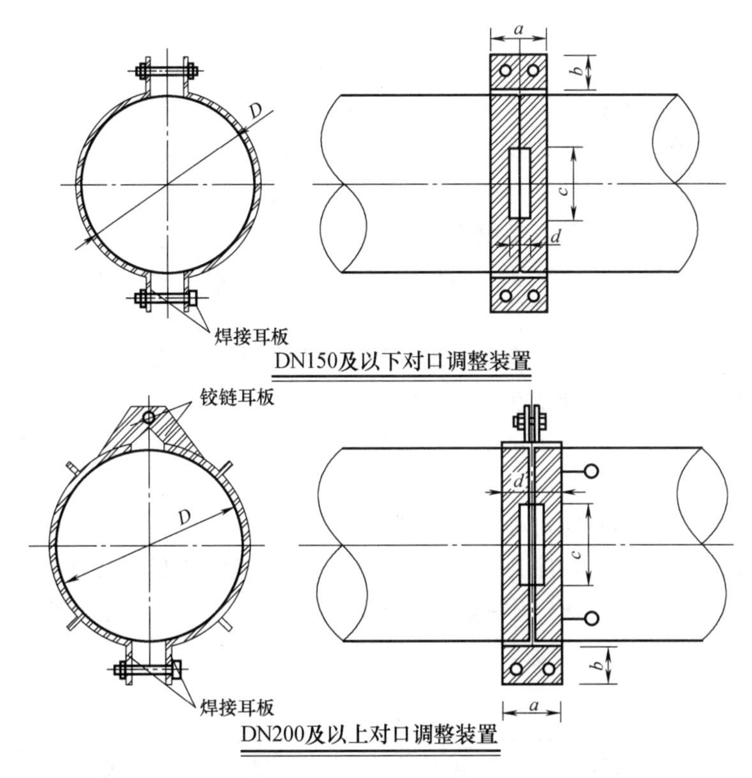

图 2-3-85　管道对口调整装置

（2）管道与法兰焊接时，应保证管中心与法兰中心同心，螺栓应能自由穿入。

两法兰面之间应保持平行，且法兰端面与管道中心线应垂直，即 a、b 值应控制相等。法兰接头的歪斜不得用强紧螺栓的方法消除，如图 2-3-86 所示。

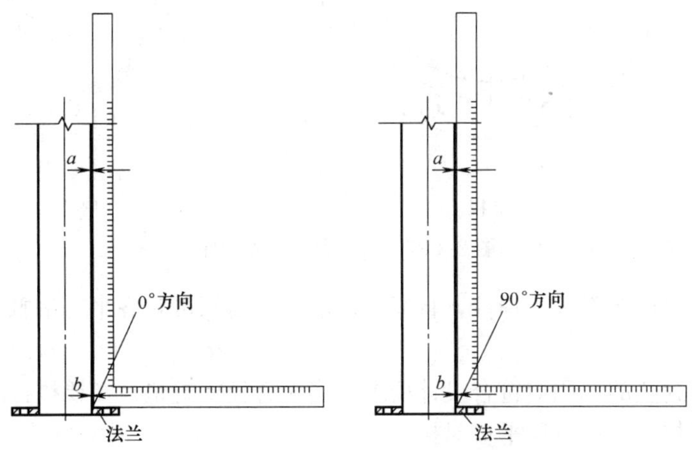

图 2-3-86　法兰垂直偏差

（3）管道两相邻焊缝之间的距离，当管道公称直径大于等于 150mm 时，其间距不得小于 150mm，当管道公称直径小于 150mm 时，不得小于管外径，且不得小于 100mm。

（4）管道环焊缝距支、吊架的净距离不得小于 50mm，需热处理的管道不得小于 100mm。

3. 阀门安装

阀门安装分为丝扣连接、法兰连接、焊接连接等几种方式。最为常用的是法兰连接，高压阀门安装采用焊接连接也较多。

（1）阀门安装前，应按设计要求，明确所安装阀门的规格、型号、方向与设计图纸一致，手柄或电动头的位置应便于操作。

（2）当阀门与管道以法兰或螺纹方式连接时，阀门应在关闭状态下安装。以焊接方式连接时，阀门应在开启状态下安装。对接焊缝底层宜采用氩弧焊，且应对阀门采取防变形措施。

（3）安全阀应垂直安装，安全阀的出口管道应接向安全地点，进出管道上设置截止阀时，安全阀应加铅封，且应锁定在全开启状态。

（4）法兰连接应使用同一规格螺栓，安装方向应一致，螺栓、螺母材质、等级应符合设计要求。

（5）阀门与法兰的螺栓应对称紧固，螺栓紧固后应与法兰紧贴，不得有楔缝，以 8 孔法兰为例，其初拧螺栓紧固顺序为：1→2→3→4，同时使用两套工具对称同步拧紧，终拧螺栓紧固顺序为：1→3→2→4 顺时针或 4→2→3→1 逆时针逐颗螺栓拧紧，如图 2-3-87 所示。

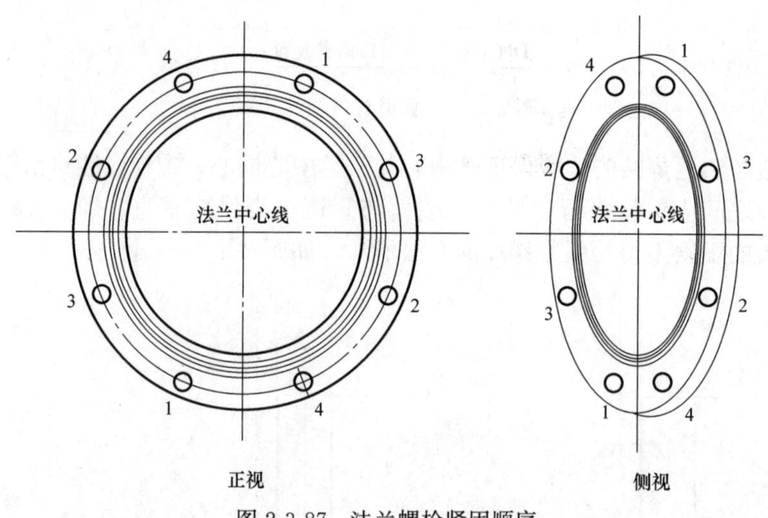

图 2-3-87　法兰螺栓紧固顺序

（6）所有螺母应全部拧入螺栓，且紧固后的螺栓与螺母宜齐平，每颗螺栓的受力基本一致。

（7）法兰密封垫的选用应符合设计要求，当大直径密封垫片需要拼接时，应采用斜口搭接或迷宫式拼接，不得采用平口对接。

（8）焊接阀门安装与管道安装要求基本一致，丝扣阀门安装以确保阀门紧固到位后外露2～3牙丝扣为宜。

(9) 动力管道的阀门，在使用前应进行热态紧固一次。

4. 管道与设备的连接

(1) 管道与设备的连接应在设备安装定位，且紧固地脚螺栓后进行，管道与动设备（如空压机、制氧机、汽轮机等）连接时，不得采用强力对口，使动设备承受附加外力。

(2) 管道与动设备连接前，应在自由状态下检验法兰的平行度和同心度，允许偏差应符合规定。

(3) 管道系统与动设备最终连接时，应在联轴器上架设百分表监视动设备的位移。当动设备额定转速大于6000r/min时，其位移值应小于0.02mm；当额定转速小于或等于6000r/min时，其位移值应小于0.05mm。

(4) 管道安装合格后，不得承受设计以外的附加荷载。

(5) 管道试压、吹扫与清洗合格后，应对该管道与动设备的接口进行复位检查。

5. 支、吊架安装

(1) 支、吊架安装位置应准确，安装应平整牢固，与管子接触应紧密。管道安装时，应及时固定和调整支、吊架。

(2) 无热位移的管道，其吊杆应垂直安装。有热位移的管道，其吊杆应偏置安装，吊点应设在位移的相反方向，并按位移值的1/2偏位安装。两根有热位移的管道不得使用同一吊杆。

(3) 固定支架应按设计文件的规定安装，并应在补偿装置预拉伸或预压缩之前固定。没有补偿装置的冷、热管道直管段上，不得同时安置2个及2个以上的固定支架。

(4) 导向支架或滑动支架的滑动面应洁净平整，不得有歪斜和卡涩现象。有热位移的管道，支架安装位置应从支承面中心向位移反方向偏移，偏移量应为位移值的1/2，绝热层不得妨碍其位移。

(5) 弹簧支、吊架的弹簧高度，应按设计文件规定安装，弹簧应调整至冷态值，并做记录。弹簧的临时固定件，如定位销（块），应待系统安装、试压、绝热完毕后方可拆除。

(6) 有热位移的管道，在热负荷运行时，应及时对支、吊架进行检查与调整。

(7) 有色金属、合金管道与支架间接触面，应采用同材质的垫块或绝缘垫块与支架隔离，避免形成电位差腐蚀管道。

6. 补偿器安装

(1) 门型补偿器

在动力管道安装中，补偿器应用较多，采用较多的为“门型补偿器”和管道变形自然补偿相结合，与相应各种支架安装统一协调，来抵消管道运行中热胀冷缩的应力和应变；主要采用管道和管件制作焊接成门型补偿器。

(2) 门型补偿器的制作和安装要求

1) 门型补偿器的制作，严格安装设计图纸要求的尺寸进行制作。

2) 制作成型的门型补偿器，在安装前应采取预拉伸措施固定，管道安装完成、固定支架焊接牢固可靠后，才能解除预拉伸措施。

3) 门型补偿器预拉伸量的计算，应根据直线管段两固定支架间的距离乘以管材线膨胀系数确定管段膨胀量，取管段膨胀量的1/2作为预拉伸值，如图2-3-88所示。

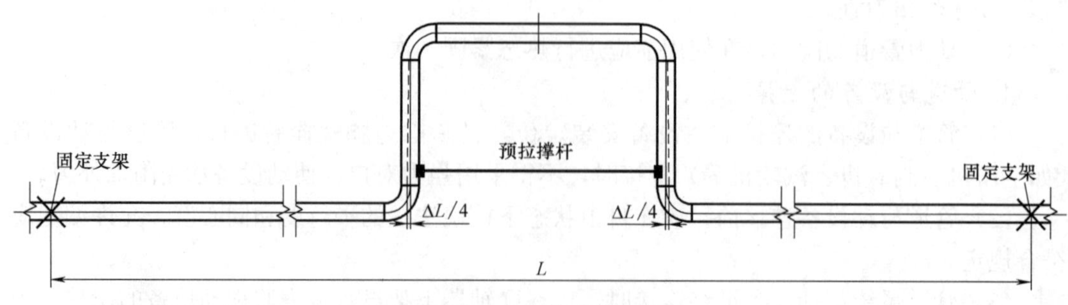

图 2-3-88 门型补偿器预拉伸

管道热膨胀伸长量 ΔL（m）计算：

$$\Delta L=(t_1-t_2)L\times 12\times 10^{-6} \tag{2-3-4}$$

式中 t_1——管道运行时的介质温度（℃）；

t_2——管道安装时的温度（℃）；

L——计算管段的长度（m）；

碳素钢的线膨胀系数 12×10^{-6}/℃。

管道热膨胀拉伸量 α（m）计算：

$$\alpha=\Delta L/2 \tag{2-3-5}$$

因此，门型补偿器制作完成后，与管道组对前，应进行预拉伸，用足够强度的撑杆支撑，管道安装、试验等工序完毕后，在送介质运行前解除撑杆。

4）其他成品补偿器（套筒式、波纹式等）安装要求：

安装前应检查补偿器是否符合设计要求，应确定安装方向与介质流向的方向一致，补偿器的限位拉杆应在管道试压、吹洗完成后、管道系统投运前进行解除限位；其限位螺母、导杆的长度应通过应变计算确定，由厂家成套供货。

7. 管道静电接地

易燃、易爆介质的动力管道，应进行静电接地。

（1）管道上当每对法兰或其他接头间电阻值超过 0.03Ω 时，应设导线跨接，导线的截面积应符合设计要求。

（2）管道系统的接地电阻值、接地位置及连接方式按设计文件的规定，静电接地引线宜采用焊接形式。

（3）有静电接地要求的不锈钢和有色金属管道，导线跨接或接地引线不得与管道直接连接，应采用同材质弧板抱箍过渡连接，如图 2-3-89 所示。

（4）静电接地安装完毕后，必须进行测试，电阻值超过规定时，应进行检查与调整。

（三）管道系统试验和吹洗要求

根据管道系统不同的使用要求，主要有压力试验、泄漏性试验、真空度试验。

1. 管道系统压力试验

（1）压力试验的规定

压力试验是以液体或气体为介质，对管道逐步加压，达到规定的强度压力，以检验管道强度和严密性的试验，应符合下列规定：

1）管道按设计图纸安装完毕、支架固定牢固、补偿器采取加固措施，热处理和无损

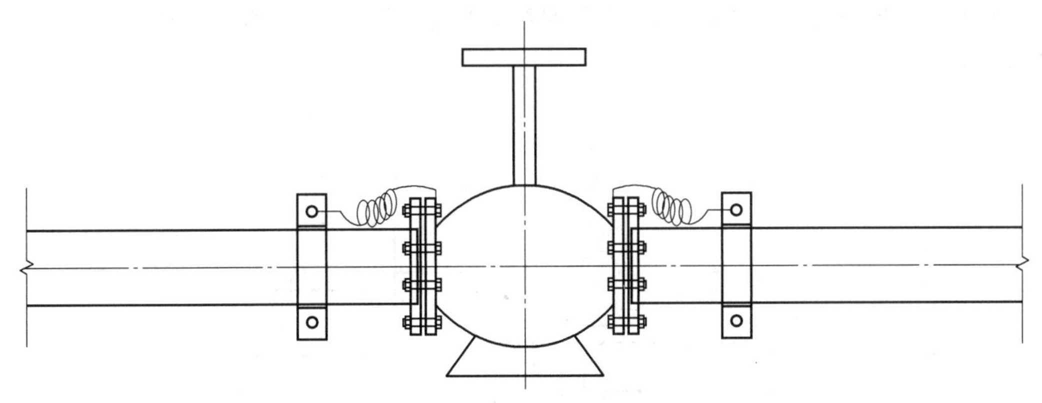

图 2-3-89 静电接地的过渡连接

检测合格后，方可进行压力试验。

2）压力试验宜以液体为试验介质，当管道的设计压力小于或等于 0.6MPa 时，可采用气体为试验介质，但应采取有效的安全措施。

3）脆性材料严禁使用气体进行试验，压力试验温度严禁接近金属材料的脆性转变温度。

4）进行压力试验时，划定禁区，无关人员不得进入。

5）试验过程发现泄漏时，不得带压处理，消除缺陷后应重新进行试验。

6）试验结束后及时拆除盲板、膨胀节临时约束装置。

7）压力试验完毕，不得在管道上进行修补或增添物件，当在管道上进行修补或增添物件时，应重新进行压力试验，经设计或建设单位同意，对采取了预防措施并能保证结构完好的小修和增添物件，可不重新进行压力试验。

8）压力试验合格后，应填写管道系统压力试验记录。

9）接受监督检验的管道压力试验，应提前通知监督检验单位到现场监督压力试验。

（2）压力试验前应具备的条件

1）试验范围内的管道安装工程除防腐、绝热外，已按设计图纸全部完成，安装质量符合有关规定。

2）焊缝及其他待检部位尚未防腐和绝热。

3）管道上的膨胀节已设置临时约束装置。

4）试验用压力表已校验，并在有效期内，其精度不得低于 1.6 级，表的满刻度值应为被测最大压力的 1.5～2 倍，压力表不得少于 2 块。

5）符合压力试验要求的液体或气体已备齐。

6）管道已按试验的要求进行加固。

7）待试管道与无关系统已用盲板或其他措施隔离。

8）待试管道上的安全阀、爆破片及仪表元件等已拆下或已隔离。

9）试验方案已批准，并已进行技术安全交底。

10）在压力试验前，相关资料已经建设单位和有关部门复查。例如，管道元件的质量证明文件、管道组成件的检验或试验记录、管道加工和安装记录、焊接检查记录、检验报告和热处理记录、管道轴测图、设计变更及材料代用文件。

11）试验加压装置已准备完成，与管路系统连接，形成加压、泄压、排气等通路，试验加压装置如图 2-3-90 所示。

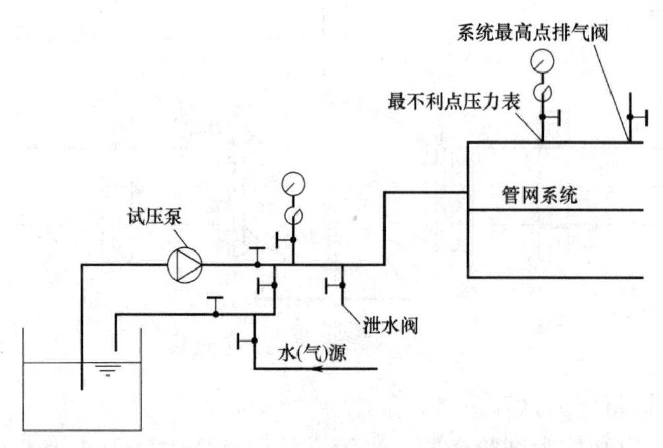

图 2-3-90　管道水压试验装置

（3）压力试验替代的规定

1）对非压力管道，经设计和建设单位同意，可在试车时用管道输送的流体进行压力试验。输送的流体是气体或蒸汽时，压力试验前按照气体试验的规定进行预试验。

2）当管道的设计压力大于 0.6MPa 时，设计和建设单位认为液压试验不切实际时，可按规定的气压试验代替液压试验。

3）用液压-气压试验代替气压试验时，应经过设计和建设单位同意并符合规定。

4）现场条件不允许进行液压和气压试验时，经过设计和建设单位同意，可同时采用下列方法代替压力试验：

① 所有环向、纵向对接焊缝和螺旋缝焊缝应进行 100％射线检测或 100％超声检测。

② 除环向、纵向对接焊缝和螺旋缝焊缝以外的所有焊缝（包括管道支承件与管道组成件连接的焊缝）应进行 100％渗透检测或 100％磁粉检测。

③ 由设计单位进行管道系统的柔性分析。

④ 管道系统采用敏感气体或浸入液体的方法进行泄漏试验，试验要求应在设计文件中明确规定。

（4）液压试验实施要点

1）液压试验应使用洁净水，对不锈钢、镍及镍合金钢管道，或对连有不锈钢、镍及镍合金钢管道或设备的管道，水中氯离子含量不得超过 25ppm。

2）试验前，注入液体时应排尽空气。

3）试验时环境温度不宜低于 5℃，当环境温度低于 5℃时应采取防冻措施。

4）承受内压的地上钢管道及有色金属管道试验压力应为设计压力的 1.5 倍。埋地钢管道的试验压力应为设计压力的 1.5 倍，并不得低于 0.4MPa。

5）当管道的设计温度高于试验温度时，试验压力应符合以下规定：

① 试验压力按下式计算：

$$P_T = 1.5P[\sigma]_T / [\sigma]^t \tag{2-3-6}$$

式中　P_T——试验压力（表压）（MPa）；

P——设计压力（表压）（MPa）；

$[\sigma]_T$——试验温度下，管材的许用应力（MPa）；

$[\sigma]^t$——设计温度下，管材的许用应力（MPa）。

② 当试验温度下管材的许用应力与设计温度下管材的许用应力之比大于 6.5 时，应取 6.5。

③ 应校核管道在试验压力条件下的应力。当试验压力在试验温度下产生超过屈服强度的应力时，应将试验压力降至不超过屈服强度时的最大压力。

6）当管道与设备作为一个系统进行试验，管道的试验压力等于或小于设备的试验压力时，应按管道的试验压力进行试验；管道试验压力大于设备的试验压力，并无法将管道与设备隔开，按相关规范要求，经设计或建设单位同意，管道和容器一起按容器的试验压力进行试验。

7）试验应缓慢升压，待达到试验压力后，稳压 10min，再将试验压力降至设计压力，稳压 30min，检查压力表有无压降、管道所有部位有无渗漏。

（5）气压试验实施要点

气压试验是根据管道输送介质的要求，选用气体作为介质进行的压力试验。实施要点：

1）承受内压钢管及有色金属管的试验压力应为设计压力的 1.15 倍，真空管道的试验压力应为 0.2MPa。

2）试验介质应采用干燥洁净的空气、氮气或其他不易燃和无毒的气体。

3）试验时应装有压力泄放装置，其设定压力不得高于试验压力的 1.1 倍。

4）试验前，应用空气进行预试验，试验压力宜为 0.2MPa。

5）试验时，应缓慢升压，当压力升至试验压力的 50%时，如未发现异状或泄漏，继续按试验压力的 10%逐级升压，每级稳压 3min，直至试验压力。应在试验压力下稳压 10min，再将压力降至设计压力，采用发泡剂检验无泄漏为合格。

（6）严密性试验实施要点

1）在强度试验完成后，按规范要求应进行严密性试验，严密性试验压力为设计工作压力，试验时间 30min 为宜。

2）试验介质为水或压缩空气、氮气。

3）试验过程中，应检查焊缝、丝扣、法兰密封垫、阀杆、仪表接口等处是否由渗漏现象。

4）检查方法一般采用肥皂水或目测。合格标准以接口不渗漏、压力表压降小于规范或设计要求值为合格。

（7）系统恢复

1）在强度试验、严密性试验合格后，拆除试验措施，按设计管线工艺流程对系统进行恢复。

2）在系统投入运行前，重点检查恢复系统部分的接口是否有渗漏，否则应及时处理。

2. 管道系统泄漏性试验

泄漏性试验是以气体为试验介质，在设计压力下，采用发泡剂、显色剂、气体分子感测仪或其他手段检查管道系统中泄漏点的试验，试验应符合下列规定：

（1）输送极度和高度危害介质以及可燃介质的管道，必须进行泄漏性试验。

（2）泄漏性试验应在压力试验合格后进行，试验介质宜采用空气。

（3）泄漏性试验压力为设计压力。

（4）泄漏性试验可结合试车一并进行。

（5）泄漏性试验应逐级缓慢升压，当达到试验压力，并且停压10min后，采用涂刷中性发泡剂等方法，巡回检查阀门填料函、法兰或螺纹连接处、放空阀、排气阀、排净阀等所有密封点应无泄漏。

3. 管道系统真空度试验

（1）真空系统在压力试验合格后，还应按设计文件规定进行24h的真空度试验。

（2）真空度试验按设计文件要求，对管道系统抽真空，达到设计规定的真空度后，关闭系统，24h后系统增压率不应大于5%。

4. 管道吹扫与清洗

（1）一般规定

1）管道系统压力试验合格后，应进行吹扫与清洗，并应编制吹扫与清洗方案。方案内容包括：吹扫与清洗程序、方法、介质、设备；吹扫与清洗介质的压力、流量、流速的操作控制方法；检查方法、合格标准；安全技术措施及其他注意事项。

2）管道吹扫与清洗方法应根据对管道的使用要求、工作介质、系统回路、现场条件及管道内表面的脏污程度确定，并应符合下列规定：

① 公称直径大于或等于600mm的液体或气体管道，宜采用人工清理。

② 公称直径小于600mm的液体管道宜采用水冲洗。

③ 公称直径小于600mm的气体管道宜采用压缩空气吹扫。

④ 蒸汽管道应采用蒸汽吹扫。

⑤ 非热力管道不得采用蒸汽吹扫。

3）管道吹扫与清洗前，应仔细检验管道支、吊架的牢固程度，对有异议的部位应进行加固，对不允许吹洗的设备及管道应进行隔离。

4）管道吹扫与清洗前，应将管道系统内的仪表、孔板、喷嘴、滤网、节流阀、调节阀、电磁阀、安全阀、止回阀等管道组成件暂时拆除以模拟体或临时短管替代，对以焊接形式连接的上述阀门和仪表，应采取流经旁路或卸掉阀头及阀座加保护套等保护措施。

5）吹扫与清洗的顺序应按主管、支管、疏排管依次进行。

6）清洗排放的脏液不得污染环境，严禁随地排放。吹扫与清洗出的脏物，不得进入已吹扫与清洗合格的管道。管道吹扫与清洗合格并复位后，不得再进行影响管内清洁的其他作业。

7）吹扫时应设置安全警戒区域，吹扫口处严禁站人。蒸汽吹扫时，管道上及其附近不得放置易燃物。

8）管道吹扫与清洗合格后，应由施工单位会同建设单位或监理单位共同检查确认，并应填写管道系统吹扫与清洗检查记录及管道隐蔽工程（封闭）记录。

（2）水冲洗实施要点

1）水冲洗应使用洁净水。冲洗不锈钢、镍及镍合金钢管道，水中氯离子含量不得超过25ppm。

2）水冲洗流速不得低于 1.5m/s，冲洗压力不得超过管道的设计压力。

3）水冲洗排放管的截面积不应小于被冲洗管截面积的 60%，排水时不得形成负压。

4）应连续进行冲洗，当设计无规定时，以排出口的水色和透明度与入口水目测一致为合格。管道水冲洗合格后，应及时将管内积水排净，并应及时吹干。

（3）空气吹扫实施要点

1）宜利用生产装置的大型空压机或大型储气罐进行间断性吹扫。吹扫压力不得大于系统容器和管道的设计压力，吹扫流速不宜小于 20m/s。

2）吹扫忌油管道时，气体中不得含油。吹扫过程中，当目测排气无烟尘时，应在排气口设置贴有白布或涂刷白色涂料的木制靶板检验，吹扫 5min 后靶板上无铁锈、尘土、水分及其他杂物为合格。

（4）蒸汽吹扫实施要点

1）蒸汽管道吹扫前，管道系统的绝热工程应已完成。

2）蒸汽管道应以大流量蒸汽进行吹扫，流速不小于 30m/s，吹扫前先行暖管、及时疏水，检查管道热位移。

3）蒸汽吹扫应按加热→冷却→再加热的顺序循环进行，并采取每次吹扫一根，轮流吹扫的方法。

第四节　静置设备及金属结构安装工艺细部节点做法

一、塔器设备

（一）立式塔器设备安装

1. 整体安装

（1）设备本体找正与找平的基准应符合下列规定：

1）设备支座的底面作为安装标高的基准。

2）立式设备任意相邻的方位线作为垂直找正基准，如图 2-4-1 所示。

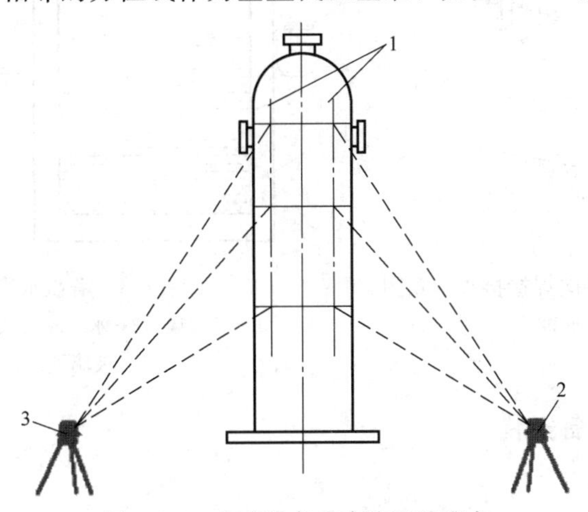

图 2-4-1　立式设备垂直找正基准点

1—设备外壁 90°轴向垂直基准线；2、3—两台经纬仪互成 90°

（2）立式设备安装质量应符合表 2-4-1 的规定。

立式设备安装质量标准　　表 2-4-1

项次	检查项目(mm)		允许偏差值(mm)	检验方法
1	支座纵、横中心线位置	$D_0 \leqslant 2000$	5	用吊线坠、经纬仪、钢尺现场实测
		$D_0 > 2000$	10	
2	标高		±5	
3	垂直度	$H \leqslant 30000$	$H/1000$	
		$H > 30000$	$H/1000$ 且不大于 50	
4	方位	$D_0 \leqslant 2000$	10	
		$D_0 > 2000$	15	

注：1. D_0 为设备的外直径，H 为直立设备两端部测点间的距离。
2. 高度超过 20m 的设备，其垂直度的测量工作不应在一侧阳光照射或风力大于 4 级的条件下进行。
3. 方位线沿底座圆周测量。

2. 分段安装

多筒节段立式组对按下列程序和要求进行：

（1）在下筒节的对口内侧或外侧每隔 1000mm 左右设置一块定位板，待上筒节吊装就位，在对口处每隔 1000mm 左右放置一间隙片，间隙片的厚度按对口间隙确定。

（2）上下筒节相对应的方位线偏差应不大于 5mm。

（3）用调节丝杠调节坡口间隙。

（4）调整对接接头错边量，且沿圆周均匀分布，符合要求后进行定位焊，如图 2-4-2 所示。

3. 内件安装

塔盘水平度可采用水准仪测量或自制的专用水平测量仪进行测量，如图 2-4-3 所示。

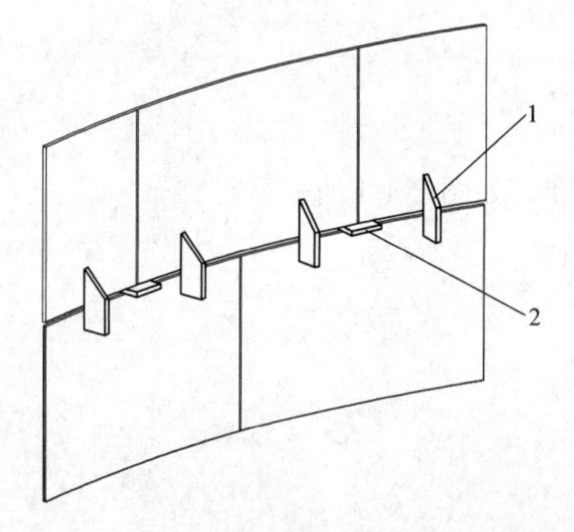

图 2-4-2　筒节立式组对环向焊接接头示意图

1—定位板；2—间隙片

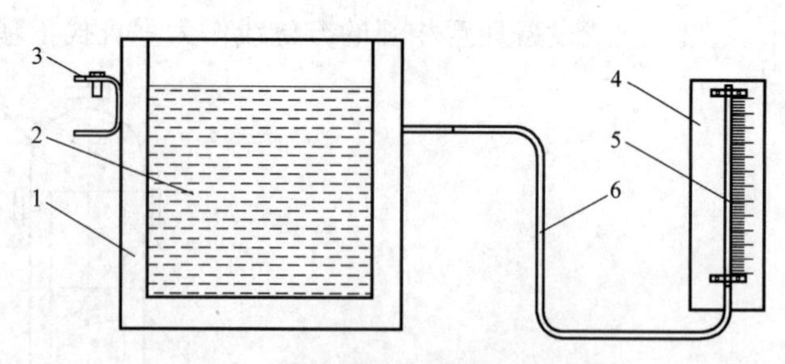

图 2-4-3　塔盘水平度测量装置

1—贮液罐；2—水；3—固定卡子；4—刻度尺；5—玻璃管；6—软胶管

（二）卧式塔器设备安装

1. 整体安装

（1）基础预埋板

1）卧式设备滑动端基础预埋板的上表面应光滑平整，不得有挂渣、飞溅。水平度偏差不得大于 2mm/m。

2）混凝土基础抹面不得高出预埋板的上表面。设备基础的地脚螺栓孔的纵向中心距 A、相邻孔中心距 B 和对角线长度之差（C_1-C_2）应符合相关规范规定。卧式设备地脚螺栓位置检验如图 2-4-4 所示。

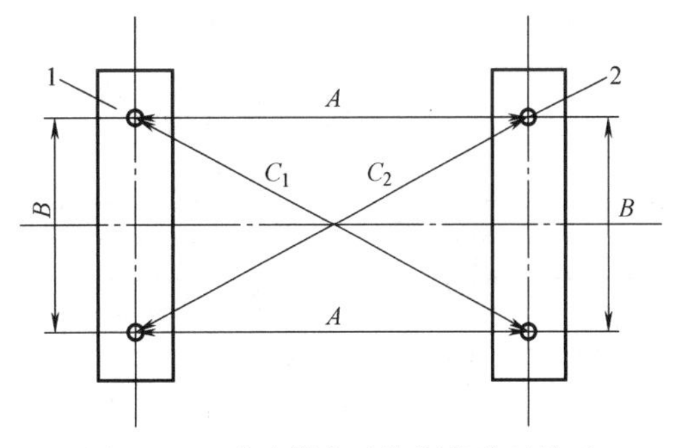

图 2-4-4 卧式设备地脚螺栓位置检验

A—地脚螺栓孔的纵向中心距；B—地脚螺栓相邻孔中心距；C_1、C_2—对角线长度；1—设备基础；2—地脚螺栓

（2）轴向水平度

卧式设备轴向有坡度要求时，水平度宜向其排液方向下降，坡度按设计文件要求执行，测量方法如图 2-4-5 所示。

（3）滑动端支座

1）滑动端支座接触面应涂润滑脂。地脚螺栓与相应的长圆孔两端的间距应符合膨胀要求。

2）设备安装好后，要紧固地脚螺栓；工艺配管完成后，应松动滑动端的螺母，使其与支座板面间留有 1～3mm 的间隙，然后再安装一个锁紧螺母，如图 2-4-6 所示。

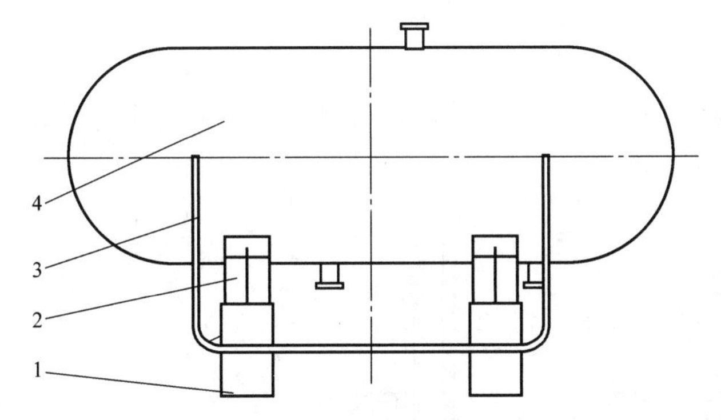

图 2-4-5 卧式设备用 U 形管找正、找平示意图

1—设备基础；2—设备鞍座；3—U 形管；4—设备

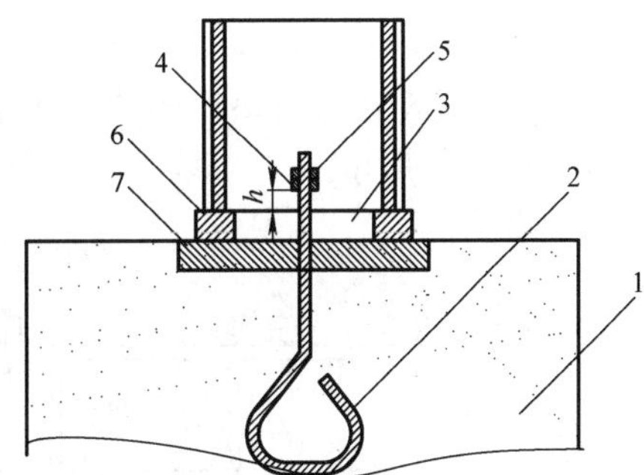

图 2-4-6 卧式设备滑动端安装示意图

1—设备基础；2—地脚螺栓；3—设备底座长孔；4—螺母；5—锁紧螺母；6—设备底座；7—滑动端基础预埋板；h—1～3mm

2. 分体组装

（1）空冷器构架安装时，构架的平面对角线之差、立柱安装质量、构架顶横梁水平度、风筒安装尺寸和风机电动机座中心线位置偏差应符合技术文件和规范要求，如图 2-4-7 所示。

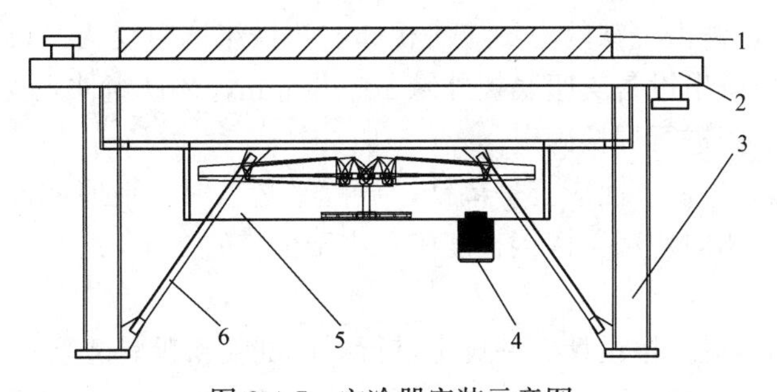

图 2-4-7 空冷器安装示意图

1—百叶窗；2—管束；3—柱子；4—风机电机；5—风筒；6—构架

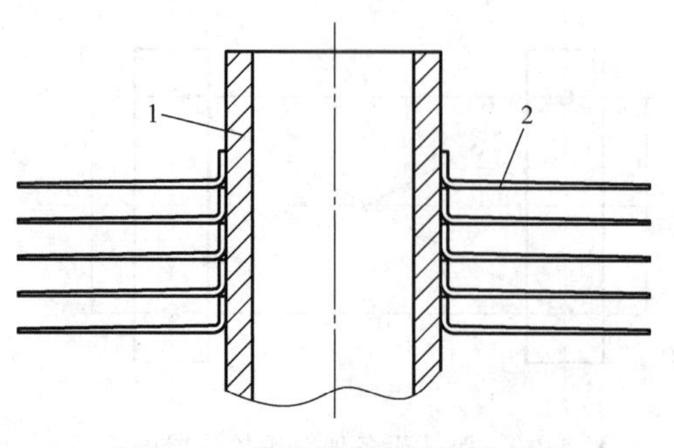

图 2-4-8　空冷器管束翅片示意图
1—基管；2—翅片

（2）空冷器管束安装时，不得踩踏管束翅片，翅片不应有开裂、压弯等缺陷，安装后应松开侧梁上的滑动螺栓，如图 2-4-8 所示。

（三）压力容器现场制造

1. 整体制造完成安装

（1）垫铁

1）设备采用垫铁组找正、找平时，垫铁组位置及数量设置按下列规定：

① 裙式支座每个地脚螺栓旁应至少放置 1 组垫铁。

② 鞍式支座、耳式支座每个地脚螺栓应对称设置 2 组垫铁。

③ 支柱式支座每个地脚螺栓近旁宜放置 1 组垫铁。

④ 有加强筋的设备支座，垫铁应垫在加强筋下。

⑤ 裙式、鞍式支座相邻两垫铁组的中心距不应大于 500mm。

⑥ 垫铁组高度宜为 30～80mm。

⑦ 支柱式设备每组垫铁的块数不应超过 3 块，其他设备每组垫铁的块数不应超过 5 块，如图 2-4-9 所示。

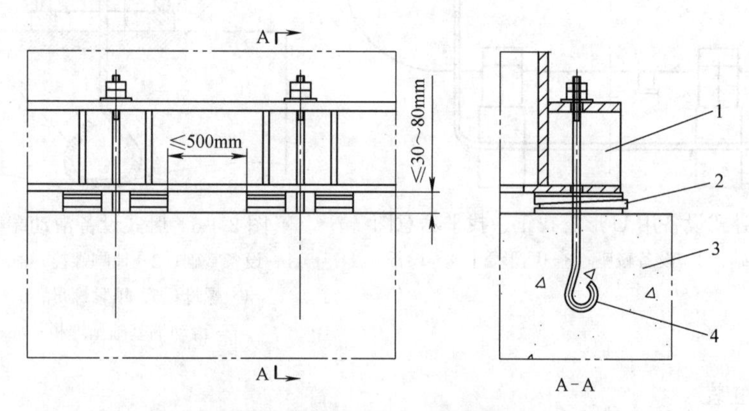

图 2-4-9　垫铁布置示意图
1—设备支座；2—垫铁组；3—基础；4—地脚螺栓

2）设备找正时，锤击垫铁的力量应使相邻的垫铁组同时受力。设备找正后各组垫铁均应被压紧，垫铁应露出设备支座底板外缘 10～30mm，垫铁组伸入支座底板长度应超过地脚螺栓。垫铁组层间进行焊接固定。

3）每组垫铁的斜垫铁下面应有平垫铁；放置平垫铁时，最厚的放在下面，薄的放在中间；斜垫铁应成对相向使用，搭接长度应不小于全长的 3/4。

（2）试验要求

1）制造完工的容器应按设计文件规定进行耐压试验和泄漏试验

耐压试验和泄漏试验时，如采用压力表测量试验压力，则应使用两个量程相同的并经检定合格的压力表。压力表的量程应为 1.5～3 倍的试验压力，宜为试验压力的 2 倍。压力表的精度不得低于1.6级，表盘直径不得小于100mm。

耐压试验分为液压试验、气压试验和气液压组合压力试验。

试验系统一般除试验对象外，包括压力源、压力表、试压管、阀门、盲板或堵头等，法兰接头之间用螺栓紧固件和垫片紧密连接，如图2-4-10所示。

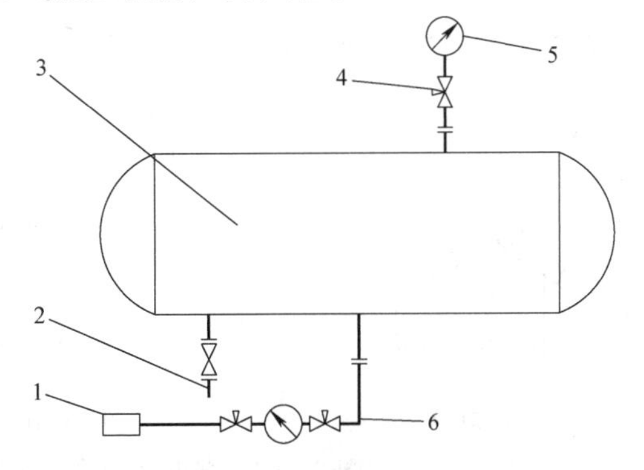

图2-4-10 耐压试验系统组成示意图

1—试压泵（或空气压缩机）；2—阀门；3—容器；4—进水（排气）管；5—压力表；6—高压管

2）液压试验

试验液体一般采用水，试验合格后应及时将水排净吹干；对奥氏体不锈钢容器，应控制水的氯离子含量不超过50mg/L。

Q345R、Q370R、07MnMoVR制容器进行液压试验时，液体温度不得低于5℃。其他碳钢和低合金钢制容器进行液压试验时，液体温度不得低于15℃；低温容器液压试验温度应不低于壳体材料和焊接接头的冲击试验温度（取其高者）加20℃。

当有试验数据支持时，可使用较低温度液体进行试验，但试验时容器器壁金属温度应高出其无塑性变形转变温度至少30℃。

液压试验程序和步骤：

① 试验容器内的气体应当排净并充满液体，试验过程中，应保持容器观察表面的干燥。

② 当试验容器壁温与液体温度接近时，方可缓慢升压至设计压力，确认无泄漏后继续升压至规定试验压力，保压时间一般不少于30min；然后降至设计压力，保压足够时间进行检查，检查期间压力应保持不变。

③ 试验过程中，容器无渗漏，无可见的变形和异常声响为合格。

④ 液压试验完毕后，应将液体排尽并用压缩空气将内部吹干。

2. 分片制造组对安装

（1）到货检验

1）分片的筒体板片应立放在钢平台上，用弦长等于设计内径 D_i 的1/4且不小于1000mm的样板检查板片的弧度，间隙不得大于3mm。样片放置时应采取防止变形的措施。部件或分段到货验收，执行现场组焊施工方案要求。

2）分瓣到货封头各瓣片的曲率和几何尺寸应用样板或直尺检查，符合相关标准的要求；各瓣片的曲率和几何尺寸允许偏差如图2-4-11所示。

（2）封头组焊

分瓣到货的封头、锥体和组焊应符合下列程序：

1）在钢平台上划出组装基准圆，基准圆按封头或锥体的瓣数等分，在距离等分点两侧约100mm处组装基准圆内侧各设置一块定位板。

2）制作设置封头或锥体的组装胎具，以定位板和组焊胎具为基准，用工卡具使瓣片紧靠定位板和胎具，如图2-4-12所示。

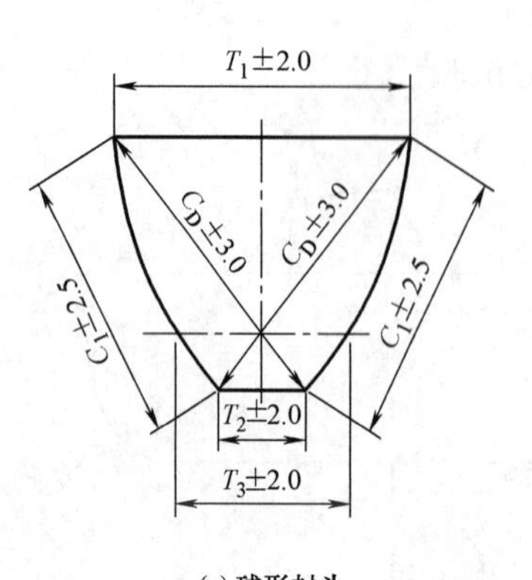

(a) 球形封头

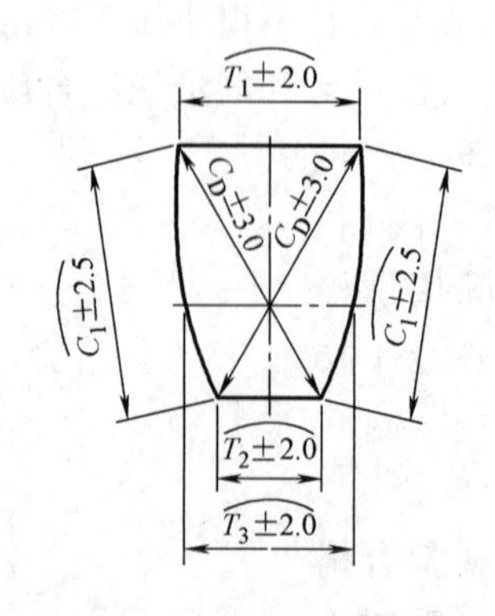

(b) 椭圆形与蝶形封头

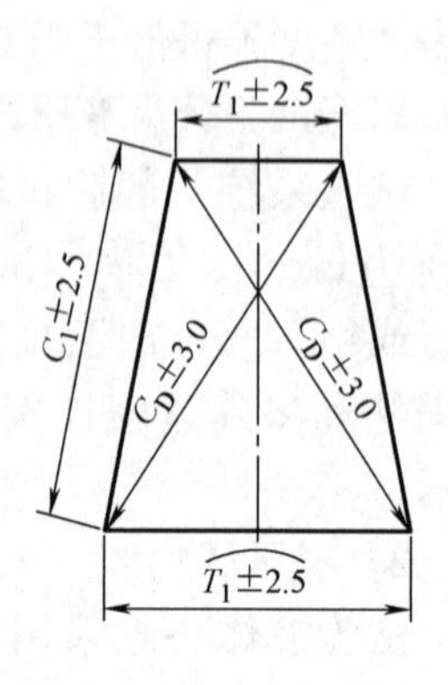

(c) 锥形封头

图 2-4-11　各瓣片的曲率和几何尺寸允许偏差

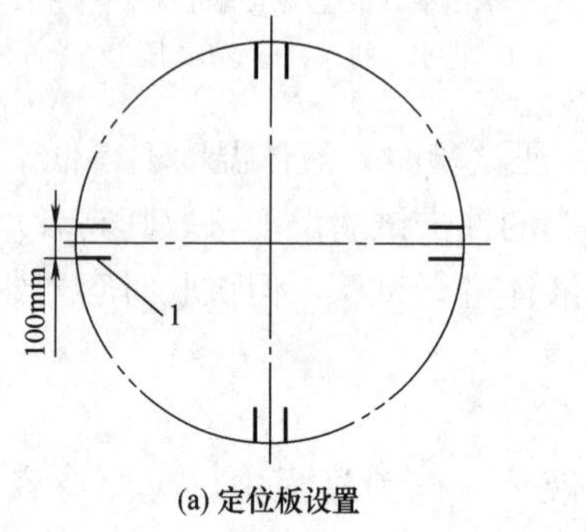

(a) 定位板设置

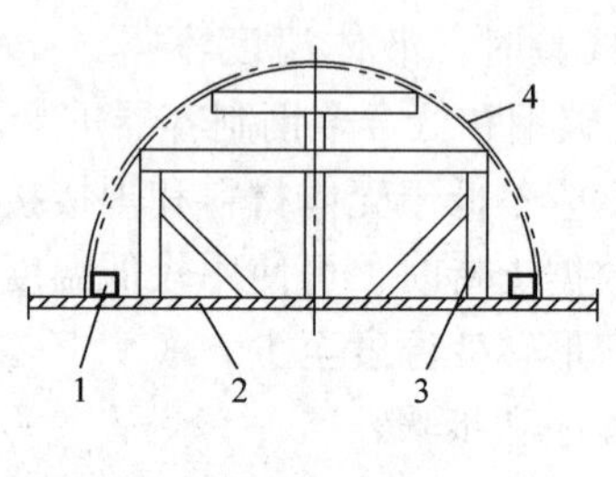

(b) 组装胎具设置

图 2-4-12　基准圆和工卡具布置示意图

1—定位板；2—钢平台；3—组装胎具；4—封头瓣片

二、金属储罐

（一）立式圆筒形储罐制作安装

1. 立式圆筒形钢制焊接储罐

（1）底板边缘板铺设

边缘板铺设外半径如图 2-4-13 所示，按下列公式计算：

$$R_c=\frac{R_0+na/2\pi}{\cos\theta} \tag{2-4-1}$$

式中　R_c——边缘板铺设外半径（mm）；

R_0——边缘板设计外半径（mm）；

n——边缘板数量（块）；

a——每条焊接接头收缩量（mm）；

θ——基础坡度角（°）。

（2）罐壁组装基准圆确定

1）首圈壁板的内组装圆半径按下列公式计算：

$$R_b=\frac{R_i+na/2\pi}{\cos\theta} \tag{2-4-2}$$

式中 R_b——首圈壁板内组装圆半径（mm）；

R_i——储罐内半径（mm）；

n——首圈壁板纵向焊接接头数；

a——每条纵向焊接接头焊接收缩量（mm）；

θ——基础坡度角（°）。

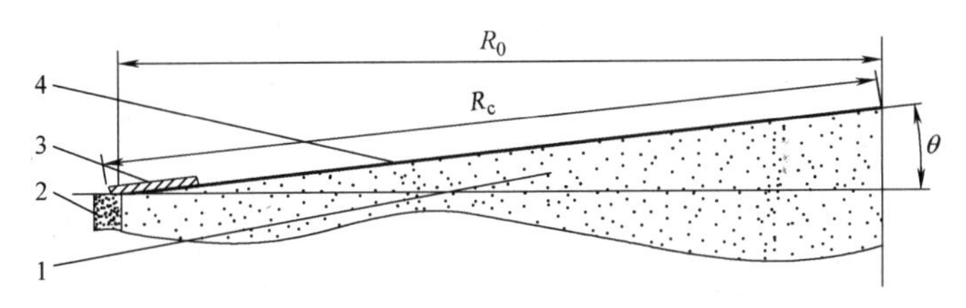

图 2-4-13 边缘板铺设外半径示意图

1—基础环内回填层；2—混凝土环形基础；3—储罐边缘板；4—沥青层

2）以首圈壁板的内组装圆半径 R_b 为半径，在罐底板上划出组装圆周线，按排版图划出首圈每张板的安装位置线，在组装圆内侧 100mm 处画出检查圆周线，并做标识，如图 2-4-14 所示。

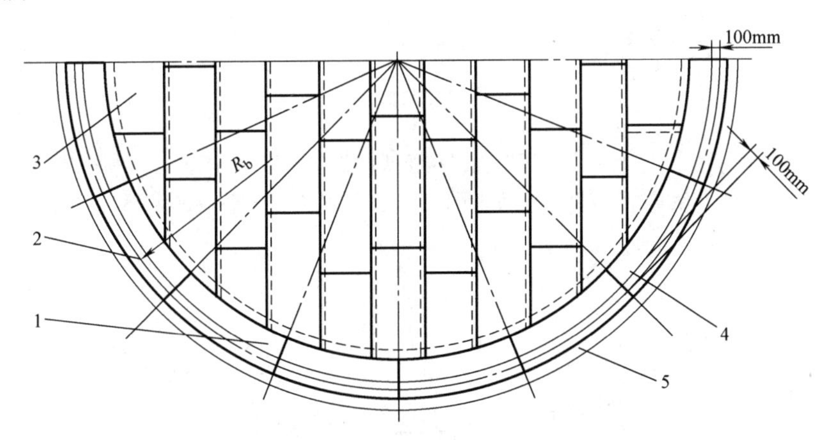

图 2-4-14 首圈壁板组装基准圆示意图

1—储罐底板边缘板；2—首圈壁板内半径 R_b；3—储罐底板中幅板；4—检查圆周；5—环形混凝土基础

2. 现场组装立式圆筒平底钢质储罐

（1）罐壁板

1）在罐底上安装和焊接第一圈（层）罐壁板以后，在罐壁底部以上 1000mm 高度处，水平测量的内部半径应在规范允许偏差范围内。测量应在每块罐壁板的中心点进行，如图 2-4-15 所示。

2）应检查壁板上的局部变形，在竖直方向上使用 1m 长直尺检查，在水平方向上使用 1m 长的弧形样板检查。水平测量的弧形样板的弧度应与罐的设计半径吻合，如图 2-4-16 所示。

（2）去除临时卡具

1）应使用热切割、刨削或打磨的方法去除临时卡具。

2）应保留焊缝至临时卡具 2mm 高度，再磨平到光滑表面。在除掉临时卡具痕迹处，应进行 100%MT 或 PT，如图 2-4-17 和图 2-4-18 所示。

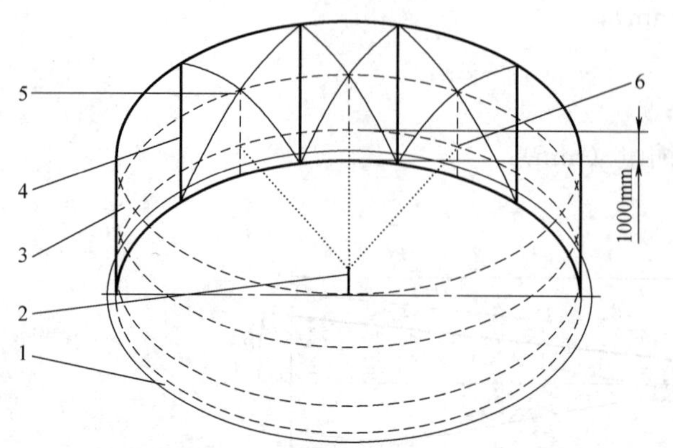

图 2-4-15　壁板底圈半径检查位置示意图

1—储罐底板；2—测量基准点；3—已安装壁板；4—壁板对接焊缝；5—壁板中点；6—测量点

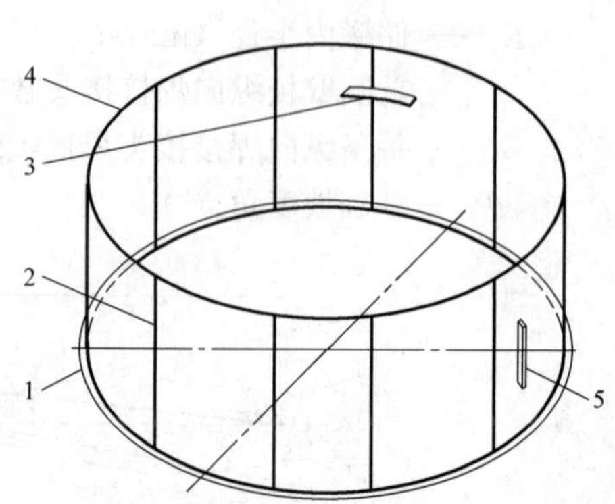

图 2-4-16　壁板垂直度和局部交变形测量示意图

1—储罐底板；2—壁板对接纵向焊缝；3—弧形样板；4—壁板环向焊缝；5—直尺

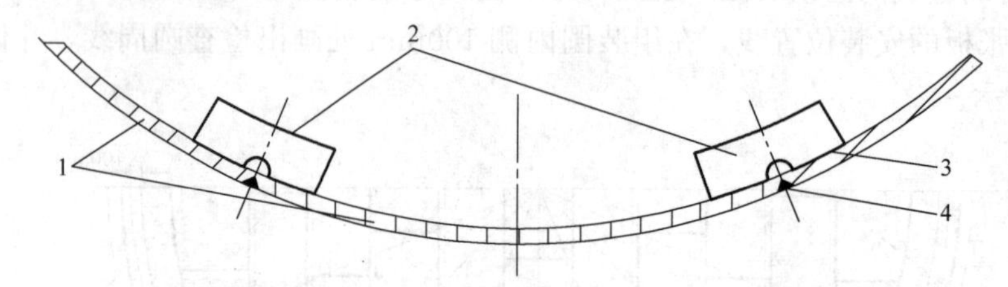

图 2-4-17　弧形板对接接头防焊接变形示意图

1—储罐弧形壁板；2—防变形板；3—临时焊缝；4—壁板对接焊缝

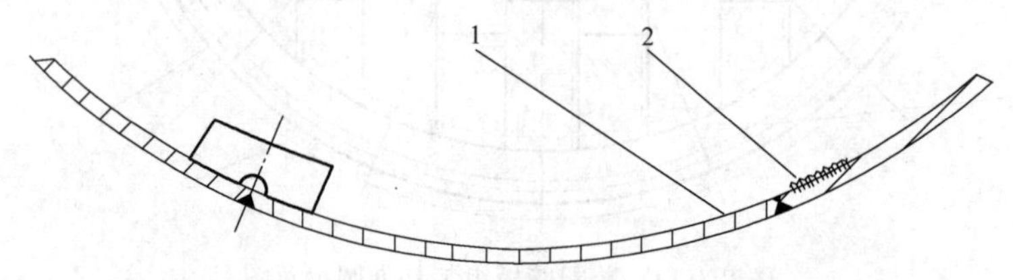

图 2-4-18　临时焊缝切割部位示意图（以图 2-4-17 为例）

1—临时焊缝切除后打磨与母材表面平滑；2—切除临时焊缝时保留母材表面高出约 2mm

（二）球形储罐安装

1. 非合金钢和合金钢球形储罐

（1）球壳板的曲率检查

球壳板曲率检查所用的样板及球壳与样板允许间隙方式如图 2-4-19 所示。

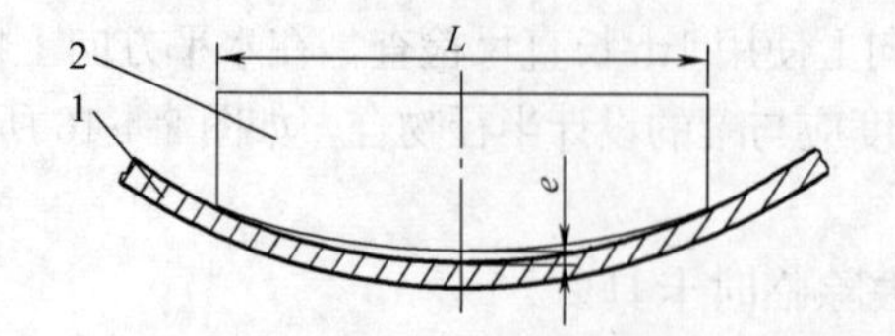

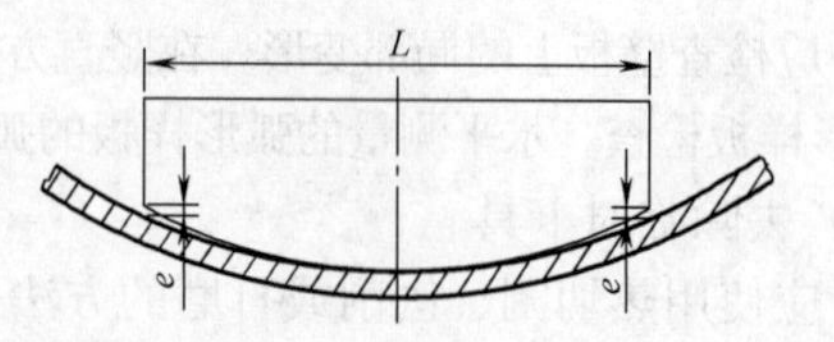

图 2-4-19　球壳板曲率测量示意图

1—球壳板；2—样板；L—样板弦长，$L \geqslant 2000$mm；$e \leqslant 3$mm

(2) 球壳板坡口几何尺寸检查允许偏差

球壳板坡口几何尺寸检查允许偏差应符合下列规定：

1) 坡口角度的允许偏差为 a_1 (a_2)±2.5°。

2) 坡口钝边及坡口深度的允许偏差为 P (h_1、h_2)±1.5mm，如图 2-4-20 所示。

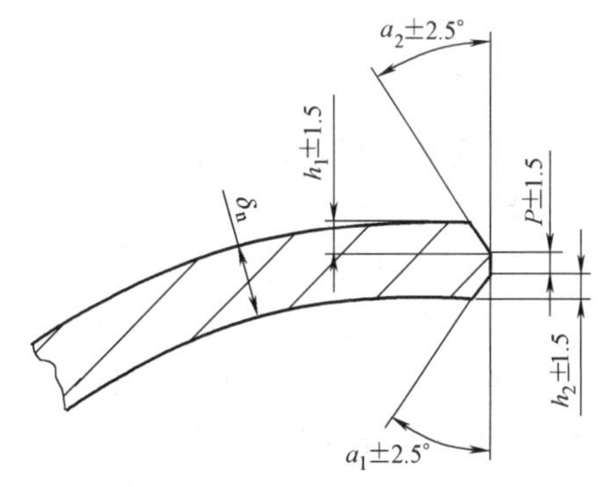

图 2-4-20 球壳板坡口几何尺寸
(单位：mm)

2. 不锈钢复合板球形储罐

(1) 覆层保护

复合板球形储罐在组装过程中，其内侧要焊接定位块及搭设脚手架，由于对内侧覆材的保护，规范要求组装过程中和覆材接触的脚手架、定位块等应采用合适的防污染材料或应采取一定的防污染保护措施，例如：定位块采用不锈钢材质，脚手架和球壳板接触的地方包覆橡胶垫等，如图 2-4-21 所示。

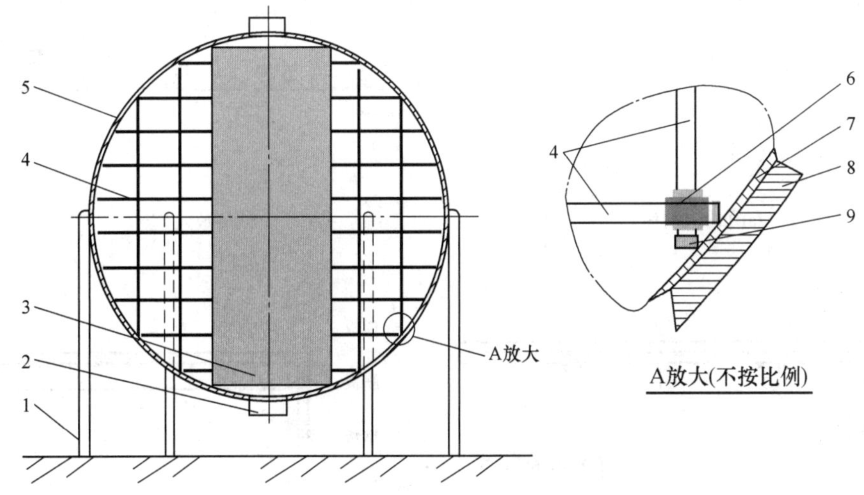

图 2-4-21 某 $2500m^3$ 复合板球罐内敷层保护措施示意图

1—支腿；2—人孔；3—满堂脚手架；4—双排式脚手架；
5—球壳板；6—扣件；7—覆层；8—基层；9—隔离护套

(2) 球壳板组对错边量控制

球壳板覆材厚度一般较薄，为不影响过渡层焊缝的焊接性能和覆层焊缝的焊后性能，按覆层的厚度确定错边量，规范要求球壳板组对错边量 e 不应大于覆材厚度的 1/2，且不大于 2mm，如图 2-4-22 所示。

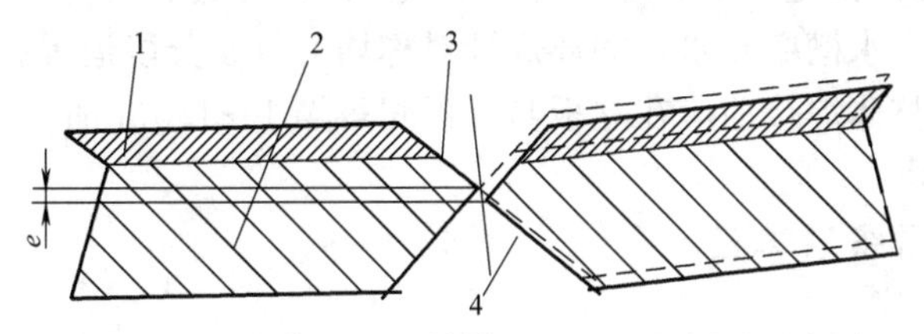

图 2-4-22 复合板球形储罐组对错边量测量示意图

1—覆层；2—基层；3—球壳板内坡口面；4—球壳板外坡口面

三、气柜

（一）湿式气柜现场制作安装

1. 焊接变形控制技术

（1）固定顶顶板焊接

1）先焊内侧焊缝，后焊外侧焊缝。

2）径向焊接接头内侧按照图纸的要求进行间隔焊接，外侧为连续焊。外侧的打底焊道应分段退焊，盖面层采用连续焊接，焊工宜隔缝对称施焊，并由中心向外焊接，如图 2-4-23 所示。

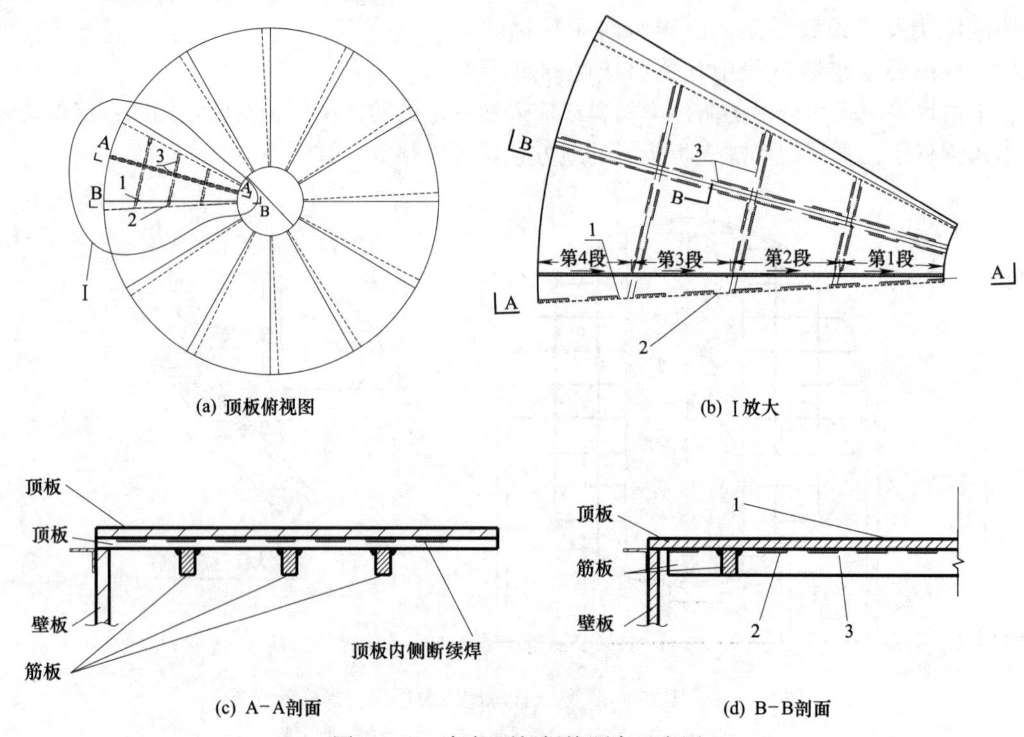

(a) 顶板俯视图　(b) Ⅰ放大

(c) A-A剖面　(d) B-B剖面

图 2-4-23　气柜顶板焊接顺序示意图

1—顶板内侧焊缝；2—顶板外侧焊缝；3—筋板焊缝

3）顶板与包边角钢焊接，焊工应对称均匀分布，并沿同一方向分段退焊。

（2）气柜水封焊接

1）水封的焊接程序应先焊环形板（或环形槽钢）对接缝，再焊立板纵焊缝，然后焊立板与环形板之间的预留缝，最后焊水封与壁板间的环形缝。

2）钟罩、中节、水槽壁及水封的环焊缝对称均匀分布分段退焊。

3）水封与壁板整体焊接前应在立板与壁板间每隔 1～1.5m 加一个防止变形的临时支撑，如图 2-4-24 所示。

2. 螺旋轨道制作安装工艺

（1）导轨安装程序

导轨调直→放样号料→组对焊接→矫正焊接变形→滚弧→矫正钻孔→喷砂防腐→验收。

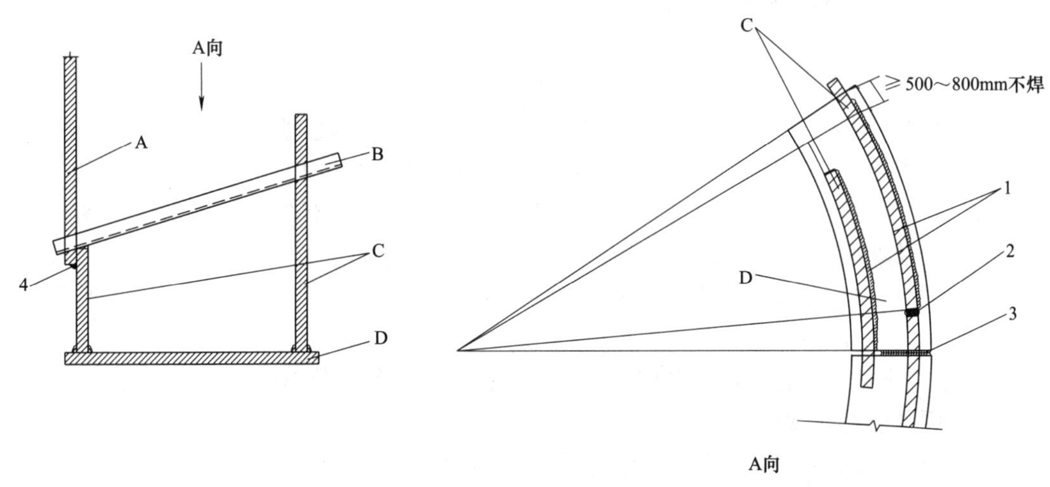

图 2-4-24　气柜水槽示意图

A—气柜带板；B—临时支撑；C—水封立板；D—水封底板；
1—水封立板与环形板环形缝；2—水封立板纵焊缝；3—环形板对接缝

（2）导轨下部垫板对接焊缝要求

导轨下部垫板对接焊缝应在导轨拼焊前焊接，对接焊缝间不应有错边，焊后两面凸出部分需磨平，如图 2-4-25 所示。

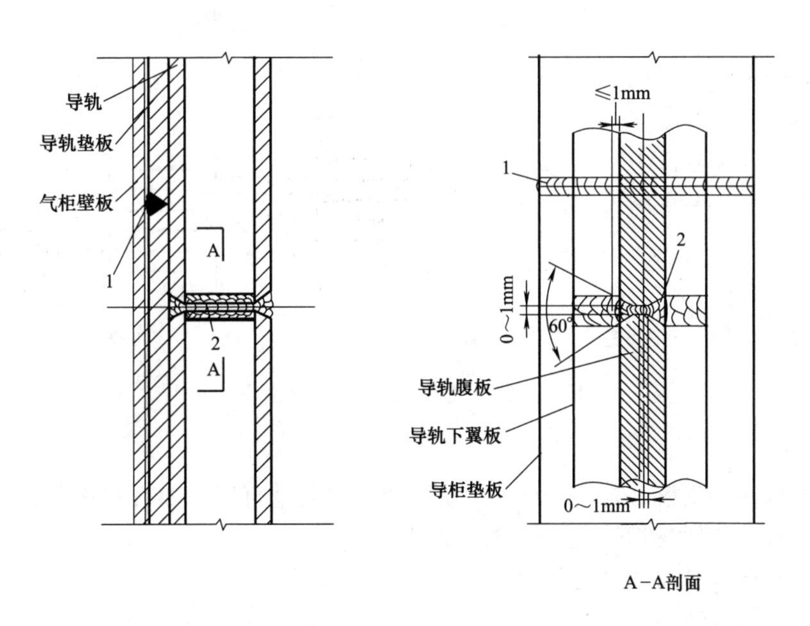

图 2-4-25　导轨示意图

1—导轨垫板焊缝；2—导轨对接焊缝

（3）导轨与下部垫板焊接要求

导轨与下部垫板焊接时，应按导轨的弧线做矫正胎具，将导轨与垫板把在胎具上进行焊接，以防焊接变形。

（二）干式气柜现场制作安装

1. 壁板安装工艺

（1）立柱安装

1）立柱是柜侧壁结构安装的基准参照物（图 2-4-26），必须保证其轴线位置、垂直度、标高的准确，安装时要精确调整定位，最后拧紧地脚螺栓固定。

2）立柱下料、调平、端面接头坡口制作以及螺栓连接孔制作合格后吊装，采用全站仪进行分度及切向垂直度定位，采用钢卷尺和测力器，进行半径定位及扭度控制。

3）每单元立柱分段进行安装，利用柜顶平台高空组对，第一节立柱与柱脚焊接形成基柱。

4）采用全站仪进行标高定位时，以立柱上的连接角钢孔为基准，确认立柱安装好后，对立柱锚固件进行二次灌浆。

5）立柱对接焊缝应按图纸设计要求进行无损检测。

（2）侧板安装

1）与立柱相连的各层侧板在立柱调整合格固定后安装，由下至上逐层安装。

2）先将每层角钢固定并焊接，利用吊装设备将侧板吊装到安装位置，并与角钢点焊。各层全部安装调整合格后，统一进行焊接，上下侧板间（或与立柱间）的焊缝及时焊接。焊接宜采用相同的焊接参数，对称施焊，先焊接环缝后焊接立缝。

3）在组装侧板密封角钢所在段的侧板时，应精调侧板的垂直度和周长，然后进行组对，如图 2-4-26 所示。

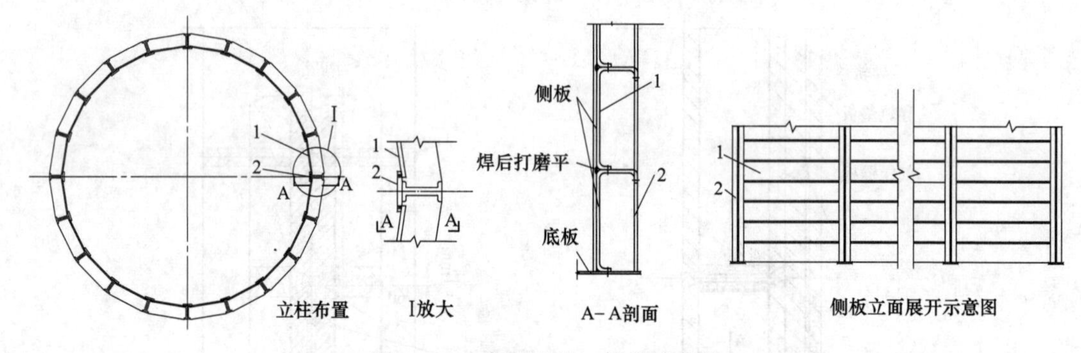

图 2-4-26　气柜立柱、侧板示意图

1—侧板；2—立柱

4）每安装一层侧板，必须测量一次立柱径、切向垂直度。如有变化或超差，及时调整，直至合格，不得留到下一层侧板施工时调整。

2. 橡胶卷帘密封活塞装置安装

（1）活塞支架系统安装

气柜内部金属构件活塞支架系统主要包括 T 形挡板台架、活塞挡板、T 形挡板。T 形挡板台架组装焊接程序及控制要点是在安装过程中应严格控制垂直度、半径及标高。

（2）T 形挡板台架安装

T 形挡板台架在场外分片预制合格，用起重机从作业口搬入柜内，在柜内通过起重机更换吊装位置进行 T 形挡板台架的柜内搬运和安装，如图 2-4-27 所示。T 形挡板台架组装焊接次序及控制要点如下：

1）确定台架上沿标高及安装位置。

2）通过柱脚下垫铁板的方式将台架上沿垫到要求标高。

3）调查支柱垂直度，两片台架定位组装后，开始组装水平撑梁，直至合拢，操作口一跨台架暂不组装，采用临时加固。

4）统一焊接台架之间及与底板的焊缝。

5）组对与侧板的连接。

6）台架安装时，主要控制其上沿水平度小于 5/1000mm 和高度方向侧面垂直度均小于 5°，同时仔细检查，不能有漏焊现象。

（3）活塞挡板安装

活塞挡板安装采取以上类似的方法将预制构件搬入并安装。在安装过程中应严格控制垂直度、半径及标高，作业口留出一片暂不安装，上部平台临时加强，如图 2-4-28 所示。

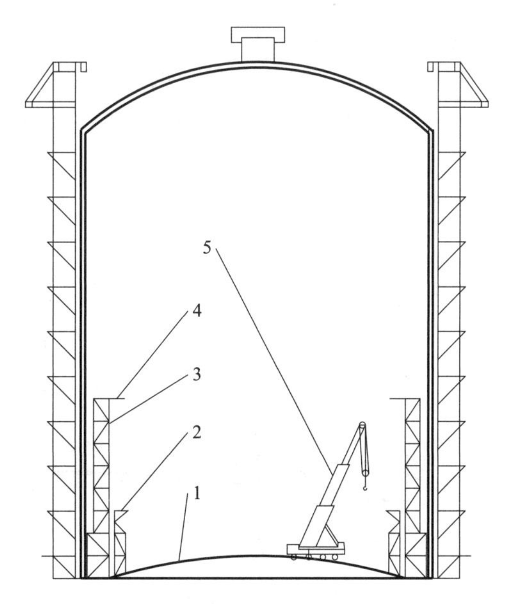

图 2-4-27　气柜活塞装置安装示意图

1—活塞板；2—活塞挡板；3—T 形挡板台架；4—T 形挡板；5—起重机

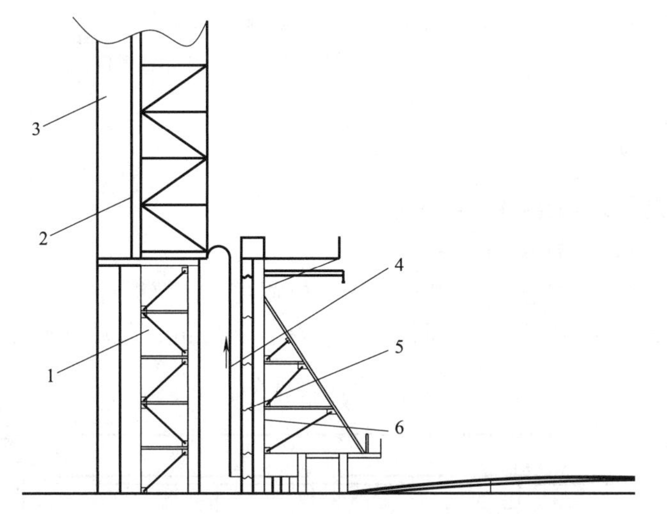

图 2-4-28　气柜 T 形挡板台架及活塞挡板安装示意图

1—T 形挡板台架；2—外橡胶膜；3—侧板；4—内橡胶膜；5—波纹板；6—活塞挡板

（4）T 形挡板安装

柜顶已就位固定后，安装 T 形挡板，如图 2-4-29 所示。T 形挡板底板定位组对，施工步骤如下：

1）将分段制作挡板底板铺设就位，接口避开台架梁。

2）根据柜底板上的基准圆引垂线确定其安装半径。

3）检查上表面水平度。

4）检测合格后组对点焊，下表面临时与台架事先点焊固定，在整个 T 形挡板安装好后将此固定点铲除。

5）上表面密封槽钢和角钢安装处的一小段焊缝，并打磨平。

6）组对 T 形挡板密封槽钢和角钢，暂不焊接。

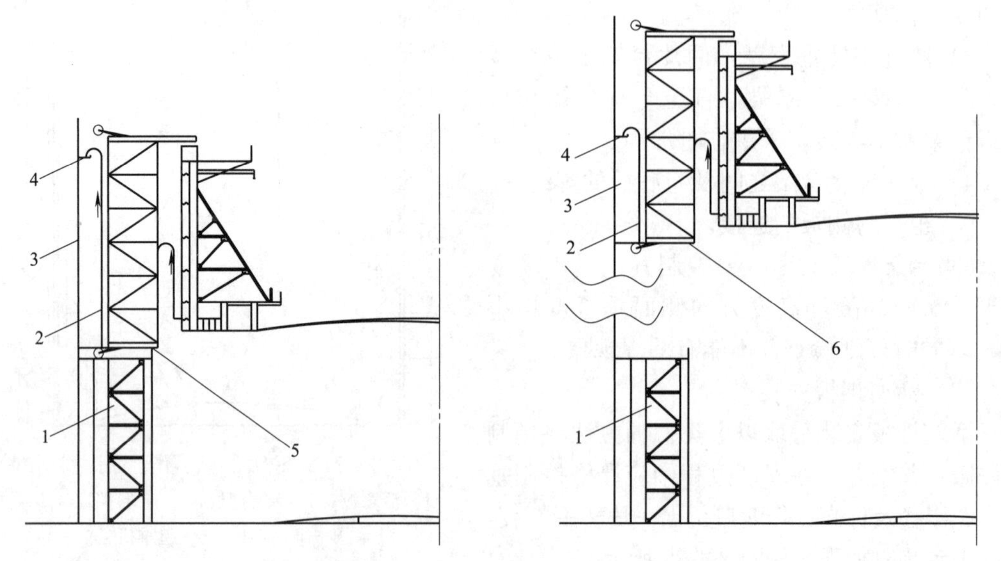

图 2-4-29　气柜 T 形挡板安装示意图

1—T 形挡板台架；2—外橡胶膜；3—侧板；
4—挡板密封角钢；5—T 形挡板低点；6—T 形挡板高点

四、金属结构

（一）生产装置多层钢结构框架工程

1. 型钢柱梁组合式钢结构框架工程

（1）柱翼缘板最小对接长度为 2 倍的翼缘板宽度，柱腹板对接缝间距最小为 600mm，翼板对接焊缝与腹板对接焊缝相邻间距应大于等于 200mm，如图 2-4-30 所示。

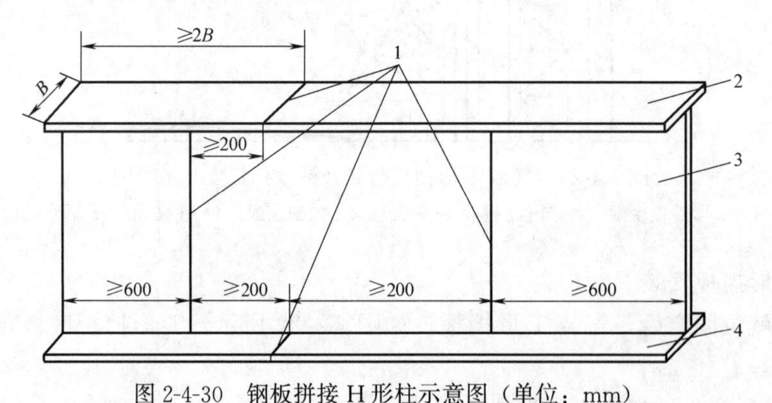

图 2-4-30　钢板拼接 H 形柱示意图（单位：mm）

1—对接焊缝；2—上翼缘板；3—腹板；4—下翼缘板；B—翼缘板宽度

（2）钢柱翼缘板、腹板对接焊缝应符合设计要求，当设计无要求时，应采用全熔透等强度一级焊缝，100%UT 探伤。翼缘板、腹板对接焊缝全熔透如图 2-4-31 所示。

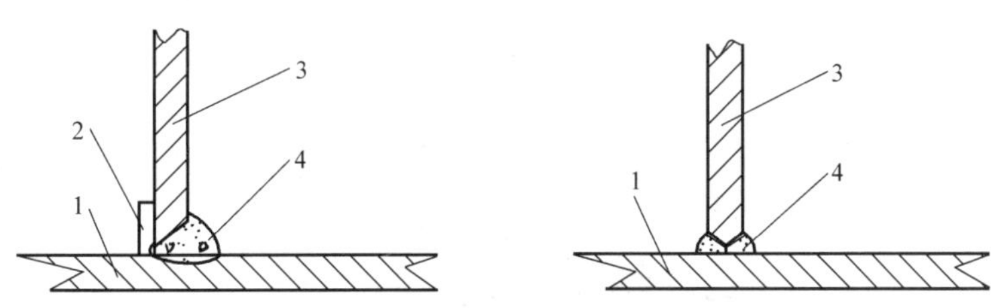

图 2-4-31 翼缘板、腹板对接和角接组合焊缝全熔透示意图

1—翼缘板；2—垫板；3—腹板；4—焊缝

2. 型钢柱梁外包混凝土框架工程

(1) 钢管混凝土组合柱的纵向和横向焊缝，应采用双面或单面全焊透接头形式（高频焊除外），纵向焊缝焊接接头形式如图 2-4-32 所示。

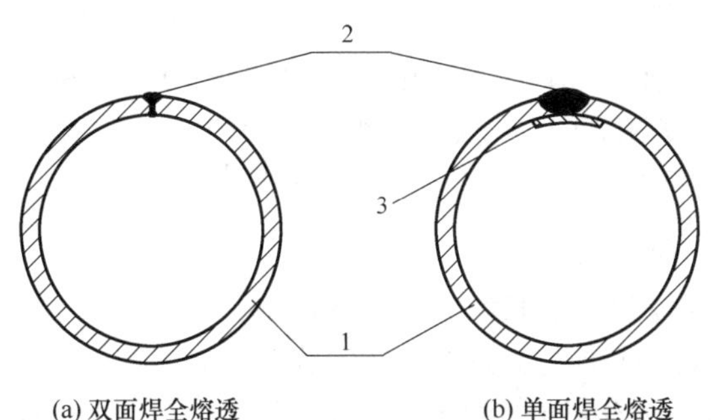

图 2-4-32 钢管混凝土组合柱的纵向焊缝示意图

1—钢管；2—焊缝；3—垫板

(2) 矩形钢管混凝土柱构件采用钢板或型钢组合时，其壁板间的连接焊缝应采用全熔透，如图 2-4-33 所示。

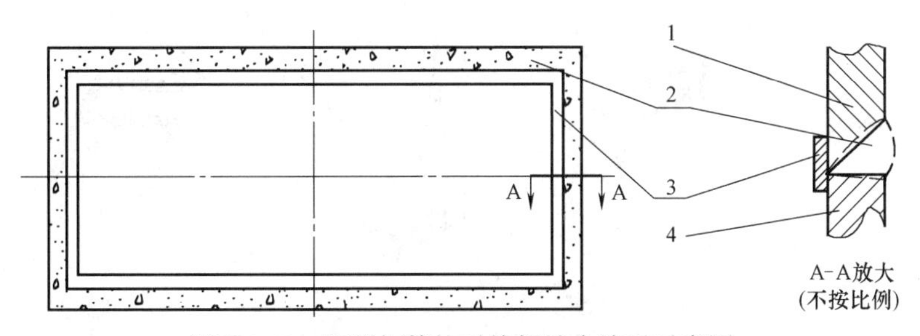

图 2-4-33 矩形钢管柱对接焊缝全熔透示意图

1—对接焊缝上部钢管；2—对接焊缝；3—垫板；4—对接焊缝下部钢管

(二) 全厂桁架式钢架管廊工程

1. 散装

管廊拼装的允许偏差测量项目包括：柱轴线对行、列定位轴线的平行偏移和扭转偏移；柱实测标高与设计标高之差；柱直线度；柱垂直度；相邻层间两柱对角线长度差；相邻柱间距离；梁标高；梁水平度；梁中心位置偏移；相邻梁间距；竖面对角线长度差；任一截面对角线长度差。管廊拼装如图 2-4-34 所示。

2. 分片制造

(1) 桁架安装应在钢柱校正合格后进行，并应符合下列规定：

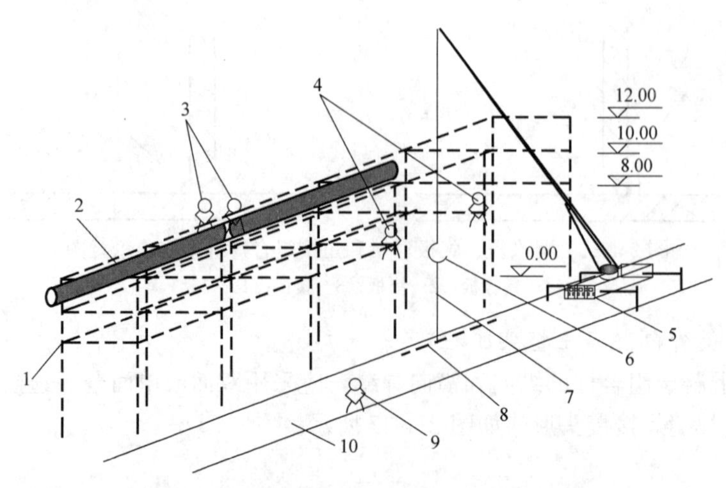

图 2-4-34　厂区管廊钢结构及管道安装示意图

1—管廊钢结构；2—管道；3—焊工；4—铆工；5—汽车起重机；
6—起重机吊钩；7—吊带；8—管廊钢梁；9—起重指挥；10—厂区道路

1）可采用整榀或分段安装。

2）在起扳和吊装过程中应采取预防变形的措施。

3）安装时应采用缆绳或刚性支撑增加侧向临时约束。

（2）由多个构件在地面组拼的重型组合构件吊装时，计算确定吊点位置和数量，如图 2-4-35 所示。

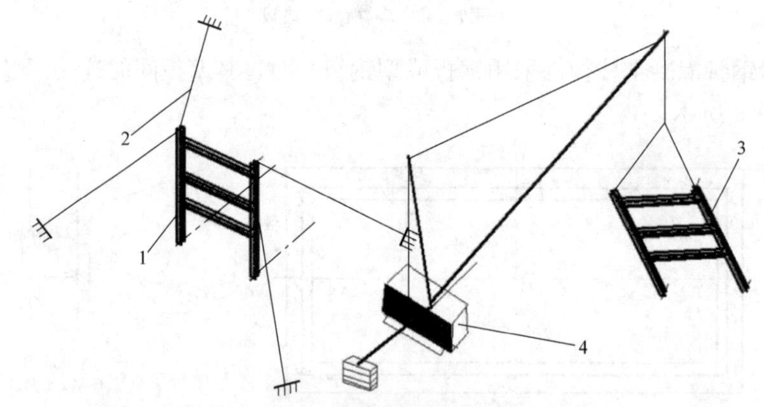

图 2-4-35　管廊钢结构门架模块安装示意图

1—已安装就位管廊门架模块；2—平衡拖拉绳；3—起吊中管廊门架模块；4—起重机作业

第五节　发电设备安装工艺细部节点做法

一、工业锅炉安装

（一）整体锅炉设备安装

基础检查划线：

以建筑给定的定位基准线为基准，对锅炉及其辅助设备基础位置进行检查。

（1）各基础纵、横轴线的坐标位置允许偏差小于20mm，以建筑给定的基准标高为基准。

（2）使用水准仪检查各基础表面的标高，不同平面的标高允许偏差为－20～0mm，各基础平面的水平度为5mm/m^2。

（3）检查基础外形尺寸允许偏差为＋20mm，凸台上平面外形尺寸允许偏差小于0～20mm，地脚螺栓孔位置偏差小于10mm。

（4）地脚螺栓孔尺寸及深度偏差小于10mm。

锅炉及辅助设备基础布置如图2-5-1所示。

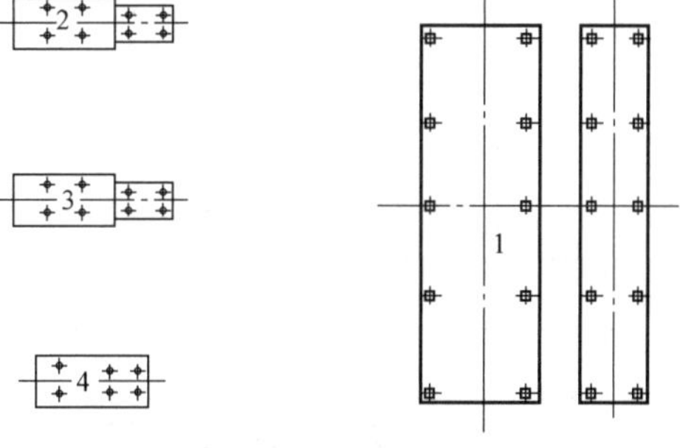

图2-5-1　锅炉及辅助设备基础布置示意图

1—锅炉基础；2—送风机基础；
3—引风机基础；4—给水泵基础

（二）散装锅炉设备安装

1. 汽包、联箱安装

（1）锅炉汽包安装

1）支撑式汽包安装参见图2-5-2。

汽包的支撑座按照固定支座和滑动支座区分开，分别就位在图纸设计位置上。

汽包检查划线完成后，将汽包吊装就位在支座上，找正汽包纵横中心并与基准中心线对正，偏差小于±5mm。

通过调节支座来调整汽包的标高和水平，使用玻璃管水平在汽包水平中心标记位置测量其标高和水平，汽包的标高偏差小于±5mm，自身水平偏差小于2mm。

找正完成后，支座底部与其下部支撑焊接、固定支座支撑弧板与汽包底部的弧形板焊接，滑动支座支撑弧板与汽包底部的弧形板间加装聚四氟乙烯垫片。

2）悬吊式汽包安装参见图2-5-3。

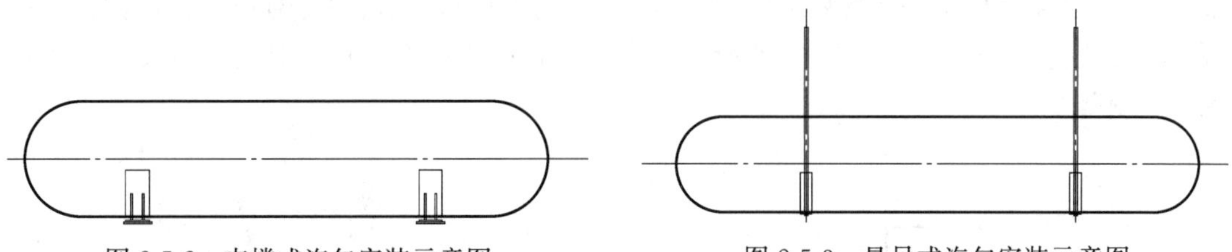

图2-5-2　支撑式汽包安装示意图　　图2-5-3　悬吊式汽包安装示意图

汽包检查划线完成后，将汽包的两套U形吊杆穿装在汽包上并绑扎牢固，使用液压提升装置或起重机将汽包提升到安装位置，将吊杆对准汽包吊梁上的螺孔穿入并安装导向垫块及螺母。

通过调整吊杆，使汽包纵横中心与基准中心线对正，偏差小于±5mm；使用玻璃管水平检查汽包的标高偏差小于±5mm，自身水平偏差小于2mm。

找正后将汽包吊杆锁紧，汽包吊挂装置与汽包接触部位圆弧应吻合，局部间隙不大于2mm。找正后对汽包进行临时支撑固定。

（2）联箱安装

1）用压缩空气将联箱内部吹扫干净，并使用内窥镜对联箱内部进行检查。将联箱放置在组合平台上。

2）以联箱管座（处于水平状态）为基点进行联箱划线，将联箱四等分并在上下左右

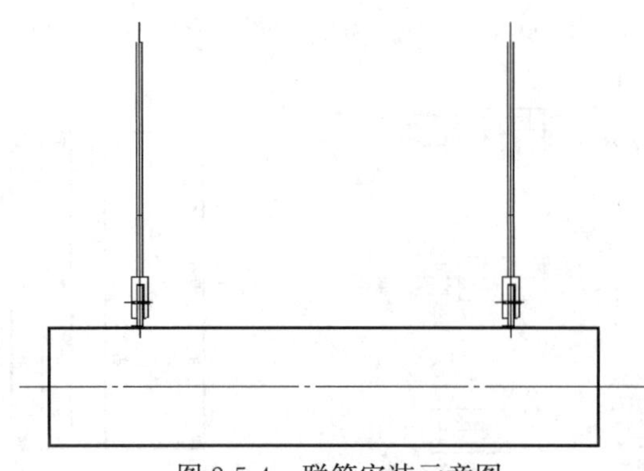
图 2-5-4　联箱安装示意图

四个点位做好标记。

3）吊装联箱到安装位置并与吊杆进行连接，如图 2-5-4 所示，调整吊杆使联箱纵横中心偏差不大于±5mm，使用玻璃管水平检查标高偏差不大于±5mm，自身水平偏差不大于 3mm，找正后对联箱进行临时支撑固定。

2. 受热面管胀接

（1）胀接管子的退火

胀接管子的管端硬度大于和等于汽包管孔壁的需要进行退火处理，用电加热式红外线退火炉或纯度不低于 99.9%的铅熔化后进行加热，退火温度控制在 600～650℃，退火时间应保持 10～15min，胀接端的退火长度应为 100～150mm，退火后的管端采取缓慢冷却的保温措施。

（2）退火后的管端及管孔的清理

胀接前清除管端和管孔表面的油污，并打磨至发出金属光泽，管端的打磨长度不应小于管孔壁厚加 50mm。打磨后管壁厚度不得小于公称壁厚的 90%。

（3）配管及胀接

1）胀接管端与管孔的组合根据管孔直径与打磨后管端外径的实测数据进行选配。管端伸出管孔的长度 L 为 7～12mm（图 2-5-5），使用胀管器按照许定合格的胀接工艺进行胀接（胀接前应进行胀接工艺评定），基准固定后采用从中间向两边胀接，采用内径控制法时胀管率应为 1.3%～2.1%，采用外径控制法时胀管率应为 1%～1.8%。

2）胀接终点与起点宜重复胀接 10～20mm；管口应扳边，扳边起点与锅筒表面平齐，扳边角度宜为 12°～15°，如图 2-5-6 所示。胀接后管端不应有起皮、皱纹、裂纹、切口和偏挤等缺陷。

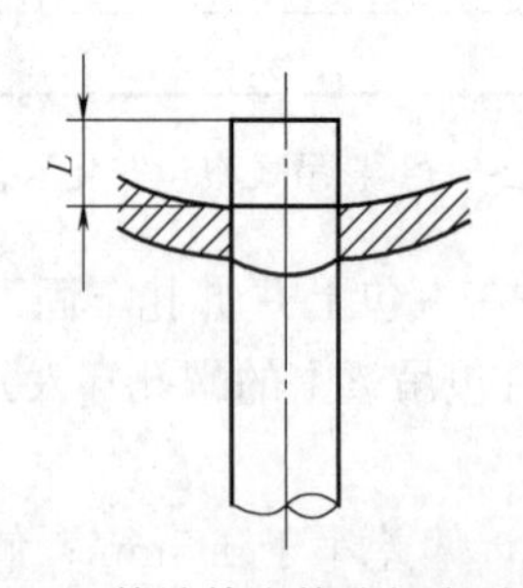

图 2-5-5　管端伸出管孔长度示意图

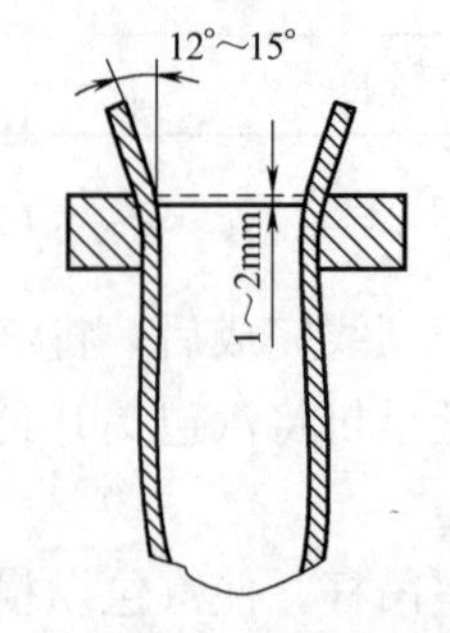

图 2-5-6　管子胀接扳边示意图

二、电厂锅炉设备安装

（一）电厂锅炉钢结构安装

1. 柱底板安装

（1）柱底板就位后调整其位置，使其纵横中心与基础纵横中心对正，如图 2-5-7 所示（Δ 为对正偏差）；通过调整柱底板地脚螺栓上的调整螺母来保证柱底板标高偏差不大于

±3mm、水平偏差不大于 0.5mm，调整完成后应锁紧调整螺母。

（2）单独供货的柱底板找正完成后，可直接进行二次灌浆；柱底板与立柱整体供货的，应待第一段钢架整体安装找正合格后进行钢架基础二次灌浆。

2. 立柱安装

（1）锅炉钢架安装前，以第一段立柱柱顶为基准，向下测量并在第一段立柱上划出 1m 标高线；在立柱四侧划出中心线，并做好标记。

（2）立柱吊装就位后使其纵横中心与基础纵横中心对正，使用地脚螺栓的调整螺母调整立柱的标高，以立柱的 1m 标高线为测量基准点，使用水准仪测量立柱标高偏差小于 ±5mm；使用立柱上部的拖拉绳调整立柱垂直度，以立柱四侧中心线为测量点。

从互成 90°的两个方向使用经纬仪检测立柱安装后的垂直度偏差不大于立柱长度的 1/1000，且不大于 15mm，垂直度合格后紧固固定螺栓。钢架立柱安装示意图如图 2-5-8 所示。

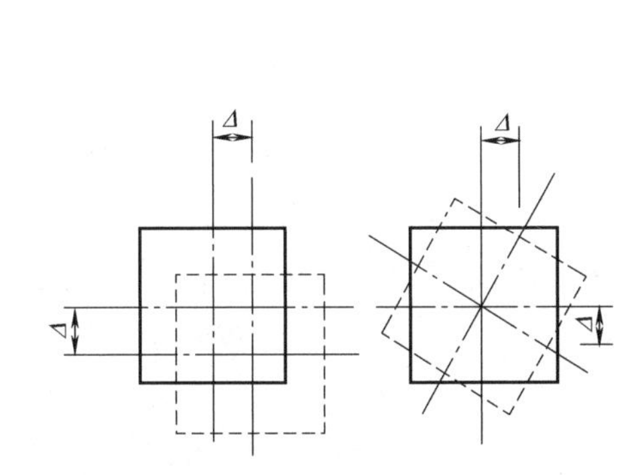

图 2-5-7　柱底板与基础对中找正示意图

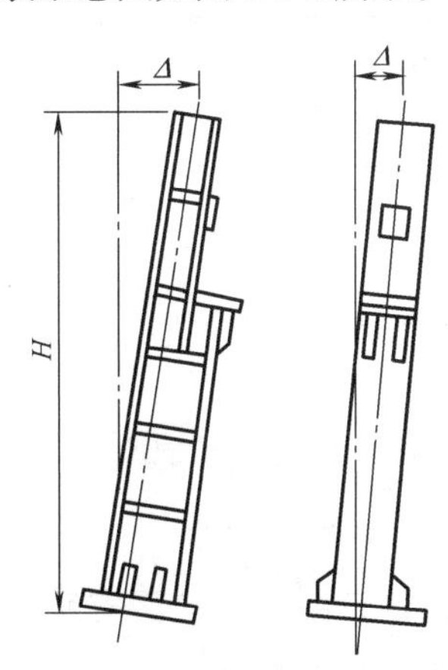

图 2-5-8　钢架立柱安装示意图

3. 横梁（斜撑）安装

（1）相邻两根立柱安装后，安装两立柱间的梁和斜撑，梁与斜撑在地面采用安装螺栓进行组合后整体安装。

（2）横梁连接节点的高强度螺栓终紧后，该节点的连接板应与横梁贴紧、无缝隙。横梁标高偏差为±3mm，水平偏差≤L/1000 且最大不大于 3mm，中心线与柱相对偏差为 ±3mm。横梁水平安装示意图如图 2-5-9 所示。

图 2-5-9　横梁水平安装示意图

4. 锅炉顶板梁安装

（1）板梁就位调整

1）锅炉钢架整体找正合格后，吊装板梁就位在钢架柱顶上，调整板梁位置，使其纵横中心线与方形垫块（或弧形垫块）、立柱纵横中心线对中。

2）检查板梁垂直度和梁水平度，达到规范要求后，紧固定位螺栓（该螺栓在锅炉水压试验前松开）。

3）用水准仪检测安装后的板梁垂直挠度，并做好记录。板梁垂直挠度变化值应不大于板梁跨度的1/850。板梁安装示意图如图2-5-10和图2-5-11所示。

（2）叠梁型式的板梁

1）先安装板梁下部，再安装板梁上部，板梁下部就位在立柱顶部，调整好板梁纵横中心、水平及垂直度后，紧固定位螺栓。

2）吊装板梁上部就位在板梁下部之上，调整找正后穿装上、下板梁连接的高强度螺栓，螺栓装齐后从板梁中部向两侧紧固连接螺栓，力矩达到设计要求。叠形板梁安装示意图如图2-5-12所示。

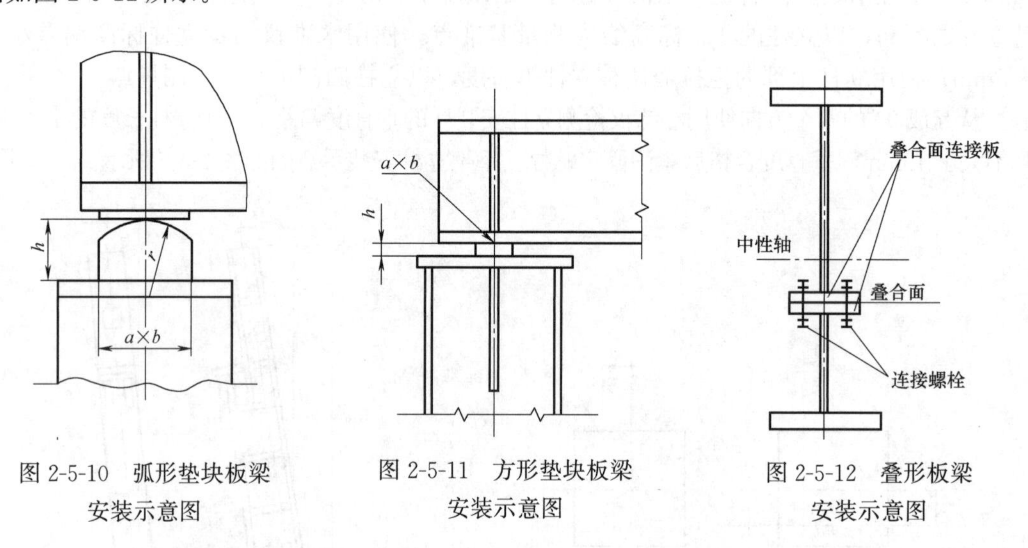

图2-5-10 弧形垫块板梁安装示意图

图2-5-11 方形垫块板梁安装示意图

图2-5-12 叠形板梁安装示意图

（二）电厂锅炉受热面安装

1. 垂直水冷壁组合安装

（1）垂直水冷壁组合

1）水冷壁联箱、管排及部件合金材质光谱检查合格后，采用压缩空气将联箱及管座吹扫干净，并使用内窥镜检查联箱内部清洁无物。使用压力为0.4～0.5MPa的压缩空气对管排进行吹扫并进行通球试验。

2）水冷壁联箱与管排组合参见图2-5-13。将联箱平放在组合支架上对联箱进行四等分划分并做好标记。以联箱左右水平标记为基准，找平联箱后用型钢将联箱固定，联箱水平度偏差小于3mm。

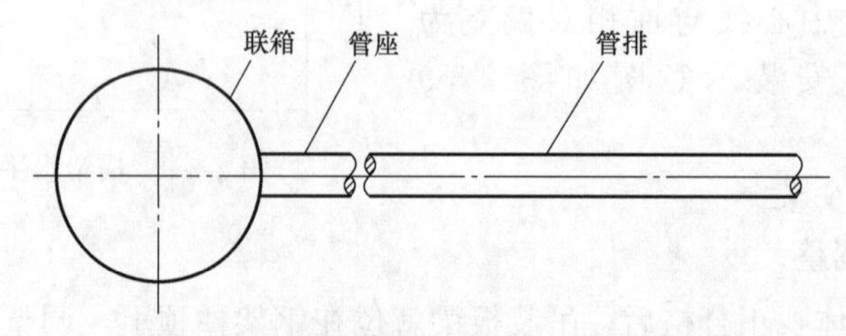

图2-5-13 水冷壁联箱与管排组合示意图

3）吊装管排就位，调整管排之间的间隙，校核组合垂直水冷壁管排整体尺寸使其符合设计要求，组件长度偏差小于±10mm、组件宽度偏差小于±5mm、管排平整度偏差小于±5mm；打磨管座和管排的管口，调整管排管口与管座管口的对口间距为1.5～2mm，进行焊口焊接。

（2）垂直水冷壁组件安装

1）吊装水冷壁组件并与相应的吊杆进行连接，通过调整吊杆使水冷壁组件上部联箱的水平、与锅炉基准线纵横向间距达到设计要求后，联箱初始标高通常比设计标高提高15～20mm，联箱水平度偏差不大于3mm。

2）调整水冷壁管排垂直度偏差不大于总长的1‰，且不大于15mm，使用型钢将水冷壁组件定位加固。

3）调整组件间鳍片间隙，进行密封焊接，膜式壁拼接时边排管间距偏差不大于±3mm。

4）安装纵横向刚性梁。四侧水冷壁找正后进行角部密封焊接和刚性梁角部连接。

5）检查锅炉炉膛整体尺寸应符合设计要求，偏差不大于2/1000，且不大于15mm。

锅炉炉膛垂直水冷壁安装如图2-5-14所示。

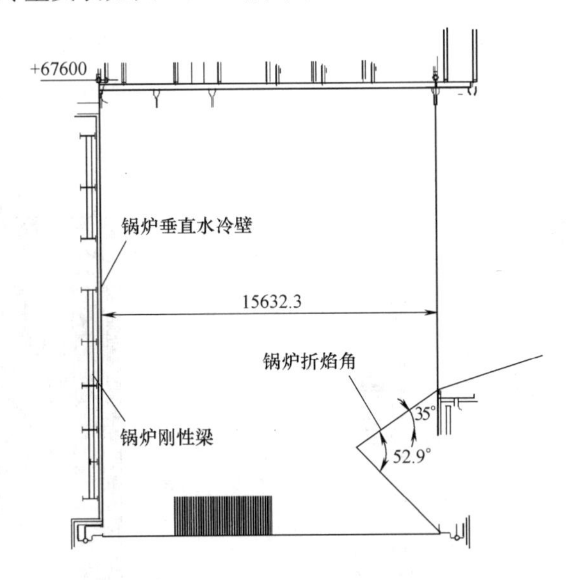

图2-5-14　锅炉炉膛垂直水冷壁示意图

（3）螺旋水冷壁组合

1）螺旋水冷壁组合按炉前、炉左、炉右和炉后的顺序分别进行组合，将一侧螺旋水冷壁管排全部摆放在平台上，调整管排鳍片的距离和管排焊口间的间距，以吊带（垂直搭接板）位置为基准，校核管排整体尺寸的长、宽和对角线尺寸符合设计要求，螺旋角度符合设计要求（一般为17°～19°）。

2）结合现场起吊和运输能力，将一侧螺旋水冷壁管排划分为7～9个组件进行组合，进行组件鳍片的焊接和组件内部管排间焊口的焊接。组件平整度偏差小于5mm，长度和对角线偏差小于±10mm。

（4）螺旋水冷壁组件安装

1）吊装螺旋水冷壁组件就位，在调整螺旋水冷壁螺旋角度时，通过调整焊接在螺旋水冷壁上的吊带（垂直搭接板）垂直度，使其螺旋角度达到厂家设计要求，然后与上部水冷壁对接。

2）调整管排组件间鳍片的距离和管排焊口间的间距并进行焊接，安装刚性梁和角部连接，炉膛整体尺寸偏差应不大于 15mm。

锅炉炉膛螺旋水冷壁安装如图 2-5-15 所示。

2. 高温过热器安装

（1）高温过热器进出口联箱、管排及部件合金材质光谱检查合格，联箱内部清洁及管排通球完成后进行高温过热器安装，如图 2-5-16 所示。

（2）高温过热器进出口联箱划线后，吊装到安装位置与吊杆连接，调整联箱的标高和水平符合规范要求，并将联箱临时固定。

（3）将高温过热器管排从炉底或炉顶吊到安装位置，从炉左侧到炉右侧进行管排与联箱管座的对口焊接，焊接后调整管片的间距、垂直度并安装管排固定装置，管排与左右延伸段水冷壁、折焰角的间距达到设计要求，过热器蛇形管自由端安装偏差小于±10mm、管排间距偏差不大于±5mm、管排平整度不大于 20mm、边缘管与外墙间距偏差不大于±5mm。

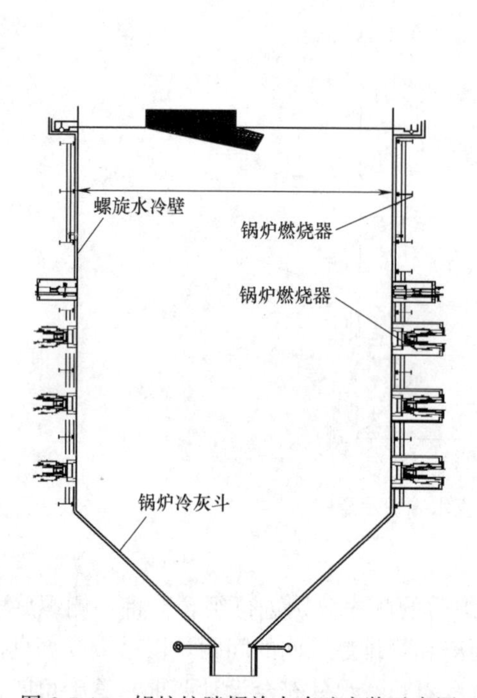

图 2-5-15　锅炉炉膛螺旋水冷壁安装示意图

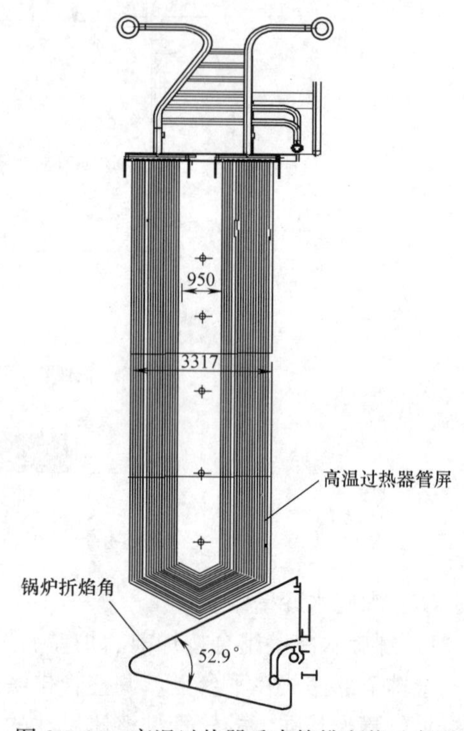

图 2-5-16　高温过热器垂直管排安装示意图

3. 省煤器安装

（1）省煤器进出口联箱和管排光谱合格、联箱内部清洁及管排通球完成后进行省煤器安装，如图 2-5-17 所示。

（2）将省煤器进出口联箱划线后，吊装到安装位置与吊挂管连接，调整联箱的标高和水平符合规范要求并临时固定。

（3）将省煤器管排吊到安装位置，从炉左侧到炉右侧进行管排与联箱管座的对口焊接。

（4）调整管片的间距、垂直度并安装管排固定装置、防磨装置，管排与左右包墙、前后包墙及中间隔墙的间距达到设计要求，省煤器安装组件宽度偏差不大于±5mm，组件对角线偏差不大于10mm，组件边管垂直度偏差为±5mm，边缘管与外墙间距偏差为±5mm。

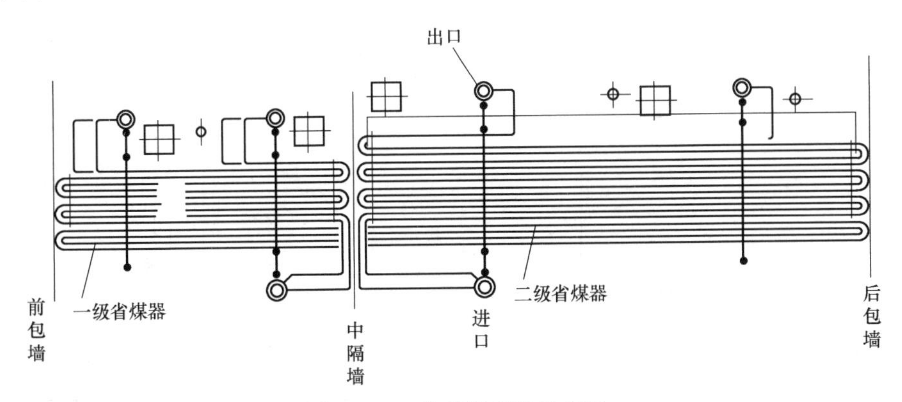

图 2-5-17 省煤器安装示意图

4. 燃烧器安装

（1）将燃烧器与水冷壁连接固定，调整燃烧器的位置和角度。

（2）燃烧器喷嘴标高偏差小于±5mm，燃烧器外壳垂直度偏差不大于5mm，喷嘴伸入炉膛深度偏差小于±5mm。

（3）燃烧器切圆找正如图2-5-18所示，喷口中心轴线与燃烧切圆的切线偏差不大于0.5°。

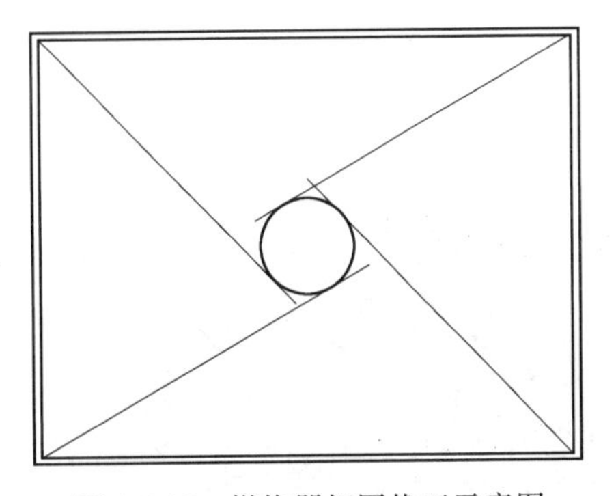

图 2-5-18 燃烧器切圆找正示意图

三、汽轮发电机系统设备安装

（一）汽轮机安装

1. 汽轮发电机组基础准备

（1）基础孔洞检查

使用三角函数法对基础孔洞进行测量检查，对角尺寸偏差不大于10mm，基础孔洞检查示意图如图2-5-19所示。

（2）地脚螺栓安装

地脚螺栓安装示意图如图2-5-20所示。螺栓与螺栓孔或螺栓套管内壁四周间隙应不小于5mm；螺栓垂直度偏差应不大于5mm；螺栓垫板应平整，与基础接触应密实；螺栓拧紧后端部宜露出螺母2～3个螺距。

2. 轴瓦检查安装

（1）轴瓦两侧间隙测量

轴瓦两侧间隙测量是用塞尺检查阻油边处为准，插入深度为15～20mm，瓦口处的楔形油隙应过渡均匀。

（2）轴瓦顶隙测量

1）椭圆形轴瓦和圆筒形轴瓦的顶部间隙可测量转子外径和轴瓦内径，通过差减法得出或通过压熔丝法测量得出。

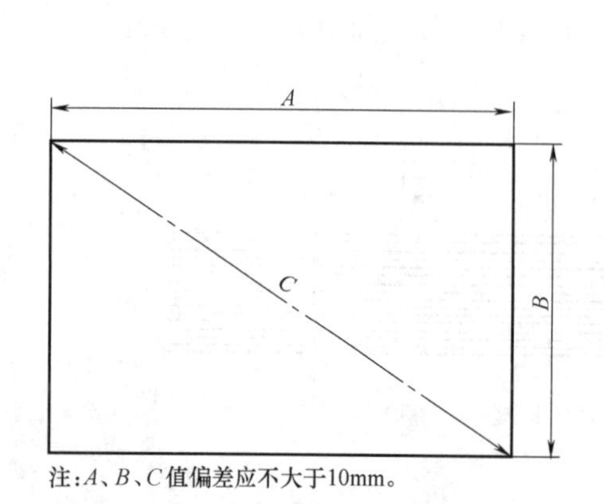

图 2-5-19 基础孔洞检查示意图

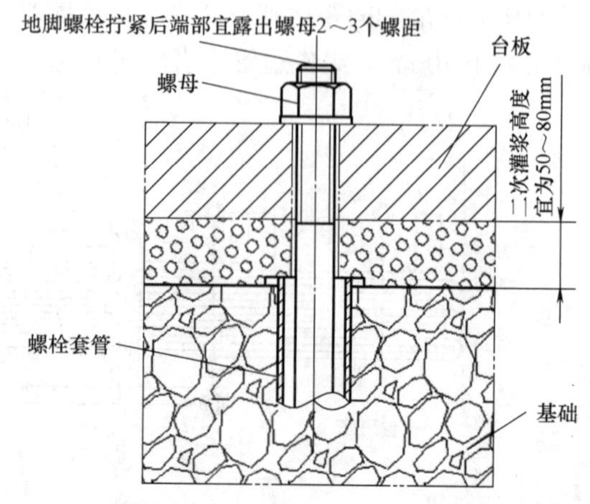

图 2-5-20 地脚螺栓安装示意图

2）四瓦块可倾瓦轴瓦顶部间隙测量如图 2-5-21 所示，可用深度千分尺测量；六瓦块可倾瓦的轴瓦顶部间隙，可用压熔丝法测量。

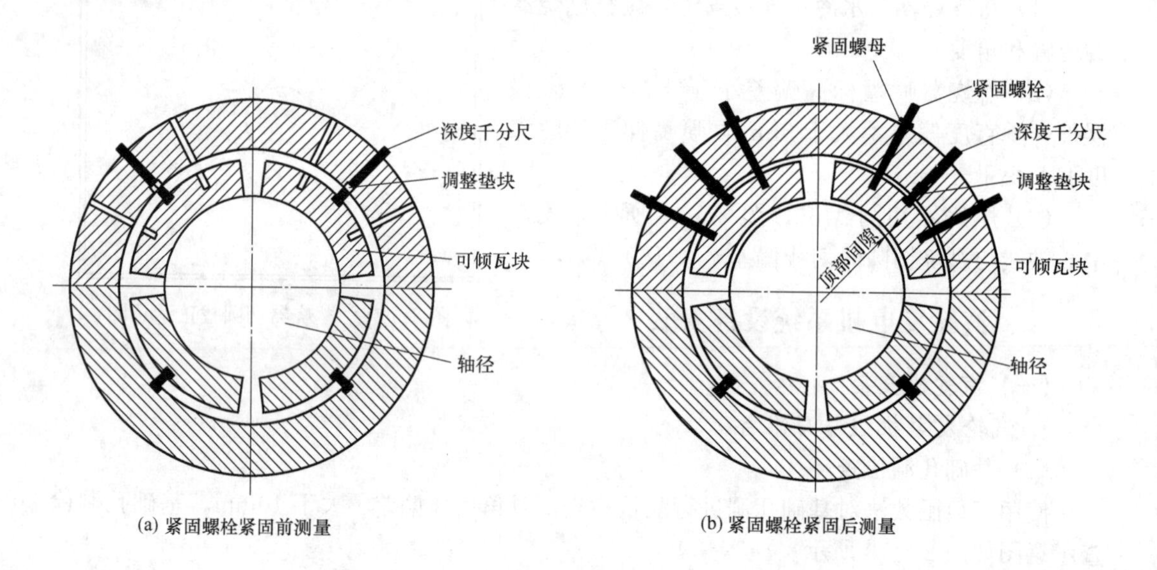

图 2-5-21 四瓦块可倾瓦轴瓦顶部间隙测量示意图

3. 轴系调整及连接

(1) 联轴器找中检测

1）联轴器端面偏差可采用量块或塞尺测量，测量时量块或塞尺的总层数不宜超过四层。

2）联轴器圆周偏差使用百分表，表架应稳固，转子盘动一周返回初始位置后，圆周方向的百分表读数应能回到原值。测量方式如图 2-5-22 所示。

(2) 测量联轴器晃度

联轴器连接后按旋转方向逆时针圆周等分成 8 个点测量联轴器晃度，连接前后的圆周晃度变化值应不大于 0.02mm，测量方式如图 2-5-23 所示。

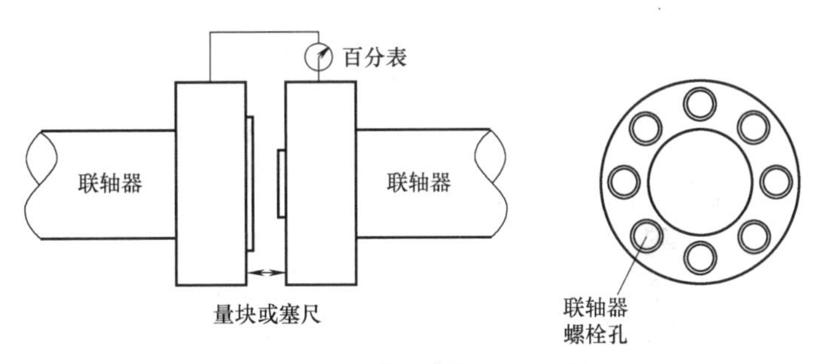

图 2-5-22　联轴器找中示意图

(二) 发电机安装

1. 发电机支撑滑动法穿转子

(1) 转子进入定子膛内过程

为防止碰伤定子铁芯，特别注意转子护环与定子气隙隔板的间隙很小，穿转子时应十分小心，避免发生碰撞，如图 2-5-24 所示。

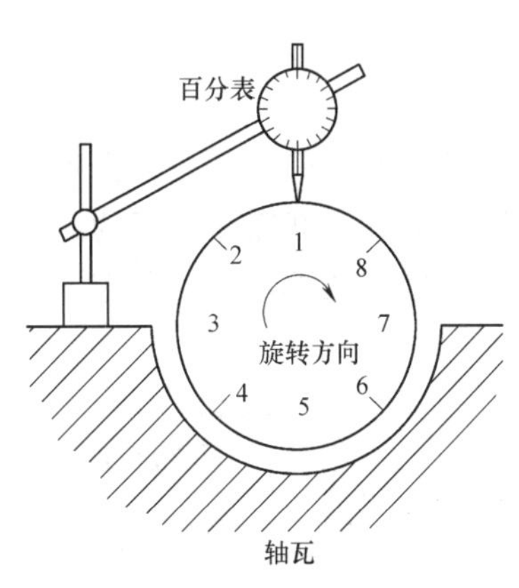

图 2-5-23　联轴器晃度测量示意图

(2) 发电机转子穿装

正确使用厂供穿转子工具，进行转子穿入施工，当转子穿入发电机定子膛内正确位置后，依次完成端盖下半部、顶轴工具及翻瓦等工作，然后通过调整顶轴工具使转子落放到轴承上，取下顶轴工具，穿转子施工结束。发电机转子穿装步骤如图 2-5-25 和图 2-5-26 所示。

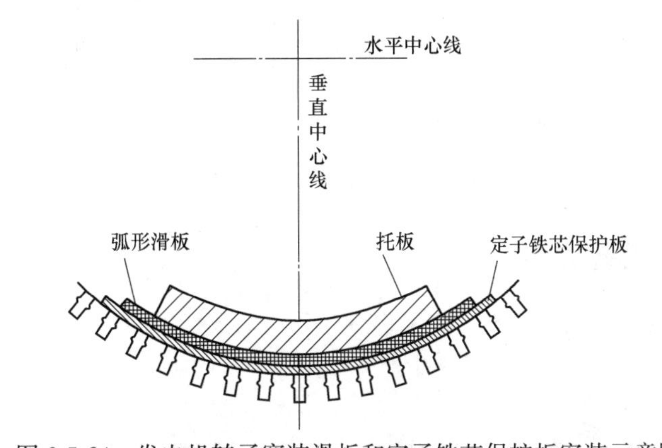

图 2-5-24　发电机转子穿装滑板和定子铁芯保护板安装示意图

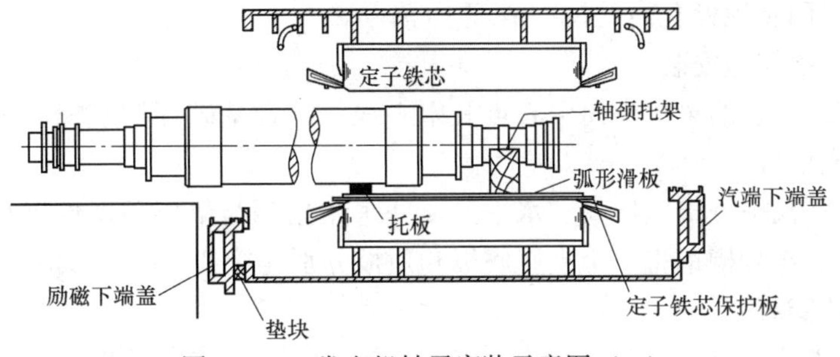

图 2-5-25　发电机转子穿装示意图（一）

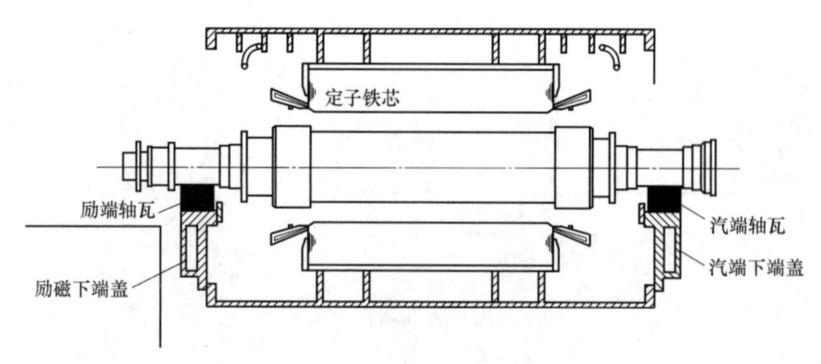

图 2-5-26　发电机转子穿装示意图（二）

2. 磁力中心调整

发电机定子与转子磁力中心的调整，应使发电机在满负荷状态下两者吻合，应符合下列规定：定子相对于转子的磁力中心，应向励磁机侧偏移一预留值，该数值应符合制造厂技术要求；无要求时，可按下列公式计算：

$$D=\Delta L/2+C \tag{2-5-1}$$

式中　ΔL——发电机转子满负荷运行时的热胀伸长量（mm），图 2-5-27 中 $\Delta L=L_1-L_2$；

C——满负荷运行时发电机联轴器处汽轮机转子的最大绝对位移值（mm）。

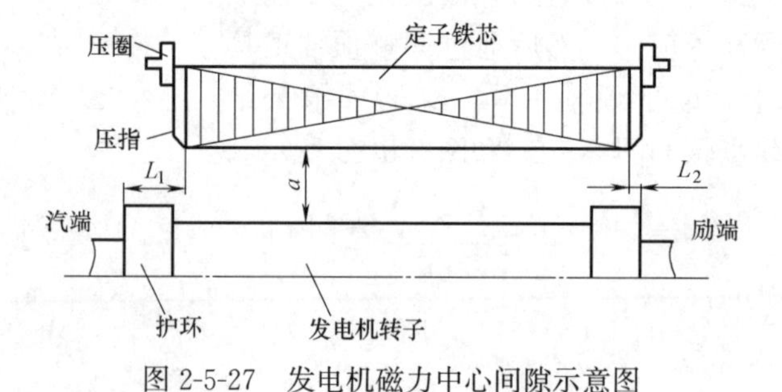

图 2-5-27　发电机磁力中心间隙示意图

四、风力发电设备安装

塔筒安装：

1. 基础环安装

(1) 基础检查

检查基础环上法兰面无损伤，基础环法兰尺寸和调节螺栓角度及尺寸符合设计尺寸要求，将基础环表面及螺栓孔内的污物清理干净。

(2) 调节螺栓支座安装

1）校核基础垫层的风机塔筒中心点及中心线，结合基础环调节螺栓角度及尺寸，确定调节螺栓支座位置。

2）使用水平仪检查支座标高和水平度，并采用角钢与垫层预埋件进行 30°～45°斜支撑加固，然后用 10 号槽钢将三个支座底板和顶板分别连接到一起，形成一个整体结构。

(3) 基础环安装

1）基础环吊装前将钢件调节螺栓预先调整至 200mm，并紧固螺栓。

2）吊装时基础环上的两个预留孔朝向应符合设计要求。

3）基础环中心线应与基础垫层的风机塔筒中心线相吻合，且钢件调节螺栓底板与调节螺栓支座顶板位置相符，如图 2-5-28 所示。

4）将调节螺栓底板与调节螺栓支座顶板进行焊接。

5）测量基础环上法兰面标高和基础环上法兰面水平。

如图 2-5-29 所示，用一台 16t 千斤顶辅助钢件调节螺栓对基础环上法兰面标高、水平进行调整，标高误差不大于 3mm，水平误差不大于 1mm。待风机基础放射锚固筋全部安装完成并确认无误后，进行基础浇筑工作。

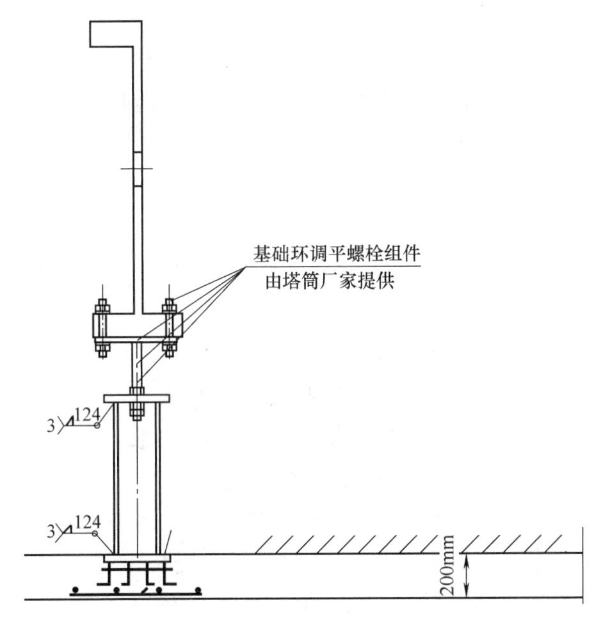

图 2-5-28 基础环调整示意图

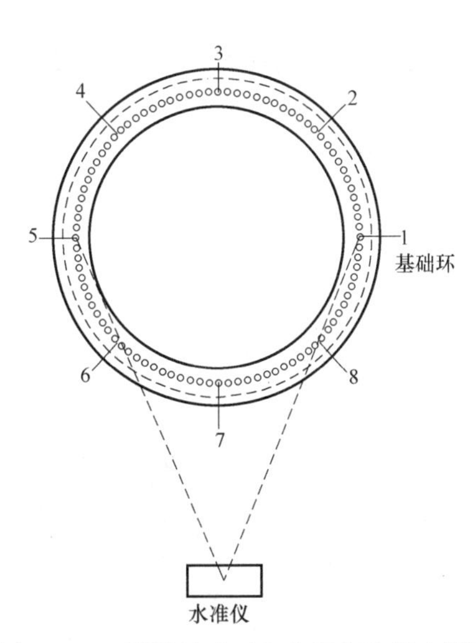

图 2-5-29 测量基础环上法兰水平度示意图

2. 塔筒安装

(1) 将塔筒吊至高于电控柜上方，对正后缓慢下落，用两根导向绳调整塔筒位置，使其准确套入电控柜外。

(2) 塔筒移动时不能碰撞电控柜体，缓慢下落至预埋基础法兰上方 10mm 处，以塔筒门为基准，将塔筒法兰孔对准锚栓后下落塔筒，使锚栓穿过法兰孔，拧上所有的垫片和螺母，用力矩不应超过 1000N · m 的电动扳手对角预紧螺栓。

(3) 底段塔筒吊装就位，并将全部螺栓使用电动扳手初拧后，采用液压拉伸器对螺栓 180°对称施加预拉力到超张拉油压，如图 2-5-30 所示。

(4) 基础法兰和锚栓张拉到超张拉油压的 80%；待二次张拉时张拉到超张拉油压的 100%，塔筒就位紧固后塔筒法兰内侧的间隙应小于 0.5mm。

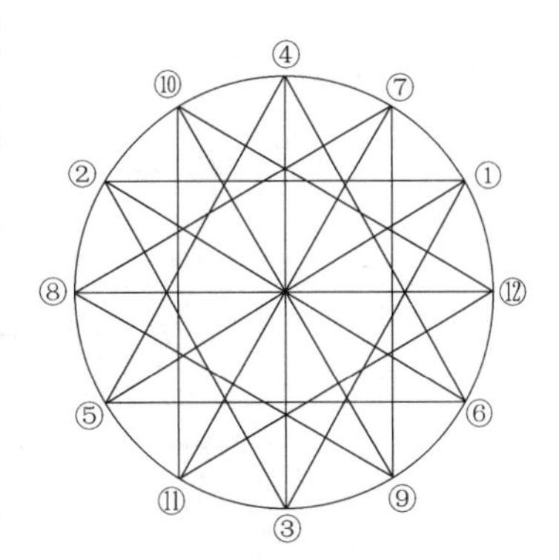

图 2-5-30 筒体安装螺栓紧固示意图

五、太阳能发电设备安装

（一）光伏发电设备安装

1. 光伏支架安装

（1）在基础上固定好三角底梁，使用螺栓将三角背梁和三角斜梁相互连接后，再与三角底梁固定，依次将所有的支撑柱都安装好。

（2）使用螺栓将横梁组合固定，并在横梁内加止动垫片，依次在三角支架上装好横梁，在三角背梁上安装后斜撑，用后斜撑支撑件与横梁相连，使用螺栓固定，与横梁连接时加止动垫片。

（3）在每跨居中位置用拉杆将两横梁连接，用螺栓、止动垫片固定。跨距小于3000mm时，该跨不安装拉杆与后斜撑。C型钢横梁需要加长时采用横梁连接片连接，使用螺栓、止动垫片固定。

2. 光伏组件安装

（1）将长条螺母插入横梁中，移动到适当位置。

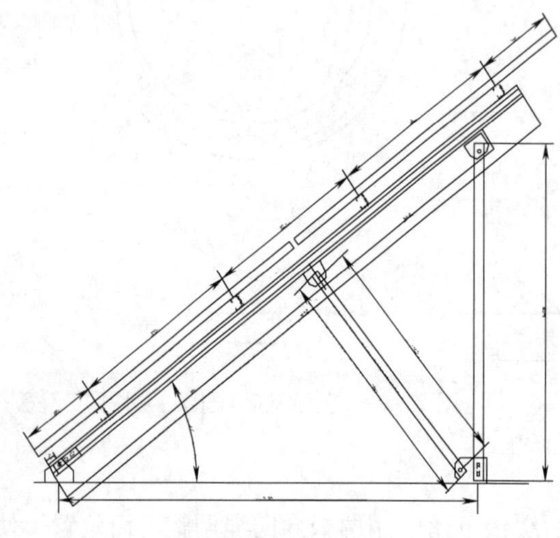

图 2-5-31 光伏支架和光伏组件安装示意图

（2）配合压块位置，将光伏组件进行固定，组件角度符合设计图纸的要求。光伏支架和光伏组件安装如图 2-5-31 所示。

（二）光热发电设备安装

1. 槽式光热发电设备安装

（1）安装设备支腿：

1）支腿垂直于地面且支腿中心在一条直线上。在对应的支腿上安装驱动和轴承，调整轴承、驱动装置中心在一条直线上，直线度偏差不大于±3mm。

2）安装驱动装置，驱动装置旋转角度宜为±120°，偏差应小于±5°。

3）将主轴吊装到支腿上，并用螺栓初步固定，调整主轴位置，使主轴处于水平状态，参见图 2-5-32。

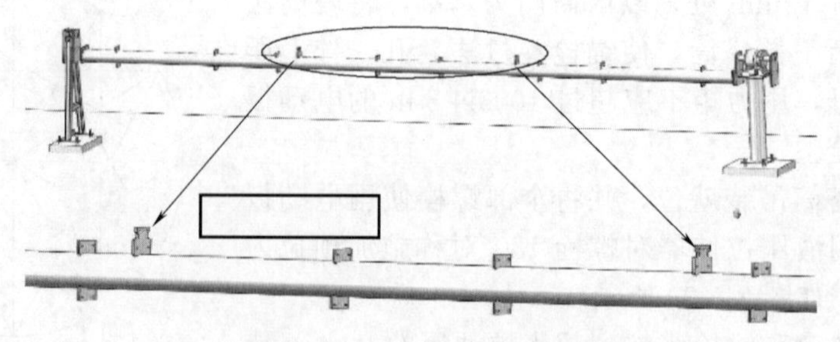

图 2-5-32 支腿及主轴安装图

（2）安装反射镜、集热管支臂：

1）将集热管支臂固定在主轴上与主轴垂直，直线度偏差不大于±3mm。

2）将反射镜支臂安装在主轴上，同侧斜撑角度一致，直线度偏差不大于±3mm，支臂固定牢固，参见图 2-5-33。

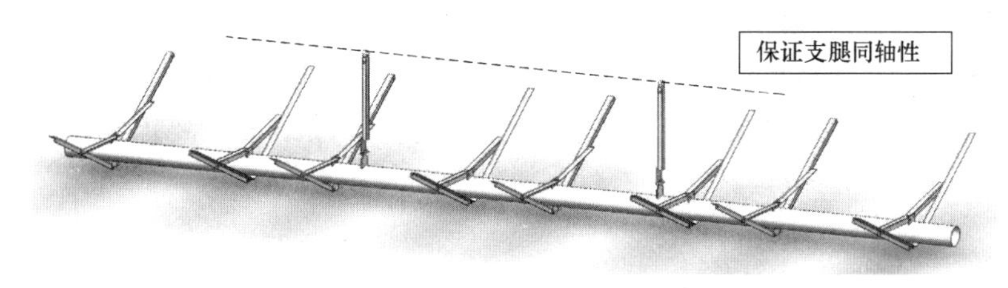

图 2-5-33　反射镜、集热管支臂安装示意图

（3）反射镜背部标注有“0”的一边为安装过程中靠近支架主轴的内边。将面型检测板放置在已安装好的反射镜上面，通过调整折片螺栓位置，使反射镜位置与面型检测板贴合，然后紧固折片螺栓。反射镜安装参见图 2-5-34。

（4）将集热管安装在支架上，集热管端部采用氩弧焊焊接对接。集热管的同轴度，必须保证焊接质量、焊接承压性。集热管放置在集热管支架上通过“U”形箍将集热管固定。相邻集热器安装偏差不大于±0.5mrad，所有集热器整体安装偏差不大于±1.5mrad。集热管安装参见图 2-5-35。

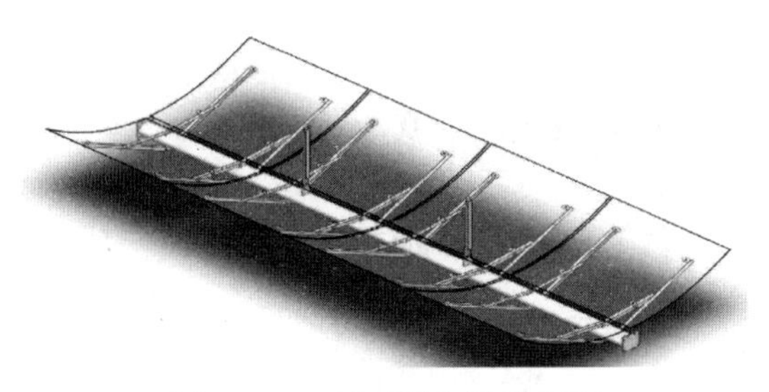

图 2-5-34　反射镜安装示意图

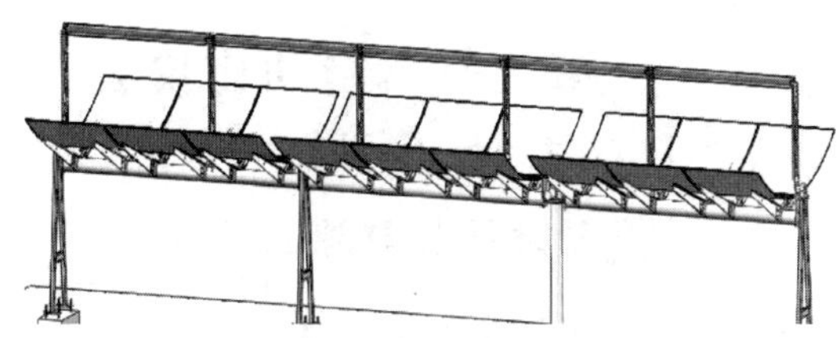

图 2-5-35　集热管安装示意图

2. 塔式光热发电设备安装

（1）吸热屏安装

1）吸热屏安装时每片管屏与图纸一一对应，采取对称安装的方式，单面安装应不多于 2 组。

2）吸热屏通过固定装置，固定在吸热塔钢构梁，吸热屏中心偏差应不大于 3mm，垂直度偏差小于长度的 1/1000，且不大于 15mm，标高偏差小于 3mm。

3）吸热屏吊挂装置部件连接应牢固，吊杆受力均匀，水压前应进行吊杆受力复查。吸热屏安装参见图 2-5-36。

（2）定日镜安装

1）使用 100m 卷尺对定日镜基础短柱位置进行验证；使用水平仪对定日镜柱顶板标高进行复查；每个定日镜柱顶板标高不一致，需对每个基础标高进行复核，位置和标高偏差应小于±10mm。

2）在组装车间按照定日镜支架图纸进行支架的组合，支架组合完成后将定日镜镜面安装在支架上，部件固定牢固。

3）用拖车将定日镜运输至安装位置附近，利用汽车吊进行定日镜吊装，定日镜中心有一个小型镜片可以拆卸，吊装过程中即通过拆卸后留出的吊物孔进行吊具的固定，吊具固定好后，进行拖车上临时固定法兰螺栓的拆卸，然后吊装。将定日镜吊装至混凝土柱上，安装短柱下方的法兰和混凝土柱顶部法兰连接定位销，安装法兰螺栓，按照力矩要求紧固连接螺栓。

4）安装液压油缸及驱动装置，定日镜调整角度符合图纸设计要求，定日镜安装参见图 2-5-37。

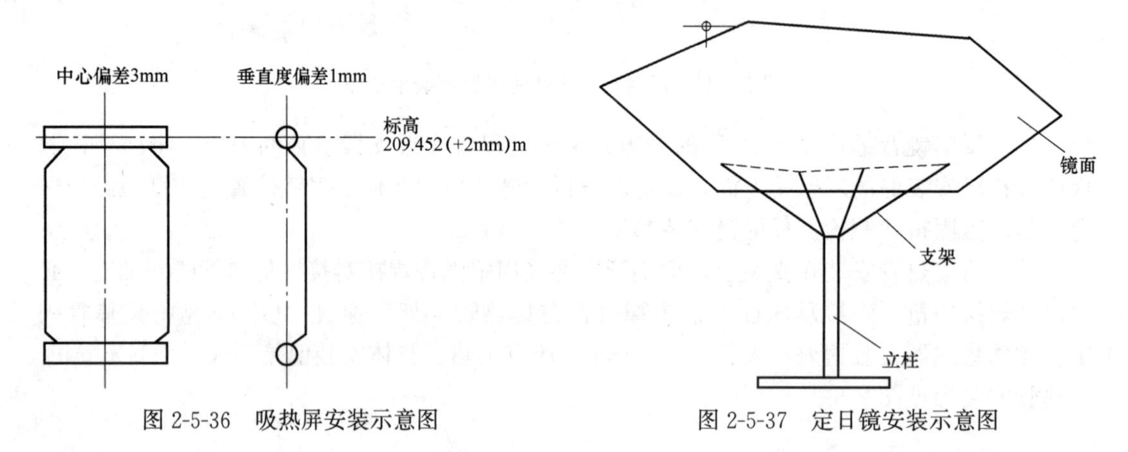

图 2-5-36　吸热屏安装示意图

图 2-5-37　定日镜安装示意图

第六节　自动化仪表工程安装工艺细部节点做法

一、仪表设备及取源部件安装

1. 压力仪表取源部件安装

（1）压力与温度测孔

压力与温度测孔在同一地点时，压力测孔必须开凿在温度测孔的前面（按介质流动方向），如图 2-6-1 所示，以免因温度计阻挡使流体产生涡流而影响测压。

（2）检测带有灰尘、固体颗粒或沉淀物等混浊物料的压力

检测带有灰尘、固体颗粒或沉淀物等混浊物料的压力时，在水平管道上，取源部件宜顺物料束成锐角安装，如图 2-6-2 所示；在竖直和倾斜的设备和管道上，应倾斜向上安装，如图 2-6-3 所示。

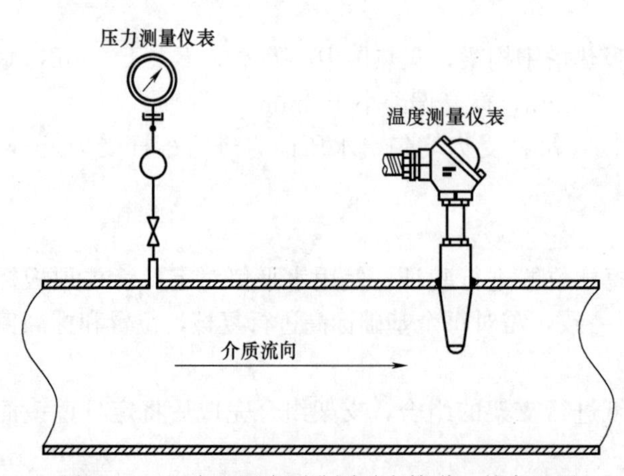

图 2-6-1　压力和温度测孔同时在管道上的布置图

（3）在水平和倾斜的管道上安装压力取源部件，测量气体压力

在水平和倾斜的管道上安装压力取源部件，测量气体压力时，应在管道的上半部。测量液体压力时，应在管道的下半部与管道水平中心线成

0°～45°夹角范围内。测量蒸汽压力时，应在管道的上半部，以及下半部与管道水平中心线成0°～45°夹角范围内。如图2-6-4所示。

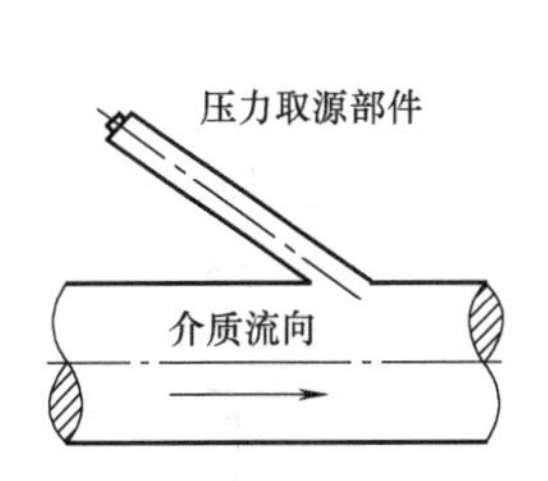

图2-6-2 水平管道上安装压力取源部件

图2-6-3 竖直管道上安装压力取源部件

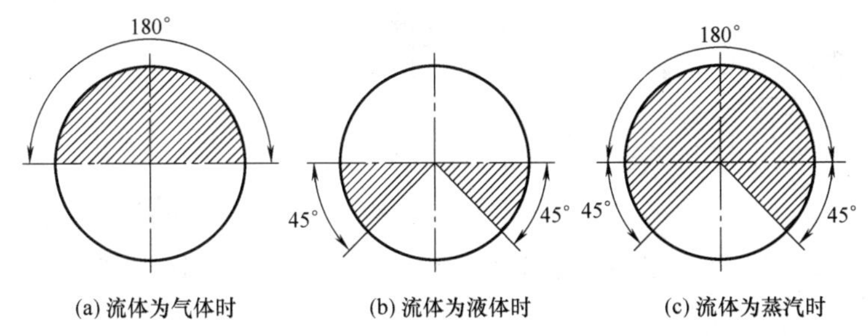

图2-6-4 在水平和倾斜管道上压力取样的安装方位

（4）压力插座按照被测介质压力等级的不同分为加强型和普通型

低压介质用普通型压力插座，如图2-6-5（a）所示，高压介质用加强型压力插座，如图2-6-5（b）所示，超临界参数压力插座壁厚还应增大，如图2-6-5（c）所示。

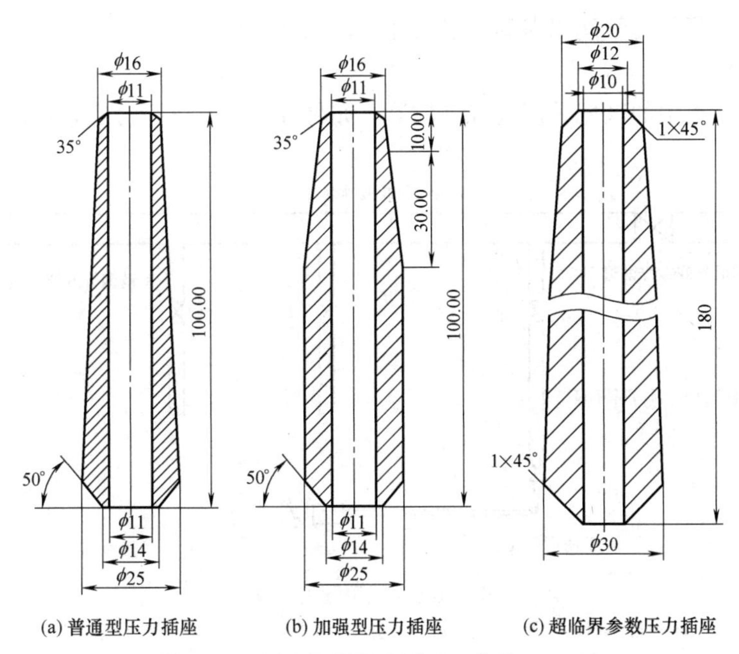

图2-6-5 压力取样插座形式（单位：mm）

2. 压力仪表安装

（1）隔膜式压力仪表安装：

1）隔膜式压力仪表由油膜片隔离器、连接管和压力表三部分组成。根据被测介质的要求，在其内腔填充适当的工作液。

2）安装方式如图 2-6-6 所示。

（2）压力仪表应就地安装，选择便于检修维护的安装位置，如图 2-6-7 所示。

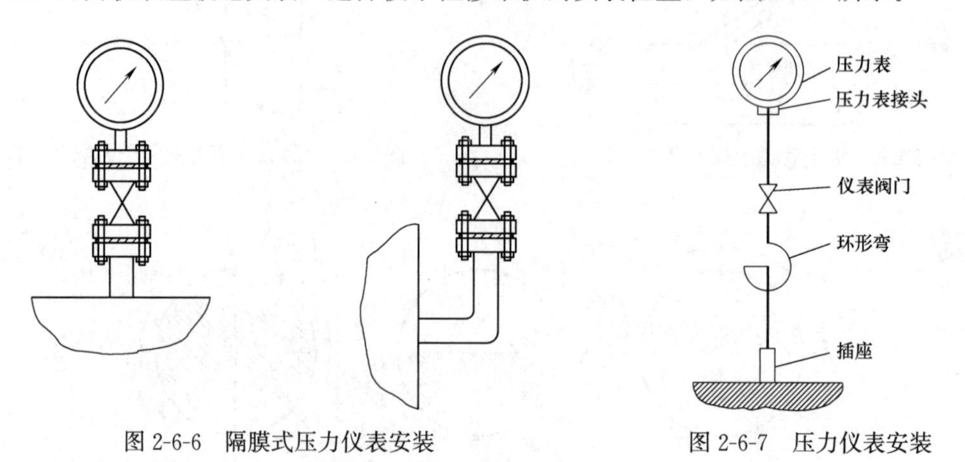

图 2-6-6　隔膜式压力仪表安装

图 2-6-7　压力仪表安装

二、仪表管道安装

仪表气源管的安装：

1. 气源配管

国外设计中气源配管推广全部选用不锈钢管，干管、分管的配管使用管配件焊接或者丝扣连接，而支管的配管使用卡套式接头连接。

2. 控制阀

控制阀相对集中的区域采用气源分配器（亦称分气包）进行分支，如图 2-6-8 所示。

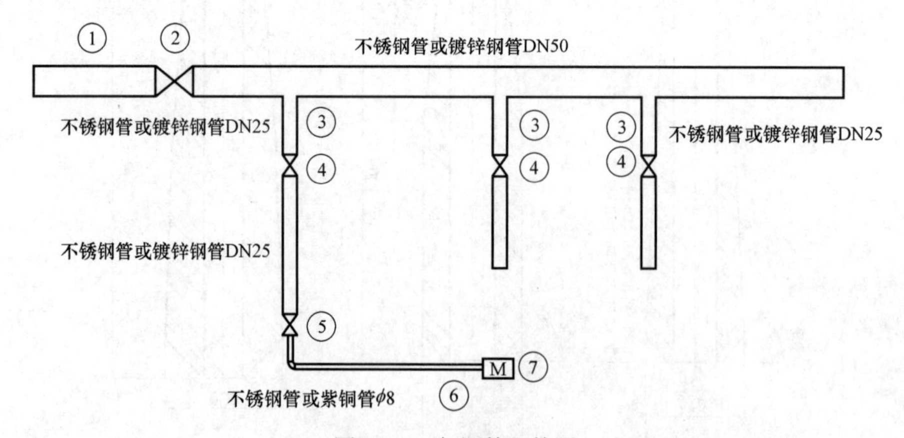

图 2-6-8　气源管配管图

①—气源总管；②—总阀门；③—分支管；④—阀门；⑤—变径终端头；⑥—终端头；⑦—气动阀；紫铜管 $\phi8$，一般长度为 500～800mm

三、自动化仪表线路安装

（一）电缆支架安装

1. 支架制作

（1）根据所支撑桥架规格及电缆容量不同，支架通常制作成门型或L型。

（2）支架多数为顶部悬吊式，集中电缆夹层或部分条件特殊的现场部位可为底部支撑式。

（3）各类型成品支架如图2-6-9所示，图（a）为托臂配以花眼工字钢组合而成的托臂支架，图（b）为成套的E型架，图（c）为底部支撑式门型支架，图（d）为常规悬吊式门型支架，图（e）为L型支架。

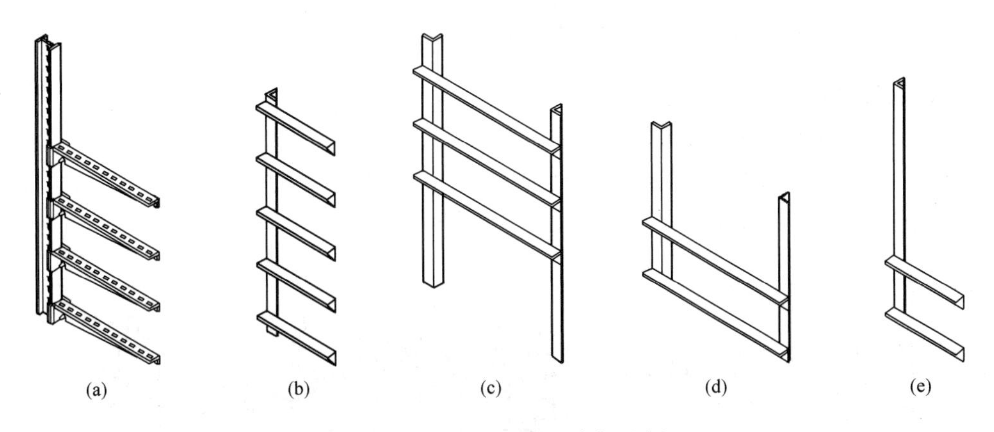

图2-6-9　各类型成品支架示例

2. 支架安装

（1）设备、管道不允许现场进行非承压部件的焊接。

（2）支架需固定在设备或管道上时，宜采用U型螺栓或卡子固定，如图2-6-10所示。

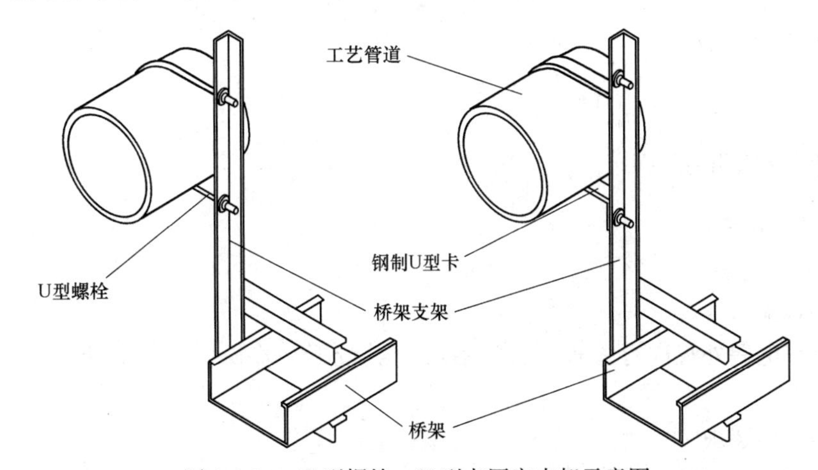

图2-6-10　U型螺栓、U型卡固定支架示意图

（二）电缆（电线、光缆）敷设

1. 电缆桥架内，通常要求交流电源线路（电缆）与仪表信号线路（电缆）分层敷设。

2. 无法分层敷设时，两者之间需采用金属隔板隔开，以减少信号线路受电源线路电磁干扰，如图 2-6-11 所示。

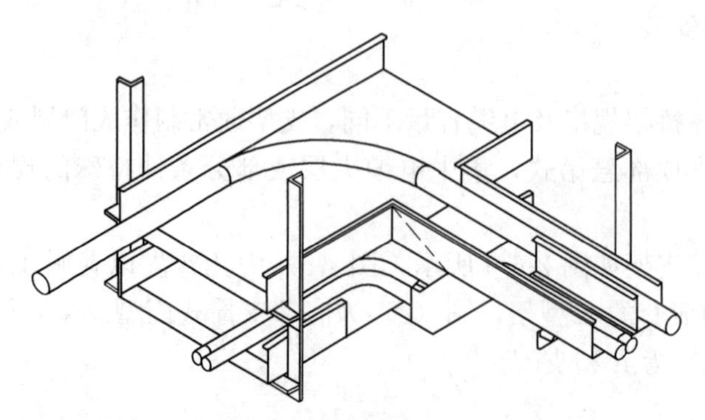

图 2-6-11　电缆分层敷设及隔离加装措施示意图

（三）仪表线路配线

电缆芯线根部缠绕小段塑料带，起到美化电缆头外观的作用。该段塑料带缠绕就需对两种屏蔽引接方式的黄绿接地线做区分处理，缠好后将预先套好的热缩套管放至适宜的位置，加热缩紧至包住电缆头部位，即完成一个电缆头的制作，如图 2-6-12 所示。

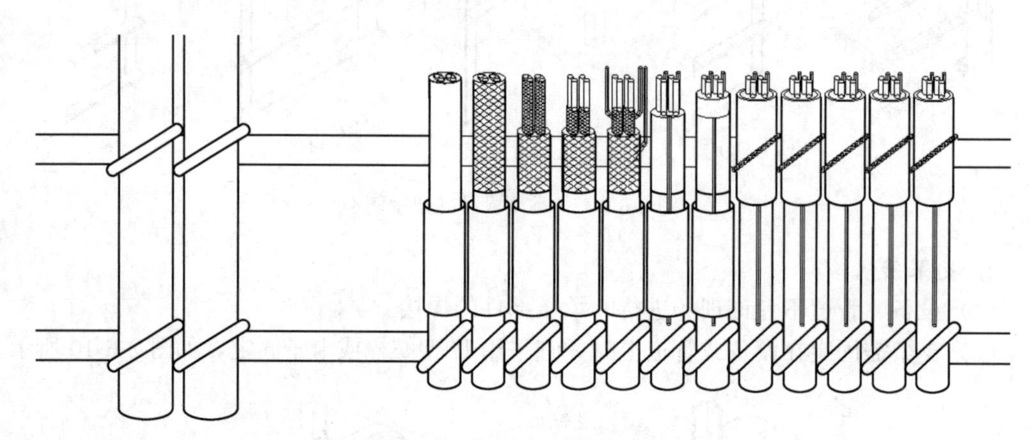

图 2-6-12　电缆头制作示意图

四、仪表的调试

（一）单台仪表

1. 热电偶校验

（1）外观检查

对被检热电偶外观进行检查，合格后方可进行下一步操作，热电偶结构如图 2-6-13 所示。

（2）热电偶装炉

1）将标准热电偶套上石英管，与被检热电偶用细镍铬丝捆扎成圆形一束，如图 2-6-14 所示。

2）需保证被检热电偶测量端围绕标准热电偶测量端均匀分布一周，并处于同一平面。

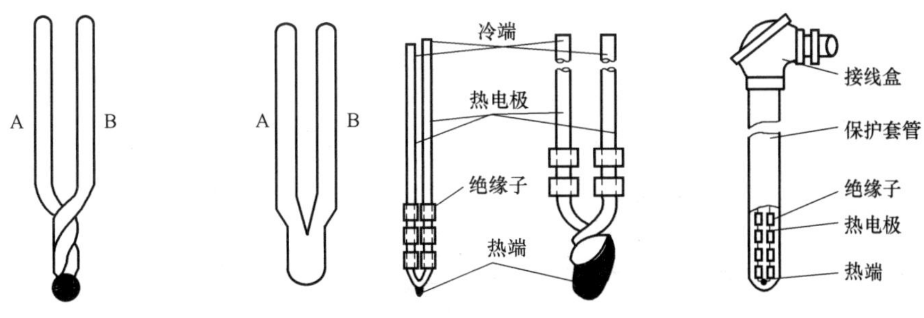

图 2-6-13　热电偶结构示意图

（3）热电偶接线

1）被检热电偶与标准热电偶参考端连接准确无误，注意区分正负极接线，避免热电偶正负极短路。

2）热电偶参考端的引线应使用同类型的补偿导线进行连接，如图 2-6-15 所示。

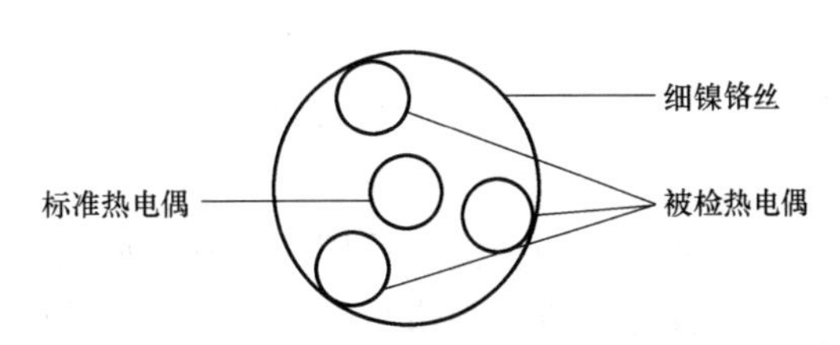

图 2-6-14　热电偶捆扎横截面示意图

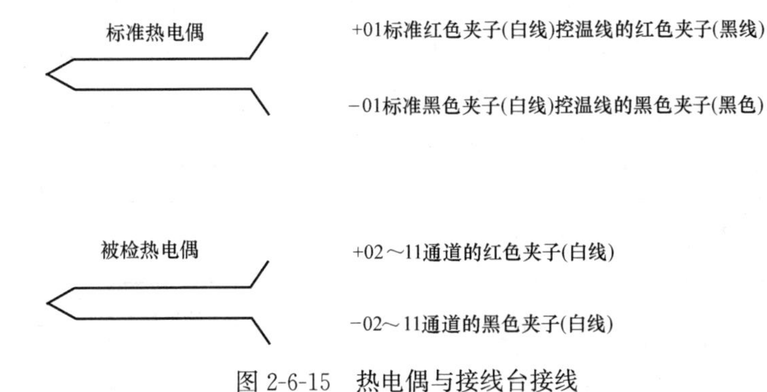

图 2-6-15　热电偶与接线台接线

（4）相应配套设备接线

1）连接好校验装置及被检、标准热电偶。根据所选检定点选择加热设备（300℃以上热电偶检定炉、300℃以下恒温油槽）。

2）启动各设备电源，300℃以上热电偶自检系统如图 2-6-16 所示，300℃以下热电偶自检系统如图 2-6-17 所示。

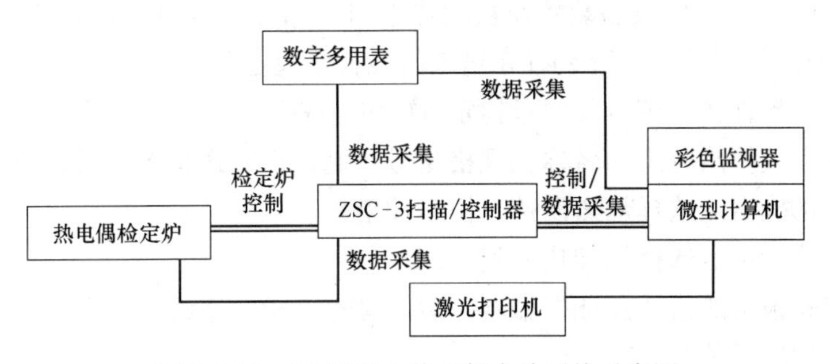

图 2-6-16　300℃以上热电偶自检系统示意图

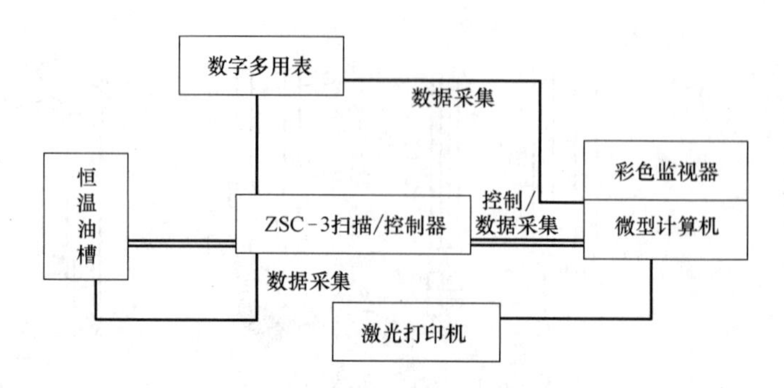

图 2-6-17　300℃以下热电偶自检系统示意图

2. 工业铂、铜热电阻校验

（1）接线

1）热电阻阻值测量采用四线制，如图 2-6-18 所示。

2）感温元件电阻值从连接点计算，热电阻电阻值从整支热电阻的接线端子计算。测量二线制时，可接为四线制，如图 2-6-19 所示。

3）测量结果应扣除引线电阻值。测量三线制时，为消除引线电阻 r 的影响，可分别按图 2-6-20（a）和（b）接线方法测量，可得 R_a 和 R_b，$R_a=R_t+r$，$R_b=R_t+2r$。

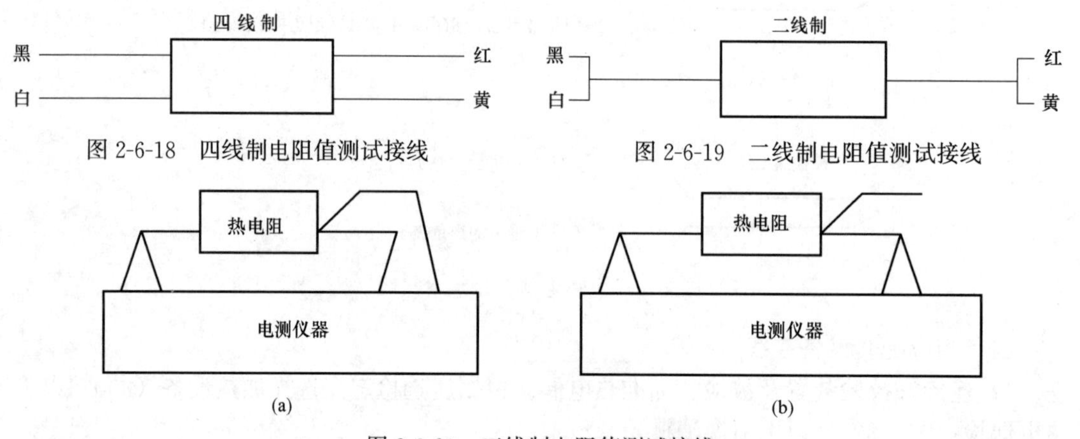

图 2-6-18　四线制电阻值测试接线

图 2-6-19　二线制电阻值测试接线

(a)　(b)

图 2-6-20　三线制电阻值测试接线

（2）自动检定

1）按图 2-6-17 连接好校验装置及被检热电阻、标准热电阻。各设备送上电源并打开电源开关，首先打开微机，运行 ZRJ-3 热工仪表智能检定系统。

2）热电阻不允许选检定点程序只检定 0℃和 100℃。

3）依次输入被检热电阻的名称、规格型号、制造厂、送检单位等信息。

4）根据所选检定点选择加热设备（恒温油槽）。

5）根据所选检定点选择标准热电阻。

6）设定校验报告的格式及证书编号，启动 ZRJ-3 检定系统。

（二）综合控制系统

1. 对 FCS 的硬件进行外观检查，所有设备及按钮、指示灯、保险等附件均应安装就位，完好无缺；在受电前对机柜进行清扫；对硬件数量进行清点，检查应符合设计要求。

2. 对机柜的接地电阻进行测量，确认其满足制造厂要求（<4Ω）。

3. 检查连接终端网、厂网、现场总线的通信电缆应正确，检查各控制机柜的预制电缆连接正确，各插头的连接牢固可靠。

4. 检查卡件、操作站、CRT 及打印机与主机电缆连接应正确可靠，检查卡件的电源及数据线连接应正确可靠。

5. FCS 机柜的首次送电，制造厂代表必须在场。确认各控制柜和电源柜的电源开关均处于“断开”位置；确认各柜内的卡件均已拔离插槽；确认电气供电装置至 FCS 电源柜的电缆接线正确无误；检查输入的 220VAC 电源品质应满足设计要求。

6. FCS 各子控制系统的硬件调试应遵循通用性步骤。

7. FCS 软件调试：应模拟现场总线设备进行系统运算、控制、报警联锁功能检查试验，现场总线控制系统原理如图 2-6-21 所示，应进行操作画面试验。

8. FCS 与其他系统的通信调试，应以 FCS 制造厂为主与其他系统的制造厂进行通信规约、协议方面的讨论和确认，最终实现试验或验证。

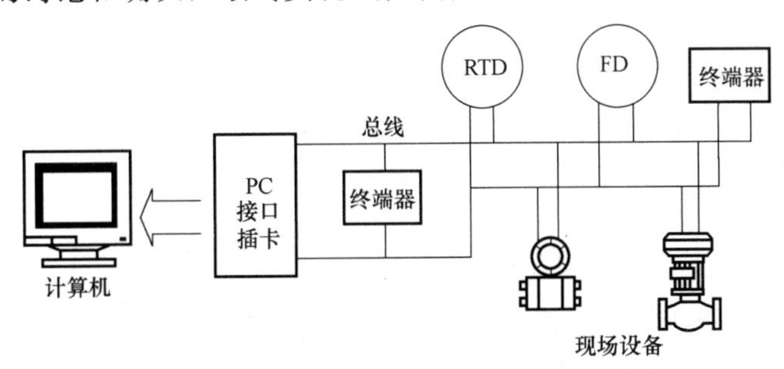

图 2-6-21 现场总线控制系统原理图

（三）回路试验和系统试验

1. 在检测回路的信号输入端输入模拟被测变量的标准信号，回路的显示仪表部分的示值误差，不应超过回路内各单台仪表允许基本误差平方和的平方根值，如图 2-6-22 所示。

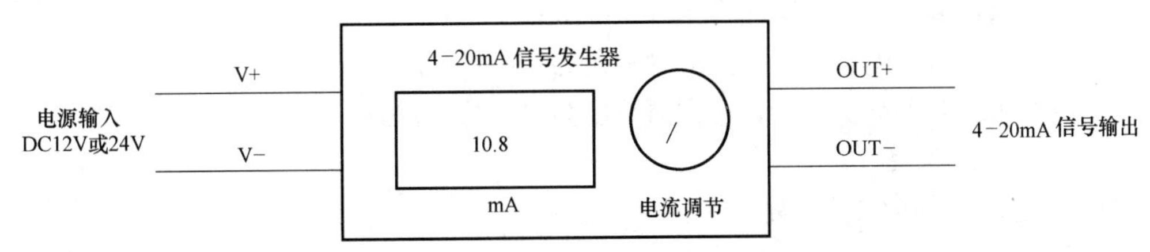

图 2-6-22 信号发生器原理图

2. 温度检测回路可在检测元件的输入端向回路输入电阻值或毫伏值模拟信号。

3. 振动、偏心等峰-峰值幅度检测回路可在检测元件的输入端向回路输入带正弦波微电压模拟信号。

4. 压力、流量、液位、料位等检测回路可在检测元件的输入端向回路输入标准电流值模拟信号，如图 2-6-23 所示。

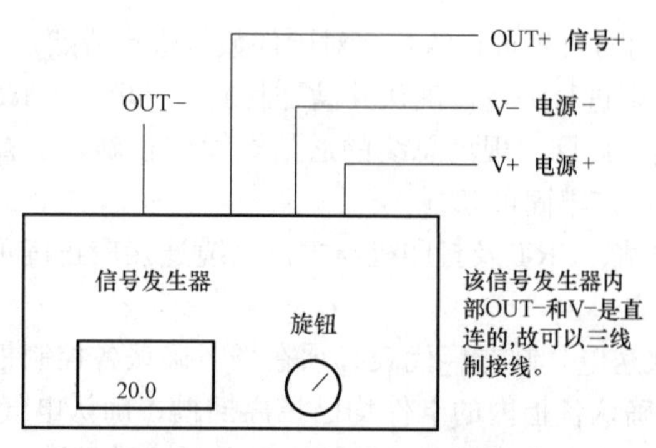

图 2-6-23 变送器信号校验原理图

第七节 防腐蚀工程施工工艺细部节点做法

一、金属表面处理

工程建设现场金属表面处理常用的方法有手工动力工具除锈、喷射或抛射除锈两种。

喷砂（即：喷射）是以压缩空气为动力，将磨料以一定速度喷向被处理的金属表面，以除去氧化皮和铁锈及其他污物的一种方法，等级可以达到 Sa 级。

1. 喷砂工艺参数

（1）磨料

1）采用石英砂、金刚砂、铜矿砂、质地坚硬的河砂等，粒径为 0.5～4mm，颗粒大小均匀、干燥，无油污等任何污染。

2）每次装砂时，都要先过筛分选，如发现磨料有结块、锈蚀严重的，必须清除。

（2）环境条件

空气的相对湿度不应大于 85%，基体表面温度不低于露点以上 3℃。

（3）技术参数

1）压缩空气工作压力为 0.4～0.6MPa。

2）喷嘴到基体金属表面距离为 100～300mm。

3）喷射方向与基体金属表面法线的夹角为 15°～30°。

4）喷射速度以不重复喷砂，达到清洁度为限；喷束重叠以 1/4～1/5 为宜。

（4）喷砂工艺装备

喷砂工艺装备如图 2-7-1 所示。

2. 喷砂施工

（1）净化处理：清除金属表面残留的焊渣、焊瘤、飞溅等杂物，用脱脂剂擦除基体表面油渍，对于较大面积的浮尘，应用干燥的压缩空气吹扫干净。

（2）喷砂前，应用金属薄板或硬木板将非喷砂部位遮蔽保护。

（3）喷嘴选用耐磨合金或耐磨陶瓷的文丘里型喷嘴，应在其孔径扩大 25%时予以更换。

（4）压缩空气经气体缓冲罐、油水分离器，达到清洁、干燥后才能进入砂罐和喷砂枪。

（5）装砂时，应先关闭砂罐下面的出砂阀门，再关闭进砂罐和喷砂枪的进气阀，然后调节砂罐顶部放空阀，确认砂罐内压力为零后，再打开砂罐上的装砂盖向罐内装砂。

（6）装砂后，先关闭装砂盖，再关闭放空阀，然后打开进气阀，确认喷砂准备工作就绪后，方可打开砂罐下面的出砂三通旋塞。

（7）喷砂时，应调节三通处旋塞，控制出砂流量，喷枪不得朝向任何人员；持枪人员与控制砂门人员之间配备对讲机进行联系；操作人员必须全身防护。

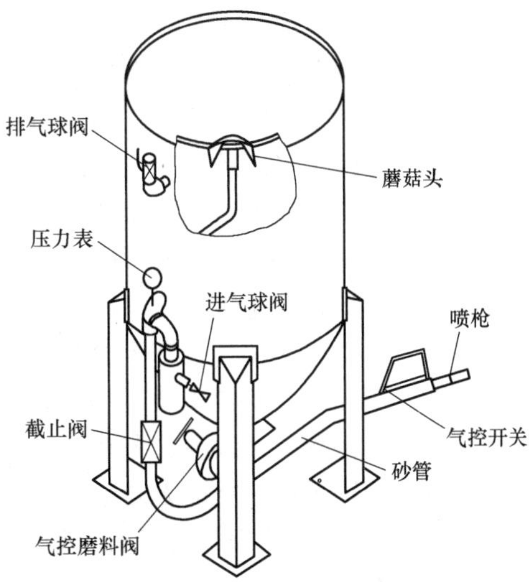

图 2-7-1　喷砂工艺装备图

（8）喷射完毕，及时清理金属喷砂面砂粒，并用干燥无油的压缩空气吹净表面灰尘，清理后的喷砂表面不得直接用手触摸，以免造成喷砂面的污染。

（9）喷砂过程中宜采用钢砂代替石英砂以及增加通风设施等手段，将粉尘、噪声控制在允许范围内。

二、涂料涂层施工

（一）地上设备、管道及钢结构涂料涂层施工

1. 地上设备及管道涂层施工

（1）底漆宜在焊接施工前进行涂装，但应将全部焊道留出焊道两侧各 50mm 宽，如图 2-7-2 所示。焊道底漆应在焊接施工（包括热处理和焊道检验等）完毕、系统试验合格并办理工序交接后进行。

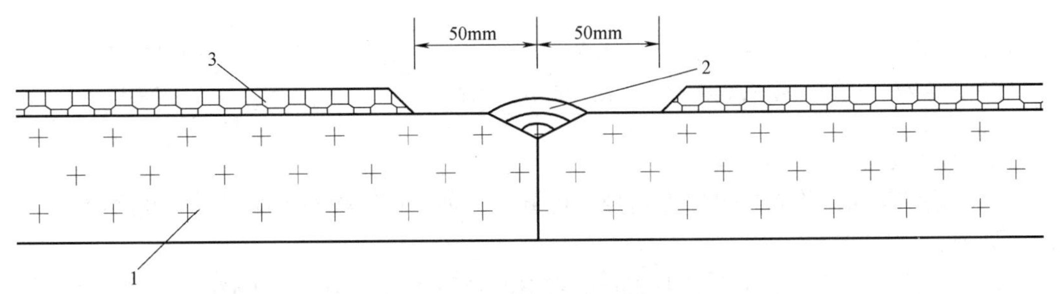

图 2-7-2　焊道防腐示意图

1—基体；2—焊道；3—底漆

（2）中间漆、面漆涂装宜在焊接施工（包括热处理和焊道检验等）完毕、系统试验合格并办理工序交接后进行，也可在焊接施工前进行涂装，但应将全部焊道留出，待试验合格后按要求进行涂装。

（3）防腐蚀涂料应具有的产品质量证明文件有合格证、质量检验报告和产品技术文件。

（4）需涂装的钢材表面应进行表面处理。表面处理前，应先对钢材表面的锈蚀等级进

行判断；表面处理后应对钢材表面的除锈等级进行评定。

（5）涂漆前应对标识、焊接坡口、螺纹等特殊部位加以保护。

（6）除产品技术文件规定外，前一道漆膜表干后，方可涂下一道漆。

（7）涂层的施工可采用刷涂法、滚涂法、空气喷涂法和高压无气喷涂法。

（8）刷涂，主要以腕力进行操作刷漆，漆刷应蘸少许涂料，以刷毛浸入涂料的部分为1/3～1/2毛长为宜，蘸漆后将漆刷在料桶内边轻抹一下，去除多余的涂料，以防止产生流坠或滴落。刷涂轨迹应纵横交错，避免漏涂或薄厚不均。

（9）滚涂，将涂料倒入装有辊涂板的容器中，将辊子的一半浸入涂料，然后提起，在辊涂板上来回滚几次，使辊子全部均匀浸透涂料，并把多余的涂料滚压掉。把辊子按W形轻轻地滚动，将涂料大致地涂布在被涂面上，接着把辊子做上下密集滚动，将涂料均匀分布开，最后使辊子按一定的方向滚动，滚平漆面。

（10）空气喷涂，喷嘴与被喷面应垂直，喷嘴与被喷面的距离应根据喷涂压力和喷嘴的大小确定，使用大口径喷枪时宜为200～300mm，使用小口径喷枪时宜为150～250mm。喷幅搭接的宽度宜为有效喷幅宽度的1/4～1/3，并应保持一致。

（11）高压无气喷涂，喷嘴与被喷面应垂直，喷嘴与被喷面的距离宜为300～500mm。如果枪嘴距离被涂表面太近，会引起涂料堆积，漆膜厚度过大甚至产生流挂；如果枪嘴距离被涂表面太远，又会产生干喷或过喷，涂料不能有效地呈液态附着而形成连续有效的漆膜。喷幅搭接的宽度宜为有效喷幅宽度的1/6～1/4，并应保持一致。

（12）涂层施工完成后应按照设计及相关规范要求进行质量检查，涂层质量应符合表2-7-1的要求。

涂装质量要求 **表2-7-1**

检查项目	质量要求	检查方法
外观质量	表面应平整、色泽一致，并应无流挂、起皱、脱皮、返锈、漏涂等缺陷	目测、5～10倍放大镜
干膜厚度	干膜厚度应均匀一致，涂层的层数和厚度应符合设计规定	磁性（涡流）测厚仪
附着力（如需要）	附着力应符合设计及相关规范要求	划格法、拉开法
漏涂（如需要）	针孔漏点的数量应符合设计及相关规范要求	电火花检测仪

2. 钢结构防火涂料施工

（1）钢结构防火涂料按照厚度划分，可分为三种，钢结构防火涂料分类及涂层厚度范围详见表2-7-2。

（2）当防火涂料厚度大于等于25mm或其粘结强度小于0.05MPa时，应在构件表面设置拉结镀锌铁丝网，如图2-7-3所示。

钢结构防火涂料分类及涂层厚度范围 **表2-7-2**

名称	涂层厚度δ范围（mm）
超薄型	$\delta \leqslant 3$
薄型	$3 < \delta \leqslant 7$
厚型	$7 < \delta \leqslant 45$

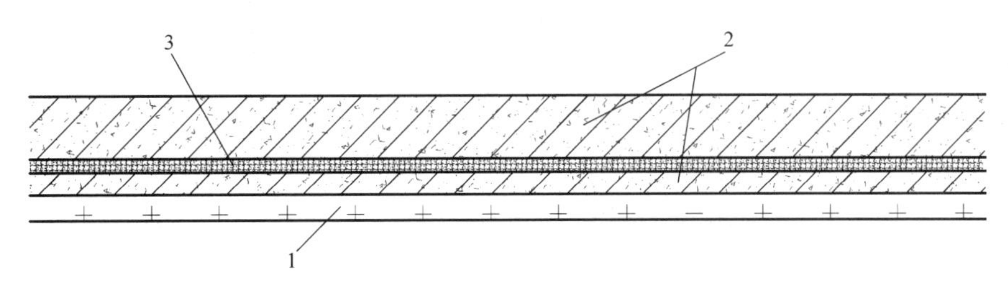

图 2-7-3 钢结构防火涂料拉结镀锌铁丝网示意图
1—基体；2—耐火涂料；3—镀锌钢丝网

（3）钢结构防火保护工程所使用的主要材料应具有的质量证明文件有合格证、质量检验报告、防火涂料型式检验报告或型式试验报告和产品技术文件。

（4）钢结构防火涂料现场使用之前应抽样复检，检测项目由相关方协商确定。

（5）钢结构防火涂料施工完成之后应按照设计及相关规范要求进行质量检查，涂层质量应符合表 2-7-3 的要求。

钢结构防火涂装质量要求 **表 2-7-3**

检查项目	质量要求	检查方法
外观质量	不得有误涂、漏涂，涂层应闭合，不应有脱层、空鼓、明显凹陷、粉化松散和浮浆等外观缺陷，乳突应剔除	目测
厚度	厚度应均匀一致，涂层的层数和厚度应符合设计规定	磁性（涡流）测厚仪、测厚针
裂纹	不得出现贯穿性裂纹，裂纹宽度和数量应符合设计及相关规范要求	放大镜、钢尺
母线直线度和圆度	允许偏差应符合设计及相关规范要求	1m 钢直尺、样板、钢尺

（二）地下设备及管道涂层施工

1. 埋地管道外防腐补口补伤施工

（1）补口补伤材料应具有的质量证明文件有合格证、质量检验报告和产品技术文件。

（2）补口补伤材料现场使用之前应抽样复验，检测项目应符合设计及相关规范要求。

（3）补口补伤前应进行表面处理，焊口处的表面处理方式和清理等级应符合设计及相关规范要求；搭接区域防腐层表面粗糙度和处理宽度应满足补口补伤材料的要求；防腐补口示意图如图 2-7-4 所示。

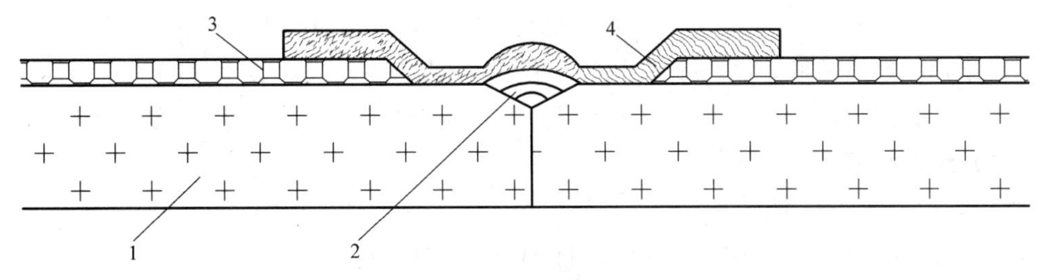

图 2-7-4 防腐补口示意图
1—基体；2—焊道；3—基体防腐层；4—补口防腐层

（4）补口补伤施工完成之后应按照设计及相关规范要求进行质量检查，补口补伤质量应符合表 2-7-4 的要求。

补口补伤质量要求 表 2-7-4

检查项目	质量要求	检查方法
外观质量	应符合设计及相关规范要求	目测
厚度	厚度应均匀一致，涂层的层数和厚度应符合设计规定	磁性（涡流）测厚仪
漏涂	针孔漏点的数量应符合设计及相关规范要求	电火花检漏仪
附着力或剥离强度	附着力应符合设计及相关规范要求	十字划格器、美工刀、弹簧测力计

2. 地埋式一体化消防设备涂层施工

（1）埋地式一体化消防设备涂层涂料应具有合格证、质量检验报告和产品技术文件，不应使用超过存放期限的涂料。

（2）埋地式一体化消防设备涂层施工前应按照设计及相关规范要求进行表面处理。

（3）埋地一体化消防设备涂层材料根据设计要求，可选用石油沥青涂料、环氧煤沥青涂料、改性厚浆环氧涂料以及聚合物胶粘带等。

（4）涂层施工之后应按照设计及相关规范要求对外观质量、厚度、漏涂、附着力或剥离强度进行检查和检测。

三、衬里防腐层施工

（一）水泥砂浆防腐蚀施工

埋地管水泥衬里补口施工：

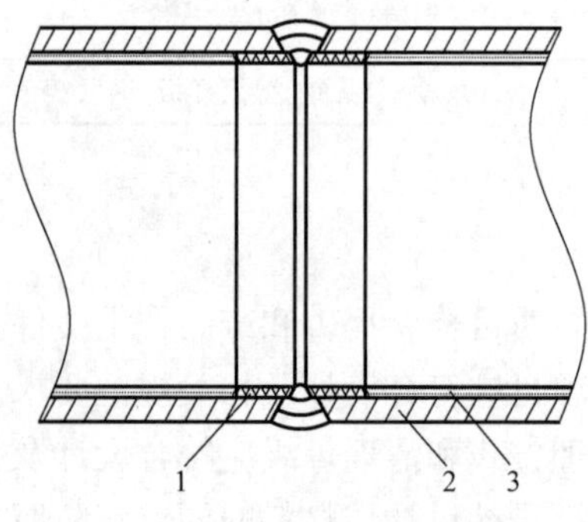

图 2-7-5 内衬短节法布置图

1—内衬短节；2—钢管；3—水泥砂浆衬里

（1）公称直径 DN1000 及以上的管道水泥砂浆衬里补口，可采用手工涂抹。

（2）采用单根预制生产的管道水泥砂浆衬里补口，可采用内衬短节法，如图 2-7-5 所示。

（3）不锈钢内衬短节与钢管的焊接宜在预制生产水泥砂浆衬里前完成，如需现场实施，要点如下：

1）使用两个外径比钢管内径稍小、壁厚与水泥砂浆衬里厚度相同的不锈钢短节，长度由设计方根据管道水泥砂浆衬里端口留头长度确定。

2）将不锈钢短节分别与接头处两端钢管内壁焊接，使不锈钢短节端头伸出钢管端头 1～1.5mm。

3）用强度等级不低于原衬里的水泥砂浆填充不锈钢短节与原砂浆衬里空隙。

4）将两端钢管组对，先用不锈钢焊条焊接不锈钢短节，然后按规定焊接接头。

（二）块材衬里施工

脱硫烟囱泡沫砖衬里防腐施工：

（1）烟囱支撑托安装完成，底涂层固化干燥后方可进行泡沫砖的贴衬施工，要求基层表面清洁干燥，无浮尘、无油污。

（2）施工前，首先要对泡沫玻璃砖进行挑选，要求表面孔隙一致、排列均匀，无缺角、掉棱、裂缝以及明显的凹凸现象。

（3）对于主要部位要先进行试排，再按尺寸进行切割。然后将涂层表面的灰尘及浮砂清理干净。找好垂直水平线，方可进行贴衬。泡沫玻璃砖内衬系统的典型构造细部的原则性布置如图 2-7-6 所示。

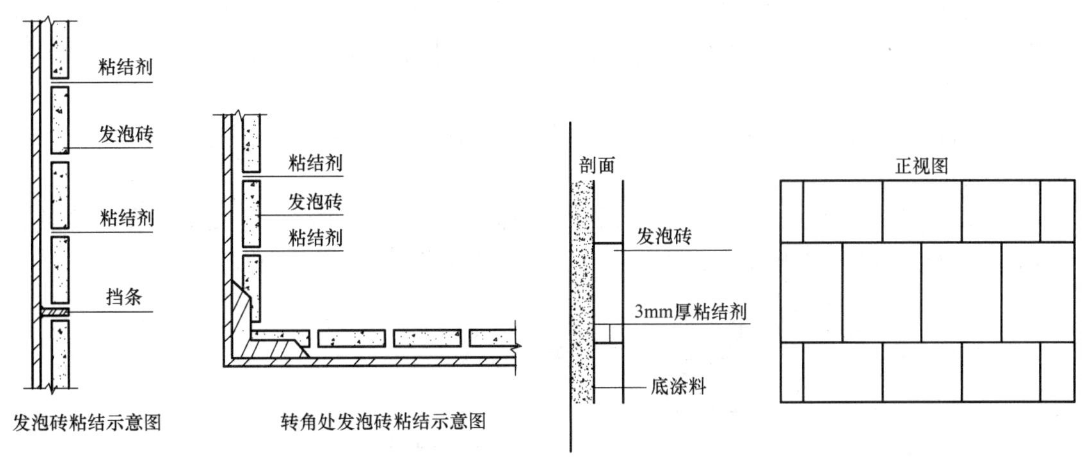

图 2-7-6　泡沫玻璃砖内衬系统的典型构造细部的原则性布置示意图

（4）将粘结剂 A 组分和 B 组分按一定的比例配制好。配料时按配比将 B 组分加入 A 组分中充分搅拌均匀后熟化 15～20min，即可使用。如施工粘度过高，用专用稀释剂稀释。

（5）泡沫砖采用揉挤法施工，用抹灰刀在基体表面上抹一层粘结剂，在要安装的泡沫玻璃砖的底部和所有各边均匀地抹上一层粘结剂。然后将泡沫玻璃砖粘贴到衬砌的位置，将泡沫玻璃砖在衬基表面上前后上下移动以消除泡沫玻璃砖与衬基之间的空隙。用手木槌轻轻地敲打，使玻璃砖牢固地与基体结合，并使其与相邻的砖紧靠。将砌缝中挤出的多余粘结剂用刮刀刮去。粘结剂的厚度与各砖之间的缝隙应控制在 2～5mm。

（6）泡沫玻璃砖上的粘结剂涂抹后与涂在衬基表面的粘结剂完全紧密粘结是十分重要的，在泡沫玻璃砖与衬基表面之间不应有空隙。如：焊缝凸出部位衬砖时，可将砖的背面根据焊缝凸出的高度而切割成一条缝，然后涂满粘结剂进行粘结，砖背面粘结剂厚度为 3～5mm。

（7）当预期要停工时，将已安装好的内衬的衬基上和边缘处的粘结膜去掉，复工后再继续安装泡沫砖。

（8）不得安装有通孔、裂纹、缺角或有其他缺陷的泡沫玻璃砖。

（9）砖与砖之间环缝为连缝，纵缝应错缝排列，错缝宽度为砖宽的 1/2，最小不得小于 1/3。

（10）衬砖施工时，应从支承托架开始往上贴衬。连续衬砖高度不宜过高，应与粘结剂的固化程度相适应，以免下层泡沫砖发生错位或移动。

（11）砖缝必须填满压实，不得有空隙，多余的粘结剂用刮刀刮去，将表面清理干净并保证砖缝的密实。贴衬施工完毕后，应在泡沫玻璃砖表面刷涂两道防腐涂料。

（三）橡胶衬里施工

1. 设备橡胶衬里

（1）设备壳体的要求

1）衬里设备结构宜采用可拆卸连接方式，对不可拆卸、密闭整体或受限空间结构应设置公称直径不小于 500mm 的人孔。当设备直径大于或等于 5000mm 时，应至少设置两个人孔。

2）需衬胶的法兰宜采用全平面密封，密封面不得加工密封水线。接管与设备壳体直接焊接时，衬胶接管的公称直径不应小于 25mm；当接管公称直径为 25～100mm 时，接管长度不应大于 300mm。

3）需衬胶的填料支撑板、多孔板、除雾器支撑板等宜采用法兰夹持结构，如图 2-7-7 所示。

4）由顶部插入较长的工艺加料管需固定加强时，与筒体焊接的连接板与介质接触的表面应衬胶板，同时受压衬里表面应采用耐腐蚀材料保护，安装示意如图 2-7-8 所示。

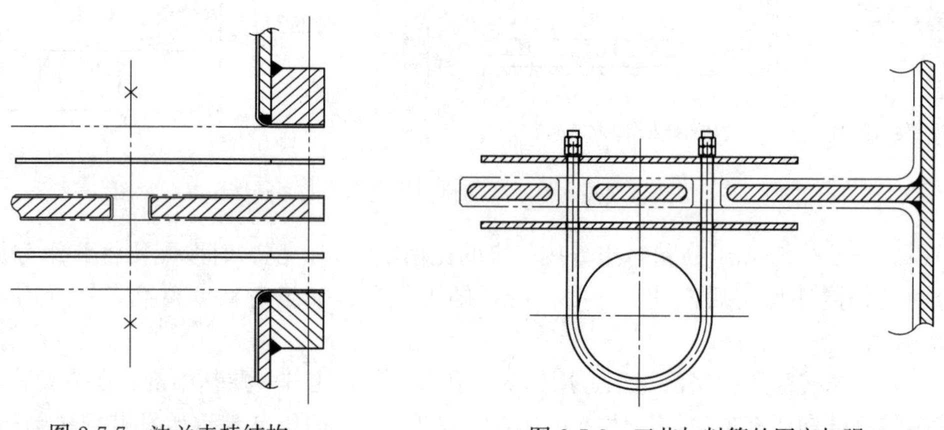

图 2-7-7　法兰夹持结构　　图 2-7-8　工艺加料管的固定加强

5）角焊缝焊脚高宜大于或等于 5mm，阳角的焊接圆弧半径宜大于或等于 3mm，阴角的焊接圆弧半径宜大于或等于 10mm，具体如图 2-7-9 所示。

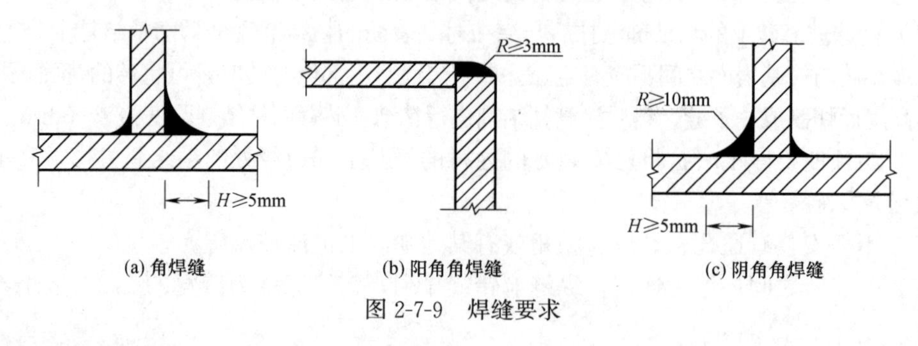

(a) 角焊缝　(b) 阳角角焊缝　(c) 阴角角焊缝

图 2-7-9　焊缝要求

（2）橡胶衬里接头

橡胶衬里接头可分为搭接、对接等形式，并应优先采用搭接接头。单层衬里、多层衬里面层、设备转角处应采用搭接接头。多层衬里底层和中间层宜采用对接接头，如图 2-7-10 所示。

1）衬里接头搭接宽度不应小于胶板厚度的 4 倍，且不宜超过 32mm。设备转角处搭接宽度不应小于 50mm。

2）相邻衬里接头应错开，其最小距离不宜小于 200mm。采用多层衬里时，相邻衬里层的接头也应错开，其距离不宜小于 200mm。

3）衬里纵、环接头相交处，不得采用十字形接头，应采用 T 字形接头，T 字形接头

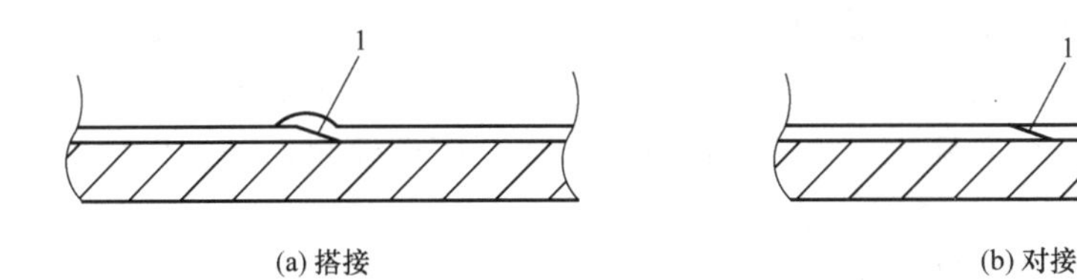

图 2-7-10 橡胶衬里接头形式

1—衬里接头，总长度不大于 32mm

错缝距离应大于 200mm。贴衬 T 字形接头时，应先将下层搭接处的凸面削成斜面，然后贴衬上层胶板。

4）衬里削边和接头搭接方向应根据设备及管道结构确定。衬里接头搭接方向应与介质流向一致。

5）大型储罐锥顶或拱顶的衬里，应按与顶板拼接焊缝相同的方式布置衬里的接头，如图 2-7-11 所示，不宜采用平行接头。

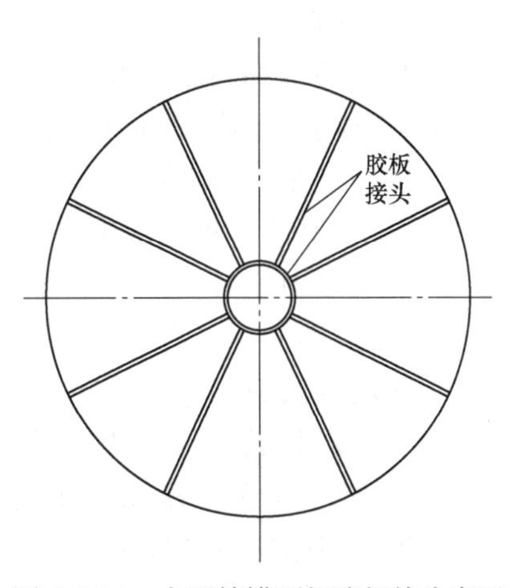

图 2-7-11 大型储罐顶板胶板接头布置

（3）胶板下料要求

1）裁胶或胶板削边应采用冷裁刀。

2）胶板下料尺寸应准确合理，并应减少贴衬应力和接头。对形状复杂的工件，应绘制排版图，并应制作样板，按样板下料。

3）衬胶后的胶板需机械加工时，胶层厚度应留出加工裕量。

（4）胶板的贴衬要求

1）贴衬胶板时，胶板铺放位置和顺序应正确，不得起皱或拉扯变薄。贴衬时胶膜应完整，发现脱落应及时补涂。

2）胶板贴衬后，应采用专用压滚或刮板依次滚压或刮压，不得漏压或漏刮，并应标记施工者代码。压滚或刮板用力程度应以胶板压合面见到压（刮）痕为宜，前后两次滚压或刮压应重叠 1/3～1/2，并应排净粘合面间的空气。

3）胶板接头和边角处应用小号辊子压合严实，边沿应圆滑过渡，不得漏刮，并不得有翘起、脱层。

4）衬至法兰密封面上的胶板应平整，不得有径向沟槽或超过 1mm 的凸起。

（5）胶板贴衬完成后的中间检查

当中间检查有漏电、鼓泡、衬里不实、表面伤痕、最低处小于厚度标准等缺陷时，应进行修复，修补结束后应进行电火花检测。

（6）带压本体硫化要求

1）衬里设备及管道外部应保温，保温厚度应根据现场气候条件确定。

2）硫化过程应安装温度计、压力表及安全阀，当设备及管道无工艺管口可利用时，则应在硫化盲板或设备本体上增开管口。

3）应开设两个或两个以上公称直径大于 65mm 的硫化用蒸汽进口，也可用工艺管口代替；蒸汽进口的设置应满足设备内部蒸汽分布均匀的要求，且蒸汽不得冲击衬里层。

4）工艺管口不能排出硫化冷凝液时，在设备最低处应设置冷凝液排放口。

5）硫化操作过程中需转动的设备，冷凝水排放口位置及数量应由设计确定。

6）所有工艺管口应设置硫化盲板。硫化盲板的强度应按硫化设备的设计条件进行计算和校核。

7）硫化盲板与设备接管法兰连接的密封结构设计应满足法兰密封面的橡胶衬里硫化完全的要求，宜采用设置金属压环、加厚（双层）垫片的方法，也可采用在法兰面贴衬同种硫化后胶板（硬质法兰面）的方法。

8）应根据设备容积大小、硫化时的环境温度，对硫化工艺进行调整。

9）应采取防止蒸汽断供的措施。

（7）常压热水硫化要求

1）应有冷水和高压蒸汽供给系统，进排水和供汽阀门应检查合格。

2）硫化时至少应有两个温度计。

3）硫化结束，温度降至 40℃以下时，应关闭进水阀，打开排水阀，使水位逐步下降。降至一定高度，停止放水并进行硬度检测。

4）当检测衬里硬度未达标时，应立即注水升温，并应计算出尚需恒温硫化时间。当达到恒温硫化时间后，再降温、排水、复查，直至合格。

2. 管道橡胶衬里

（1）橡胶衬里管道和管件的要求

1）橡胶衬里管子宜采用无缝钢管，不得采用螺纹焊管。当公称直径大于或等于 550mm 时，可采用直缝焊接钢管；当采用铸铁管时，其内壁应平整光滑，并应无砂眼、气孔、沟槽、重皮等缺陷。

2）S 型管应采用法兰连接（图 2-7-12），也可分解成弯头和直管。

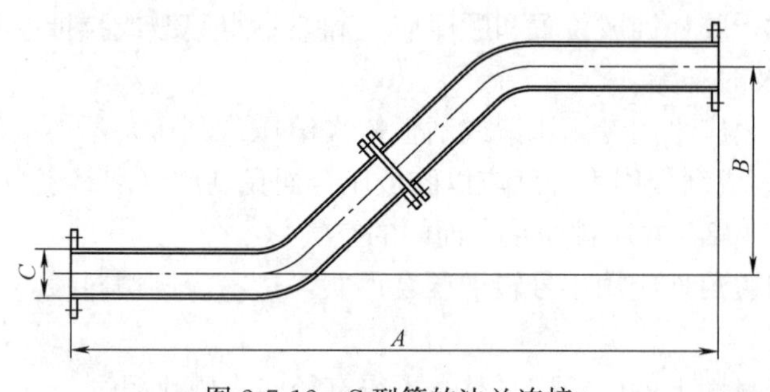

图 2-7-12　S 型管的法兰连接

3）弯头应优先采用冲压成型，现场弯制成型的弯头内表面应无皱褶。

4）当需现场组装和检修时，在弯头的一端应设置活套法兰，三通的主管、支管也应各设置一活套法兰。当管线上设有带活套法兰的管件时，管线一端也应设置活套法兰。

5）异径管内径不得呈阶梯形，法兰面应与异径管中心垂直。

（2）管道衬里采用预制胶筒法

管道衬里可采用预制胶筒法，其贴衬方法如下：

1）公称直径大于 250mm 的管道，可采用滚压法。

2）公称直径小于或等于 250mm 的管道，可采用牵引气囊、牵引光滑塑料塞、牵引砂袋、气顶等方法。

3）胶板下料长度应为管长加两个法兰盘密封面至管壁长度再留 20mm 余量。

（3）橡胶衬里硫化工艺

橡胶衬里硫化工艺包括加热硫化、自然硫化和预硫化。硫化工艺应由胶板制造商提供。

（4）加热硫化

加热硫化应包括硫化罐硫化、带压本体硫化、常压热水硫化、常压蒸汽硫化。加热硫化应按硫化工艺进行，不得欠硫化、过硫化，硫化终止时需对产品试板进行测试，当硬度不符合要求、发生欠硫化状况时，应进行二次硫化。任何部位，总硫化次数不得超过 3 次。

（5）管道橡胶衬里分段

管道橡胶衬里一般按照管道图纸分段，工厂化制作，预留现场安装封闭管段，待衬里管道安装完，制作封闭管段后，再进行衬里、复位。

第八节 绝热工程施工工艺细部节点做法

一、绝热层施工

（一）绝热层固定件、支撑件施工

1. 固定件施工

（1）绝热层及保护层用的固定件包括螺栓、螺母、销钉、钩钉、自锁紧板、箍环箍带、活动环、固定环等。

（2）固定件与设备（或管道）的材质应匹配。

（3）钩钉和销钉设置应符合下列规定：

1）宜采用 ϕ3mm～ϕ6mm 的圆钢制作，使用软质保温材料时应采用 ϕ3mm。保温钉的间距和数量应符合下列要求：

① 硬质材料保温钉间距宜为 300～600mm，且保温钉宜设在制品拼缝处。

② 软质材料保温钉间距不宜大于 350mm。

③ 每平方米面积上保温钉的个数，侧面不宜少于 6 个，底部不宜少于 9 个。

④ 管道、平壁和圆筒设备的保温层，硬质材料保温时，宜用钩钉或销钉固定，软质材料保温时，宜用销钉和自锁垫片固定，如图 2-8-1 所示。

2）保冷层不宜使用钩钉结构，保冷层宜采用带底座的塑料销钉固定，塑料销钉的长度应小于保冷层厚度 10～20mm，如图 2-8-2 所示。

3）对有振动的情况，钩钉应适当加密。

4）支承件已满足承重及固定绝热层要求时可不再设钩钉。

2. 支承件施工

（1）支承绝热层及保护层用的构件，包括托架、支承环、支承板等。

（2）材质和品种必须与设备或管道的材质相匹配。

（3）立式设备、水平夹角大于 45°的管道、平壁面和立卧式设备底面上的绝热结构，宜设支承件。其支承件的设计，应符合下列规定：

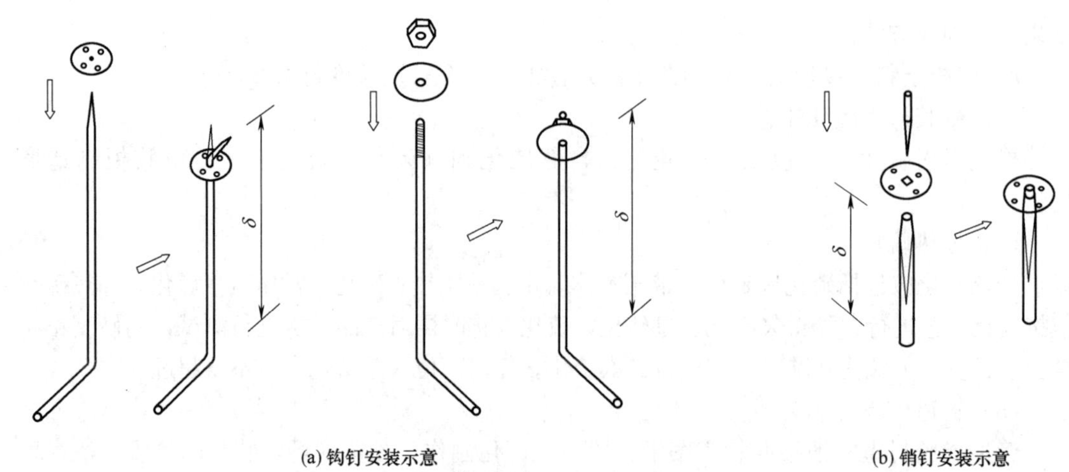

图 2-8-1　钩钉及销钉安装示意图

δ—绝热层厚度，mm

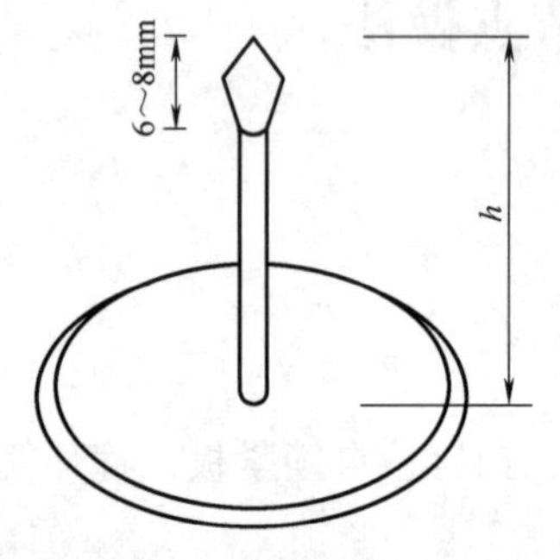

图 2-8-2　塑料销钉结构示意图

h—销钉长度

1）支承件的承面宽度应小于绝热厚度 10～20mm。

2）支承件的间距应符合下列规定：

① 立式设备及立管保温时，平壁支承件的间距宜为 1.5～2m；圆筒在介质温度大于或等于 350℃时，支承件的间距宜为 2～3m；在介质温度小于 350℃时，支承件的间距宜为 3～5m；保冷时，平壁和圆筒支承件的间距均不得大于 5m。

② 卧式设备当其外径 D 大于 2m，且使用硬质绝热制品时，应在水平中心线处设支承架。

3）立式圆筒绝热层可用抱箍式支撑件、环形钢板、管卡顶焊半环钢板和角铁顶面焊钢筋等做成的支承件支承。抱箍式支承件应根据设备或管道的周长制作成环形组合件，并用螺栓固定，如图 2-8-3 所示。当抱箍材质与母材不一致时，还应加设衬垫。

4）设备底部封头可用封头与圆柱体相切处附近设置的固定环或设备裙座周边线处焊上的螺母来支承绝热层。对有振动或大直径底部封头，可用在封头底部点阵式布置螺母或带环销钉来兜贴（挂）绝热层。

5）支承件的位置应避开法兰、配件或阀门。对立式设备及管道，支承件应设在阀门、法兰等的上方，其位置不应影响螺栓的拆卸，如图 2-8-4 所示。

6）不锈钢和合金钢设备及管道上的支承件，宜采用抱箍型结构。采用焊缝连接时，支承件材质应与其连接的设备及管道相同，否则，应通过同材质垫板隔离后，支承件方可用异种材质。

7）应在设备或管道的内部防腐、衬里和强度试验前进行绝热支承件的焊接。在焊后需进行热处理的设备上焊接支承件，应在热处理前焊接。

（二）绝热层施工

1. 绝热层伸缩缝施工

（1）绝热层采用拼砌法、粘贴法施工时，硬质或半硬质绝热制品的拼缝宽度，保温时不应大于 5mm，保冷时不应大于 2mm。

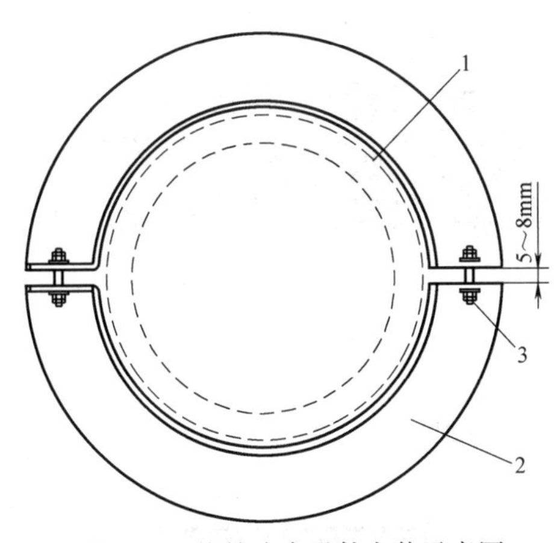

图 2-8-3　抱箍式支承件安装示意图
1—管道或设备；2—支承件；3—紧固螺栓

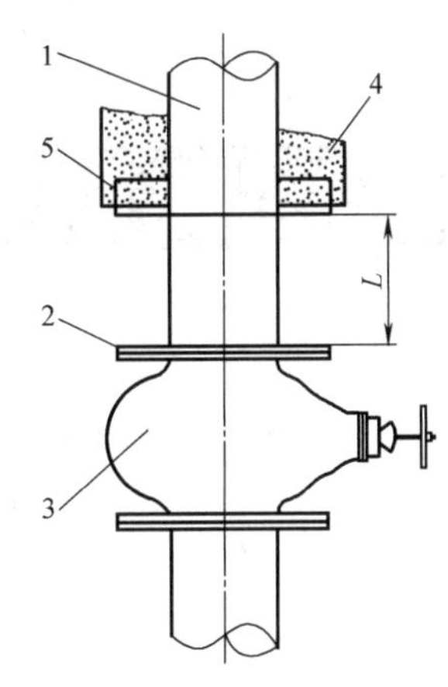

图 2-8-4　法兰、阀门部位支承件安装示意图
1—垂直管道；2—法兰；3—阀门；4—绝热层；
5—绝热支承件；L—支承件距法兰、阀门距离

（2）绝热为单层时，相邻绝热层应错缝敷设；绝热层为多层时，上下层应压缝敷设。错缝、压缝长度应大于 100mm。

（3）水平管道、卧式设备绝热层的纵向接缝位置不得设置在垂直中心线两侧 45°范围内；当采用多片（块）式拼砌，绝热层的纵向接缝应偏离垂直中心线位置。

（4）多层保冷施工时，在法兰或阀门断开处，绝热层应留设阶梯状接槎，间距不应小于 100mm 或一个绝热厚度。

（5）绝热层安装在法兰或法兰连接的阀门时应留设螺栓拆卸距离，拆卸距离应符合下列规定：

1）设备法兰两侧应留出 3 倍螺母直径的距离。

2）管道上法兰或法兰连接的阀门采用六角头螺栓连接时，螺母的一侧留出 3 倍螺母厚度的距离，螺栓一侧应留出螺栓长度加 25mm 的距离。

3）管道上法兰采用双头螺柱连接时，其中一侧应留出 3 倍螺母厚度的距离，另一侧应留出螺柱长度加 25mm 的距离。

4）管道上法兰连接的阀门采用双头螺柱连接时，管道上法兰侧应留出螺柱长度加 25mm 的距离。

（6）阀门或法兰绝热施工应在强度试验和泄漏性试验后进行；螺栓需冷紧或热紧的部位，绝热层应在热紧或冷紧后进行施工。

（7）硬质绝热层应留设伸缩缝。伸缩缝可采用软质绝热材料填充密实，填充材料的性能应与硬质绝热材料相近并能满足设计温度的要求．伸缩缝的留设应符合下列规定：

1）设计温度等于或大于 350℃时，伸缩缝的宽度宜为 25mm；设计温度小于 350℃时，伸缩缝的宽度宜为 20mm。

2）绝热层为双层或多层时，各层均应留设伸缩缝，并应错开，错开间距不宜小于 100mm，如图 2-8-5 所示。

3）设计温度等于或大于 350℃的设备和管道的保温以及低温设备和管道的保冷应在伸缩缝外增设绝热层，其厚度应与设备和管道本体的绝热厚度相同，且与伸缩缝的搭接宽度不得小于 50mm，如图 2-8-6 所示。

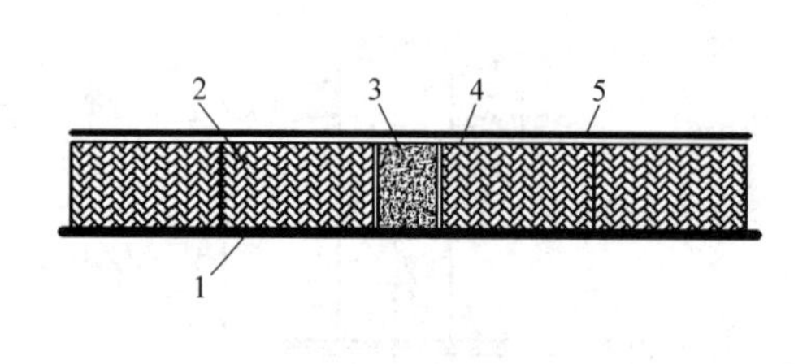

(a) 单层绝热层伸缩缝结构

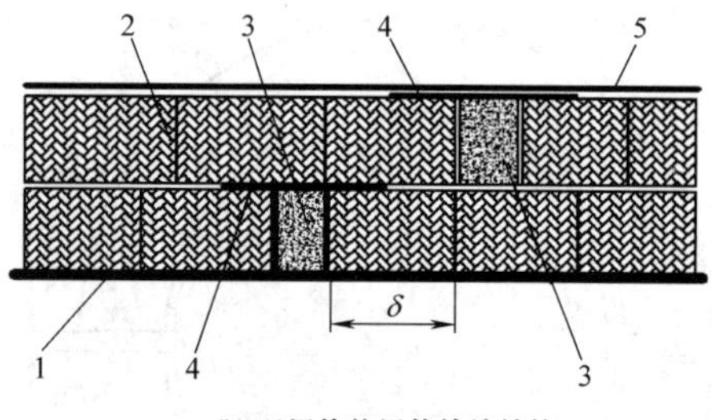

(b) 双层绝热层伸缩缝结构

图 2-8-5　伸缩缝留设示意图

1—设备或管道表面；2—绝热层；3—伸缩缝；4—密封带；5—保护层；δ—双层绝热层伸缩缝的错开间距

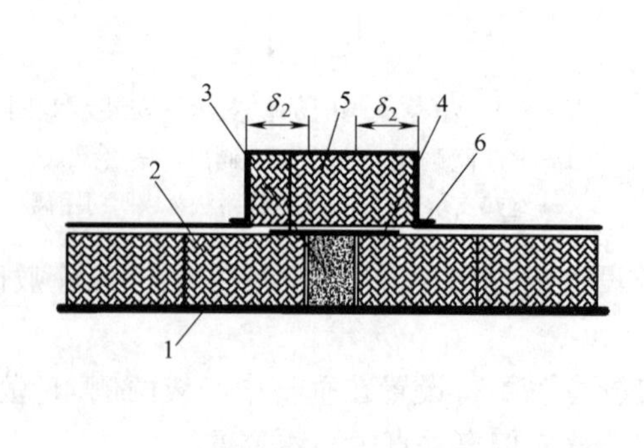

(a) 单层再绝热伸缩缝留设

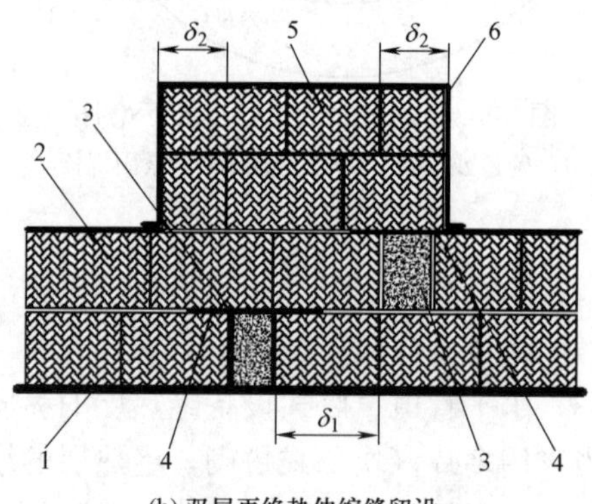

(b) 双层再绝热伸缩缝留设

图 2-8-6　增设绝热层伸缩缝留设示意图

1—设备或管道表面；2—绝热层；3—伸缩缝；4—密封带；5—再绝热层；6—保护层；

δ_1—双层绝热层伸缩缝的错开间距；δ_2—再绝热时伸缩缝的搭接宽度

4）保冷层的伸缩缝外侧应采用丁基胶带密封。

（8）保冷设备上的裙座、鞍座、支座以及设备附属结构的支架，管道上的支、吊架和仪表管座等附件的保冷长度不得小于设备和管道本体保冷层厚度的 4 倍或应敷设至非金属隔离垫块处；保冷层的厚度宜为相连设备或管道保冷层厚度的 1/2。

（9）立式设备加强圈当进行保温时，加强圈宽度未超过保温层厚度时应加设同质或软质保温材料填塞；加强圈宽度超过保温层时，超出部位应做成绝热盒，厚度应不低于本体保温层厚度的 1/2，并不应小于 40mm；当进行保冷时，加强圈均应进行保冷施工，其厚度宜为主体保冷层的厚度，且最低不得低于主体保冷层厚度的 1/2，并不应小于 40mm。

（10）设备和管道保冷时，其支承件外应再进行保冷施工，保冷层的厚度应为主体保冷层的厚度，高度不宜少于 100mm。

2. 球形容器硬质绝热材料施工

（1）球形容器采用硬质绝热材料拼砌法施工

球形容器采用硬质绝热材料拼砌法施工时，应采用成型的等腰梯形球面弧形板拼砌，并应符合下列规定：

1）每块等腰梯形球面强形板的尺寸宜为 350mm×350mm～600mm×600mm。

2）球面弧形板敷设前，应根据球体的经、纬尺寸计算出分带数和带宽，确定每带需要的球面弧形板的大小和需要的数量，根据计算出的球面弧形板尺寸和数量进行材料的订货，计算方法参见《石油化工绝热工程施工技术规程》SH/T 3522—2017附录C。

3）以球体赤道线为基线按计算出的分带数和带宽分别向两极划线确定各带球面弧形板的排列位置，多层拼砌时，下一层应与前一层错缝排列，如图2-8-7所示。

4）施工时应先在赤道设置定位带，容积超过3000m³的球体应在上温带和下温带设置定位带，以及经向定位带，如图2-8-8所示。

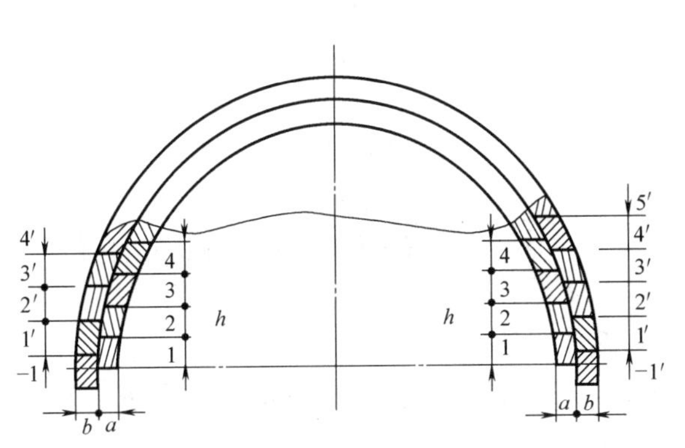

图2-8-7　球体分带示意图

h—代表带宽；数字—代表带数

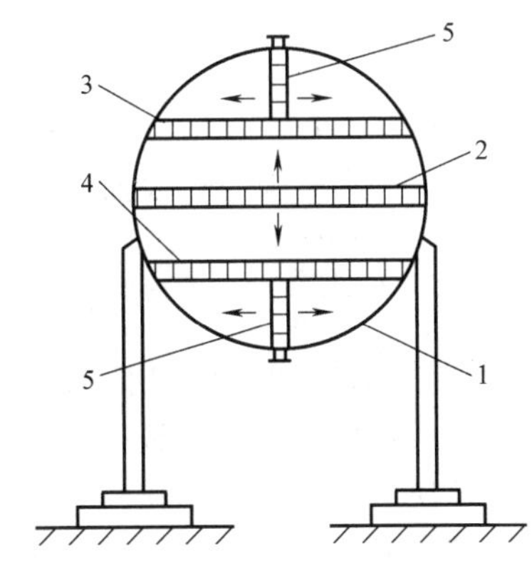

图2-8-8　球形设备绝热制品定位带的设置示意图

1—球体；2—赤道带定位带；3—上温带定位带；4—下温带定位带；5—经向定位带

5）球面弧形板应以定位带为基线，按图2-8-8箭头所示方向顺序进行拼砌。

6）球面弧形板需用销钉固定时，销钉位置应根据球面弧形板排列位置确定。销钉粘贴固化时间不应小于12h以上，并经检查合格后再进行球面弧形板的拼砌。

7）水平管道、卧式设备的绝热制品粘贴时宜先临时捆扎固定。

（2）球形设备绝热层进行捆扎

球形设备绝热层应从经向和纬向两个方向进行捆扎，如图2-8-9所示，并应符合下列规定：

1）上下两极应设置拉紧用的活动环，赤道处应设置固定环。

2）赤道处的固定环宜采用－30mm×3mm或－50mm×3mm的碳钢或不锈钢环。

3）经向捆扎时，赤道区的绝热制品不得少于2道捆扎，且间距不得大于300mm。

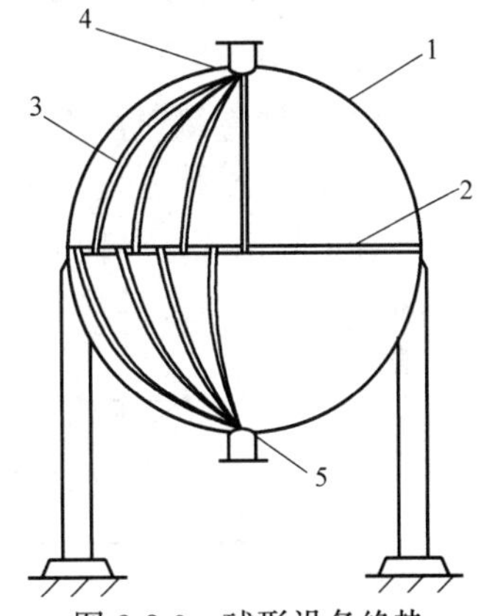

图2-8-9　球形设备绝热层捆扎示意图

1—球体；2—赤道线固定环；3—经向捆扎带；4、5—两极活动环

4）赤道带及上下温带间的绝热层宜再进行纬向捆扎，每块绝热制品不少于1道且经向与纬向交叉处应成“十”形固定。

二、防潮层及隔汽层施工

（一）防潮层施工

1. 阻燃型沥青马蹄脂或防水冷胶料复合结构防潮层施工

（1）阻燃型沥青马蹄脂或防水冷胶料复合结构防潮层，如图2-8-10所示。

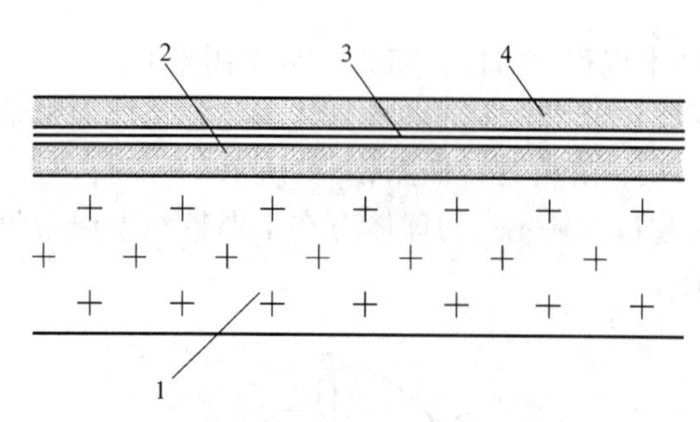

图 2-8-10 沥青马琋脂或防水冷胶料复合结构防潮层示意图

1—基体；2—第一层沥青马琋脂或防水冷胶层；3—玻璃布；4—第二层沥青马琋脂或防水冷胶层

（2）第一层阻燃型沥青马琋脂或防水冷胶层湿膜厚度不宜小于 3mm。

（3）可采用无蜡中碱粗格平纹玻璃布作为增强布，也可采用其他强度符合设计要求的纤维增强布。

（4）第二层阻燃型沥青马琋脂或防水冷胶层湿膜厚度不宜小于 3mm。

（5）绝热层外表面应进行找平处理；阻燃型沥青马琋脂或防水冷胶料涂抹应厚度均匀，无流挂和漏涂。

（6）增强布可采用缠绕或铺贴法施工。

2. 聚氨酯卷材结构防潮层施工

（1）卷材和粘结剂的质量技术指标应符合设计文件的规定。

（2）卷材的环向、纵向接缝搭接宽度不应小于 50mm，接头部位搭接长度不应小于 100mm，或应符合产品技术文件的要求。

（3）卷材粘贴时，搭接处粘结剂应饱满密实。对卷材产品要求满涂粘贴的，应按产品技术文件的要求进行施工。

（4）卷材的施工可根据卷材的幅宽、构件的大小和现场施工的具体状况，采用螺旋形缠绕法或平铺法。

（二）防潮隔汽层施工

1. 阀门和法兰段断开处防潮隔汽层施工

（1）阀门和法兰段断开处防潮隔汽层，如图 2-8-11 所示。

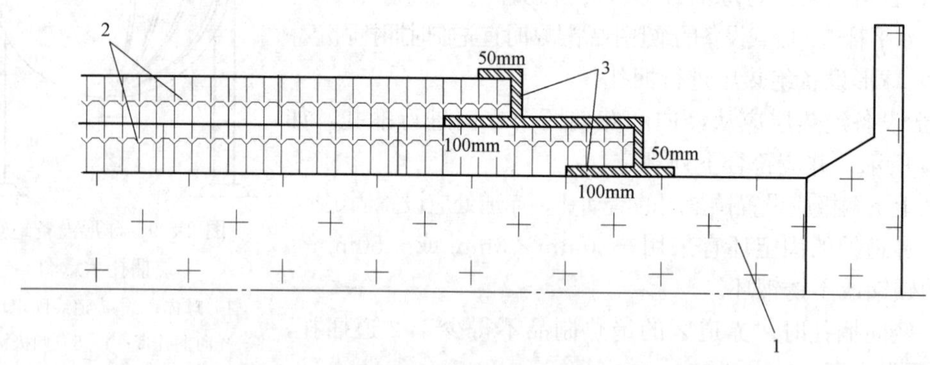

图 2-8-11 阀门和法兰段断开处防潮隔汽层示意图

1—阀门或法兰；2—保冷层；3—防潮隔汽层

（2）防潮隔汽层宜采用阻燃型沥青马琋脂或防水冷胶料等材料。

（3）断开处保冷层层间及与金属表面压接部位应形成封闭的防潮隔汽层，封闭面长度不小于 100mm。

（4）保冷层断开处的外露表面及端面、保冷层最外层表面及裸露的金属表面应涂抹防潮隔汽层，保冷层最外层表面及裸露金属表面涂抹长度不宜小于 50mm。

（5）防潮隔汽层厚度不宜小于 3mm。

2. 管道成品保冷支架与管道保冷层之间防潮隔汽层施工

（1）防潮隔汽层宜采用阻燃型沥青马琋脂或防水冷胶料等材料。

（2）保冷层端部各层间、最外层表面以及保冷层与金属外表面之间压接面及保冷层的断面宜涂抹防潮隔汽层材料形成端部封闭面，封闭面长度不宜小于 100mm。

（3）防潮隔汽层厚度不宜小于 3mm。

三、保护层施工

（一）设备金属保护层

1. 立式设备金属保护层施工

（1）保护层的施工应在绝热层或防潮层检验合格之后进行。

（2）金属保护层可采用手工、机械下料或加工，不得采用火焰等热切割的方式。

（3）金属保护层接缝可采用搭接、挂接、咬接及插接或嵌接等方式，保护层安装应紧贴绝热层或防潮层，外观应整齐美观，不渗水、不开裂和不脱落。

（4）金属保护层有下列情况之一时，其障碍开口缝隙应涂防水胶泥、密封剂或加设密封带：

1）保温时，露天或潮湿环境中的易呛水部位。

2）保冷时，所有障碍开口部位。

（5）立式设备金属保护层的接缝和凸筋，应呈棋盘形错列布置，如图 2-8-12 所示。金属保护层下料时，应按设备外形先行排版划线，并应综合考虑接缝形式、密封要求及膨胀收缩量，留出 20～50mm 的余量。

（6）立式储罐金属保护层可采用平板或压型板：当容积 $<100m^3$ 时，宜采用平板；当容积 $\geq 100m^3$ 时，宜采用压型板。

（7）金属保护层应由下至上进行安装，水平环缝可平缝或错缝设置。

（8）圆形设备封头的金属保护层，可根据绝热后的外径大小而采用平盖式或桔瓣式。

（9）方形设备的金属保护层宜压菱形棱线。安装时保护层应按棱线对齐；方形设备的顶部，应以中线为界，将保护层加工成 1/20 的顺水坡度。

图 2-8-12　立式设备金属保护层接缝示意图

2. 设备人孔、盲板、法兰保护层施工

（1）法兰或法兰连接的阀门宜做成可拆卸式绝热盒结构。

（2）人孔或盲板法兰金属保护盒宜制作成对称的部件，与设备相连的一段按设备保护层施工完后的外形加工成马鞍形接口，接边向外翻折 10～15mm，用自攻螺钉固定在设备金属保护层上，并用防水胶泥或密封剂密封。人孔或盲板法兰绝热盒结构及安装如图 2-8-13 所示。

（3）设备本体法兰绝热外保护层宜制作成两个或两个以上圆形结构。法兰保护盒与设备本体保护层搭接量不应小于 50mm，固定宜用钢带捆扎，接缝应涂抹防水胶泥或密封剂。设备本体法兰绝热保护层施工如图 2-8-14 所示。

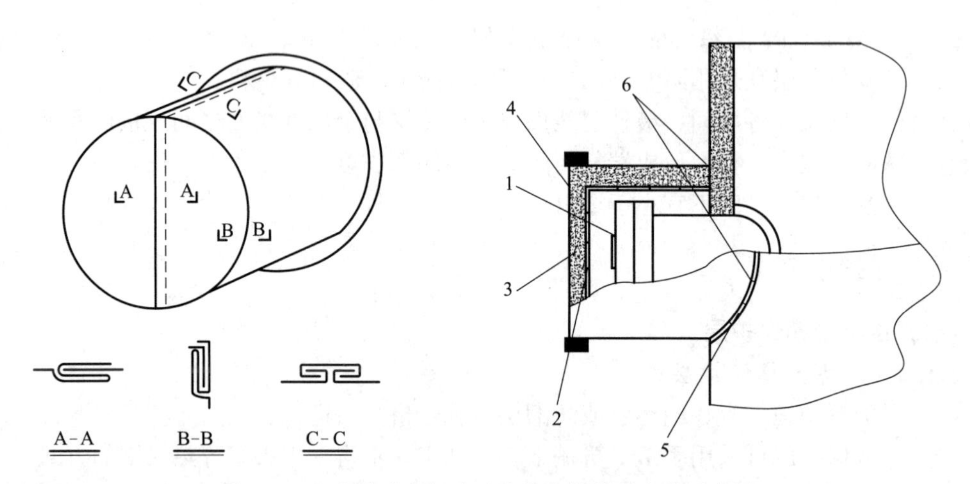

图 2-8-13　人孔或盲板法兰绝热盒结构及安装示意图

1—人孔或盲板法兰；2—铁丝网；3—绝热层；4—金属保护层；5—外翻边；6—自攻螺钉

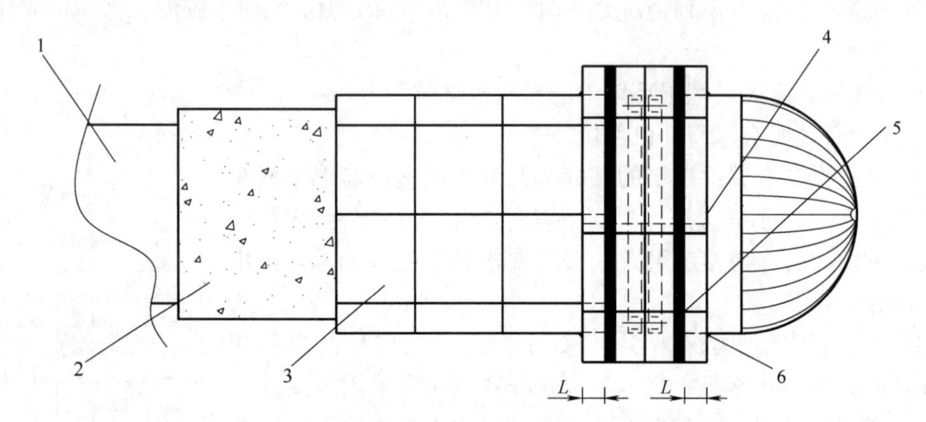

图 2-8-14　设备本体法兰绝热保护层安装示意图

1—设备本体；2—设备绝热层；3—设备保护层；4—法兰保护盒；5—捆扎钢带；
6—接缝密封胶；L—法兰盒与设备本体保护层的搭接量，≥50mm

（二）管道金属保护层

1. 主、支管相交处金属保护层施工

（1）直管段金属护壳的外圆周长下料，应比绝热层外圆周长加长 30～50mm。护壳环向搭接一端应压出凸筋；较大直径管道的护壳纵向搭接也应压出凸筋；其环向搭接尺寸不得小于 50mm，纵向搭接尺寸不得小于 30mm。

（2）水平管道保护层宜沿管道由一侧向另一侧顺序施工，垂直或倾斜管道应由低向高顺序施工。

（3）水平支管与垂直主管相交时，水平支管保护层先施工，垂直主管应按支管保护层外径开口，水平支管保护层应插入垂直主管保护层开口内，如图 2-8-15 所示。

（4）垂直支管与水平主管在水平主管下部相交时，垂直支管保护层应先施工，水平主管保护层应按垂直支管保护层外径开口，垂直支管保护层应插入水平主管保护层开口内，上端口向外折边不应小于 10mm，如图 2-8-16 所示。

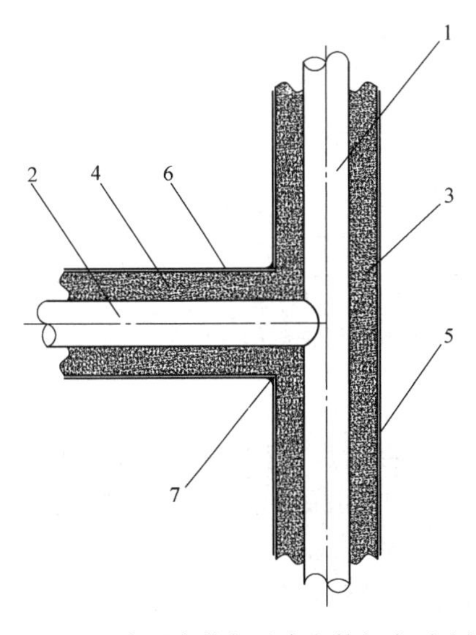

图 2-8-15　水平支管与垂直主管相交时金属保护层安装示意图

1—垂直主管；2—水平支管；3—垂直主管绝热层；4—水平支管绝热层；5—垂直主管保护层；6—水平支管保护层；7—接缝处密封胶

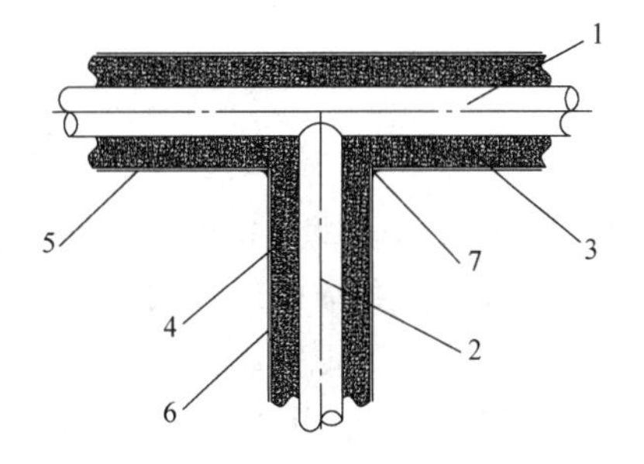

图 2-8-16　水平主管与垂直支管在水平主管下部相交时金属保护层安装示意图

1—水平主管；2—垂直支管；3—水平主管绝热层；4—垂直支管绝热层；5—水平主管保护层；6—垂直支管保护层；7—接缝处密封胶

（5）垂直支管与水平主管在水平主管上部相交时，水平主管保护层应先施工，垂直支管端部应按马鞍形剪口与水平主管对接，如图 2-8-17 所示。

（6）水平支管与水平主管在水平面相交时，支管保护层应先安装，主管保护层应按支管保护层外径开口，支管保护层应插入主管保护层开口内，如图 2-8-18 所示。

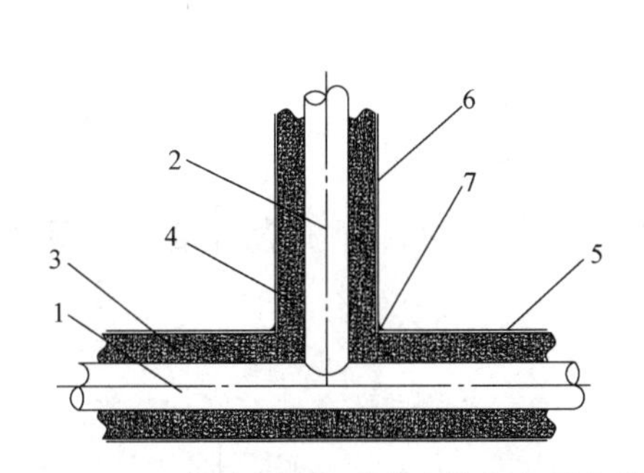

图 2-8-17　水平主管与垂直支管在水平主管上部相交时金属保护层安装示意图

1—水平主管；2—垂直支管；3—水平主管绝热层；4—垂直支管绝热层；5—水平主管保护层；6—垂直支管保护层；7—接缝处密封胶

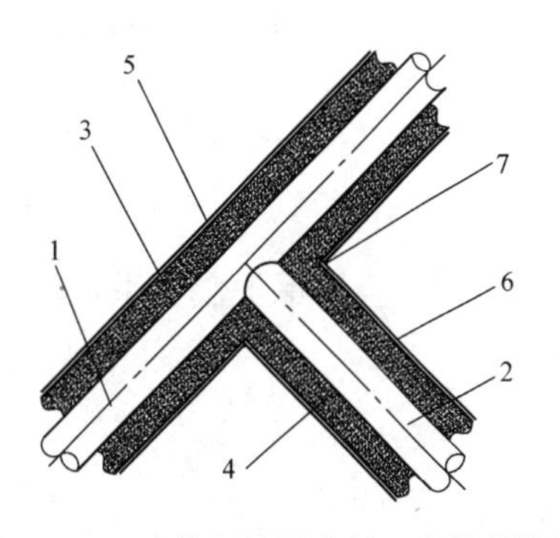

图 2-8-18　支管保护层应插入主管保护层开口内绝热结构示意图

1—水平主管；2—水平支管；3—水平主管绝热层；4—水平支管绝热层；5—水平主管保护层；6—水平支管保护层；7—接缝处密封胶

（7）方形管道、公称直径小于等于 DN25 的不宜单独绝热的成排管道、伴热管排及阀组的金属保护层，宜制作成方形结构，如图 2-8-19 所示。

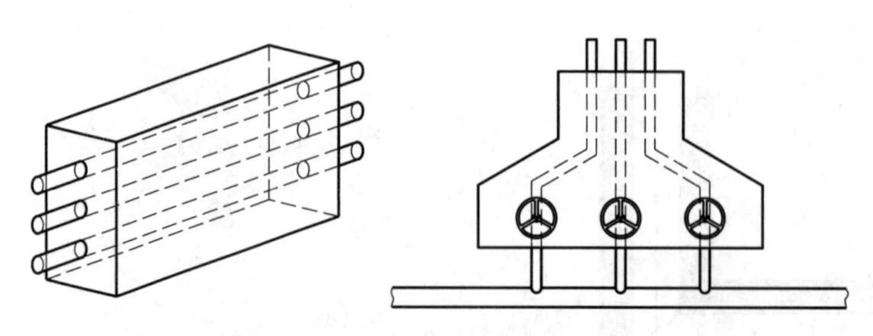

图 2-8-19　成排管道、伴热管排及阀组方形保护层结构

2. 弯头、阀门、法兰金属保护层施工

（1）管道弯头部位金属护壳环向与纵向接缝的下料余量，应根据接缝形式计算确定。弯头保护层安装时其纵向接口可采用钉口形式，环向接口可采用咬接形式，纵向接口固定时每节分片上的固定螺钉不少于 2 个，搭接宽度宜为 30～50mm。

1）绝热层外径小于 200mm 的弯头，金属保护层可做成直角弯头。

2）绝热层外径大于或等于 200mm 的弯头，金属保护层应做成分节弯头。

3）弯头与直管段上金属护壳的搭接尺寸，介质温度大于 350℃ 的管道应为 75～150mm；介质温度小于或等于 350℃ 的管道应为 50～70mm；保冷管道应为 30～50mm；搭接部位不得固定，如图 2-8-20 所示。

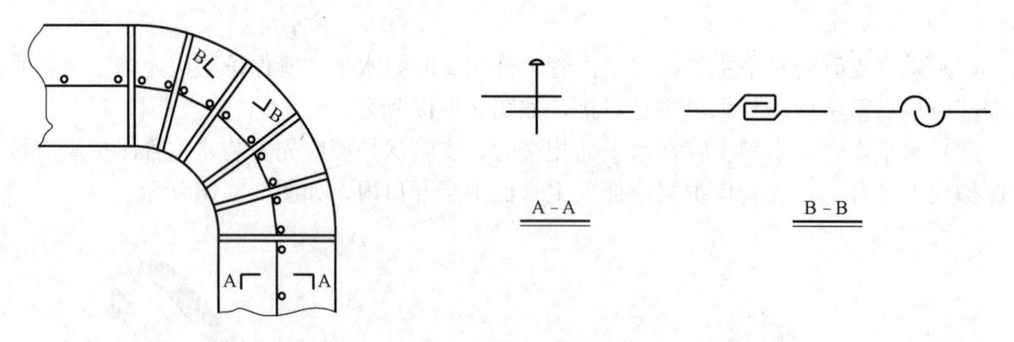

图 2-8-20　分片式虾米腰弯头安装示意图

（2）法兰金属保护盒宜采用两个对称的半圆结构的可拆卸保护盒对接，如图 2-8-21 所示。

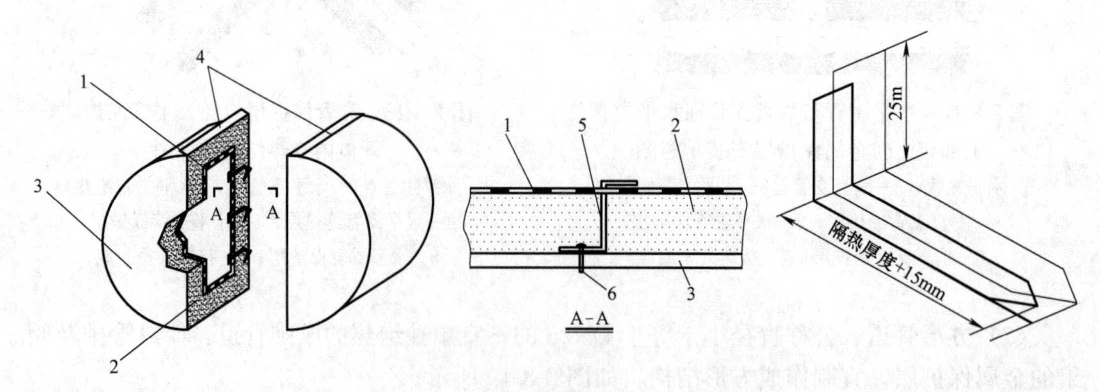

图 2-8-21　可拆卸法兰盒结构及安装示意图（一）

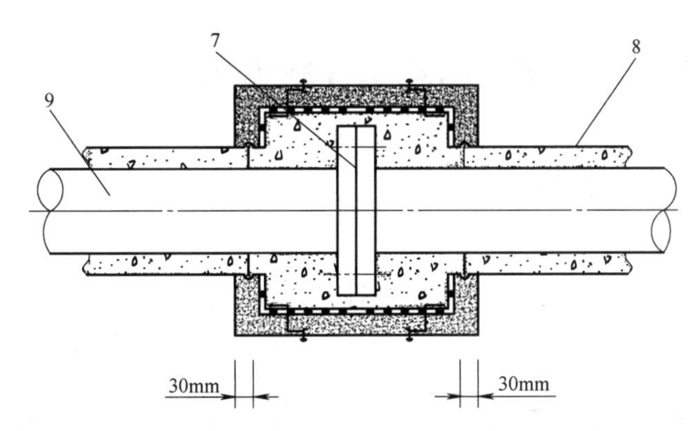

图 2-8-21 可拆卸法兰盒结构及安装示意图（二）

1—铁丝网；2—法兰盒绝热层；3—保护层；4—插条；5—金属钩钉；6—固定螺钉；
7—法兰；8—管道保护层；9—管道

（3）阀门金属保护层盒宜采用上方、下圆结构的可拆卸保护盒对接，如图 2-8-22 所示。

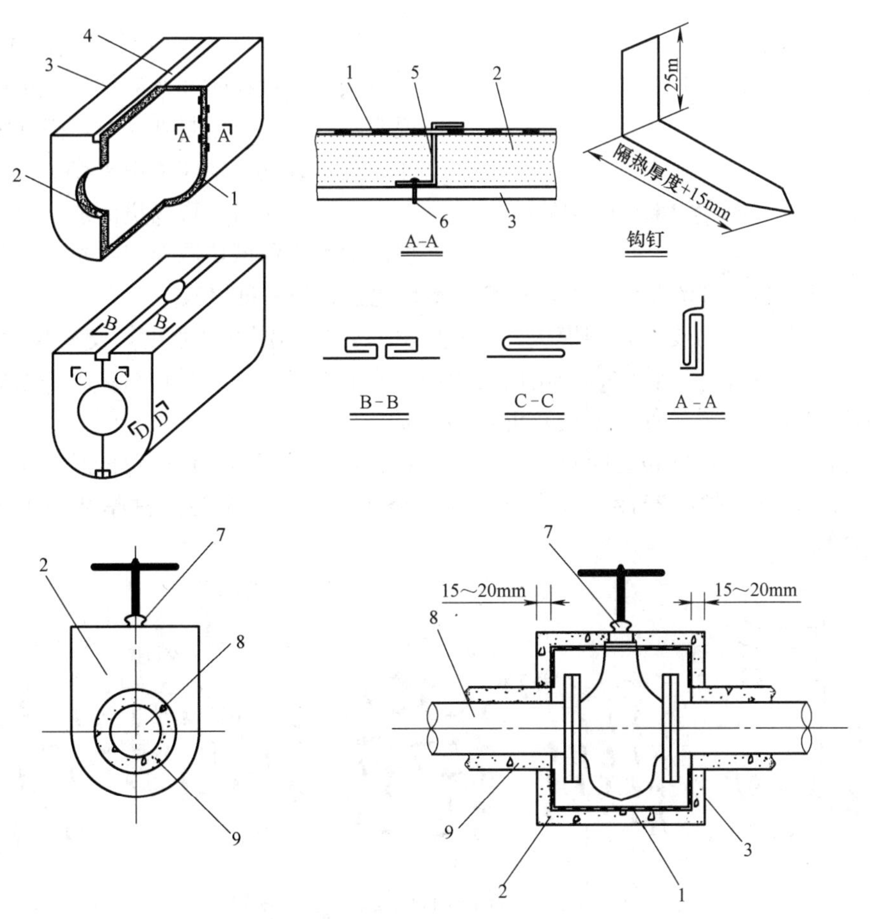

图 2-8-22 可拆卸阀门盒结构及安装示意图

1—铁丝网；2—阀门盒绝热层；3—保护层；4—插条；5—金属钩钉；
6—固定螺钉；7—阀门；8—管道；9—管道绝热层

第九节　工业炉窑砌筑工程施工工艺细部节点做法

一、不定形耐火材料施工

（一）耐火浇注料施工

常用耐火浇注料的施工方式有两种：一种是现场直接浇捣成型；另一种是预制成型。在现场直接浇捣成型的有三种情况：整体浇捣成型（如小型室式炉），部分浇捣成型（如加热炉炉顶），局部浇捣成型或修补（如砌砖操作较困难的墙及拱部找平），如图 2-9-1 所示。

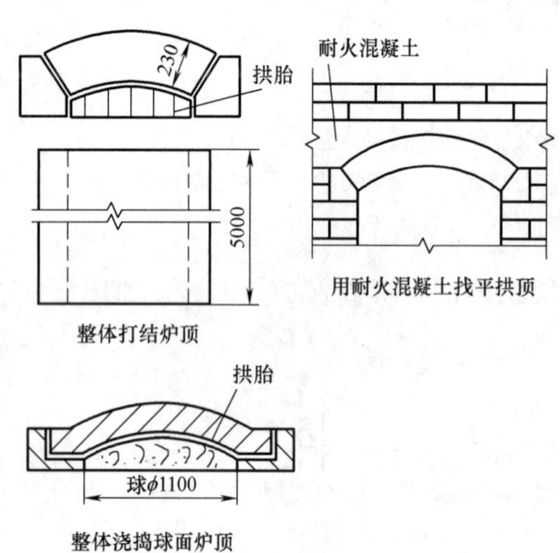

图 2-9-1　耐火浇注料的成型情况

1. 浇注料施工方法

（1）搅拌耐火浇注料用水，应采用洁净水。

（2）浇注料搅拌应采用强制式搅拌机。投料顺序、搅拌时间及液体加入量应按施工说明执行。变更用料牌号时，搅拌机及上料斗、称量容器等均应清洗干净。

（3）浇注料在现场浇注前，应进行现场坍落度测定和试块取样，对每一种牌号或配合比，每 $20m^3$ 为一批留置试块进行检验，不足此数亦作一批检验。

（4）浇注料施工应支设定型模板。模板应具有足够的刚度和强度，支模尺寸应准确，接缝严密，安装应牢靠、稳定，使用前内表面应涂刷脱模剂，通过预拼装、检查验收。模板支架的安装形式应满足便于安设及拆除的需要。

（5）检查锚固件的安设是否符合设计要求，连接是否牢固；锚固钉的长度是浇注料炉层厚度的 2/3，锚固件的安设方式有交错状和格子状等，间距为炉衬厚度的 1.5～3 倍，如图 2-9-2 所示。

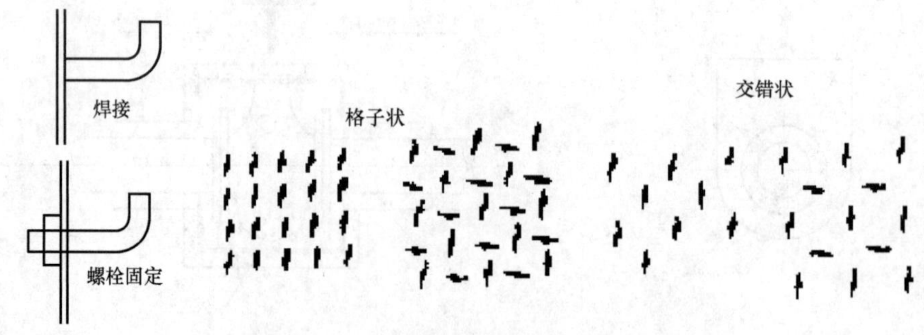

图 2-9-2　加固金属件的安装方法与配置

（6）搅拌好的浇注料，宜在 30min 内浇注完，或根据施工说明要求在规定的时间内浇注完。已初凝的浇注料不得使用。

（7）浇注料应从低处向高处分层浇注，一次浇注厚度宜在200～300mm之间。

（8）浇注料应振捣密实。振捣机具宜采用插入式振捣器。在特殊情况下可采用附着式振动器或人工捣固。当用插入式振捣器时，耐火浇注料厚度不应超过振捣器工作部分长度的1.25倍。

（9）浇注料浇注应连续，在浇注料凝结前应浇注完毕。工作间断超过凝结时间应留设施工缝。继续施工时，应将施工缝表面清理干净，拉毛、涂刷粘结剂后，方可继续浇注。

（10）浇注衬体表面不得有剥落、裂缝、空洞等缺陷。

2. 膨胀缝的留设

耐火浇注料内膨胀缝的留设主要是选择膨胀缝的位置、间距、宽度和形式。预制构件组装的炉体和现场浇注的炉体，其膨胀缝间距应有所不同。

（1）预制构件组装的炉体。如用预制构件组装，若炉体长度不大于5m，预制构件之间不必另留膨胀缝，只需在炉体两端留适当缝隙即可。若炉体长度超过5m，可根据炉体各段温度的情况，沿炉体长度方向每隔5～10m留一道膨胀缝，缝内用浸过黏土泥浆的耐火纤维绳嵌填，以防炉内在低、中温时向外冒烟、冒火。

（2）现场浇注的炉体。现场浇注的耐火浇注料炉体留设膨胀缝的间距和宽度，可参考表2-9-1选用。表中数值适用于常用黏土质和高铝质耐火浇注料。

现场浇注的耐火浇注料炉体留设膨胀缝的间距和宽度　　表2-9-1

最高工作温度(℃)	膨胀缝间距(mm)	膨胀缝宽度(mm)
<800	1500～2000	3～5
800～1200	1000～1500	5～6
>1200	1000～1500	6～8

（3）耐火浇注料膨胀缝的形式基本上分为贯通缝和不贯通缝两种，如图2-9-3所示。

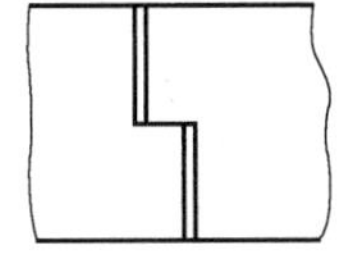

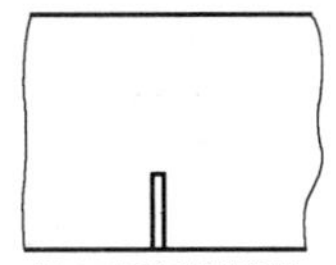

(a) 贯通膨胀缝　(b) 不贯通膨胀缝

图2-9-3　耐火浇注料膨胀缝的形式

（4）填料的固定。耐火浇注料中膨胀缝的材料应在浇注前固定到位或在浇注时仔细填入。填料的根数、层数应符合设计要求，当设计未作规定时，宜用耐火纤维板或胶合板填充，其厚度为4～5mm；当分块浇注施工时，宜将耐火浇注料按期膨胀缝划分成数块，用模板从膨胀缝处进行分隔浇注，初凝后嵌入接缝填料，如图2-9-4所示。

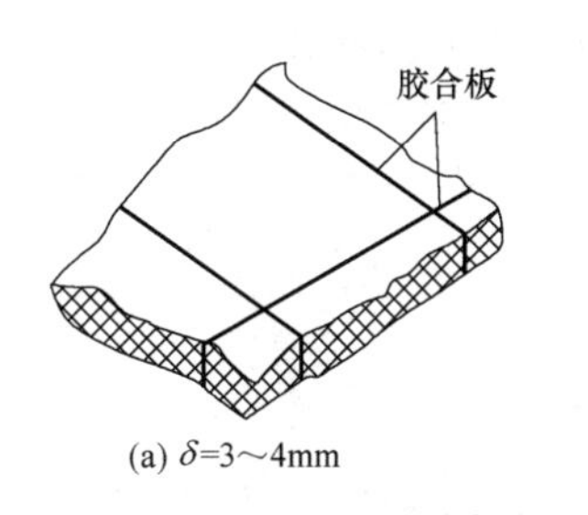

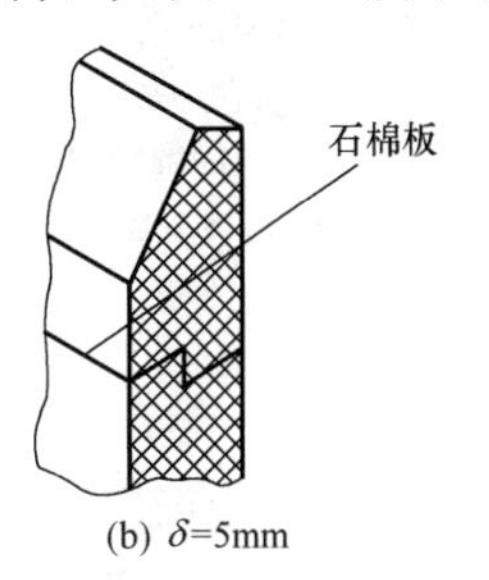

(a) δ=3～4mm　(b) δ=5mm

图2-9-4　耐火浇注料内膨胀缝的留设

3. 浇注料养护

（1）浇注料施工后，应按设计要求养护，设计无规定时，可按表 2-9-2 的养护制度进行养护。

耐火材料的养护制度　　表 2-9-2

耐火材料种类	养护方式	养护温度(℃)	养护时间(d)
水泥类	水中或标准养护	10～25	3
	蒸汽养护	60～80	1
低水泥类	自然养护	15～25	3
黏土结合类	自然养护	15～25	3
磷酸(盐)类	自然养护	＞15	3
水玻璃类	自然养护	＞15	3

（2）浇注料养护期间不得承受外力及振动。

（3）在浇注料表面铺盖湿席子、湿草垫或锯末等，浇水养护，表面保持湿润状态。

（4）根据施工环境的不同，浇注完成后应对已完成的浇注料做好防护措施，冬季施工时，应注意保温养护，如露天，应采取防雨措施；存在交叉作业时，应采取异物隔离措施等。

（5）模具拆除时应注意：承重模具拆除时，浇注料应达到设计强度的 70%以上；非承重模具拆除时，浇注料强度应保证其表面及棱角不因脱模受损的情况下，方可拆除。

（二）耐火喷涂料施工

喷涂是利用喷射机和喷枪进行的，耐火喷涂料在管道内借助压缩空气或机械压力以获得足够的压力和流速，通过喷嘴喷射到受喷面上，即形成牢固的喷涂层。用于喷涂的主要设备是喷涂机，喷涂施工顺序如图 2-9-5 所示。

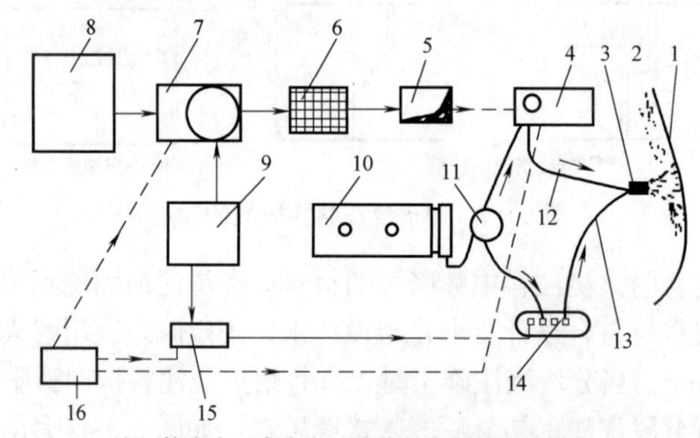

注：箭头为工序走向；虚线是在另一施工场地。

图 2-9-5　喷涂施工顺序示意图

1—炉壳；2—喷涂的炉衬；3—喷枪头；4—喷涂机；5—料斗；6—筛网；7—强制搅拌机；8—喷涂料堆；9—水箱；10—空压机；11—气水分离器；12—压力输料管；13—压力水管；14—水罐；15—高压水泵；16—配电盘

1. 喷涂施工方法

（1）耐火喷涂料在喷涂前应进行下述工序检查

1）喷涂前，应检查金属支承件的安装位置、间距尺寸及焊接质量情况，并清理干净。

2）当支承架上有固定钢丝网时，应检查钢丝网的锚固质量是否符合要求。钢丝的上下左右应重叠搭接一格，重叠不得超过3层，绑扣应朝向非工作层，如图2-9-6所示。

3）检查喷涂面，喷涂面不得有浮锈、积尘、油污和被水浸湿的情况。

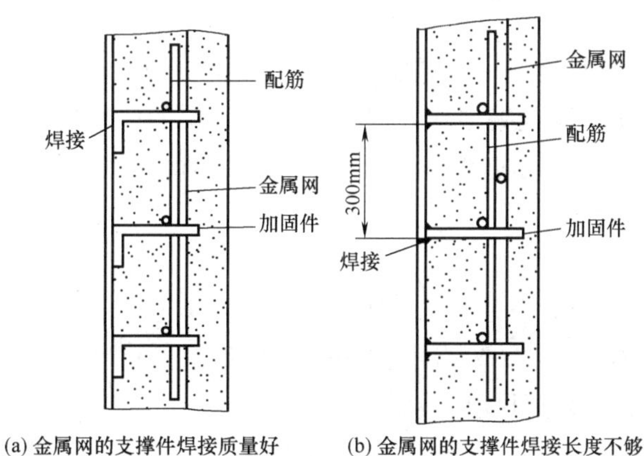

(a) 金属网的支撑件焊接质量好　(b) 金属网的支撑件焊接长度不够

图2-9-6　金属网结构加固方法

（2）喷涂操作要点

1）喷涂宜采用半干法，先将耐火喷涂料加少量的水搅拌均匀，输送到喷嘴处时，再加余下的少部分水进行喷涂。

2）喷涂料施工前，应按照厂家提供的该种喷涂料牌号规定的施工说明书进行试喷，以确定适合的风压、水压等各项参数。

3）喷涂时要掌握喷嘴方向，尽量保持与喷涂面垂直，喷涂时喷涂面上不应出现干料或流淌现象，以螺旋形活动方式，向喷涂面上喷射，使粗细颗粒分布均匀。根据材料比重、喷枪与喷涂面距离，调整最佳喷涂压力。喷涂耐火纤维时，喷嘴与受喷面的距离应控制在1～1.5m，成一字形往复移动喷枪（图2-9-7）。喷涂耐火纤维炉衬结构属于复合炉衬并安有锚固件，其结构如图2-9-8所示。

4）喷涂的用水量应通过喷嘴上的水阀来调节，用水量必须均匀稳定。若喷枪压力、喷涂距离和用水量匹配时，喷涂体不会产生流淌或干料夹层。

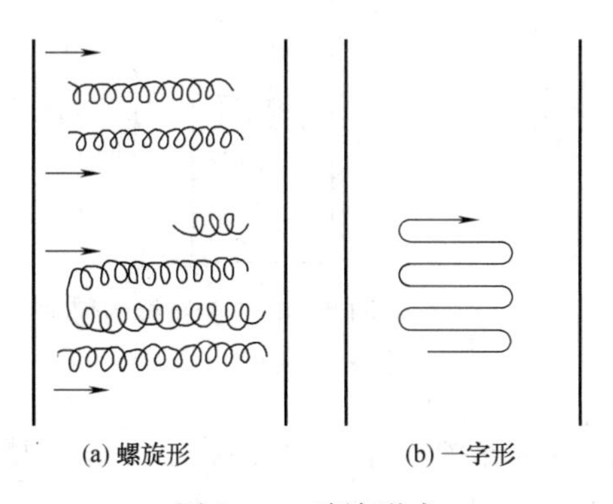

(a) 螺旋形　(b) 一字形

图2-9-7　喷涂形式

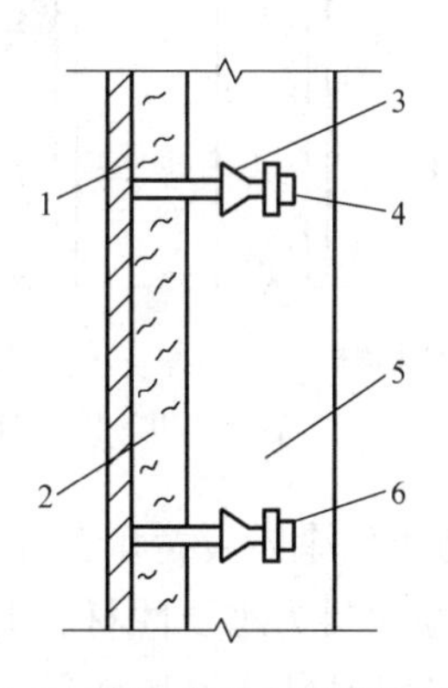

图2-9-8　喷涂式耐火纤维炉衬结构

1—炉壳；2—矿渣棉毡；3—夹板；4—螺母垫层；5—耐火纤维涂料；6—螺栓

5）喷涂施工应分段连续进行，一次喷到设计厚度。如内衬较厚需分层喷涂时，每层喷涂厚度以 50～70mm 为宜，较厚的喷涂层应分二至三层喷涂。多层喷涂时，应在前层料体初凝后再喷涂后层，注意不要待前层完全凝固后再喷涂后一层，以防出现分层现象。

6）喷涂层厚度应及时检查，过厚部分应削平。检查喷涂层密实。检查喷涂层密度可用小锤轻轻敲打，发现空洞或夹层应及时处理。喷涂层的厚度应在未硬化前及时检查修整，对于过厚处及凸凹不平处应削平，喷涂层的表面不得抹光。

2. 施工接缝及养护

（1）喷涂顺序：

1）一般从上向下进行，分片喷涂施工。

2）每间隔 1～2m，留设一条宽度为 3mm 的膨胀缝。

3）当施工中断时，接缝处应留成斜槎。

4）当喷涂层尚未初凝时，可用刀切制膨胀缝或阶梯形接槎。当喷涂层刚初凝时，可用刀修整表面，如遇有松散、干裂等情况时，应及时清除后重新喷涂，继续喷涂时，应在接缝处用水润湿。

（2）当设计有膨胀缝时，接缝宜设在预定的膨胀缝处。继续喷涂时，切去角部多余部分，即做成直槎，夹入接缝材料后，即可继续喷涂，如图 2-9-9 所示。

（3）对气密性要求较高的设备及烟道内的薄层喷涂施工时，不宜留设膨胀缝，其余情况均应按设计规定留设。如设计未作规定，其间隔宜按 1m 左右留设。

（4）当设计规定留膨胀缝时，应在喷涂完毕后及时开设。

用切刀或抹子进行切缝，可用 1～3mm 厚的楔形板压入 30～50mm 而成，如图 2-9-10 所示。

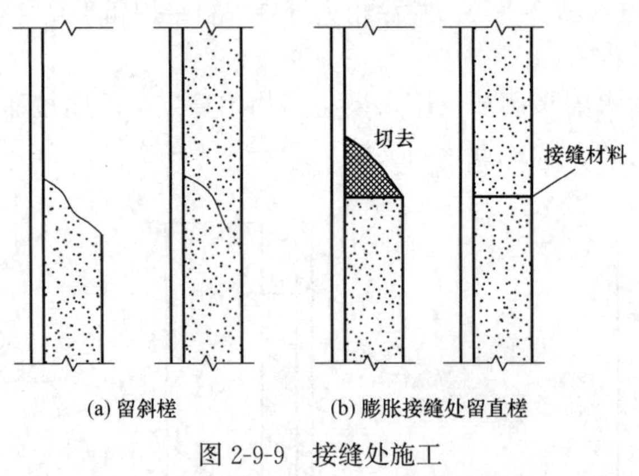

图 2-9-9 接缝处施工

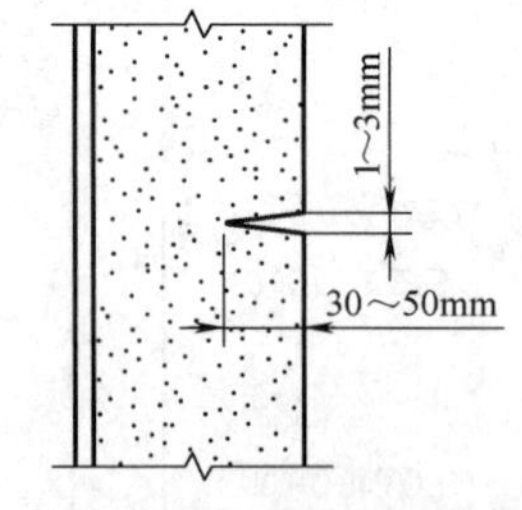

图 2-9-10 膨胀缝的切法

（5）防止喷涂体裂缝和剥落：

1）当喷涂料为水硬性材料时，应在表面进行喷雾养护，开始时每隔 5～10min 喷一次，2h 后可根据材质和壁厚改变喷雾间隔时间，当强度达到规定值后，可以停止养护。

2）喷涂料较厚时，宜在硬化前用钢钎扎出通气孔。通气孔的直径宜为 4～6mm，间距为 150～230mm，深度应等于或大于喷涂料的厚度。

二、耐火砖砌筑施工

（一）炉底和炉墙砌筑

1. 平底炉底砌筑

（1）砌筑炉底前应预先找平基础，必要时应在最下一层用砖加工找平。

（2）炉底的砌筑顺序，应符合设计要求。炉底有死底和活底两种，经常检修的炉底，应砌成活底。砌筑时，先砌底，后砌墙，墙压在底上，这种底叫作死底。先砌墙，后砌底，这种底叫作活底。

（3）铺底的砌筑方向。铺底砌砖从炉底的中心线开始，先拉线砌中心列砖，然后向两边端部进行。

（4）砖的层数设置。一般情况是炉底的下面砖层采用平砌，而上面砖层采用侧砌或竖砌，与物料及气体的流动方向垂直或呈一交角，如图 2-9-11 所示。炉底的每层砌砖都要掌握水平，并且遵守错缝原则。

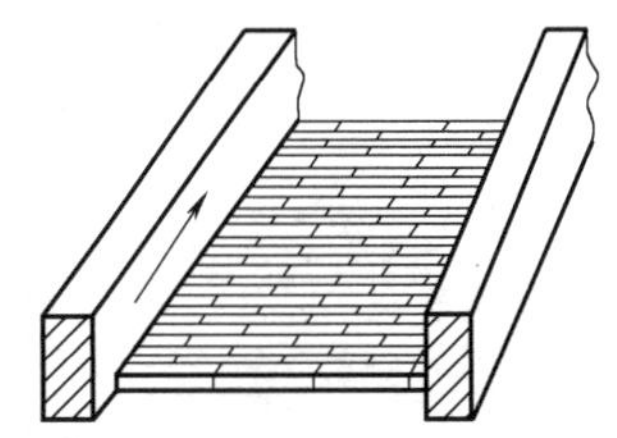

图 2-9-11　炉底或烟道底的最上层砌筑方法

2. 反拱炉底砌筑

（1）反拱的底基弧形必须准确，反拱弧形应用样板找正方可砌筑。砌筑过程中，应经常用样板检查砖缝的辐射程度，如图 2-9-12 所示。

（2）反拱底的中心比四周低，砌筑时必须从反拱中心向两侧对称砌筑，否则，所砌砖易失去平衡，导致砖缝张嘴或倒塌，如图 2-9-13 所示。

（3）拱脚砖在使用前应仔细加工，砌筑反拱时，必须错缝砌筑，不得环砌。

（4）反拱底与炉墙的接触面必须保持水平，要求加工平整。

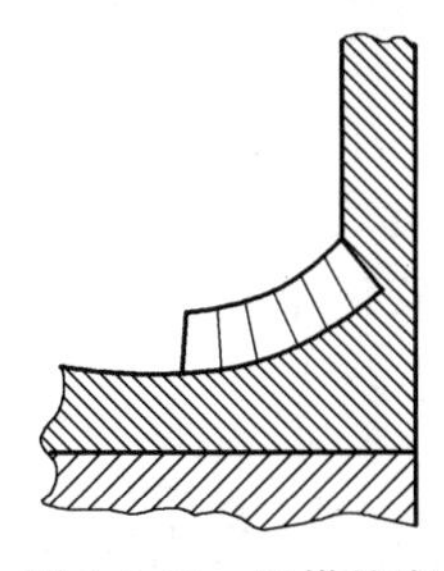

图 2-9-12　反拱炉底

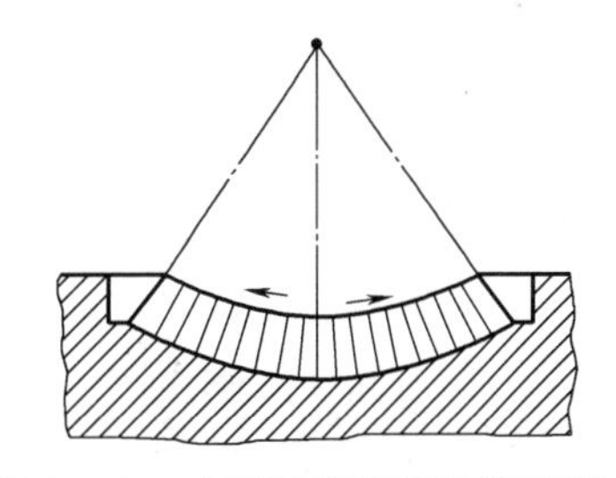

图 2-9-13　反拱砌筑顺序及拱脚要求

3. 直形炉墙砌筑

（1）砌墙时，在同一砖层内，前后相邻列和上下相邻砖层的砖缝应交错，如图 2-9-14 所示。

（2）墙的砌体要平整和垂直。

为保持砖层的水平，直墙应立标杆拉线砌筑。当两面均为工作面时，应同时拉线砌筑，炉墙砌体应横平竖直。用水平尺和靠尺检查砌体表面的平整度，用控制样板检查墙的垂直度和倾斜度。

（3）砌墙中断时，应留成阶梯形退台。

砌筑砖垛时，上下相邻砖层的垂直缝均应交错，如图 2-9-15 所示。

4. 圆形炉墙砌筑

圆形墙的横向竖缝叫作辐射缝，纵向竖缝叫作环缝（一般出现在墙厚为一半砖以上的

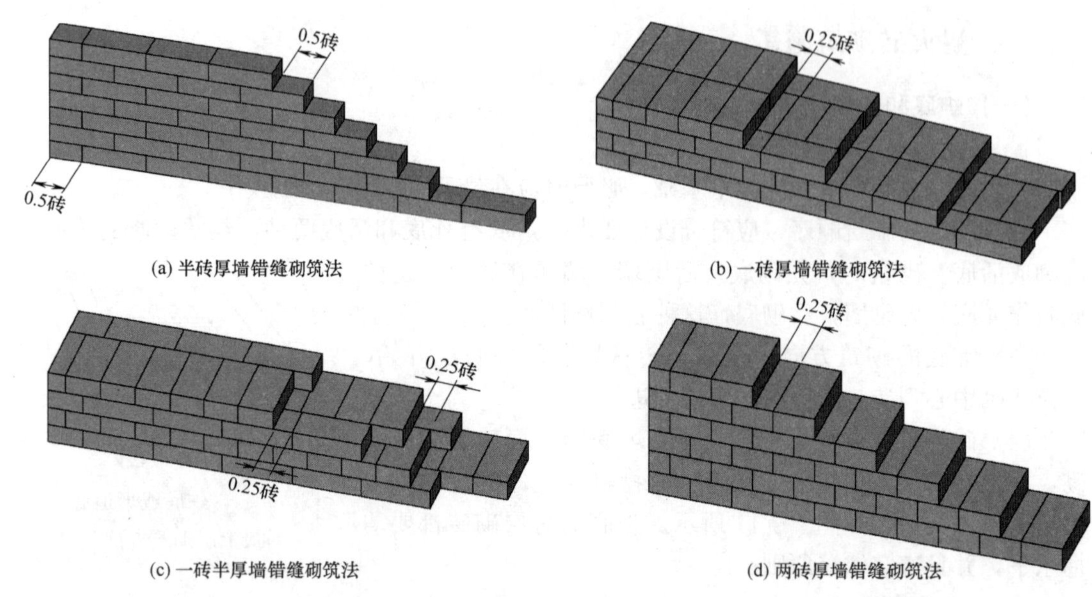

(a) 半砖厚墙错缝砌筑法　(b) 一砖厚墙错缝砌筑法

(c) 一砖半厚墙错缝砌筑法　(d) 两砖厚墙错缝砌筑法

图 2-9-14　四种砖墙砌筑方式（图示以 114mm×230mm×65 为标准砖块）

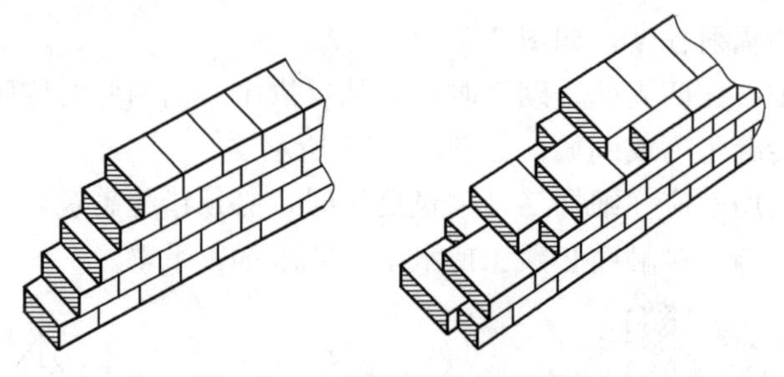

图 2-9-15　阶梯形退台示意图

砌体）。圆形炉墙砌筑应用弧形砖、扇形砖和楔形砖，墙身要横平竖直，灰浆饱满，不能有三角缝，外形应符合圆弧要求。

（1）以炉壳为基准面砌筑法

当炉子的直径较大，炉壳中心线垂直误差和半径误差符合炉内形质量要求时，可采用以炉壳作炉墙基准面的砌筑法。砌筑时，以厚度样板控制墙体厚度，样板的控制厚度为墙厚加上绝热层的厚度。以圆弧样板控制炉墙的圆弧度及辐射缝。使用厚度样板时，必须与圆形墙的辐射缝平行，如图 2-9-16 所示。

（2）半径规控制法

当炉子的直径较小时，可采用半径规控制的砌筑方法，即应根据圆心和炉体半径，设置控制线中心，并用半径规测量，即能准确地控制圆形炉墙的弧线。具体做法是采用设中心导管及轮杆，即在炉心固定一根中心管，在中心管上套一定长度可以转动的轮杆，如图 2-9-17 所示。

中心管及轮杆（半径规）应选用一定刚度、不易变形的钢管制作。轮杆应能在中心管上灵活升降、转动、定位。砌筑过程中，每隔 3～5 层砖，应用轮杆检查一次。

（3）弧形样板控制法

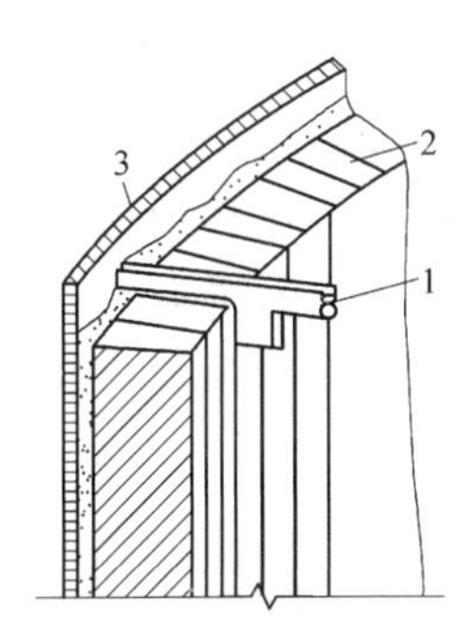

图 2-9-16　按炉壳为基准面砌筑圆形炉墙

1—样板；2—圆形墙；3—炉壳

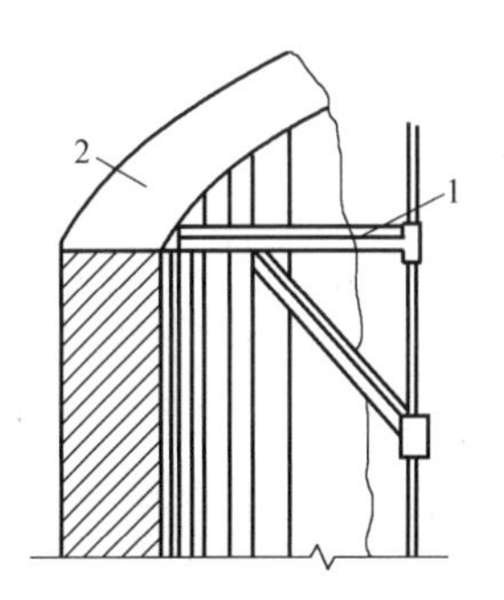

图 2-9-17　按半径规控制法砌筑圆形炉墙

1—轮杆；2—圆形墙

根据圆柱体设备直径的大小，可在砌体周围设 4～8 个基准点。砌砖时，每一个基准点要保持垂直，然后用样板检查砌体的准确度，如图 2-9-18 所示。

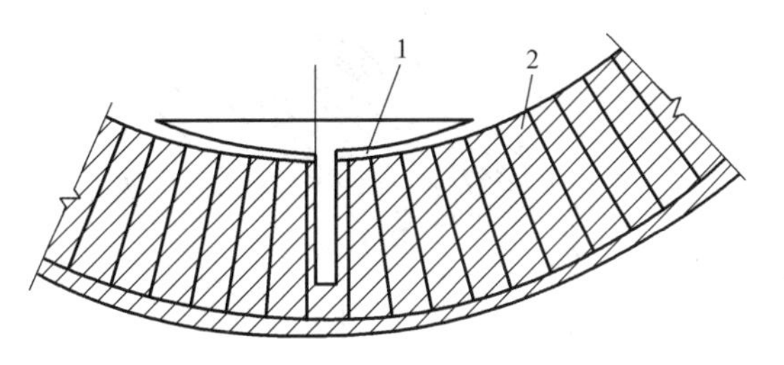

图 2-9-18　弧形样板控制法

1—弧形样板；2—圆形墙

(4) 圆形墙的常用错缝砌法

圆形炉墙不得有三层重缝或三环通缝，上下两层的重缝与相邻两环的通缝不得在同一地点，圆形炉墙的合门砖应均匀分布。圆形炉墙的常用错缝砌法如图 2-9-19 所示。

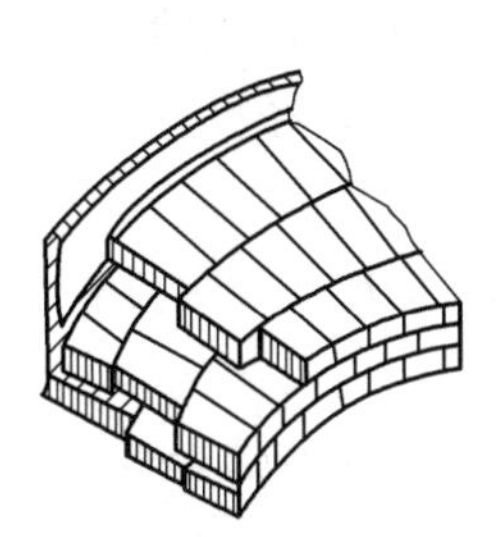

(a) 扇形砖砌筑厚炉墙

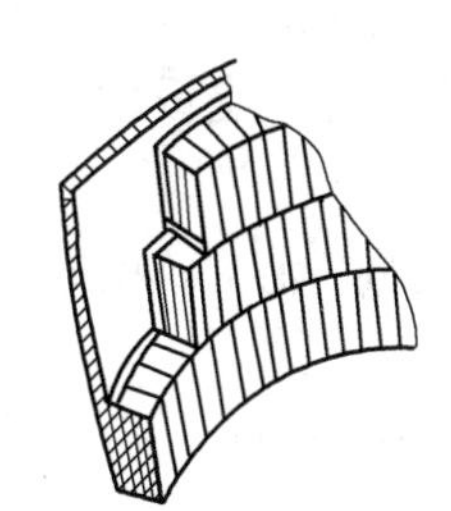

(b) 侧楔形砖砌筑1/2砖厚炉墙　(c) 竖楔形砖砌筑一砖厚炉墙

图 2-9-19　圆形炉墙的错缝砌法

(二) 拱和拱顶砌筑

1. 拱脚砌筑

(1) 拱脚表面应平整，角度应正确，不得用加厚砖缝的方式找平拱脚。

(2) 砌筑拱脚砖前，应按中心线将两侧炉墙找平，使其跨度符合设计尺寸。拱脚下的炉墙上表面应按设计标高找平。拱脚砖与中心线的间距应符合设计规定。

(3) 拱脚砖应紧靠拱脚梁，砌筑必须牢固。当拱脚砖后面有砌体时，应将砌体全部砌实，不得留有膨胀间隙，也不得在拱脚砖后面砌轻质砖或硅藻土砖，以免拱顶受力后将其挤碎而使拱顶塌陷。

(4) 砌拱应先砌拱脚砖。在拱脚纵向两端各置一块拱脚砖，仔细找正位置，复核其跨距、标高、角度均无误后，即以拱脚砖的斜面为基准，在两砖之间拉线。中间的拱脚砖依拉线砌筑，注意在砌拱脚砖时用下面的线控制标高，上面的线控制拱斜面角度，要保证这两根线所形成的斜面要平整，如图 2-9-20 所示。

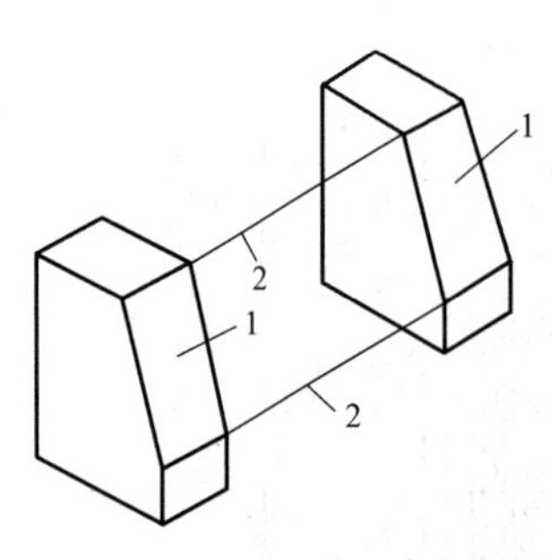

图 2-9-20 拱脚砖砌筑方法

1—拱脚砖；2—线绳

（5）砌完拱脚砖后，如拱脚砖后面还有填充砖时，再砌填充砖。拱脚砖后面，可砌筑与拱顶相同材质的砖，不得用轻质砖或保温砖等不能受力的砖。若拱脚砖后是拱脚梁，则应在砌完拱脚砖后用铁片楔入较大的缝隙，最后用掺有耐火水泥的泥浆将所有的缝隙灌实。

2. 拱和拱顶砌筑

（1）砌筑拱顶有错砌和环砌两种方法。

除设计规定或特殊结构外，拱顶一般为错缝砌筑，如图 2-9-21 所示。

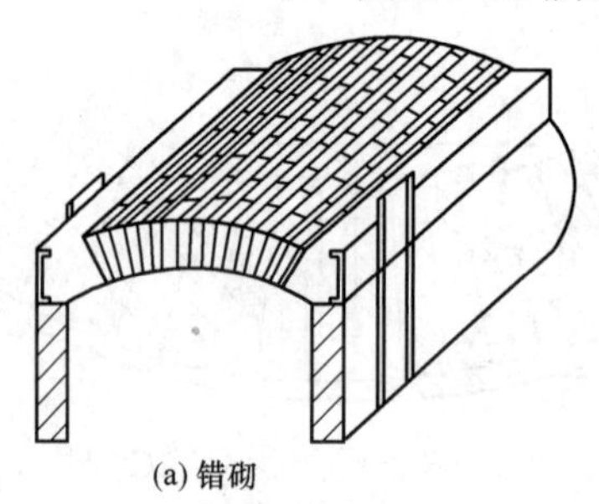

(a) 错砌

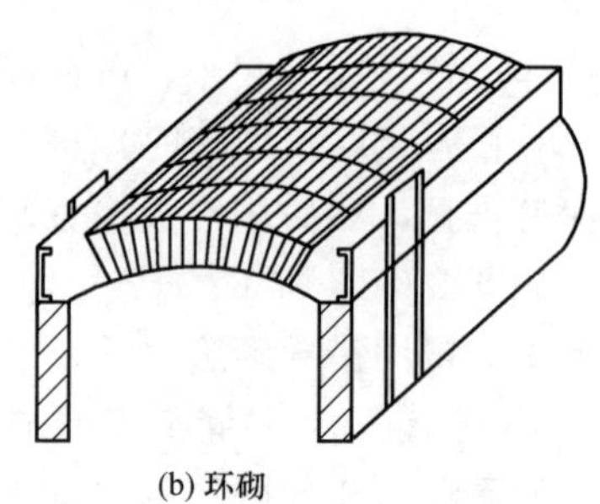

(b) 环砌

图 2-9-21 拱顶砌法

（2）拱顶砌筑前，应先支设拱胎。

拱胎及其支柱所用材料，应满足拱胎的支撑强度及安全要求，拱胎的弧度应符合设计要求，胎面应平整，支设拱胎尺寸应正确，支设拱胎要牢固，并经检查合格后，方可砌筑拱和拱顶。

（3）砌拱时，必须从两边拱脚同时向中心对称砌筑。拱砖的放射缝应与半径方向相吻合。

（4）错缝砌筑拱顶时的要求：

1）错缝砌筑拱顶时，为了保持锁砖列的尺寸一致，必须使两边拱脚砖的标高和间距在全长上保持一致。

2）砌筑时，可首先在拱顶的两端预先砌筑一环，然后按此环拉线砌筑其他各砖列。

（5）锁砖应按拱顶的中心线对称、均匀地分布。

1）跨度小于 3m 的非吊挂式拱顶，打入 1 块锁砖；跨度大于 3m 时，打入 3 块；跨度大于 6m 时，打入 5 块。

2）锁砖打入前，砌入拱顶的深度约为砖长的 2/3。打砖时，先将靠近两边拱脚的锁砖同时均匀打入，最后打入中间的锁砖，如图 2-9-22 所示。锁砖应使用木槌打入，如使

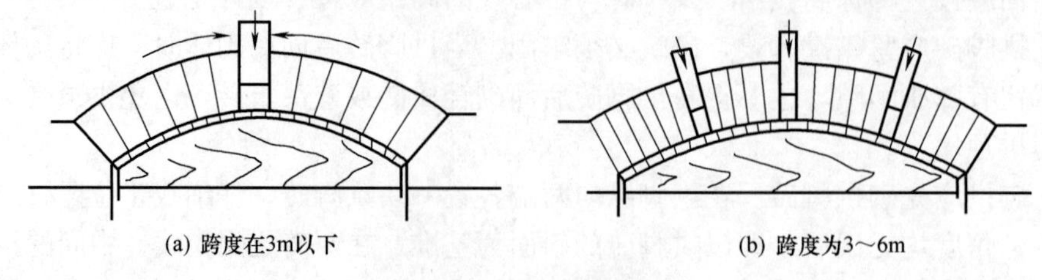

(a) 跨度在3m以下　　(b) 跨度为3～6m

图 2-9-22 填打锁砖示意图

用铁锤时，则需垫以木板。

(6) 厚度砍掉 1/3 以上矩形砖或砍凿侧面加工成楔形的砖，不能作为锁砖。

(7) 拱顶上部的找平部分，根据使用条件允许用加工砖或填充浇注料找平，如图 2-9-23 所示。

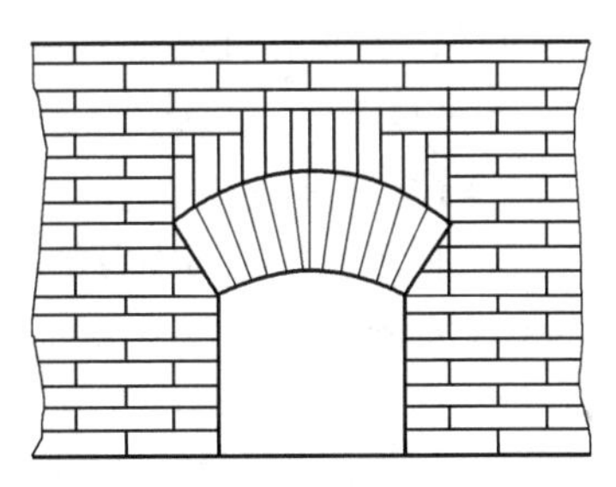
图 2-9-23 拱顶上部找平方法

(8) 砌筑球形拱顶应采用金属卡钩和拱胎相结合的方法。球形拱顶应逐环砌筑并及时合门，留槎不宜超过 3 环，合门砖应均匀分布，并应经常检查砌体的几何尺寸和放射缝的正确性。

(9) 斜拱砌筑通常有两种方法：一种是将炉墙顶部加工成斜面后再砌拱脚砖，另一种方法是不加工炉墙顶部砖而将拱脚砖逐层退台砌筑，如图 2-9-24 所示。前者的砌筑方法是转折处拱砖加工成对嘴槎子，后者是将拱砖退台环砌，如图 2-9-25 所示。

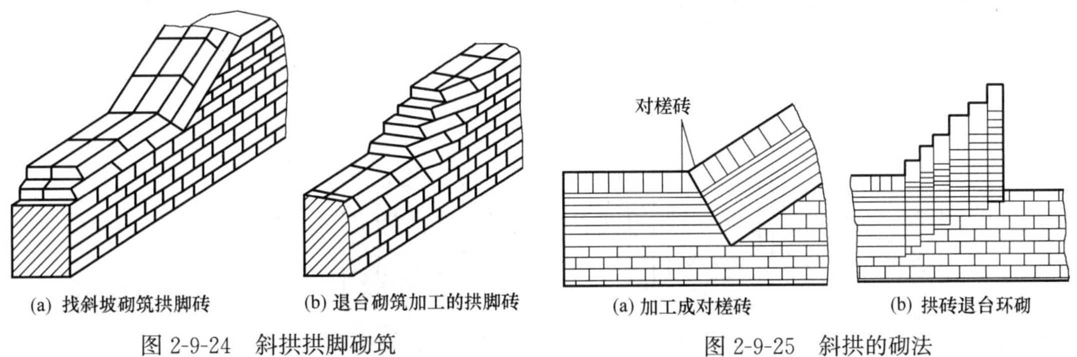

(a) 找斜坡砌筑拱脚砖 (b) 退台砌筑加工的拱脚砖

图 2-9-24 斜拱拱脚砌筑

(a) 加工成对槎砖 (b) 拱砖退台环砌

图 2-9-25 斜拱的砌法

(10) 拱顶内较小的直角洞口，尺寸在 115mm 到 200mm 之间的，可用两块砖横砌；尺寸大于 200mm 的，砌成两个小圆拱。

(11) 在烟道拱顶上留设的人孔，有方形和圆形两种。砌筑圆形人孔时，在拱胎上按人孔内径的尺寸安装圆形木胎，然后按样板加工托砖，并在托砖上面砌人孔。

3. 吊（悬）挂式平拱顶砌筑

(1) 吊挂砖应预砌筑，并进行选砖和编号，必要时应加工。

(2) 吊挂平顶的吊挂砖，应从中间向两侧砌筑。吊挂平顶的内表面应平整，个别砖的错牙不应超过 3mm。吊挂砖湿砌时，砖缝厚度不大于 3mm；干砌时不大于 2mm。

(3) 对吊挂砖的吊耳上缘与吊挂梁之间的间隙，应用薄钢片塞紧。

(4) 吊挂拱顶应环砌，环缝彼此平行，并应与炉顶纵向中心线保持垂直，以避免在合门处出现偏扭、倾斜等现象。开始砌筑吊挂拱顶时，应先按设计要求砌筑一环，然后照此依次砌筑。

(5) 砌筑吊挂平顶时，其边砖与炉墙接触处应留设膨胀缝，如图 2-9-26 所示。

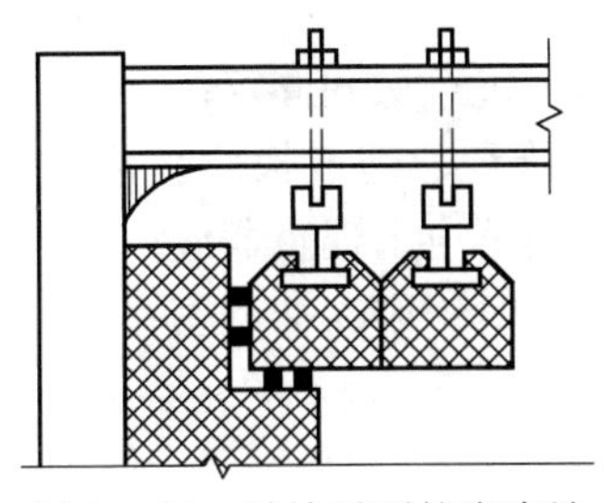
图 2-9-26 吊挂平顶的膨胀缝

三、耐火陶瓷纤维施工

按耐火纤维陶瓷制品形状，耐火陶瓷纤维内衬分为层铺式内衬、叠砌式内衬施工方法。

（一）层铺式内衬施工

1. 锚固钉焊接

（1）设于炉顶的锚固钉中心距宜为200～250mm，设于炉墙的锚固钉中心距宜为250～300mm。锚固钉与受热面耐火纤维毯、毡或板边缘距离宜为50～75mm，最大距离不应超过100mm。

（2）当采用陶瓷杯或转卡垫圈固定耐火陶瓷纤维毯、毡或板时，锚固钉的断面排列方向应一致。

2. 纤维毯、毡或板铺贴

（1）耐火陶瓷纤维毯、毡或板应铺设严密、紧贴炉壳。紧固锚固件时应松紧适度。

（2）耐火陶瓷纤维毯、毡或板的铺设应减少接缝，各层间错缝不应小于100mm。隔热层耐火陶瓷纤维毯、毡或板可对缝连接。受热面为耐火陶瓷纤维毯、毡或板时，接缝应搭接，搭接长度宜为100mm，如图2-9-27所示。搭接方向应顺气流方向，不得逆向。

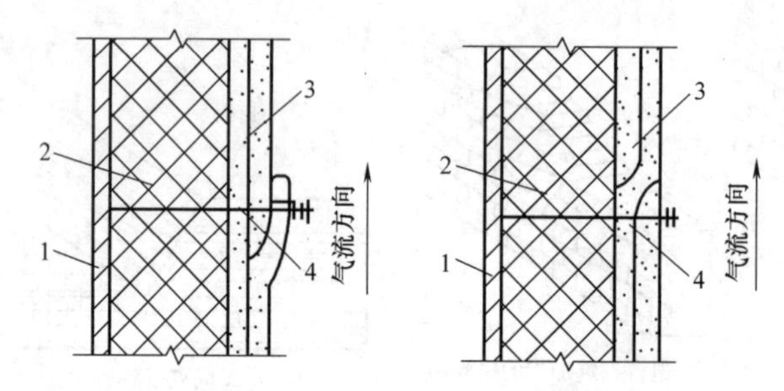

图2-9-27　耐火陶瓷纤维毯、毡或板搭接

1—炉壳；2—隔热层；3—耐火陶瓷纤维毯、毡或板；4—锚固钉

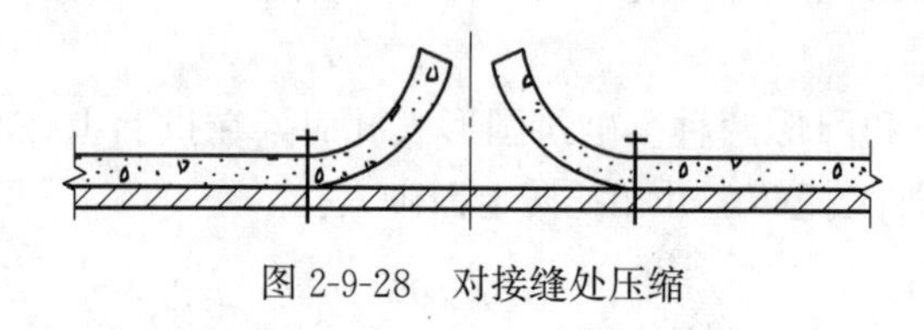

图2-9-28　对接缝处压缩

（3）耐火陶瓷纤维毯、毡在对接缝处应留有压缩余量，如图2-9-28所示。当采用耐火陶瓷纤维毡时，压缩余量不应小于5mm；当采用耐火陶瓷纤维毯时，压缩余量不应小于10mm。

（4）耐火陶瓷纤维毯、毡或板应按炉壳上孔洞及锚固钉的实际位置和尺寸下料，切口应略小于实际尺寸。

（5）当锚固钉端部用陶瓷杯固定时，耐火陶瓷纤维毯、毡或板上的开孔应略小于陶瓷杯外形尺寸。每个陶瓷杯的拧进深度应相等，并应逐个检查。杯内应用与受热面同材质的耐火填料塞紧。

（6）当铺设炉顶的耐火陶瓷纤维毯、毡或板时，应用快速夹进行层间固定。

（7）在炉墙转角或炉墙与炉顶、炉底相连处，耐火陶瓷纤维毯、毡或板应交错相接，不得内外通缝。耐火陶瓷纤维毯、毡或板与其他耐火炉衬连接处不应出现直通缝。

（8）金属锚固钉、垫圈等应采取保护措施。用耐火涂料覆盖时，应涂抹严密；用耐火陶瓷纤维块覆盖时，应粘贴牢固。

（二）叠砌式内衬施工

叠砌式内衬可用销钉固定法和粘贴法施工，每扎耐火陶瓷纤维毯、毡均应预压缩成制品，其压缩程度应相同，压缩率不应小于15%。

1. 销钉固定法

(1) 支撑板、固定销钉应焊接牢固，并应逐根检查。墙上的支撑板应水平，销钉应垂直。

(2) 用销钉固定时，活动销钉应按设计规定的位置垂直插入耐火陶瓷纤维制品中，不得偏斜和遗漏，如图2-9-29所示。

(3) 用销钉固定后，耐火陶瓷纤维制品应与里层贴紧。耐火陶瓷纤维制品的接缝处均应挤紧。

2. 粘贴法

(1) 粘贴法施工的耐火陶瓷纤维制品，可采用图2-9-30所示的方法排列。

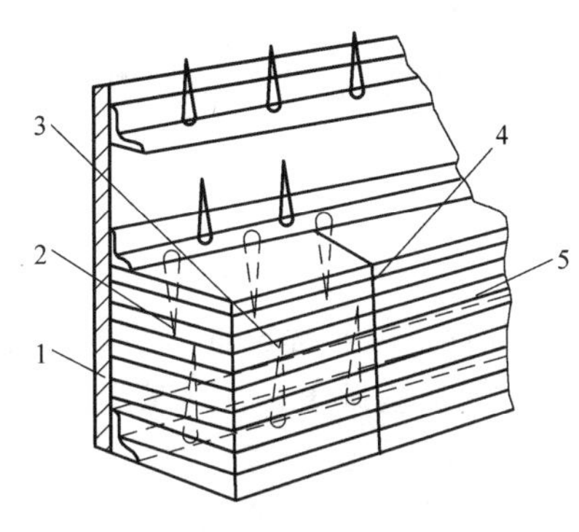

图2-9-29 穿串固定

1—支撑板；2—活动销钉；3—固定销钉；4—接缝；5—耐火陶瓷纤维制品

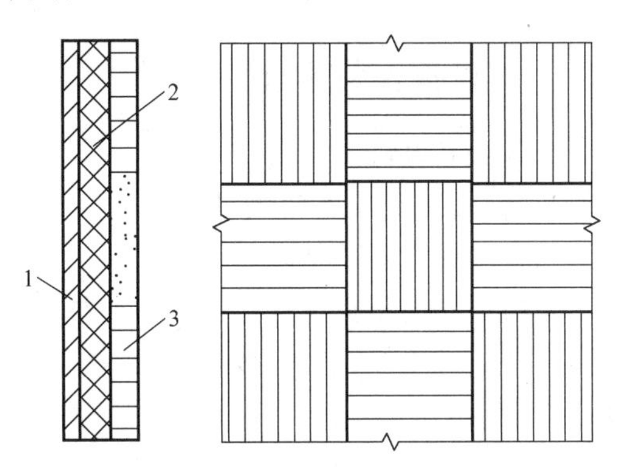

图2-9-30 叠砌式粘贴法

1—炉壳；2—隔热层；3—耐火陶瓷纤维制品

(2) 粘贴法施工前，应在被粘贴的表面，按每扎的大小分格划线。耐火陶瓷纤维制品应粘贴平直、紧密。

(3) 粘贴耐火陶瓷纤维制品，粘结剂应涂抹均匀、饱满。耐火陶瓷纤维制品涂好粘结剂之后，应立即贴在预定的位置上，并应用木板压紧。粘贴及压紧时，不得推动已贴好的相邻耐火陶瓷纤维制品。

(4) 烧嘴、排烟口、孔洞等部位周边应用耐火陶瓷纤维条加粘结剂填实，不得松散和有间隙。填充用耐火陶瓷纤维条应与其周边垂直。

(5) 当设计规定耐火陶瓷纤维炉衬需用钢板网时，钢板网应焊接牢固。钢板网应平整，钢板网的钢板厚度宜为1～1.5mm。

第三章 施工技术应用的细部做法

第一节　测量技术应用的细部做法

一、设备安装测量

单体设备基础的测量：

1. 基础划线及高程测量

（1）单体设备的基础划线

单机设备要根据建筑结构的主要柱基中心线，按设计提供的坐标位置，测量出设备基础中心线，并将纵横中心线固定在中心标板上或用墨线画在基础上，作为安装基准中心线，如图 3-1-1 所示。

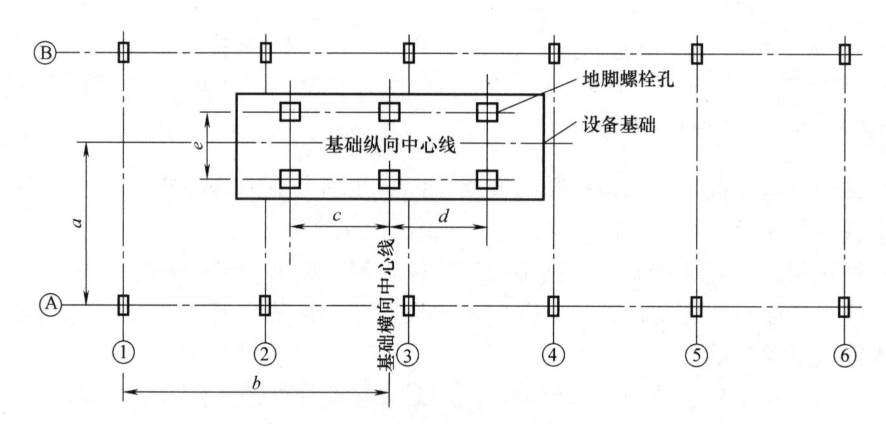

图 3-1-1　单体设备基础划线图

1）首先以建筑的Ⓐ轴为基准，在设备基础上量出与Ⓐ轴线垂直距离为 a 的两个点，两点之间的连线，就是基础纵向中心线；再以建筑的①轴为基准，在设备基础上量出与①轴线垂直距离为 b 的两个点，两点之间的连线，就是基础横向中心线。

2）以基础的纵向中心线为基准按尺寸 e 确定地脚螺栓孔中线纵向轴线；再以基础横向中心线为基准以尺寸 c、d 划出地脚螺栓孔的横向轴线。这样地脚螺栓孔的位置就确定了。

（2）单体设备的高程测量

安装单位接收由土建移交的标高基准点，将标高基准点引测到设备基础附近方便测量的地方，作为下一步设备安装时标高测量的基准点并埋设标高基准点。

（3）精度控制

1）放线测量用计量设备必须经检定或校准合格且在有效期内。使用前要校准设备。测量放线尽量使用同一台设备、同一人进行测量。

2）机械设备定位基准的面、线或点与安装基准线的平面位置和标高的允许偏差，对于单体设备来讲平面位置允许偏差为±10mm，标高允许偏差为+20～−10mm。

3）设备基础中心线必须进行复测，两次测量的误差不应大于5mm。

4）对于埋设有中心标板的重要设备基础，其中心线应由中心标板引测，同一中心标点的偏差不应超过±1mm。纵横中心线应进行正交度的检查，并调整横向中心线。同一设备基准中心线的平行偏差或同一生产系统的中心线的直线度应在±1mm以内。

5）每组设备基础，均应设立临时标高控制点。标高控制点的精度，对于一般的设备基础，其标高偏差应在±2mm以内；对于与传动装置有联系的设备基础，其相邻两标高控制点的标高偏差应在±1mm以内。

2. 中心标板和基准点的埋设

（1）中心标板

中心标板是在设备两端的基础表面中心线上埋设的两块一定长度的型钢，并标上中心线点，作为安装放线时找正设备位置用的一种标定点。

1）埋设中心标板的方法

① 中心标板应埋设在中心线的两端，并且标板的中心要大约在中心线上。

② 中心标板露出基础表面的高度为4～6mm。

③ 在用混凝土浇灌中心标板之前，要先用水冲洗基础，以使新浇灌的混凝土能与原基础结合。

④ 埋设中心标板时，应使用高标号灰浆浇灌固定。如果可能，应焊在基础的钢筋上。

⑤ 埋设中心标板的灰浆全部凝固后，由测量人员测出中心线点并投在中心标板上，投点（冲眼）的直径为1～2mm，并在投点的周围用红铅油画一圆圈，作为明显的标记。

2）中心标板的埋设形式

① 在基础表面埋设（图3-1-2），一般用小段钢轨，也可用工字钢、角钢、槽钢，长度为150～200mm。

② 在跨越沟道的下凹处埋设（图3-1-3），若主要设备中心线通过基础凹形部分或地沟时，则埋设50mm×50mm的角钢或100mm×50mm的槽钢。

③ 在基础边缘埋设（图3-1-4），中心标板长度为150～200mm，至基础的边缘为50～80mm。

图3-1-2 在基础表面埋设

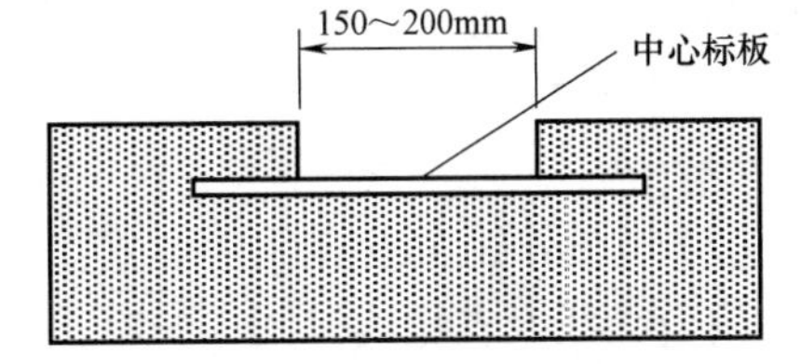

图3-1-3 在跨越沟道的下凹处埋设

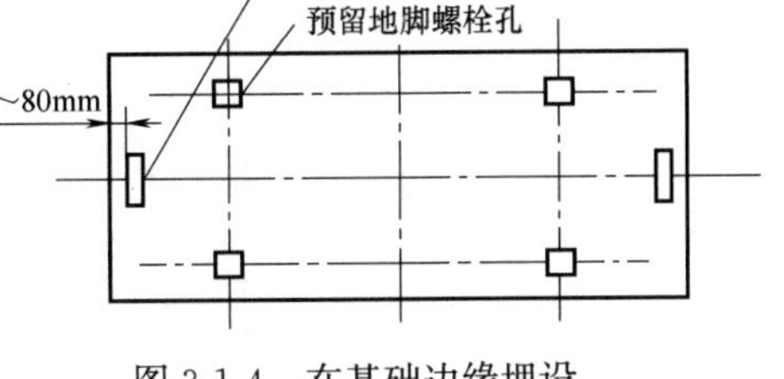

图3-1-4 在基础边缘埋设

（2）基准点

1）在设备的基础上埋设坚固的金属件（通常用 50～60m 长的铆钉），并根据厂房的标准零点测出它的标高作为安装设备时测量标高的依据，称为基准点。

2）由于厂房内原有的基准点往往会被先行安装的设备挡住，在后续安装设备进行标高测量时，再用厂房内原有的基准点就不如新埋设的基准点准确、方便。

3）常用的基准点如图 3-1-5 所示。它是在直径 19～25mm、长约 50～60mm 铆钉的杆端焊上一块约 50mm 见方的钢板，或在铆钉钉杆上焊接一根 U 形钢筋。埋设时，先在预定的位置挖出一个小坑，再用水泥砂浆浇灌固定。埋设基准点的小坑要上口小、下口大（图 3-1-6），基准点露出基础顶面部分不能太高（约 10～14mm）。

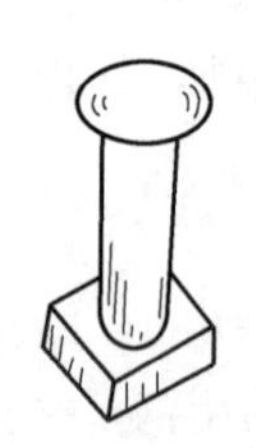
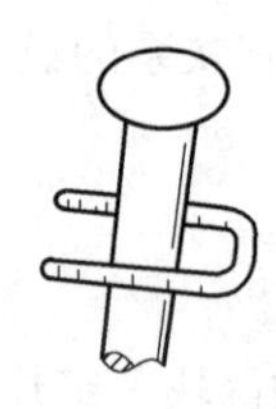

图 3-1-5　基准点

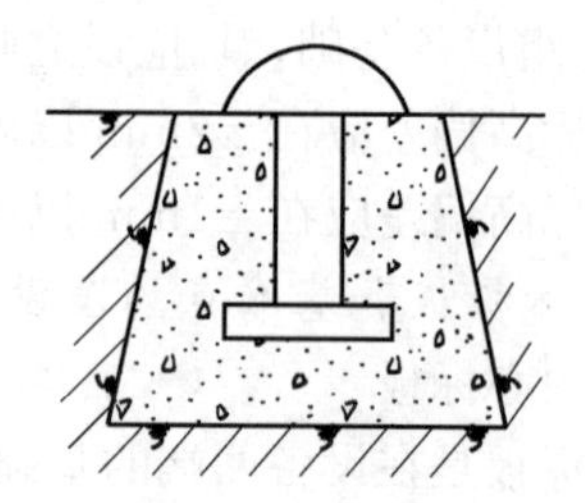

图 3-1-6　基准点的埋设方法

4）中心标板和基准点可在浇筑基础混凝土时配合土建埋设，也可在基础上预留埋设中心标板和基准点的孔洞，待基础养护期满后再埋设，但预留孔的大小要合适，并且要下大上小、位置适当。

二、管线工程测量

管线平面控制测量：

1. GPS-RTK 测量方法

GPS-RTK 即全球定位系统实时动态测量技术，是全球卫星导航定位技术与数据通信技术相结合的载波相位实时动态差分定位技术，它能够实时地提供测站点在指定坐标系中的三维定位结果。实际操作中，分为静态定位和动态定位方法。

2. 管线定位测量的基本技术要求

（1）沿线路每隔 10km 布设（或成对布设）GPS 控制点，并埋设标石。

（2）所有 GPS 控制点沿线路贯通布设。

（3）GPS 控制的测量，采用 GPS 静态测量模式进行观测，并符合卫星定位测量的技术要求。

（4）线路的其他控制点，可采用 GPS-RTK 定位方式测量，并满足 GPS 图根控制测量的技术要求。

（5）每点应观测两次，两次测量的纵、横坐标的较差均不应大于 0.2m。

3. 导线测量方法

（1）导线布设的形式

1）测区内相邻控制点连成直线并形成折线图，即为导线。导线布设有 3 种形式：起讫于同一已知点的闭合导线、布设于两个已知点之间的附合导线及支导线（图 3-1-7）。

2）闭合导线从已知高级控制点和已知方向出发，最后回到起点，本身存在严密的几

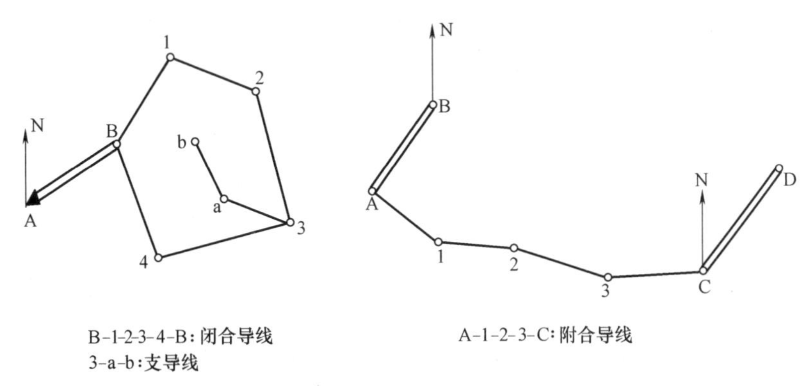

图 3-1-7　导线测量图

何条件，具有检核作用，常用于建立小测区首级平面控制。

3）附合导线从一个已知高级控制点和已知方向出发，附合到另一已知高级控制点和已知方向，也具有检核观测成果的作用。

4）支导线从一个已知点和已知方向出发，既不回到已知点，也不附合到另一已知点，亦称为自由导线，支导线缺乏检核条件，其点数一般不超过 2 个。

（2）导线测量的技术要求

1）导线的起点、终点及每间隔不大于 30km 的点上，应与高等级平面控制点联测。当导线联测有困难时，可分段测设 GPS 控制点作为检核。

2）导线点宜埋设在管道线路附近且在施工干扰区的外围，管道线路的起点、终点和转角点也可作为导线点。

3）当管道线路相邻转角点间的距离大于 1km 或不通视时，应加测方向点。

4）线路的起点、终点、转角点和方向点的位置应实测，当采用极坐标法测量时，应一测回测定角度、距离，距离读数较差应小于 20mm。

5）当管道线路的转弯为曲线时，应实测线路偏角，计算曲线元素，测设曲线的起点、中点和终点。

6）平面控制点的点位，宜选在土质坚实、便于观测、易于保存的地方，并应根据需要埋设标石。

7）当管线与已有的道路、管道、送电线路等交叉时，应根据需要测量交叉角、交叉点的平面位置。

8）所有管线的起点、终点、转角点和铁路、公路的曲线起点、终点，均应埋设固定桩。

9）断链桩应设置在管道线路的直线段，不得设置在穿跨越段或曲线段。断链桩上应注明管道线路来向和去向的里程。

10）管线施工前，应对其测定线路进行复测，满足要求后方可放样。

11）导线测量的主要技术数据要求，应符合表 3-1-1 的规定。

4. 管线里程桩手簿绘制

（1）管线平面测量，要现场测绘管线两侧带状地区的地物、地貌，形成里程桩手簿（图 3-1-8），作为绘制管线纵断面图和设计管线时的重要参考资料。

自流和压力管线导线测量的主要技术数据要求　　表 3-1-1

导线长度（km）	边长（km）	测角中误差（″）	联测检核		适用范围
			方位角闭合差（″）	相对闭合差	
≤30	<1	12	$24\sqrt{n}$	1/2000	压力管线
≤30	< 1	20	$40\sqrt{n}$	1/1000	自流管线

注：n 为测站数。

（2）里程桩手簿可用毫米坐标纸绘制，以粗直线表示管道中心线；转向点以箭头标出管线转向的方向和转向角（图 3-1-9），而转向后的管线仍按原直线方向绘出。

（3）管线带状地形图测绘时，其宽度一般为左右各 20m；如遇到建筑物、构筑物等，则要测绘到两侧的建（构）筑物（图 3-1-8）。

（4）已有大比例尺地形图时，可利用地形图的地物、地貌数据，以减少测量外业工作量。

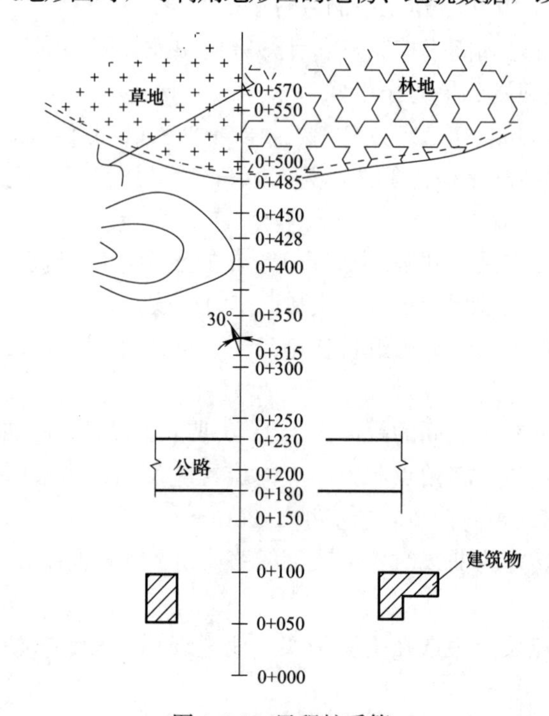

图 3-1-8　里程桩手簿

0＋000：管线起点；0＋180、0＋230：穿越公路加桩；0＋315：转向点，$\alpha_{左}=30°$；

0＋428、0＋485：地面坡度变化；0＋570：与其他管道交叉

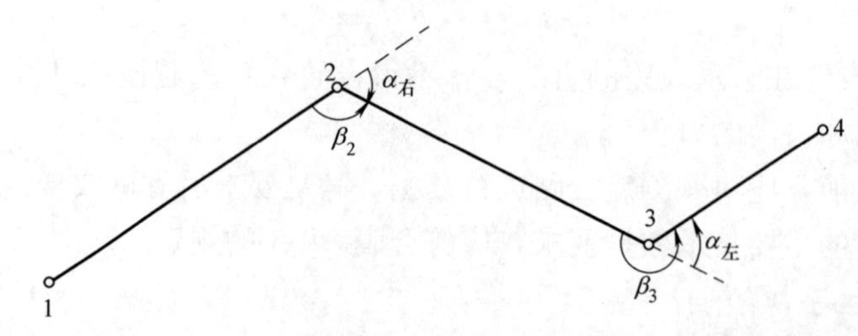

图 3-1-9　转向角测量

$\alpha_{右}$、$\alpha_{左}$：测点 2、3 的转向角；β_2、β_3：测点 2、3 的平面角

三、钢结构安装测量

钢结构工程施工及质量验收时所使用的计量器具必须合格。这里“合格”不仅仅是制造意义上的合格，更重要的是指根据《计量法》规定的定期计量检验意义上的合格。因此制作、安装和检验单位应按有关规定，定期对所使用的计量器具送计量检验部门进行计量检定，并保证在检定有效期内使用。同时选用正确的测量方法，比如钢卷尺在测量一定长度的距离时，应使用夹具和规定的拉力计算器数值，否则，读数就有差异。

钢结构安装前应对建筑物基础的定位轴线、标高进行复查，对基础上的埋件、地脚螺栓、杯口、灌浆预留部位等进行检查，并办理交接验收。

1. 基础测量

用水准仪把厂区基准点测放至基础上或基础旁边的构筑物上，用红色油漆标记标高线及标高数据，用水准仪和钢尺引测钢柱柱底标高，如图 3-1-10 所示。用全站仪根据坐标系把基础的理论纵横中心线测放在基础上，用墨斗弹线，用红色油漆把纵横线的基准点标记在基础边沿，后续安装钢柱时钢柱柱底板四面的中心点与纵横线对正即可，便于钢柱安装时定位一次完成；依纵横墨线为测量基准对基础上的埋件、地脚螺栓、杯口、灌浆预留部位等进行检查。

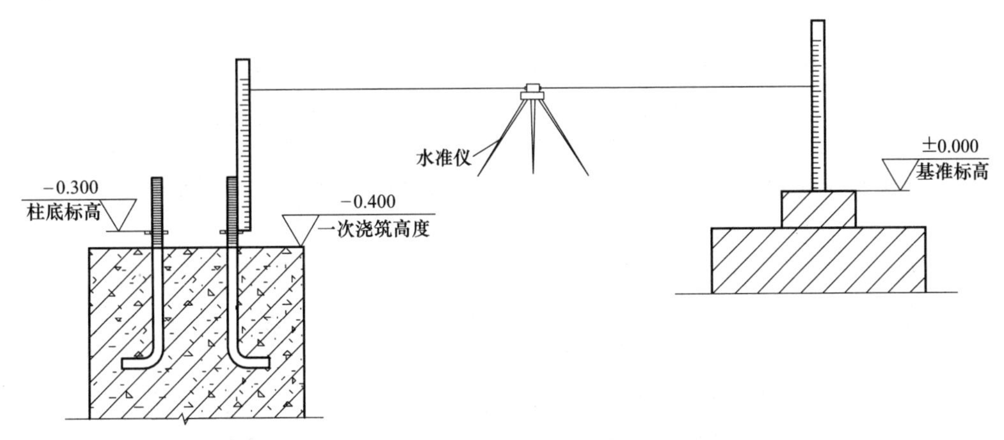

图 3-1-10 钢柱柱底标高引测示意图

基础顶面直接作为柱的支承面或以基础顶面预埋钢板或支座作为柱的支承面时，其支承面、地脚螺栓（锚栓）位置的允许偏差应符合表 3-1-2 的规定。用经纬仪、水准仪、全站仪、水平尺和钢尺实测。

支承面、地脚螺栓（锚栓）位置的允许偏差（mm） **表 3-1-2**

项目		允许偏差
支承面	标高	±3.0
	水平度	1/1000
地脚螺栓(铀栓)	螺栓中心偏移	5.0
预留孔中心偏移		10.0

采用坐浆垫板时，坐浆垫板的顶面标高为 0～－3mm，水平度偏差≯1/1000，位置偏差≯20mm，坐浆垫板混凝土标号应满足设计要求，坐浆垫板位置与结构着力部位相对应。采

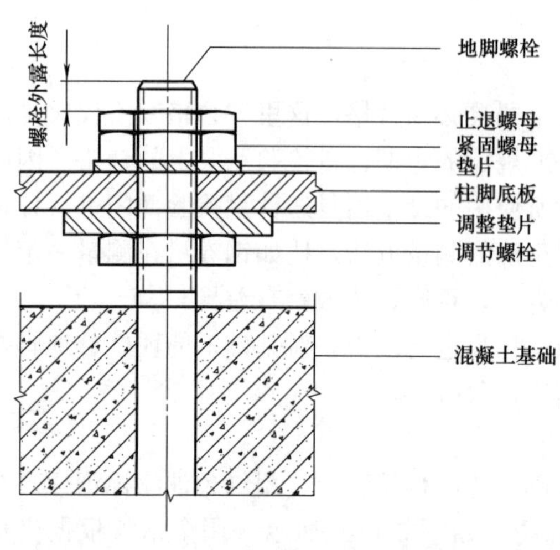

图 3-1-11　柱脚底板螺栓调整测量示意图

用插入式或埋入式柱脚时，杯口底面标高偏差为−5～0mm，深度偏差为±5mm，垂直度偏差为h/1000 且≯10mm，柱脚轴线对柱定位轴线偏差≯1mm。

2. 地脚螺栓（锚栓）的测量

地脚螺栓（锚栓）规格、位置及紧固应满足设计要求，螺栓（锚栓）的螺纹应有保护措施。地脚螺栓（锚栓）尺寸的偏差，当直径d≤30mm 时，螺栓（锚栓）外露长度和螺栓（锚栓）螺纹长度为 0～1.2d，当直径d＞30mm 时，螺栓（锚栓）外露长度和螺栓（锚栓）螺纹长度为 0～1.0d，如图 3-1-11 所示。

四、炉窑施工测量

焦炉砌筑施工测量：

1. 焦炉施工中控制线及基准点的设置

（1）焦炉是一种比较复杂的工业炉，炉体本身和焦炉机械与设备间的相关尺寸要求严格。因此，其线形尺寸必须严格控制。

（2）控制点包括永久性埋设点以及为砌筑而引出的二次控制点、线两种。焦炉的纵向中心线、中部炭化室和边炭化室的中心线以及控制炉体各部位水平标高的基准点的布置如图 3-1-12 所示。

2. 焦炉施工纵、横中心线的控制

（1）焦炉的纵向中心线是焦炉炉体位置的重要控制线，也是炉体砌筑时的纵向控制基准线。基准点设在抵抗墙顶部永久性标桩上。

（2）中间炭化室和边炭化室中心线基准点设在焦炉两侧烟道混凝土顶面的永久性标桩上，该中心线必须与焦炉纵向中心保持严格垂直，焦炉纵、横中心基准点的位置如图 3-1-13 所示。

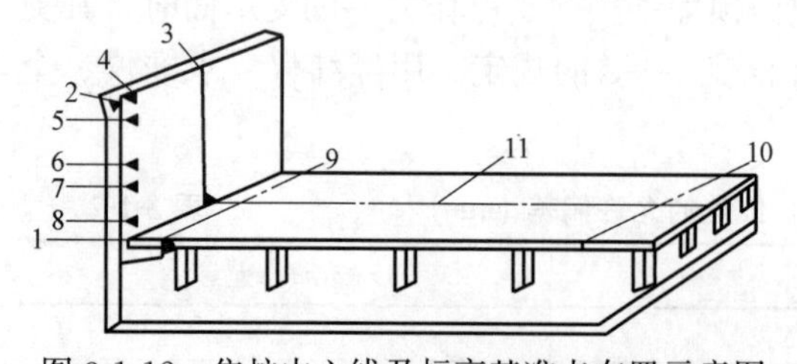

图 3-1-12　焦炉中心线及标高基准点布置示意图

1—基础平台标高基准点；2—抵抗墙顶面标高基准点；3—焦炉纵向中心基准点；4—炉顶标高；5—炭化室标高；6—斜烟道标高；7—蓄热室标高；8—小烟道标高；9—边炭化室中心线；10—焦炉横向中心线；11—焦炉纵向中心线

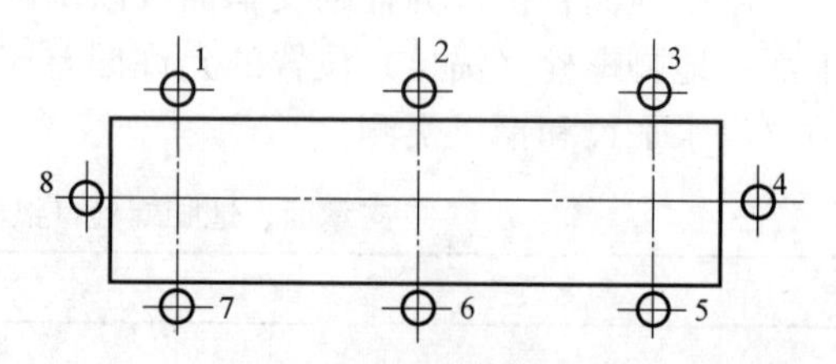

图 3-1-13　焦炉纵、横中心基准点的设置示意图

1、3、5、7—边炭化室中心基准点；2、6—横向中心基准点；4、8—纵向中心基准点

(3) 焦炉纵向中心线，在砌砖前用经纬仪将其投放在抵抗墙内侧面，炉体的正面线、各孔洞的纵向中心线及砖的配列线，都以该中心线为基准放线。

(4) 正面线用以控制砌体横向尺寸，具体做法是：在两个边炭化室中心线方向上，以焦炉的纵向中心线为基准，均匀地向两侧分出半个炭化室长度，连接同一侧的两点，即为此焦炉的正面线。

(5) 绘制配列线是控制砌体横向尺寸的一种独特方法。

1) 具体做法是：事先将每层每块砖的尺寸位置线（含砖缝尺寸）十分精确地划在长尺杆上。

2) 然后以炉体纵向中心线为基准，沿炭化室长度方向逐层、逐墙、逐块把长尺杆的配列线划在下层已砌好的砖墙面上，墨线的位置应在砖缝的中心处。

3) 砌砖时要按此配列线把砖缝均匀地分开，并规定砖的边角不得超过排砖墨线。此方法对加快施工进度以及确保焦炉砌筑的高精度、高质量创造了条件。

4) 中间炭化室和边炭化室中心线，在砌砖前将其移至基础平台的侧面，用作燃烧室中心间距及蓄热室中心线分中的基准。

5) 放线时采用均匀误差法，将全长误差均分到各间距线段内，其误差不大于±0.5mm，并不得有同一方向的累积误差。

3. 焦炉施工标高控制

(1) 直立标杆控制法

1) 直立标杆，用于控制砖层标高、墙中心和宽度尺寸。标杆使用变形小的干燥方木。斜烟道以下部位，将标杆设在基础平台两侧炉柱底部的小牛腿上。每隔一个炭化室立一根，下部以螺栓固定，上部则以槽钢连接，用钢绞线将机、焦侧标杆拉紧，并固定在工作大棚柱子上，直立标杆设立如图 3-1-14 所示。

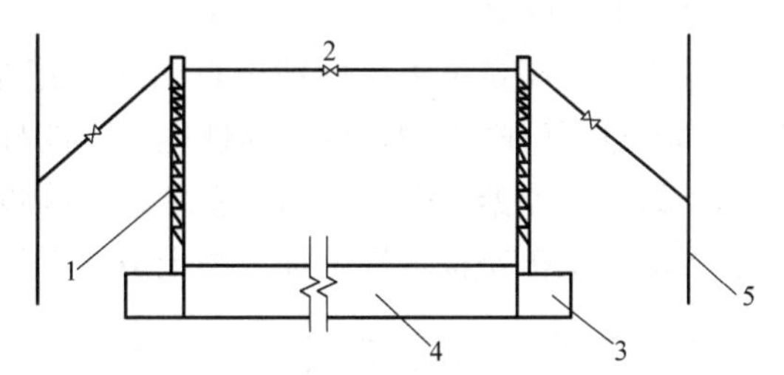

图 3-1-14　直立标杆设立示意图

1—直立标杆；2—闭式花篮螺栓；3—炉柱基础（小牛腿）；4—焦炉基础顶板；5—工作棚立柱

2) 斜烟道上部的标杆设在保护板的底座砖上。直立标杆除画砖层线外，还要画出蓄热室墙中心线和燃烧室中心线。中心线的分中作业随砌砖进程陆续分段完成，每次画线高度 1～1.2m，并应经常用标准小尺杆进行检查，如发现移动应及时校正。砌砖时使用横标板挂线，横标板用活动卡具卡在直立标杆上，可随意取下和上下移动。墙中心线及宽度尺寸线均十分精确地刻划在横标板上。砌砖时，横标板的中心线对准直立标杆上的中心线，砌砖小线挂在横标板的墙宽刻度线上。

(2) 50mm 线控制法

1) 50mm 线是目前比较通用的一种控制标高的方法，其优点为节省木材、施工方便。

2) 具体做法：每个砌筑循环结束后，由测量人员在每道墙上打上标高点，该点到此循环砖顶面设计标高的距离为 50mm，按此标高点打上墨线，砌筑工人可以根据此线掌握标高情况，以便根据实际情况，调整砌筑灰缝的大小，满足标高需求。

4. 沉降观测

(1) 相关要素

由于1座焦炉往往有上万吨耐火材料，因此，在砌筑过程中，随着炉体质量的不断增加，必然发生基础沉降，沉降多少与当地的地质条件有密切的关系。

（2）沉降观测

在热态烘炉过程中，炉体各部位几何尺寸也在发生变化，而焦炉机械、设备的安装都必须以炉体为基准，炉体的标高发生了改变，机械、设备的安装标高也必须相应地改变，因此，沉降观测必不可少，焦炉沉降观测点布置如图3-1-15所示。

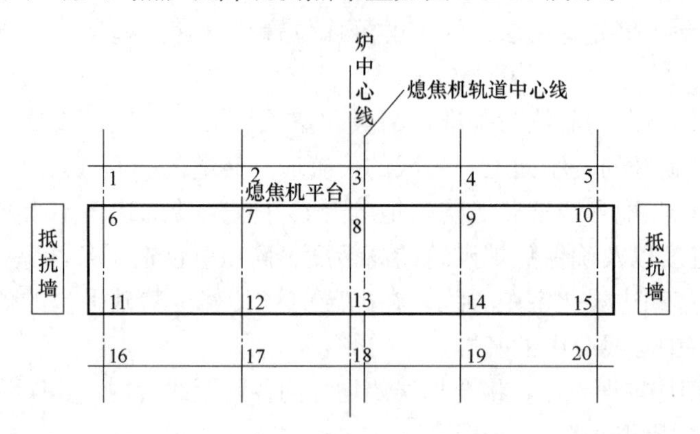

图3-1-15　焦炉沉降观测点布置图

（3）沉降观测点

沉降观测点在焦炉基础施工中埋设，机、焦侧沿焦炉纵向在顶板混凝土侧面各埋设3～4处沉降观测点。

观测点标高是由永久性埋设点引出。记录好其标高的原始数据。砌筑每完成一个部位，都要进行沉降观测，以永久性埋设点的标高为基准，读出各沉降点的数值，该数值与沉降点的原始数据的差值，即为发生的沉降量。

每次测量都要整理好沉降观测记录，以便为安装机械、设备提供依据。

五、输电线路施工测量

架空输电线路施工测量：

1. 杆塔工程施工测量

（1）一般规定：

测量仪器和量具使用前应进行检查。仪器最小角度读数不应大于1′。分坑测量前应依据设计提供的数据复核设计给定的杆塔位中心桩，并应以此作为测量的基准。

（2）复测时有下列情况之一时，应查明原因并予以纠正。

1）以两相邻直线桩为基准，其横线路方向偏差大于50mm。

2）用视距法复测时，架空送电线路顺线路方向两相邻杆塔位中心桩间的距离与设计值的偏差大于设计档距的1%。

3）转角桩的角度值，用方向法复测时对设计值的偏差大于1′30″。无论地形变化大小，凡导线对地距离可能不够的危险点标高都应测量，实测值与设计值偏差不应超过0.5m，超过时应有设计方查明原因并予以纠正。

（3）在下列地形危险点处应重点复核：

1）导线对地距离有可能不够的地形凸起点的标高。

2）杆塔位间被跨越物的标高。

3）相邻杆塔位的相对标高。

（4）设计交桩后丢失的杆塔中心桩，应按设计数据予以补钉，其测量精度应符合下列要求：

1）桩之间的距离和高程测量，可采用视距法测定，如图 3-1-16 所示，其视距长度不宜大于 400m。

2）视距法测距相对误差，同向不应大于 1/200，对向不应大于 1/150。

3）钢尺量距时，每次量距次数不少于两次，两次测量差值不得超过量距的 0.1%。

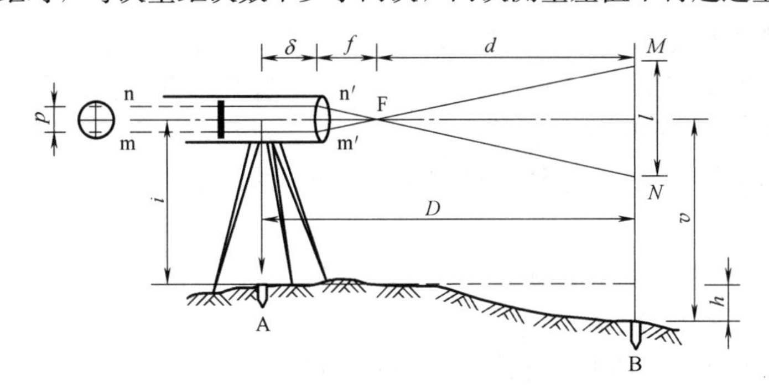

图 3-1-16 视距法测量原理

p—上、下视距丝间距；f—物镜焦距；δ—物镜至仪器中心距离；
D—A、B 两点水平距离；h—A、B 两点高差；i—仪器高度；v—视距尺量测高度

（5）视距法测量原理如图 3-1-16 所示。

1）欲测定 A、B 两点间的水平距离 D 及高差 h，可在 A 点安置经纬仪，B 点立视距尺，望远镜视线水平，瞄准 B 点视距尺，此时视线与视距尺垂直。

2）若尺上 M、N 点成像在十字丝分划板上的两根视距丝 m、n 处，尺上 MN 的长度可由上、下视距丝读数之差求得。上、下丝读数之差称为视距间隔或尺间隔。

3）由相似三角形△m′n′F 与△MNF 可得：$d:f=l:p$，即：$d=fl/p$，由图看出 $D=d+f+\delta$，带入得：$D=fl/p+f+\delta$，令 $f/p=K$、$f+\delta=C$，得 $D=Kl+C$。式中，K、C——视距乘常数和视距加常数。现代常用的内对光望远镜的视距常数，设计时已使 $K=100$、C 接近于零。则公式可化简为 $D=100l$，而高差 $h=i-v$。

（6）杆塔位中心桩移桩的测量精度应符合下列规定：

1）当采用钢卷尺直线量距时，两次测值之差不得超过量距的 1‰。

2）采用视距法测距时，两次测值之差不得超过测距的 5‰。

3）当采用方向法测量角度时，两测回测角值之差不得超过 1′30″。

2. 线路的复测

（1）线路复测主要包括：转角桩度数的复测、档距的复测、杆（塔）位桩直线角的复测、杆（塔）位高程的复测、危险点及交叉跨越的复测。

（2）线路的复测采用经纬仪加塔尺进行角度及视距的测量；使用卫星定位实时动态测量功能进行线路复测；采用水准仪配合钢尺进行杆（塔）位塔基测量。

（3）使用卫星定位实时动态测量功能进行线路复测，应使用与勘测设计定位测量时相同的控制点成果资料求解 RTK 转换参数，使用勘测设计提供的基准站、塔位或直线桩位的测量成果资料作为基准站，以保证测量成果的一致性。

（4）复测转角桩的度数，使用经纬仪或全站仪测量一测回；使用卫星定位实时动态测量功能时，复测的转角桩与前后直线桩位距离不宜小于 100m；复测转角桩度数与设计转角度数的差值限差为 1′30″。杆（塔）位挡距的复测限差应不大于挡距的 1%。复测直线杆（塔）位桩的直线角偏差不应超过 1′30″，如果以两相邻直线桩为基础，与线路横向偏差不应超过 5cm。复测杆（塔）位的高程，相邻杆（塔）位桩间的高程值与设计值的限差为 50cm。危险点、交叉跨越的复测，复测高程与设计高程差值限差为 50cm，与其临近杆（塔）位复测的距离限差为 2%，复测偏距限差为 2%。线路复测时，杆塔位桩丢失或设计重新调整杆塔位，需依据设计提供的杆塔明细表和平断面图的成果进行补桩或移桩。

3. 施工基面及电气开方测量

（1）输电线路施工基面及电气开方测量应根据设计图纸和施工方案的有关要求进行，宜采用极坐标法。

（2）施工基面的测量内容有桩位高程和每条腿的高程测量，电气开方测量需要对开方处的高程和挖方范围进行测量。

（3）电气开方测量应视现场地形、导线弧垂和杆（塔）位等情况，按设计图纸确定施测的位置和范围。施工基面及电气开方高程采用两次测量并取平均值，其测量允许偏差见表 3-1-3。

施工基面及电气开方测量允许偏差 **表 3-1-3**

测量项目	允许偏差(mm)
施工基面高程	−100～200
塔位边坡净距	不小于设计值
风偏及对地净距	不小于设计值

4. 基础施工测量

（1）杆塔基础坑深允许偏差应为−50～100mm，坑底应平整。同基基础坑应在允许偏差范围内按最深基坑操平。对于直线双杆进行基础分坑，定出铁塔四个腿的位置，方法如图 3-1-17 所示，将经纬仪安放在中心桩 0 处，对准辅助桩 D，自中心桩 0 点量 $(x-a)/2$ 定出 D1 点，再量 $(x+a)/2$ 定出 D2 点，以 D1、D2 两点为基准，按双杆的半根开分坑法可定出右杆杆坑的坑口 1、2、3、4。用上述方法定出左杆的坑口范围。

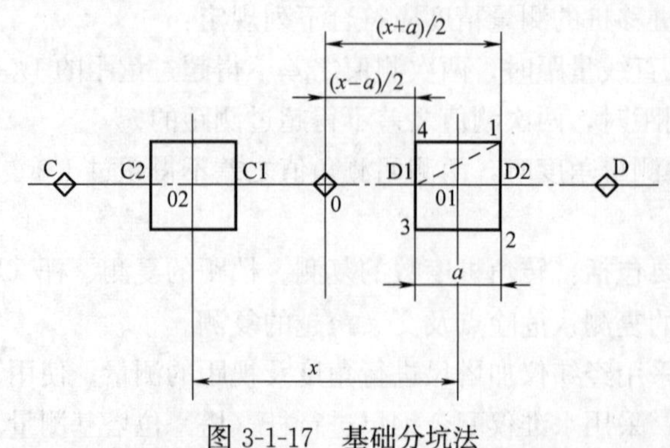

图 3-1-17 基础分坑法

（2）坑口宽度是根据基础底板宽、坑深及安全坡度来计算的，如图 3-1-18 所示，坑口宽度为 a，则 $a=d+2c+2Kh$，其中 d 为基础底板宽度，c 为坑下操作预留宽度，K 为安全坡度系数，h 为基础坑深。

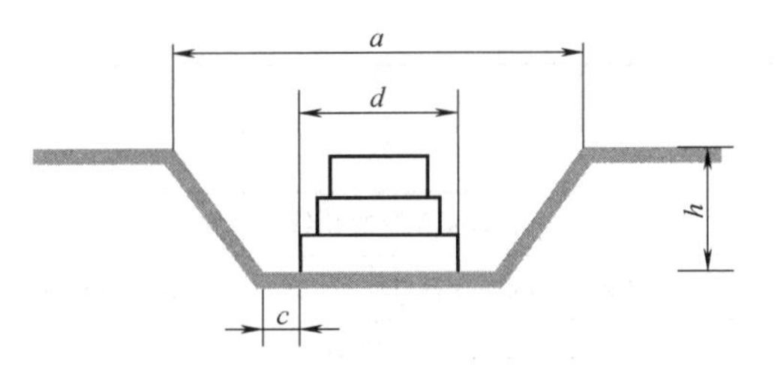

图 3-1-18　基坑坑口宽度示意图

（3）掏挖基础主柱挖掘过程中，每挖 500mm 应在坑中心吊垂球检查坑位及主柱直径。开挖将至设计深度时应预留 50mm 不挖掘，并应待清理基坑时再修整。岩石、掏挖基础坑分坑和开挖测量项目及允许偏差见表 3-1-4。

岩石、掏挖基础坑分坑和开挖测量项目及允许偏差　　**表 3-1-4**

测量项目	允许偏差(mm)	测量项目	允许偏差(mm)
基础坑深	0～100	基础坑底板尺寸	－1%设计底板尺寸
基础坑中心	0.1%设计根开及对角线	基础立柱尺寸	－1%设计立柱高度

（4）基础浇筑前应对支模尺寸和主要原材料进行检查和校核，施工测量人员在基础浇筑过程中，应及时看守观测，当发现根开、对角线、高差出现偏差时，应立即通知施工人员，及时处理。现浇混凝土铁塔基础测量允许偏差见表 3-1-5。

现浇混凝土铁塔基础测量允许偏差　　**表 3-1-5**

测量项目		允许偏差(mm)
底板断面尺寸		－1%设计底板断面尺寸
基础埋深		－50～100
钢筋保护层厚度		－5
立柱断面尺寸		－1%设计断面尺寸
整基基础中心位移	顺线路	30
	横线路	30
整基基础扭转	一般塔	5′
	高塔	3′
基础根开及对角线尺寸	地脚螺栓式	0.1%设计根开及对角线
	主角钢插入式	0.05%设计根开及对角线
	高塔	0.04%设计根开及对角线
同组地脚螺栓中心对立柱中心偏移		10
基础顶面间高差		3

注：表中高塔是指塔高度在 100m 及以上的塔。

（5）整基铁塔基础回填土夯实后尺寸允许偏差应符合表 3-1-6 的要求。

整基铁塔基础尺寸施工允许偏差　　**表 3-1-6**

项目		地脚螺栓式		主角钢插入式	
		直线	转角	直线	转角
整基基础中心与中心桩间的位移(mm)	横线路方向	30	30	30	30
	顺线路方向	—	30	—	30

续表

项目	地脚螺栓式		主角钢插入式	
	直线	转角	直线	转角
基础根开及对角线尺寸(‰)	±2		±1	
基础顶面或主角钢操平印记间相对高差(mm)	5		5	
整基基础扭转(′)	10		10	

现浇拉线（含锚杆拉线）基础的测量允许偏差见表 3-1-7。

现浇拉线（含锚杆拉线）基础测量允许偏差　　表 3-1-7

测量项目	允许偏差(mm)	测量项目	允许偏差(mm)
底板断面尺寸	−1%设计底板断面尺寸	基础埋深	0～100
锚杆拉线基础孔角度	2°	钢筋保护层厚度	−5
锚杆拉线基础孔深	0～100	拉线基础拉环中心与设计位置偏移	20
锚杆孔径	0～20	拉线基础中心位移	0.5%L

注：L 为拉线基础坑中心至拉线点的水平距离，mm。

（6）整基基础完成后，需进行整基基础中心与塔位中心桩间的位移检查，如图 3-1-19 所示。

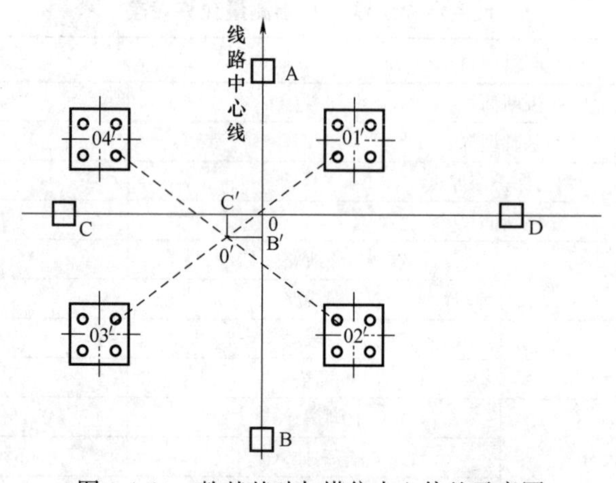

图 3-1-19　整基基础与塔位中心偏差示意图

按照确定同组地脚螺栓中心的方法，首先找出四个脚柱上同组地脚螺栓的中心 01′、02′、03′、04′，以细铁丝连接 01′03′，再连接 02′04′，两对角线的交点处吊一垂球，在地面上定出 0′点，0′点即为整基基础的实测中心。塔位中心桩为 0，A、B 为顺线路方向辅助桩，C、D 为横线路方向辅助桩，用细线连接 B、0，用钢尺测量 0′至 B、0 连线的垂直距离 $\overline{0'B'}$，该距离即为整基基础与中心桩间的横线路方向位移。同理，用细铁丝连接 C、0，用钢尺测量 0′至 C0 连线的垂直距离 $\overline{0'C'}$，该距离为整基基础与中心桩间的顺线路方向位移。

5. 杆塔施工测量

（1）杆塔测量包括自立式铁塔施工测量、拉线铁塔施工测量和混凝土杆施工测量。

(2) 自立式转角塔、终端塔应组立在倾斜平面的基础上，向受力反方向预倾斜，预倾斜值应视塔的刚度及受力大小由设计确定。架线挠曲后，塔顶端仍不应超过铅垂线而偏向受力侧。

(3) 拉线转角杆、终端杆、导线不对称布置的拉线直线单杆，在架线后拉线点处的杆身不应向受力侧挠倾，向受力反侧（或轻载侧）的偏斜不应超过拉线点高的 0.3%。拉线安装后，地平面夹角与设计值的允许偏差应符合：10kV 及以下电力架空线路不应大于 3°，35kV 及以上电力架空线路不应大于 1°。拉线安装工程中，楔形线夹处拉线尾线应露出线夹 200～300mm，用直径 2mm 镀锌铁线与主拉线绑扎 40mm。

(4) 混凝土电杆的拉线在装设绝缘子时，拉线绝缘子距地面不应小于 2.5m，如图 3-1-20 所示。跨越道路的水平拉线与拉桩杆安装时，拉桩杆的埋设深度，当设计无要求时，不应小于拉线柱长的 1/6。拉桩杆应向受力反方向倾斜，倾斜角宜为 10°～20°。拉桩杆与坠线夹角不应小于 30°，拉线抱箍距拉桩杆顶端应为 250～300mm，拉桩杆的拉线抱箍距地距离不应小于 4.5m。顶（撑）杆安装时，底部埋深不宜小于 0.5m，并采取防沉措施，与主杆之间的夹角满足设计要求，允许偏差应为±5°。

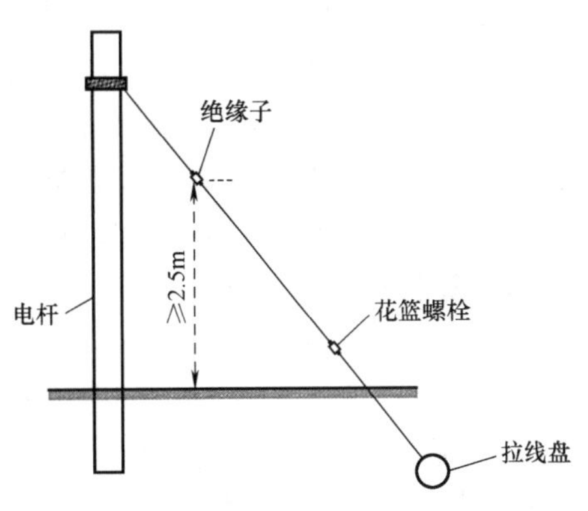

图 3-1-20 拉线绝缘子安装距离图

(5) 钢圈连接的混凝土电杆，钢圈连接采用气焊时，钢圈宽度不应小于 140mm，气焊用的氧气纯度不应低于 98.5%。电杆焊接后，放置地平面检查时，其分段及整根电杆的弯曲均不应超过其对应长度的 2‰，超过时应割断调直，并应重新焊接。混凝土单电杆立好后，直线杆、转角杆的横向位移不应大于 50mm。混凝土电杆安装时，以抱箍连接的叉梁，其上端抱箍组装尺寸的允许偏差应为±50mm。横担端部上下歪斜不应大于 20mm，左右扭斜不应大于 20mm，双杆的横担，横担与电杆连接处的高差不应大于连接距离的 5/1000，左右扭斜不应大于横担总长度的 1/100。横担安装应平正，偏支担长端应向上翘起 30mm。瓷横担绝缘子直立安装时，顶端顺线路倾斜不应大于 10mm。当水平安装时，顶端宜向上翘起 5°～15°，顶端顺线路歪斜不应大于 20mm。

6. 架线工程施工测量

(1) 架线施工中紧线施工测量包括交叉跨越、导地线弧垂、导地线相间弧垂、子导线弧垂测量。

紧线施工测量允许偏差见表 3-1-8。

紧线施工测量允许偏差 表 3-1-8

测量项目		允许偏差
对交叉跨越物及对地距离		符合设计要求
导地线弧垂（紧线时）	110kV	−1.0%～2.5%设计弧垂
	220kV 及以上	1.0%设计弧垂
	大跨越	0.5%设计弧垂，且不大于 0.5m

续表

<table>
<tr><th colspan="2">测量项目</th><th colspan="3">允许偏差</th></tr>
<tr><td rowspan="3">导地线相间弧垂偏差（mm）</td><td>110kV</td><td colspan="3">200</td></tr>
<tr><td>220kV 及以上</td><td colspan="3">300</td></tr>
<tr><td>大跨越</td><td colspan="3">500</td></tr>
<tr><td colspan="2" rowspan="3">同相子导线间弧垂偏差（mm）</td><td colspan="2">无间隔棒双分裂导线</td><td>0～100</td></tr>
<tr><td rowspan="2">有间隔棒其他分裂形式导线</td><td>220kV</td><td>80</td></tr>
<tr><td>330～500kV</td><td>50</td></tr>
</table>

（2）观测弧垂时宜采取两次测量取平均值。

1）观测弧度的温度必须足以代表导线、避雷线的真实情况，当采用一般温度计测量气温时，应将温度计悬挂在现场开阔通风、距地面约 2m 处实测，且应避免阳光直射。

2）加线后应测量导线对被跨越物的净空距离，计入导线蠕变伸长换算到最大弧垂时必须符合设计规定。

3）附件安装施工测量内容包括跳线间隙、悬垂绝缘子串倾斜、防振锤及阻尼线安装距离、绝缘避雷线放电间隙、间隔棒安装位置、屏蔽环及均压环绝缘间隙。附件安装测量允许偏差见表 3-1-9。

附件安装测量允许偏差 **表 3-1-9**

测量项目		允许偏差（mm）
跳线及带电导体对杆塔电气间隙		符合设计和现行国家标准《110kV～750kV 架空输电线路施工及验收规范》GB 50233 的要求
悬垂绝缘子串倾斜		5°，且不大于 200
防振锤及阻尼线安装距离		30
绝缘避雷线放电间隙		2
间隔棒安装位置	第一个	1.5%l'
	中间	3.0%l'
屏蔽环、均压环绝缘间隙		10

注：l'为设计次档距，mm。

（3）送电线路通过林区，应砍伐出通道，通道净宽度不应小于线路宽度加林区主要树种高度的 2 倍。在下列情况下，如不妨碍架线施工和运行维修，可不砍伐出通道。

1）树木自然生长高度不超过 2m。

2）导线与树木之间的垂直距离不小于表 3-1-10 所列数值。

3）线路通过公园、绿化区或防护林带，导线与树木之间的净空距离，在最大计算风偏情况下不应小于表 3-1-11 所列数值。

导线与树木之间的最小垂直距离 **表 3-1-10**

线路电压（kV）	35～110	220	330	500
垂直距离（m）	4.0	4.5	5.5	7.0

导线与树木之间的最小净空距离　　表 3-1-11

线路电压(kV)	35～110	220	330	500
垂直距离(m)	3.5	4.0	5.0	7.0

(4) 架线过程中需要搭设跨越架时，跨越架的中心应与展放的导（地）线重合，架顶宽度应符合下列要求：

1）停电架线时，宽度应超出展放的导（地）线中心各 1.5m。

2）不停电架线时，宽度应超出展放的导（地）线中心各 2m。

3）如果三相导线同时采用一组跨越架时，其架顶宽度应超出两边线各 1.5～2.0m。

竹竿、木杆及小钢管适用于搭设一般跨越架和部分重要跨越架，跨越架高度不宜大于 15m，用于主杆的弯曲度应小于 1%，用于横杆的弯曲度应小于 4%。

跨越架的外侧需打上临时拉线，对地夹角不大于 45°，跨越架宽度≤3m 时，每侧应设两条拉线，跨越架宽度大于 3m、小于 6m 时，每侧应设三条拉线。

放线时，布置的导（地）线应当接头最少、余线较少，放线段内的布线长度，可根据地形按放线段总长度的 1.03～1.1 倍控制：平地取 1.03 倍，丘陵地取 1.05 倍，山区取 1.1 倍。

(5) 导线放线张力的控制：

1）通过近地档或跨越档要求来实现的，护线人员应随时向指挥员报告导线对地及对跨越物的距离，牵放导线过程中，导线与地面及被跨越物的距离应不小于：一般地段导线离地面 3m；人员及车辆较少通行的道路而不搭设跨越架时，导线离路面 5m。导线或平衡锤离跨越架顶面 1.0m。

2）挂线时对于孤立档、较小耐张段过牵引长度应符合设计要求，设计无要求时，应符合下列规定：耐张端长度大于 300m 时，过牵引长度不宜超过 200mm；耐张段长度为 200～300m 时，过牵引长度不宜超过耐张段长度的 0.5‰；耐张段长度小于 200m 时，过牵引长度应根据导线的安全系数不小于 2 的规定进行控制，变电所进出口档除外。

3）导线布置中，直线压接管的位置应符合设计及验收规范规定，对直线压接管的位置有如下规定：直线压接管距耐张线夹的距离不应小于 15m；直线压接管距悬垂线夹的距离不应小于 5m；直线压接管距间隔棒的距离不宜小于 0.5m。直线压接管位置的校核有两种方法：一种是计算法，另一种是作图法。

4）弧垂的计算，应依据设计单位提供的导（地）线安装应力曲线或百米档距弧垂曲线图。如果曲线图已按降温补偿法考虑了架空线收到张力后产生的塑性伸长和蠕变伸长（简称为初伸长）的影响，对此情况，在计算观测档弧垂时不再考虑初伸长的影响。如果曲线图未考虑初伸长的影响，查应力曲线图时应注以设计说明，弧垂计算时应考虑降温，一般情况下，钢芯铝绞线降温 20℃，钢绞线降温 10℃。最常用的观测弧垂的方法是等长法又称平行四边形法，选用等长法观测弧垂应同时满足下列要求：

$$h<20\%L \tag{3-1-1}$$

$$f\leqslant h_a-2 \tag{3-1-2}$$

$$f\leqslant h_b-2 \tag{3-1-3}$$

式中　h——观测档导线悬挂点间的高差（m）；

L——观测档的档距（m）；

f——观测档档距的中点弧垂（m）；

h_a——观测端导线悬挂点至基础面的距离（m）；

h_b——视点端导线悬挂点至基础面的距离（m）。

等长法观测弧垂的布置如图 3-1-21 所示。

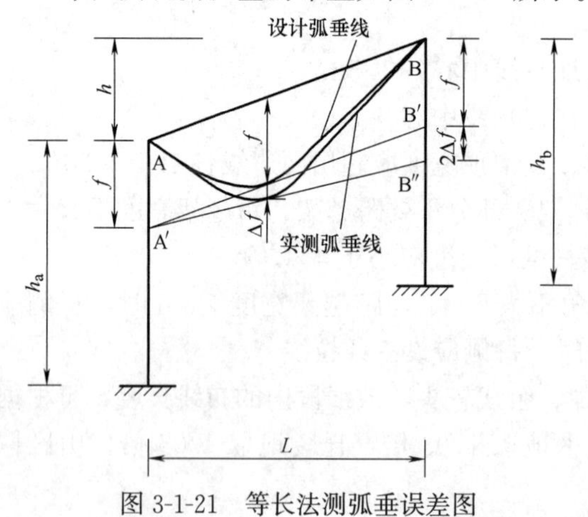

图 3-1-21　等长法测弧垂误差图

5）测量步骤：在观测档相邻两杆塔上，由架空线悬挂点 A、B 处各向下量距离 f（弧垂由设计给出）设置为 A′、B′，绑扎弧垂板或在观测端（A′）划印记后设置罗盘仪，然后在观测端（A′）弧垂板处直接用目视观测，或者用罗盘仪观测，在对侧的杆塔上标记为 B″，测量出 B′B″的距离为 $2\Delta f$，即可知道实际的弧垂线与设计弧垂线的误差 Δf。

6）紧线弧垂在挂线后应随即在该观测档检查，其允许偏差在一般情况下应符合表 3-1-12 要求。跨越通航河流的大跨越档，其弧垂允许偏差不应大于±1%，其正偏差值不应超过 1m。导线或地线各相间的弧垂应力求一致，当满足表 3-1-12 的弧垂允许偏差标准时，各相间弧垂的相对偏差最大值应符合表 3-1-13 要求，架空线路跨越通航河流的大跨越档相间弧垂最大允许偏差不大于 500mm。

弧垂允许偏差　　**表 3-1-12**

线路电压	10kV 及以下	35～66kV	110kV	220kV 及以上
允许偏差	−5%～5%	−2.5%～5%	−2.5%～5%	−2.5%～2.5%

各相间弧垂的相对偏差最大值　　**表 3-1-13**

线路电压	10kV 及以下	35～66kV	110kV	220kV 及以上
相间弧垂允许偏差（mm）	50	200	200	300

7）悬垂线夹安装后，绝缘子串应垂直地面，个别情况其顺线路方向与垂直位置的偏移不应超过 5°，且最大偏移值不应超过 200mm。防振锤及阻尼线应与地面垂直，其安装距离偏差不应大于±30mm。架空电力线路的导线与杆塔构件、拉线之间的最小间隙：3kV 及以下时不应小于 100mm；3～10kV 时不应小于 200mm；35kV 时不应小于 600mm；66kV 时不应小于 700mm。

第二节　焊接技术应用的细部做法

一、焊接工艺选择

（一）焊接材料

1. 焊接材料选择

焊接材料应与母材相匹配，是焊接材料选择的基本要求。选用应符合设计要求，当设计无规定时，应符合国家现行的材料标准，具有合格的焊接工艺评定报告。

2. 焊接材料验收

(1) 包装检查

焊接材料应进行适宜的包装，并且存放于干燥处，以保证其在正常的运输、搬运和贮存过程中不致损伤和变质。

1) 焊条包装箱标记

承压设备用钢焊条包装箱应有“承压设备用钢焊条”和“NB/T 47018”标记。

2) 焊条包标记

焊条的包装应符合有关标准要求，包装完好，无破损、受潮，标记内容完整清晰，见表 3-2-1。

焊条包上的标记 **表 3-2-1**

标记内容	非承压设备用焊条	承压设备用焊条	备注
标准号、产品型号及牌号	●	●	—
制造商名及商标	●	●	—
规格及净质量	●	●	—
批号及生产日期	●	●	—
适于操作的电流和极性	●	●	—
烘干规范或相关信息	○	○	如需要时，应有标记内容
认证标志	○	○	如需要时，应有标记内容
健康和安全警告	●	●	—
“承压设备用钢焊条”字样	—	●	—
专用标识“NB/T 47018”	—	●	—

注：“●”代表应有标记内容；“—”代表无标记内容。

3) 焊条标记

在焊条夹持端上或靠近焊条夹持端的药皮表面上应标记焊条型号和牌号。承压设备用钢焊条还应增加“NB/T 47018”标记，所有标记在正常的焊接操作前后都应清晰可辨，如图 3-2-1 所示。

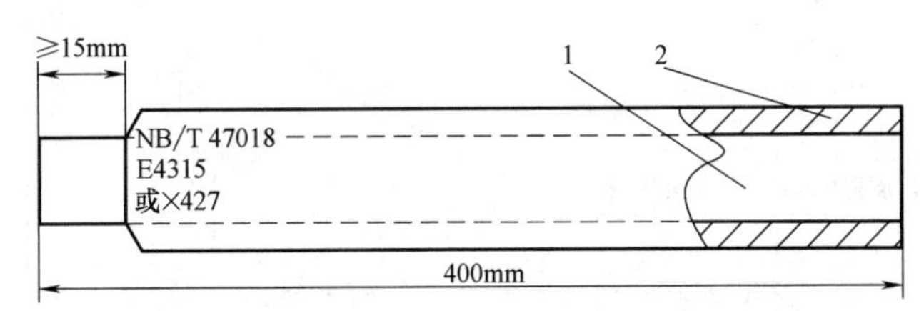

图 3-2-1 承压设备用钢焊条的表面标记示意图

1—焊条芯；2—焊条药皮

(2) 焊条表面质量

1) 焊条药皮应均匀、紧密地包覆在焊芯周围，以保证焊接时熔化均匀。

2) 药皮表面应光滑平整、无裂纹和其他影响焊接操作的表面缺陷。

3) 药皮应具有足够的强度，不应在正常搬运或使用过程中损坏。

4) 焊条夹持端长度应至少为 15mm，如图 3-2-1 所示。焊条引弧端允许涂引弧剂。

（二）焊接工艺文件

1. 焊接工艺与规程

（1）预焊接工艺预规程（pWPS）

为待评定的焊接工艺规程（WPS）或称为进行焊接工艺评定所拟定的焊接工艺文件。

（2）焊接工艺评定

为验证 pWPS 的正确性而进行的试验过程及结果评价。

（3）焊接工艺评定报告（PQR）

记录焊接工艺评定过程中，有关试验和结果的文件。

（4）焊接工艺规程（WPS）

根据合格的 PQR 编制的，用于产品施焊的焊接工艺文件。

（5）焊接工艺指导书（WWI）

与制造焊件有关的加工和操作细则性作业文件。焊工施焊时使用的作业指导书，可保证施工时质量的再现性，也称“焊接工艺卡”。

2. 焊工作业工艺文件

（1）焊接工程应选用本单位 PQR 的 WPS

直接用于焊接工艺因素相同的产品焊接接头，作为焊工作业工艺文件；如果产品焊接接头焊接工艺因素不同，应在标准允许范围内，依据所选 WPS 制定 WWI 作为焊工作业工艺文件。

（2）焊工作业工艺文件形成流程

焊工作业工艺文件形成流程如图 3-2-2 所示。

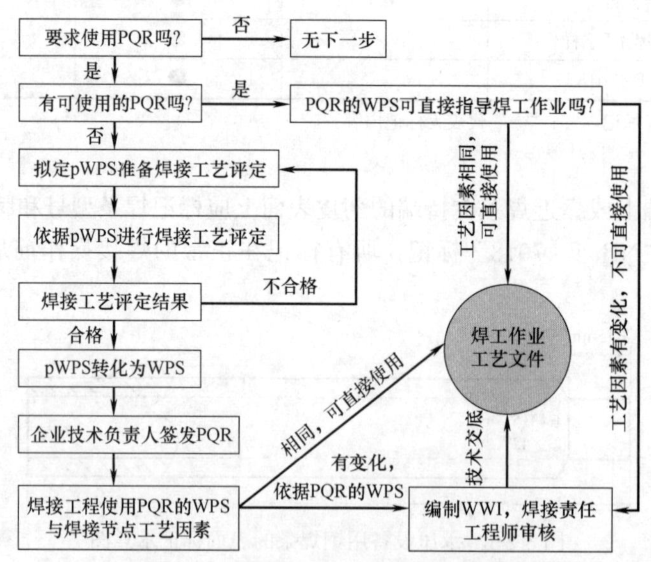

图 3-2-2　焊工作业工艺文件形成流程

二、焊接工艺实施

（一）焊前准备

1. 焊缝布置图

（1）焊缝布置要求

应尽可能对称布置以减小变形，同时避免焊缝交叉或过分集中。例如：封头各种不相交的拼接焊缝中心线间距离至少应为封头钢材厚度的3倍，且不小于100mm。凸形封头由成形的瓣片和顶圆板拼接制成时，瓣片间的焊缝方向宜为径向和环向的，如图3-2-3所示。

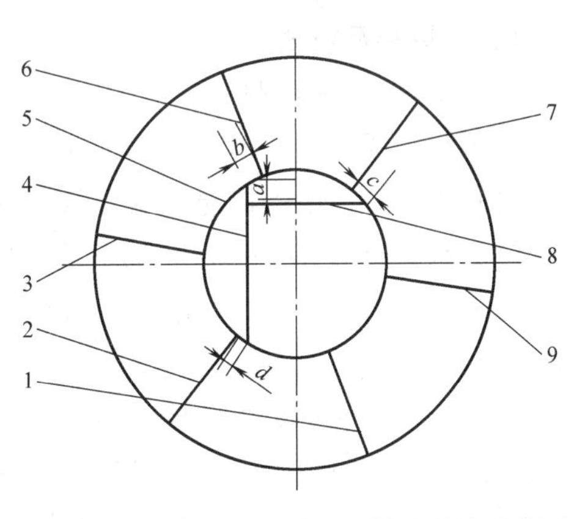

图3-2-3　凸形封头由成形的瓣片拼接示意图

1～9—瓣片对接焊缝；a～d—交叉焊缝相邻最小距离，≥3δ（壁厚）且≥100mm

（2）钢板卷管组对

钢板卷管组对时，相邻两节间纵向焊缝间距应大于壁厚的3倍，且不应小于100mm；卷管的纵向焊缝应置于易检修的位置，且不宜在底部。有加固环、板的卷管，加固环、板的对接焊缝应与管子纵向焊缝错开，其间距不应小于100mm，加固环、板距卷管的环焊缝不应小于50mm，如图3-2-4所示。

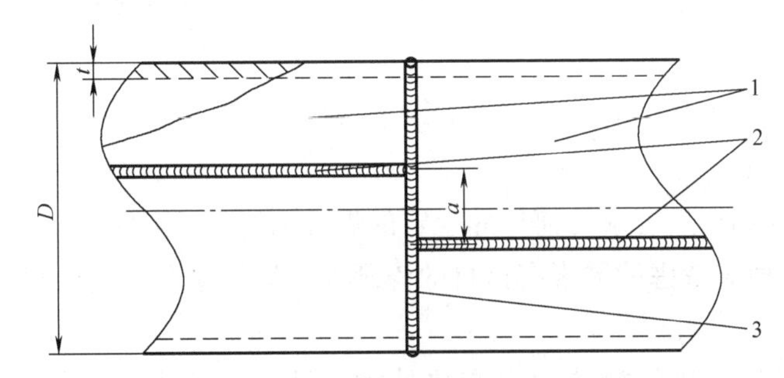

图3-2-4　钢板卷管组对焊缝位置示意图

1—钢管；2—钢板卷管纵向焊缝；3—钢板卷管对接焊缝；D—钢管外径；t—壁厚；a—钢板卷管对接接头其纵向焊缝最小间距，≥100mm

2. 坡口清理

（1）焊件坡口及附近内外侧表面的油、漆、锈、毛刺、镀锌层等污物和有色金属表面氧化膜的存在，对焊接质量影响很大。尽管组对前对其进行过清理，但由于焊件组对过程或组对清理后的待焊过程中，坡口表面仍可能被氧化或被污染。

（2）碳素钢及合金钢焊件组对前及焊接前，应将坡口及内外侧表面不小于20mm范围内的杂质、污物、毛刺和镀锌层等清理干净，并不得有裂纹、夹层等缺陷，如图3-2-5所示。

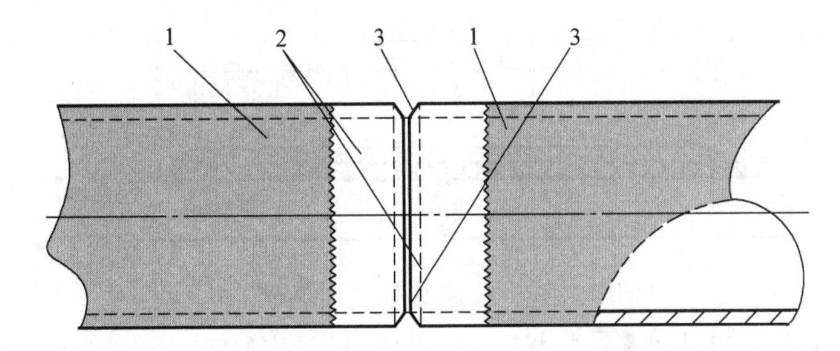

图3-2-5　管道对接接头焊前坡口及其周边清理示意图

1—管道外表面不清理区域；2—靠近坡口管道内外表面打磨露出金属光泽区；3—坡口面

（二）焊接及热处理

1. 焊接线能量控制

影响焊接线能量的因素：

（1）焊接时，由焊接能源输入给单位长度焊缝上的热量，称为焊接线能量。影响焊接线能量的因素有：焊接电流（A）、电弧电压（V）、焊接速度（cm/s）、线能量（J/cm）。

（2）线能量综合了焊接电流、电弧电压和焊接速度三大焊接工艺参数对焊接热循环的影响。

（3）焊接线能量对焊接接头性能的影响：线能量过大，容易造成接头和热影响区组织过热，产生过热组织，而使其脆化，影响焊缝和热影响区的抗拉强度、硬度和冲击韧性；焊接线能量过小，金属流动性差，焊缝成型不良，易产生咬边、未熔合等焊接缺陷。

2. 焊后热处理

（1）需要考虑焊后热处理的情况如下：

1）母材金属强度等级较高，产生延迟裂纹倾向较大的合金钢。

2）处在低温下工作的压力容器及其他焊接结构，特别是在脆性转变温度以下使用的压力容器。

3）承受交变载荷工作，有疲劳强度要求的构件。

4）大型压力容器。

5）有应力腐蚀和焊后要求几何尺寸稳定的焊接结构。

（2）焊后热处理应考虑的因素有钢材的淬硬性、焊件厚度、结构刚性、焊接方法、焊接环境及使用条件等。

（3）热处理工艺规范包括的内容有热处理方法、加热温度、保持时间和升降温速度等。

1）加热方法：

工厂制造的设备焊后整体热处理宜采用炉内整体加热、炉内分段加热、炉外整体和分段加热等方法；现场设备分段组焊的环缝、管道焊缝及焊接返修后的热处理，宜采用局部加热方法。

2）焊缝热处理加热范围如图 3-2-6 所示。

3）不同材质管道焊接热处理过程温度控制曲线有区别，材质 P91 管道焊接热处理过程温度控制曲线如图 3-2-7 所示。

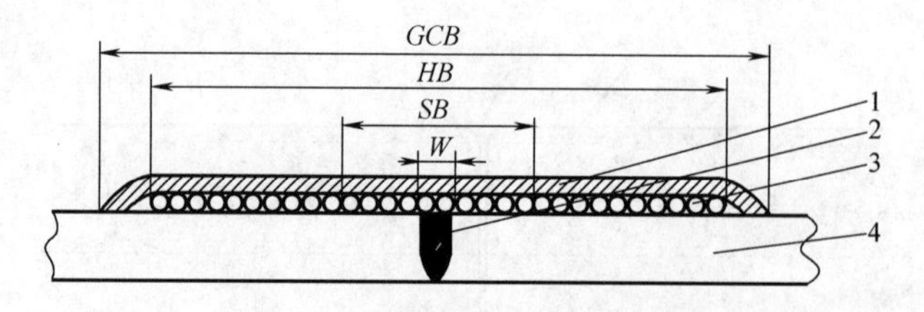

图 3-2-6　焊缝热处理加热范围

1—保温层；2—电加热器；3—焊缝；4—母材；*W* 为焊缝宽度；*SB* 为均温区宽度；*HB* 为加热带宽度；*GCB* 为保温宽度

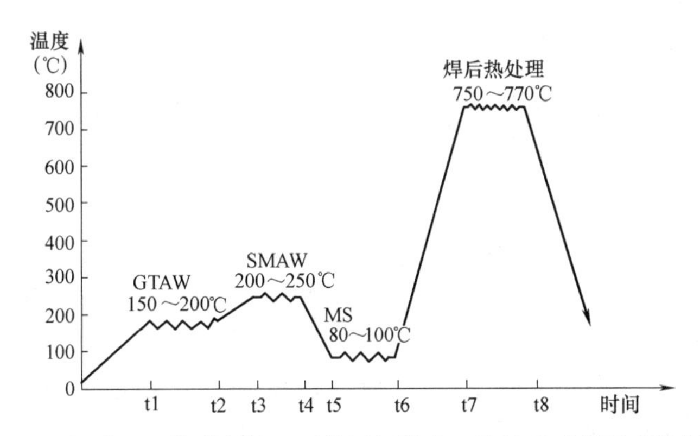

图 3-2-7 材质 P91 管道焊接（预热层间维度）热处理过程温度控制曲线

GTAW—钨极氩弧焊打底；SMAW—焊条电弧焊填充盖面；MS—马氏体低温转变；0～t1 焊前准备；t1～t2 打底焊接；t2～t3 层间预热；t3～t4 填充盖面；t4～t5 焊后空冷；t5～t6 低温马氏体转变；t6～t7 焊后热处理升温阶段；t7～t8 热处理恒温阶段

三、焊接质量缺陷

（一）组装质量缺陷

1. 间隙超标

（1）预留间隙的目的

预留间隙的目的是确保焊透。如果不留间隙，且采用的焊接工艺可以保证焊透，可最大程度减少焊接变形；间隙越大，焊接变形越大，间隙超出规范允许偏差尽管不会影响焊接性能，但会增大焊缝应力，促进冷裂纹的产生，同时会加大焊接材料消耗量。

（2）钢结构组装后坡口尺寸允许偏差

坡口尺寸组装允许偏差见表 3-2-2。

坡口尺寸组装允许偏差 **表 3-2-2**

序号	项目	背面不清根	背面清根
1	接头钝边	±2mm	—
2	无衬垫根部间隙	±2mm	+2mm；−3mm
3	接头坡口角度	+10°；−5°	+10°；−5°

（3）焊条电弧焊全熔透焊接接头坡口形式和尺寸选用

1）当板厚为 30mm，采用双面焊接工艺，先焊接完一侧后进行另一侧清根情况下，且符合表 3-2-2 中规定时，应计算焊接接头坡口尺寸 b、p、α_1 和 α_2 偏差范围，如图 3-2-8 所示。

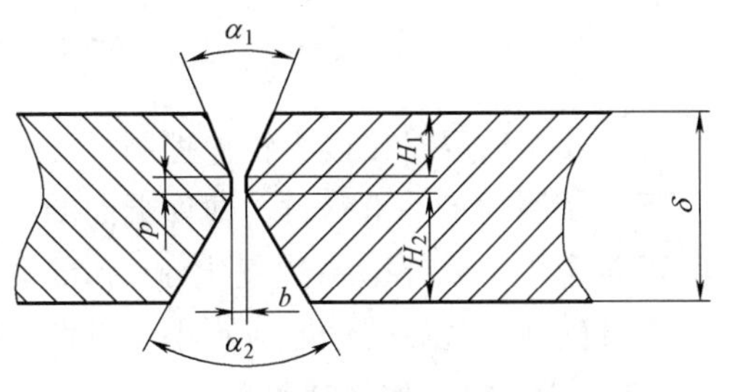

图 3-2-8 $\delta \geqslant 16$mm 时，推荐焊条电弧焊对接接头的坡口尺寸

α_1 和 α_2—坡口角度；b—组对间隙；p—坡口钝边；H_1 和 H_2—坡口深度；δ—母材壁厚

2）在图 3-2-8 中：$b=0\sim3$mm、$p=0\sim3$mm、$\alpha_1=45°$、$\alpha_2=60°$、$H_1=\frac{2}{3}(\delta-$

p)、$H_2=\frac{1}{3}(\delta-p)$。

根据表 3-2-2 规定，图 3-2-8 中焊接接头组装后坡口尺寸合格范围为：$b=0\sim5$mm、$p=0\sim3$mm、$\alpha_1=40°\sim55°$、$\alpha_2=55°\sim70°$。

2. 错边

(1) 等壁厚对接接头错边控制

1) 对接接头组装会出现错边现象，直接影响全熔透焊缝质量，造成焊缝背面产生未焊透缺陷。

2) 管道组成件对接环焊缝组对时，应使内壁平齐，其错边量 Δ 不能超过壁厚的 10%，且不应大于相应材质的数值规定，如图 3-2-9 所示。

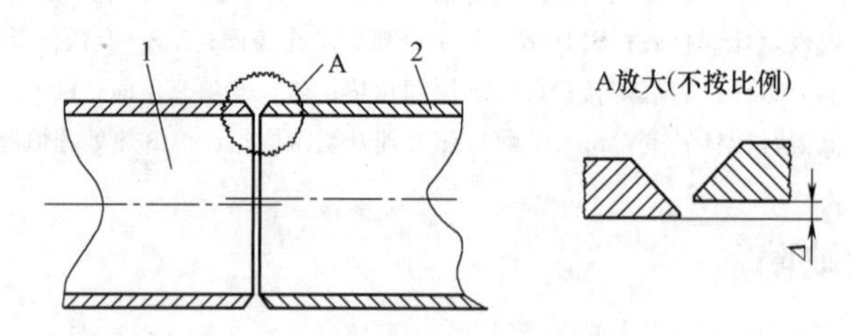

图 3-2-9 管道组成件对接接头内壁平齐示意图

1 和 2—管道组成件；Δ—内壁错边量

(2) 主管开孔与支管组对时的错边量控制

主管开孔与支管组对时的错边量 m 应取 0.5 倍的支管名义壁厚或 3.2mm 两者中的较小值，如图 3-2-10 所示，必要时可进行堆焊修正。

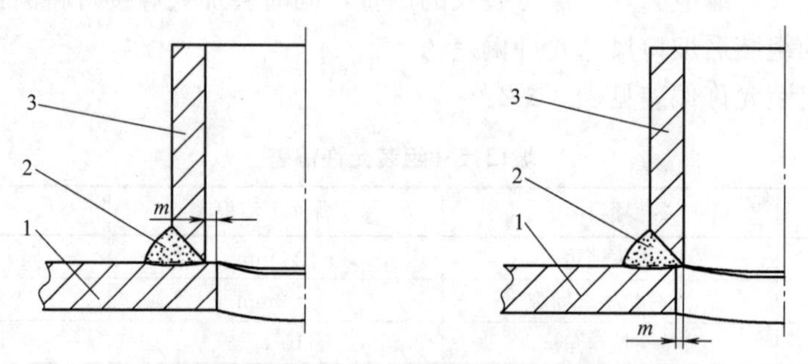

图 3-2-10 安放式支管组对错边示意图

1—主管壁；2—主管与支管焊缝（对接和角接组合焊缝）；3—支管壁

(3) 不等壁厚对接接头错边控制

不等壁厚的工件组对时，薄件端面的内侧或外侧应位于厚件端面范围之内。当内壁错边量不符合规定或外壁错边量大于 3mm 时，焊件端部应按图 3-2-11 的规定进行削薄修整。端部削薄修整后的壁厚应不小于设计厚度。

(二) 焊接接头质量缺陷

1. 焊缝表面质量缺陷

(1) 咬边

1) 咬边是指由于焊接参数选择不当，或操作方法不正确，沿焊趾的母材部位产生的

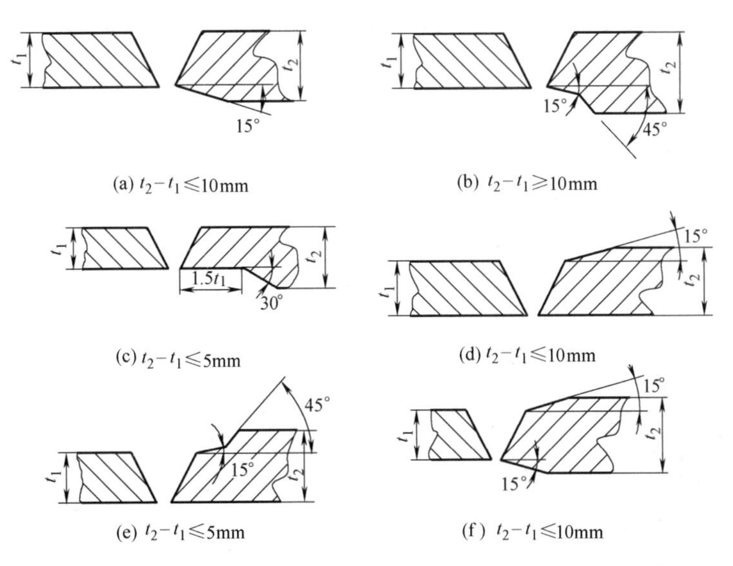

注1：用于管件时，如受长度限制，图（a）、(d)、(f）中的15°角可改为30°；

注2：图（a)、(b)、(c）为外侧平齐，图（d)、(e）为内侧平齐，图（f）为内外均不平齐。

图3-2-11　管壁不等厚度接头削薄修整示意图

沟槽或凹陷，也称作咬肉，如图3-2-12所示。

2）咬边的危害：

① 减少母材的有效截面积。

② 在咬边处可能引起应力集中，特别是低合金高强钢的焊接，咬边的边缘组织被淬硬，易引起裂纹。

3）咬边的规定：

① 不锈钢复合钢板焊接产品设计图样及技术条件无明确规定时，焊缝的咬边深度不应大于板材厚度（复层与基层分别计算）的10%，且不大于0.5mm，如图3-2-13所示。

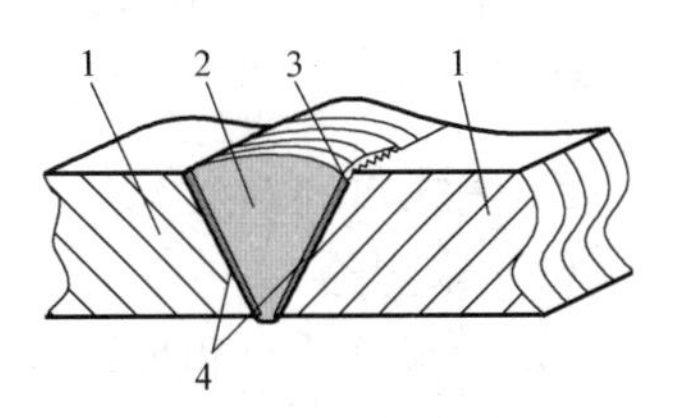

图3-2-12　焊缝咬边示意图

1—焊接接头母材壁厚截面；2—焊缝；3—咬边横截面；4—焊接接头坡口面熔化区

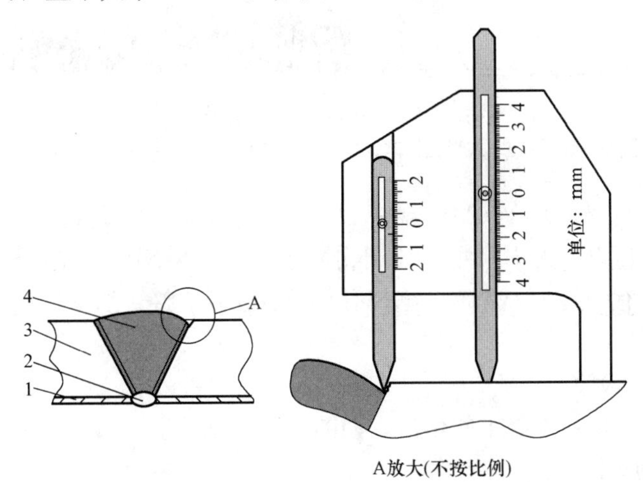

图3-2-13　复合层不锈钢焊接接头基层焊缝表面咬边深度测量示意图

1—复层不锈钢；2—过渡层和复层焊缝横截面；3—基层；4—基层焊缝；A—放大，咬边深度0.4mm

② 咬边的连续长度不应大于 100mm，且焊缝两边的咬边总长度不应大于该焊缝总长度的 10%，如图 3-2-14 所示，或按供需双方协议的规定执行。

（2）表面气孔

1）表面气孔的规定：一级、二级焊缝不得有表面气孔，三级焊缝直径小于 1.0mm，每米不多于 3 个，间距不小于 20mm。

2）钢结构工程，材质为 Q355B，对接焊缝为一级焊缝。检查发现有一条焊缝出现表面气孔缺陷，如图 3-2-15 所示。因为是一级焊缝，所以必须进行返修。

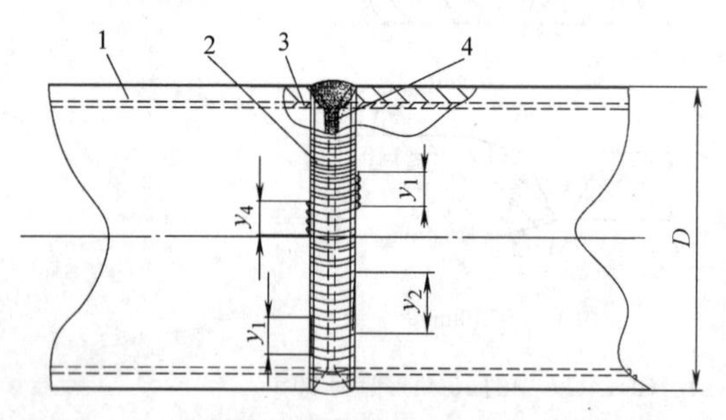

图 3-2-14　不锈钢复合管外侧焊缝咬边长度示意图

1—钢管基层；2—基层焊缝表面；3—钢管复层；4—钢管复层焊缝表面；D—复合钢管外径；焊缝长度为 Ⅱ · D；咬边长度为 $y_1+y_2+y_3+y_4$

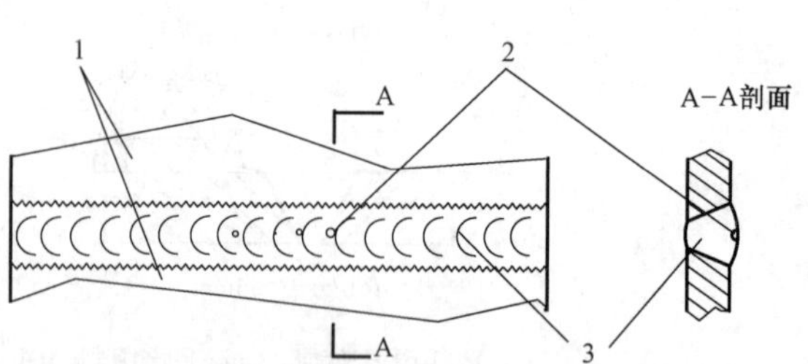

图 3-2-15　钢结构工程对接焊缝表面气孔缺陷及修补示意图

1—母材；2—表面气孔缺陷；3—焊缝

2. 焊缝内部质量缺陷

（1）未焊透

1）Ⅰ级、Ⅱ级和Ⅲ级焊接接头内不允许存在未焊透部位。未焊透是焊接时接头根部未完全熔透的现象，如图 3-2-16 所示。

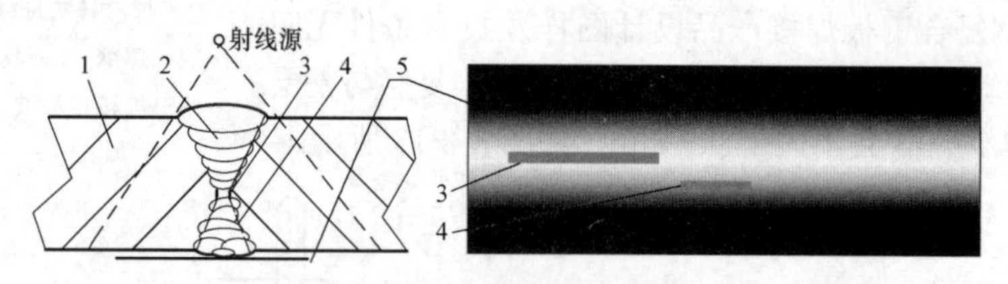

图 3-2-16　焊接接头坡口面未全部熔化而形成未焊透现象

1—母材；2—焊缝；3—未焊透缺陷；4—未熔合缺陷；5—底片（右侧为旋转 90°后）

2）某热力管道，材质 L290M、规格 $D508\times10$mm，对接焊缝 100% 的 X 射线检测，执行现行标准《承压设备无损检测 第 2 部分：射线检测》NB/T 47013.2，合格级别为Ⅱ级。检测结果发现有一处为未焊透缺陷，必须进行返修焊接，如图 3-2-17 所示。

（2）夹渣

1）焊缝夹渣的检验

夹渣是指焊后残留在焊缝中的熔渣，如图 3-2-18 所示。

2）工程应用实例

某工程焊接接头夹渣缺陷如图 3-2-19 所示，该工程材质为 Q235B，母材厚度为 8mm，接头形式为对接接头全焊透，射线检测执行现行标准《承压设备无损检测 第 2 部

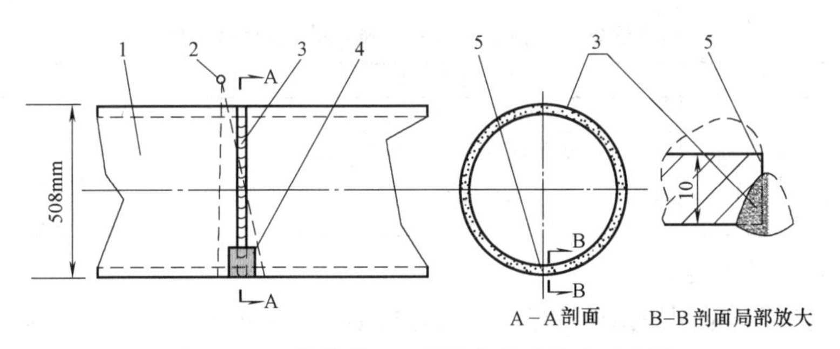

图 3-2-17 某管道工程焊缝未焊透缺陷示意图

1—材质 L290M 管道；2—射线源；3—管道对接焊缝；4—底片；5—未焊透缺陷

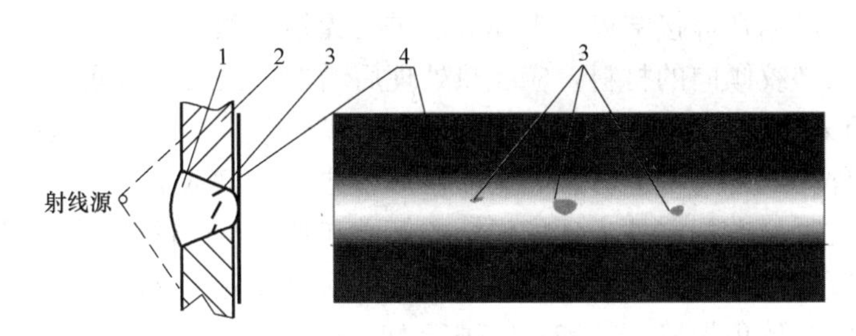

图 3-2-18 焊缝检测到夹渣示意图

1—焊缝；2—母材；3—夹渣；4—底片

分：射线检测》NB/T 47013.2，合格级别为Ⅱ级。根据《承压设备无损检测 第 2 部分：射线检测》NB/T 47013.2 标准的“6.1”进行检测结果评定和质量分级，若结果评为Ⅰ级或Ⅱ级，焊接接头质量符合要求；若结果评为Ⅲ级或Ⅳ级，焊接接头质量不满足要求，需进行焊缝返修。

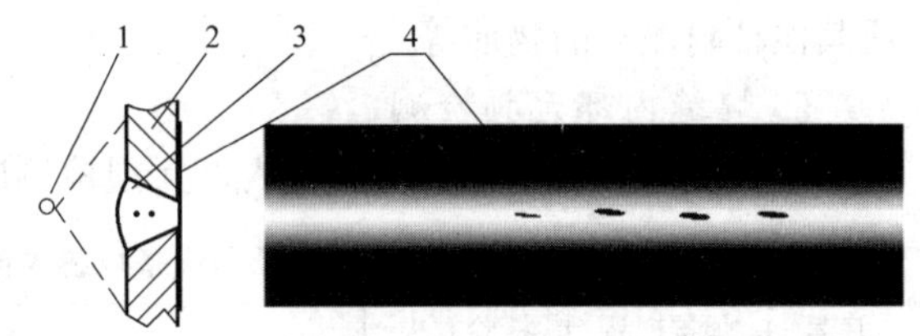

图 3-2-19 某工程焊接接头夹渣缺陷示意图

1—射线源；2—母材；3—焊缝；4—底片

(三) 无损检测

1. 常用无损检测方法及适用范围

常用焊接接头无损检测方法及适用范围见表 3-2-3。

常用焊接接头无损检测方法及适用范围 **表 3-2-3**

序号	检测方法代号	适用范围		
		材料	焊接接头形式	透照厚度(mm)
1	RT	金属材料	对接接头、角接接头、管板角焊缝等	钢：<38
2	UT	金属材料	对接接头、T形焊接接头、角接接头和对堆焊层等	容器：6～500 管道：6～150
3	MT	铁磁性材料	对接接头、T形焊接接头和角接接头等	—
4	PT	非多孔性金属材料	不限制	—

2. 无损检测技术等级及合格等级

承压设备焊接接头无损检测技术等级及合格等级见表 3-2-4。

承压设备焊接接头无损检测技术等级及合格等级　　表 3-2-4

序号	检测方法代号	检测技术等级	焊接接头合格等级
1	RT	分为 A、AB、C 级	分为Ⅰ、Ⅱ、Ⅲ、Ⅳ级
2	UT	分为 A、B、C 级（TOFD 不分级）	分为Ⅰ、Ⅱ、Ⅲ级
3	MT	无	分为Ⅰ、Ⅱ级
4	PT	分为 A、B、C 级灵敏度	分为Ⅰ、Ⅱ级

3. 无损检测技术要求

（1）立式圆筒形钢制焊接储罐壁钢板最低标准屈服强度大于 390MPa 时，焊接完毕后至少经过 24h 后再进行无损检测。

（2）对有延迟裂纹倾向的材料，应当至少在焊接完成 24h 后进行无损检测，但是，该材料制造的球罐，应当在焊接结束至少 36h 后进行无损检测。

（3）对有再热裂纹倾向的材料，应在热处理后增加一次无损检测。

4. 焊缝表面无损检测

（1）设计文件无规定时，焊缝表面无损检测可选用 MT 或 PT 方法。

（2）除设计文件另有规定外，现场焊接的管道和管道组成件的承插焊焊缝、支管连接焊缝（对接式支管连接焊缝除外）和补强圈焊缝、密封焊缝、支吊架与管道直接焊接的焊缝，以及管道上的其他角焊缝，其表面应进行 MT 或 PT。

（3）PT 前，焊缝表面不得有铁锈、焊渣、焊接飞溅及各种防护层等。

（4）MT 前，焊缝表面及其两侧 25mm 范围内，不得有油脂、污垢、焊渣、焊接飞溅或其他粘附磁粉的物质等。

5. 焊缝内部无损检测

施工现场焊接工程常用焊缝内部无损检测应执行表 3-2-5 中的现行标准。

钢结构和承压设备焊缝内部无损检测执行的标准　　表 3-2-5

序号	焊接产品	检验方法	标准名称	现行标准号
1	钢结构	RT	焊缝无损检测 射线检测 第 1 部分：X 和伽玛射线的胶片技术	GB/T 3323.1
2		UT	焊缝无损检测 超声检测 技术、检测等级和评定	GB/T 11345
3	承压设备	RT	承压设备无损检测 第 2 部分：射线检测	NB/T 47013.2
4		DR	承压设备无损检测 第 11 部分：X 射线数字成像检测	NB/T 47013.11
5		UT	承压设备无损检测 第 3 部分：超声检测	NB/T 47013.3
6		TOFD	承压设备无损检测 第 10 部分：衍射时差法超声检测	NB/T 47013.10

6. 其他检验

（1）硬度检验

工业管道的焊接接头，热处理后应测量硬度值，焊接接头硬度测量区域应包括焊缝和热影响区。

（2）腐蚀试验

要求做耐腐蚀性能检验的容器或者受压元件，应按设计文件制备耐腐蚀试验试件并进行检验与评定。

（3）金相试验

奥氏体-铁素体型双相不锈钢焊缝铁素体含量应与母材一致，母材奥氏体含量均为：40%～60%。

第三节 起重技术应用的细部做法

一、起重吊装技术

(一) 起重吊装方法

1. 滑移法

(1) 滑移法是指设备或构件卧置，底部支承于设备轴向滑移的托架（或称排子）上，设备或构件顶部系在吊钩上，起吊时设备或构件顶部上升，底部随排子滑移，至基础附近底部离开托架竖立就位的吊装方法。

(2) 滑移法主要有：起重机滑移法、桅杆滑移法（双桅杆抬吊滑移法、倾斜单桅杆滑移法、门式桅杆滑移法等），如图 3-3-1 所示。

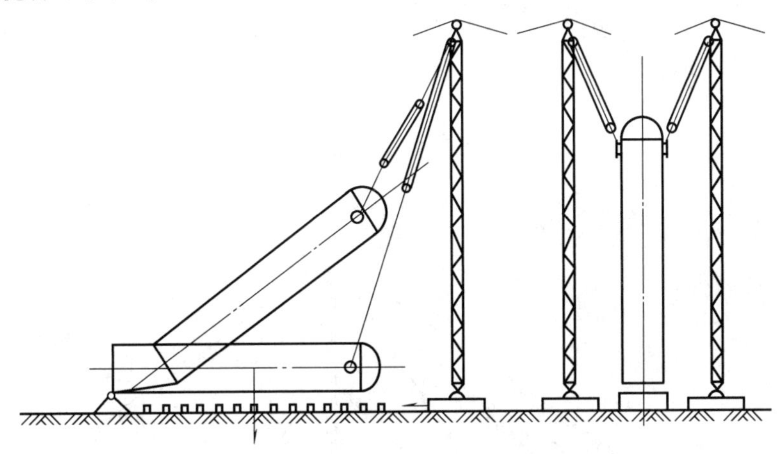

图 3-3-1 桅杆滑移法示意图

(3) 滑移法主要针对高度较高、长细比大的高耸设备或结构。例如：石油化工厂的塔类设备、火炬塔等高耸结构，以及包括电视发射塔、桅杆、钢结构烟囱等。

2. 抬送法

(1) 抬送法是采用起重量较大的主吊起重机提升设备（构件）的顶部或上部，辅助起重机（抬尾起重机）抬送设备下部，将水平放置的设备（构件）竖立就位的吊装方法，如图 3-3-2 所示。

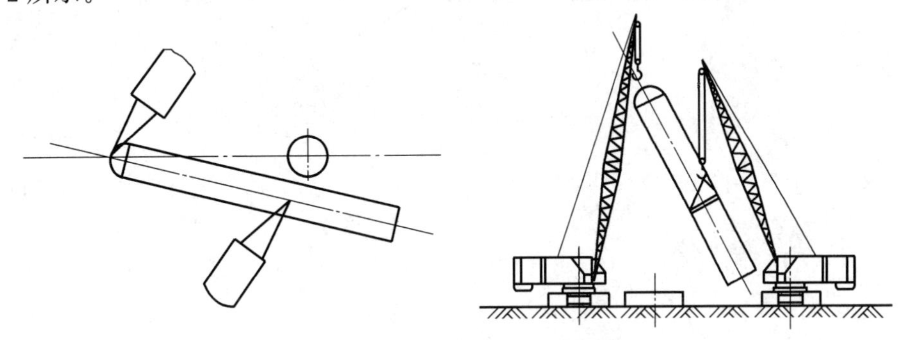

图 3-3-2 起重机抬送法示意图

（2）起重机抬送法主要应用于长细比大的设备和构件吊装。石油化工厂中的塔类设备，在主吊起重机起重量满足的情况下，大多采用本方法。

3. 旋转法

（1）旋转法是指设备或构件底部用旋转铰链与其基础连接，利用起重机械使设备或构件在垂直面上绕铰链旋转，达到直立的吊装方法。

（2）旋转法有单转（扳立）和双转（扳立）两种方式。单转（扳立）法是仅设备或构件扳起的吊装方法，如图 3-3-3 所示。双转（扳立）法是设备或构件扳起，吊装机具同时放倒的吊装方法，如图 3-3-4 所示。

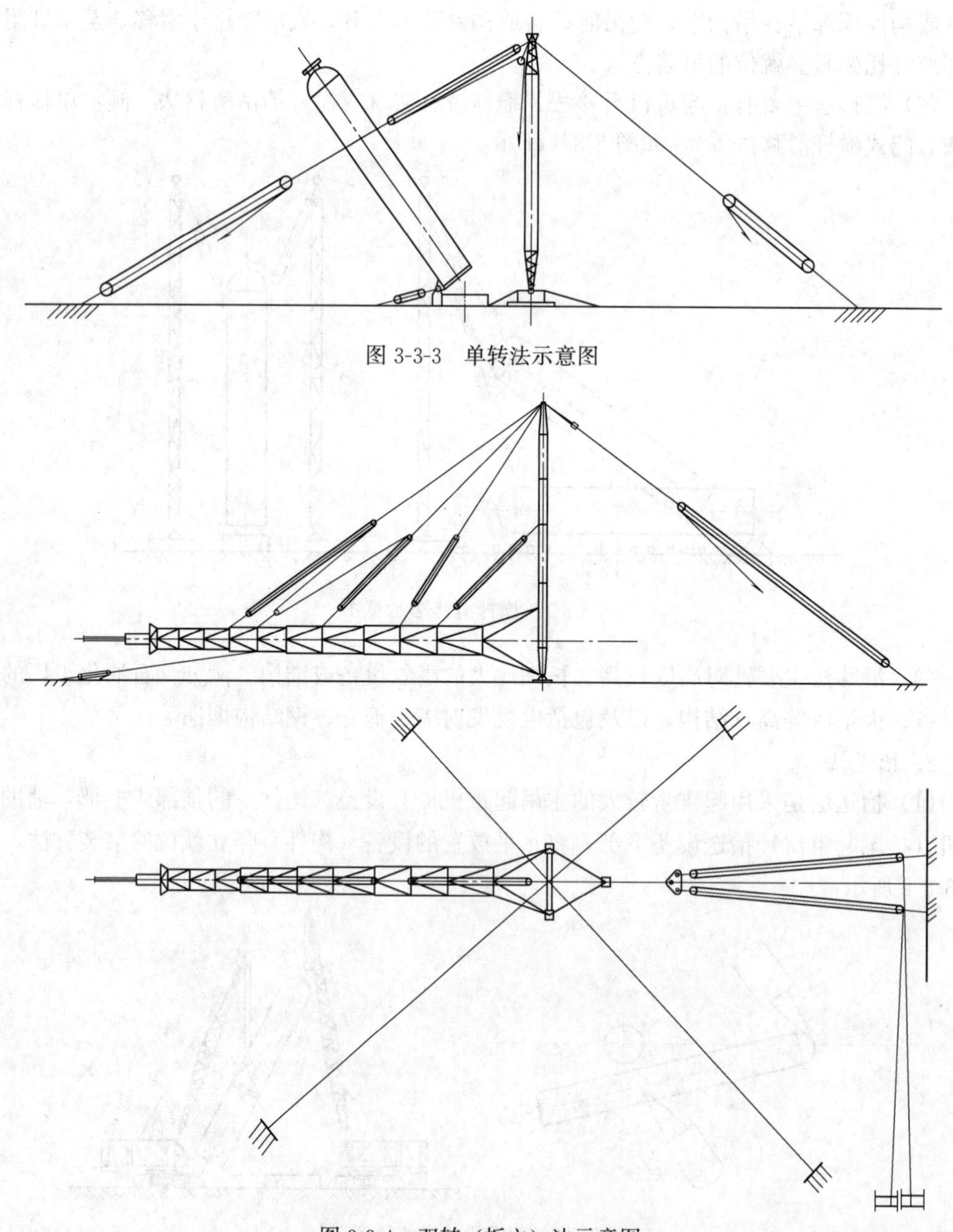

图 3-3-3　单转法示意图

图 3-3-4　双转（扳立）法示意图

（3）人字（或A字）桅杆旋转扳立法较为常用，主要针对大型塔类设备和高耸结构的吊装，如石化厂吊装塔类工艺设备、大型火炬塔架等。

4. 无锚点推吊法

（1）无锚点推吊法是指推吊法的门架无需缆风绳和锚点，其工作过程中由“吊”和“推”两种动作组成，如图3-3-5所示。无锚点推吊法使用较低的柜式门架，对称无偏心受载，无缆风绳的轴向压力。

（2）无锚点推吊法适用于施工现场障碍物较多，场地特别狭窄，周围环境复杂，设置缆风绳、锚点困难，难以采用大型起重设备进行吊装作业的基础在地面的高、重型设备或构件。

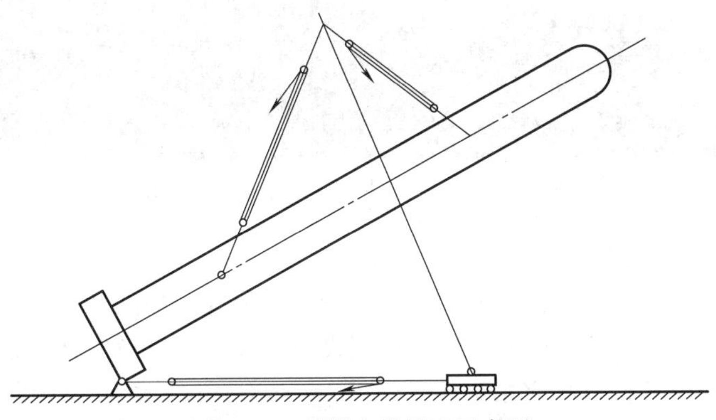

图3-3-5 无锚点推吊法示意图

5. 集群液压千斤顶整体提升（滑移）吊装法

（1）液压千斤顶吊装有上拔式和爬升式两种方式。目前工程实践中多采用“钢绞线悬挂承重、液压提升千斤顶集群、计算机控制同步”的方法。

（2）集群液压千斤顶整体提升（滑移）吊装法借助机、电、液一体化工作原理，使提升能力可按实际需要进行组合配置，计算机控制同步，可高精度控制提升高度，从而实现大型设备和构件的精确整体吊装，如图3-3-6所示。

图3-3-6 集群液压千斤顶整体提升大型门式起重机

（3）集群液压千斤顶整体提升（滑移）吊装法适用于大型屋盖、网架、大跨度结构的整体吊装和滑移。

6. 液压顶升法

利用液压设备，向上顶升设备和构件的吊装方法，通常采用多台液压设备均匀分布、同步作业，如图3-3-7所示。例如，油罐的倒装、电厂发电机组安装、大型工业模块吊装等。

图 3-3-7　液压顶升法吊装大型工业模块

7. 高空斜承索吊运法

（1）高空斜承索吊运系统属于缆索起重机的一种形式，如图 3-3-8 所示。

（2）适用于在高空和长距离吊运中、小型设备，如山区索道安装时的构件吊装运输和上海东方明珠塔的设备材料高空吊运等。

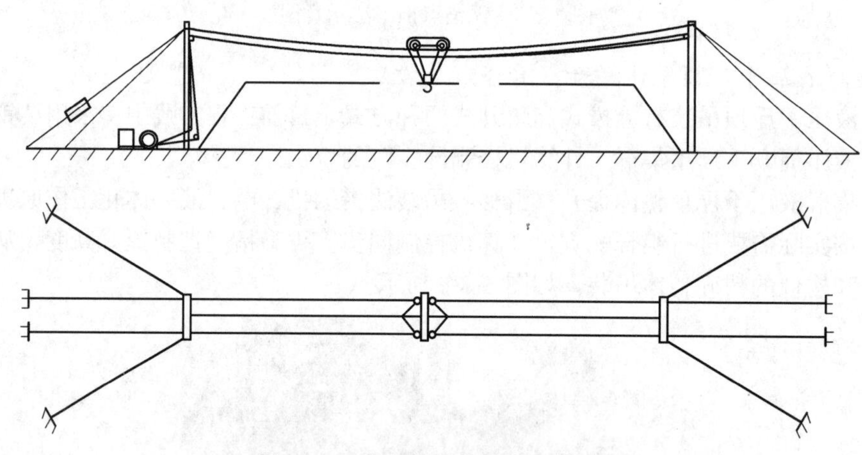

图 3-3-8　高空斜承索吊运法示意图

8. 万能杆件吊装法

万能杆件吊装法是指使用由通用的承重结构组件组装成的起重设备进行吊装的一种起重吊装方法。“万能杆件”由各种标准杆件、节点板、缀板、填板、支撑靴组成，可以组合、拼装成桁架、墩架、塔架或龙门架等形式，如图 3-3-9 所示，常用于桥梁施工中。

（二）流动式起重机吊装

1. 汽车起重机的性能与选用

汽车起重机是将起重机安装于标准或特制的汽车底盘上，行驶和起重操作分开在两个驾驶室进行的吊装机械。汽车起重机都有四个外伸支腿，用以提高其工作时的稳定性。汽车起重机多用液压传动，它具有动作灵活迅速、起升平稳、操作轻便、主臂长度可伸缩调

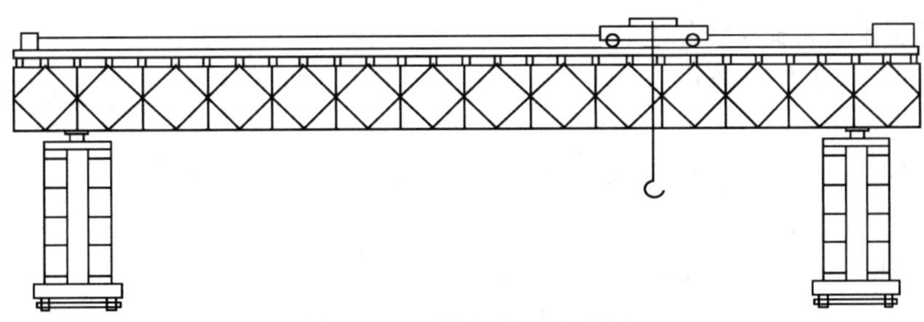

图 3-3-9 万能杆件法示意图

节、节省操作时间等优点。

（1）汽车起重机的主要性能参数

汽车起重机的主要性能参数有额定起重量、起升高度、幅度、工作速度、自重和结构尺寸等。

一台某一额定载荷的汽车起重机，随着臂杆的伸长、幅度的增加，能够吊装的载荷将按一定规律减小。反映起重机的起重能力随臂长、幅度的变化而变化的规律的曲线，称为起重机的“起重量特性曲线”；反映起重机的最大起升高度随臂长、幅度变化而变化的规律的曲线称为起重机的“起升高度曲线”。起重量特性曲线和起升高度曲线统称为起重机的特性曲线。

为使用方便，起重机特性曲线往往被量化而制成表格形式，称为起重机性能表。起重机的性能可按制造厂的产品性能表查得。

（2）选择起重机的具体步骤

1）根据被吊设备或构件的就位位置、现场具体情况等确定起重机的站位，进而确定幅度。

2）根据被吊物的就位高度、设备几何尺寸、吊索具高度等和步骤 1）已确定的幅度，查起重机起升高度特性曲线，确定需要的起重机臂长。

3）根据上述已确定的幅度、臂长，查起重机的“起重量特性表”确定起重机能够吊装的载荷。

4）如果起重机能够吊装的载荷大于被吊物的重量，则起重机选择合格，否则应重选。

5）吊装过程干涉问题判断，校核通过性能。通过性能的计算如图 3-3-10 所示。

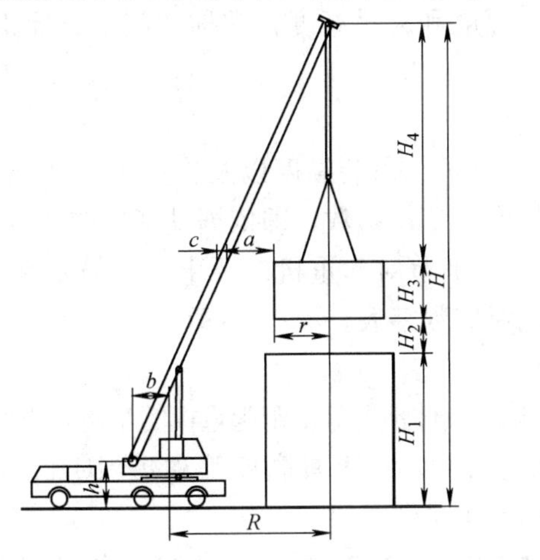

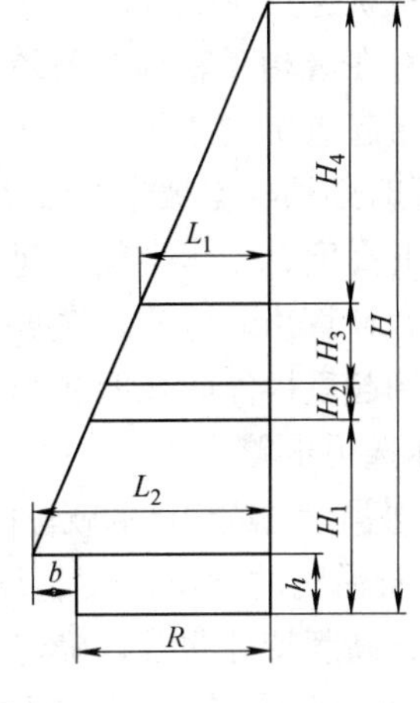

图 3-3-10 通过性能计算简图

图中各参数意义及确定如下：

R——幅度（工作半径）；

H——臂头高度；

b——起重机旋转中心至臂脚铰链的水平距离；

c——起重臂宽度；

h——起重机臂脚铰链高度；

a——设备至臂架安全距离，一般不小于500mm；

H_1——基础高度（计算至地脚螺栓顶部）；

H_2——设备吊装至基础正上方的过程中底部与地脚螺栓顶部的垂直高度差（至少应取200mm）；

H_3——设备高度；

H_4——吊索高度（根据吊索角度计算）；

r——吊钩中心至设备边缘的水平最远距离。

由图中所示几何关系可知：

$$L_1=r+a+c/2 \tag{3-3-1}$$

$$L_2=R+b \tag{3-3-2}$$

安全距离为：

$$a=\frac{H_4(R+b)}{H-h}-r-c/2 \tag{3-3-3}$$

一般来说，安全距离大于300mm即可。如计算出得安全距离不足，则可通过提高臂头高度、增大吊装幅度来解决，并反复分析计算，从而确定起重机的型号规格和工况参数。

2. *履带起重机的性能与选用*

履带起重机是一种进行物料起重、运输、装卸和安装等作业的流动式起重机，是装卸设备中最重要的主力起重机之一，这种起重机具有臂长、臂架组合灵活、起重量大（起重力矩大）、起重能力强、作业幅度大、接地比压小、在平坦坚实的道路上还可负载行走、适应恶劣地面能力等优势。

（1）履带起重机的性能参数

履带起重机选用主要取决于起重量、幅度和起吊高度，常称“起重三要素”，起重三要素之间，存在着相互制约的关系。

（2）履带起重机的选用

1）选择时必须根据被吊物结构特点、重量、吊装高度以及作业条件和现有起重机的起重量、起升高度、工作半径、起重臂长度等工作参数，即依据其特性曲线进行，同时必须仔细分析、计算吊装过程中的每一个工艺细节对起重机的要求。其技术性能的表达方式，通常采用起重性能曲线图或起重性能对应数字表。

2）具体选用步骤：

① 根据被吊设备或构件的就位位置、现场具体情况等确定起重机的站位，进而确定幅度。

② 根据被吊物的就位高度、设备几何尺寸、吊索具高度等和步骤①已确定的幅度，查起重机起升高度特性曲线，确定需要的起重机臂长。

③ 根据上述已确定的幅度、臂长，查起重机的“起重特性曲线（表）”确定起重机能

够吊装的载荷，如图 3-3-11 所示。

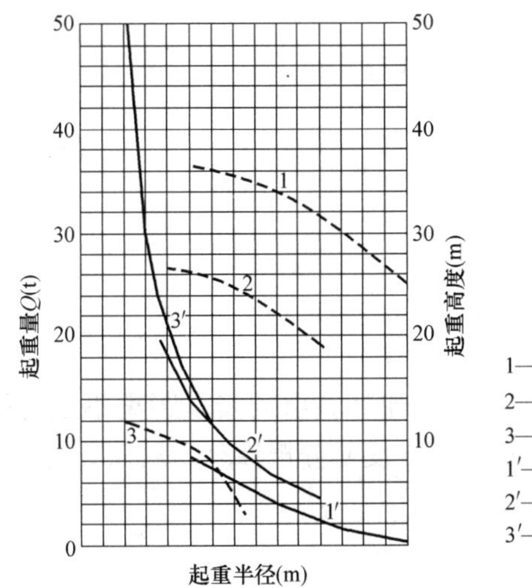

图 3-3-11　W1-200 型履带起重机工作曲线

④ 如果起重机能够吊装的载荷大于吊装重量，则起重机选择合格，否则应重选。

⑤ 吊装过程干涉问题判断，校核通过性能。通过性能的计算如图 3-3-12 所示。

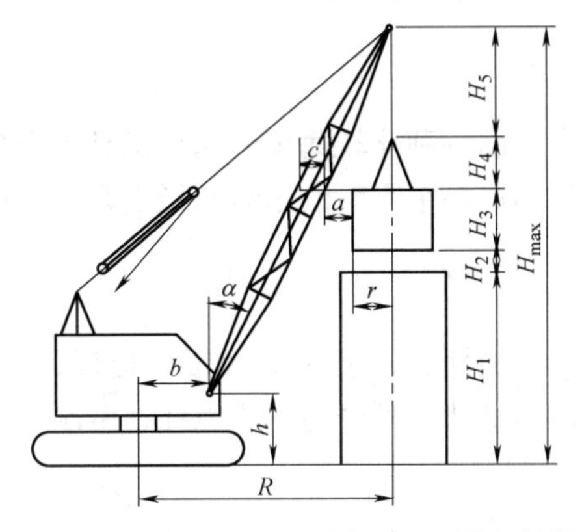

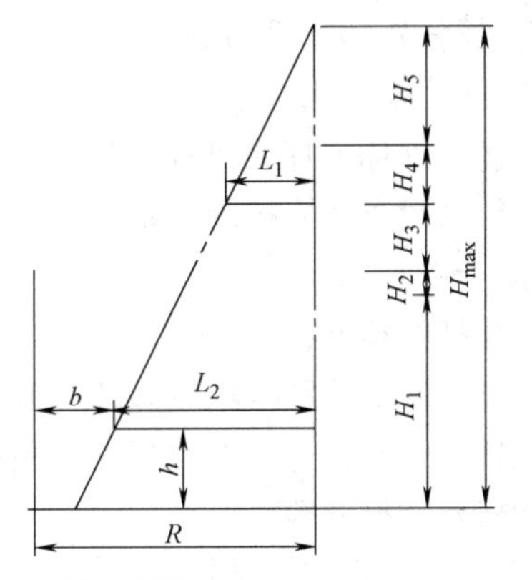

图 3-3-12　设备吊装通过性能计算简图

图中各参数意义及确定如下：

R——幅度；

H_{max}——臂头高度；

b——起重机旋转中心至臂脚铰链的水平距离；

c——起重臂宽度；

h——起重机臂脚铰链高度；

a——设备至臂架安全距离，一般不应小于 500mm；

H_1——基础高度（计算至地脚螺栓顶部）；

H_2——设备吊装至基础正上方的过程中底部与地脚螺栓顶部的垂直高度差（至少应取 200mm）；

H_3——设备高度；

H_4——吊索高度（根据吊索角度计算）；

H_5——臂头到吊钩的距离；

r——吊钩中心至设备边缘的水平最远距离。

由图中所示几何关系可知：

$$L_1=r+a+c/2 \tag{3-3-4}$$

$$L_2=R-b \tag{3-3-5}$$

安全距离为：

$$a=\frac{H_{max}-(H_1+H_2+H_3)}{H_{max}-h}L_2-r-c/2 \tag{3-3-6}$$

一般来说，安全距离应大于 300mm。如计算出的安全距离不足，则可通过加大臂长以提高臂头高度、增大吊装幅度来解决，并反复分析计算，从而确定起重机的型号规格和工况参数。

3）稳定性校核：

一般情况下，只要严格按特性曲线选用起重机，便不需要计算起重机的整体稳定性，但在采用某些特殊吊装工艺时（如多机联合吊装、接长起重臂、起重机滑轮组偏角较大、超载吊装、带载行走等），为保证起重机的稳定性，保证在吊装中不发生倾覆事故需进行整个机身在作业时的稳定性验算。验算后，若不能满足要求，则应采用增加配重等措施。

（三）桅杆式起重机吊装

1. 桅杆式起重机的构造

（1）桅杆别称抱杆或扒杆，是用的比较广泛的一种比较简单的起重机具，需与卷扬机滑车组、导向滑车、拖拉绳、牵引绳、地锚等构成一个完整的吊装和稳定系统，担负起重吊装工作。

（2）桅杆的类型：

根据桅杆的腿数和构成方式的不同可分为单桅杆、人字（或 A 形）桅杆、门式桅杆、系缆式桅杆、三叉杆等。按桅杆的材质和横断面形状又可分为木质桅杆、钢制桅杆以及圆钢管式和格构式桅杆等。

1）单桅杆的组成及结构形式

桅杆由桅杆本体（头部节、中间节、尾部节）、底座和拖拉绳帽 3 部分组成，如图 3-3-13 所示。本体有钢管式和格构式结构两种，而底座和拖拉绳帽，其结构可繁可简，有多种不同形式。

2）门式桅杆的组成及结构形式

门式桅杆的结构如图 3-3-14 所示。门式桅杆由两个单桅杆和横梁组成，起重滑车组挂在横梁吊点上。它的主要性能参数是额定起重量、高度和宽度。按吊装质量大小和吊装工艺方法的不同，门式桅杆的规格差别很大，吊装重量由几十吨到数百吨，高度由几米到几十米不等。很多门式桅杆本身重量就很大，竖立和放倒作业都具有一定难度。

门式桅杆可专门制作，但一般常用单桅杆改制。如其底座为铰接结构，在吊装作业中，其最大摆动角度应控制在 10°以内。

杆腿和横梁的连接可用铰接结构，如图 3-3-14（a）和图 3-3-14（c）所示，图 3-3-14（c）中圆钢兼作吊耳用，也可用法兰形式以高强度螺栓连接。横梁端面可用格构式［图 3-3-14（a）

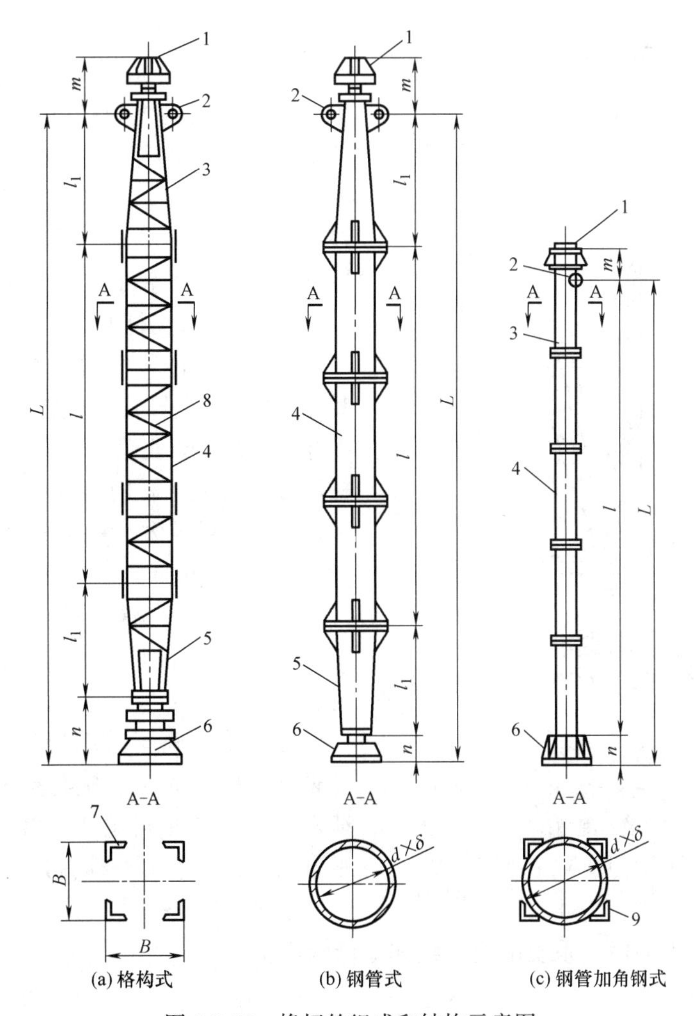

图 3-3-13　桅杆的组成和结构示意图

1—拖拉绳帽；2—吊耳；3—头部节；4—中间节；5—尾部节；6—底座；7—主角钢；8—支撑角钢；9—加强角钢

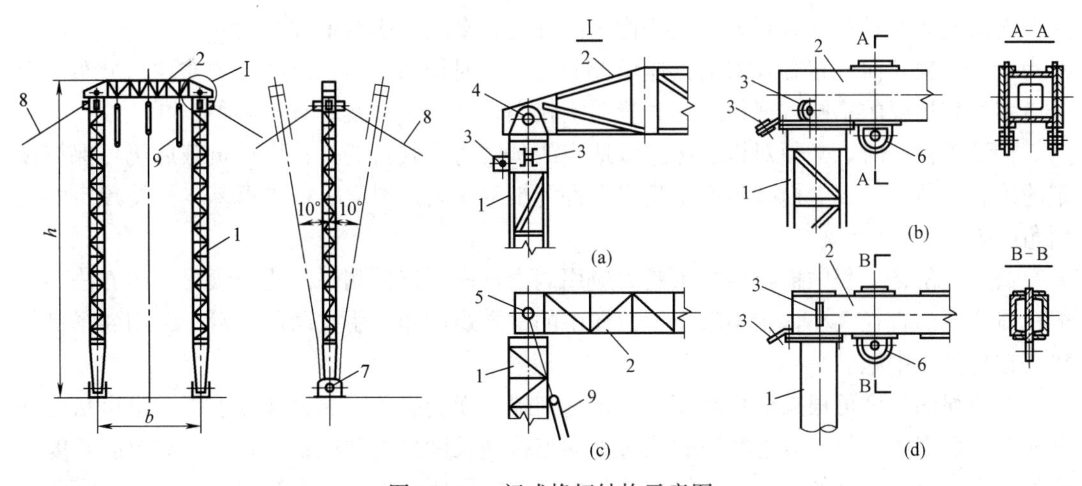

图 3-3-14　门式桅杆结构示意图

1—杆腿；2—横梁；3—拖拉绳系点；4—铰接结构；5—圆钢；6—吊耳；7—铰接底座；8—拖拉绳；9—起重滑车组

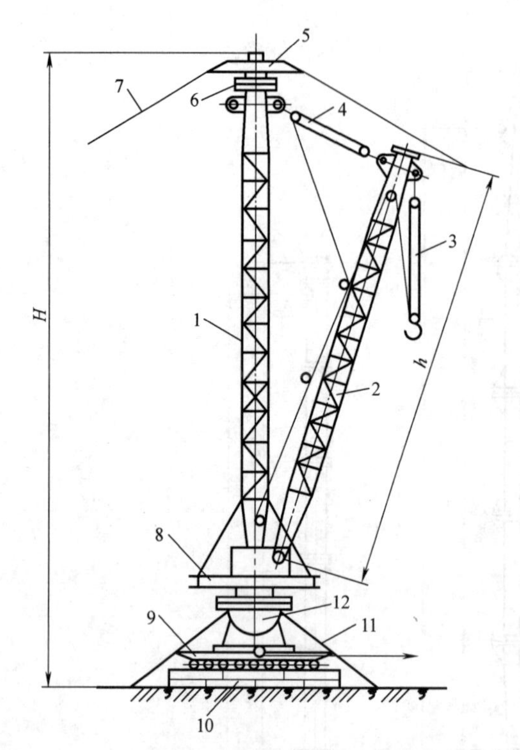

图 3-3-15　系缆式桅杆结构示意图

1—主桅杆；2—变幅桅杆；3—起重滑车组；4—变幅滑车组；5—拖拉绳帽；6—顶部上盘；7—顶部拖拉绳；8—回转盘；9—移动排子；10—枕木；11—底部封绳；12—球面铰链底座

和图 3-3-14（c）]、箱形结构［图 3-3-14（b)]、型钢组焊成的结构［图 3-3-14（d)］等。箱形和型钢组焊结构横梁的吊耳应该用整块钢板制作，并贯穿横梁断面。拖拉绳的系点可在横梁上，也可在杆腿的头部。吊点在横梁上的位置，应以横梁所受弯矩较小为原则，并结合吊装工艺要求而确定。

3）系缆式桅杆的组成及结构形式

系缆式桅杆又称回转桁架式桅杆起重机。其特点是：构造较简单，桅杆可回转360°，回转桅杆可变幅，作业范围大，机动灵活，移动桅杆位置较方便，需用的卷扬机等机索具较多，桅杆自身重量较大，一般用于吊装中等重量的设备，系缆式桅杆的结构如图 3-3-15 所示。

顶部结构的功能是栓系拖拉绳，悬挂变幅桅杆滑车组的上滑车，并实现主桅杆绕自身轴线回转。

球面铰链底座需承受计算载荷、桅杆自身重量、拖拉绳拉力施与桅杆的轴向力等负荷，又因来自变幅桅杆的载荷对底座产生水平推力，因此底座必须有足够的强度。

2. 稳定系统

桅杆式起重机的稳定系统由拖拉绳和地锚构成。

(1) 拖拉绳

拖拉绳也称缆风绳，它是形成桅杆起重能力的重要组成部分，起稳定桅杆的作用，并承受桅杆起重吊装中的部分载荷。

拖拉绳的数量和其分布方式应按桅杆的种类、高度、起重量和受力状态而定。一般数量为 4～13 根，而分布方式根据具体情况而定，有时均用分布，有时必须非均匀分布。由于诸多吊装情况的不同，拖拉绳的数量差别较大，其分布方案也有很多种。

在设置桅杆时，必须对拖拉绳施以适当的预紧力，其目的是在桅杆负载后仍可保持预定的吊装参数，如直立桅杆不产生超出允许范围的歪斜，斜立桅杆仍可基本保持预定的倾斜角度等。

在重大吊装工程中拖拉绳的预紧力应用测力计进行定量测得。达到预紧力的方法，一般视拖拉绳的直径大小，用串联于拖拉绳中的索具螺旋扣、手拉葫芦、滑车组用卷扬机等机具在拖拉绳中施力。

拖拉绳的长度可根据桅杆高度、拖拉绳与地平面的夹角，通过计算求得，也可从已计算成表的数据中查得。以上算得的或查得的拖拉绳长度均为理论数值，实际需要的长度还应加上拖拉绳因挠度的增长量、拖拉绳与桅杆顶栓系所需长度和拖拉绳与锚点连接需要的长度等。

（2）地锚

地锚的形式有很多，一般有立式地锚、活动地锚、半埋式地锚和全埋式地锚等。

1）立式地锚

立式地锚适用于土质地层。它用道木、圆木或方木作锚柱，挖坑后将其埋入土中，柱头后仰，如图 3-3-16 所示。锚柱的上、下挡木也可采用道木、圆木或方木，放置时要贴紧前、后土壁，然后用土石混合料将锚坑回填夯实。地锚埋设后表面土层要严密，防止雨水浸入坑内，其锚柱通常外露地面 0.5～1.0m。

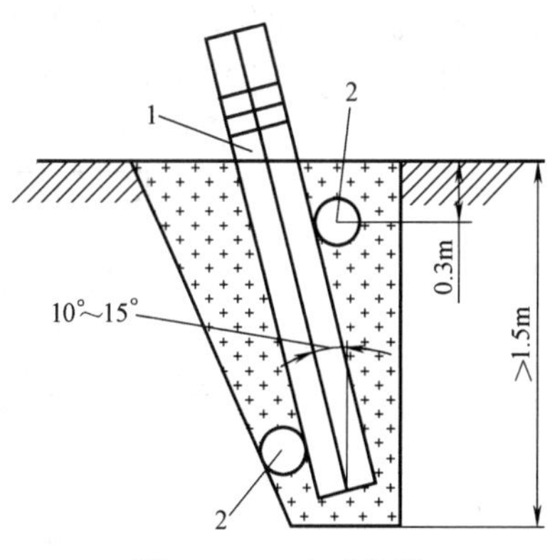

图 3-3-16　立式地锚

1—锚柱；2—挡木

对于载荷大的地锚，可在第一个地锚后再加设一个或两个立式地锚，用缆索相连共同受力，这种地锚称为双立式或三立式地锚。单立式、双立式、三立式地锚的结构形式如图 3-3-17 所示，尺寸和承载能力见表 3-3-1。

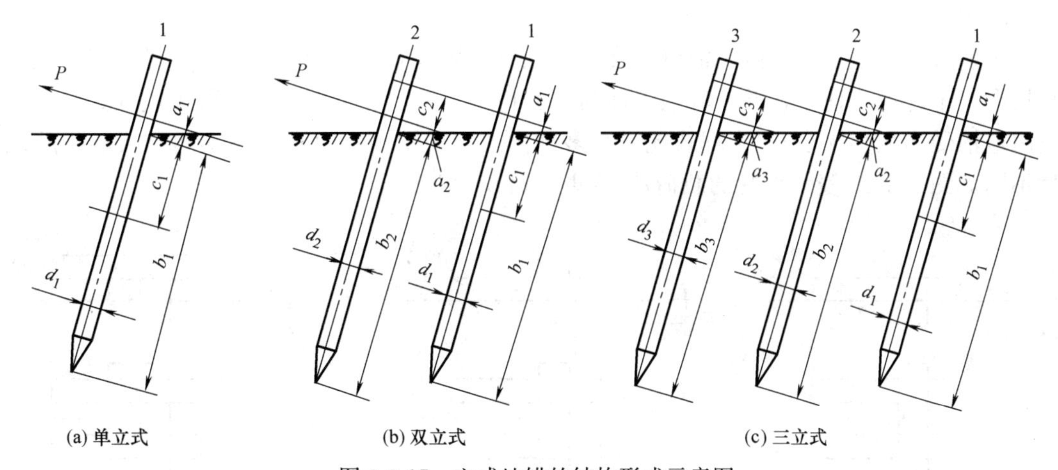

图 3-3-17　立式地锚的结构形式示意图

立式地锚的数据表　　**表 3-3-1**

承载能力(kN)	尺寸(cm)											
	单立式地锚				双立式地锚				三立式地锚			
	a_1	b_1	c_1	d_1	a_1	b_1	c_1	d_1	a_1	b_1	c_1	d_1
10	30	150	40	18	—	—	—	—	—	—	—	—
15	30	150	40	20	—	—	—	—	—	—	—	—
20	30	150	40	26	—	—	—	—	—	—	—	—
30	30	150	40	20	30	150	90	22	—	—	—	—
40	30	150	40	22	30	150	90	25	—	—	—	—
50	30	150	40	24	30	150	90	26	—	—	—	—
60	30	150	40	20	30	150	90	22	30	150	90	28
80	30	150	40	22	30	150	90	25	30	150	90	30
100	30	150	40	24	30	150	90	26	30	150	90	33

2）活动地锚

活动地锚又称积木式地锚，它分为无插板式和插板式两种。这种地锚固定在地面上，不需要挖坑，其结构是在钢底排上放置一定质量的钢锭、混凝土块或石块等重块（重块的数量由地锚受力大小决定），利用与地面的摩擦力作锚碇使用，如图 3-3-18 所示。

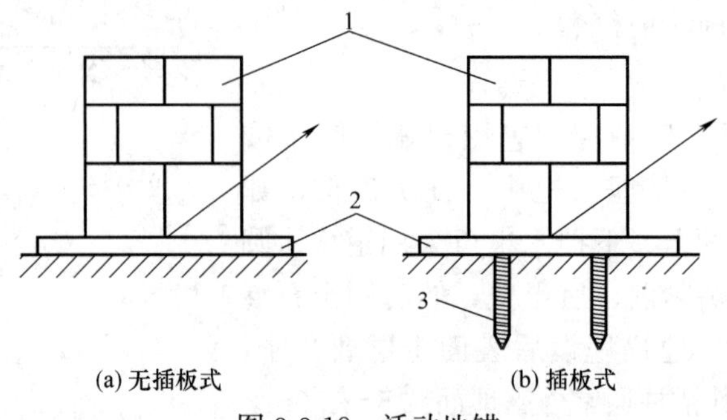

图 3-3-18　活动地锚

1—重块；2—底排；3—插板

活动地锚施工方便，可采用机械化施工，能减轻劳动强度，装拆迅速。但远距离使用搬迁工作量大，故限制了其推广应用。

3）半埋式地锚

半埋式地锚是由钢筋网和混凝土浇筑的混凝土块堆叠组合而成。堆叠时可先把一块或几块混凝土块埋入地下，并使其上表面与地面持平，然后在上面堆叠混凝土块（其堆叠数量由地锚受力大小决定）。半埋式地锚有多种形式，如图 3-3-19 所示。不同形式承受的载荷不同，图 3-3-19 表示承受的载荷从 150kN 到 800kN。

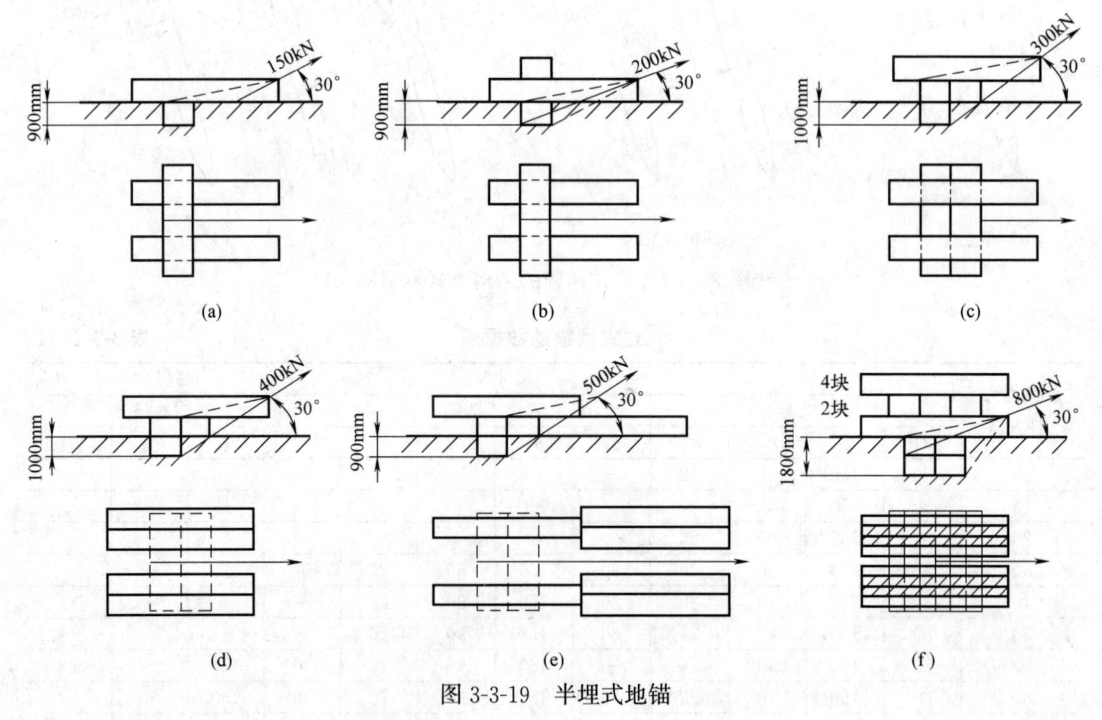

图 3-3-19　半埋式地锚

4）全埋式地锚

按加固形式全埋式地锚可分为无挡木地锚、有挡木地锚和混凝土地锚三种，如图 3-3-20 所示。

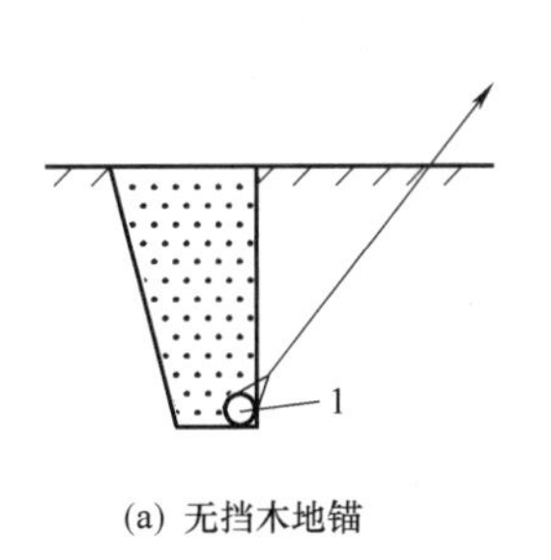

(a) 无挡木地锚

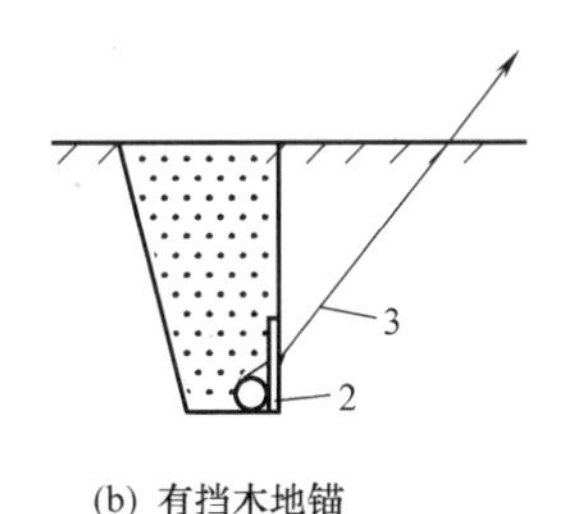

(b) 有挡木地锚

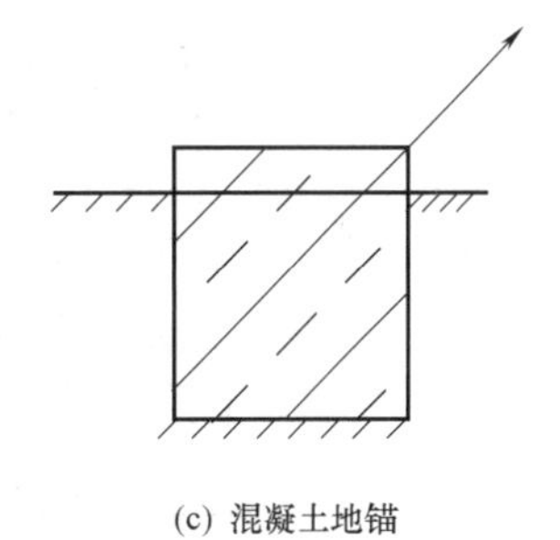
(c) 混凝土地锚

图 3-3-20 全埋式地锚

1—锚桩；2—挡木；3—引出钢丝绳

地锚的埋置深度应根据承载力的大小和土壤的性质来决定。对于承载能力很大而土质情况又不好的坑锚，可采用混凝土地锚。地锚在埋设前，根据锚桩的长短先挖一个锚坑，将钢丝绳系结在锚桩的中间点，或成对称系结在两点上，将锚桩横放在坑底，并将钢丝绳在坑前部倾斜引出地面。倾斜度一般为 30°～45°，然后用干土和碎石回填夯实。

把地锚钢丝绳倾斜引出地面，它的受力，根据力的分解，沿受力方向分解成一个垂直向上的分力和一个水平向前的分力。垂直向上的分力依靠回填土的重量和锚桩与土壤的摩擦力承担；水平向前的分力依靠土壤的耐压力来承担。地锚的大小主要是根据钢丝绳的拉力大小、方向、锚桩的强度和土壤允许的耐压力等因素决定。为了使锚桩在土壤中保持稳定状态，必须对坑锚的抗拔力和抗拉力进行计算。坑锚的抗拔力，是指坑锚在受到外力的垂直向上分力的作用下，锚桩抵抗向上滑移的能力。坑锚的抗拉力，是指坑锚在受外力的水平向前分力的作用下，锚桩抵抗向前移动的能力。

(四) 液压千斤顶系统吊装

1. 液压提升系统的组成与原理

(1) 液压提升系统的组成

液压提升系统由承重系、动力系、控制系三大部分组成。

1) 承重系包括钢缆（钢绞线）式提升千斤顶、构件夹持器、安全夹持器及 ϕ15.20 的高强度低松弛钢绞线。液压提升千斤顶外观与结构如图 3-3-21 所示，夹持器卡爪工作原理如图 3-3-22 所示。

2) 动力系为带有各式液压阀的专用液压泵站，它接收控制系统给出的指令开关电磁阀，从而控制油路驱使千斤顶油缸活塞动作。

3) 控制系包括主控柜、泵站启动箱、传感检测系统及连接电缆等，它控制整个系统中各运动部件协调动作。

(2) 液压提升系统的工作原理

液压同步提升系统是集机、电、液、传感器、计算机和控制理论于一体的现代化设备。它采用计算机控制，可将在地面组装后的成千上万吨的大型构件整体提升到几十米甚至几百米的高空安装就位，全自动完成提升过程中的多缸联动同步升降、负载均衡、姿态校正、应力控制、操作闭锁、过程呈现和故障警报等多种功能，而且可以让结构件在空中长期滞留和进行微动调节，实现倒装施工和空中拼接。

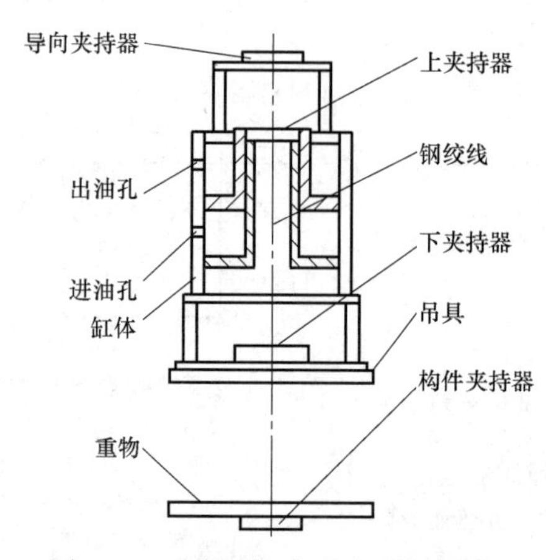

图 3-3-21 液压提升千斤顶结构简图

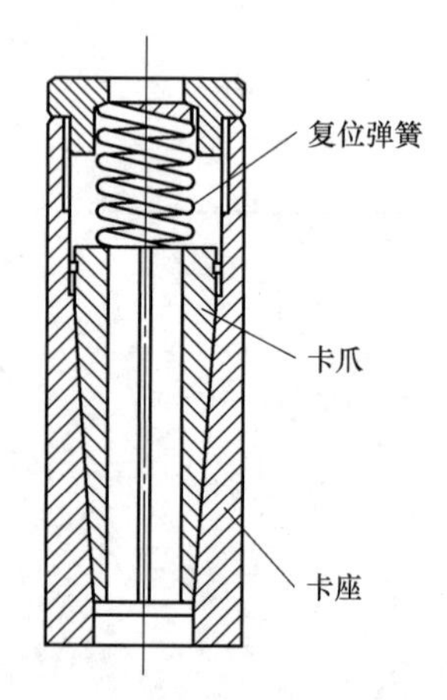

图 3-3-22 夹持器卡爪工作原理图

2. 液压提升系统的特点与适用范围

(1) 液压提升系统的特点

液压提升系统具有的特点有：液压千斤顶多点联合吊装、钢绞线悬挂承重、计算机同步自动控制、体积小重量轻、占用场地小、提升效率高、同步精度高、冲击载荷小、带载升降与停留、安全可靠等。

(2) 适用范围

液压提升系统适用于大型门式起重机、大型石油化工设备、大型建筑构件、机库屋架、桥梁、电站设备、海上石油平台等的吊装，也可用于其他行业特大笨重件的吊装。它可以解决传统吊装工艺和大型起重机械在起重高度、起重重量、结构面积、作业场地等方面无法克服的难题。

二、吊索具的使用

(一) 吊装绳索

1. 钢丝绳

(1) 钢丝绳的分类

根据现行国家标准《钢丝绳 术语、标记和分类》GB/T 8706，钢丝绳的分类通常有以下三种：按结构分类、按用途分类和按尺寸分类。根据现行国家标准《重要用途钢丝绳》GB 8918，钢丝绳按其股的断面、股数和外层钢丝的数目进行分类，起重吊装用钢丝绳根据习惯大多采取按结构进行分类，最常见和使用最多的是单层多股圆形钢丝绳，以下所述钢丝绳如无其他说明皆指该类钢丝绳。

(2) 钢丝绳标记

单层多股钢丝绳应按下列顺序标记：

1）外层股数；

2）乘号（×）；

3）每个外层股中钢丝的数量及相应股的标记；

4）连接号（+）或（-）；

5）芯的标记。

示例：6×37+1，其中 6 表示为 6 股、37 表示每股内钢丝数、1 表示有 1 根绳芯或绳芯的结构类型。

以同直径钢丝绳相比较，每股内钢丝多且细，则钢丝绳的挠性较好，使用时显得更“柔软”，但耐磨性稍差。

（3）钢丝绳的参数

钢丝绳的参数主要包括：直径（绳直径、钢丝直径）、钢丝总断面面积、参考质量/100m、钢丝绳公称抗拉强度、钢丝绳破断拉力等。

2. 钢丝绳吊索的计算选用

（1）吊索的种类

1）吊索又俗称为千斤绳、绳扣，用其挂在起重机吊钩上或滑车组的下滑车上，吊装设备、构件等重物。

2）使用钢丝绳制造的索具，需要符合现行国家标准《钢丝绳吊索 环索》GB/T 30587、《钢丝绳吊索 插编索扣》GB/T 16271、《一般用途钢丝绳吊索特性和技术条件》GB/T 16762 或所采购或选用钢丝绳吊索的产品说明书、技术标准。

3）起重吊装用钢丝绳吊索通常有传统的插编钢丝绳吊索和压制钢丝绳吊索，插编钢丝绳吊索又分为手工插编钢丝绳吊索和机械插编钢丝绳吊索。

4）单肢吊索、末端配件及公称长度如图 3-3-23 所示。

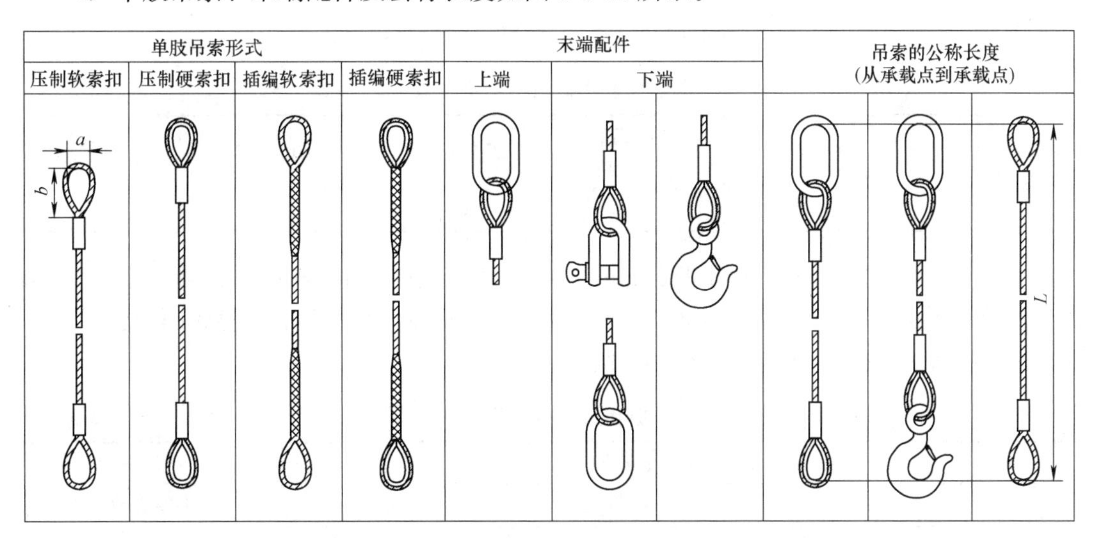

图 3-3-23　单肢吊索及末端配件类型示意图

（2）钢丝绳吊索直径及长度要求

1）单肢吊索的两端插编末端之间的距离应不小于钢丝绳公称直径的 15 倍，单肢吊索的两端压制接头内端之间的距离应不小于钢丝绳公称直径的 10 倍。

2）吊索实测长度和公称长度的差值应不大于钢丝绳公称直径的 2 倍，或不大于规定长度的 0.5%，二者之中取大值。

（3）钢丝绳吊索外观检查要求

1）插编钢丝绳吊索应符合下列要求：

① 插编部分的绳芯不得外露，各股要紧密，不能有松动的现象。

② 插编后的绳股切头要平整，不得有明显的扭曲。

2）压制钢丝绳吊索的外观应符合下列要求：

① 接头表面应光滑，无裂纹、飞边和毛刺。

② 钢丝绳端部应超出铝合金接头 1～1.5 倍绳径。

（4）钢丝绳吊索的选用

钢丝绳吊索主要根据吊物重量、吊索直径、根数、受力角度、钢丝绳公称抗拉强度及安全系数等参数进行选用。

（5）吊索的使用要求

1）由于起吊时需要平衡，一般不采用单肢吊索，而采用多分肢的形式进行捆绑吊装。起重吊装时，最理想状态的吊索是垂直的，但除非使用吊具，一般很难做到。吊索与铅锤线的夹角 α 一般应控制在 30°～45°之间，特殊情况下，不得大于 60°。

2）钢丝绳在相同直径时，股内钢丝越多、钢丝直径越细，则绳的挠性也越好，易于弯曲；但细钢丝捻制的绳不如粗钢丝捻制的绳耐磨损。因此，不同型号的钢丝绳，其使用的范围也不同。6×19+1 钢丝绳一般用作缆风绳、拉索，即用于钢绳不受弯曲或可能遭受磨损的地方；6×37+1 钢丝绳一般用于钢绳承受弯曲场合，常用于滑轮组中，作为穿绕滑轮组起重绳，也可用作吊索；6×61+1 钢丝绳柔性好，适宜用于滑轮组、吊索和捆绑吊物等。

3）钢丝绳使用的安全系数不得小于表 3-3-2 的规定。

钢丝绳使用的最小安全系数 **表 3-3-2**

用途	缆风绳	机动起重设备跑绳	无弯矩吊索	捆绑绳索	用于载人的升降机
安全系数	3.5	5～6	6～7	8～10	14

4）钢丝绳在使用过程中应定期保养、维护、检验和报废，按现行国家标准《起重机 钢丝绳 保养、维护、检验和报废》GB/T 5972 执行，钢丝绳发现磨损、锈蚀、断丝、电弧伤害时，应按表 3-3-3 的规定降低其使用等级。

钢丝绳的折减系数 **表 3-3-3**

钢丝绳规格（交互捻）			折减系数
6×19+1	6×37+1	6×61+1	
一个捻距内断丝数			
1～3	1～6	1～9	0.90
4～6	7～12	10～18	0.70
7～9	13～19	19～29	0.50

（二）吊装机具

1. 起重滑车

（1）滑车与滑车组的作用

滑车与滑车组（也成为滑轮与滑轮组）是一种重要的吊装工具，在设备吊装中应用得非常广泛。使用滑车一是承受吊装力和牵引力；二是改变牵引绳索的方向。

滑车一般用作定滑车、动滑车、导向滑车、平衡滑车等，也常由多个滑车组成滑车组。

（2）滑车的结构形式、规格

1）结构形式

按滑车头部结构形式可分为吊钩型、链环型、吊环型和吊梁型，如图 3-3-24 所示；按滑车的轮数可分为单轮滑车、双轮滑车和多轮滑车，其中单轮滑车有闭口和开口两种；按滑车的作用来分，可分为定滑车、动滑车、导向滑车和平衡滑车。

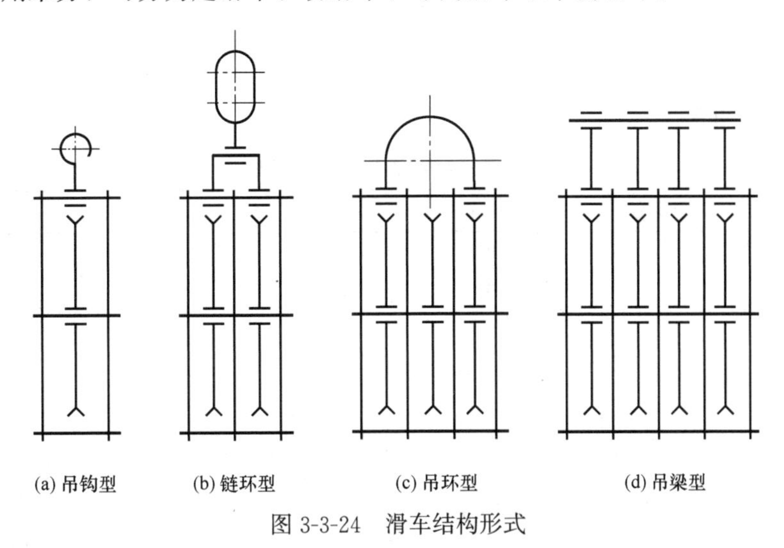

图 3-3-24 滑车结构形式

2）滑车系列

滑车有 HQ 系列、HY 系列（林业滑车）和 H 系列，设备吊装常用 HQ 系列和 H 系列。

① HQ 系列起重滑车

HQ 系列起重滑车规格见表 3-3-4。

HQ 系列起重滑车规格表 **表 3-3-4**

滑轮直径(mm)	额定起重量(t)																		钢丝绳直径范围(mm)
	0.32	0.5	1	2	3.2	5	8	10	16	20	32	50	80	100	160	200	250	320	
	滑轮数量(个)																		
63	1																		6.2
71		1	2																6.2～7.7
85			1	2	3														7.7～11
112				1	2	3	4												11～14
132					1	2	3	4											12.5～15.5
160						1	2	3	4	5									15.5～18.5
180								2	3	4	6								17～20
210							1			3	5								20～23
240								1	2		4	6							23～24.5
280										2	3	5	8						26～28

续表

滑轮直径(mm)	额定起重量(t)																		钢丝绳直径范围(mm)
	0.32	0.5	1	2	3.2	5	8	10	16	20	32	50	80	100	160	200	250	320	
	滑轮数量(个)																		
315									1			4	6	8					28～31
355										1	2	3	5	6	8	10			31～35
400																8	10		34～38
450																		10	40～43

HQ系列起重滑车代号见表3-3-5。

HQ系列起重滑车代号一览表 **表3-3-5**

<table>
<tr><th colspan="4">结构形式</th><th>代号</th><th>额定起重量(t)</th></tr>
<tr><td rowspan="9">单轮</td><td rowspan="4">开口</td><td rowspan="2">滚针轴承</td><td>吊钩型</td><td>HQGZK1</td><td rowspan="2">0.32,0.5,1,2,3.2,5,8,10</td></tr>
<tr><td>链环型</td><td>HQLK1</td></tr>
<tr><td rowspan="2">滑动轴承</td><td>吊钩型</td><td>HQGK1</td><td rowspan="2">0.32,0.5,1,2,3.2,5,8,16,20</td></tr>
<tr><td>链环型</td><td>HQLK1</td></tr>
<tr><td rowspan="5">闭口</td><td rowspan="2">滚针轴承</td><td>吊钩型</td><td>HQGZ1</td><td rowspan="2">0.32,0.5,1,2,3.2,5,8,10</td></tr>
<tr><td>链环型</td><td>HQLZ1</td></tr>
<tr><td rowspan="3">滑动轴承</td><td>吊钩型</td><td>HQG1</td><td rowspan="2">0.32,0.5,1,2,3.2,5,8,10,16,20</td></tr>
<tr><td>链环型</td><td>HQL1</td></tr>
<tr><td>吊环型</td><td>HQD1</td><td>1,2,3.2,5,8,10</td></tr>
<tr><td rowspan="5">双轮</td><td rowspan="2">双开口</td><td rowspan="5">滑动轴承</td><td>吊钩型</td><td>HQGK2</td><td rowspan="2">1,2,3.2,5,8,10</td></tr>
<tr><td>链环型</td><td>HQLK2</td></tr>
<tr><td rowspan="3">闭口</td><td>吊钩型</td><td>HQG2</td><td rowspan="2">1,2,3.2,5,8,10,16,20</td></tr>
<tr><td>链环型</td><td>HQL2</td></tr>
<tr><td>吊环型</td><td>HQD2</td><td>1,2,3.2,5,8,10,16,20,32</td></tr>
<tr><td rowspan="3">三轮</td><td rowspan="3">闭口</td><td rowspan="3">滑动轴承</td><td>吊钩型</td><td>HQG3</td><td rowspan="2">3.2,5,8,10,16,20</td></tr>
<tr><td>链环型</td><td>HQL3</td></tr>
<tr><td>吊环型</td><td>HQD3</td><td>3.2,5,8,10,16,20,32,50</td></tr>
<tr><td>四轮</td><td rowspan="5">闭口</td><td rowspan="5">滑动轴承</td><td rowspan="5">吊环型</td><td>HQD4</td><td>8,10,16,20,32,50</td></tr>
<tr><td>五轮</td><td>HQD5</td><td>20,32,50,80</td></tr>
<tr><td>六轮</td><td>HQD6</td><td>32,50,80,100</td></tr>
<tr><td>八轮</td><td>HQD8</td><td>80,100,160,200</td></tr>
<tr><td>十轮</td><td>HQD10</td><td>200,250,320</td></tr>
</table>

滑车标记形式如下：

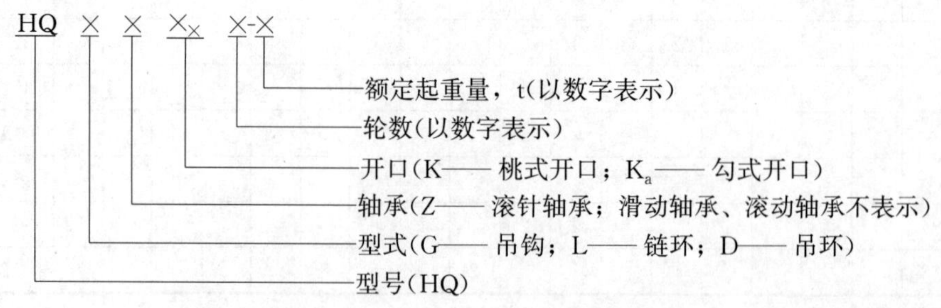

② H 系列起重滑车

本系列由 14 种起重量、11 种滑轮配成 17 个品种、103 个规格，见表 3-3-6。

H 系列起重滑车规格表　　　　**表 3-3-6**

型号	额定起重量 (t)	试验载荷 (kN)	全高 H (mm)	沟口直径 D (mm)	质量(kg)
HQGZK1-0.32	0.32	5.12	230	28	1.78
HQLZK1-0.32					1.64
HQGK1-0.32					1.33
HQLK1-0.32					1.99
HQGZK1-0.5	0.5	8	260	31.5	2.25
HQLZK1-0.5					2.03
HQGK1-0.5					1.76
HQLK1-0.5					1.58
HQGZK1-1	1	16	310	37.5	4.4
HQLZK1-1					4.08
HQGK1-1					3.6
HQLK1-1					3.32
HQGZK1-2	2	32	405	45	7.98
HQLZK1-2					7.4
HQGK1-2					7.41
HQLK1-2					6.8

滑车标记形式如下：

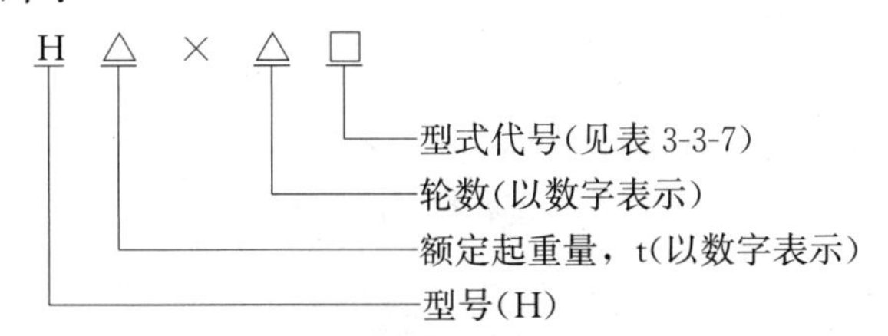

型式代号表　　　　**表 3-3-7**

型式	开口	吊钩	链环	吊环	吊梁	桃式开口	闭口
代号	K	G	L	D	W	KB	不加 K

(3) 起重滑车的使用

滑车按其用途和装设目的有定滑车、动滑车和导向滑车 3 种，定滑车和动滑车用绳索串联地穿绕于滑车之间组成滑车组。

1) 定滑车

定滑车安装在固定处，其滑轮只转动不位移，故只能改变力的方向，而力的大小不变，绳索的速度不变，如图 3-3-25 (a) 所示，定滑车一般用其作平衡滑车和导向滑车。考虑转动摩擦力其拉力 P 略有增加，即：

$$P=Q/\eta \tag{3-3-7}$$

式中 Q——重物重力，kN。

η——单滑车效率，用于钢丝绳时，$\eta=0.94\sim0.98$；用于棕绳时，$\eta=0.80\sim0.94$。

2）动滑车

动滑车随吊物同步移动，按其装设目的有省力动滑车［图 3-3-25（b）］和增速动滑车［图 3-3-25（c）］两种。如不计摩阻力，单轮可省力一半，即：

$$P=Q/2 \tag{3-3-8}$$

而增速动滑车较滑车可使重物运动速度提高 1 倍。

3）导向滑车

其实，导向滑车是定滑车的用途之一，只起改变受力方向的作用，如图 3-3-25（d）所示。导向滑车的受力大小取决于进绳和出绳方位间夹角 α 的大小，夹角愈大则受力愈小，即：

$$P_1=PZ \tag{3-3-9}$$

式中 Z——角度系数，见表 3-3-8。

角度系数 Z 表 **表 3-3-8**

α(°)	0	15	22.5	30	45	60
Z	2	1.94	1.84	1.73	1.41	1

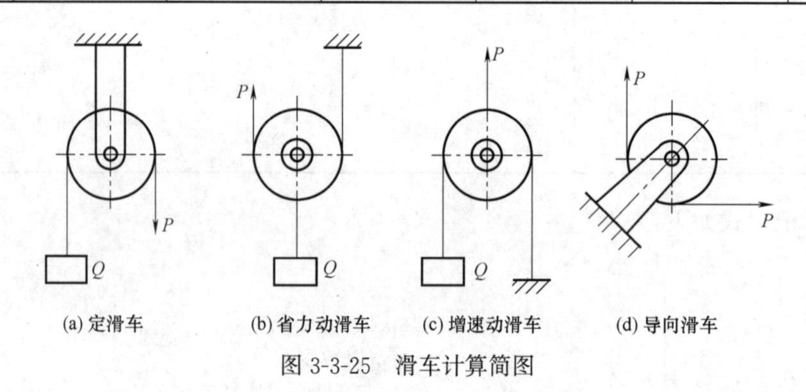

(a) 定滑车 (b) 省力动滑车 (c) 增速动滑车 (d) 导向滑车

图 3-3-25 滑车计算简图

4）滑车组

滑车组使用时滑车组中的定滑车位置不动，只有滑轮转动，而动滑车随重物同步移动，起省力作用；且滑车组中滑轮愈多愈省力，但重物的移动速度亦相应愈慢。

起重滑车组钢丝绳穿绕方法分顺穿法和花穿法两种，它是一项非常重要而且较为复杂的起重操作技术。

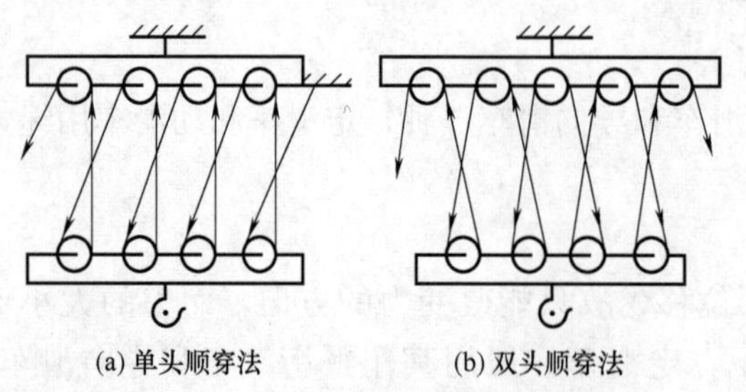
(a) 单头顺穿法 (b) 双头顺穿法

图 3-3-26 滑车组钢丝绳顺穿方法示意图

① 顺穿法

顺穿法可分为单头顺穿法和双头顺穿法，如图 3-3-26 所示。

顺穿法就是将绳索的一端按顺序逐个绕过定滑车和动滑车各滑轮的一种简单穿绳方法，视卷扬机的台数不同，可抽出单头，如图 3-3-26（a）所示；也可有一个不转动的平衡滑轮而抽出双头，如图 3-3-26（b）所示。单头顺穿法会因各段绳索受力不相等（固定端受拉力最小，而后逐段受力递增，引出端受力最大）而易造成滑车歪斜。此种穿绕方法虽有穿绕简单容易的优点，但宜用于 4 个滑轮以下的滑车组。而双抽头顺穿法则不但能避免滑车发生歪斜，而且工作平稳、减少阻力，加快吊装速度。

② 花穿法

在滑车组滑轮数量较多，又用一台卷扬机牵引时可用花穿法，用以改善滑车组的工作条件并降低抽出头的拉力，还可保证滑车组受力均匀而起吊平稳。

许多施工企业，在长期的吊装实践中，验证了一些有效的花穿方法，图 3-3-27 仅为其中的一部分，起示例作用。

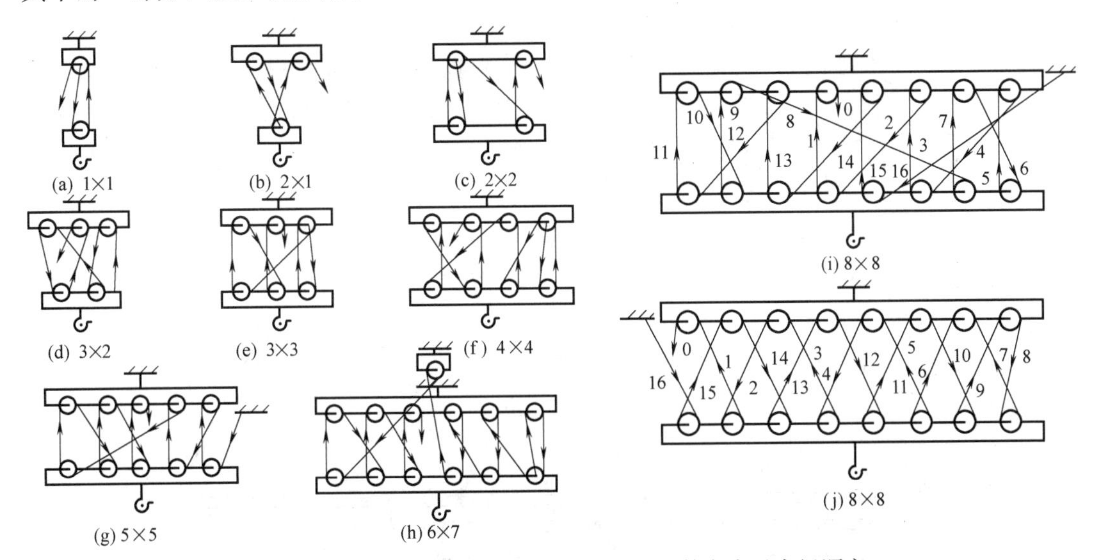

图 3-3-27　滑车组钢丝绳花穿方法示意图（数字表示穿绳顺序）

③ 穿绕方法的选择

在选择起重滑车组钢丝绳穿绕方法时应综合考虑以下要求，视具体情况选用。

穿绕方法应简单，要易操作，尽量避免采用过分复杂的穿绕方法；在负载后滑车组应不产生歪斜，或只发生轻度歪斜，避免在吊装进行时滑车组歪斜加剧的情况发生；牵引钢丝绳进入滑轮的偏角应控制在不大于 4°的范围内；在动滑车移动过程中，各段穿行的钢丝绳之间只能发生轻度摩擦，切不可产生危及安全的严重摩擦，更不可缠绕在一起；在卸载后，靠吊具和动滑车的重量即能使动滑车和绕绳顺利下降；一般花穿法要求吊物达到预定位置后，其定滑车和动滑车之间距离要稍大些。

2. 吊装平衡梁

（1）吊梁的作用与构造

1）吊梁的作用

吊梁包括平衡梁和抬吊梁。平衡梁用于单机吊装，其作用如下：

① 保持被吊件的平衡，避免吊索损坏设备。

② 减少吊件起吊时所承受水平向挤压力作用而避免损坏设备。

③ 缩短吊索的高度，减少动滑轮的起吊高度。

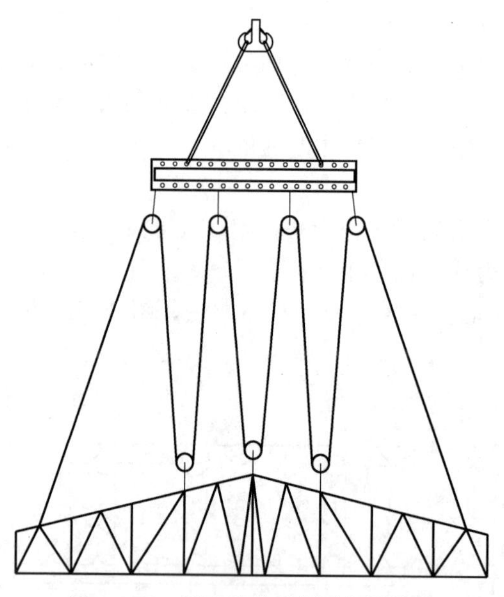

图 3-3-28 柔性构件采用平衡梁吊装（吊点吊装）

④ 构件刚度不满足而需要多吊点起吊受力时平衡和分配各吊点载荷，如图 3-3-28 所示。

⑤ 转换吊点如图 3-3-29 所示。

在同一台非标准起重机（如桅杆）的一个吊耳上，如需要挂两套及其以上的滑轮组，也需要采用平衡梁。

抬吊梁用于双机抬吊来完成一些设备的吊装工作，主要起到分配起重机负荷和转换吊点的作用。

2）吊梁的结构形式

根据吊装具体要求，吊梁有多种形式。常用平衡梁和抬吊梁的结构形式有：孔板式平衡梁、滑轮式平衡梁、组合式孔板平衡梁、支撑式平衡梁、桁架式平衡梁、吊点可调节的平衡梁、双槽钢结构抬吊梁、钢板箱形结构抬吊梁。

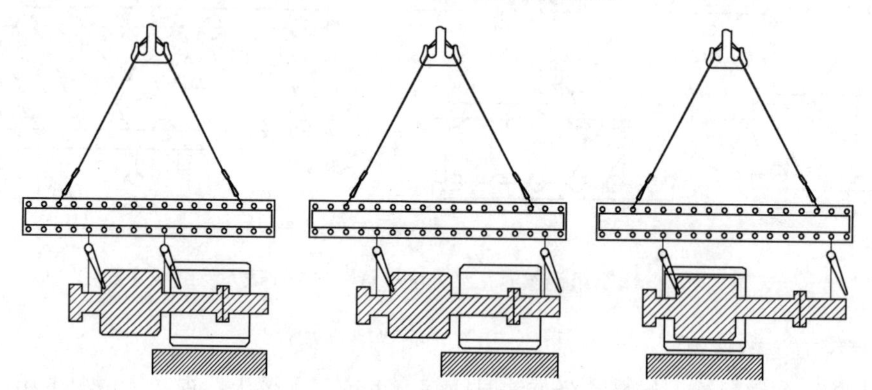

图 3-3-29 精密设备采用平衡梁吊装（调水平、避免吊绳擦伤和转换吊点）

平衡梁和抬吊梁结构形式如图 3-3-30～图 3-3-37 所示。

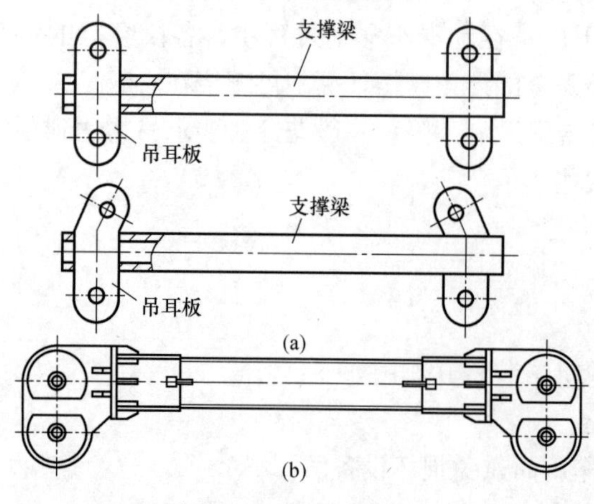

图 3-3-30 孔板式平衡梁

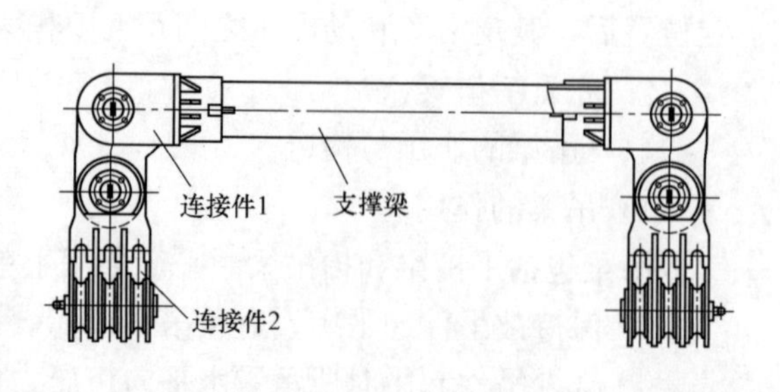

图 3-3-31 滑轮式平衡梁

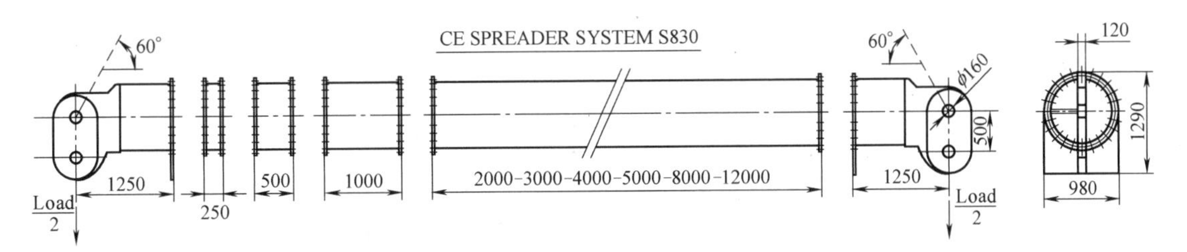

图 3-3-32 组合式孔板平衡梁

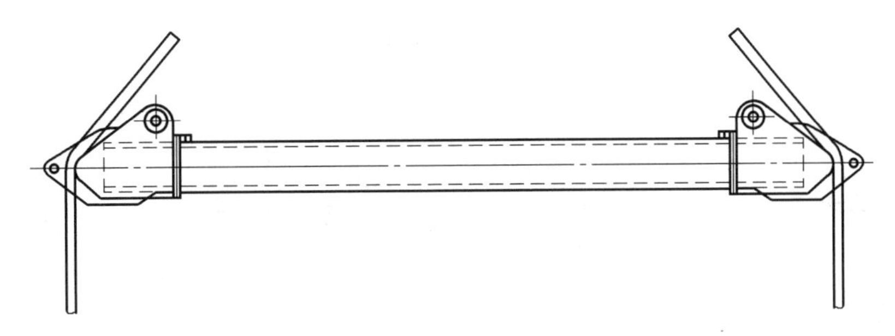

图 3-3-33 支撑式平衡梁

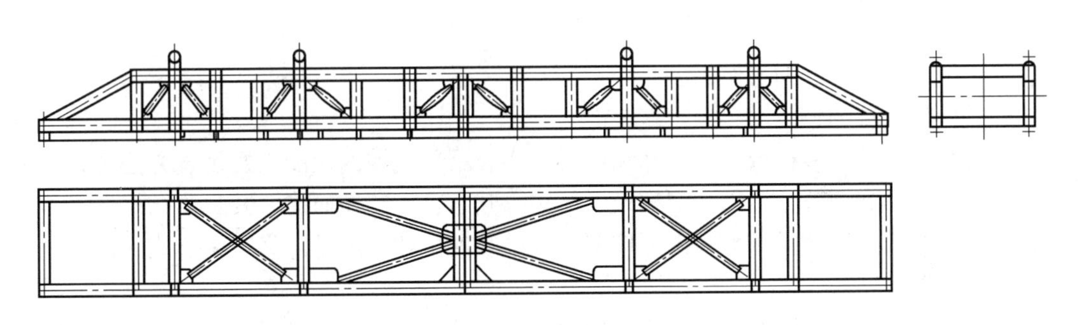

图 3-3-34 桁架式平衡梁

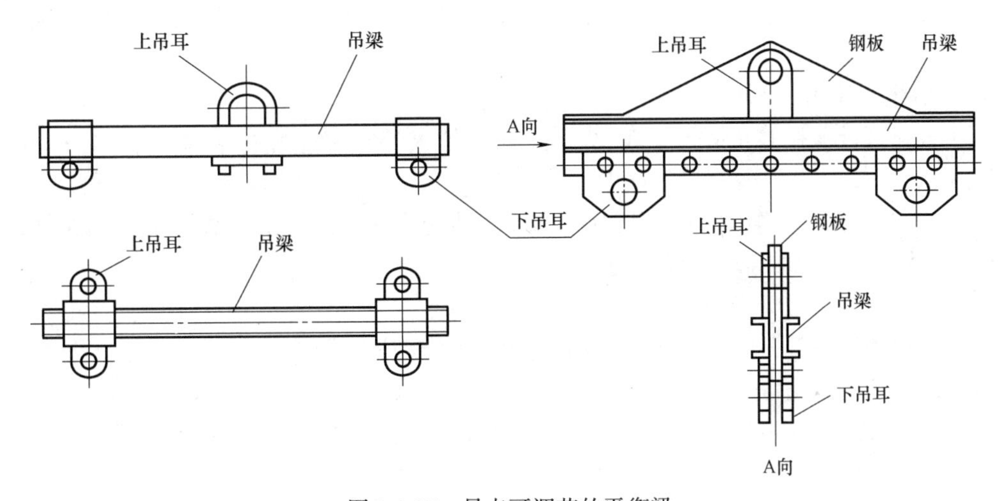

图 3-3-35 吊点可调节的平衡梁

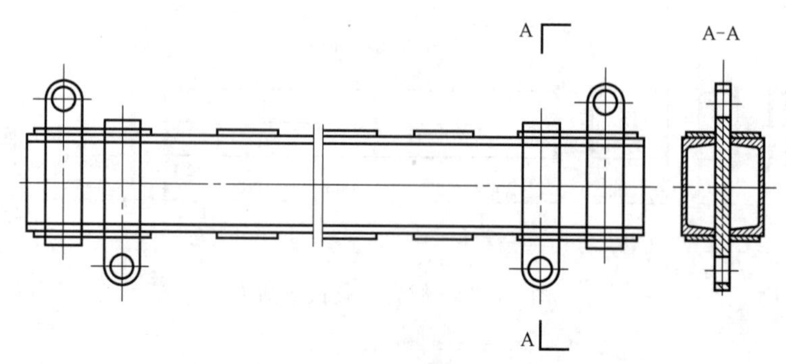

图 3-3-36　双槽钢结构抬吊梁

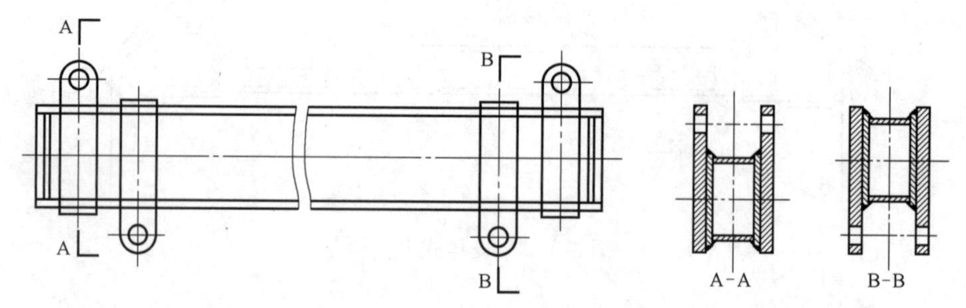

图 3-3-37　钢板箱形结构抬吊梁

（2）吊梁的设计原则与使用

1）吊梁的设计原则

吊梁应按吊件的形状特征、尺寸和质量大小、吊装机械的性能以及吊装方法等条件进行设计，可用无缝钢管、型钢、钢板箱形结构或其组合等制作而成，其具体结构形式可为实腹式或格构式。撑杆式平衡梁也可按照一定吊装吨位和长度设计为可组合式的钢管法兰对接形式。

一般来说，平衡梁依据受力形式可分为受压杆件（撑杆）、受弯杆件和压弯组合杆件。而抬吊梁一般仅为受弯杆件。对于压弯组合受力的吊梁，多是应用在吊装一些柔性或多吊点受力的构件，起吊时以吊梁本身的刚性来保证吊件的稳定，应根据具体吊件情况对应设计。

2）吊梁的使用

① 自行设计、制造的吊梁，其设计图纸与校核计算书应随吊装施工技术方案一同审批。

② 使用前应检查确认。主要受力件出现塑性变形或裂纹、吊轴磨损量达到原件尺寸的 5%、吊梁锈蚀严重等均不得使用。

③ 吊梁使用时应符合设计使用条件。

④ 使用中出现异常响声、结构有明显变形等现象应立即停止。

⑤ 使用中应避免碰撞和冲击。

⑥ 吊梁使用后应清理干净，应放置在平整坚硬的支垫物上，并应由专人保管。

3. 吊点（吊耳）

（1）吊点形式

吊点是设备和结构吊装时，索具在吊件上的绑结受力点，是吊装中重要的连接部件，直接关系到吊装安全。

吊点形式多样，有吊耳、捆绑式吊点、吊环螺钉吊点、眼板等。

对于一般设备和构件的起吊，吊耳是主要的吊点连接方式，大体可分为圆钢式吊耳（图 3-3-38）、板式吊耳（图 3-3-39）和管轴式吊耳（图 3-3-40）等结构形式。圆钢式吊耳用于轻小型构件（一般小于 5t）的吊装，板式吊耳在中型及重型设备构件吊装中应用广泛，管轴式吊耳则用于塔类设备及重型设备构件吊装。

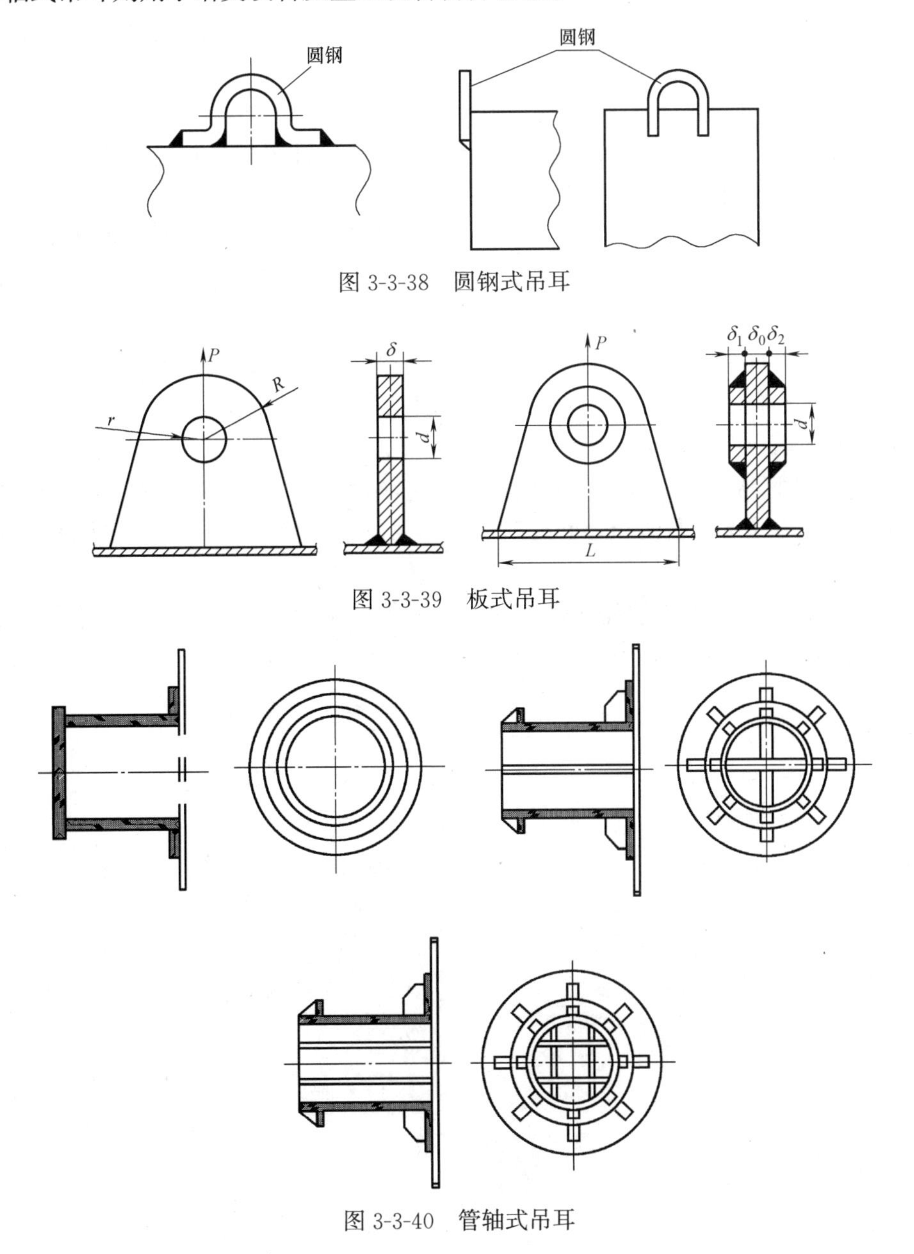

图 3-3-38 圆钢式吊耳

图 3-3-39 板式吊耳

图 3-3-40 管轴式吊耳

（2）吊点的设计原则与使用

1）设计原则

在吊装工程中经常使用板式吊耳。焊接式板式吊耳用钢板制成，分为顶部板式吊耳和侧壁板式吊耳。对于在吊件起吊过程中受力变化的吊点，应按其最大受力进行设计。以安全、经济、使用方便、不影响被吊装的设备为基本原则，综合考虑材料、吊装所使用的机械情况、吊装作业人员的操作水平、吊装作业环境、吊装工艺方法、吊耳制作质量、焊接吊耳位置设备或构件本身的局部强度等因素的影响。

孔板式吊耳的失效形式以吊耳板与设备或构件本体的连接焊缝强度不足及板孔撕裂为多见，故吊耳板孔强度和焊缝强度是板孔式吊耳设计的重要关注点。设计计算时应分别校核吊耳板孔强度和吊耳与被吊物本体焊缝强度。考虑到吊耳受力的复杂性，吊耳设计时一般应考虑不小于50%裕量。

2）吊点选择与使用

① 吊点位置一般均应位于吊件重心以上，并应能保证吊件的稳定与平衡，确保不会因吊件自重而引起塑性变形，尽量避开设备的精加工表面。

② 如设备已设有吊点则应利用，一般不可再另设吊点。但要在确认设备上已有的吊耳、吊钩、板眼和吊环螺钉等是为吊装设备整体而设，还是为吊装部分而设或仅为吊装某零部件而设后，才可利用。

③ 板式吊耳的耳孔应采用机械加工成型，与吊装绳索的连接应采用卸扣，受力方向与耳板平面最大偏角不应大于5°。细长吊件利用多吊点法吊装时，各吊点间应设置平衡滑轮等装置使各吊点受力自动平衡。

④ 设备吊耳宜与设备制造同步完成。设备进场后，必须对设备的吊耳外观、焊肉高度、焊接位置、方位等进行复核，必要时还应对吊耳进行复检，检查是否出现延迟裂纹，确保吊装安全。

⑤ 吊点在使用过程中必须先试吊、后起吊，保证吊装平稳。吊装过程中吊点受力应尽可能与吊点计算模型吻合，不允许超载使用。